普通高等院校机电工程类规划教材

机械系统动力学

杨义勇　金德闻　编著

清华大学出版社
北京

内容简介

本书内容是集20多年的课程教学经验，在唐锡宽和金德闻1984年编写的《机械动力学》一书的基础上进行体系变更、内容更新、扩充和改写后编著而成的。

全书共9章：第1章绪论，介绍了机械系统中常见的动力学问题、机械动力学问题的类型和解决问题的一般过程，是学习后面内容的基础；第2、3章讲述刚性机械系统的动力学分析与设计，包括机构惯性力平衡的原理与方法；第4章和第5章是含弹性构件的机械系统的动力学，后者内容为含柔性转子机械的平衡原理与方法；第6章是含间隙副机械的动力学；第7章是含变质量机械系统动力学；第8、9章介绍机械动力学数值仿真数学基础与相关软件，并给出了仿真实例。书后附有103道练习题。

本书可作为高等院校机械工程专业本科和研究生教材，也可作为从事机械工程研究和设计的技术人员的参考书籍。

图书在版编目(CIP)数据

机械系统动力学/杨义勇，金德闻编著.—北京：清华大学出版社，2009.6（2024.7重印）
ISBN 978-7-302-18773-8

Ⅰ. 机… Ⅱ. ①杨… ②金… Ⅲ. 机械工程－动力学－高等学校－教材 Ⅳ. TH113

中国版本图书馆CIP数据核字(2008)第161816号

责任编辑： 黎 强
责任校对： 王淑云
责任印制： 杨 艳

出版发行： 清华大学出版社
网 址： https://www.tup.com.cn，https://www.wqxuetang.com
地 址： 北京清华大学学研大厦A座 **邮 编：** 100084
社 总 机： 010-83470000 **邮 购：** 010-62786544
投稿与读者服务： 010-62776969，c-service@tup.tsinghua.edu.cn
质 量 反 馈： 010-62772015，zhiliang@tup.tsinghua.edu.cn
印 装 者： 天津鑫丰华印务有限公司
经 销： 全国新华书店
开 本： 185mm×260mm **印 张：** 21 **字 数：** 511千字
版 次： 2009年6月第1版 **印 次：** 2024年7月第11次印刷
定 价： 69.00元

产品编号：028285-04

前　言

机械动力学课程在清华大学的开设已有 20 多年历史。近几年，杨义勇在中国地质大学(北京)也开设了机械系统动力学这一学位课程。上述课程所使用的教材均以唐锡宽、金德闻编写的《机械动力学》(高等教育出版社 1984 年出版)为基础，加上多种补充教材和讲义。在多年的教学过程中，随着对课程地位、学生学习的目的和课程体系的不断探索，金德闻先后编写了《高速转子的振动与平衡》、《机械动力学设计》等补充教材和研究生学位课程讲义《现代机械设计理论与方法》中的"机械动力学"部分，金德闻、唐锡宽还配套编写了《机械动力学习题、作业实验汇编》；杨义勇则编写了《机械系统动力学》讲义。作者在对上述教材和讲义进行体系变更、内容更新、扩充和改写的基础上，写成了这本新的《机械系统动力学》。

机械动力学是应用力学基本理论解决机械系统中的动力学问题的一门学科，其核心问题是建立机械系统的运行状态与其内部参数、外界条件之间的关系，从而找到解决问题的途径。该学科是机械性能设计的重要部分，在高速机械和精密机械中，机械动力学性能的分析与设计中是不可缺少的，有时甚至是至关重要的。机械动力学课程教学的目的就是使学生了解机械系统中动力学问题的类型和掌握应用力学的基础知识解决这些问题的基本方法和途径。机械系统千变万化，但它们存在的动力学问题有一定规律性，解决这些问题的方法也有共性。

本书对机械动力学的内容和体系的安排有以下特点：

(1) 按照系统的组成和运行条件将机械系统分为刚性系统和考虑构件弹性的系统两大部分，以便根据它们不同的性质分别讲述处理动力学问题的方法。

(2) 全书在介绍解决动力学问题的方法中，以解决问题的过程为线索，从机械系统力学模型的建立到动力学方程的建立、求解和分析，再回到这些结果的运用来讲述。由此形成了不同机械系统之间的横向联系，这将有助于学生在了解各种机械系统处理方法的同时也掌握它们之间的共同规律。

(3) 在处理刚性机械系统动力学问题中，运用"类速度"和引入"偏类速度"机构学的概念来获取动力学方程，这不仅应用方便，而且形成了机构运动学问题和动力学问题之间的有机联系。此外，增加了对凯恩方程的介绍和应用，并指出凯恩方法中的"偏速率"与机构学中"偏类速度"的一致性，可作为机构学与一般力学方法之间的衔接点。

(4) 在含弹性构件的机械系统中，由于存在不同的机构，包括定轴传动机构、连杆机构、凸轮机构等，这些机构的处理方法有所不同，因此根据机构的特点把机构学的分析方法与动力学的一般原理相结合，分别讲述这些机构的动力学问题。

(5) 在介绍含间隙运动副的机械系统动力学中，按照连续接触和非连续接触的模型的分类给出了不同的处理方法。此外，增加了间隙对机械动力学性能影响的实例分析，以便学生对间隙副问题有更为实际的理解。

(6) 随着计算机技术的发展，使用计算机建立机械系统的力学模型，并用数值仿真的方法预测系统的真实运动和动力学特性是动力学设计和研究的重要手段。本书专门安排一章介绍有关的软件系统，并将近年来科研工作中的成果作为应用实例给出，以便于学生了解应用这些软件可以解决的问题。

本书内容共有 9 章。第 1 章的绪论介绍了机械系统中常见的动力学问题，从学科核心问题上区分机械动力学问题的类型和解决动力学问题的一般过程。这一章是学习后面内容的基础。第 2 章、第 3 章讲述刚性机械系统的动力学分析与设计，其中第 2 章按照系统的自由度，即单自由度和多自由度的系统，分别介绍它们对应的机构动力学模型的建立方法、求解及应用。机构惯性力平衡问题是机械动力学设计的重要的基本问题，也有系统的解决方法，因此第 3 章专门讲述了机构惯性力平衡的原理与方法。第 4 章和第 5 章论述含弹性构件的机械系统的动力学。根据不同机构不同的问题和不同的处理方法，第 4 章分别介绍了传动机构、连杆机构和凸轮机构的动力学问题；第 5 章则又回到含弹性构件机械中一个极其重要的问题——含弹性转子的机械的动平衡问题，它既属于动力学设计问题，也是机械运行中的问题。虽然转子动力学已形成一门专门学科，但因其在机械动力学中的重要性，本书仍然介绍了转子动力学的基本内容，这可以为进一步学习打下基础。第 6 章是含间隙副机械的动力学。运动副中的间隙是影响机械运行性能的重要因素，对运动的精度和稳定性都有重要影响。本章以间隙模型的类型为线索，介绍不同接触状态下的模型建立方法，并通过实例使学生具体了解间隙副对机械性能的影响。第 7 章是含变质量构件的机械系统动力学，叙述了平面机构力矩形式和能量形式的动力学方程，对火箭动力学等问题也有初步介绍，这对从事航天工程研究的读者有一定意义。第 8 章是机械动力学数值仿真算法基础，该章介绍了数值仿真的数学基础。第 9 章为机械动力学仿真软件与实例，介绍了用 ADAMS 软件的建模与仿真计算、Pro/E 动态仿真与工程分析，并给出了仿真实例。

本书后面附有练习题，有些题目工作量较大，可作为从建模到计算，再对计算结果进行讨论的小型课题。如果能与相关的实验设备相结合，则可以形成从建模、计算到实验验证的大型课题，使学生对解决动力学问题的过程有较完整的了解。

学习这门课程需要的先修课程是高等数学、理论力学、机构学和计算方法，此外还需要具备分析力学和振动理论基础知识。为了便于学生学习，本书在用到上述课程的基础理论时，给出了所用到的结论或公式。需要了解它们的来源时，可参阅其他相关书籍。

本书第 1、2 章由清华大学金德闻和中国地质大学(北京)杨义勇撰写，第 3～6 章由金德闻编写，第 7、8 章由杨义勇编写，第 9 章由杨义勇、金德闻撰写。上海交通大学邹慧君教授对编写本书提出了诸多宝贵意见，中国地质大学(北京)的王成彪教授、吕建国教授也对本书的编写给予了热情支持，清华大学张济川教授对本书所述的机械系统动力学实验的完成也作出了重要贡献；此外，第 6 章和第 8、9 章中的动力学分析实例是由清华大学博士生贾晓红和 H. O. Dimo 分别完成的，在此谨向上述各位学者和研究生一并表示感谢。

由于作者的水平有限，编写过程有些仓促，书中可能难免会有一些错讹，敬请各位读者给予批评指正。

作　者

2009 年 4 月于北京

目　　录

前　言 …………………………………………………………………… Ⅰ

第1章　绪论 …………………………………………………………… 1
　1.1　机械系统中常见的动力学问题 ………………………………… 1
　1.2　解决机械动力学问题的一般过程 ……………………………… 2
　1.3　机械系统的动力学模型 ………………………………………… 3
　　1.3.1　刚性构件 …………………………………………………… 3
　　1.3.2　弹性元件 …………………………………………………… 4
　　1.3.3　阻尼 ………………………………………………………… 5
　　1.3.4　流体润滑动压轴承 ………………………………………… 5
　　1.3.5　机械系统的力学模型 ……………………………………… 6
　1.4　建立机械系统的动力学方程的原理与方法 …………………… 7
　　1.4.1　牛顿第二定律 ……………………………………………… 7
　　1.4.2　达朗贝尔原理 ……………………………………………… 8
　　1.4.3　拉格朗日方程 ……………………………………………… 8
　　1.4.4　凯恩方程 …………………………………………………… 8
　　1.4.5　影响系数法 ………………………………………………… 9
　　1.4.6　传递矩阵法 ………………………………………………… 10
　1.5　动力学方程的求解方法 ………………………………………… 10
　　1.5.1　欧拉法 ……………………………………………………… 10
　　1.5.2　龙格-库塔法 ………………………………………………… 11
　　1.5.3　微分方程组与高阶微分方程的解法 ……………………… 12
　　1.5.4　矩阵形式的动力学方程 …………………………………… 12
　1.6　机械动力学实验与仿真研究 …………………………………… 13

第2章　刚性机械系统动力学 ………………………………………… 15
　2.1　概述 ……………………………………………………………… 15
　2.2　单自由度机械系统的动力学模型 ……………………………… 15
　　2.2.1　系统的动能 ………………………………………………… 16
　　2.2.2　广义力矩的计算 …………………………………………… 17
　　2.2.3　动力学方程 ………………………………………………… 17
　2.3　不同情况下单自由度系统的动力学方程及其求解方法 ……… 18

2.3.1 等效转动惯量和广义力矩均为常数 …… 18
2.3.2 等效转动惯量为常数，广义力矩是机构位置的函数 …… 19
2.3.3 等效转动惯量为常数，广义力矩为速度的函数 …… 20
2.3.4 等效转动惯量是位移的函数，等效力矩是位移和速度的函数 …… 22
2.3.5 等效转动惯量是位移的函数 …… 26
2.4 基于拉格朗日方程的多自由度机械系统建模方法 …… 27
2.4.1 系统的描述方法 …… 27
2.4.2 两自由度五杆机构动力学方程 …… 29
2.4.3 差动轮系的动力学方程 …… 35
2.4.4 开链机构的动力学方程 …… 39
2.5 具有力约束的两自由度系统的动力学方程 …… 40
2.6 凯恩方法及其应用 …… 43

第3章 刚性平面机构惯性力的平衡 …… 46
3.1 机械系统中构件的质量替代 …… 46
3.1.1 两点静替代 …… 46
3.1.2 两点动替代 …… 47
3.1.3 广义质量静替代 …… 47
3.2 机构平衡的基本条件与平衡方法 …… 49
3.2.1 机构总质心的位置 …… 49
3.2.2 机构的惯性力和惯性力矩在坐标轴上的分量 …… 49
3.2.3 平面机构惯性力和惯性力矩的平衡条件 …… 50
3.2.4 平面机构的惯性力的平衡方法 …… 50
3.3 机构惯性力平衡的质量替代法 …… 51
3.3.1 含转动副的机构惯性力平衡 …… 51
3.3.2 含移动副的广义质量替代法 …… 52
3.4 机构惯性力平衡的线性独立向量法 …… 55
3.4.1 平衡条件的建立与平衡量的确定 …… 55
3.4.2 用加重方法完全平衡惯性力需满足的条件 …… 59
3.4.3 使惯性力完全平衡应加的最少平衡量数 …… 62
3.5 机构惯性力的部分平衡法 …… 63
3.5.1 用回转质量部分平衡机构的惯性力与最佳平衡量 …… 63
3.5.2 用平衡机构部分平衡惯性力 …… 67
3.6 在机构运动平面内的惯性力矩的平衡 …… 70
3.6.1 机构惯性力矩的表达式 …… 70
3.6.2 任意四杆机构的惯性力矩 …… 71
3.6.3 惯性力平衡的四杆机构的惯性力矩 …… 72
3.6.4 惯性力矩平衡条件 …… 75

3.6.5　用平衡机构平衡惯性力矩 …… 76

第 4 章　含弹性构件的机械系统动力学分析与设计 …… 79
4.1　概述 …… 79
4.2　考虑轴扭转变形时传动系统动力学分析 …… 80
4.2.1　串联传动系统的等效力学模型 …… 81
4.2.2　串联齿轮传动系统的动力学方程 …… 86
4.2.3　用振型分析法研究无外力作用时系统的自由振动 …… 86
4.2.4　有外力作用时的振动分析 …… 92
4.2.5　传递矩阵法在传动系统扭转弹性动力学分析中的应用 …… 93
4.3　含弹性构件的平面连杆机构的有限元分析法 …… 102
4.3.1　单元坐标和系统坐标 …… 103
4.3.2　系统力和单元力 …… 106
4.3.3　单元位移函数 …… 108
4.3.4　单元动力学方程 …… 110
4.4　含弹性从动件的凸轮机构 …… 120
4.5　含多种弹性构件机构的机械系统 …… 124
4.6　考虑构件弹性的机构设计 …… 127
4.6.1　特定运动规律下的凸轮机构设计 …… 128
4.6.2　高速凸轮运动规律设计 …… 129
4.6.3　高速平面连杆机构设计 …… 129

第 5 章　挠性转子的系统振动与平衡 …… 134
5.1　转子在不平衡力作用下的振动 …… 134
5.1.1　刚性转子在弹性支承上的振动 …… 134
5.1.2　挠性转子在刚性支承上的振动 …… 135
5.1.3　挠性转子在弹性支承上的振动 …… 136
5.2　单圆盘挠性转子的振动 …… 138
5.2.1　转子的自由振动 …… 138
5.2.2　转子有不平衡时的不平衡响应 …… 139
5.2.3　圆盘运动的动坐标表示法 …… 141
5.3　多圆盘挠性转子的振动 …… 142
5.3.1　多圆盘转子的动力学方程 …… 142
5.3.2　多圆盘转子的临界速度和振型 …… 143
5.3.3　多圆盘转子的不平衡响应 …… 145
5.4　具有连续质量的挠性转子振动 …… 146
5.4.1　自由振动的自然频率和振型函数 …… 146
5.4.2　不平衡响应分析 …… 148
5.5　复杂转子系统动力学分析 …… 151

5.5.1 复杂转子系统的力学模型…… 152
5.5.2 传递矩阵…… 153
5.5.3 状态向量间的传递关系…… 155
5.5.4 自然频率和振型的求解…… 155
5.5.5 系统的强迫振动…… 157
5.5.6 不平衡响应计算…… 157
5.5.7 系统阻尼影响…… 158
5.6 挠性转子平衡原理…… 158
5.7 挠性转子平衡方法…… 161
5.7.1 振型平衡法…… 161
5.7.2 影响系数法…… 163
5.7.3 平衡量的优化…… 166

第6章 含间隙运动副的机械系统动力学…… 169
6.1 采用连续接触间隙副模型的机械运动精度分析——小位移法…… 169
6.1.1 转动副和移动副中的间隙…… 169
6.1.2 用小位移法确定机构位置的误差…… 170
6.2 采用连续接触间隙副模型的机械动力学分析…… 173
6.2.1 机构运动分析…… 175
6.2.2 动力学方程…… 182
6.2.3 方程的求解…… 184
6.2.4 铰销力及输出角误差…… 185
6.3 采用两状态间隙移动副模型的机械动力学分析…… 189
6.3.1 两状态间隙移动副的力学模型…… 189
6.3.2 动力学方程…… 191
6.3.3 方程的求解…… 192
6.4 采用两状态间隙转动副模型的机械动力学分析…… 200
6.4.1 间隙转动副模型的建立…… 200
6.4.2 动力学方程…… 203
6.4.3 方程的求解…… 204
6.4.4 计算步骤…… 206
6.5 间隙对机械动力学性能的影响…… 211
6.5.1 两状态间隙模型…… 213
6.5.2 动力学方程…… 214
6.5.3 方程求解结果与实验结果…… 217

第7章 含变质量构件的机械系统…… 221
7.1 变质量质点运动的基本方程…… 221

7.2　变质量构件的动力学方程 …………………………………… 223
7.2.1　变质量刚体的动力学方程…………………………………… 223
7.2.2　由相对运动产生的变质量构件的动力学方程……………… 225
7.3　能量形式的变质量构件的动力学方程 ………………………… 231
7.3.1　以能量形式表示的动力学方程……………………………… 231
7.3.2　动能的计算…………………………………………………… 232
7.4　含变质量构件的单自由度系统的动力学分析 ………………… 234
7.4.1　含变质量构件机械系统分析………………………………… 234
7.4.2　等效力与等效转动惯量……………………………………… 235
7.4.3　能量形式的动力学方程……………………………………… 239

第 8 章　机械系统动力学数值仿真算法基础…………………………… 242
8.1　概述 ……………………………………………………………… 242
8.2　数值积分方法 …………………………………………………… 243
8.3　常微分方程的数值解法 ………………………………………… 246
8.4　齐次方程与非齐次方程的解 …………………………………… 251
8.5　矩阵迭代法 ……………………………………………………… 262
8.6　算法程序 ………………………………………………………… 266

第 9 章　机械系统动力学仿真软件与实例……………………………… 270
9.1　ADAMS 动力学建模与仿真 …………………………………… 270
9.1.1　软件简介……………………………………………………… 270
9.1.2　动力学问题的求解方法与坐标系…………………………… 270
9.1.3　ADAMS 的建模与求解过程………………………………… 274
9.1.4　ADAMS 仿真分析模块……………………………………… 276
9.2　Pro/E 动态仿真与工程分析 …………………………………… 290
9.2.1　集成运动模块………………………………………………… 291
9.2.2　机构运动与有限元法分析…………………………………… 292
9.3　机械系统仿真分析实例 ………………………………………… 295
9.3.1　具有冗余自由度机械臂的构型优化………………………… 295
9.3.2　粗糙表面磨削机械臂的动力学仿真………………………… 299

参考文献…………………………………………………………………… 304

练习题……………………………………………………………………… 306

第1章 绪 论

动力学(dynamics)是研究系统状态变化规律的学科。所谓的“系统”是指由各个部分组成的相互关联的整体。根据所研究的对象的不同,从天体到人类社会到一个原子都可构成不同的“系统”。机械系统的大小可因所研究的任务而有所不同:由构件经运动副连接组成的机构,由原动机、传动机构和执行机构组成的机器,以及由机械和控制元件组成的整机均可称为机械系统。“系统状态”是指系统的表现。不同系统有不同的状态描述方法和参数。例如电系统可用输出的电流、电压来描述,化学反应系统可用其反应速度、反应生成物的质与量来描述。对于机械系统则以其运动参数(位移、速度、加速度)、构件受力参数或功率参数(输出功率、效率)来描述。系统的状态是由系统固有的特征参数和外界条件所决定的,状态变化都遵循一定的规律,研究这些规律便是“动力学”的任务。我们所说的机械系统的运动状态、受力状态与其几何参数、结构设计、构件的质量(惯量)、原动力、工作对象以及外界条件密切相关。因此研究这些因素之间的关系和状态变化规律,便是机械动力学的任务。机构运动学(kinematics)研究的是机构几何参数与机构运动状态的关系,在有些书中也将其归入动力学的范畴。按照目前更广泛采用的分类方法,本书没有把运动学包括在内。

人们使用机械系统是为了实现某种工作愿望。在机械设计中,往往需要首先进行运动学分析与设计。但是为了使机构系统能按人们的意愿工作,只有运动学分析与设计是远远不够的。运动学是以主动件的位置为自变量,分析机械运动,运动学设计是从几何概念上提供了实现这种方式运动的可能性;动力学分析结果是机械在时间域中的状态,因此能否真正实现预期的运动或在运行过程中会发生什么问题,以及能否保证机械系统正常工作等问题都有赖于动力学分析与设计。

1.1 机械系统中常见的动力学问题

机械系统中常见的动力学问题从应用的角度可分为以下几个方面。

1. 机械振动

这是机械运行过程中普遍存在的重要问题。有许多因素可能引起振动,包括惯性力的不平衡、外载变化以及系统参数变化等。消除振动的方法可以用平衡的方法、改进机械本身结构或用主动控制的方法等。

2. 机械运行状态

一般来说,机械有两种运行状态,一种是稳定运行状态,在这种状态下,机械的运行是稳定的周期性的运动。另一种状态属于瞬时状态。在这种状态下,机械运动呈非周期状态。机械的启动、停车,或在意外事故时,就呈现这种状态。对机械运动状态分析不仅可了解机械正常工作的状况,而且对于机械运行状态的监测、故障分析和诊断都很必要。通过动力学分析可以知道哪些故障对机械状态有什么影响，从而确定监测的参数及部位，为故障分析提供依据。

3. 机械的动态精度

在一些情况下，特别是对轻型高速机械，由于构件本身的变形或者运动副中的间隙的影响，使机械运动达不到预期的精度，在这种情况下，机械的运动状态不仅和作用力有关，还和机械运动的速度有关，因此我们称之为“动态精度”。研究构件的弹性变形、运动副间隙对机械运动的影响是机械动力学研究的一个重要方面。

4. 机械系统的动载分析

机械中的动载荷往往是机件磨损和损坏的重要因素。要确定运动副及机件所受的动载荷，必须进行动力学分析。

5. 机械系统的动力学设计

包括驱动部件的选择，构件参数（质量分布、刚度）设计，机械惯性力平衡设计等。

6. 机械动力学性能的主动控制

这是近来发展比较迅速的一个方面。许多机械的工作环境是变化的，因此需要采用相应的手段来控制其动力学特性，以保证系统在不同条件下按预期要求工作。控制的因素包括输入的动力、系统的参数或外加控制力等。在分析控制方法的有效性和控制参数的范围等问题上，均需要动力学分析。

1.2　解决机械动力学问题的一般过程

解决机械动力学问题一般包括以下几个部分：

(1) 根据机械系统的组成和所需解决的问题，建立系统的力学模型。

(2) 运用基本的力学原理和方法建立系统的动力学方程，即系统的数学模型。

(3) 运用数学方法和工具求解动力学方程。

(4) 用实验装置或数字仿真方法检验所得结果，分析结果的合理性以证实模型的正确性。

从解决动力学问题的角度来看，机械系统可以用图 1-1 来描述，它包括输入系统的主动力、系统自身固有的参数和系统的状态参数三个主要部分。在外界条件干扰和对系统参数（如阻尼、刚度）进行控制的情况下，还要增加它们对系统的影响。

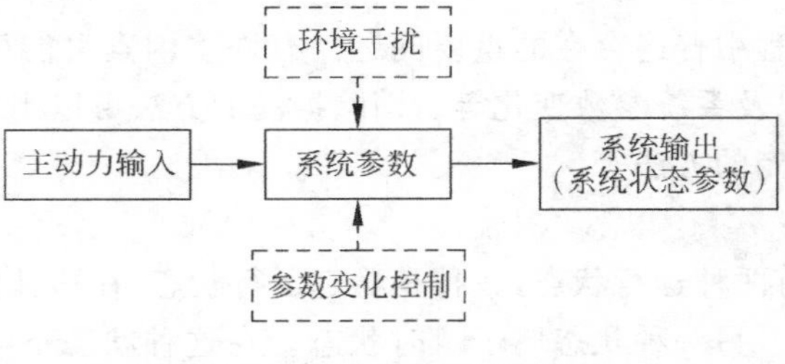

图 1-1　机械动力学问题描述

解决动力学问题所需的数学模型，实质上是这些部分之间相互关系的数学表达。因此，从这个角度来看，机械动力学问题又可归结为以下 3 类：

(1) 机械系统运动状态的求解，即已知输入和系统参数，求解系统的输出状态参数。通常称为系统响应问题，属正向动力学问题。

(2) 已知系统参数和输出，求解系统的输入。这类问题属于逆向动力学问题，常用于求解输入力矩函数或进行环境识别。

(3) 系统参数设计，即已知输入和输出，求解系统的参数。

为了更好地理解解决动力学问题的一般过程，在以下几节中将对过程中的各个步骤及所需的基础知识予以介绍。所涉及的一般数学、力学原理与方法，在此只给出结果，不予证明，有关理论证明读者可参考其他书籍。

1.3 机械系统的动力学模型

机械系统的动力学模型是根据机械系统本身的结构和进行动力学研究的目的而确定的。机械的组成不同，则动力学模型也不同。同一种机械用于不同目的的分析，模型也可能不同。所以动力学模型的复杂程度也随上述两方面因素而异，从最简单的单质量系统到包含几十、几百甚至上千质量和参数的系统。

一个机械系统往往是由不同性质的元件组成的。在建立系统模型时，首先要对这些元件进行力学简化，常见的元件和简化方法如下。

1.3.1 刚性构件

刚性构件(rigid body)在机械系统中可能作移动，绕固定轴转动，或一般运动(既有转动，又有移动)，不同情况的简化方法如图 1-2 所示。图 1-2(a)为质量为 m 的刚性构件，当它仅作移动时，其动力学特性与物体大小无关，可视为一集中质量。F 为作用于其上的外力，在其作用下，质量的运动状态发生变化，产生加速度 a。图 1-2(b)为一绕固定轴旋转的构件，质心在 s 点。由于其运动状态是转动，其动力学特性不仅与质量大小有关，还与质量的分布状态——转动惯量 J_0 有关。此外，质心位置也是重要的参数，M 为作用其上的外力矩，ε 是它转动的角加速度。对于一般运动的构件，如图 1-2(c)所示，其参数除质量 m 和转动惯量 J_s 外，还有构件长度 l、质心位置 l_s。

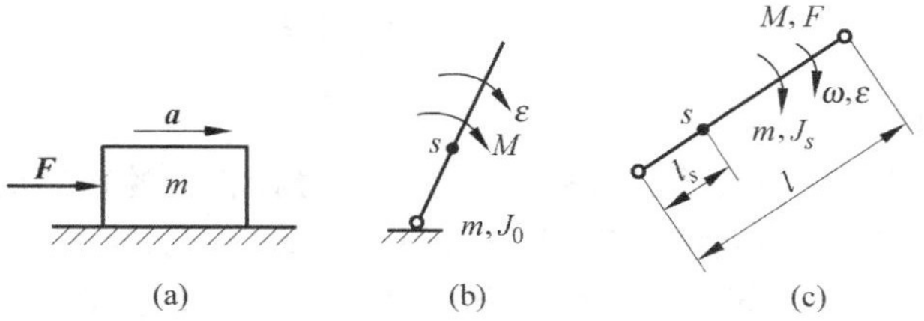

图 1-2 刚性构件的力学模型

1.3.2　弹性元件

建立弹性元件(elastic member)的力学模型,关键是如何处理弹性元件的质量及刚度的分布。常用的弹性元件的模型有以下几种。

1. 无质量的弹性元件

机械中常见的诸如弹簧之类的元件,由于与其他构件相比质量很小,可视为无质量的弹性元件,如图 1-3(a)所示。

当弹簧力与位移为线性关系时,有

$$f = -kx$$

式中 k——弹簧的刚度系数;x——弹簧的伸长(或压缩)量;f——弹簧的弹性恢复力。有些用橡胶、软木、毛毡制成的弹性元件,其弹性恢复力往往具有非线性性质,即

$$f = -kx^n$$

式中 n 根据材料或弹簧结构确定。

2. 连续质量(continuous mass)模型

在许多情况下,弹性元件质量不可忽略,有时它们甚至是机械系统的传动或执行元件。这时可以把质量和弹性均看成连续的系统。图 1-3(b)为一维弹性元件,其质量分布为 $m(x)$,分布刚度系数为 $k(x)$。通常这些函数关系特别是刚度系统函数,在元件的形状或连接状态比较复杂时,难以导出,因此在处理工程实际问题时,常常要进行简化。

3. 离散集中质量系统(decentralized mass)

离散集中质量系统是把连续的弹性元件,例如图 1-3(b)中的轴简化成多个集中质量,如图 1-3(c)所示。这些质量之间以无质量的弹性段相连接。这种处理方法可使动力学方程易于求解。集中质量的数目视所研究的问题而定。一般说来离散数目多,精确度就高,但太多的离散质量有可能由于计算的舍入误差而降低精度。

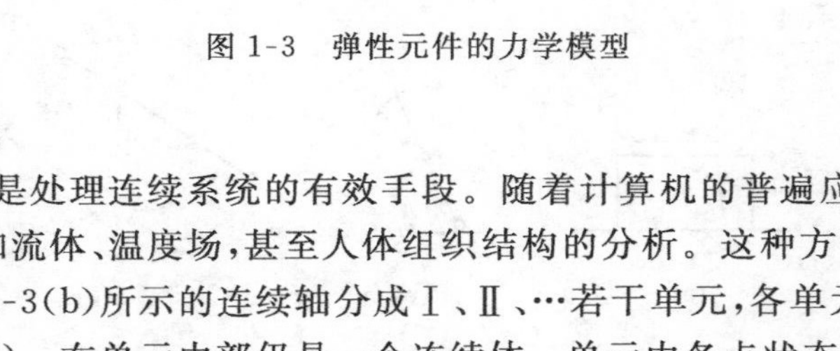

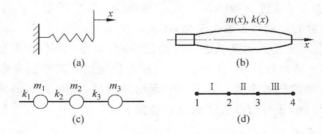

图 1-3　弹性元件的力学模型

4. 有限元模型

有限元的方法是处理连续系统的有效手段。随着计算机的普遍应用,可用它来分析各种不同的系统,如流体、温度场,甚至人体组织结构的分析。这种方法的基本思想是将一连续系统,如图 1-3(b)所示的连续轴分成Ⅰ、Ⅱ、…若干单元,各单元通过节点 1、2、…相联结,见图 1-3(d)。在单元内部仍是一个连续体。单元内各点状态之间的关系用假设的函数来表示。这样既把系统看成了连续系统,又可降低系统的自由度。关于有限元方法,本书将在第 4 章中,予以介绍。

1.3.3 阻尼

机械系统中，有三种不同形式的阻尼，它们共同的特征是由于它们的存在而产生能量消耗。

1. 粘滞阻尼

这是常见的一种阻尼，阻尼力与相对运动的速度成正比，方向与相对速度相反，即

$$\boldsymbol{F}_c = -c\dot{\boldsymbol{x}}$$

式中 c——粘滞阻尼常数。图 1-4(a)是这种阻尼常用的表示方法。

2. 干摩擦阻尼

干摩擦阻尼的性质实际上是很复杂的，但通常认为其大小为常数，方向与相对运动速度相反(图 1-4(b))，即

$$|\boldsymbol{F}_\mathrm{f}| = \mu N$$

或

$$\boldsymbol{F}_\mathrm{f} = -\mu N \frac{\dot{\boldsymbol{x}}}{|\dot{\boldsymbol{x}}|}$$

式中 μ——摩擦系数；N——接触面正压力；$\dot{\boldsymbol{x}}$——接触面的相对速度。

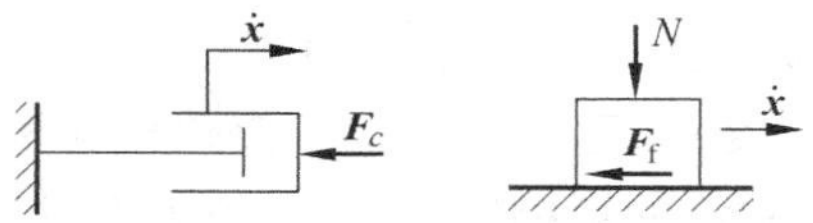

图 1-4 阻尼元件的力学模型

3. 固体阻尼或内阻尼

这是存在于弹性元件材料内部的阻尼，通常认为是由于材料的粘性(hysteresis)引起的。许多因素，如材料的化学成分、应力的形式与大小、应力变化的频率以及温度都影响固体阻尼。根据假定，可认为阻尼力与应力成正比。由于应力是和位移成正比的，因此可表达为

$$|\boldsymbol{F}_i| = r\boldsymbol{x}$$

式中 r——固体阻尼系数。虽然上式形式上和弹簧力相同，但它与弹簧力并不一样，最大的区别是它的方向是与运动速度方向相反，而弹簧力与位移方向相反。所以对固体阻尼应表示为

$$\boldsymbol{F}_i = -r|\boldsymbol{x}|\frac{\dot{\boldsymbol{x}}}{|\dot{\boldsymbol{x}}|}$$

1.3.4 流体润滑动压轴承

流体润滑的油膜轴承，是机械中常用的元件。它的力学特性与流体的力学性质有关，它既具有弹簧特性又有阻尼特性，通常简化成图 1-5 的形式。x、y 方向的力 $\boldsymbol{F}_x$、$\boldsymbol{F}_y$ 分别为

$$\begin{cases} \boldsymbol{F}_x = k_{xx}\boldsymbol{x} + k_{xy}\boldsymbol{y} + c_{xx}\dot{\boldsymbol{x}} + c_{xy}\dot{\boldsymbol{y}} \\ \boldsymbol{F}_y = k_{yx}\boldsymbol{x} + k_{yy}\boldsymbol{y} + c_{yx}\dot{\boldsymbol{x}} + c_{yy}\dot{\boldsymbol{y}} \end{cases}$$

或写成

$$\begin{bmatrix} \boldsymbol{F}_x \\ \boldsymbol{F}_y \end{bmatrix} = \begin{bmatrix} k_{xx} & k_{xy} \\ k_{yx} & k_{yy} \end{bmatrix} \begin{bmatrix} \boldsymbol{x} \\ \boldsymbol{y} \end{bmatrix} + \begin{bmatrix} c_{xx} & c_{xy} \\ c_{yx} & c_{yy} \end{bmatrix} \begin{bmatrix} \dot{\boldsymbol{x}} \\ \dot{\boldsymbol{y}} \end{bmatrix}$$

式中 k_{xx}、k_{yy} 分别为 x、y 方向刚度系数；k_{xy}、k_{yx} 为交叉刚度系数；c_{xx}、c_{yy} 为 x、y 方向的阻尼系数；c_{xy}、c_{yx} 为交叉阻尼系数。有交叉项的原因是流体的力学性质所致。当流体承受一个方向的压力时，能向各个方向扩散。

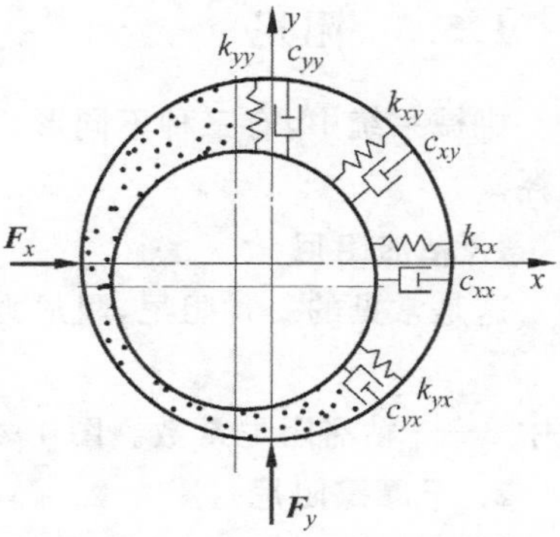

图 1-5　油膜轴承的简化形式

1.3.5　机械系统的力学模型

在建立机械系统的模型时，首先要根据组成元件的性质确定采用哪一种模型，同时还要依据机械运行的速度和所要解决的问题。同一个构件，在不同运动速度下，可以是刚体，也可以是弹性体；在需要研究的问题不同时，也有不同的处理方法。

例如，由一个旋转构件组成的旋转机械（离心机、鼓风机等），当它的运行速度不高而且轴间跨距不大时，可简化成如图 1-6(a)所示的刚性系统。当轴的长度比直径大得多，且运行速度较高时，轴的横向变形不可忽略，则可简化成如图 1-6(b)所示的离散质量系统。在需要研究轴承特性对系统的影响时，则应将轴承的力学特性引入动力学模型，如图 1-6(c)所示。如果整个机械安装在比较软的基础上，或要考虑基础对机械运行状态的影响时，还可建立如图 1-6(d)所示的动力学模型。

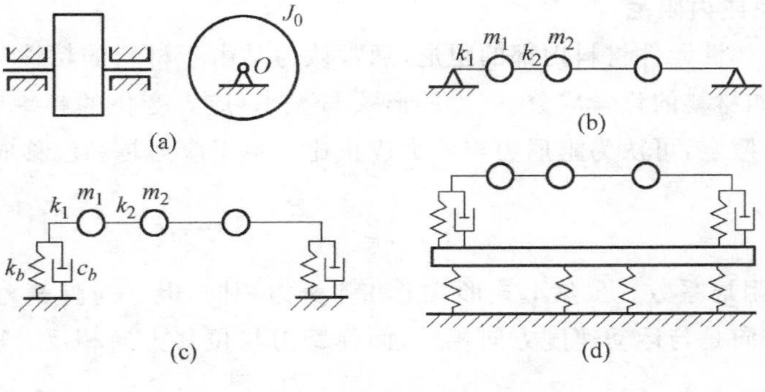

图 1-6　旋转机械的不同的力学模型

另一方面，机械系统中又往往包含着各种机构，例如凸轮、齿轮、连杆机构，根据这些机构的特点和运行速度也有不同的建模方法。关于此类问题将在以后各章中详细叙述。

关于系统的自由度问题，系统独立的动力学方程的数目与系统的自由度相等。系统的自由度数应等于确定该系统中各个质量的位置所需的独立的坐标数，因此系统的自由度与系统质量的数目有关，也与每个质量的约束条件有关。例如图 1-3(b)所示的弹性杆，如果用连续质量模型，则相当于无穷多个质点，其自由度为无穷多。当采用有限元模型时，可通过单元内假定的单元函数使自由度成为有限数量。确定一个质点的位置的独立坐标数，还与该质量约束条件有关。例如图 1-7(a)所示的质量 m，当它作平面运动时，其自由度为 2。若用一无质量的刚性杆与其固结，并只能绕 O 点运动，则 m 与 O 点的距离应保持为 l，这一个约束条件去掉了一个自由度，因此自由度下降为 1。图 1-7(b)所示的四杆机构，若不计各构件变形，则当其中某一构件如杆 AB 的转角确定后，其他构件的位置均能确定，故该系统在认为构件为刚体时，自由度为 1。若机构中某一构件，例如 BC 为弹性构件，系统的自由度将取决于用什么方法来处理 BC 杆的连续质量。可以用离散的集中质量模型，或用有限元方法等，使机械系统自由度数为有限数量。

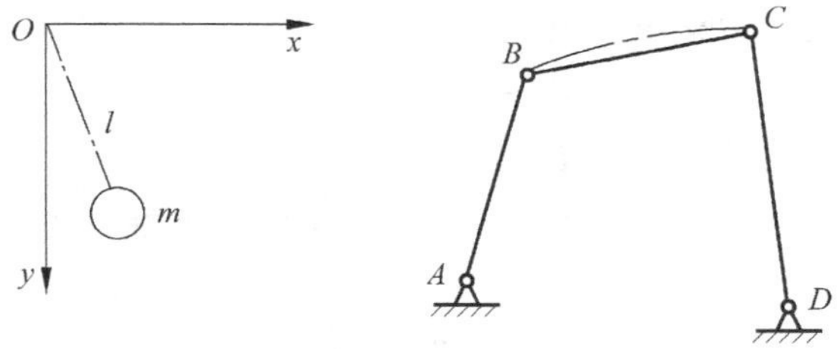

图 1-7 系统自由度示例

1.4 建立机械系统的动力学方程的原理与方法

系统的动力学方程又称为运动方程①，是建立系统的输入、系统的参数与系统的状态三者之间关系的数学表达式。它们是根据系统的动力学模型，应用基本的力学方程或原理建立的，通常是微分方程。常用于建立动力学方程的力学原理有牛顿第二定律、达朗贝尔原理、拉格朗日方程、凯恩方程。基于这些原理还有一些常用的建立系统动力学方程的方法，例如影响系数法，传递矩阵法，这些方法仍然是建立在基本力学原理之上。为了读者学习方便，本节将给出这些原理的数学式，介绍这些方法的基本概念。有关的推导和证明，读者可参阅力学书籍。

1.4.1 牛顿第二定律

一个质点的动力学方程为

$$\begin{cases}\dfrac{\mathrm{d}\boldsymbol{M}}{\mathrm{d}t}=\dfrac{\mathrm{d}(m\boldsymbol{v})}{\mathrm{d}t}=m\dfrac{\mathrm{d}\boldsymbol{v}}{\mathrm{d}t}=m\boldsymbol{a}\\ m\boldsymbol{a}=\boldsymbol{F}\end{cases}\tag{1-1}$$

式中 $\boldsymbol{M}$——质点动量；$\boldsymbol{v}$——质点速度；m——质点质量；t——时间；$\boldsymbol{F}$——作用力；$\boldsymbol{a}$——加速度。式(1-1)就是牛顿第二定律的表达式。

① 为了避免与运动学方程混淆，本书一律称为动力学方程。

作平面运动的刚体，相当于由许多质点组成的质点系。根据牛顿第二定律的表达式可推导出

$$\begin{cases} \boldsymbol{F} = m\boldsymbol{a}_s \\ \boldsymbol{T} = I_s\boldsymbol{\varepsilon} \end{cases} \tag{1-2}$$

式中 m——刚体质量；$\boldsymbol{a}_s$——刚体质心的加速度；$\boldsymbol{\varepsilon}$——刚体角加速度；I_s——刚体绕质心的转动惯量；$\boldsymbol{T}$——外力矩。

1.4.2　达朗贝尔原理

达朗贝尔原理(D'Alember's principle)从数学表达式上与牛顿第二定律没有多大区别，只是将式(1-2)中的右边移至左边，即

$$\boldsymbol{F} + (-m\boldsymbol{a}_s) = 0$$

$$\boldsymbol{T} + (-I_s\boldsymbol{\varepsilon}) = 0$$

但是当我们定义 $-m\boldsymbol{a}_s$ 为构件的惯性力，$-I_s\boldsymbol{\varepsilon}$ 为构件的惯性力矩后，达朗贝尔原理表达式为

$$\begin{cases} \sum \boldsymbol{F} = 0 \\ \sum \boldsymbol{T} = 0 \end{cases} \tag{1-3}$$

即刚体的外力(矩)与惯性力(矩)处于平衡状态，这给解决工程实际问题带来许多方便。

1.4.3　拉格朗日方程

具有完整理想约束的有 N 个广义坐标系统的拉格朗日方程(Lagrange's equation)的形式是

$$\frac{\mathrm{d}}{\mathrm{d}t}\left(\frac{\partial E}{\partial \dot{q}_r}\right) - \frac{\partial E}{\partial q_r} + \frac{\partial U}{\partial q_r} = Q_r \quad r = 1,2,\cdots,N \tag{1-4}$$

式中 q_r——第 r 个广义坐标；E——系统动能；U——系统的势能；Q_r——对第 r 个广义坐标的广义力。

对于 N 个自由度的系统有 N 个广义坐标，也相应地有 N 个方程。系统的独立运动方程数与自由度数相同。式(1-4)也可表示为

$$\frac{\mathrm{d}}{\mathrm{d}t}\left[\frac{\partial E}{\partial \dot{q}_r}\right] - \left[\frac{\partial E}{\partial q_r}\right] + \left[\frac{\partial U}{\partial q_r}\right] = [Q_r] \quad r = 1,2,\cdots,N \tag{1-5}$$

1.4.4　凯恩方程

上述经典力学原理与方程在解决许多动力学问题时都很有效，但用它们解决比较复杂的系统时，用达朗贝尔原理会将系统内无功的约束反力包含在方程内，要消去它们相当繁琐；用拉格朗日方程则需要建立动能、势能的表达式，并进行微分运算，也比较麻烦。凯恩方程(Kane's equations)则是将主动力和惯性力都转化到广义坐标中去，并证明它们在广义坐标中可同样应用达朗贝尔原理。其数学表达式是

$$\sum_{p=1}^{P} \boldsymbol{F}_{p}^{(r)} + \sum_{m=1}^{M} \boldsymbol{F}_{m}^{*(r)} = 0 \tag{1-6}$$

式中第一项为 P 个主动力对第 r 个广义坐标的广义力之和；第 2 项为 M 个惯性力对第 r 个广义坐标的广义惯性力之和；r 取 $1 \sim n$，n 为广义坐标数目。因此凯恩方程又称为广义坐标中的达朗贝尔原理。

1.4.5　影响系数法

在解决线性系统动力学问题时，影响系数法也是常用的一种方法。它可以使方程比较简单，适用于静力学和动力学分析。在进行动力学分析时，仍然用到前述的力学原理。现以图 1-8 所示的简支梁来说明影响系数的概念。

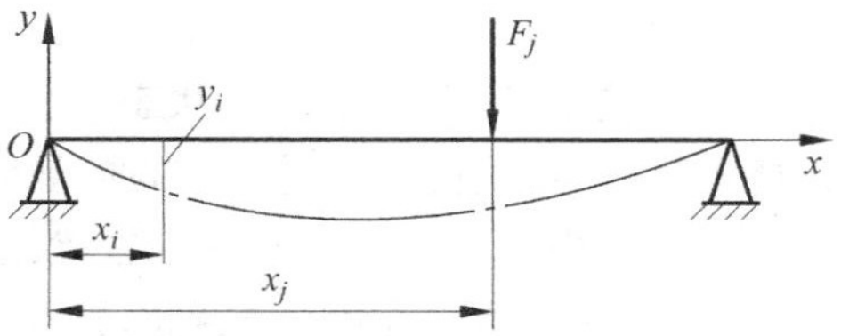

图 1-8　简支梁的影响系数

在图 1-8 中，设在 xOy 平面内 $x=x_j$ 处作用一力 F_j，它将使整个梁在 y 向产生弯曲变形。设在 $x=x_i$ 处变形为 y_i，在线性范围内它与作用力的大小成正比，即

$$y_i = \alpha_{ij} F_j$$

或

$$\alpha_{ij} = \frac{y_i}{F_i} \tag{1-7}$$

α_{ij} 定义为 j 对 i 的柔度影响系数，简称影响系数，它等于在 j 处的单位作用力在 i 处产生的变形量。如果将梁简化成有 n 个集中质量的系统，所有的影响系统将构成一个矩阵

$$\boldsymbol{\alpha}_{n\times n} = \begin{bmatrix} \alpha_{11} & \alpha_{12} & \cdots & \alpha_{1n} \\ \alpha_{21} & \alpha_{22} & \cdots & \alpha_{2n} \\ \vdots & & & \\ \alpha_{n1} & \alpha_{n2} & \cdots & \alpha_{nn} \end{bmatrix} \tag{1-8}$$

由于影响系数具有对称性，即 $\alpha_{ij}=\alpha_{ji}$，所以式(1-8)为一对称矩阵。

与影响系数有关的另一个有用的系数为刚度影响系数。设想在 $x=x_j$ 处有位移，则在其他各处必有弹性恢复力。x_i 处单位位移在其他各处的弹性恢复力称为刚度影响系数，即

$$k_{ij} = \frac{F_j}{y_i} \tag{1-9}$$

刚度影响系数形成矩阵 $\boldsymbol{K}_{n\times n}$，它与柔度影响系数的关系是

$$\boldsymbol{K} = \boldsymbol{\alpha}^{-1}$$

或

$$\boldsymbol{\alpha} = \boldsymbol{K}^{-1} \tag{1-10}$$

当系统中有 m 个力作用时，根据线性系统的叠加原理，在 x_i 处的总变形将等于每个力 $F_j(j=1,2,\cdots,m)$ 单独作用时，所产生的变形之和，故有

$$y_i = \sum_{j=1}^{m} \alpha_{ij} F_j \tag{1-11}$$

如果把质量运动产生的惯性力也计入作用力 F_j 中，则式(1-11)中将包含与运动状态有关的加速度。因此式(1-11)便是系统动力学方程。

1.4.6　传递矩阵法

传递矩阵法是建立离散系统动力学方程的有效方法(也可用于解决静力学问题)。这是因为对于大型复杂系统，离散后质点很多。如果直接用达朗贝尔原理或拉格朗日方程，势必使矩阵方程的阶数很高，引起计算的困难。传递矩阵法是将各质量的状态参数(包括力参数和运动参数)包含在一个向量中，这个向量称为状态向量，然后利用力学原理建立状态向量间的关系矩阵(传递矩阵)。系统内各质量的状态向量均可通过这些传递矩阵联系起来，而矩阵的阶数仅与状态向量中元素的数量有关。这就大大降低了矩阵的阶数，降低了建立动力学方程的难度。具体的方法将在以后有关章节中详细讲述。

1.5　动力学方程的求解方法

通常情况下，系统的动力学方程为二阶微分方程或方程组，它们可能是线性的，也可能是非线性的。在研究连续系统时，系统方程是偏微分方程。数学上求解微分方程的方法，均可用来求解动力学方程。在此只给出计算方法的基本公式，需要详细了解的可参阅本书第 8 章或其他书籍。

设微分方程为

$$\frac{\mathrm{d}y}{\mathrm{d}t} = f(t, y) \tag{1-12}$$

在简单的情况下，如果函数 f 中不含 y，且 f 为可积分的函数，则由式(1-12)可直接求出解析解。然而在多数情况下，要得到解析解是困难的，因此要用数值方法求解。不过用数值解法只能求出在某一初始条件下的解。数值求解的方法很多，在此仅给出几种基本的求解方法，其他方法可参考有关书籍。

1.5.1　欧拉法

如果要求出式(1-12)在初始条件 $t=0, y=y_0$ 时的解，欧拉(Euler)法是最简单的一种方法。欧拉法不仅计算简单，而且几何意义十分清晰。若用泰勒(Taylor)展开式，将 y 在 $t=t_i$ 附近展开，可得

$$y(t_i + h) \approx y(t_i) + hy'(t_i) + \cdots + \frac{h^P}{P!} y^{(P)}(t_i) \tag{1-13}$$

欧拉法只取泰勒展开式的前两项，计算公式为

$$y_{i+1} = y_i + hf(t_i, y_i) \quad i = 0,1,2,\cdots \tag{1-14}$$

即

$$\begin{cases} y_1 = y_0 + hf(t_0, y_0) \\ y_2 = y_1 + hf(t_1, y_1) \\ \vdots \end{cases}$$

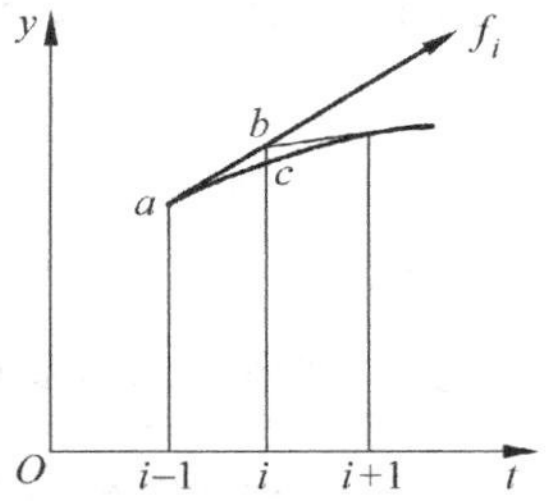

图 1-9 欧拉法的几何解释

式中 h——数值计算所取的步长。图 1-9 为欧拉法的几何解释,它是以步长区间内起始点的斜率代表整个区间的斜率进行计算,并以折线$\overline{ab}$作为曲线 ac 的近似解。由于欧拉法只取泰勒展开式的前两项,因而计算精度低。截断误差数量级为步长 h 的平方,记为$O(h^2)$,称为一阶方法。

为了提高精度,可以在泰勒展开式中多取几项,然而直接用式(1-13)需要计算高阶导数,是不方便的。龙格-库塔法是根据泰勒展开式推导出的数值计算精度较高的方法。

1.5.2 龙格-库塔法

龙格-库塔(Runger-Kutta)法可理解为步长区间内取 v 个点的导数值进行加权平均,以这个加权平均值 f_i 作为整个区间导数进行计算。即

$$y_{i+1} = y_i + hf_i$$

$$f_i = \frac{\sum_{p=1}^{v} w_p f_p}{\sum_{p=1}^{v} w_p} \tag{1-15}$$

式中 w_p——加权因子; v——所取点的数目,它代表方法的阶数。

取 $v=2$,则对应二阶龙格-库塔法,计算公式为

$$f_1 = f(t_i, y_i)$$

$$f_2 = f(t_i + h, y_i + hf_1)$$

$$f_i = \frac{1}{2}(f_1 + f_2)$$

计算公式为

$$y_{i+1} = y_i + \frac{h}{2}[f(t_i, y_i) + f(t_i + h, y_i + hf_i)] \tag{1-16}$$

式(1-16)又称为改进的欧拉公式。二阶龙格-库塔法也有其他形式,它们的精度均为$O(h^3)$。

四阶龙格-库塔法,即 $v=4$,计算公式为

$$\begin{cases} f_1 = f(t_i, y_i) \\ f_2 = f\left(t_i + \frac{h}{2}, y_i + \frac{h}{2} f_1\right) \\ f_3 = f\left(t_i + \frac{h}{2}, y_i + \frac{h}{2} f_2\right) \\ f_4 = f(t_i + h, y_i + hf_3) \end{cases}$$

加权因子分别为 $w_1=1, w_2=2, w_3=2, w_4=1$，于是有

$$f_i = \frac{1}{6}(f_1 + 2f_2 + 2f_3 + f_4)$$

计算公式为

$$y_{i+1} = y_i + \frac{h}{6}(f_1 + 2f_2 + 2f_3 + f_4) \tag{1-17}$$

四阶龙格-库塔法的截断误差为 $O(h^5)$。这样的精度，对处理一般工程问题是足够的。

1.5.3　微分方程组与高阶微分方程的解法

高阶微分方程可以转化成一阶微分方程组。设 m 阶的微分方程如下：

$$y^{(m)} = f(t, y, y', y'', \cdots, y^{(m-1)})$$

令

$$y = y_1, y' = y_2, y'' = y_3, \cdots, y^{(m-1)} = y_m$$

于是得到含 m 个一阶微分方程的方程组

$$\begin{cases} y_1' = y_2 \\ y_2' = y_3 \\ \quad\vdots \\ y_m' = f(t, y_1, y_2, \cdots, y_m) \end{cases} \tag{1-18}$$

对于多自由度系统，运动方程显然是一组微分方程，一般是二阶微分方程，可用上述方法转化成一阶方程组。

微分方程组同样可用龙格-库塔法来求数值解。设一阶微分方程组的问题表达式为

$$y_s' = f_s(t, y_1, y_2, \cdots, y_n) \quad s = 1, 2, \cdots, n$$

初始条件为 $t=t_0, y_s=y_s(t_0)$。

n 个联立方程的四阶龙格-库塔公式为

$$\begin{cases} y_{si+1} = y_{si} + \frac{h}{6}(k_{s1} + 2k_{s2} + 2k_{s3} + k_{s4}) \\ k_{s1} = f_s(t_i, y_{1i}, y_{2i}, \cdots, y_{ni}) \\ k_{s2} = f_s\left(t_i + \frac{h}{2}, y_{1i} + \frac{h}{2}k_{11}, y_{2i} + \frac{h}{2}k_{21}, \cdots, y_{ni} + \frac{h}{2}k_{n1}\right) \\ k_{s3} = f_s\left(t_i + \frac{h}{2}, y_{1i} + \frac{h}{2}k_{12}, y_{2i} + \frac{h}{2}k_{22}, \cdots, y_{ni} + \frac{h}{2}k_{n2}\right) \\ k_{s4} = f_s(t_i + h, y_{1i} + k_{13}, y_{2i} + hk_{23}, \cdots, y_{ni} + hk_{n3}) \end{cases} \tag{1-19}$$

1.5.4　矩阵形式的动力学方程

对于离散系统或有限元模型，动力学方程常表示成矩阵的形式：

$$\boldsymbol{M}\ddot{\boldsymbol{y}} + \boldsymbol{K}\boldsymbol{y} = \boldsymbol{F} \tag{1-20}$$

对于线性系统，$\boldsymbol{M}$、$\boldsymbol{K}$ 分别为质量矩阵、刚度矩阵，它们是常数矩阵；$\boldsymbol{F}$ 为力向量，通常是时间 t 的函数。对于此类方程如果力向量为零，属于齐次方程，可通过求特征方程的特征值和特征向量来求方程的全解。如果力向量不为零，属于非齐次方程，需根据力的特性求出方程的一个特解，方程的全解为齐次方程的全解与非齐次方程特解之和。

在进行动力学计算时,应特别注意量纲和单位问题。用 M、L、T、F 分别表示质量、长度、时间和力,它们的量纲关系是

$$F = M(L/T^2)$$

我们推荐在动力学计算中采用国际单位制(即 SI 制,SI 为法文缩写,Système International d'Unites),这样可以避免许多不必要的麻烦和错误。

在国际单位制中,长度用米(m),质量用千克(kg),时间用秒(s),力用牛顿(N)。

1.6 机械动力学实验与仿真研究

实验是研究机械动力学问题不可缺少的环节。这一方面是因为影响机械动力学特性的因素很多,力学模型正确与否,往往要通过实验来验证。另一方面,建立模型中所用到的系统参数(例如阻尼系数等)往往也需要通过实验的方法来测定。

机械动力学实验可分为两类:一类是直接测量机械系统的动力学性能,例如测量振动、噪声、效率等;另一类是为了机械设计和建立动力学模型而需要测定系统参数或元件的性能,例如测定构件的质量、转动惯量、系统的阻尼、油膜轴承的刚度、阻尼系数等。有些系统的参数还需根据系统或实验装置的动力学特性来确定,这一类的研究又称为参数识别(parameter identification)。

典型的实验系统由图 1-10 所示的几个部分组成。

传感器是把系统中的状态量转换成可测量和记录的量的敏感元件。机械动力学状态量主要是位移、速度、加速度、力、力矩等,因此相应地有位移传感器、速度传感器、加速度传感器、力传感器等。这些传感器可以基于机械、电学、光学等原理制成,种类很多,在选用时,要考虑它们的分辨率、灵敏度、测量范围、安装方式等因素。

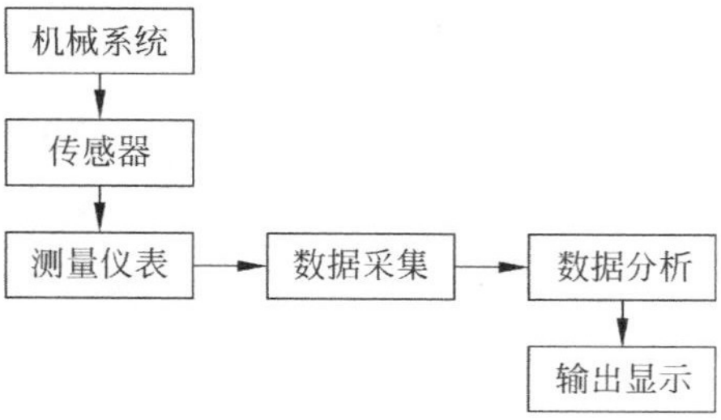

图 1-10 实验系统框图

测量仪表或称二次仪表的主要功能是对传感器的信号进行放大、滤波,以得到所要求的信号。

最原始的数据采集和数据分析方法是由人来记录、进行分析。然而在许多实际过程中,例如分析一个振动周期内的运动,记录一个瞬态过程,是人力所不及的,因此发展了诸如磁带记录仪、X-Y 记录仪等仪器。现代计算机技术突飞猛进,使得实验仪器的自动化程度越来越高,而且发展了许多以计算机为基础的虚拟系统(virtual instrumentation)用于科学研究、系统的运行状态监测、故障记录、故障分析、诊断和预报,这些技术的发展为

动力学进一步的研究创造了极为有利的条件。

综上所述，机械动力学的分析与研究过程可用图 1-11 所示的框图来表示。

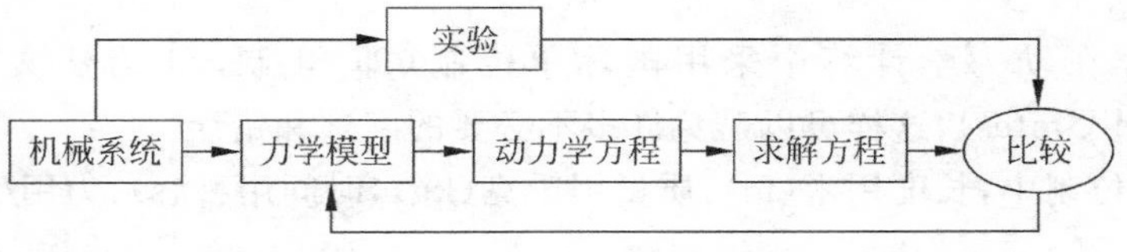

图 1-11 解决动力学问题的过程框图

由于理论模型与实际系统的差异，一般情况下二者所得结果不可能完全一致。如果差别过大，超过允许范围，则需要分析原因。造成差别的原因是多方面的，可能有简化模型中遗漏的元素、模型中所用参数的准确性、计算方法的误差、测量点的位置、仪器精确度等。需要根据具体情况进行分析和判断，必要时还要修改模型，进行再分析，以便得到更符合实际情况的模型。正确的系统模型对于解决系统参数设计、系统实现预期要求、系统运行状态监测以及故障诊断等问题是非常重要的。

应该指出，由于计算机的广泛应用和计算机软件的日臻完善，一些软件(如 ADAMS，ProIE，ABAQUS 等)是进行仿真研究的很有效的工具。但是在建立力学模型、确定模型参数、对结果进行解释和判断结果正确性方面，仍然需要人来完成。因此，有关机械系统动力学的基本概念和分析设计的基本原理与方法仍然是需要牢固掌握的。

本章介绍了机械系统动力学所研究的问题及其在工程实际问题中的应用；以解决动力学问题的过程为线索，介绍了建立系统的力学模型、动力学方程以及方程求解的基本原理与方法，着重于基本概念的阐述。这些内容是学习本书其他部分的基础。

第 2 章　刚性机械系统动力学

2.1　概　　述

机械系统动力学分析的任务是建立系统的参数与作用于系统中的外力和系统运动状态之间的关系。这种关系可用来解决在已知外力作用下，系统中各构件的运动、各构件的受力等正向动力学问题，也可用于求出为得到某种规律的运动，应向系统施加的外力等逆向动力学问题。在本章的分析中，对系统进行了如下简化：

(1) 不考虑构件的弹性变形，认为构件是绝对刚体；

(2) 不考虑运动副中的间隙，认为运动副中密切接触；

(3) 不计构件尺寸的加工误差，认为构件尺寸完全准确；

(4) 不考虑运动副中摩擦力的影响。

在进行机构运动学分析时，首先假定主动件的运动规律，然后根据已知的主动件运动规律，分析其他构件的运动。但是，如何确定主动件的运动呢？主动件是由某种原动机如电动机、内燃机或水力机械等驱动的。这些驱动力本身有其特性，它们可能是常数，或者是某种变量的函数。此外，在机械系统中还存在工作阻力、重力等外力。从机械系统本身来说，每个构件都具有一定的质量、转动惯量，这些因素综合起来决定了机械系统的主动件及所有构件的运动规律。因此只有对系统进行动力学分析才能确定机械真实的运动和各构件受力状态。从另一方面来说，动力学分析是解决系统惯性参数设计及确定控制力矩的基础。例如，为了满足不均匀系数的要求，确定应加的飞轮的惯量或实现某种运动规律的外加力矩等。

2.2　单自由度机械系统的动力学模型

在描述一机械系统的运动状态时，我们固然可以把各构件分开来考虑，如图 2-1 所示的四杆机构，每一个构件的运动可用质心在直角坐标 xOy 中的位置 x_i，y_i 和构件转角 φ_i 来描述。基于这种描述方法，可以按构件分别建立它们的动力学方程。然而由于各构件之间的约束反力将包含在方程中，当构件数多时这种方法显得十分繁琐。对于单自由度系统，例如图 2-1 所示的四杆机构，各构件运动均由主动件 1 的运动来确定，所以可把四杆机构中曲柄转角 φ_1 定义为广义坐标 q_1，应用式(1-4)所表示的拉格朗日方程来建立系统的动力学方程。如果机构中存在作直线移动的构件，也可将广义坐标选择为直线移

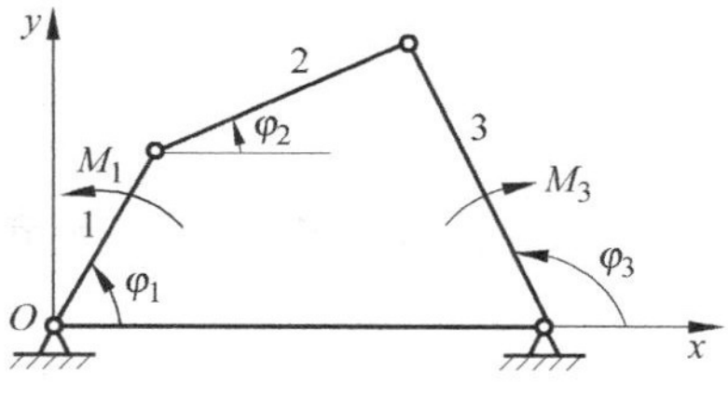

图 2-1　四杆机构简图

动构件的位移。

对于单自由度系统，拉格朗日方程只有一个，即

$$\frac{\mathrm{d}}{\mathrm{d}t}\left(\frac{\partial E}{\partial \dot{q}_1}\right)-\frac{\partial E}{\partial q_1}+\frac{\partial U}{\partial q_1}=M_1 \tag{2-1}$$

2.2.1　系统的动能

设系统中有 m 个活动构件，系统的总动能为

$$E=\frac{1}{2}\sum_{i=1}^{m}[m_i(\dot{x}_i^2+\dot{y}_i^2)+J_i\dot{\varphi}_i^2]$$

式中 m_i——第 i 个构件的质量；J_i——该构件绕质心的转动惯量；x_i 和 y_i——第 i 个构件质心的坐标；φ_i——该构件的转角；“·”表示对时间的导数。它们都是广义坐标 q_1 的函数，即

$$\begin{cases}x_i=x_i(q_1)\\ y_i=y_i(q_1)\\ \varphi_i=\varphi_i(q_1)\end{cases}$$

所以有

$$\begin{cases}\dot{x}_i=\dfrac{\mathrm{d}x_i(q_1)}{\mathrm{d}q_1}\dot{q}_1\\ \dot{y}_i=\dfrac{\mathrm{d}y_i(q_1)}{\mathrm{d}q_1}\dot{q}_1\\ \dot{\varphi}_i=\dfrac{\mathrm{d}\varphi_i(q_1)}{\mathrm{d}q_1}\dot{q}_1\end{cases} \tag{2-2}$$

由上式可得

$$\frac{\mathrm{d}x_i(q_1)}{\mathrm{d}q_1}=\frac{\dot{x}_i}{\dot{q}_1},\quad \frac{\mathrm{d}y_i(q_1)}{\mathrm{d}q_1}=\frac{\dot{y}_i}{\dot{q}_1},\quad \frac{\mathrm{d}\varphi_i(q_1)}{\mathrm{d}q_1}=\frac{\dot{\varphi}_i}{\dot{q}_1}$$

式中$\dfrac{\mathrm{d}x_i(q_1)}{\mathrm{d}q_1}$，$\dfrac{\mathrm{d}y_i(q_1)}{\mathrm{d}q_1}$和$\dfrac{\mathrm{d}\varphi_i(q_1)}{\mathrm{d}q_1}$在机构学中称为类速度。如果定义$\dot{q}_1$ 为广义速度，则由式(2-2)可知类速度也等于速度对广义速度的一阶导数，即

$$\begin{cases}\dfrac{\mathrm{d}\dot{x}_i}{\mathrm{d}\dot{q}_1}=\dfrac{\mathrm{d}x_i(q_1)}{\mathrm{d}q_1}\\ \dfrac{\mathrm{d}\dot{y}_i}{\mathrm{d}\dot{q}_1}=\dfrac{\mathrm{d}y_i(q_1)}{\mathrm{d}q_1}\\ \dfrac{\mathrm{d}\dot{\varphi}_i}{\mathrm{d}\dot{q}_1}=\dfrac{\mathrm{d}\varphi_i(q_1)}{\mathrm{d}q_1}\end{cases}$$

在以下的讨论中，为了表达方便，用 u_{ki} 表示类速度，i 为构件编号，k 表示 x、y 或 φ。用类速度表示的动能为

$$E=\frac{\dot{q}_1^2}{2}\sum_{i=1}^{m}(m_iu_{xi}^2+m_iu_{yi}^2+J_iu_{\varphi i}^2)$$

令
$$J_{e1} = \sum_{i=1}^{m}(m_i u_{xi}^2 + m_i u_{yi}^2 + J_i u_{\varphi i}^2) \tag{2-3}$$
则
$$E = \frac{1}{2} J_{e1}\, \dot{q}_1^2 \tag{2-4}$$

我们把 J_{e1} 叫做等效转动惯量。对于单自由度系统，由于类速度 $u_{ki}(k=x,y,\varphi)$ 与 $\dot{q}_1$ 的绝对值无关，它们可以由运动学分析结果得出，因此 J_{e1} 可以在动力学分析前确定。一般情况下，当系统中存在有周期性运动的构件时，J_{e1} 是机构位置的函数。等效转动惯量实质上是在动能相等的前提下，把系统各构件的质量(转动惯量)等效成一个构件，称为等效构件，广义坐标与其固结。它可以是转动构件，也可以是移动构件。等效转动惯量变化的物理意义是代表由于系统本身固有的运动特性引起的系统动能的变化。这种变化与实际机械中的变质量系统如火箭、自卸卡车等具有不同性质，不可混同起来，也不能用 J_e 去计算系统的动量或与动能不同的其他物理量。

2.2.2 广义力矩的计算

当广义坐标为 φ_1 时，广义力矩为 M_1。若在机构上作用有 P 个外力和 L 个外力矩，则有

$$M_1\, \dot{q}_1 = \sum_{p=1}^{P}(F_{xp} v_{xp} + F_{yp} v_{yp}) + \sum_{l=1}^{L} M_l \omega_l$$
$$M_1 = \sum_{p=1}^{P}(F_{xp} u_{xp} + F_{yp} u_{yp}) + \sum_{p=1}^{L} M_l u_{\varphi l} \tag{2-5}$$

式中 v_{xp}，v_{yp}——着力点速度在 x，y 方向的分量；F_{xp}、F_{yp}——作用外力在 x，y 方向的分量；ω_l——外力矩 M_l 作用于构件的角速度；u_{xp}，u_{yp}，$u_{\varphi l}$——相应的类速度。

2.2.3 动力学方程

在不考虑系统势能变化的情况下，单自由度系统的动力学方程可通过把式(2-4)、(2-5)代入式(2-1)而得到。

$$\frac{\partial E}{\partial \dot{q}_1} = J_{e1}\, \dot{q}_1$$
$$\frac{\mathrm{d}}{\mathrm{d}t}(J_{e1}\, \dot{q}_1) = J_{e1} \frac{\mathrm{d}\dot{q}_1}{\mathrm{d}t} + \dot{q} \frac{\mathrm{d}J_{e1}}{\mathrm{d}q_1} \frac{\mathrm{d}q_1}{\mathrm{d}t} = J_{e1} \frac{\mathrm{d}\dot{q}_1}{\mathrm{d}t} + \dot{q}_1^2 \frac{\mathrm{d}J_{e1}}{\mathrm{d}q_1}$$
$$\frac{\partial E}{\partial q_1} = \frac{1}{2}\, \dot{q}_1^2 \frac{\mathrm{d}J_{e1}}{\mathrm{d}q_1}$$

所以有

$$J_{e1} \frac{\mathrm{d}\dot{q}_1}{\mathrm{d}t} + \frac{1}{2}\, \dot{q}_1^2 \frac{\mathrm{d}J_{e1}}{\mathrm{d}q_1} = M_1$$

这就是单自由度系统的动力学微分方程。由于单自由度系统只有一个广义坐标，在书写时可省略下标“1”，于是有

$$\begin{cases}\dfrac{\mathrm{d}\dot{q}}{\mathrm{d}t}=\dfrac{1}{J_e}\left(M-\dfrac{1}{2}\dot{q}^2\dfrac{\mathrm{d}J_e}{\mathrm{d}q}\right)\\ \dfrac{\mathrm{d}q}{\mathrm{d}t}=\dot{q}\end{cases}\tag{2-6}$$

或

$$\begin{cases}\dfrac{\mathrm{d}\dot{q}}{\mathrm{d}\varphi}=\dfrac{1}{J_e\dot{q}}\left(M-\dfrac{1}{2}\dot{q}^2\dfrac{\mathrm{d}J_e}{\mathrm{d}q}\right)\\ \dfrac{\mathrm{d}q}{\mathrm{d}t}=\dot{q}\end{cases}\tag{2-7}$$

单自由度刚性机械系统的力学模型如图 2-2 所示，图(a)为选择转动构件为等效构件时的模型，图(b)为选择移动构件为等效构件时的模型。

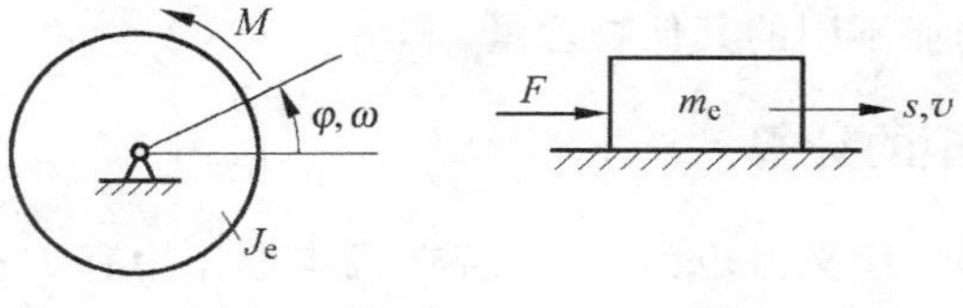

图 2-2　单自由度机械系统的等效动力学模型

2.3　不同情况下单自由度系统的动力学方程及其求解方法

式(2-6)和式(2-7)表达的是单自由度系统动力学微分方程的一般形式，在不同情况下有不同的求解方法，主要取决于等效力矩和等效转动惯量变化与否。在简单情况下，可得出解的解析式，对于复杂情况，需要用数值解法。

常遇到的典型情况有以下几种。

2.3.1　等效转动惯量和广义力矩均为常数

全部由绕定轴转动的构件组成的旋转机械在制动力矩作用下的停车过程便属于这种情况，其简化的力学模型如图 2-3 所示。设机械的等效转动惯量为 J_e，制动力的广义力矩为 M_T，选择等效构件的转角 φ 为广义坐标，得

$$\begin{cases}\dfrac{\mathrm{d}\omega}{\mathrm{d}t}=-\dfrac{M_T}{J_e}\\ \dfrac{\mathrm{d}\varphi}{\mathrm{d}t}=\omega\end{cases}\tag{2-8}$$

若初始条件为 $t=0,\omega=\omega_0,\varphi=\varphi_0$，其解为

$$\omega=\int_0^t-\frac{M_T}{J_e}\mathrm{d}t=\omega_0-\frac{M_T}{J_e}t\tag{2-9}$$

$$\varphi=\int_0^t\omega\mathrm{d}t=\int_0^t\left(\omega_0-\frac{M_T}{J_e}t\right)\mathrm{d}t=\omega_0t-\frac{1}{2}\frac{M_T}{J_e}t^2+\varphi_0\tag{2-10}$$

式(2-9)、(2-10)表达的是已知系统参数和制动力矩时，求解的制动过程中的机构运动规律，属于正向动力学问题，解出的结果与初始条件有关。如果要求解在设定时间 t_r 内，使机械完全停止所需的制动力矩，则属于逆向动力学问题，所得的结果仍然与初始条件有关。因此在解动力学问题时，初始条件的设定是很重要的。

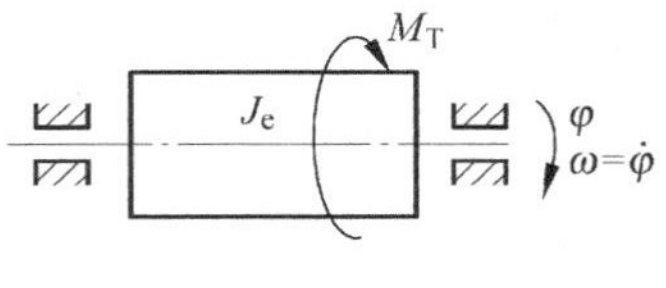

图 2-3 旋转机械制动过程中的力学模型

2.3.2 等效转动惯量为常数，广义力矩是机构位置的函数

如图 2-4 所示的电磁铁机构，当电磁铁通电后，杆件的运动规律可由动力学方程求出。

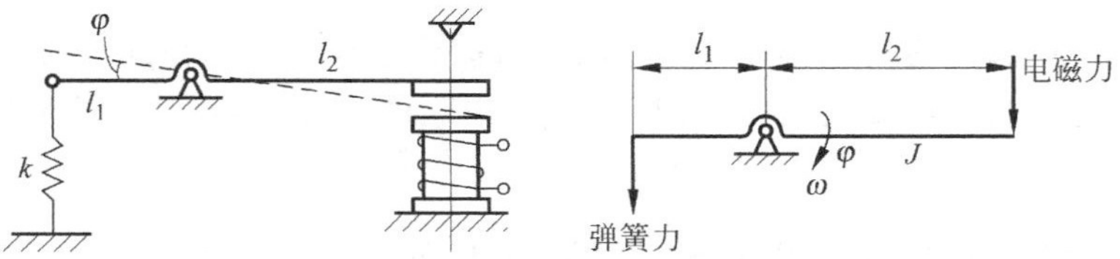

图 2-4 电磁铁驱动机构及其力学模型

选 φ 角为广义坐标，ω 为转动角速度，设杠杆转动惯量为 J，k 为弹簧刚度系数，假定 φ 不是很大，作用于其上的广义力矩可表示为：

$$M = a - kl_1^2\varphi = a - b\varphi$$

式中 a——电磁力产生的力矩；$b=kl_1^2$。由于广义力矩是角位移的函数，在此用式(2-7)比较方便。机构的动力学方程为

$$\begin{cases}\dfrac{d\omega}{d\varphi} = \dfrac{1}{J\omega}(a - b\varphi) \\ \dfrac{d\varphi}{dt} = \omega\end{cases} \tag{2-11}$$

设初始条件为 $t=0, \omega_0=0, \varphi_0=0$，角速度的运动规律可由式(2-11)中的第一个方程解出：

$$\omega d\omega = \frac{1}{J}(a - b\varphi)d\varphi$$

$$\frac{1}{2}\omega^2 = \frac{1}{J}\left(a\varphi - \frac{b}{2}\varphi^2\right) + c_1$$

在上述初始条件下 $c_1=0$，所以有

$$\omega = \sqrt{\frac{2}{J}\left(a\varphi - \frac{b}{2}\varphi^2\right)} = \sqrt{\frac{b}{J}\left(\frac{2a}{b}\varphi - \varphi^2\right)} \tag{2-12}$$

求解角位移运动规律时，由式(2-11)第二个方程得

$$dt = \frac{d\varphi}{\omega} = \frac{d\varphi}{\sqrt{\dfrac{b}{J}\left(\dfrac{2a}{b}\varphi - \varphi^2\right)}}$$

两边积分得

$$t=\sqrt{\frac{J}{b}}\int\frac{\mathrm{d}\varphi}{\sqrt{\frac{2a}{b}\varphi-\varphi^2}}=\sqrt{\frac{J}{b}}\left[\arccos\left(1-\frac{b\varphi}{a}\right)\right]+c_2$$

在设定的初始条件下 $c_2=0$，故有

$$\cos\sqrt{\frac{b}{J}}t=1-\frac{b\varphi}{a}$$

$$\varphi=\left(1-\cos\sqrt{\frac{b}{J}}t\right)\frac{a}{b} \tag{2-13}$$

式(2-12)和(2-13)表示该机构角位移和角速度的运动规律。

此类机构可用作某种控制机构，通过这种分析可得出杠杆到达某一特定位置所需的时间，这对了解该机构的工作状况或设计机构的参数很有用处。在此没有考虑电磁力在通电过程中的变化，在需要精确分析时，若要考虑它的变化，则需要建立机-电耦合的分析模型。

2.3.3 等效转动惯量为常数，广义力矩为速度的函数

在用电动机驱动的系统中，驱动力矩是角速度 ω 的函数。它们之间的关系可近似用某种函数式来表达。例如三相交流异步电机，驱动力矩可表示为

$$M_{\mathrm{d}}=a_1+a_2\omega \tag{2-14}$$

或

$$M_{\mathrm{d}}=a+b\omega+c\omega^2 \tag{2-15}$$

式中 a_1，a_2 或 a，b，c 可由电机的机械特性(如图 2-5 所示)中的最大力矩 M_{m}、额定力矩 M_{H} 和同步转动时的力矩 M(图中为 0)及相应的角速度 ω_{m}，ω_{H} 和 ω_0 的值求出。

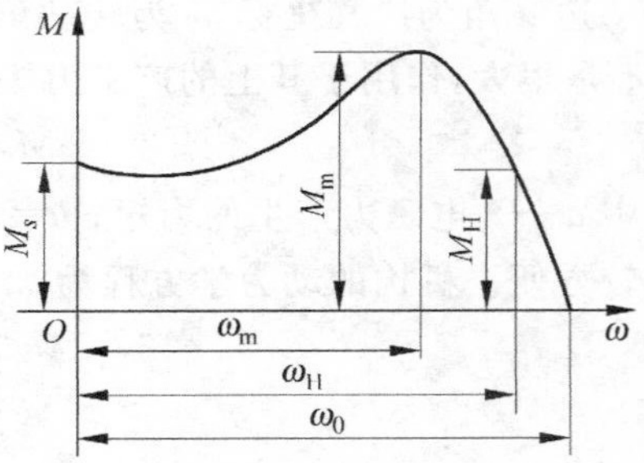

图 2-5　三相交流异步电机的机械特性

在这种系统中，如果等效转动惯量 J_{e} 和阻力矩 M_{r} 均为常数，驱动力矩取式(2-15)，选择主动件转角为广义坐标，系统的动力学方程为

$$\begin{cases}\dfrac{\mathrm{d}\omega}{\mathrm{d}t}=\dfrac{1}{J_{\mathrm{e}}}[M(\omega)]=\dfrac{1}{J_{\mathrm{e}}}(a+b\omega+c\omega^2-M_{\mathrm{r}})\\[2mm]\dfrac{\mathrm{d}\varphi}{\mathrm{d}t}=\omega\end{cases}$$

这仍然是一种可得到求积形式解的微分方程，即

$$\mathrm{d}t=\frac{J_{\mathrm{e}}\mathrm{d}\omega}{(a_1+b\omega+c\omega^2)}$$

式中 $a_1=a-M_{\mathrm{r}}$，积分得

$$t-t_0=J_{\mathrm{e}}\int_{\omega_0}^{\omega}\frac{\mathrm{d}\omega}{a_1+b\omega+c\omega^2}$$

当 $b^2-4a_1c<0$ 时，则有

$$t = t_0 + \frac{2J_e}{\sqrt{4a_1c - b^2}}\arctan\frac{2c\omega + b}{\sqrt{4a_1c - b^2}}\Bigg|_{\omega_0}^{\omega} \tag{2-16}$$

当 $b^2 - 4a_1c > 0$ 时，则有

$$\begin{aligned} t &= t_0 + \frac{J_e}{\sqrt{b^2 - 4a_1c}}\ln\frac{2c\omega + b - \sqrt{b^2 - 4a_1c}}{2c\omega + b + \sqrt{b^2 - 4a_1c}}\Bigg|_{\omega_0}^{\omega} \\ &= t_0 + \frac{J_e}{\sqrt{b^2 - 4ac}}\left[\ln\frac{2c\omega + b - \sqrt{b^2 - 4ac}}{2c\omega + b + \sqrt{b^2 - 4ac}} \times \frac{2c\omega_0 + b + \sqrt{b^2 - 4ac}}{2c\omega_0 + b - \sqrt{b^2 - 4ac}}\right] \end{aligned} \tag{2-17}$$

例 2-1 起重机专用三相异步电机，其机械特性如图 2-6 所示。设未吊起重物时，电机的角速度 $\omega_0 = 100\ \mathrm{s^{-1}}$，起吊重物在电机轴上的等效力矩为 100 N·m，以电机轴的转角为广义坐标，考虑重物在内的等效转动惯量 $J_e = 1\ \mathrm{kg \cdot m^2}$，求起吊过程中电机轴的运动规律。

设用抛物线来近似电机的机械特性。由机械特性曲线中三个已知点的坐标 $\omega = 0$，$M = 145$ N·m；$\omega = 52\ \mathrm{s^{-1}}$，$M = 100$ N·m；$\omega = 100\ \mathrm{s^{-1}}$，$M = 10$ N·m，按抛物线近似的电机驱动力矩函数为

$$M_d = 145 - 0.3404\omega - 0.0101\omega^2$$

广义力矩为

$$M = 45 - 0.3404\omega - 0.0101\omega^2$$

因为 $b^2 - 4a_1c = 0.3404^2 + 4 \times 45 \times 0.0101 = 1.934 > 0$，故用式(2-17)计算。

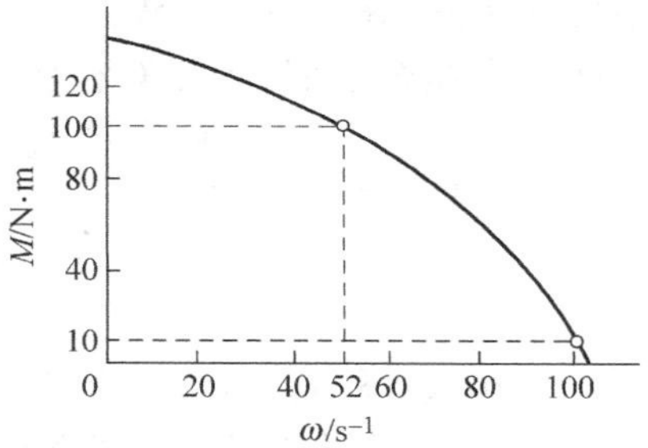

图 2-6 起重机专用三相异步电机机械特性图

$$\begin{aligned} t &= t_0 + \frac{J}{\sqrt{b^2 - 4a_1c}}\left|\ln\frac{2c\omega + b - \sqrt{b^2 - 4a_1c}}{2c\omega + b + \sqrt{b^2 - 4a_1c}}\right|_{\omega_0}^{\omega} \\ &= \frac{1}{\sqrt{1.934}}\left\{\left|\ln\frac{-0.0202\omega - 0.34 - \sqrt{1.934}}{-0.0202\omega - 0.34 + \sqrt{1.934}}\right| - \left|\ln\frac{-0.0202 \times 100 - 0.34 - \sqrt{1.934}}{-0.0202 \times 100 - 0.34 + \sqrt{1.934}}\right|\right\} \\ &= 0.719\left\{\ln\frac{-0.0202\omega - 1.7307}{-0.0202\omega + 1.0507} - 1.353\right\} \end{aligned}$$

起动过程中的运动规律为

$$\omega = \frac{1.507e^{1.3907t+1.353} + 1.730}{0.0202(e^{1.3907t+1.352} - 1)}$$

图 2-7 表示运动过程中电机轴角速度的变化过程。由 ω 的表达式不难得出，稳定时的角速度 $\omega_{稳定}=\dfrac{1.0507}{0.0202}=52\ \mathrm{s}^{-1}$。从物理概念上讲，此时阻力矩的值与驱动力矩相同。

图 2-7 中的曲线明显表示出在起动时，由于阻力矩 $M_r=100\ \mathrm{N\cdot m}$，大于此时的驱动力矩 $10\ \mathrm{N\cdot m}$，因此角速度下降，直到二者趋于相等，从理论上讲达到二者完全相同的时间为无限大。在此读者可思考如下两个问题：

(1) 如果传动系统转动惯量加大，起动过程的运动规律将如何改变？$\omega_{稳定}$ 是否变化？

(2) 如果起吊重物的重量增加，运动规律如何改变？$\omega_{稳定}$ 是否变化？

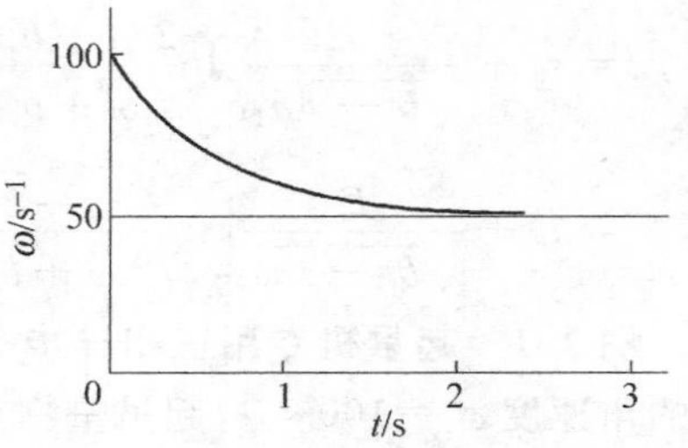

图 2-7　起重机起吊过程中速度变化曲线

2.3.4　等效转动惯量是位移的函数，等效力矩是位移和速度的函数

当机械系统中存在周期性运动的构件，如牛头刨床、往复式发动机、冲床等时，由式(2-2)可知，等效转动惯量不再是常数，而是角位移即广义坐标的函数。系统中的阻力矩在许多情况下也不是常数，它可能是机构位置的函数 $M_r(\varphi)$，构件速度的函数 $M_r(v)$ 等，所以广义力矩将是机构位置、广义速度的函数 $M(\varphi,\omega)$。在这种复杂情况下，往往得不出解的解析表达式，而要用数值解法来求解微分方程。对于这种系统，动力学微分方程采用式(2-7)表达比较便于计算。若选择主动件的转角 φ 为广义坐标，得

$$\begin{cases}\dfrac{\mathrm{d}\omega}{\mathrm{d}\varphi}=\dfrac{1}{J_e\omega}\left[M(\varphi,\omega)-\dfrac{1}{2}\omega^2\dfrac{\mathrm{d}J_e(\varphi)}{\mathrm{d}\varphi}\right]\\ \dfrac{\mathrm{d}\varphi}{\mathrm{d}t}=\omega\end{cases}\tag{2-18}$$

此时需要求出在某一初始条件 $t=t_0,\omega=\omega_0,\varphi=\varphi_0$ 时动力学方程的数值解。如果通过 φ-ω 平面上每一点仅有方程的一条曲线，则认为可能存在方程的唯一解。

对于等效转动惯量是位移的函数的机械系统，建立和求解动力学方程的关键问题是计算机构在不同位置时的类速度及其对广义坐标的导数。下面就来介绍它们的计算方法。

根据式(2-3)可得

$$\frac{\mathrm{d}J_e}{\mathrm{d}\varphi}=2\sum_{i=1}^{n}\left(m_iu_{xi}\frac{\mathrm{d}u_{xi}}{\mathrm{d}\varphi}+J_iu_{\varphi i}\frac{\mathrm{d}u_{\varphi i}}{\mathrm{d}\varphi}+m_i\frac{\mathrm{d}u_{yi}}{\mathrm{d}\varphi}\right)\tag{2-19}$$

式中$\dfrac{\mathrm{d}u_{xi}}{\mathrm{d}\varphi}$，$\dfrac{\mathrm{d}u_{yi}}{\mathrm{d}\varphi}$和$\dfrac{\mathrm{d}u_{\varphi i}}{\mathrm{d}\varphi}$可通过对机构进行加速度分析得出。在机构中，任一构件的角速度和质心速度为

$$\begin{cases}v_{xi}=u_{xi}\cdot\omega\\ v_{yi}=u_{yi}\cdot\omega\\ \omega_i=u_{\varphi i}\cdot\omega\end{cases}$$

对上式进行微分可得相应的加速度

$$\begin{cases} a_{xi} = \dfrac{\mathrm{d}v_{xi}}{\mathrm{d}t} = \omega^2 \dfrac{\mathrm{d}u_{xi}}{\mathrm{d}\varphi} + \varepsilon u_{xi} \\ a_{yi} = \dfrac{\mathrm{d}v_{yi}}{\mathrm{d}t} = \omega^2 \dfrac{\mathrm{d}u_{yi}}{\mathrm{d}\varphi} + \varepsilon u_{yi} \\ \varepsilon_i = \dfrac{\mathrm{d}\omega_i}{\mathrm{d}t} = \omega^2 \dfrac{\mathrm{d}u_{\varphi i}}{\mathrm{d}\varphi} + \varepsilon u_{\varphi i} \end{cases}$$

所以有

$$\begin{cases} \dfrac{\mathrm{d}u_{xi}}{\mathrm{d}\varphi} = \dfrac{a_{xi}}{\omega^2} - u_{xi}\varepsilon \\ \dfrac{\mathrm{d}u_{yi}}{\mathrm{d}\varphi} = \dfrac{a_{yi}}{\omega^2} - y_{yi}\varepsilon \\ \dfrac{\mathrm{d}u_{\varphi i}}{\mathrm{d}\varphi} = \dfrac{\varepsilon_i}{\omega^2} - u_{\varphi i}\varepsilon \end{cases} \tag{2-20}$$

如果令 $\omega=1$，等效构件加速度 $\varepsilon=0$，即等效构件以单位角速度匀速转动，则有

$$\begin{cases} \dfrac{\mathrm{d}u_{xi}}{\mathrm{d}\varphi} = a_{xi}^* \\ \dfrac{\mathrm{d}u_{yi}}{\mathrm{d}\varphi} = a_{yi}^* \\ \dfrac{\mathrm{d}u_{\varphi i}}{\mathrm{d}\varphi} = \varepsilon_i^* \end{cases} \tag{2-21}$$

a_{xi}^*，a_{yi}^* 和 ε_i^* 分别是当等效构件以单位角速度匀速转动时，第 i 个构件质心的加速度和角加速度。它们分别与 $\dfrac{\mathrm{d}u_{xi}}{\mathrm{d}\varphi}$，$\dfrac{\mathrm{d}u_{yi}}{\mathrm{d}\varphi}$ 和 $\dfrac{\mathrm{d}u_{\varphi i}}{\mathrm{d}\varphi}$ 相等。

根据上述概念可用图解法对机构进行运动学分析，也可用解析法，直接计算 u_{xi}，u_{yi}，$u_{\varphi i}$ 和 $\dfrac{\mathrm{d}u_{xi}}{\mathrm{d}\varphi}$，$\dfrac{\mathrm{d}u_{yi}}{\mathrm{d}\varphi}$，$\dfrac{\mathrm{d}u_{\varphi i}}{\mathrm{d}\varphi}$。例如图 2-8 所示的四杆机构各构件杆长为 l_1，l_2，l_3，l_4，选择 φ_1 为广义坐标 q_1，φ_2，φ_3 为构件 2、3 的转角，构件 2 的质心在 s_2 点，构件 1、3 的质心分别在固定转轴 A、D 点上。由封闭四边形 $ABCD$ 可得

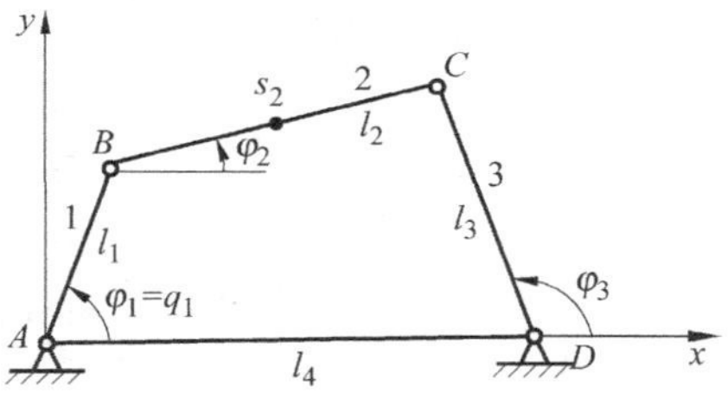

图 2-8　四杆机构简图

$$\begin{cases} l_1\cos q_1 + l_2\cos\varphi_2 + l_3\cos\varphi_3 = l_4 \\ l_1\sin q_1 + l_2\sin\varphi_2 - l_3\sin\varphi_3 = 0 \end{cases} \tag{a}$$

从式(a)中消去 φ_2 可得

$$a\cos\varphi_3 - b\sin\varphi_3 + c = 0 \tag{b}$$

式中

$$a = 2(l_1 l_3 \cos q_1 - l_3 l_4)$$
$$b = 2 l_1 l_3 \sin q_1$$
$$c = l_1^2 - l_2^2 + l_3^2 + l_4^2 - 2 l_1 l_4 \cos q_1$$

由式(b)可解出 φ_3 与广义坐标 q_1 的关系式，再代入式(a)，便可求解 φ_2：

$$\tan\varphi_2 = -\frac{l_3\sin\varphi_3 - l_1\sin q_1}{l_4 - l_1\cos q_1 - l_3\cos\varphi_3} \tag{c}$$

可以将式(a)对时间 t 微分求得速度：

$$\begin{cases} l_2\sin\varphi_2\,\dot{\varphi}_2 + l_3\sin\varphi_3\,\dot{\varphi}_3 = -l_1\sin q_1\,\dot{q}_1 \\ l_2\cos\varphi_2\,\dot{\varphi}_2 - l_3\cos\varphi_3\,\dot{\varphi}_3 = -l_1\cos q_1\,\dot{q}_1 \end{cases} \tag{d}$$

由式(d)解出：

$$\begin{cases} \dot{\varphi}_2 = \dfrac{l_1\sin(\varphi_3 - q_1)}{l_2\sin(\varphi_3 - \varphi_2)}\dot{q}_1 \\ \dot{\varphi}_3 = \dfrac{l_1\sin(q_1 - \varphi_2)}{l_3\sin(\varphi_3 - \varphi_2)}\dot{q}_1 \end{cases} \tag{e}$$

构件 2 质心的速度由下式

$$\begin{cases} x_{s2} = l_1\cos q_1 + l_{Bs_2}\cos\varphi_2 \\ y_{s2} = l_1\sin q_1 + l_{Bs_2}\sin\varphi_2 \end{cases}$$

对时间微分，再将式(e)代入得：

$$\begin{cases} \dot{x}_{s2} = \left[-l_1\sin q_1 - l_{Bs2}\sin\varphi_2\dfrac{l_1\sin(\varphi_3 - q_1)}{l_2\sin(\varphi_3 - \varphi_2)}\right]\dot{q}_1 \\ \dot{y}_{s2} = l_1\cos q_1 + l_{Bs2}\cos\varphi_2\dfrac{l_1\sin(\varphi_3 - q_1)}{l_2\sin(\varphi_3 - \varphi_2)}\dot{q}_1 \end{cases} \tag{f}$$

由式(e)、(f)可知类速度为

$$\begin{cases} u_{\varphi 2} = \dfrac{l_1\sin(\varphi_3 - q_1)}{l_2\sin(\varphi_3 - \varphi_2)} \\ u_{\varphi 3} = \dfrac{l_1\sin(q_1 - \varphi_2)}{l_3\sin(\varphi_3 - \varphi_2)} \\ u_{x2} = -l_1\sin q_1 - l_{Bs2}\sin\varphi_2\dfrac{l_1\sin(\varphi_3 - q_1)}{l_2\sin(\varphi_3 - \varphi_2)} \\ u_{y2} = l_1\cos q_1 + l_{Bs2}\cos\varphi_2\dfrac{l_1\sin(\varphi_3 - q_1)}{l_2\sin(\varphi_3 - \varphi_2)} \end{cases} \tag{g}$$

将它们对 q_1 微分，便可得到$\dfrac{\mathrm{d}u_{ki}}{\mathrm{d}q_1}$($k=x,y,\varphi$；$i=1,2$)。需要注意的是式(f)中 φ_2，φ_3 均为 q_1 的函数，因此推导十分繁琐，如果应用前面讲到的概念用加速度分析方法，求得在 $\dot{q}_1=1$，$\ddot{q}_1=0$ 时对应的 $\ddot{\varphi}_2$，$\ddot{\varphi}_3$ 和$\ddot{x}_{s2}$，$\ddot{y}_{s2}$，则简便得多。为此将式(d)对时间微分可得

$$\begin{cases} l_2\cos\varphi_2\,\dot{\varphi}_2^2 + l_2\sin\varphi_2\,\ddot{\varphi}_2 + l_3\cos\varphi_3\,\dot{\varphi}_3^2 + l_3\sin\varphi_3\,\ddot{\varphi}_3 = -l_1\cos q_1\,\dot{q}_1^2 - l_1\sin q_1\,\ddot{q}_1 \\ -l_2\sin\varphi_2\,\dot{\varphi}_2^2 + l_2\cos\varphi_2\,\ddot{\varphi}_2 + l_3\sin\varphi_3\,\dot{\varphi}_3^2 - l_3\cos\varphi_3\,\ddot{\varphi}_3 = l_1\sin q_1\,\dot{q}_1^2 - l_1\cos q_1\,\ddot{q}_1 \end{cases}$$

令$\dot{q}_1=1$，$\ddot{q}_1=0$，则有

$$\begin{cases} l_2\sin\varphi_2\ \ddot{\varphi}_2 + l_3\sin\varphi_3\ \ddot{\varphi}_3 = -\ l_1\cos q_1 - l_2\cos\varphi_2\ \dot{\varphi}_2^2 - l_3\cos\varphi_3\ \dot{\varphi}_3^2 \\ l_2\cos\varphi_2\ \ddot{\varphi}_2 - l_3\cos\varphi_3\ \ddot{\varphi}_3 = l_1\sin q_1 + l_2\sin\varphi_2\ \dot{\varphi}_2^2 - l_3\sin\varphi_3\ \dot{\varphi}_3^2 \end{cases} \tag{h}$$

式中 φ_2,φ_3 和 $\dot{\varphi}_2$,$\dot{\varphi}_3$ 均在机构位置分析式(b)、(c)和式(e)中求出。当$\dot{q}_1=1$ 时所得到的 $\dot{\varphi}_2$ 和 $\dot{\varphi}_3$ 就是式(g)中的 u_{φ_2},u_{φ_3}。当$\ddot{q}_1=0$ 时,由式(h)求解出 $\ddot{\varphi}_2$ 和 φ_3 即此位置 q_1 下的 $\frac{\mathrm{d}u_{\varphi 1}}{\mathrm{d}q_1}$和$\frac{\mathrm{d}u_{\varphi 2}}{\mathrm{d}q_1}$。同理对式(f)进行微分便可求出$\frac{\mathrm{d}u_{xi}}{\mathrm{d}q_1}$和$\frac{\mathrm{d}u_{yi}}{\mathrm{d}q_1}$。

下面我们通过一个例题来了解用数值方法求解此类问题的计算结果。在金属切削机床中的牛头刨床是等效转动惯量 $J_e=J_e(\varphi)$ 和广义力矩 $M=M(\varphi、\omega)$ 较为典型的机械系统。

例 2-2 设一牛头刨床的等效转动惯量随主动件位置变化的数值如表 2-1 中第 3 列所示,在此每隔 15°给出一个数值,广义力矩 $M=5500-1000\omega-M_r$,单位 N·m,其中 M_r 为转换到广义坐标中的工作阻力矩,列于表的第 4 列中。设初始条件为 $t_0=0$,$\varphi_0=0°$,$\omega_0=5\ \mathrm{s}^{-1}$,试分析主动件的运动规律。

在此我们用最简单的欧拉法,即式(1-14)来求解式(2-17)所代表的动力学方程。为了便于理解,以下给出求 $i=1$ 时角速度和时间的计算过程。根据式(1-14)有

$$\omega_{i+1} = \omega_i + \left(\frac{\mathrm{d}\omega}{\mathrm{d}\varphi}\right)_i \Delta\varphi$$

$$\omega_1 = \omega_0 + \left(\frac{\mathrm{d}\omega}{\mathrm{d}\varphi}\right)_0 \Delta\varphi$$

在此

$$\Delta\varphi = \frac{2\pi}{360} \times 15 = 0.2618\ \mathrm{rad}$$

$$M\Big|_{\substack{\varphi=0\\ \omega=5}} = 5500 - 1000 \times 5 - 789 = -\ 289\ \mathrm{N\cdot m}$$

$$\frac{\mathrm{d}J_e(\varphi)}{\mathrm{d}\varphi}\Bigg|_{\varphi=0} = \frac{33.9-34}{0.2618} = -\ 0.3819$$

将 M、$\frac{\mathrm{d}J_e(\varphi)}{\mathrm{d}\varphi}$和 ω_0 的值代入式(2-17)可得

$$\frac{\mathrm{d}\omega}{\mathrm{d}t}\Bigg|_{\substack{\varphi=\varphi_0\\ \omega=\omega_0}} = \frac{1}{34 \times 5}\left(-\ 289 + \frac{1}{2} \times 5^2 \times 0.3819\right) = -\ 1.6719$$

所以

$$\omega_1 = 5 - 1.6719 \times 0.2618 = 4.5623\ \mathrm{s}^{-1}$$

在计算时间 t 时,考虑到欧拉法误差较大,可用一个步长内的平均速度来计算,即

$$t_1 = \frac{\Delta\varphi}{\frac{1}{2}(\omega_0+\omega_1)} = \frac{0.2618 \times 2}{5.00 + 4.5623} = 0.05476\ \mathrm{s}$$

依次取 $i=1,2,\cdots$,便可计算出 ω_2,ω_3,…。求解结果列在表 2-1 的第 5、6 列中。

表 2-1

i	$\varphi/(°)$	$J(\varphi)$/ kg·m²	$M_r(\varphi)$ /N·m	ω/s^{-1}	t/s	i	$\varphi/(°)$	$J(\varphi)$/ kg·m²	$M_r(\varphi)$ /N·m	ω/s^{-1}	t/s
1	2	3	4	5	6	1	2	3	4	5	6
0	0	34.0	789	5.00	0.000	16	240	31.6	132	5.42	0.812
1	15	33.9	812	4.56	0.055	17	255	31.1	132	5.38	0.860
2	30	33.6	825	4.80	0.110	18	270	31.2	139	5.35	0.909
3	45	33.1	797	4.63	0.165	19	285	31.8	145	5.31	0.958
4	60	32.4	727	4.80	0.220	20	300	32.4	756	5.33	1.007
5	75	31.8	85	4.80	0.274	21	315	33.1	803	4.38	1.061
6	90	31.2	105	5.90	0.323	22	330	33.6	818	4.92	1.117
7	105	31.1	137	5.19△	0.370	23	345	33.9	802	4.52	1.172
8	120	31.6	181	5.43	0.419	24	360	34.0	789	4.81	1.228
9	135	33.0	185	5.14	0.469	25	15	33.9	812	4.66	1.283
10	150	35.0	179	5.25	0.519	26	30	33.6	825	4.73	1.339
11	165	37.2	150	5.19	0.569	27	45	33.1	797	4.66	1.395
12	180	38.2	141	5.34	0.619	28	60	32.4	727	4.78	1.450
13	195	37.2	150	5.43	0.668	29	75	31.8	85	4.81	1.505
14	210	35.0	157	5.49	0.716	30	90	31.2	105	5.89	1.554
15	225	33.0	152	5.45	0.764	31	105	31.1	137	5.19	1.601

由表 2-1 看出，在给定所确定的初值条件后，主轴转过一周并没有达到周期运动状态。而到 $i=31$，即主轴转过 465°后，角速度与 $i=7$，$\varphi=105°$时相同，从此以后机械将作周期性运动，运转进入稳定状态。

把上述 ω 和 φ 画成曲线如图 2-9 所示。图中曲线波动较大，这是计算不很精确所致。为提高精度可增加分点数，即减少步长 $\Delta\varphi$，或者采用龙格-库塔公式。

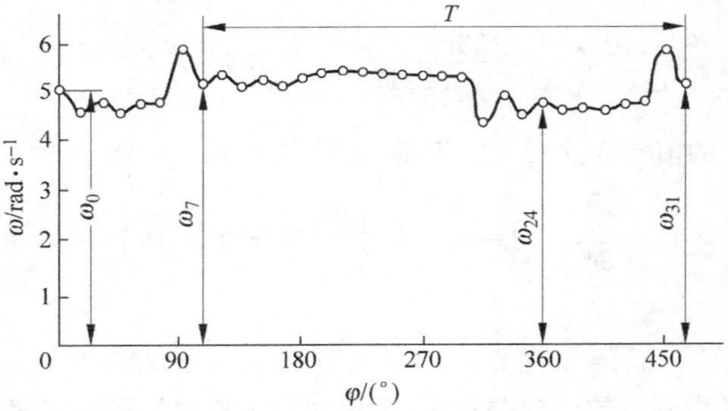

图 2-9 牛头刨床角速度变化曲线

2.3.5 等效转动惯量是位移的函数

在前述四种情况中，所有的力矩均不是时间 t 的函数，因此对式(2-6)表达的微分方程中的两个方程可以分别求解。在有些机构系统中，如球磨机、粉碎机等，工作阻力(碾碎

力)会随着时间变化。因此运动方程取式(2-7):

$$\begin{cases}\dfrac{\mathrm{d}\dot{q}}{\mathrm{d}t}=f(q,\dot{q},t)\\[2mm]\dfrac{\mathrm{d}q}{\mathrm{d}t}=\omega\end{cases}$$

设初始条件 $t=t_0$ 时,$q=q_0$,$\dot{q}=\dot{q}_0$,此时必须将上式中两个方程联立求解。

以上几节介绍了单自由度机械系统的力学模型的建立及动力学方程的求解方法。由于在单自由度系统中,所有构件的运动均由一个构件(主动件)的运动来确定,因此可以选择一个广义坐标,对这个广义坐标应用拉格朗日方程,便可得到动力学方程。单自由度系统的力学模型也就归结为一个转动(或移动)的构件,它具有等效转动惯量(质量),并且在其上作用有广义力(矩)。

在实际机械中,除了单自由度机构系统外,还有许多多自由度机构系统,例如:机器人、机械手、差动轮系、用离合器连接的传动系统等。它们的建模方法远不如单自由度系统简单。以下将介绍几种多自由度系统的建模方法。

2.4　基于拉格朗日方程的多自由度机械系统建模方法

2.4.1　系统的描述方法

对于多自由度机械系统,可以像单自由度系统一样用拉格朗日方程得到系统的动力学方程。图 2-10 表示各个构件间有几何约束的多自由度平面闭链机构,它由 m 个活动构件和 1 个固定件(机架)组成。其自由度为$n=m-2$,取广义坐标 $q_1,q_2,\cdots,q_n$。第 j 个构件的位置即质心坐标 x_j,y_j 和角位移 φ_j 均可表示为广义坐标的函数,此处,$j=1,2,\cdots,m$。

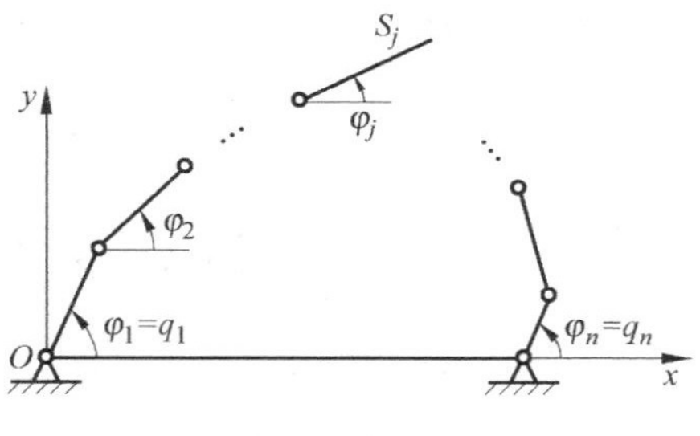

图 2-10　多自由度闭链机构简图

1. 系统动能

$$\begin{cases}x_j=x_j(q_1,q_2,\cdots,q_n)\\y_j=y_j(q_1,q_2,\cdots,q_n)\\\varphi_j=\varphi_j(q_1,q_2,\cdots,q_n)\end{cases}$$

第 j 个构件质心的速度和角速度为

$$\begin{cases}\dot{x}_j=\dfrac{\partial x_j}{\partial q_1}\dot{q}_1+\dfrac{\partial x_j}{\partial q_2}\dot{q}_2+\cdots+\dfrac{\partial x_j}{\partial q_n}\dot{q}_n\\[2mm]\dot{y}_j=\dfrac{\partial y_j}{\partial q_1}\dot{q}_1+\dfrac{\partial y_j}{\partial q_2}\dot{q}_2+\cdots+\dfrac{\partial y_j}{\partial q_n}\dot{q}_n\\[2mm]\dot{\varphi}_j=\dfrac{\partial \varphi_j}{\partial q_1}\dot{q}_1+\dfrac{\partial \varphi_j}{\partial q_2}\dot{q}_2+\cdots+\dfrac{\partial \varphi_j}{\partial q_n}\dot{q}_n\end{cases}\tag{2-22}$$

其动能为

$$E_j=\frac{1}{2}m_j(\dot{x}_j^2+\dot{y}_j^2)+\frac{1}{2}J_j\dot{\varphi}_j^2$$

在此我们定义$\frac{\partial x_j}{\partial q_1},\frac{\partial x_j}{\partial q_2},\cdots,\frac{\partial y_j}{\partial q_1},\frac{\partial y_j}{\partial q_2},\cdots,\frac{\partial \varphi_j}{\partial q_1},\frac{\partial \varphi_j}{\partial q_2},\cdots$为偏类速度，用 $u_{kj}^{(i)}$ 来表示($i=1,2,\cdots,n$; $j=1,2,\cdots,m$; $k=x,y,\varphi$)。$u_{kj}^{(i)}$ 表示第 j 个构件对第 i 个广义坐标的偏类速度，k 表示 x、y、φ。

与单自由度系统类似，偏类速度等于速度对广义速度的偏微分，即

$$\begin{cases}\dfrac{\partial \dot{x}_j}{\partial \dot{q}_i}=\dfrac{\partial x_j}{\partial q_i}\\[2mm] \dfrac{\partial \dot{y}_j}{\partial \dot{q}_i}=\dfrac{\partial y_j}{\partial q_i}\\[2mm] \dfrac{\partial \dot{\varphi}_j}{\partial \dot{q}_i}=\dfrac{\partial \varphi_j}{\partial q_i}\end{cases}$$

所以在力学上也称之为偏速率。用偏类速度来描述系统的动能、广义力等，在后面我们将会看到有很多方便之处。

用偏类速度表示的系统动能表达式为

$$E=\frac{1}{2}\sum_{j=1}^{m}\left\{m_j\left(\sum_{i=1}^{m}(u_{xj}^{(i)}\dot{q}_i)^2+\sum_{i=1}^{m}(u_{yj}^{(i)}\dot{q}_i)^2+J_j\sum_{i=1}^{m}(u_{\varphi j}^{(i)}\dot{q}_i)^2\right\}\right. \tag{2-23}$$

2. 广义力

如果在机构上作用有 P 个外力和 L 个外力矩，它们的瞬时功率为

$$N=\sum_{p=1}^{P}(F_{xp}\dot{x}_p+F_{yp}\dot{y}_p)+\sum_{l=1}^{L}M_l\dot{\varphi}_l$$

式中 x_p,y_p——第 p 个力着力点的坐标；F_{xp},F_{yp}——外力在 x,y 方向的分量；$\dot{\varphi}_l$——第 l 个力矩作用于构件的角速度。和构件的质心一样，各着力点也有对广义坐标的偏类速度 $u_{kp}^{(i)}$ ($i=1,2,\cdots,n$; $p=1,2,\cdots,P$ 或 $1,2,\cdots,L$; $k=x,y,\varphi$)，用它们来表达瞬时功率时，有

$$\begin{aligned}N=&\sum_{p=1}^{P}F_{xp}(u_{xp}^{(1)}\dot{q}_1+u_{xp}^{(2)}\dot{q}_2+\cdots+u_{xp}^{(n)}\dot{q}_n)\\&+\sum_{p=1}^{P}F_{yp}(u_{yp}^{(1)}\dot{q}_1+u_{yp}^{(2)}\dot{q}_2+\cdots+u_{yp}^{(n)}\dot{q}_n)\\&+\sum_{l=1}^{L}M_l(u_{\varphi l}^{(1)}\dot{q}_1+u_{\varphi l}^{(2)}\dot{q}_2+\cdots+u_{\varphi l}^{(n)}\dot{q}_n)\\=&\left[\sum_{p=1}^{P}(F_{xp}u_{xp}^{(1)}+F_{yp}u_{yp}^{(1)})+\sum_{l=1}^{L}M_lu_{\varphi l}^{(1)}\right]\dot{q}_1\\&+\left[\sum_{p=1}^{P}(F_{xp}u_{xp}^{(2)}+F_{yp}^{(2)}u_{yp}^{(2)})+\sum_{l=1}^{L}M_lu_{\varphi l}^{(2)}\right]\dot{q}_2+\cdots\\&+\left[\sum_{p=1}^{P}(F_{xp}u_{xp}^{(n)}+F_{yp}u_{yp}^{(n)})+\sum_{l=1}^{L}M_lu_{\varphi l}^{(n)}\right]\dot{q}_n\\=&Q_1\dot{q}_1+Q_2\dot{q}_2+\cdots+Q_n\dot{q}_n\end{aligned}$$

对坐标 i 的广义力为

$$Q_i=\sum_{p=1}^{P}(F_{xp}u_{xp}^{(i)}+F_{yp}u_{yp}^{(i)})+\sum_{l=1}^{L}M_lu_{\varphi l}^{(i)}\quad i=1,2,\cdots,n \tag{2-24}$$

式(2-24)也可表示为矩阵形式。设

$$\boldsymbol{U}_x=\begin{bmatrix}u_{x1}^{(1)} & u_{x2}^{(1)} & \cdots & u_{xp}^{(1)}\\ u_{x1}^{(2)} & u_{x2}^{(2)} & \cdots & u_{xp}^{(2)}\\ \vdots & & & \vdots\\ u_{x1}^{(n)} & u_{x2}^{(n)} & \cdots & u_{xp}^{(n)}\end{bmatrix},\quad \boldsymbol{F}_x=[F_{x1},F_{x2},\cdots,F_{xp}]^{\mathrm{T}}$$

$$\boldsymbol{U}_y=\begin{bmatrix}u_{y1}^{(1)} & u_{y2}^{(1)} & \cdots & u_{yp}^{(1)}\\ u_{y1}^{(2)} & u_{y2}^{(2)} & \cdots & u_{yp}^{(2)}\\ \vdots & & & \\ u_{y1}^{(n)} & u_{y2}^{(n)} & \cdots & u_{yp}^{(n)}\end{bmatrix},\quad \boldsymbol{F}_y=[F_{y1},F_{y2},\cdots,F_{yp}]^{\mathrm{T}}$$

$$\boldsymbol{U}_\varphi=\begin{bmatrix}u_{\varphi1}^{(1)} & u_{\varphi2}^{(1)} & \cdots & u_{\varphi l}^{(1)}\\ u_{\varphi1}^{(2)} & u_{\varphi2}^{(2)} & \cdots & u_{\varphi l}^{(2)}\\ \vdots & & & \\ u_{\varphi1}^{(n)} & u_{\varphi2}^{(n)} & \cdots & u_{\varphi l}^{(n)}\end{bmatrix},\quad \boldsymbol{M}=[M_1,M_2,\cdots,M_l]^{\mathrm{T}}$$

则广义力为

$$\boldsymbol{Q}=\boldsymbol{U}_x\boldsymbol{F}_x+\boldsymbol{U}_y\boldsymbol{F}_y+\boldsymbol{U}_\varphi\boldsymbol{M}\tag{2-25}$$

将式(2-23)、(2-24)代入拉格朗日方程即可得到系统的动力学方程。

2.4.2 两自由度五杆机构动力学方程

图2-11所示为一五杆机构，在机器人设计中常用来作为柔顺机构，避开障碍物等。下面用上面所述的多自由度系统的方法来建立它的动力学方程。在此将广义坐标选择在绕固定轴转动的构件1、4上，$q_1=\varphi_1$，$q_2=\varphi_4$，则其他构件的运动都可表达为q_1、q_2的函数。设各构件质心的坐标为x_i、y_i，转角为φ_i，则有

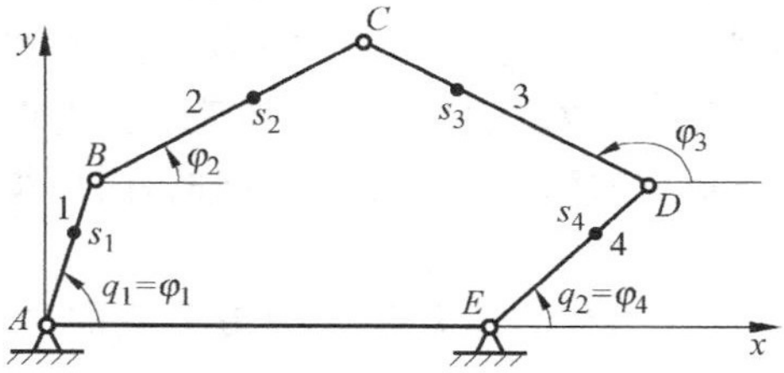

图2-11　两自由度五杆机构简图

$$\begin{cases}x_i=x_i(q_1,q_2)\\ y_i=y_i(q_1,q_2)\\ \varphi_i=\varphi_i(q_1,q_2)\end{cases}$$

相应的速度为

$$\left\{\begin{aligned}\dot{x}_i &= \frac{\partial x_i}{\partial q_1}\dot{q}_1 + \frac{\partial x_i}{\partial q_2}\dot{q}_2 = u_{xi}^{(1)}\dot{q}_1 + u_{xi}^{(2)}\dot{q}_2 \\ \dot{y}_i &= \frac{\partial y_i}{\partial q_1}\dot{q}_1 + \frac{\partial y_i}{\partial q_2}\dot{q}_2 = u_{yi}^{(1)}\dot{q}_1 + u_{yi}^{(2)}\dot{q}_2 \\ \dot{\varphi}_i &= \frac{\partial \varphi_i}{\partial q_1}\dot{q}_1 + \frac{\partial \varphi_i}{\partial q_2}\dot{q}_2 = u_{\varphi i}^{(1)}\dot{q}_1 + u_{\varphi i}^{(2)}\dot{q}_2\end{aligned}\right. \tag{2-26}$$

式中 $u_{ki}^{(1)}, u_{ki}^{(2)}$ $(i=1\sim4;\ k=x,y,\varphi)$就是第 i 个构件对广义坐标 q_1, q_2 的偏类速度。在单自由度系统中，曾定义过类速度。偏广义速度比具有与它们类似的物理意义，可解释如下：若令机构中$\dot{q}_2=0$，$\dot{q}_1=1\ \mathrm{s}^{-1}$，相当于把图 2-12 中的构件 4 设为“固定”件，该机构成为由活动构件 1,2,3 组成的四杆机构，见图 2-12(a)。此时主动件 1 以单位角速度转动，则由式(2-26)可得

$$u_{xi}^{(1)} = \dot{x}_i\Big|_{\substack{\dot{q}_2=0\\ \dot{q}_1=1}},\quad u_{yi}^{(1)} = \dot{y}_i\Big|_{\substack{\dot{q}_2=0\\ \dot{q}_1=1}},\quad u_{\varphi i}^{(1)} = \dot{\varphi}_i\Big|_{\substack{\dot{q}_2=0\\ \dot{q}_1=1}}$$

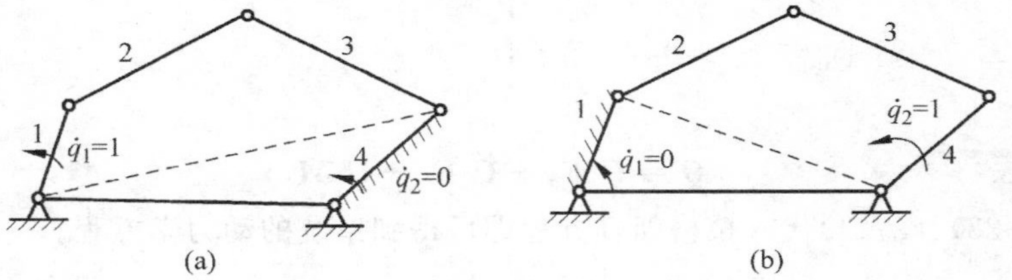

图 2-12　偏广义速度比物理意义示意图

这就意味着偏类速度等于$\dot{q}_2=0$，$\dot{q}_1=1\ \mathrm{s}^{-1}$时，各构件相应点的速度和构件角速度。同理若令$\dot{q}_1=0$，$\dot{q}_2=1\ \mathrm{s}^{-1}$，如图 2-12(b)所示，便可求出各构件对 q_2 的偏类速度：

$$u_{xi}^{(2)} = \dot{x}_i\Big|_{\substack{\dot{q}_1=0\\ \dot{q}_2=1}},\ u_{yi}^{(2)} = \dot{y}_i\Big|_{\substack{\dot{q}_1=0\\ \dot{q}_2=1}},\ u_{\varphi i}^{(2)} = \dot{\varphi}_i\Big|_{\substack{\dot{q}_1=0\\ \dot{q}_2=1}}$$

与单自由度系统相同的是偏速度也只决定于系统的运动学特性，可以在机构绝对运动未知之前进行计算。但是需要特别注意的是，构件对某一广义坐标的偏类速度，不仅是该坐标的函数，也是其他坐标的函数。这一点并不难理解，例如图 2-12(a)中当构件 4“固定”在不同的位置(q_2)时，所形成的四杆机构是不相同的，因而得到的对应于 q_1 的偏类速度亦不相同。

以下我们分析图 2-11 所示机构的偏类速度，并建立它的动力学方程。设各构件长度为 l_1, l_2, l_3, l_4, l_5，构件质心在 s_1, s_2, s_3, s_4 点，质量为 m_1, m_2, m_3, m_4，绕质心转动惯量为 J_1, J_2, J_3, J_4。对封闭多边形 $ABCDEA$ 有

$$\left.\begin{aligned}l_1\cos q_1 + l_2\cos\varphi_2 + l_3\cos\varphi_3 &= l_5 + l_4\cos q_2 \\ l_1\sin q_1 + l_2\sin\varphi_2 + l_3\sin\varphi_3 &= l_4\sin q_2\end{aligned}\right\} \tag{a}$$

由上面两式消去 φ_2 可得

$$\begin{aligned}&2(l_1 l_3\cos q_1 - l_3 l_4\cos q_2 - l_3 l_5)\cos\varphi_3 + 2(l_1 l_3\sin q_1 - l_3 l_4\sin q_2)\sin\varphi_3 \\ &+ (l_5^2 + l_4^2 + l_1^2 + l_3^2 - l_2^2 - 2l_1 l_5\cos q_1 + 2l_4 l_5\cos q_2) = 0\end{aligned}$$

或

$$a\cos\varphi_3 + b\sin\varphi_3 + c = 0 \tag{b}$$

式中

$$a = 2(l_1 l_3 \cos q_1 - l_3 l_4 \cos q_2 - l_3 l_5)$$
$$b = 2(l_1 l_3 \sin q_1 - l_3 l_4 \sin q_2)$$
$$c = l_5^2 + l_4^2 + l_1^2 + l_3^2 - l_2^2 - 2l_1 l_5 \cos q_1 + 2l_4 l_5 \cos q_2$$

由式(b)可解出 $\varphi_3 = \varphi_3(q_1, q_2)$。由式(b)求出的 φ_3 可能有两个值，根据机构运动的连续性选取其中一个。

由式(a)可求得 φ_2：

$$\tan\varphi_2 = \frac{l_4 \sin q_2 - l_1 \sin q_1 - l_3 \sin\varphi_3}{l_5 + l_4 \cos q_2 - l_1 \cos q_1 - l_3 \cos\varphi_3} \tag{c}$$

为求速度，把式(a)对 t 求导：

$$\begin{cases} l_1 \sin q_1\ \dot{q}_1 + l_2 \sin\varphi_2\ \dot{\varphi}_2 + l_3 \sin\varphi_3\ \dot{\varphi}_3 = l_4 \sin q_2\ \dot{q}_2 \\ l_1 \cos q_1\ \dot{q}_1 + l_2 \cos\varphi_2\ \dot{\varphi}_2 + l_3 \cos\varphi_3\ \dot{\varphi}_3 = l_4 \cos q_2\ \dot{q}_2 \end{cases}$$

解出 $\dot{\varphi}_2, \dot{\varphi}_3$ 为

$$\begin{cases} \dot{\varphi}_2 = u_{\varphi 2}^{(1)}\ \dot{q}_1 + u_{\varphi 2}^{(2)}\ \dot{q}_2 \\ \dot{\varphi}_3 = u_{\varphi 3}^{(1)}\ \dot{q}_1 + u_{\varphi 3}^{(2)}\ \dot{q}_2 \end{cases} \tag{d}$$

式中偏类速度为

$$\begin{cases} u_{\varphi 2}^{(1)} = -\dfrac{l_1 \sin(q_1 - \varphi_3)}{l_2 \sin(\varphi_2 - \varphi_3)} \\ u_{\varphi 2}^{(2)} = \dfrac{l_4 \sin(q_2 - \varphi_3)}{l_2 \sin(\varphi_2 - \varphi_3)} \\ u_{\varphi 3}^{(1)} = \dfrac{l_1 \sin(q_1 - \varphi_2)}{l_3 \sin(\varphi_2 - \varphi_3)} \\ u_{\varphi 3}^{(2)} = -\dfrac{l_4 \sin(q_2 - \varphi_2)}{l_3 \sin(\varphi_2 - \varphi_3)} \end{cases} \tag{e}$$

计算各质心 s_i 的坐标和速度如下：

$$\begin{Bmatrix} x_{s1} \\ y_{s1} \end{Bmatrix} = l_{s1} \begin{Bmatrix} \cos q_1 \\ \sin q_1 \end{Bmatrix}$$

$$\begin{Bmatrix} x_{s2} \\ y_{s2} \end{Bmatrix} = l_1 \begin{Bmatrix} \cos q_1 \\ \sin q_1 \end{Bmatrix} + l_{s2} \begin{Bmatrix} \cos\varphi_2 \\ \sin\varphi_2 \end{Bmatrix}$$

$$\begin{Bmatrix} x_{s3} \\ y_{s3} \end{Bmatrix} = l_5 \begin{Bmatrix} 1 \\ 0 \end{Bmatrix} + l_4 \begin{Bmatrix} \cos q_2 \\ \sin q_2 \end{Bmatrix} - l_{s3} \begin{Bmatrix} \cos\varphi_3 \\ \sin\varphi_3 \end{Bmatrix}$$

$$\begin{Bmatrix} x_{s4} \\ y_{s4} \end{Bmatrix} = l_5 \begin{Bmatrix} 1 \\ 0 \end{Bmatrix} + l_{s4} \begin{Bmatrix} \cos q_2 \\ \sin q_2 \end{Bmatrix}$$

对 t 求导一次得

$$\begin{Bmatrix} \dot{x}_{s1} \\ \dot{y}_{s1} \end{Bmatrix} = l_{s1} \begin{Bmatrix} -\sin q_1 \\ \cos q_1 \end{Bmatrix} \dot{q}_1$$

$$\begin{Bmatrix} \dot{x}_{s2} \\ \dot{y}_{s2} \end{Bmatrix} = l_1 \begin{Bmatrix} -\sin q_1 \\ \cos q_1 \end{Bmatrix} \dot{q}_1 + l_{s2} \begin{Bmatrix} -\sin\varphi_2 \\ \cos\varphi_2 \end{Bmatrix} (u_{\varphi 2}^{(1)}\ \dot{q}_1 + u_{\varphi 2}^{(2)}\ \dot{q}_2)$$

$$= \begin{Bmatrix} -l_1\sin q_1 - l_{s2}u_{\varphi_2}^{(1)}\sin\varphi_2 \\ l_1\cos q_1 + l_{s2}u_{\varphi 2}^{(1)}\cos\varphi_2 \end{Bmatrix}\dot{q}_1 + l_{s2}u_{\varphi_2}^{(2)}\begin{Bmatrix} -\sin\varphi_2 \\ \cos\varphi_2 \end{Bmatrix}\dot{q}_2$$

$$\begin{Bmatrix} \dot{x}_{s3} \\ \dot{y}_{s3} \end{Bmatrix} = \begin{Bmatrix} -l_4\sin q_2 + l_{s3}u_{\varphi_3}^{(2)}\sin\varphi_3 \\ l_4\cos q_2 - l_{s3}u_{\varphi_3}^{(2)}\cos\varphi_3 \end{Bmatrix}\dot{q}_2 + l_{s3}u_{\varphi 3}^{(1)}\begin{Bmatrix} \sin\varphi_3 \\ -\cos\varphi_3 \end{Bmatrix}\dot{q}_1$$

$$\begin{Bmatrix} \dot{x}_{s4} \\ \dot{y}_{s4} \end{Bmatrix} = l_{s4}\begin{Bmatrix} -\sin q_2 \\ \cos q_2 \end{Bmatrix}\dot{q}_2$$

写成式(2-26)形式，则有

$$\begin{Bmatrix} \dot{x}_{si} \\ \dot{y}_{si} \end{Bmatrix} = \begin{bmatrix} u_{xi}^{(1)} & u_{xi}^{(2)} \\ u_{yi}^{(1)} & u_{yi}^{(2)} \end{bmatrix}\begin{Bmatrix} \dot{q}_1 \\ \dot{q}_2 \end{Bmatrix}$$

其中

$$\begin{cases} u_{x1}^{(1)} = -l_{s1}\sin q_1; & u_{x1}^{(2)} = 0; \\ u_{y1}^{(2)} = l_{s1}\cos q_1; & u_{y1}^{(2)} = 0; \\ u_{x2}^{(1)} = -l_1\sin q_1 - l_{s2}u_{\varphi 2}^{(1)}\sin\varphi_2; & u_{x2}^{(2)} = -l_{s2}u_{\varphi 2}^{(2)}\sin\varphi_2; \\ u_{y2}^{(1)} = l_1\cos q_1 + l_{s2}u_{\varphi 2}^{(1)}\cos\varphi_2; & u_{y2}^{(2)} = l_{s2}u_{\varphi 2}^{(2)}\cos\varphi_2; \\ u_{x3}^{(1)} = l_{s3}u_{\varphi_3}^{(1)}\sin\varphi_3; & u_{x3}^{(2)} = -l_4\sin q_2 + l_{s3}u_{\varphi 3}^{(2)}\sin\varphi_3; \\ u_{y3}^{(1)} = -l_{s3}u_{\varphi 3}^{(1)}\cos\varphi_3; & u_{y3}^{(2)} = l_4\cos q_2 - l_{s3}u_{\varphi 3}^{(2)}\cos\varphi_3; \\ u_{x4}^{(1)} = 0; & u_{x4}^{(2)} = -l_{s4}\sin q_2; \\ u_{y4}^{(1)} = 0; & u_{y4}^{(2)} = l_{s4}\cos q_2 \end{cases} \tag{f}$$

式(e)、(f)便是建立动力学方程所需要的所有构件的偏类速度。将它们代入式(2-23)，可得系统的动能为

$$\begin{aligned} E &= \frac{1}{2}\sum_{i=1}^{4}\left[m_i(\dot{x}_i^2 + \dot{y}_i^2) + J_i\varphi_i^2\right] \\ &= \frac{1}{2}\sum_{i=1}^{4}\{m_i[(u_{xi}^{(1)}\dot{q}_1 + u_{xi}^{(2)}\dot{q}_2)^2 + (u_{yi}^{(1)}\dot{q}_1 + u_{yi}^{(2)}\dot{q}_2)^2] + J_i(u_{i\varphi}^{(1)}\dot{q}_1 + u_{i\varphi}^{(2)}\dot{q}_2)^2\} \\ &= \frac{1}{2}\sum_{i=1}^{4}\{m_i[(u_{xi}^{(1)})^2 + (u_{yi}^{(1)})^2] + J_i(u_{\varphi i}^{(1)})^2\}\dot{q}_1^2 + \sum_{i=1}^{4}[m_i(u_{xi}^{(1)}u_{xi}^{(2)} + u_{yi}^{(1)}u_{yi}^{(2)}) \\ &\quad + J_iu_{\varphi i}^{(1)}u_{\varphi i}^{(2)}]\dot{q}_1\dot{q}_2 + \frac{1}{2}\sum_{i=1}^{4}\{m_i[(u_{xi}^{(2)})^2 + (u_{yi}^{(2)})^2] + J_i(u_{\varphi i}^{(2)})^2\}\dot{q}_2^2 \\ &= \frac{1}{2}J_{11}\dot{q}_1^2 + \frac{1}{2}J_{22}\dot{q}_2^2 + J_{12}\dot{q}_1\dot{q}_2 \end{aligned} \tag{2-27}$$

式中

$$\begin{cases} J_{11} = \sum_{i=1}^{4}\{m_i[(u_{xi}^{(1)})^2 + (u_{yi}^{(1)})^2] + J_i(u_{\varphi i}^{(1)})^2\} \\ J_{22} = \sum_{i=1}^{4}\{m_i[(u_{xi}^{(2)})^2 + (u_{yi}^{(2)})^2] + J_i(u_{\varphi i}^{(2)})^2\} \\ J_{12} = \sum_{i=1}^{4}[m_i(u_{xi}^{(1)}u_{xi}^{(2)} + u_{yi}^{(1)}u_{yi}^{(2)}) + J_iu_{\varphi i}^{(1)}u_{\varphi i}^{(2)}] \end{cases} \tag{2-28}$$

J_{11}、J_{12}、J_{12}也称为等效转动惯量。由于它们与偏类速度有关，在一般情况下都是 q_1、q_2 的函数。

将式(2-27)、(2-28)代入拉氏方程，可得

$$\frac{\partial E}{\partial \dot{q}_1} = J_{11}\dot{q}_1 + J_{12}\dot{q}_2,\quad \frac{\partial E}{\partial \dot{q}_2} = J_{12}\dot{q}_1 + J_{22}\dot{q}_2$$

$$\frac{\mathrm{d}}{\mathrm{d}t}\left(\frac{\partial E}{\partial \dot{q}_1}\right) = J_{11}\ddot{q}_1 + \frac{\partial J_{11}}{\partial q_1}\dot{q}_1^2 + \frac{\partial J_{11}}{\partial q_2}\dot{q}_1\dot{q}_2 + J_{12}\ddot{q}_2 + \frac{\partial J_{12}}{\partial q_1}\dot{q}_1\dot{q}_2 + \frac{\partial J_{12}}{\partial q_2}\dot{q}_2^2$$

$$\frac{\mathrm{d}}{\mathrm{d}t}\left(\frac{\partial E}{\partial \dot{q}_2}\right) = J_{12}\ddot{q}_1 + \frac{\partial J_{12}}{\partial q_1}\dot{q}_1^2 + \frac{\partial J_{12}}{\partial q_2}\dot{q}_1\dot{q}_2 + J_{22}\dot{q}_2 + \frac{\partial J_{22}}{\partial q_1}\dot{q}_1\dot{q}_2 + \frac{\partial J_{22}}{\partial q_2}\dot{q}_2^2$$

$$\frac{\partial E}{\partial q_1} = \frac{1}{2}\frac{\partial J_{11}}{\partial q_1}\dot{q}_1^2 + \frac{1}{2}\frac{\partial J_{22}}{\partial q_1}\dot{q}_2^2 + \frac{\partial J_{12}}{\partial q_1}\dot{q}_1\dot{q}_2$$

$$\frac{\partial E}{\partial q_2} = \frac{1}{2}\frac{\partial J_{11}}{\partial q_2}\dot{q}_1^2 + \frac{1}{2}\frac{\partial J_{22}}{\partial q_2}\dot{q}_2^2 + \frac{\partial J_{12}}{\partial q_2}\dot{q}_1\dot{q}_2$$

最后得到动力学方程：

$$\begin{cases} J_{11}\ddot{q}_1 + J_{12}\ddot{q}_2 + \dfrac{1}{2}\dfrac{\partial J_{11}}{\partial q_1}\dot{q}_1^2 + \left(\dfrac{\partial J_{12}}{\partial q_2} - \dfrac{1}{2}\dfrac{\partial J_{22}}{\partial q_1}\right)\dot{q}_2^2 + \dfrac{\partial J_{11}}{\partial q_2}\dot{q}_1\dot{q}_2 = Q_1 \\ J_{12}\ddot{q}_1 + J_{22}\ddot{q}_2 + \left(\dfrac{\partial J_{12}}{\partial q_1} - \dfrac{1}{2}\dfrac{\partial J_{11}}{\partial q_2}\right)\dot{q}_1^2 + \dfrac{1}{2}\dfrac{\partial J_{22}}{\partial q_2}\dot{q}_2^2 + \dfrac{\partial J_{22}}{\partial q_1}\dot{q}_1\dot{q}_2 = Q_2 \end{cases} \tag{2-29}$$

式中广义力 Q_1、Q_2 可用式(2-24)得到。当有 p 个外力和 l 个外力矩作用时，则有

$$\begin{cases} Q_1 = \sum\limits_{i=1}^{l}(F_{ix}u_{xi}^{(1)} + F_{iy}u_{yi}^{(1)}) + \sum\limits_{i=1}^{l}M_i u_{\varphi i}^{(1)} \\ Q_2 = \sum\limits_{i=1}^{p}(F_{ix}u_{xi}^{(2)} + F_{iy}u_{yi}^{(2)}) + \sum\limits_{i=1}^{l}M_i u_{\varphi i}^{(2)} \end{cases} \tag{2-30}$$

式(2-29)为二阶非线性微分方程组，它就是所求两自由度系统（五杆机构）的动力学微分方程。把该式相对于$\ddot{q}_1$ 及$\ddot{q}_2$ 求解，可得

$$\begin{cases} \ddot{q}_1 = A_0 + A_{11}\dot{q}_1^2 + A_{12}\dot{q}_1\dot{q}_2 + A_{22}\dot{q}_2^2 \\ \ddot{q}_2 = B_0 + B_{11}\dot{q}_1^2 + B_{12}\dot{q}_1\dot{q}_2 + B_{22}\dot{q}_2^2 \end{cases} \tag{2-31}$$

式中

$$A_0 = \frac{Q_1 J_{22} - Q_2 J_{12}}{C_1}$$

$$C_1 = J_{11}J_{22} - J_{12}^2$$

$$A_{11} = \frac{J_{12}\dfrac{\partial J_{12}}{\partial q_1} - \dfrac{1}{2}J_{12}\dfrac{\partial J_{11}}{\partial q_2} - \dfrac{1}{2}J_{22}\dfrac{\partial J_{11}}{\partial q_1}}{C_1}$$

$$A_{12} = \frac{J_{12}\dfrac{\partial J_{22}}{\partial q_1} - J_{22}\dfrac{\partial J_{11}}{\partial q_2}}{C_1}$$

$$A_{22} = \frac{\dfrac{1}{2}J_{12}\dfrac{\partial J_{22}}{\partial q_2} - J_{22}\dfrac{\partial J_{12}}{\partial q_2} + \dfrac{1}{2}J_{22}\dfrac{\partial J_{22}}{\partial q_1}}{C_1}$$

$$B_0=\frac{Q_2J_{11}-Q_1J_{12}}{C_1}$$

$$B_{11}=\frac{\frac{1}{2}J_{12}\frac{\partial J_{11}}{\partial q_1}-J_{11}\frac{\partial J_{12}}{\partial q_1}+\frac{1}{2}J_{11}\frac{\partial J_{11}}{\partial q_2}}{C_1}$$

$$B_{12}=\frac{J_{12}\frac{\partial J_{12}}{\partial q_2}-J_{11}\frac{\partial J_{22}}{\partial q_1}}{C_1}$$

$$B_{22}=\frac{J_{12}\frac{\partial J_{12}}{\partial q_2}-\frac{1}{2}J_{12}\frac{\partial J_{22}}{\partial q_1}-\frac{1}{2}J_{11}\frac{\partial J_{22}}{2q_2}}{C_1}$$

利用式(2-31)的动力学方程求解通常会更方便些。

在式(2-29)中，有等效转动惯量 J_{11}，J_{12}，J_{22} 对广义坐标的偏微分。它们可以通过对本节中式(e)，(f)进行偏微分得到，也可以用类似于单自由度中介绍的通过对机构进行加速度分析求得。

现以 $\frac{\partial J_{11}}{\partial q_1}$ 为例来说明计算方法。在式(2-28)中

$$J_{11}=\sum_{i=1}^{4}[m_i(u_{xi}^{(1)})^2+(u_{yi}^{(1)})^2+J_i(u_{\varphi i}^{(1)})^2]$$

$$\frac{\partial J_{11}}{\partial q_1}=2\sum_{i=1}^{4}\left[m_i\left(u_{xi}^{(1)}\frac{\partial u_{xi}^{(1)}}{\partial q_1}+u_{yi}^{(1)}\frac{\partial u_{yi}^{(1)}}{\partial q_1}\right)+J_iu_{\varphi i}^{(1)}\frac{\partial u_{\varphi i}^{(1)}}{\partial q_1}\right] \tag{2-32}$$

式中 $\frac{\partial u_{ki}^{(1)}}{\partial q_1}(k=x,y,\varphi)$ 可由对机构进行加速度分析得到。例如计算 $\frac{\partial u_{xi}^{(1)}}{\partial q_1}$ 时，有

$$\dot{x}_i=u_{xi}^{(1)}\dot{q}_1+u_{xi}^{(2)}\dot{q}_2$$

$$\ddot{x}_i=\frac{\partial u_{xi}^{(1)}}{\partial q_1}\dot{q}_1^2+\frac{\partial u_{xi}^{(2)}}{\partial q_2}\dot{q}_2^2+u_{xi}^{(1)}\ddot{q}_1+u_{xi}^{(2)}\ddot{q}_1+\frac{\partial u_{xi}^{(1)}}{\partial q_2}\dot{q}_1\dot{q}_2+\frac{\partial u_{xi}^{(2)}}{\partial q_1}\dot{q}_1\dot{q}_2$$

由于

$$\frac{\partial u_{xi}^{(1)}}{\partial q_2}=\frac{\partial^2 x_i}{\partial q_1\partial q_2}=\frac{\partial u_x^{(2)}}{\partial q_1}$$

故

$$\ddot{x}_i=\frac{\partial u_{xi}^{(1)}}{\partial q_1}\dot{q}_1^2+\frac{\partial u_{xi}^{(2)}}{\partial q_2}\dot{q}_2^2+u_{xi}^{(1)}\ddot{q}_1+u_{xi}^{(2)}\ddot{q}_2+2\frac{\partial u_{xi}^{(1)}}{\partial q_2}\dot{q}_1\dot{q}_2$$

我们可以在 q_1(或 q_2)中设一系列位置，并设定 $\dot{q}_1$、$\dot{q}_2$、$\ddot{q}_1$、$\ddot{q}_2$ 的值，计算出 $\frac{\partial u_{xi}^{(1)}}{\partial q_j}$，$j=1,2$。

若设 $\dot{q}_1=1$，$\dot{q}_2=\ddot{q}_1=\ddot{q}_2=0$，则 $\ddot{x}_i=\frac{\partial u_{xi}^{(1)}}{\partial q_1}$；

若设 $\dot{q}_2=1$，$\dot{q}_1=\ddot{q}_2=\ddot{q}_1=0$，则 $\ddot{x}_i=\frac{\partial u_{xi}^{(2)}}{\partial q_2}$；

若设 $\dot{q}_1=\dot{q}_2=1$，$\ddot{q}_1=\ddot{q}_2=0$，则 $\frac{\partial u_{xi}^{(1)}}{\partial q_2}=\frac{\partial u_{xi}^{(2)}}{\partial q_1}=\ddot{x}_1-\frac{\partial u_{xi}^{(1)}}{\partial q_1}-\frac{\partial u_{xi}^{(2)}}{\partial q_2}$；

用同样方法，对 y_i 求 $\ddot{y}_i$，则可求出 $\frac{\partial u_{yi}^{(1)}}{\partial q_1}$，$\frac{\partial u_{yi}^{(2)}}{\partial q_2}$ 和 $\frac{\partial u_{xi}^{(1)}}{\partial q_2}$ 等；

对 φ_i 求 $\ddot{\varphi}_i$，则可得 $\frac{\partial u_{\varphi i}^{(1)}}{\partial q_1}$，$\frac{\partial u_{\varphi i}^{(2)}}{\partial q_2}$ 和 $\frac{\partial u_{\varphi i}^{(1)}}{\partial q_2}$ 等。

完成这些复杂的计算后，式(2-29)中的系数便为已知量。利用该方程可进行五杆机构正向动力学问题或逆向动力学问题的计算。

以上基于拉格朗日方程得到的两自由度五杆机构动力学方程式(2-26)～(2-30)亦可用于诸如差动轮系、机械臂等其他由几何约束机构形成的两自由度系统，因此有一定的通用性。

2.4.3 差动轮系的动力学方程

图 2-13 为两自由度差动轮系机构简图。设作用在中心轮 1、4 及系杆 H 上的力矩为 M_1、M_4、M_H（图中所示为力矩的正方向，和角速度的正方向相同，如果为阻力矩，则 M 为负值）。轮 1、4 对其中心的转动惯量为 J_1、J_4；行星轮 2、3 为一个构件，其质量为 m，它们绕其心轴（质心）的转动惯量为 J_2。系杆对轴 O 的转动惯量为 J_H。现在来建立系统的动力学方程，机构中 M_1、M_4 和 M_H 可能为各种运动参数（例如 t、ω、φ）的函数。

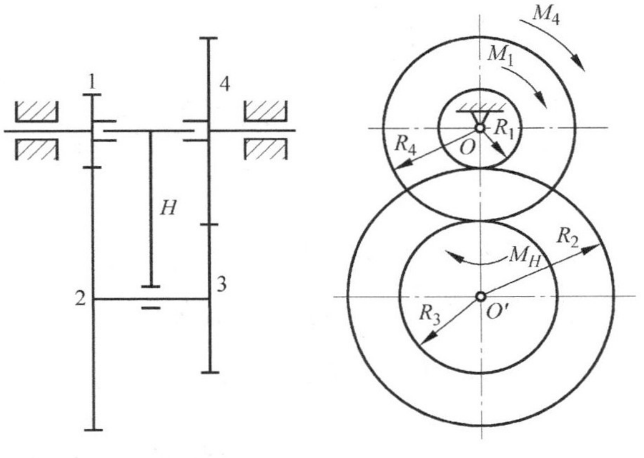

图 2-13 两自由度差动轮系简图

设力矩和角速度以图示顺时针方向为正。

1. 运动学分析

选取 $q_1=\varphi_1$ 和 $q_2=\varphi_4$ 为广义坐标。$\dot{q}_1=\dot{\varphi}_1=\omega_1$，$\dot{q}_2=\dot{\varphi}_4=\omega_4$。

由周转轮系公式知

$$\frac{\omega_1-\omega_H}{\omega_4-\omega_H}=i_{14}^H=\frac{R_4R_2}{R_1R_3}$$

i_{14}^H 为系杆设为固定件时转化机构的速比。故有

$$\omega_H=\frac{R_1R_3}{R_1R_3-R_2R_4}\omega_1-\frac{R_2R_4}{R_1R_3-R_2R_4}\omega_4$$

令

$$a = R_1R_3 - R_2R_4$$

根据同轴条件有

$$R_1 + R_2 = R_3 + R_4$$

或

$$R_4 - R_1 = R_2 - R_3$$

故

$$a = R_1R_3 - R_2R_4 = R_1R_3 - R_2(R_1 + R_2 - R_3) = (R_1 + R_2)(R_3 - R_2)$$

系杆 H 的角速度为

$$\omega_H = \frac{R_1R_3}{a}\omega_1 - \frac{R_2R_4}{a}\omega_4 \tag{2-33}$$

又

$$\frac{\omega_2 - \omega_H}{\omega_1 - \omega_H} = i_{21}^H = -\frac{R_1}{R_2}$$

i_{21}^H为轮 1,2 在转化机构中的速比,行星轮角速度为

$$\begin{aligned}\omega_2 &= -\frac{R_1}{R_2}\omega_1 + \frac{R_1 + R_2}{R_2}\omega_H = \frac{R_1 + R_2}{a}(R_1\omega_1 - R_4\omega_4)\\ &= \frac{R_1}{R_3 - R_2}\omega_1 - \frac{R_4}{R_3 - R_2}\omega_4\end{aligned} \tag{2-34}$$

行星轮质心速度为

$$V_{O'} = (R_1 + R_2)\omega_H = (R_1 + R_2)\frac{R_1R_3}{a}\omega_1 - (R_1 + R_2)\frac{R_2R_4}{a}\omega_4 \tag{2-35}$$

2. 偏类速度

由式(2-33)～(2-35)可知构件的偏类速度为

$$\begin{cases} u_{H\varphi}^{(1)} = \dfrac{R_1R_3}{a}, \quad u_{1\varphi}^{(1)} = 1, \quad u_{4\varphi}^{(2)} = 1 \\ u_{H\varphi}^{(2)} = -\dfrac{R_2R_4}{a}, \quad u_{1\varphi}^{(2)} = 0, \quad u_{4\varphi}^{(1)} = 0 \\ u_{2\varphi}^{(1)} = \dfrac{R_1}{R_3 - R_2}, \quad u_{2v}^{(1)} = \dfrac{R_1R_3(R_1 + R_2)}{a} \\ u_{2\varphi}^{(2)} = \dfrac{R_4}{R_3 - R_2}, \quad u_{2v}^{(2)} = -\dfrac{R_2R_4(R_1 + R_2)}{a} \end{cases} \tag{2-36}$$

3. 等效转动惯量

由于机构的特殊性,所有的偏类速度均为常数。将它们代入式(2-28),可得出等效转动惯量 J_{11},J_{22}和 J_{12}:

$$\begin{cases} J_{11} = J_1 + J_H\left(\dfrac{R_1R_3}{a}\right)^2 + J_2\left(\dfrac{R_1}{R_3 - R_2}\right)^2 + m\left[\dfrac{R_1R_3(R_1 + R_2)}{a}\right]^2 \\ J_{22} = J_4 + J_H\left(\dfrac{-R_2R_4}{a}\right)^2 + J_2\left(\dfrac{R_4}{R_3 - R_2}\right)^2 + m\left[\dfrac{R_2R_4(R_1 + R_2)}{a}\right]^2 \\ J_{12} = -J_H\dfrac{R_1R_2R_3R_4}{a^2} + J_2\dfrac{R_1R_4}{(R_3 - R_2)^2} - m\dfrac{R_1R_2R_3R_4(R_1 + R_2)^2}{a^2} \end{cases} \tag{2-37}$$

4. 广义力

求机构的广义力 Q_1、Q_2，可将 M_1、M_H、M_4 代入式(2-30)，得

$$\begin{cases} Q_1 = M_1 + M_H \dfrac{R_1 R_3}{a} \\ Q_2 = M_4 - M_H \dfrac{R_2 R_4}{a} \end{cases} \tag{2-38}$$

5. 动力学方程

将式(2-37)、(2-38)代入式(2-29)即可得到系统的动力学方程。在此因为偏类速度和等效转动惯量均为常数，方程比较简单。

$$\begin{cases} J_{11}\ddot{q}_1 + J_{12}\ddot{q}_2 = Q_1 \\ J_{12}\ddot{q}_1 + J_{22}\ddot{q}_2 = Q_2 \end{cases} \tag{2-39}$$

下面用一个差动轮系动力学方程的例题来说明动力学方程的应用。

例 2-3　在图 2-13 所示的差动轮系中，轮 4 为主动件，轮 1 为输出构件。设轮 4 的轴和发动机相连，发动机具有的特性很“硬”，使轮 4 的角速度保持不变等于500 s^{-1}。在轮 1 上加阻力矩 $M_1=100$ N·m。轮 1(包括装在其轴上的其他零件)、轮 2、轮 4 及系杆 H 的转动惯量(包括集中在行星轮轴上的质量 m 对系杆转轴的转动惯量)分别为：$J_1=0.01$，$J_2=0.006$，$J_4=0.001$，$J_H=0.036$，单位为 kg·m^2。各轮的半径为 $R_1=0.02$，$R_2=0.04$，$R_3=0.02$，$R_4=0.04$，单位为 m。系杆开始用制动器刹住不转，当制动器逐渐松开时，制动力矩按时间的一次方减小：

$$M_H = -M_{H0} + 3t\ (\text{N}\cdot\text{m})$$

M_{H0}为系杆 H 被完全制动时制动力矩的绝对值。求在逐渐松开制动器时，各轮及系杆角速度变化情况，并且求驱动力矩的变化情况。

解　在所研究的问题中，方程(2-39)中因为轮 4 速度不变，故$\ddot{q}_2=0$，未知量是 q_1 及主动力矩 M_4，它包含在等效力矩 Q_2 中。因此式(2-39)的第一式只包含 q_1，所以可由第一式求$\dot{q}_1$，由第二式求 M_4。

先计算等效转动惯量和等效力矩。此处 $a=R_1R_3-R_2R_4=0.02^2-0.04^2=-1.2\times10^{-3}$，由式(2-37)得

$$J_{11} = 0.01 + 0.006\left(\frac{0.02}{0.02-0.04}\right)^2 + 0.036\left(\frac{0.02\times0.02}{-1.2\times10^{-3}}\right)^2 = 0.02\ \text{kg}\cdot\text{m}^2$$

$$J_{12} = 0.006\left[\frac{0.02\times0.04}{(0.02-0.04)^2}\right] - 0.036\left[\frac{0.02\times0.04\times0.02\times0.04}{(-1.2\times10^{-3})^2}\right] = -0.028\ \text{kg}\cdot\text{m}^2$$

由于$\ddot{q}_2=0$，此处不必计算 J_{22}。由式(2-38)可得

$$\begin{aligned} Q_1 &= -100 + (-M_{H0}+3t)\frac{0.02\times0.02}{(-1.2\times10^{-3})} \\ &= -100 + \frac{1}{3}M_{H0} - t\ (\text{N}\cdot\text{m}) \end{aligned}$$

$$Q_2 = M_4 - \frac{0.04\times0.04}{(-1.2\times10^{-3})}(-M_{H0}+3t)$$

$$= M_4 - \frac{4}{3}M_{H0} + 4t\ (\mathrm{N \cdot m})$$

代入式(2-39)得系统动力学方程为

$$\begin{cases} 0.02\,\ddot{q}_1 = -100 + \dfrac{1}{3}M_{H0} - t \\ -0.028\,\ddot{q}_1 = M_4 - \dfrac{4}{3}M_{H0} + 4t \end{cases}$$

初始条件为：当 $t \leqslant 0$ 时，$\omega_H = 0$，轮 1 作等速运动，故未松闸时，角加速度为 0。由此可知 M_{H0} 可由上式中第一式求得，当 $t=0$ 时 $\ddot{q}_1 = 0$，故

$$-100 + \frac{1}{3}M_{H0} = 0$$

$$M_{H0}① = 300\ \mathrm{N \cdot m}$$

代入后有

$$\ddot{q}_1 = -50t$$

$$\dot{q}_1 = \omega_1 = -25t^2 + c$$

由初始条件求积分常数 c。当 $t=0$ 时，$\omega_1 = \omega_{10} = \omega_4 \dfrac{R_4R_2}{R_1R_3} = 500\dfrac{0.04 \times 0.04}{0.02 \times 0.02} = 2000\ \mathrm{s^{-1}}$，故 $c = 2000\ \mathrm{s^{-1}}$。代入得

$$\dot{q}_1 = \omega_1 = 2000 - 25t^2$$

代入式(2-33)、(2-34)得

$$\omega_H = \frac{0.02 \times 0.02}{-0.02 \times 0.06}(2000 - 25t^2) - \frac{0.04 \times 0.04}{-0.02 \times 0.06} \times 500$$

$$= \frac{25}{3}t^2$$

$$\omega_2 = \frac{1}{0.02 - 0.04}[0.02(2000 - 25t^2) - 0.04 \times 500]$$

$$= -1000 + 25t^2$$

以上三式给出轮 1、2 及系杆 H 角速度的变化规律。

知道 $\ddot{q}_1$ 后，由动力学方程第二式求出主动力矩的变化情况。

$$-0.028(-50t) = M_4 - \frac{4}{3} \times 300 + 4t$$

即

$$M_4 = 400 - 2.6t$$

由以上分析可知，当制动闸松开后，轮 1 及轮 2 角速度的绝对值减小，系杆的角速度增加，行星轮相对于系杆的速度 $\omega_2 - \omega_H = -1000 + \dfrac{50}{3}t^2$ 随着时间的增加，其大小也逐渐

---

① M_{H0} 也可用下法求得：当未松闸时 $M_1\omega_1 + M_4\omega_4 = 0$，故

$$M_4 = -M_1\frac{\omega_1}{\omega_4} = -M_1\frac{R_4R_2}{R_1R_3} = +100\frac{0.04 \times 0.04}{0.02 \times 0.02} = 400\ \mathrm{N \cdot m}$$

$$|M_{H0}| = |-(M_1 + M_4)| = |-(-100 + 400)| = 300\ \mathrm{N \cdot m}$$

减小。当 $t=\sqrt{60}$ s 时，相对速度将为 0。这时系杆、轮 1、2 和 4 将以角速度 $\omega=500\ \mathrm{s}^{-1}$ 成整体转动，行星轮和系杆间将因存在摩擦而无相对运动。

2.4.4 开链机构的动力学方程

基于拉格朗日方程得出的式(2-28)～(2-30)也适用于两自由度开链机构。图 2-14 为一两自由度机构，由构件 1 和 2 组成，构件长度分别为 l_1, l_2；质心离转轴 A、B 的距离为 ρ_1, ρ_2；质量为 m_1, m_2；绕各质心的转动惯量为 J_1, J_2；每个构件上分别作用有力矩 M_1, M_2，它们分别由安装在 A、B 铰链处的驱动器(电机)提供。

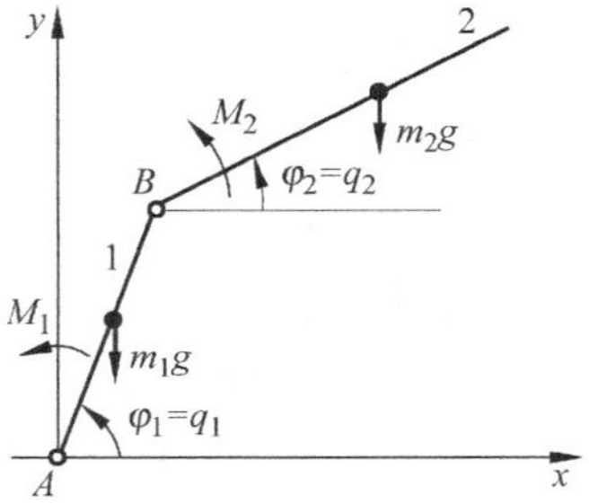

图 2-14　两自由度机械臂力学模型

现选择构件 1、2 的转角 φ_1、φ_2 为广义坐标 q_1、q_2 来建立系统的动力学方程，推导过程由以下五步骤组成。

1. 机构的运动学分析

$$\text{质心位移：}\begin{cases} x_1 = \rho_1\cos q_1 \\ y_1 = \rho_1\sin q_1 \\ x_2 = l_1\cos q_1 + \rho_2\cos q_2 \\ y_2 = l_1\sin q_1 + \rho_2\sin q_2 \end{cases} \qquad \text{角位移：}\begin{cases} \varphi_1 = q_1 \\ \varphi_2 = q_2 \end{cases} \tag{2-40}$$

对上式微分得运动的速度：

$$\begin{cases} \dot{x}_1 = -\rho_1\sin q_1\,\dot{q}_1 \\ \dot{y}_1 = \rho_1\cos q_1\,\dot{q}_1 \\ \dot{x}_2 = -l_1\sin q_1\,\dot{q}_1 - \rho_2\sin q_2\,\dot{q}_2 \\ \dot{y}_2 = l_1\cos q_1\,\dot{q}_1 + \rho_2\cos q_2\,\dot{q}_2 \\ \dot{\varphi}_1 = \dot{q}_1 \\ \dot{\varphi}_2 = \dot{q}_2 \end{cases} \tag{2-41}$$

2. 偏类速度

由式(2-41)可得各构件偏类速度 $u_{ki}^{(1)}, u_{ki}^{(2)}$ $(i=1,2;\ k=x,y,\varphi)$：

$$\begin{cases} u_{x1}^{(1)} = -\rho_1\sin q_1 & u_{x1}^{(2)} = 0 \\ u_{y1}^{(1)} = \rho_1\cos q_1 & u_{y1}^{(2)} = 0 \\ u_{x2}^{(1)} = -l_1\sin q_1 & u_{x2}^{(2)} = -\rho_2\sin q_2 \\ u_{y2}^{(1)} = l_1\cos q_1 & u_{y2}^{(2)} = \rho_2\cos q_2 \\ u_{\varphi1}^{(1)} = 1 & u_{\varphi1}^{(2)} = 0 \\ u_{\varphi2}^{(1)} = 0 & u_{\varphi2}^{(2)} = 1 \end{cases} \tag{2-42}$$

3. 等效转动惯量

将式(2-42)代入式(2-28)可得等效转动惯量：

$$\begin{cases} J_{11} = J_1 + m_1\rho_1^2 + m_2 l_1^2 \\ J_{22} = J_2 + m_2\rho_2^2 \\ J_{12} = m_2 l_1\rho_2\cos(q_1 - q_2) \end{cases} \tag{2-43}$$

4. 广义力

在有驱动器的铰链处，需要注意的是驱动力矩不仅作用在被驱动构件上，同时在定子(即相连接的另一构件)上也有一个大小相等、方向相反的力矩，所以构件 1 上作用有力矩 M_1 和 $-M_2$。

可将式(2-42)代入式(2-30)得到广义力 Q_1、Q_2：

$$\begin{cases} Q_1 = -m_1 g\rho_1 \cos q_1 + m_2 g l_1 \cos q_1 + M_1 - M_2 \\ Q_2 = -m_2 g\rho_2 \cos q_2 + M_2 \end{cases} \tag{2-44}$$

5. 动力学方程

将式(2-43)、(2-44)代入式(2-29)，便可得到动力学方程为

$$\begin{cases} (m_1\rho_1^2 + m_2 l_1^2 + J_1)\ddot{q}_1 + m_2 l_1 \rho_2 \cos(q_1 - q_2)\ddot{q}_2 + m_2 l_1 \rho_2 \sin(q_1 - q_2)\dot{q}_2^2 = Q_1 \\ m_2 l_1 \rho_2 \cos(q_1 - q_2)\ddot{q}_1 + (m_2\rho_2^2 + J_2)\ddot{q}_2 - m_2 l_1 \rho_2 \sin(q_1 - q_2)\dot{q}_1^2 = Q_2 \end{cases} \tag{2-45}$$

2.5 具有力约束的两自由度系统的动力学方程

在机械系统中也常遇到具有力约束的多自由度系统。图 2-15 为常见的两种情况，(a)是由摩擦离合器连接的两个转轴的传动系统，(b)为用软轴传动的转子系统。摩擦离合器常用于具有大惯性的转子系统；软轴传动多用于距离较远的有冲击载荷系统。当电动机拖动具有大惯性转子的机器时，往往希望自起动到稳定运转的时间尽可能短些，这样电动机的功率相应要加大。而在稳定运转阶段，由于转子角加速度小，它的惯性力矩较小，电动机的力矩并不要求很大。但是，由于起初需要而被迫采用大功率电机是不经济的。在这种情况下，有时使电动机先在空载下带动具有一定惯量的系统 J_1，然后通过摩擦离合器带动转子，利用惯性系统 J_1 事先储蓄的能量，可以加快起动过程，减小电机容量。

对于此类系统，由于约束力与系统动力学性能相关，采用达朗贝尔原理建立动力学方程比较便于解决所需解决的问题。

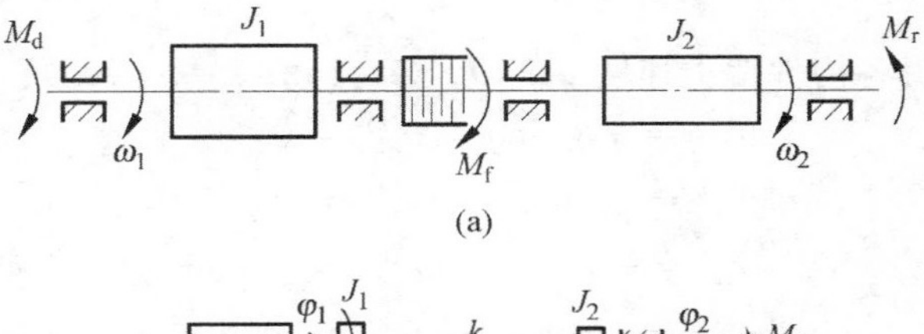

(a)

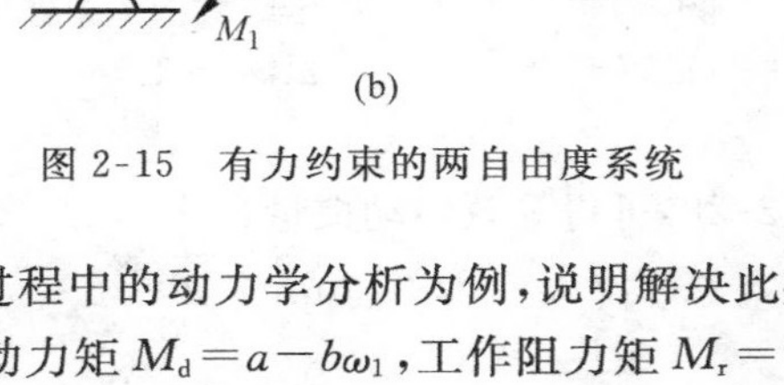

(b)

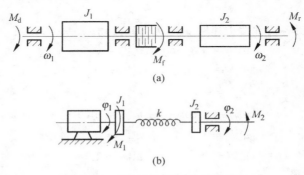

图 2-15 有力约束的两自由度系统

现以摩擦离合器接合过程中的动力学分析为例，说明解决此类问题的方法。

在图 2-15(a)中，设驱动力矩 $M_d = a - b\omega_1$，工作阻力矩 M_r = 常数，摩擦离合器在一定的轴向压力下为常数 M_f，$M_f > M_r$，两转子的转动惯量分别为 J_1、J_2。取两转子的转角

φ_1、φ_2 为广义坐标，它们的角速度分别为 ω_1、ω_2。

对两转子分别应用达朗贝尔原理可得动力学微分方程为

$$\begin{cases} J_1\dot{\omega}_1 = M_d - M_f & (2\text{-}46a) \\ J_2\dot{\omega}_2 = M_f - M_r & (2\text{-}46b) \end{cases}$$

它们为非耦合的线性微分方程，可以分别求解。对于式(2-46a)有

$$J_1\dot{\omega}_1 + b\omega_1 = a - M_f$$

即

$$\dot{\omega}_1 + \frac{b}{J_1}\omega_1 = \frac{a - M_f}{J_1}$$

方程的全解为

$$\omega_1 = c\mathrm{e}^{-\frac{b}{J_1}t} + \frac{a - M_f}{b}$$

其中 c 为积分常数，可由初始条件决定，设 $t=0$ 时，$\omega_1=\omega_{10}$，则有

$$c = \omega_{10} - \frac{a - M_f}{b}$$

所以

$$\omega_1 = \left(\omega_{10} - \frac{a - M_f}{b}\right)\mathrm{e}^{-\frac{b}{J_1}t} + \frac{a - M_f}{b} \tag{2-47}$$

对于式(2-46b)有

$$\dot{\omega}_2 = \frac{M_f - M_r}{J_2}$$

$$\omega_2 = \frac{M_f - M_r}{J_2}t \tag{2-48}$$

式(2-47)和式(2-48)代表了两个转子接合过程中的运动状态。图 2-16 表示系统运动状态的变化过程。

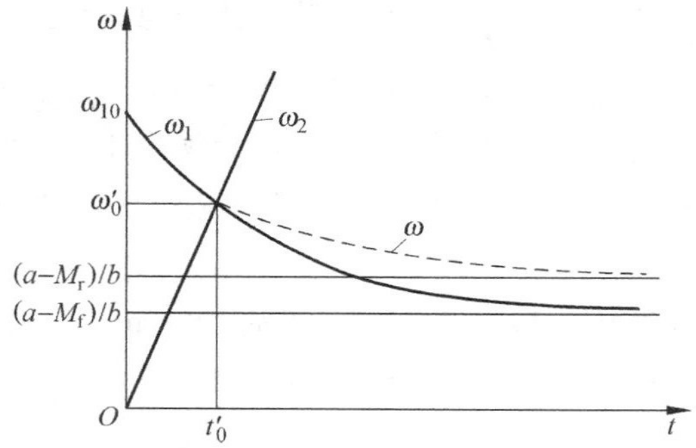

图 2-16　离合器接合系统角速度变化曲线

由式(2-47)、(2-48)可知，随着时间 t 的增加，ω_1 逐渐减小，ω_2 逐渐增加。当 $t=t_0'$ 时两轴角速度相等，$\omega_1=\omega_2=\omega_0'$。以后两轴间将无滑动，系统作整体运动，成为单自由度系统。其上有驱动力矩 M_d 及阻力矩 M_r 作用，等效转动惯量 $J=J_1+J_2$。动力学方程为

$$M_d - M_r = J\,\frac{\mathrm{d}\omega}{\mathrm{d}t}$$

或

$$J\frac{\mathrm{d}\omega}{\mathrm{d}t}+b\omega=a-M_{\mathrm{r}}$$

于是可得到与式(2-47)类似的结果：

$$\omega=\omega_0'\mathrm{e}^{-\frac{b}{J}t}+\frac{a-M_{\mathrm{r}}}{b}(1-\mathrm{e}^{-\frac{b}{J}t}) \tag{2-49}$$

式中时间 t 自两轴达到共同角速度 ω_0' 时的时间 t_0' 算起。

ω_0' 与 t_0' 的计算比较麻烦。如果直接把式(2-47)和式(2-48)的 ω_1、ω_2 相等起来求解 t_0'，则因方程为超越函数方程，求解困难。为此，可用迭代法求 t_0'。

图 2-17 画出 ω_1-t 和 ω_2-t 曲线，两曲线交点的坐标为(t_0'，ω_0')。迭代求法如下：

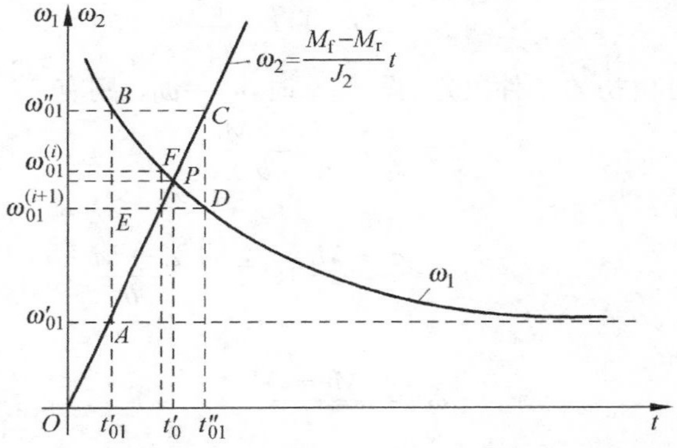

图 2-17　两自由度系统的角速度变化曲线

由于 ω_1 为 t 的指数函数，随时间 t 的增加，ω_1 很快达到其极值 ω_{01}'。作为一次近似，可以 $t=\infty$ 代入式(2-47)得 $\omega_{01}'=\dfrac{a-M_{\mathrm{f}}}{b}$，把 ω_{01}' 代入式(2-48)得出 $\omega_2=\omega_{01}'$ 时的 t_{01}'(相当于图 2-17 中的点 A)，再以 t_{01}' 代入式(2-47)得 ω_{01}''(点 B)。再以 ω_{01}'' 代入式(2-48)，进行迭代计算得到 t_{01}''(C 点)。一直到相邻两次计算得出的 $\omega_{01}^{(i)}$ 和 $\omega_{01}^{(i+1)}$ 的误差在允许范围内。得出 $\omega_0'=\omega_{01}^{(i+1)}$ 后，以 ω_0' 代入式(2-48)求出相应的 t_0'。以图表示，则计算按 $A\to B\to C\to D\to E\to\cdots\to P$ 顺序进行。

例 2-4　设电机的驱动力矩 $M_{\mathrm{d}}=20000-200\omega_1$ (N·m)，阻力矩为 $M_{\mathrm{r}}=400$ N·m。$\omega_{10}=100\ \mathrm{s}^{-1}$，$J_1=10\ \mathrm{kg\cdot m^2}$，$J_2=20\ \mathrm{kg\cdot m^2}$，$M_{\mathrm{f}}=460$ N·m。试求起动需要的时间及最后达到的稳定角速度。

解　由式(2-47)得

$$\begin{aligned}\omega_1&=100\mathrm{e}^{-\frac{200}{10}t}+\frac{20000-460}{200}(1-\mathrm{e}^{-\frac{200}{10}t})\\&=100\mathrm{e}^{-20t}+97.7(1-\mathrm{e}^{-20t})\end{aligned} \tag{a}$$

由式(2-48)得

$$\omega_2=\frac{460-400}{20}t=3t \tag{b}$$

由式(2-49)得

$$\omega = \omega_0' e^{-6.67t} + 98(1 - e^{-6.67t}) \tag{c}$$

为求 ω_0' 及 t_0'，令式(a)中的 $t\to\infty$，解得 $\omega_0'=97.7\ s^{-1}$。把它代入式(b)中的 ω_2 得 $t=t_{01}'=\frac{\omega_2}{3}=\frac{97.7}{3}\approx 32.6\ s$。以 t_{01}' 代入式(a)得 $\omega_{01}''=100e^{-20\times32.6}+97.7(1-e^{-20\times32.6})\approx 97.7\ s^{-1}=\omega_{01}'$，故得 $\omega_0'=97.7\ s^{-1}$，$t_0'=32.6\ s$。即自起动开始，经 32.6 s 后，两轴角速度同为 $97.7\ s^{-1}$。此后，将随式(c)的规律加速运动，一直到达稳定角速度 ω：

$$\omega = 97.7e^{-6.67t} + 98(1 - e^{-6.67t})$$

当 $t\to\infty$ 时，$\omega\to 98\ s^{-1}$。实际上 $t=1$ s 时，ω 已十分接近 $98\ s^{-1}$ 了。所以离合器接合后经过 32.6+1=33.6 s，系统以 $98\ s^{-1}$ 的角速度稳定运转。

2.6 凯恩方法及其应用

在前面几节中，我们叙述了建立单自由度、多自由度以及有力约束的多自由度系统的动力学方程的方法。在推导方程的过程中直接应用拉格朗日方程或达朗贝尔原理。对于单自由度(2.2 节)和多自由度系统(2.4 节)，在选择广义坐标、定义类速度(对单自由度系统)和偏类速度(对多自由度系统)后，通过对系统动能的计算得到等效惯量(质量)，并将外力转换成广义力，从而可以比较方便地得到系统的动力学方程。但是，对动能及其微分的推导过程比较繁琐。如果直接应用达朗贝尔原理，对多自由度系统由于方程中含有约束反力，因而增加了求解时的未知量的数目。

凯恩方法是建立一般多自由度系统动力学方程的一种普通方法。这种方法实质上是将达朗贝尔原理直接用于广义坐标系中，从而又称为广义坐标中的动态静力学方法。在建立方程的过程中，不仅与拉格朗日方程类似地将外力(在此称主动力)转换为广义主动力，而且把惯性力也转换成广义惯性力，使二者之和为零，得到动力学方程，因此不需要推导系统的动能表达式，方程中也不出现约束反力。

在本书 1.4.4 节中，已给出了凯恩方程的一般表达式，即式(1-6)：

$$\sum_{p=1}^{P} F_p^{(r)} + \sum_{m=1}^{M} F_m^{*(r)} = 0$$

其中，$F_p^{(r)}$ 为广义坐标中的主动力，即广义力；$F_m^{*(r)}$ 为广义坐标中的惯性力；$r=1,2,\cdots,n$ 为广义坐标数。

在此将通过对 2.4.4 节中同样实例的分析来说明应用凯恩方法建立动力学方程的过程，便于比较不同方法之间的异同。

用凯恩方法建立动力学方程的步骤如下。

1. 建立固定坐标系并定义系统的广义坐标

如图 2-18 所示，$Oxyz$ 为固定坐标系，沿 x、y、z 三个方向的单位向量用 $\boldsymbol{e}_1^{(0)}$、$\boldsymbol{e}_2^{(0)}$、$\boldsymbol{e}_3^{(0)}$ 表示；选择两构件的转角 θ_1、θ_2 为广义坐标 q_1、q_2。

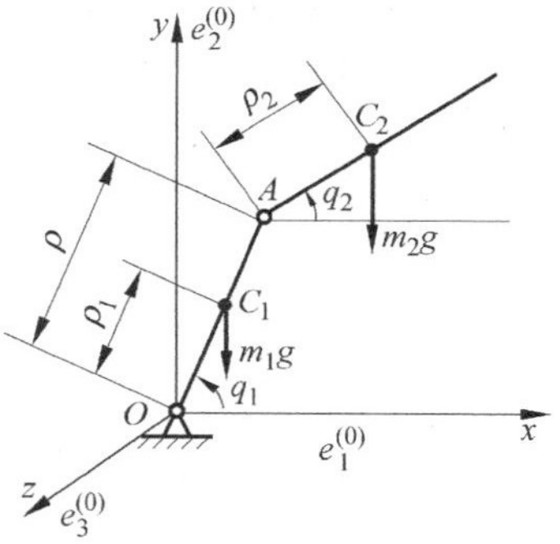

图 2-18 机械臂的力学模型

2. 对系统进行运动学分析

将构件的位移、速度和加速度均表示为广义坐标的函数。在图 2-18 所示的情况下，外力有重力、惯性力和惯性力矩。为了求得构件惯性力(矩)，要确定各构件质心的位置、速度和加速度与广义坐标的关系。

(1) 机构位置分析

用向量 $\boldsymbol{L}_i$ 表示质心位置，有

$$\begin{cases}\boldsymbol{L}_1=\rho_1\cos q_1\boldsymbol{e}_1^{(0)}+\rho_1\sin q_1\boldsymbol{e}_2^{(0)}\\ \boldsymbol{L}_2=l_1\cos q_1\boldsymbol{e}_1^{(0)}+l_1\sin q_1\boldsymbol{e}_2^{(0)}+\rho_2\cos q_2\boldsymbol{e}_1^{(0)}+\rho_2\sin q_2\boldsymbol{e}_2^{(0)}\\ \boldsymbol{\theta}_1=q_1\boldsymbol{e}_3^{(0)}\\ \boldsymbol{\theta}_2=q_2\boldsymbol{e}_3^{(0)}\end{cases}\tag{2-50}$$

(2) 质心速度和构件角速度

定义广义坐标对时间的导数为广义速度：$u_r=\dot{q}_r$，$r=1,2$，将式(2-50)对时间微分，得构件 1、2 质心速度和各个角速度为

$$\begin{cases}\boldsymbol{V}_{c1}=\rho_1u_1(-\sin q_1\boldsymbol{e}_1^{(0)}+\cos q_1\boldsymbol{e}_2^{(0)})\\ \boldsymbol{V}_{c2}=l_1u_1(-\sin q_1\boldsymbol{e}_1^{(0)}+\cos q_1\boldsymbol{e}_2^{(0)})+\rho_2u_2(-\sin q_2\boldsymbol{e}_1^{(0)}+\cos q_2\boldsymbol{e}_2^{(0)})\\ \dot{\boldsymbol{\theta}}_1=\boldsymbol{\omega}_1=u_1\boldsymbol{e}_3^{(0)}\\ \dot{\boldsymbol{\theta}}_2=\boldsymbol{\omega}_2=u_2\boldsymbol{e}_3^{(0)}\end{cases}\tag{2-51}$$

(3) 质心加速度和构件角加速度

将式(2-51)对时间微分，得构件 1、2 质心加速度和各个角加速度为

$$\begin{cases}\boldsymbol{a}_{c1}=-\rho_1(\dot{u}_1\sin q_1+u_1^2\cos q_1)\boldsymbol{e}_1^{(0)}+\rho_1(\dot{u}_1\cos q_1-u_1^2\sin q_1)\boldsymbol{e}_2^{(0)}\\ \boldsymbol{a}_{c2}=-[l_1(\dot{u}_1\sin q_1+u_1^2\cos q_1)+\rho_2(\dot{u}_2\sin q_2+u_2^2\cos q_2)]\boldsymbol{e}_1^{(0)}\\ \qquad+[l_1(\dot{u}_1\cos q_1+u_1^2\sin q_1)+\rho_2(-\dot{u}_2\cos q_2+u_2^2\sin q_2)]\boldsymbol{e}_2^{(0)}\\ \ddot{\boldsymbol{\theta}}_1=\dot{u}_1\boldsymbol{e}_3^{(0)}\\ \ddot{\boldsymbol{\theta}}_2=\dot{u}_2\boldsymbol{e}_3^{(0)}\end{cases}\tag{2-52}$$

3. 机构主动力和惯性力

由于铰链处有驱动器，故在 OA 杆上除 M_1 外，还有力矩$(-M_2)$作用在其上。

主动力(矩)为

$$\begin{cases}\boldsymbol{F}_1=-m_1g\boldsymbol{e}_2^{(0)}\\ \boldsymbol{F}_2=-m_2g\boldsymbol{e}_2^{(0)}\\ \boldsymbol{M}_1=M_1\boldsymbol{e}_3^{(0)}\\ \boldsymbol{M}_2=M_2\boldsymbol{e}_3^{(0)}\end{cases}\tag{2-53}$$

惯性力(矩)为

$$\begin{cases} \boldsymbol{F}_1^* = m_1\rho_1(\dot{u}_1\sin q_1 + u_1^2\cos q_1)\boldsymbol{e}_1^{(0)} - m_1\rho_1(\dot{u}_1\cos q_1 - u_1^2\sin q_1)\boldsymbol{e}_2^{(0)} \\ \boldsymbol{F}_2^* = m_2[l_1(\dot{u}_1\sin q_1 + u_1^2\cos q_1) + \rho_2(\dot{u}_2\sin q_2 + u_2^2\cos q_2)]\boldsymbol{e}_1^{(0)} \\ \qquad - m_2[l_1(\dot{u}_1\cos q_1 + u_1^2\sin q_1) + \rho_2(-\dot{u}_2\cos q_2 + u_2^2\sin q_2)]\boldsymbol{e}_2^{(0)} \\ \boldsymbol{M}_1^* = -J_1\ddot{\theta}_1\boldsymbol{e}_3^{(0)} = -J_1\dot{u}_1\boldsymbol{e}_3^{(0)} \\ \boldsymbol{M}_2^* = -J_2\ddot{\theta}_2\boldsymbol{e}_3^{(0)} = -J_2\dot{u}_2\boldsymbol{e}_3^{(0)} \end{cases} \tag{2-54}$$

4. 广义主动力和广义惯性力

将主动力和惯性力转换到广义坐标中的方法与 2.4.1 节中用拉格朗日方程求广义力相同，即首先求出偏类速度，也就是各点速度和构件角速度对广义速度的偏微分(或称为偏速率)，构成转换矩阵，然后将其与力向量相乘，即可获得广义力，由式(2-51)可得力的转换矩阵为

$$\boldsymbol{U}_F = \begin{bmatrix} \dfrac{\partial V_{c1}}{\partial u_1} & \dfrac{\partial V_{c2}}{\partial u_1} \\ \dfrac{\partial V_{c1}}{\partial u_2} & \dfrac{\partial V_{c2}}{\partial u_2} \end{bmatrix} = \begin{bmatrix} \rho_1(-\sin q_1\boldsymbol{e}_1^{(0)} + \cos q_1\boldsymbol{e}_2^{(0)}) & l_1(-\sin q_1\boldsymbol{e}_1^{(0)} + \cos q_1\boldsymbol{e}_2^{(0)}) \\ \boldsymbol{0} & \rho_2(-\sin q_2\boldsymbol{e}_1^{(0)} + \cos q_2\boldsymbol{e}_2^{(0)}) \end{bmatrix} \tag{2-55}$$

力矩转换矩阵为

$$\boldsymbol{U}_M = \begin{bmatrix} \dfrac{\partial\boldsymbol{\omega}_1}{\partial u_1} & \dfrac{\partial\boldsymbol{\omega}_2}{\partial u_1} \\ \dfrac{\partial\boldsymbol{\omega}_1}{\partial u_2} & \dfrac{\partial\boldsymbol{\omega}_2}{\partial u_2} \end{bmatrix} = \begin{bmatrix} \boldsymbol{e}_3^{(0)} & \boldsymbol{0} \\ \boldsymbol{0} & \boldsymbol{e}_3^{(0)} \end{bmatrix} \tag{2-56}$$

广义主动力为

$$\boldsymbol{F} = \boldsymbol{U}_F[\boldsymbol{F}_1, \boldsymbol{F}_2]^{\mathrm{T}} + \boldsymbol{U}_M[\boldsymbol{M}_1 - \boldsymbol{M}_2, \boldsymbol{M}_2]^{\mathrm{T}} \tag{2-57}$$

广义惯性力为

$$\boldsymbol{F}^* = \boldsymbol{U}_F[\boldsymbol{F}_1^*, \boldsymbol{F}_2^*]^{\mathrm{T}} + \boldsymbol{U}_M[\boldsymbol{M}_1^*, \boldsymbol{M}_2^*]^{\mathrm{T}} \tag{2-58}$$

系统的动力学方程表示为

$$\boldsymbol{F} + \boldsymbol{F}^* = \boldsymbol{0} \tag{2-59}$$

展开可写成

$$F^{(r)} + F^{*(r)} = 0 \quad r = 1,2 \tag{2-60}$$

将式(2-53)、(2-54)带入式(2-57)、(2-58)，得到广义主动力和广义惯性力后再带入式(2-59)，可得两自由度机械臂的动力学方程为

$$\begin{cases} (m_1\rho_1^2 + m_2l_1^2 + J_1)\dot{u}_1 + m_2\rho_2l_1\cos(q_1 - q_2)\dot{u}_2 + m_2\rho_2l_1\sin(q_1 - q_2)u_2^2 + (m_1g\rho_1 \\ \qquad + m_2gl_1)\cos q_1 - M_1 + M_2 = 0 \\ m_2\rho_2l_1\cos(q_1 - q_2)\dot{u}_1 + (m_2\rho_2^2 + J_2)\dot{u}_2 - m_2\rho_2l_1\sin(q_1 - q_2)u_1^2 + m_2g\rho_2\cos q_2 - M_2 = 0 \end{cases} \tag{2-61}$$

凯恩方法同样可用于闭链机构，例如四杆机构、曲柄滑块机构等。在应用时求解机构运动关系的表达式，如 2.3.4 节和 2.4.2 节所述，仍然是必需进行的。

第 3 章　刚性平面机构惯性力的平衡

在机械系统的运动构件中，有绕定轴转动的构件，也有移动或平面一般运动的构件。无论是哪种运动，只要构件有角加速度或者质心有加速度，便会产生惯性力矩或惯性力。即使是绕固定轴匀速转动的构件，当它的质心与旋转中心不重合时，也会有惯性力产生。这些惯性力的大小和方向通常是周期性变化的，因而会引起冲击和振动，增加机件的动应力，引起机械的损坏，降低使用寿命，严重时甚至使机械不能正常工作。

对于仅由绕定轴旋转构件组成的旋转机械，构件的惯性力平衡除了在设计时要考虑外，在制造过程中，还要有平衡工序来完成。这主要是通过调整转子内部的质量分布，使惯性力的影响减小到允许的范围内（有关旋转机械特别是变速旋转机械的问题，本书将在后面专门叙述）来实现的。对于有往复运动构件的机械，例如汽车发动机、柱塞泵、活塞式压缩机等，它们的惯性力不能通过对各个构件单独调整得到平衡，必须从整机设计来解决。也就是在机械设计时，要考虑惯性力平衡问题，包括选择机构类型，机械布局和机械内质量的大小和质量分布。因此惯性力的平衡属于机械系统动力学设计的一部分。

本章将介绍具有往复运动构件的刚性平面机械惯性力平衡的原理与方法。

3.1　机械系统中构件的质量替代

机械中运动的构件，可以看成是由无穷多个质点组成的，对于刚性构件，这些质点惯性力将合成为通过质心的主向量 $\boldsymbol{F}_I$ 和一个惯性力矩 $\boldsymbol{M}_I$。

$$\boldsymbol{F}_I = -m\boldsymbol{a}_S$$

$$\boldsymbol{M}_I = -J_S\boldsymbol{\varepsilon}$$

式中 m——构件质量；J_S——绕质心的转动惯量；$\boldsymbol{a}_S$ 质心加速度；$\boldsymbol{\varepsilon}$——构件角加速度。

为了计算构件惯性力和研究惯性力平衡问题，我们往往用几个集中质量来代替原来构件，这种处理方法叫质量替代法。质量替代法分为静替代和动替代两种。前者应保证在替代后惯性力的合力与原构件相同，也就是替代前后质心位置不变；后者不仅使惯性力相同，而且惯性力矩也相等，也就是替代前后对质心的转动惯量也应保持不变。

3.1.1　两点静替代

如图 3-1(a)所示构件，若用选定的 A、B 处两个质量来替代原质量 m，在保证质心位置不变时应满足：

$$\begin{cases} m_A + m_B = m \\ m_A l_{AS} = m_B(l_{AB} - l_{AS}) \end{cases}$$

所以有

$$\begin{cases} m_A = m\left(1 - \dfrac{l_{AS}}{l_{AB}}\right) \\ m_B = m\dfrac{l_{AS}}{l_{AB}} \end{cases} \tag{3-1}$$

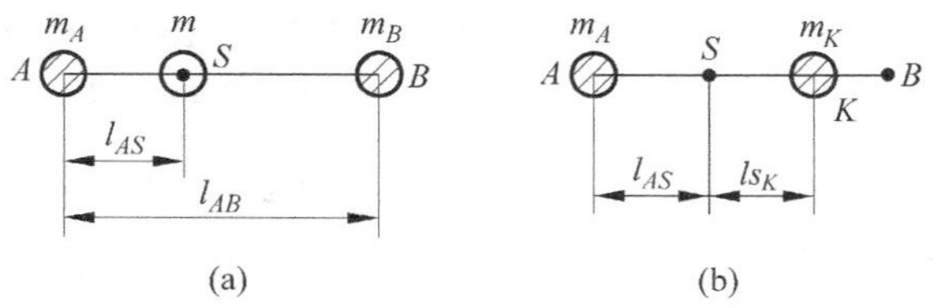

图 3-1 质量替代图

(a) 静替代；(b) 动替代

3.1.2 两点动替代

在图 3-1(b)中，若用两个质量 m_A 和 m_K 来替代原构件的质量并保证转动惯量不变，则应满足：

$$\begin{cases} m_A + m_K = m \\ m_A l_{AS} = m_K l_{SK} \\ m_A l_{AS}^2 + m_K l_{SK}^2 = J_S \end{cases}$$

所以有

$$\begin{cases} m_A = \dfrac{mJ_S}{ml_{AS}^2 + J_S} \\ m_K = \dfrac{m^2 l_{AS}^2}{ml_{AS}^2 + J_S} \\ l_{SK} = \dfrac{J_S}{ml_{AS}} \end{cases} \tag{3-2}$$

其中 K 点是以 A 为悬挂点的撞击中心。

3.1.3 广义质量静替代

在进行机构平衡时，有时遇到所选择的两个(或以上)质量替代点与原构件质心不在一条直线上的情况。在这种情况下不能直接用式(3-1)来计算替代质量。下面我们将介绍适用于这种情况的广义质量静替代法。

在图 3-2 中，构件 AB 的质心在 S 点，质量为 m。当选择 A、B 为质量静替代点时，应满足：

$$\begin{cases} m = m_A + m_B \\ m\boldsymbol{r}_S = m_A\boldsymbol{r}_A + m_B\boldsymbol{r}_B \end{cases} \tag{3-3}$$

式中质量与向量 $\boldsymbol{r}_i$ 的乘积叫质量矩，显然它们也是向量。向量 $\boldsymbol{r}_A$，$\boldsymbol{r}_B$ 之间的关系可以用复数表示。如果另选一坐标系 $A\xi\eta$，ξ 的方向与 AB 方向一致，设 ξ 方向单位向量为 $\boldsymbol{e}$，即

$$\boldsymbol{e} = \frac{\boldsymbol{l}_{AB}}{l_{AB}}$$

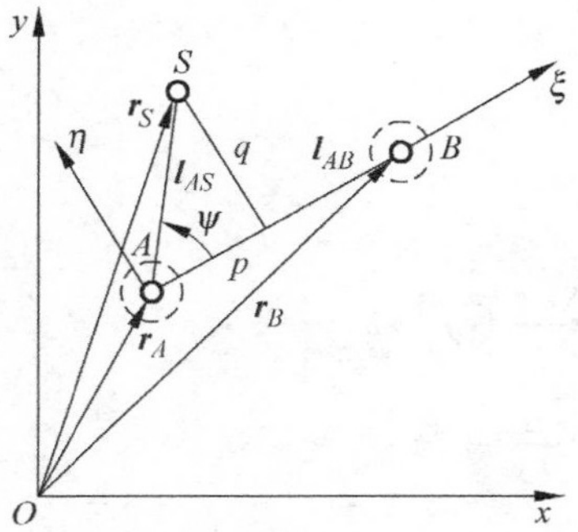

图 3-2　广义质量静替代图

式中 $\boldsymbol{l}_{AB}$ 为由 A 指向 B 的向量；l_{AB} 为 AB 杆的长度。在 η 方向的单位向量则为 $\mathrm{i}\boldsymbol{e}=\mathrm{i}\dfrac{\boldsymbol{l}_{AB}}{l_{AB}}$，$\mathrm{i}=\sqrt{-1}$。

在 $A\xi\eta$ 坐标系中，$\boldsymbol{r}_S$ 可用点 S 的坐标 p、q 表示。p、q 的正负号按坐标 ξ、η 的正负确定。

$$\boldsymbol{r}_S=\boldsymbol{r}_A+\boldsymbol{l}_{AS} \tag{3-4}$$

$$\boldsymbol{l}_{AS}=(p+\mathrm{i}q)\frac{\boldsymbol{l}_{AB}}{l_{AB}} \tag{3-5}$$

而

$$\boldsymbol{l}_{AB}=\boldsymbol{r}_B-\boldsymbol{r}_A$$

故

$$\boldsymbol{r}_S=(l_{AB}-p-\mathrm{i}q)\frac{\boldsymbol{r}_A}{l_{AB}}+(p+\mathrm{i}q)\frac{\boldsymbol{r}_B}{l_{AB}} \tag{3-6}$$

把式(3-6)代入式(3-3)得

$$m(l_{AB}-p-\mathrm{i}q)\frac{\boldsymbol{r}_A}{l_{AB}}+m(p+\mathrm{i}q)\frac{\boldsymbol{r}_B}{l_{AB}}=m_A\boldsymbol{r}_A+m_B\boldsymbol{r}_B$$

比较等式两边可知，要使等式成立，两个替代质量应为复数，在此用 $\tilde{m}_A$ 和 $\tilde{m}_B$ 表示：

$$\begin{cases}\tilde{m}_A=\left(\dfrac{l_{AB}-p}{l_{AB}}-\dfrac{q}{l_{AB}}\mathrm{i}\right)m\\[2ex]\tilde{m}_B=\left(\dfrac{p}{l_{AB}}+\dfrac{q}{l_{AB}}\mathrm{i}\right)m\end{cases} \tag{3-7}$$

我们把用复数表示的代换质量 $\tilde{m}_A$ 和 $\tilde{m}_B$ 称为广义质量，以便和普通意义的替代质量相区别。显然，由于满足式(3-3)，它们不仅质量之和与原质量相等，而且对任意点的质量矩之和也与原质量对同一点的质量矩相同。

为了进一步说明广义质量的物理意义，我们来看看图 3-3 所示的绕定轴转动的构件 OAS。它的质心在 S 点，质量为 m。现在要在 O、A 两点确定它的替代质量，由式(3-7)可得

$$\begin{cases}\tilde{m}_A=m\dfrac{p}{l_A}+\mathrm{i}m\dfrac{q}{l_A}\\[2ex]\tilde{m}_O=m\left(1-\dfrac{p}{l_A}\right)-\mathrm{i}m\dfrac{q}{l_A}\end{cases}$$

式中 l_A——O 点到 A 点的长度。$\tilde{m}_A$ 对 O 的质量矩为

$$\tilde{m}_A l_A=\left(m\frac{p}{l_A}+\mathrm{i}m\frac{q}{l_A}\right)l_A$$

$\tilde{m}_A l_A$ 为质量矩向量，其模为

$$\begin{aligned}|\tilde{m}_A l_A|&=\sqrt{(mp)^2+(mq)^2}\\&=m\sqrt{p^2+q^2}=ml_A\end{aligned}$$

它的方向为

$$\tan\psi=\frac{mq}{mp}=\frac{q}{p} \tag{3-8}$$

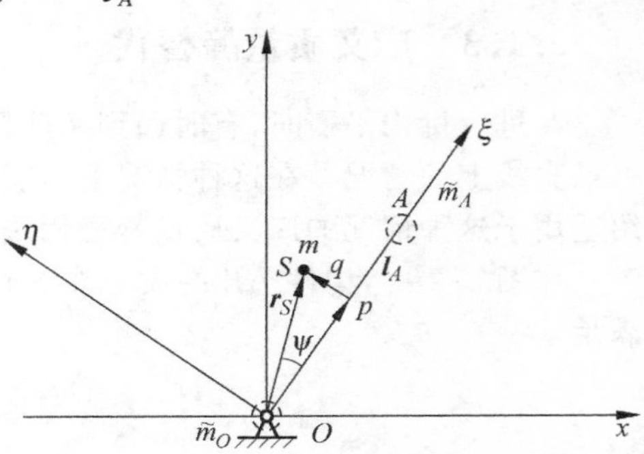

图 3-3　广义质量示意图

因此 $\tilde{m}_A$ 对 O 点的质量矩的大小和方向与 m 对 O 点的质量完全一致。也就是说，如果在 A 点的广义质量为 $\tilde{m}_A=m'+\mathrm{i}m''$，它所代表的质量矩的方位在 ψ 方向上，即

$$\tan\psi = \frac{m''}{m'} \tag{3-9}$$

质量矩的大小为

$$|\tilde{m}_A r_A| = \sqrt{m'^2 + m''^2}\, l_A \tag{3-10}$$

需要注意的是，ψ可能在四个象限内，究竟处于哪一个象限应根据 m'和 m''的符号判断。例如当 $m'>0, m''<0$ 时，应在第四象限。

3.2 机构平衡的基本条件与平衡方法

机构惯性力和惯性力矩的计算及机构平衡条件，是讨论机构平衡问题的基本出发点。这些问题在一些机械原理教科书中有详细阐述，以下只给出几个基本结论。

3.2.1 机构总质心的位置

对于任意一个平面机构，如图 3-4 所示的曲柄滑块机构，建立一个固定坐标系 $Oxyz$，则机构总质心的坐标为

$$\begin{cases} x_S = \dfrac{1}{M}\sum\limits_{i=1}^{n} m_i x_i \\ y_S = \dfrac{1}{M}\sum\limits_{i=1}^{n} m_i y_i \\ z_S = \dfrac{1}{M}\sum\limits_{i=1}^{n} m_i z_i \end{cases} \tag{3-11}$$

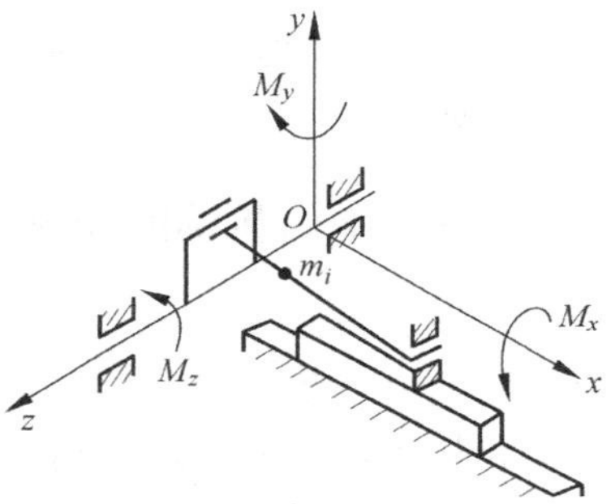

图 3-4 曲柄滑块机构

式中 n 为机构中的质点数，整个机构可看成由 n 个质点组成的质点系，在计算机构质心位置时，n 可为构件数或者质量替代点的数目；m_i 为质点 i 的质量；x_i、y_i 为相应质点 m_i 的坐标。总质量 $M=\sum\limits_{i=1}^{n} m_i$。

3.2.2 机构的惯性力和惯性力矩在坐标轴上的分量

$$F_x = -\sum_{i=1}^{n} m_i \ddot{x}_i \tag{3-12a}$$

$$F_y = -\sum_{i=1}^{n} m_i \ddot{y}_i \tag{3-12b}$$

$$F_z = -\sum_{i=1}^{n} m_i \ddot{z}_i \tag{3-12c}$$

$$M_x = -\sum_{i=1}^{n} m_i (y_i \ddot{z}_i - z_i \ddot{y}_i) \tag{3-12d}$$

$$M_y = -\sum_{i=1}^{n} m_i (z_i \ddot{x}_i - x_i \ddot{z}_i) \tag{3-12e}$$

$$M_z = -\sum_{i=1}^{n} m_i (x_i \ddot{y}_i - y_i \ddot{x}_i) \tag{3-12f}$$

3.2.3 平面机构惯性力和惯性力矩的平衡条件

$$\sum_{i=1}^{n} m_i x_i = \text{常数} \tag{3-13a}$$

$$\sum_{i=1}^{n} m_i y_i = \text{常数} \tag{3-13b}$$

$$\sum_{i=1}^{n} m_i z_i y_i = \text{常数} \tag{3-13c}$$

$$\sum_{i=1}^{n} m_i z_i x_i = \text{常数} \tag{3-13d}$$

$$\sum_{i=1}^{n} m_i (x_i \ddot{y}_i - y_i \ddot{x}_i) = 0(\mathrm{e}) \tag{3-13e}$$

式(3-13a)、(3-13b)表示机构静平衡的条件，即惯性力平衡条件。如果机构的惯性力得到平衡，则机构总的质心将静止不动。式(3-13c)、(3-13d)、(3-13e)表示惯性力矩平衡条件，即动平衡条件。值得注意的是，当利用式(3-13e)来研究惯性力矩 M_z 时，质点数 n 必须为构件动替代的质点数。如果只取构件数或者静替代的质点数，则所计算的惯性力矩只包括了替代质点的惯性力所产生的力矩，没有或没完全计入构件转动惯量所产生的惯性力矩。

3.2.4 平面机构的惯性力的平衡方法

机构的惯性力，可以通过构件的合理布置、加平衡质量或者加平衡机构等方法得到部分地或完全地平衡。

当机械本身要求多套机构同时工作时，可用图 3-5(a)所示的对称布置方式使惯性力得到完全平衡，也可采用图 3-5(b)的方法使惯性力得到部分平衡。这是在多缸活塞式发动机设计中常用的方法，即合理布置各曲柄的相对位置，使各缸活塞与连杆产生的惯性力相互抵消来达到平衡的目的。

在机构中的某些构件上加平衡质量也是平衡惯性力常用方法之一。用来确定平衡质量的方法一般有三种：主导点向量法、质量替代法(包括广义质量替代法)和线性独立向量法。本书主要介绍质量替代法和线性独立向量法。

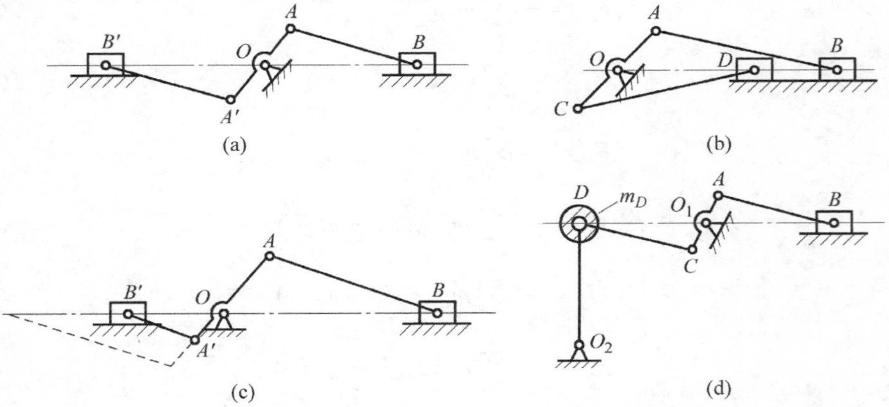

图 3-5　机构惯性力平衡方法

除此之外，可以采用加平衡机构的办法来平衡惯性力。例如用齿轮机构来部分平衡机构惯性力。有时也可以用加连杆机构的办法，例如在图 3-5(c)中增加了一套尺寸为原机构 OAB 按比例缩小的平衡机构 $OA'B'$，其构件质量按比例增加，这样可使平衡机构的体积缩小。图 3-5(d)是用一个摆动质量 D 来平衡滑块 B 的惯性力，当摆杆 l_{O_2D} 比较长的时候，点 D 的轨迹在小范围内接近直线。

3.3 机构惯性力平衡的质量替代法

用质量替代法确定平衡机构惯性力所应加的质量矩是一种比较直观、简便的方法。其基本思路是首先把各构件的质量替代到绕固定轴转动的构件上，然后通过在绕定轴转动的构件上加平衡质量矩的方法，使机构的质心落到固定的转轴上，从而使机构总的质心静止不动，达到平衡的目的。

3.3.1 含转动副的机构惯性力平衡

当机构只含转动副时，我们可直接应用式(3-3)或式(3-7)计算替代质量或广义质量，进而求出平衡质量矩。现以图 3-6 所示的四杆机构为例来说明平衡的方法。

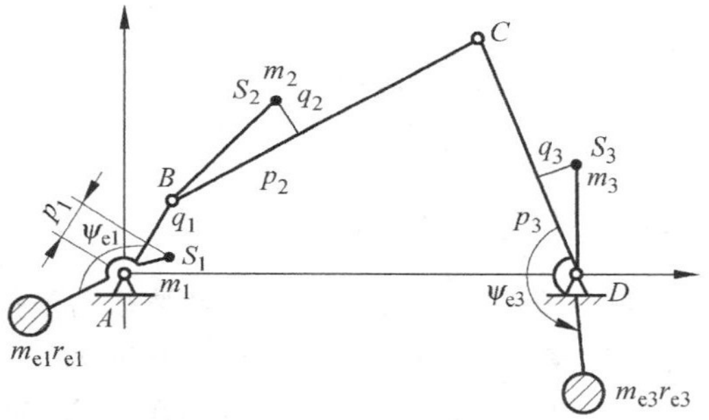

图 3-6 四杆机构惯性力平衡图

机构参数为：$l_{AB}=50$，$l_{BC}=200$，$l_{CD}=150$，$l_{AD}=250$，$q_1=-20$，$p_1=20$，$q_2=20$，$p_2=80$，$q_3=-12$，$p_3=60$，单位：mm；$m_1=7$，$m_2=3$，$m_3=10$，单位：kg。

根据机构的情况，B、C 两点均在绕定轴转动的构件上，因此将质量替代点选在转动副 A、B、C、D 四点上。用式(3-7)可算出

$$\tilde{m}_{A1}=\left[\left(1-\frac{20}{50}\right)-\left(\frac{-20}{50}\right)\mathrm{i}\right]\times 7=4.2+2.8\mathrm{i}$$

$$\tilde{m}_{B1}=\left[\frac{20}{50}-\frac{20}{50}\mathrm{i}\right]\times 7=2.8-2.8\mathrm{i}$$

$$\tilde{m}_{B2}=\left[\left(1-\frac{80}{200}\right)-\frac{20}{200}\mathrm{i}\right]\times 3=1.8-0.3\mathrm{i}$$

$$\tilde{m}_{C2}=\left(\frac{80}{200}\right)+\left(\frac{20}{200}\mathrm{i}\right)\times 3=1.2+0.3\mathrm{i}$$

$$\tilde{m}_{D3} = \left[\left(1-\frac{60}{150}\right)-\left(\frac{-12}{150}\right)\mathrm{i}\right]\times 10 = 6+0.8\mathrm{i}$$

$$\tilde{m}_{C3} = \left(\frac{60}{150}-\frac{12}{150}\mathrm{i}\right)\times 10 = 4-0.8\mathrm{i}$$

在点 B、C,总的替代质量为

$$\tilde{m}_B = \tilde{m}_{B1}+\tilde{m}_{B2} = 4.6-3.1\mathrm{i}$$

$$\tilde{m}_C = \tilde{m}_{C2}+\tilde{m}_{C3} = 5.2-0.5\mathrm{i}$$

按式(3-9)和式(3-10)可计算出$\tilde{m}_B$、$\tilde{m}_C$所代表的需要平衡的质量矩的大小和方向,而在构件 1 和 3 上应加的平衡量应分别与它们大小相等,方向相反,故得出

$$m_{e1}r_{e1} = \sqrt{4.6^2+3.1^2}\times 50 = 277.35\ \mathrm{kg\cdot mm}$$

$$\tan\psi_{e1} = \frac{+3.1}{-4.6} = 0.6739(+/-)$$

$$\psi_{e1} = 180^\circ - 33.976^\circ \approx 146^\circ$$

正切值后面括号内正负号,表示该正切值分子、分母的符号。这是判断该角所在象限的依据。此处分子为正、分母为负,表示 ψ 在第二象限。

$$m_{e3}r_{e3} = \sqrt{5.2^2+0.5^2}\times 150 = 783.597\ \mathrm{kg\cdot mm}$$

$$\tan\psi_{e3} = \frac{+0.5}{-5.2} = 0.096(+/-)$$

根据括号内的符号,ψ_{e3}应在第二象限,所以得到

$$\psi_{e3} = 180^\circ - 5.5^\circ = 174.5^\circ$$

3.3.2　含移动副的广义质量替代法

当机构中含有移动副时,只要该构件或构件组不是被移动副包围的,我们就可以将该构件的质量通过转动副替代到绕定轴转动的构件上去,从而通过加平衡量达到惯性力平衡。例如在图 3-7 所示的导杆机构中,若构件 2 的质心在 S 点,质量为 m,如何选择替代点来平衡其惯性力呢?显然只选 A、B 两点是不行的,因为 B 点只是 2、3 构件的瞬时重合点。现在设想在构件 2 上选三个替代点,看看结果如何。为了使图清晰,以图 3-8 所示的含移动副构件来说明。图中 1、2 两构件形成移动副,构件 2 质心在 S 点,质量为 m,在 A 点与其他构件形成转动副。现取其上的 A、B、C 三点为替代点,B、C 两点可任意选择。根据质量替代的条件可得

$$\begin{cases} m = \tilde{m}_A+\tilde{m}_B+\tilde{m}_C \\ m\boldsymbol{r}_S = \tilde{m}_A\boldsymbol{r}_A+\tilde{m}_B\boldsymbol{r}_B+\tilde{m}_C\boldsymbol{r}_C \end{cases} \tag{3-14}$$

现以 A 为原点,取平行于 BC 方向线为 ξ 轴,建立 $O\xi\eta$ 坐标系。

$$\boldsymbol{r}_S = \boldsymbol{r}_A+\boldsymbol{r}_{AS}$$

$$\boldsymbol{r}_{AS} = p\frac{\boldsymbol{r}_{BC}}{l_{BC}}+\mathrm{i}q\frac{\boldsymbol{r}_{BC}}{l_{BC}}$$

$$\boldsymbol{r}_{BC} = \boldsymbol{r}_C-\boldsymbol{r}_B$$

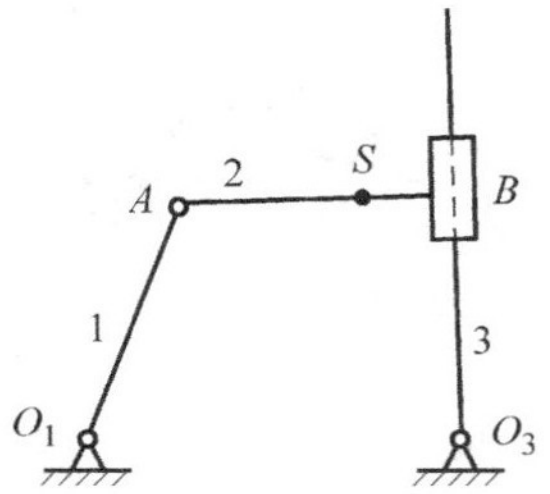

图 3-7 导杆机构简图

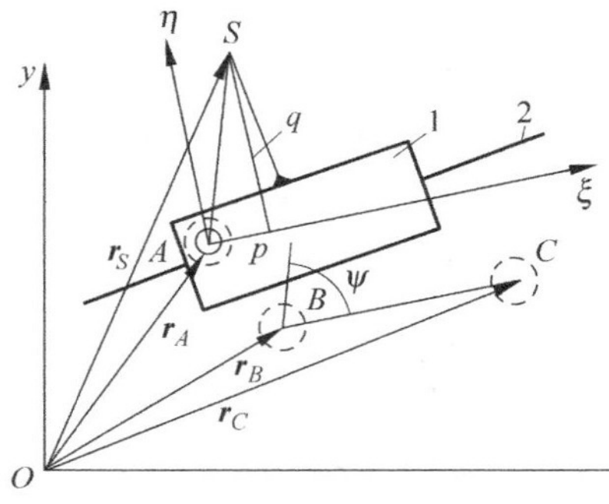

图 3-8 有移动副构件的广义质量替代

所以有

$$\boldsymbol{r}_S=\boldsymbol{r}_A+\frac{1}{l_{BC}}(p+\mathrm{i}q)\boldsymbol{r}_C-\frac{1}{l_{BC}}(p+\mathrm{i}q)\boldsymbol{r}_B$$

代入式(3-14),并比较等式两边可得

$$\begin{cases}\tilde{m}_A=m\\ \tilde{m}_B=-m\dfrac{p+\mathrm{i}q}{l_{BC}}\\ \tilde{m}_C=m\dfrac{p+\mathrm{i}q}{l_{BC}}\end{cases}\tag{3-15}$$

式中$\tilde{m}_B$、$\tilde{m}_C$为两个大小相等、符号相反的广义质量,它们之和为0。它们有一个重要的性质,就是对任何点的质量矩之和的大小、方向均相同。例如对B点的质量矩为

$$\tilde{m}_C r_{BC}+\tilde{m}_B\times 0=\frac{m}{l_{BC}}(p+\mathrm{i}q)r_{BC}=m(p+\mathrm{i}q)$$

它的模为

$$|\tilde{m}_C\boldsymbol{r}_{BC}|=m\sqrt{p^2+q^2}=ml_{AS}$$

方向为

$$\tan\psi=\frac{q}{p}$$

显然ψ的方向与AS平行,也就是说$\tilde{m}_B$和$\tilde{m}_C$对任意一点的质量矩之和的大小等于质量m乘以质心到替代点A的距离,方向由A指向S。

由于A点的替代质量等于总质量m,因此可以想象为当把质量m由S点移至A点后,增加一个质量矩ml_{AS},方向由A指向S,该质量矩在构件1上是固定不变的。如果构件1有角速度的话,该质量矩的方向亦随之转动。由于构件1、2之间为相对移动,它们的角速度相等,这个质量矩也可以看成在构件2上,替代点B、C亦可看成在构件2上。这样就给平衡带来很大的方便。如果构件2绕定轴转动(或有通向固定件的转动副),则可通过在其上加的平衡质量矩来平衡。在构件2上所加平衡质量矩的大小和方向与所选替代点的位置无关。

下面以图3-9所示的导杆机构为例说明惯性力平衡方法。图中构件2的质心在点S_2,质量为m_2。构件2与3组成移动副。

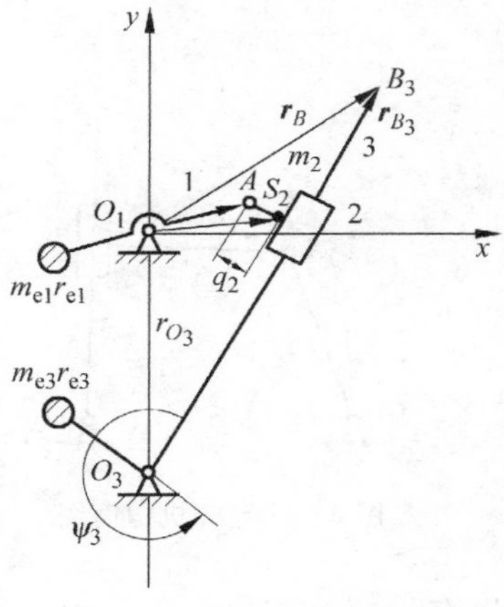

图 3-9　导杆机构惯性力平衡图

根据上面讲的原则，我们将替代 m_2 的替代点选在构件 2 和构件 1 组成的转动副 A 和 O_3、B_3 上。

由于在此机构中 $l_{AS2} \perp l_{O_3B_3}$，故 $p_2=0$。由式(3-15)可得

$$\begin{cases}\tilde{m}_A = m_2 \\ \tilde{m}_{O_3} = \dfrac{q_2}{l_{O_3B_3}} m_2 \mathrm{i} \\ \tilde{m}_{B_3} = -\dfrac{q_2}{l_{O_3B_3}} m_2 \mathrm{i}\end{cases}$$

从替代结果可以看到，对构件 2 来说，替代后全部质量集中在点 A 上，这样就可以在构件 1 上加平衡量 $m_{e1}r_{e1}$ 去平衡它。$\tilde{m}_B$ 对点 O_3 的质量矩的大小和方向为

$$\begin{cases}|\tilde{m}_{B_3} l_{O_3B_3}| = \sqrt{\left(\dfrac{m_2q_2}{l_{O_3B_3}}\right)^2} l_{O_3B_3} = m_2q_2 \\ \tan\psi_{e3} = \dfrac{-q_2m_2}{l_{O_3B_3}}/0 \to -\infty \\ \psi_3 = 270°\end{cases}$$

为平衡此质量矩，应在构件 3 上加平衡量 $m_{e3}r_{e3}$，即

$$m_{e3}r_{e3} = m_2q_2, \quad \tan\psi_{e3} = \frac{-\left(-\dfrac{q_2}{l_{O_3B_3}}m_2\right)}{0} \to \infty, \quad \psi_{e3} = 90°$$

这个结果可以直接由前面分析的结论得出。即把质量 m_2 移到 A 点，附加一质量矩 m_2q_2，方向由 A 指向 S。因此在构件 1 上加质量矩平衡在 A 点的质量 m_2，而在构件 3 与 $A \to S$ 相反的方向加质量矩 $m_{e3}r_{e3}$，用来平衡附加质量矩 m_2q_2。

对于含有两个移动副的构件的替代质量，我们可以用以上两种方法中任意一种来选择构件 2 的质量替代点。如图 3-10 所示的浮动盘联轴节机构，构件 2 和构件 1、3 间均形成移动副。设构件 2 的质量为 m_2，质心在点 S。如果我们按第二种方法将代换点选在 A、B 和 O_3 三个点上(点 A 在构件 2 上，点 B、O_3 在构件 3 上)，则可计算替代质量如下：

$$m_2 = \tilde{m}_A + \tilde{m}_B + \tilde{m}_{O_3} \tag{3-16}$$

$$m_2\boldsymbol{r}_S = \tilde{m}_A\boldsymbol{r}_A + \tilde{m}_B\boldsymbol{r}_B + \tilde{m}_{O_3}\boldsymbol{r}_{O_3} \tag{3-17}$$

而

$$\boldsymbol{r}_S = \boldsymbol{r}_A + \boldsymbol{l}_{AS}$$

$$\boldsymbol{l}_{AS} = (p - q\mathrm{i})\frac{\boldsymbol{l}_{O_3B}}{l_{O_3B}} = (p - q\mathrm{i})\frac{1}{l_{O_3B}}(\boldsymbol{r}_B - \boldsymbol{r}_{O_3})$$

故有

$$m_2\boldsymbol{r}_S = m_2\boldsymbol{r}_A + \frac{m_2}{l_{O_3B}}(p - q\mathrm{i})\boldsymbol{r}_B - \frac{m_2}{l_{O_3B}}(p - q\mathrm{i})\boldsymbol{l}_{O_3} \tag{3-18}$$

对比式(3-18)和式(3-17)可得

$$\tilde{m}_A = m_2$$

$$\tilde{m}_B = \frac{m_2}{l_{O_3B}}(p - q\mathrm{i})$$

$$\tilde{m}_{O_3} = -\frac{m_2}{l_{O_3B}}(p - q\mathrm{i})$$

在这三个替代质量中，$\tilde{m}_B$ 和 $\tilde{m}_{O_3}$ 在构件 3 上，它们形成的惯性力可以用在构件 3 上加平衡质量来平衡。而 m_A 所产生的惯性力却很难平衡，因为点 A 在构件 2 上，它到固定回转中心的距离是变化的。由此可以看出，并不是任何机构都能通过加平衡质量的办法来达到惯性力的完全平衡。下一节将进一步讨论这个问题。

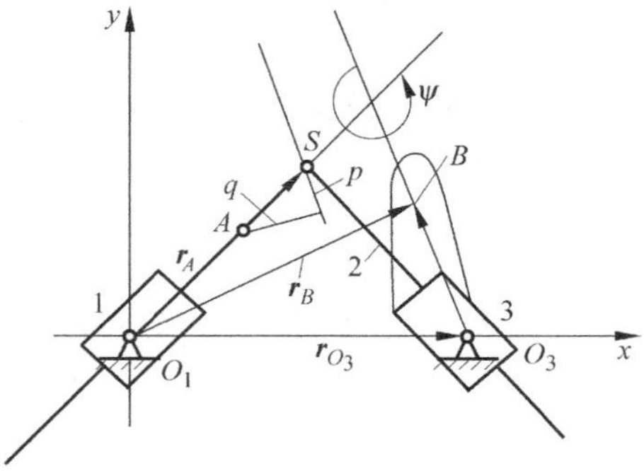

图 3-10 浮动盘机构图

3.4 机构惯性力平衡的线性独立向量法

线性独立向量法是在 1969 年提出来的，并且推广应用于空间机构。

线性独立向量法的基本出发点仍然是使机构总的质心在机构运转中保持静止。它的基本方法是首先列出机构总质心位置的向量表达式，它是时间 t 的函数。如果设法使式中所有与时间有关的向量的系数都等于 0，则机构总质心的位置将和时间无关，也即它将静止，机构也就被平衡了。

3.4.1 平衡条件的建立与平衡量的确定

现以图 3-11 所示的四连杆机构为例，来说明如何用线性独立向量法找出机构惯性力平衡的条件。

对于任何一个机构，其总的质心位置可用式(3-11)来描述，也可用向量来表达，即

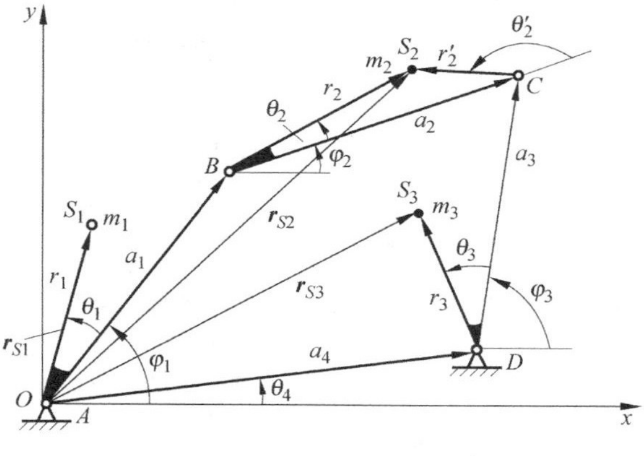

图 3-11 四连杆机构向量示意图

$$\boldsymbol{r}_S = \frac{1}{M}\sum_{i=1}^{n} m_i \boldsymbol{r}_{Si} \tag{3-19}$$

式中 n——构件数；$\boldsymbol{r}_{Si}$——各构件质心的位置向量；m_i——各构件的质量；M——机构总质量，即

$$M = \sum_{i=1}^{n} m_i$$

为方便起见，$\boldsymbol{r}_{Si}$ 用复数形式表示。在图 3-11 所示的四连杆机构中有

$$\begin{cases} \boldsymbol{r}_{S1} = r_1 \mathrm{e}^{\mathrm{i}(\varphi_1+\theta_1)} \\ \boldsymbol{r}_{S2} = a_1 \mathrm{e}^{\mathrm{i}\varphi_1} + r_2 \mathrm{e}^{\mathrm{i}(\varphi_2+\theta_2)} \\ \boldsymbol{r}_{S3} = a_4 \mathrm{e}^{\mathrm{i}\theta_4} + r_3 \mathrm{e}^{\mathrm{i}(\varphi_3+\theta_3)} \end{cases} \tag{3-20}$$

代入式(3-19)可得

$$\begin{aligned} \boldsymbol{r}_S = \frac{1}{M}[&(m_1 r_1 \mathrm{e}^{\mathrm{i}\theta_1} + m_2 a_1)\mathrm{e}^{\mathrm{i}\varphi_1} + (m_2 r_2 \mathrm{e}^{\mathrm{i}\theta_2})\mathrm{e}^{\mathrm{i}\varphi_2} \\ &+ m_3 r_3 \mathrm{e}^{\mathrm{i}\theta_3}\mathrm{e}^{\mathrm{i}\varphi_3} + m_3 a_4 \mathrm{e}^{\mathrm{i}\theta_4}] \end{aligned} \tag{3-21}$$

在式(3-21)中，与时间有关的向量为 $\mathrm{e}^{\mathrm{i}\varphi_1}$、$\mathrm{e}^{\mathrm{i}\varphi_2}$ 和 $\mathrm{e}^{\mathrm{i}\varphi_3}$。但这三个向量并不是线性独立的，因为它们必须满足由封闭多边形 $ABCD$ 组成的封闭向量方程式：

$$a_1 \mathrm{e}^{\mathrm{i}\varphi_1} + a_2 \mathrm{e}^{\mathrm{i}\varphi_2} - a_3 \mathrm{e}^{\mathrm{i}\varphi_3} - a_4 \mathrm{e}^{\mathrm{i}\theta_4} = 0 \tag{3-22}$$

对于四连杆机构，封闭向量方程只有上述一个，所以 $\mathrm{e}^{\mathrm{i}\varphi_1}$、$\mathrm{e}^{\mathrm{i}\varphi_2}$ 和 $\mathrm{e}^{\mathrm{i}\varphi_3}$ 中有两个是线性独立的。利用式(3-22)可将其中任一个表达为另外两个向量的线性组合，例如可把 $\mathrm{e}^{\mathrm{i}\varphi_2}$ 表示为

$$\mathrm{e}^{\mathrm{i}\varphi_2} = \frac{a_3}{a_2}\mathrm{e}^{\mathrm{i}\varphi_3} + \frac{a_4}{a_2}\mathrm{e}^{\mathrm{i}\theta_4} - \frac{a_1}{a_2}\mathrm{e}^{\mathrm{i}\varphi_1} \tag{3-23}$$

代入式(3-21)并整理得

$$\begin{aligned} \boldsymbol{r}_S = \frac{1}{M}\Big[&\left(m_1 r_1 \mathrm{e}^{\mathrm{i}\theta_1} + m_2 a_1 - m_2 r_2 \frac{a_1}{a_2}\mathrm{e}^{\mathrm{i}\theta_2}\right)\Big]\mathrm{e}^{\mathrm{i}\varphi_1} \\ &+ \left(m_3 r_3 \mathrm{e}^{\mathrm{i}\theta_3} + m_2 r_2 \frac{a_3}{a_2}\mathrm{e}^{\mathrm{i}\theta_2}\right)\mathrm{e}^{\mathrm{i}\varphi_3} \\ &+ \left(m_3 a_4 + m_2 r_2 \frac{a_4}{a_2}\mathrm{e}^{\mathrm{i}\theta_2}\right)\mathrm{e}^{\mathrm{i}\theta_4} \end{aligned} \tag{3-24}$$

要使 $\boldsymbol{r}_S$ 为常量，则式(3-24)中所有与时间有关的向量 $\mathrm{e}^{\mathrm{i}\varphi_1}$ 和 $\mathrm{e}^{\mathrm{i}\varphi_3}$ 前的系数必须为 0。由此可得到两个平衡方程式：

$$\begin{cases} m_1 r_1 \mathrm{e}^{\mathrm{i}\theta_1} + m_2 a_1 - m_2 r_2 \dfrac{a_1}{a_2}\mathrm{e}^{\mathrm{i}\theta_2} = 0 \\ m_3 r_3 \mathrm{e}^{\mathrm{i}\theta_3} + m_2 r_2 \dfrac{a_3}{a_2}\mathrm{e}^{\mathrm{i}\theta_2} = 0 \end{cases} \tag{3-25}$$

为了更清楚地了解平衡条件，对式(3-25)作如下变换。从图 3-11 上可看出：

$$r_2 \mathrm{e}^{\mathrm{i}\theta_2} = a_2 + r_2' \mathrm{e}^{\mathrm{i}\theta_2'} \tag{3-26}$$

代入式(3-25)得

$$\begin{cases} m_1 r_1 \mathrm{e}^{\mathrm{i}\theta_1} - m_2 \dfrac{a_1}{a_2} r_2' \mathrm{e}^{\mathrm{i}\theta_2'} = 0 \\ m_3 r_3 \mathrm{e}^{\mathrm{i}\theta_3} + m_2 r_2 \dfrac{a_3}{a_2}\mathrm{e}^{\mathrm{i}\theta_2} = 0 \end{cases} \tag{3-27}$$

所以四连杆机构的平衡条件是

$$\begin{cases} m_1 r_1 = m_2 r_2' \dfrac{a_1}{a_2}, & \theta_1 = \theta_2' \\ m_3 r_3 = m_2 r_2 \dfrac{a_3}{a_2}, & \theta_3 = \theta_2 + \pi \end{cases} \tag{3-28}$$

在通常情况下，a_1、a_2、a_3 是按照机构的工作要求确定的。式(3-28)表明在四连杆机构的活动构件1、2、3中，若任一个构件的质量和质心位置已经确定，则另外两个构件的质量矩及其位置必须满足该式的条件，机构的惯性力才能平衡。例如，如果构件2的质心和质量已经确定，这也就是说选择构件1、3为加平衡量的构件，θ_2、θ_2'、m_2、r_2 均为已知量，我们就可用式(3-28)计算出 $m_1 r_1$、θ_1、$m_3 r_3$、θ_3。这时所得的结果是加平衡量以后的结果。如果构件1、3的原始参数为 m_{10}、m_{30}、r_{10}、r_{30}、θ_{10}、θ_{30}，应加的平衡量的参数为 m_1^*、m_3^*、r_1^*、r_3^*、θ_1^*、θ_3^*，则有

$$\left.\begin{aligned} m_1 r_1 e^{i\theta_1} &= m_{10} r_{10} e^{i\theta_{10}} + m_1^* r_1^* e^{i\theta_1^*} \\ m_3 r_3 e^{i\theta_3} &= m_{30} r_{30} e^{i\theta_{30}} + m_3^* r_3^* e^{i\theta_3^*} \end{aligned}\right\} \tag{3-29}$$

$$\left.\begin{aligned} m_i^* r_i^* &= \sqrt{(m_i r_i)^2 + (m_{i0} r_{i0})^2 - 2 m_i r_i m_{i0} r_{i0} \cos(\theta_i - \theta_{i0})} \\ \tan\theta_i^* &= \frac{m_i r_i \sin\theta_i - m_{i0} r_{i0} \sin\theta_{i0}}{m_i r_i \cos\theta_i - m_{i0} r_{i0} \cos\theta_{i0}} \\ m_i &= m_{i0} + m_i^* \end{aligned}\right\} \tag{3-30}$$

如果选择构件1、2为平衡构件，同样可利用式(3-28)来确定应加的平衡量。此时 θ_3、m_3、r_3 为已知量，$m_2 r_2$ 和 θ_2 很容易确定：

$$m_2 r_2 = \frac{a_2}{a_3} m_3 r_3, \quad \theta_2 = \theta_3 - \pi$$

为了确定 $m_1 r_1$ 和 θ_1，必须要确定 r_2' 和 θ_2'。所以要在 m_2 和 r_2 中确定任何一个的数值，这样 r_2' 和 θ_2' 就可以确定了，然后由式(3-28)得出 $m_1 r_1$。在计算构件2上的平衡质量时，应满足：

$$m_2^* = m_2 - m_{20} \tag{3-31}$$

下面以3.4.1节中图3-6所示的四杆机构为例，具体说明如何用线性独立向量法求出平衡质量矩。机构的原始数据列于表3-1中，a_i 为各构件长度，其他符号意义见图3-11，在此选择1、3构件为加平衡量的构件。

表3-1　未经平衡的机构参数

构件编号	1	2	3	4
a_i/mm	50	200	150	250
r_{i0}/mm	28.284	82.462	61.188	100
θ_{i0}/(°)	315	14.036	348.7	0
r_{i0}'/mm	—	121.05	—	150
θ_{i0}'/(°)	—	170.54	—	180
m_{i0}/kg	7	3	10	—

$$\theta_1 = \theta'_2 = 170.54°$$

由式(3-28)可得

$$m_1 r_1 = m_2 r'_2 \frac{a_1}{a_2} = 3 \times 121.65 \times \frac{50}{200} = 91.2375 \text{ kg·mm}$$

$$\theta_3 = \theta_2 + \pi = 14.036° + 180° = 194.036°$$

$$m_3 r_3 = m_2 r_2 \frac{a_3}{a_2} = 3 \times 82.462 \times \frac{150}{200} = 185.5395 \text{ kg·mm}$$

$$m_{10} r_{10} = 7 \times 28.284 = 197.988 \text{ kg·mm}$$

$$m_{30} r_{30} = 10 \times 61.188 = 611.88 \text{ kg·mm}$$

代入式(3-30)可得

$$\tan\theta_1^* = \frac{91.2375 \times \sin 170.54° - 197.988 \times \sin 315°}{91.2375 \times \cos 170.54° - 197.988 \times \cos 315°} = \frac{15 + 140}{-90 - 140}$$
$$= 0.6739(+/-)$$

θ_1^* 应在第二象限。

$$\theta_1^* = 180° - \arctan 0.6739 = 146°$$

$$m_1^* r_1^* = \sqrt{91.2375^2 + 197.988^2 - 2 \times 91.2375 \times 197.988 \times \cos(170.54° - 315°)}$$
$$= 277.347 \text{ kg·mm}$$

$$\tan\theta_3^* = \frac{185.5395 \times \sin 194.036° - 611.88 \times \sin 348.7°}{185.5395 \times \cos 194.036° - 611.88 \times \cos 348.7°}$$
$$= 0.096(+/-)$$

θ_3^* 应在第二象限。

$$\theta_3^* = 180° - \arctan 0.096 = 174.5°$$

$$m_3^* r_3^* = \sqrt{185.5395^2 + 611.88^2 - 2 \times 185.5395 \times 611.88 \times \cos(194.036° - 348.7°)}$$
$$= 783.60 \text{ kg·mm}$$

对于有移动副的机构，同样可用线性独立向量法来得到平衡条件。例如图 3-12 所示的导杆机构，机构参数如图所示，机构的总质心 $\boldsymbol{r}_S$ 为

$$\boldsymbol{r}_S = \frac{1}{M}\sum_{i=1}^{3} m_i \boldsymbol{r}_{Si} \tag{3-32}$$

$$\begin{cases} \boldsymbol{r}_{S1} = r_1 e^{i(\varphi_1+\theta_1)} \\ \boldsymbol{r}_{S2} = a_1 e^{i\varphi_1} + r_2 e^{i(\varphi_3+\theta_2)} \\ \boldsymbol{r}_{S3} = a_4 e^{i\theta_4} + r_3 e^{i(\varphi_3+\theta_3)} \end{cases} \tag{3-33}$$

式中 θ_2 为 r_2 与导轨方向线之间的夹角。在机构运动过程中，由于构件 2、3 间作相对移动，所以此角度为常量。

$$\boldsymbol{r}_S = \frac{1}{M}[(m_1 r_1 e^{i\theta_1} + m_2 a_1)e^{i\varphi_1} + (m_2 r_2 e^{i\theta_2} + m_3 r_3 e^{i\theta_3})e^{i\varphi_3} + m_3 a_4 e^{i\theta_4}] \tag{3-34}$$

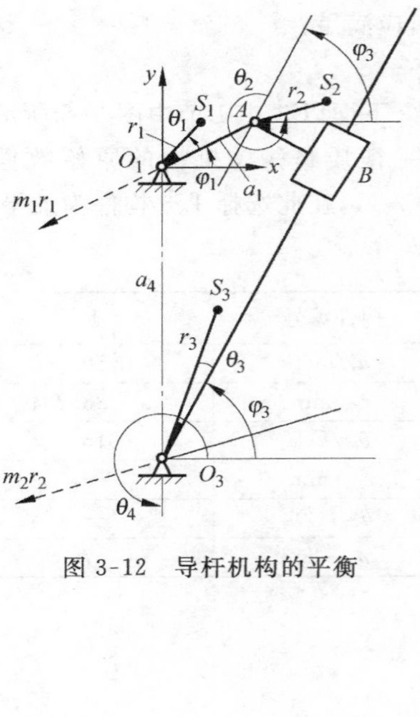

图 3-12 导杆机构的平衡

在式(3-34)中,只有两个随时间变化的向量 $e^{i\varphi_1}$ 和 $e^{i\varphi_3}$。由于构成封闭向量多边形 O_1ABO_3 的方程式中,第三个随时间变化的向量 $\boldsymbol{l}_{O_3B}$ 没有出现,所以不必解封闭向量方程式。机构惯性力的平衡条件为

$$\begin{cases} m_1 r_1 e^{i\theta_1} + m_2 a_1 = 0 \\ m_2 r_2 e^{i\theta_2} + m_3 r_3 e^{i\theta_3} = 0 \end{cases} \tag{3-35}$$

或

$$\begin{cases} m_1 r_1 = m_2 a_1, & \theta_1 = 180° \\ m_2 r_2 = m_3 r_3, & \theta_3 = \theta_2 + 180° \end{cases} \tag{3-36}$$

由上述平衡条件可知,在构件 1、3 上加平衡质量后,构件 1 的质心位置在 A 的对面,构件 3 的质心应在与 r_2 平行、指向相反的方向上,如图 3-12 上的虚线所示。$m_1^* r_1^*$、$m_3^* r_3^*$、θ_1^*、θ_3^* 可由式(3-30)算出。

在研究机构惯性力平衡问题时,还有两个重要问题需要解决:

(1) 符合什么条件的机构能够通过加平衡质量的方法使惯性力得到完全平衡?

(2) 完全平衡机构惯性力时,最少加重质量的数目是多少?

下面就来讨论这两个问题。

3.4.2 用加重方法完全平衡惯性力需满足的条件

机构能够达到惯性力完全平衡的条件是:机构内任何一个构件都有一条通到固定件的途径,在此途径上只经过转动副没有移动副。换句话说,如果机构内存在被移动副包围的构件或构件组,则该机构不能通过加平衡质量的方法使得惯性力完全平衡。图 3-13 表示了能平衡和不能平衡的两种机构。在图(a)所示的机构中,构件 4、5、6、7 被三个移动副 E、F、G 所包围,这些构件通向固定件 8 的途径中,都必须经过移动副,所以该机构不能用在构件上加平衡质量的办法使惯性力完全平衡。在图(b)所示的机构中,任何一个构件都可经过只有转动副的途径通向固定件。例如构件 6 可经过 G、H、E、A 等转动副通到固定件,所以这是一个能通过在构件上加平衡质量的办法使惯性力完全平衡的机构。

对上述结论的道理,可作如下说明。图 3-13(a)所示的机构的总质心 $\boldsymbol{r}_S$ 为

$$\begin{aligned} \boldsymbol{r}_S = & \frac{1}{M}\{m_1 r_1 e^{i(\theta_1+\varphi_1)} + m_2[a_1 e^{i\varphi_1} + r_2 e^{i(\theta_2+\varphi_2)}] \\ & + m_3[a_8 + r_3 e^{i(\theta_3+\varphi_3)}] + m_4[a_1(t) e^{i\varphi_1} + r_4 e^{i(\theta_4+\varphi_4)}] \\ & + m_5[a_1(t) e^{i\varphi_1} + b_4 e^{i(\varphi_4+\alpha_4)}] \\ & + m_6[a_1(t) e^{i\varphi_1} + b_4 e^{i(\varphi_4+\alpha_4)} - d_4 e^{i(\beta_4+\varphi_4)}] \\ & + m_7 a_1(t) e^{i\varphi_1}\} \\ = & \frac{1}{M}\{(m_1 r_1 e^{i\theta_1} + m_2 a_1) e^{i\varphi_1} + m_2 r_2 e^{i\theta_2} e^{i\varphi_2} + m_3 r_3 e^{i\theta_3} e^{i\varphi_3} \\ & + [m_4 r_4 e^{i\theta_4} + m_5 b_4 e^{i\alpha_4} + m_6(b_4 e^{i\alpha_4} - d_4 e^{i\beta_4})] e^{i\varphi_4} \\ & + (m_4 + m_5 + m_6 + m_7) a_1(t) e^{i\varphi_1} + m_3 a_8\} \end{aligned} \tag{3-37}$$

如果用 m_Σ 表示 m_4、m_5、m_6、m_7 之和,用 r_Σ、θ_Σ 表示该四构件总质心的位置,则式(3-37)为

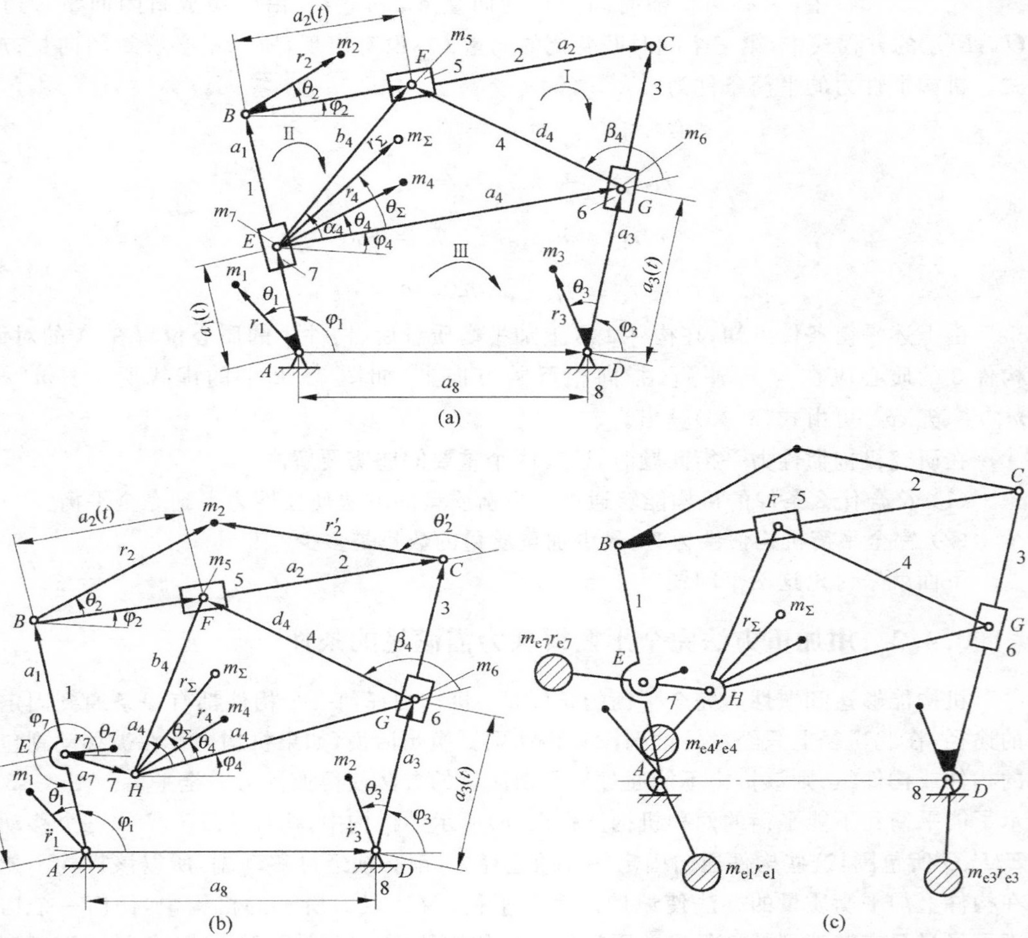

图 3-13　机构惯性力的平衡条件

$$\boldsymbol{r}_S = \frac{1}{M}\left[(m_1 r_1 \mathrm{e}^{\mathrm{i}\theta_1} + m_2 a_1)\mathrm{e}^{\mathrm{i}\varphi_1} + m_2 r_2 \mathrm{e}^{\mathrm{i}\theta_2}\mathrm{e}^{\mathrm{i}\varphi_2} + m_3 r_3 \mathrm{e}^{\mathrm{i}\theta_3}\mathrm{e}^{\mathrm{i}\varphi_3} \right.$$
$$\left. + m_\Sigma r_\Sigma \mathrm{e}^{\mathrm{i}\theta_\Sigma}\mathrm{e}^{\mathrm{i}\varphi_4} + m_\Sigma a_1(t)\mathrm{e}^{\mathrm{i}\varphi_1} + m_3 a_8 \right] \tag{3-38}$$

式中，有 $\mathrm{e}^{\mathrm{i}\varphi_1}$、$\mathrm{e}^{\mathrm{i}\varphi_2}$、$\mathrm{e}^{\mathrm{i}\varphi_3}$、$\mathrm{e}^{\mathrm{i}\varphi_4}$ 和 $a_1(t)$ 共 5 个与时间有关的向量。对于任一个由 n 个构件组成的单自由度机构，存在 $\frac{n}{2}-1$ 个独立的封闭向量方程。本机构由 8 个构件组成，故存在 3 个独立的封闭向量方程。而 7 个活动构件共有 7 个与时间有关的向量，除上述 5 个外还有 $a_2(t)$、$a_1(t)$，这 7 个向量中线性独立的向量数应为 $7-3=4$ 个，所以在式(3-37)的 5 个向量中，有 4 个是线性独立的，我们可以利用向量封闭方程消去其中某一个。根据惯性力平衡条件，必须使所有与时间有关的向量前的系数为 0，如果我们能将式(3-38)中 $a_1(t)\mathrm{e}^{\mathrm{i}\varphi_1}$ 用其他向量来表示，则惯性力的平衡才有可能。但是遗憾的是，$a_1(t)\mathrm{e}^{\mathrm{i}\varphi_1}$ 不可能表示为其他 4 个向量的组合，这是因为用 3 个封闭向量方程求解 $a_1(t)\mathrm{e}^{\mathrm{i}\varphi_1}$ 时，其解中仍要包含 $a_2(t)\mathrm{e}^{\mathrm{i}\varphi_2}$ 或 $a_3(t)\mathrm{e}^{\mathrm{i}\varphi_3}$。

3 个封闭向量方程式为

$$\begin{cases} \text{Ⅰ}: & -a_2(t)e^{i\varphi_2}+a_3(t)e^{i\varphi_3}=a_3e^{i\varphi_3}-a_2e^{i\varphi_2}-d_4e^{i(\varphi_4+\beta_4)} \\ \text{Ⅱ}: & -a_1(t)e^{i\varphi_1}+a_2(t)e^{i\varphi_2}=b_4e^{i(\varphi_4+\alpha_4)}-a_1e^{i\varphi_1} \\ \text{Ⅲ}: & a_1(t)e^{i\varphi_1}-a_3(t)e^{i\varphi_3}=a_8-a_4e^{i\varphi_4} \end{cases} \tag{3-39}$$

方程组的系数矩阵为

$$\begin{bmatrix} 0 & -1 & 1 \\ -1 & 1 & 0 \\ 1 & 0 & -1 \end{bmatrix}$$

该矩阵的行列式值为 0，它的秩为 2，$a_1(t)e^{i\varphi_1}$、$a_2(t)e^{i\varphi_2}$ 和 $a_3(t)e^{i\varphi_3}$ 中任何一个解都不能不包括另一个向量在内，所以式(3-38)中与时间有关的向量如果不能都消失，机构的惯性力也就不能得到完全平衡。

如果用广义质量替代方法，也能很快得出上述结论。质量 m_4 或 m_5 不能用位于杆 1、2、3 上的质量所替代，因此不能用加重办法使惯性力完全平衡。

当机构为图 3-13(b)所示的情况时，机构的惯性力可以完全平衡。下面我们写出求该机构平衡条件的过程，并以此作为用线性独立向量法解决一个较为复杂的机构平衡问题的一个示例。

在图 3-13(b)所示的机构中有

$$\begin{aligned} \boldsymbol{r}_S = & \frac{1}{M}\{m_1r_1e^{i(\varphi_1+\theta_1)}+m_2[a_1e^{i\varphi_1}+r_2e^{i(\varphi_2+\theta_2)}] \\ & +m_3[a_8+r_3e^{i(\theta_3+\varphi_3)}]+m_4[a_1'e^{i\varphi_1}+a_7e^{i\varphi_7}+r_4e^{i(\varphi_4+\theta_4)}] \\ & +m_5[a_1'e^{i\varphi_1}+a_7e^{i\varphi_7}+b_4e^{i(\varphi_4+\alpha_4)}] \\ & +m_6[a_1'e^{i\varphi_1}+a_7e^{i\varphi_7}+b_4e^{i(\varphi_4+\alpha_4)}-d_4e^{i(\beta_4+\varphi_4)}] \\ & +m_7[a_1'e^{i\varphi_1}+r_7e^{i(\varphi_7+\theta_7)}]\} \\ = & \frac{1}{M}\{[m_1r_1e^{i\theta_1}+m_2a_1+(m_\Sigma+m_7)a_1']e^{i\varphi_1} \\ & +m_2r_2e^{i\theta_2}e^{i\varphi_2}+m_3r_3e^{i\theta_3}e^{i\varphi_3} \\ & +[m_\Sigma a_7+m_7r_7e^{i\theta_7}]e^{i\varphi_7}+m_\Sigma r_\Sigma e^{i\theta_\Sigma}e^{i\varphi_4}+m_3a_8\} \end{aligned} \tag{3-40}$$

式中 $m_\Sigma=m_4+m_5+m_6$；r_Σ、θ_Σ 为构件 4、5、6 总质心所在位置的距离和方位(见图 3-13(b))。

由于在写式(3-40)时，所有构件质心位置都是用只经过转动副连接的途径来决定的，所以方程式中不出现 $a_i(t)(i=2、3)$。这种形式的向量，它只包含 $e^{i\varphi_1}$、$e^{i\varphi_2}$、$e^{i\varphi_3}$、$e^{i\varphi_4}$ 和 $e^{i\varphi_7}$ 这 5 个与时间有关的向量。又由于该机构有 4 个线性独立向量，即可用一个封闭向量方程消去上述 5 个向量中任意一个。封闭向量方程为

$$a_1e^{i\varphi_1}+a_2e^{i\varphi_2}-a_3e^{i\varphi_3}-a_8=0$$

即

$$e^{i\varphi_2}=\frac{a_3}{a_2}e^{i\varphi_3}-\frac{a_1}{a_2}e^{i\varphi_1}+\frac{a_8}{a_2} \tag{3-41}$$

代入式(3-40)得

$$\begin{aligned}\boldsymbol{r}_S=\frac{1}{M}\Big\{&\left[m_1r_1\mathrm{e}^{\mathrm{i}\theta_1}+m_2a_1+m_\Sigma a_1'+m_7a_1'-m_2r_2\mathrm{e}^{\mathrm{i}\theta_2}\frac{a_1}{a_2}\right]\mathrm{e}^{\mathrm{i}\varphi_1}\\&+\left[m_3r_3\mathrm{e}^{\mathrm{i}\theta_3}+\frac{a_3}{a_2}m_2r_2\mathrm{e}^{\mathrm{i}\theta_2}\right]\mathrm{e}^{\mathrm{i}\varphi_3}\\&+\left[m_\Sigma a_7+m_7r_7\mathrm{e}^{\mathrm{i}\theta_7}\right]\mathrm{e}^{\mathrm{i}\varphi_7}\\&+m_\Sigma r_\Sigma\mathrm{e}^{\mathrm{i}\theta_\Sigma}\mathrm{e}^{\mathrm{i}\varphi_4}+m_3a_8+m_2r_2\mathrm{e}^{\mathrm{i}\theta_2}\frac{a_8}{a_2}\Big\}\end{aligned}\tag{3-42}$$

机构惯性力平衡条件为

$$m_\Sigma r_\Sigma\mathrm{e}^{\mathrm{i}\theta_\Sigma}=0\tag{3-43a}$$

$$m_7r_7\mathrm{e}^{\mathrm{i}\theta_7}=-m_\Sigma a_7\tag{3-43b}$$

$$m_3r_3\mathrm{e}^{\mathrm{i}\theta_3}=-\frac{a_3}{a_2}m_2r_2\mathrm{e}^{\mathrm{i}\theta_2}\tag{3-43c}$$

$$m_1r_1\mathrm{e}^{\mathrm{i}\theta_1}=-(m_\Sigma+m_7)a_1'+m_2r'_2\frac{a_1}{a_2}\mathrm{e}^{\mathrm{i}\theta'_2}\tag{4-43d}$$

因为 $r_\Sigma=0$,故有

$$m_7r_7=m_\Sigma a_7,\quad \theta_7=\pi\tag{3-44a}$$

$$m_3r_3=\frac{a_3}{a_2}m_2r_2,\quad \theta_3=\theta_2+\pi\tag{3-44b}$$

$$m_1r_1\cos\theta_1=-(m_\Sigma+m_7)a_1'+m_2r'_2\frac{a_1}{a_2}\cos\theta'_2\tag{3-44c}$$

$$m_1r_1\sin\theta_1=m_2r'_2\frac{a_1}{a_2}\sin\theta'_2\tag{3-44d}$$

由此可知,要平衡图 3-13(b)所示的机构的惯性力,需要加 4 个平衡量,即在构件 4 上加平衡量,使 4、5、6 三构件的总质心落在点 H 上,满足 $r_\Sigma=0$;在 1、3、7 构件上分别加平衡量满足其他各项条件。将

$$\begin{cases}\mathrm{e}^{\mathrm{i}\theta_1}=\cos\theta_1+\mathrm{i}\sin\theta_1\\ \mathrm{e}^{\mathrm{i}\theta'_2}=\cos\theta'_2+\mathrm{i}\sin\theta'_2\end{cases}$$

代入式(3-43d),即可得到式(3-44d)。

加平衡质量后的情况如图 3-13(c)所示,$m_{e1}r_{e1}$、$m_{e3}r_{e3}$、$m_{e7}r_{e7}$ 和 $m_{e4}r_{e4}$ 为应加的平衡量。

3.4.3 使惯性力完全平衡应加的最少平衡量数

由上述分析,我们也可总结出为使机构惯性力完全平衡应加的最少平衡量的数量。设在机构质心的表达式[即式(3-42)]中,包含着 P 个线性独立向量,则所列出的平衡条件总共有 P 个,所以最少加重数应等于线性独立向量的数目 P。而 P 的数目又取决于构件数。当机构为由 n 个构件组成的单自由度机构时,其中与时间有关的向量为 $n-1$ 个,独立的封闭向量方程式为$\frac{n}{2}-1$ 个,所以线性独立向量的个数 P 为

$$P = n - 1 - \left(\frac{n}{2} - 1\right) = \frac{n}{2} \tag{3-45}$$

这就是说完全平衡 n 个构件的单自由度机构的惯性力，应至少加 $\frac{n}{2}$ 个平衡量。

3.5　机构惯性力的部分平衡法

机构惯性力的完全平衡对于有些机构是很难实现的。而有些机构，即使理论上可以实现完全平衡，由于应加的平衡量过大，带来许多其他问题而不宜采用完全平衡法。许多机械设计者常采用惯性力的部分平衡来减少惯性力所产生的影响。惯性力的部分平衡法包括加平衡质量和采用平衡机构两种办法。

3.5.1　用回转质量部分平衡机构的惯性力与最佳平衡量

图 3-14 所示为曲柄滑块机构，它可以用两个平衡质量 $m_{e1}r_{e1}$ 和 $m_{e2}r_{e2}$ 达到惯性力的完全平衡（见图 3-14(a)），也可以用一个回转的平衡量 $m_{e1}r_{e1}$ 来部分平衡由于滑块质量 m_3 和连杆在点 B 的替代质量 m_{B2} 作往复运动而引起的惯性力（见图 3-14(b)）。既然是惯性力的部分平衡，就存在一个问题，这就是究竟平衡到什么情况最好。很显然，当采用不同的平衡质量时，所取得的效果是不同的。图 3-15(a)、(b)分别表示对于图 3-14 所示的曲柄滑块机构，当 $m_{e1}r_{e1}=(m_A+m_B)R$ 和 $m_{e1}r_{e1}=\left(m_A+\frac{2}{3}m_B\right)R$ 时，机构在各位置所剩余的惯性力。这里 R 为曲柄半径，$m_B=m_3+m_{B2}$。图中 F_{I}、F_{II} 分别为滑块的第一阶和第二阶惯性力：

$$F_{\mathrm{I}} = m_B R\omega^2 \cos\varphi \tag{3-46}$$

$$F_{\mathrm{II}} = m_B \frac{R^2}{L}\omega^2 \cos 2\varphi \tag{3-47}$$

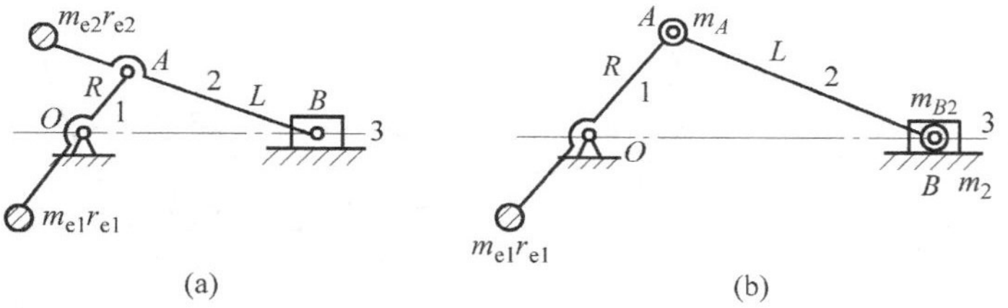

图 3-14　平衡量施加方法

(a) 完全平衡；(b) 部分平衡

在曲柄 1 上加了平衡量 $m_{e1}r_{e1}$ 后，机构剩余惯性力可以这样求得。以图 3-15(a)中 $\varphi_1=60°$ 时的情况为例，此时剩余惯性力 $\boldsymbol{F}_0$ 应为在此位置时由平衡量产生的惯性力 $\boldsymbol{F}_e$ 和 $\boldsymbol{F}_{\mathrm{I}}$、$\boldsymbol{F}_{\mathrm{II}}$ 以及 m_A 产生的惯性力 $\boldsymbol{F}_A$ 之和，即

$$\boldsymbol{F}_0 = \boldsymbol{F}_e + \boldsymbol{F}_{\mathrm{I}} + \boldsymbol{F}_{\mathrm{II}} + \boldsymbol{F}_A = \boldsymbol{F}'_e + \boldsymbol{F}_{\mathrm{I}} + \boldsymbol{F}_{\mathrm{II}}$$

考虑到 F_A 可与 $m_{e1}r_{e1}$ 中的一部分 m_AR 项的惯性力相互抵消，因此只需要计算 $m_{e1}r_{e1}$ 中的

另一部分 m_BR 产生的惯性力 $\boldsymbol{F}_e'=m_BR\omega^2$，$\boldsymbol{F}_e'$方向与 OA 相反。

以 F_e'为半径作圆 1，以($F_e'+m_BR\omega^2$)为半径作圆 2，并以$\left(F_e'+m_BR\omega^2+m_B\dfrac{R^2}{L}\omega^2\right)$为半径作圆 3。作 60°角的向径交圆 1、2 的圆周，截取两圆间的一段，其水平投影为 F_{I}。作 $2\varphi=120°$向径，截取圆 2、3 间一段，其水平投影为 F_{II}。作180°+60°=240°向径交圆 1，圆 1 内一段 Oa 即为 F_e'。这三段之和即为 F_0。其他位置也可类似地作出。

图 3-15(b)的作图法与此类似，不过 F_e'将为$\dfrac{2}{3}m_BR\omega^2$。

从剩余惯性力的变化曲线可以看出图(b)上最大惯性力小于图(a)上的最大惯性力。如果以剩余惯性力的最大值为最小作为衡量平衡效果的标准的话，最佳平衡量的选取可以采用下述方法。

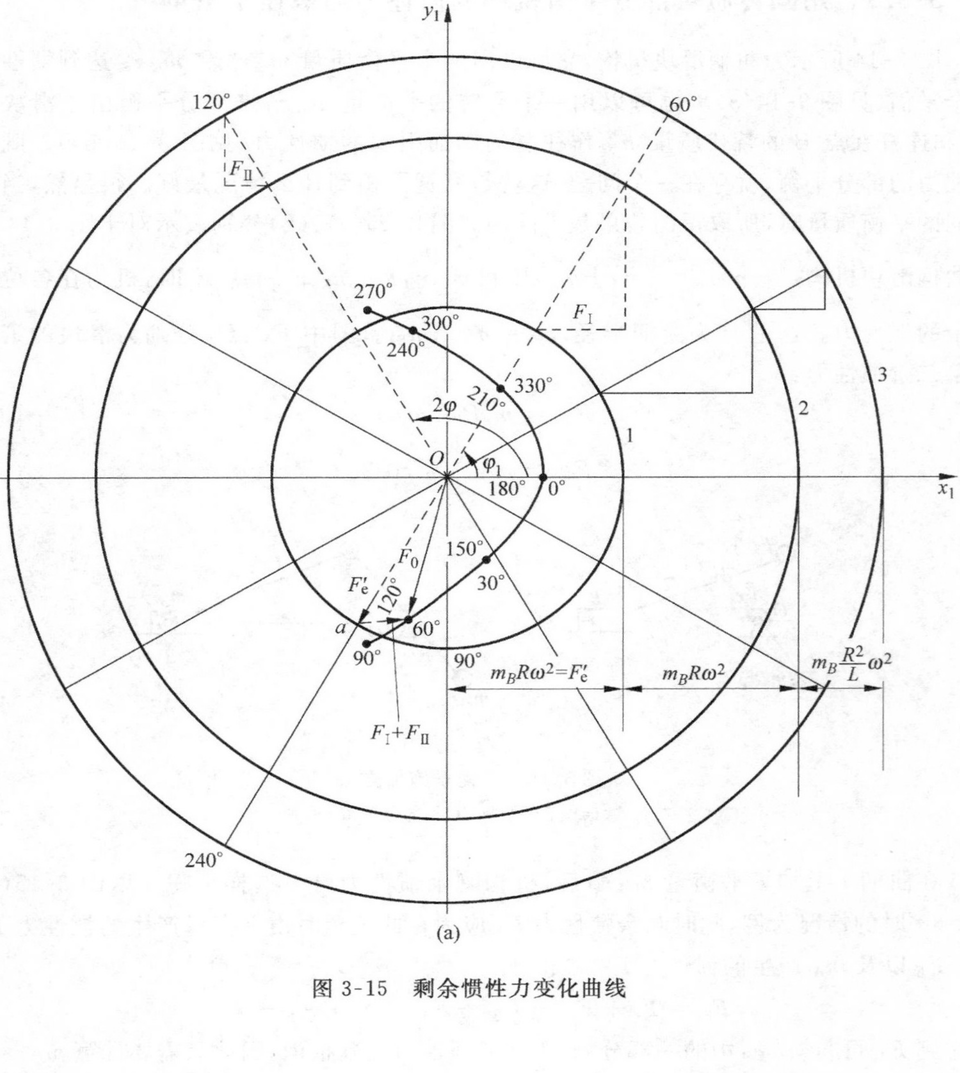

(a)

图 3-15　剩余惯性力变化曲线

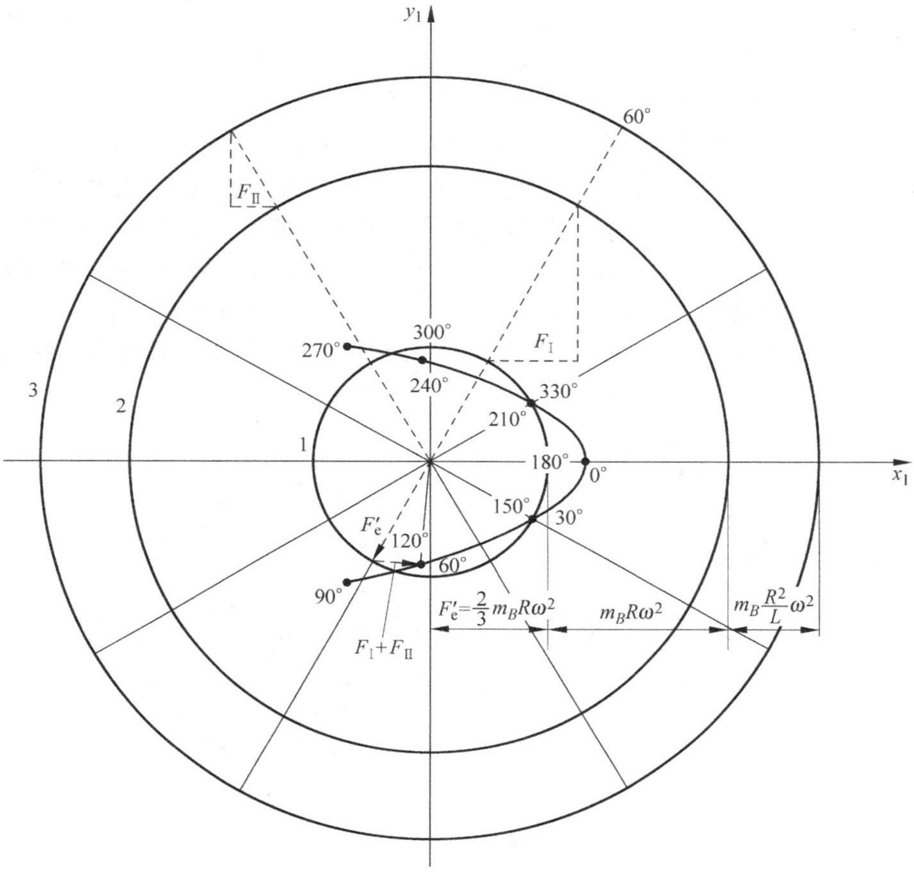

(b)

图 3-15(续)

对于任意一个机构，设其主动件作匀速转动，我们可以用作图法或计算法得出在机构运转一周内，各位置上机构总的惯性力。设曲柄转角为 φ，机构总惯性力为 $\boldsymbol{F}$。把这些力画在固定坐标系 Oxy 中，再把向量端点连成曲线，便得到如图 3-16 所示的 $\boldsymbol{F}(\varphi)$ 曲线。如果在与曲柄方向成 θ_e 的角度上加一平衡量，它所产生的惯性力为 $\boldsymbol{F}_e$，则在位置 O 时剩余惯性力为 $\boldsymbol{F}_{r0}$，如图 3-16 所示。由于平衡量产生的惯性力，在与构件 1(曲柄)固结的动坐标 $Ox'y'$ 上是不变的，为了便于找出最佳平衡量的大小，我们把曲线 $\boldsymbol{F}(\varphi)$ 转换到动坐标系 $Ox'y'$ 中去，得到图 3-17(b) 中的 α 曲线(为了便于阐述，使图形清楚起见，图 3-17(b) 只是示意性地

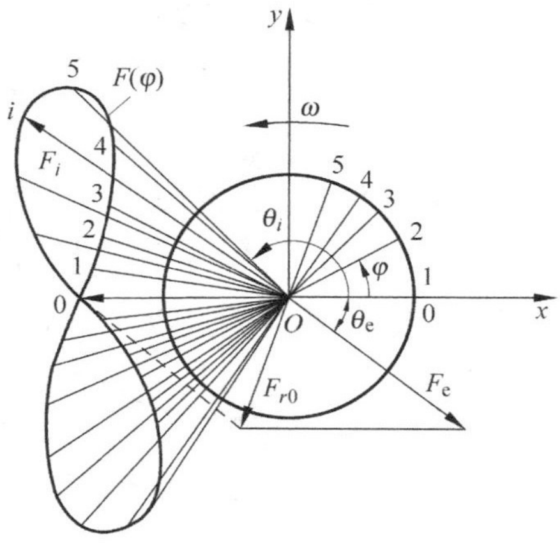

图 3-16　固定坐标内惯性力变化曲线

画出，并不是由 3-16 直接转换求得)。转换的方法是把曲柄在 φ_i 位置上的 $\boldsymbol{F}_i$ 按曲柄回转的反方向转过 φ_i 角画在 $Ox'y'$坐标系中即可。这时 $\boldsymbol{F}_i$ 与 Ox'的夹角为 $\theta_i'=\theta_i-\varphi_i$，如图 3-17(a)所示。对每一位置的 $\boldsymbol{F}_i$ 作出转换后，就得到在动坐标系中的 $\boldsymbol{F}_i$ 力的向量端点图(即 α 曲线)。当平衡力为 $\boldsymbol{F}_e$ 时(它在动坐标系中为常量)，在第 i 个位置上剩余的不平衡力为 $\boldsymbol{F}_{ri}$，如图 3-17(b)所示。假如我们把 $\boldsymbol{F}_e$ 沿其作用线移到点 O'，并使 $\overrightarrow{O'O}=\boldsymbol{F}_e$，则由 O'到 α 曲线上任意点 A_i 的连线等于 $\boldsymbol{F}_{ri}$，$\boldsymbol{F}_{ri}=\boldsymbol{F}_i+\boldsymbol{F}_e$。所以由点 O'到 α 曲线上各点的连线，就代表了相应位置时的剩余不平衡力。为了选取使最大剩余不平衡力为最小的最佳平衡量，点 O'应选在 α 曲线的外接圆的圆心上(使该圆和 α 曲线的切点尽可能地多)。当然，如果设计者要求在某些方向上惯性力小，而在另一些方向上可适当大一些的话，同样可利用 α 曲线来寻求合适的平衡量。

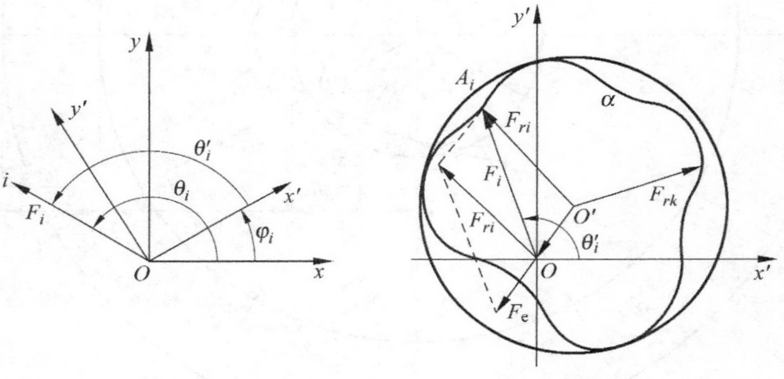

(a)　　　　(b)

图 3-17　动坐标中的惯性力变化曲线

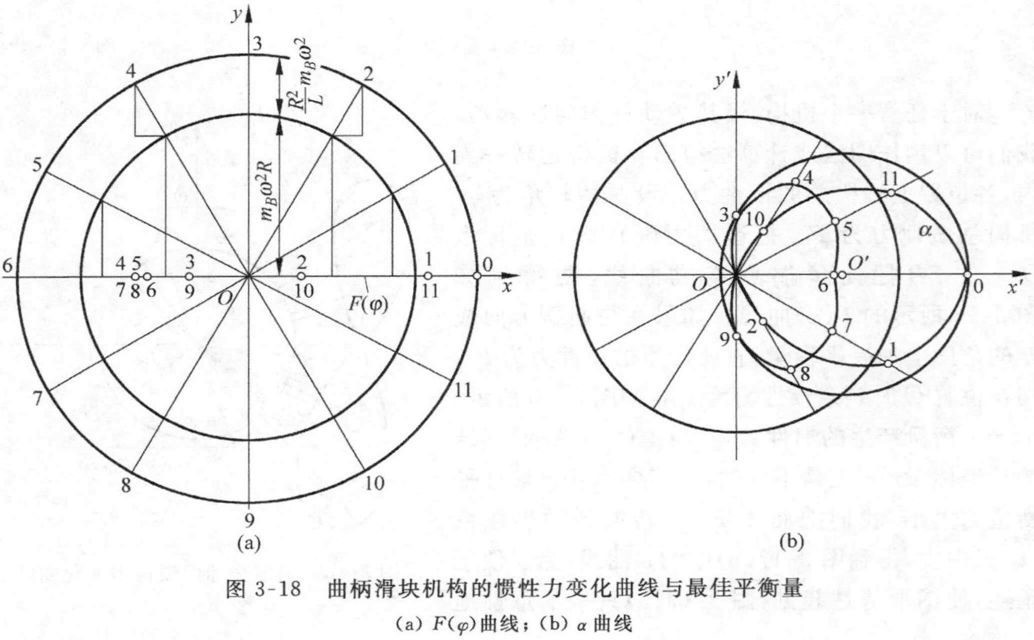

(a)　　　　(b)

图 3-18　曲柄滑块机构的惯性力变化曲线与最佳平衡量

(a) $F(\varphi)$曲线；(b) α 曲线

选取最佳平衡量也可以其他目标为出发点，例如要求在惯性力平衡的同时，使轴承受力不超过某些限度，或者不平衡惯性力矩较小等。

在图 3-14 所示的曲柄滑块机构中，考虑移动质量 m_B 的第Ⅰ、Ⅱ阶惯性力的 $F(\varphi)$ 和 α 曲线示于图 3-18 中，由 α 曲线可找出 $OO'\approx 0.63 m_B R\omega^2$。也就是当曲柄上所加平衡量为 $m_{e1}R\approx 0.63 m_B R$ 时，机构的最大残余惯性力最小。

图 3-19 为浮动盘联轴节机构，它的 α 曲线为圆心与点 O 重合的圆。在这种情况下，沿任何方向加重都会使最大惯性力加大。图中 S_2 为浮动盘的质心。由于认为回转件 1、3 已预先平衡，故不计它们的惯性力。虚线圆是点 S_2 的轨迹。由运动分析可知，当曲柄转一周时，点 S_2 沿该圆走两圈，所以在图(a)上的 $\boldsymbol{F}(\varphi)$ 曲线为两个重叠在一起的圆。

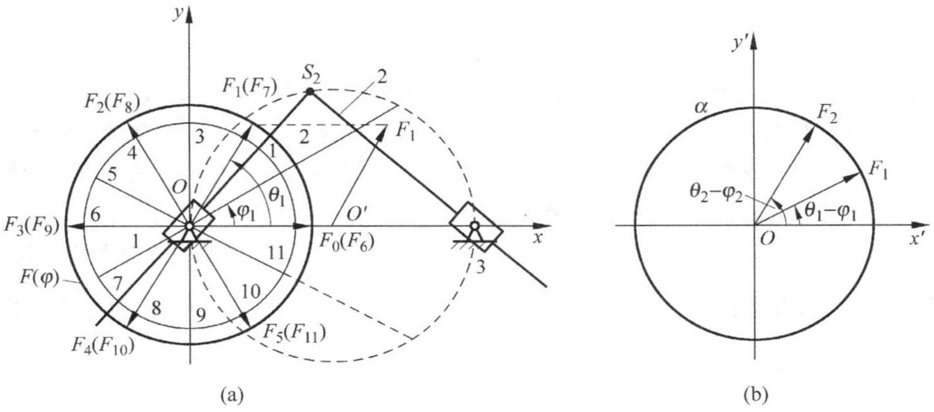

图 3-19 浮动盘机构的惯性力变化曲线

3.5.2 用平衡机构部分平衡惯性力

任何一个机构，它的总惯性力一般是一个周期函数。因此，惯性力在固定坐标 x、y 上的分量也是周期函数。我们可以用傅里叶级数把它们展开成无穷级数，级数中的各项就代表各阶的惯性力。如果要平衡某一阶惯性力，则可采用与该阶频率相同的平衡机构。

由式(3-11)可知，机构总的质量矩为

$$\begin{cases} Q_x(\varphi) = \sum\limits_{i=1}^{n} m_i x_{Si}(\varphi) \\ Q_y(\varphi) = \sum\limits_{i=1}^{n} m_i y_{Si}(\varphi) \end{cases} \tag{3-48}$$

将它们展开成傅里叶级数：

$$\begin{cases} Q_x(\varphi) = a_0 + \sum\limits_{n=1}^{\infty} a_n \cos n\varphi + \sum\limits_{n=1}^{\infty} b_n \sin n\varphi \\ Q_y(\varphi) = c_0 + \sum\limits_{n=1}^{\infty} c_n \cos n\varphi + \sum\limits_{n=1}^{\infty} d_n \sin n\varphi \end{cases} \tag{3-49}$$

式中 a_0、c_0 为函数的平均值，系数 a_n、b_n、c_n、d_n 为展开时各项积分系数，称为傅里叶系数。

根据三角函数的正交性可得

$$
\begin{cases}
a_0 = \dfrac{1}{2\pi}\displaystyle\int_{-\pi}^{\pi} Q_x(\varphi)\mathrm{d}\varphi \\
a_n = \dfrac{1}{\pi}\displaystyle\int_{-\pi}^{\pi} Q_x(\varphi)\cos n\varphi \mathrm{d}\varphi \\
b_n = \dfrac{1}{\pi}\displaystyle\int_{-\pi}^{\pi} Q_x(\varphi)\sin n\varphi \mathrm{d}\varphi \\
c_0 = \dfrac{1}{2\pi}\displaystyle\int_{-\pi}^{\pi} Q_y(\varphi)\mathrm{d}\varphi \\
c_n = \dfrac{1}{\pi}\displaystyle\int_{-\pi}^{\pi} Q_y(\varphi)\cos n\varphi \mathrm{d}\varphi \\
d_n = \dfrac{1}{\pi}\displaystyle\int_{-\pi}^{\pi} Q_y(\varphi)\sin n\varphi \mathrm{d}\varphi
\end{cases}
\tag{3-50}
$$

式中，$n=1,2,\cdots,\infty$。由上式可知，要确定傅里叶系数必须对有关函数进行积分。在目前计算机广泛采用的情况下，只要知道被积函数在积分区间内的一系列数值，就可用数值积分法求出它的积分来。常用的数值积分方法有梯形公式、辛普生积分公式、龙贝格数值积分法，这些方法都已有相应的计算程序。

当我们用辛普生方法对上述函数积分时，可将积分区间$[-\pi,\pi]$等分为 $2m$ 份，每两点间的间距 h 称为步长。显然 $h=\dfrac{2\pi}{2m}=\dfrac{\pi}{m}$。等分数目 $2m$ 可按照所需求的积分精度选取，各分点上的函数值设为 $y_1,y_2,\cdots,y_{2m+1}$：

$$
y_1 = y_a = f(-\pi),\quad y_2 = f(-\pi+h),\cdots,\quad y_i = f[-\pi+(i-1)h],\cdots,
$$
$$
y_{2m+1} = y_b = f[-\pi+2mh] = f(\pi),\quad (i=1,2,\cdots,2m+1)
$$

于是有

$$
\int_{-\pi}^{\pi} f(\varphi)\mathrm{d}\varphi = \frac{h}{3}\left[(y_a+y_b)+2\sum_{i=2}^{m-1} y_{2i+1}+4\sum_{i=1}^{m} y_{2i}\right]
\tag{3-51}
$$

由机构的质量矩及其展开式(3-48)和(3-49)可得机构惯性力的展开式。因为$\varphi=\omega t$，所以有

$$
\begin{cases}
F_x(t) = -\displaystyle\sum_{i=1}^{n} m_i\,\ddot{x}_{Si} = \omega^2(a_1\cos\omega t + b_i\sin\omega t + 4a_2\cos 2\omega t \\
\qquad\qquad + 4b_2\sin 2\omega t + \cdots) \\
f_y(t) = -\displaystyle\sum_{i=1}^{n} m_i\,\ddot{y}_{Si} = \omega^2(c_1\cos\omega t + d_1\sin\omega t + 4c_2\cos 2\omega t \\
\qquad\qquad + 4d_2\sin 2\omega t + \cdots)
\end{cases}
\tag{3-52}
$$

式中 ω 为主动构件的角速度。

在机构惯性力中，按 ω 频率变化的部分称为一阶惯性力，按 2ω 频率变化的部分称为二阶惯性力，其余依次类推。通常第一阶惯性力较大，高阶的惯性力较小。在把惯性力按阶展开以后，我们就可用不同阶的平衡机构平衡不同阶的惯性力，从而得到惯性力的部分平衡。

平衡一阶惯性力可以采用图 3-20 所示的齿轮机构，图中齿轮 1 和 2 同速反方向转动，而且它们转动的角速度为 ω。两个齿轮上分别加有平衡量 $m_{e1}r_{e1}$ 和 $m_{e2}r_{e2}$，它们在齿

轮上的方位角分别为 θ_1、θ_2，所产生的惯性力为

$$\begin{cases} F_{ex} = m_{e1} r_{e1} \omega^2 \cos(\theta_1 + \omega t) + m_{e2} r_{e2} \omega^2 \cos(\theta_2 - \omega t) \\ \quad\ = \omega^2 (a\cos\omega t + b\sin\omega t) \\ F_{ey} = m_{e1} r_{e1} \omega^2 \sin(\theta_1 + \omega t) + m_{e2} r_{e2} \omega^2 \sin(\theta_2 - \omega t) \\ \quad\ = \omega^2 (c\cos\omega t + d\sin\omega t) \end{cases} \tag{3-53}$$

式中

$$\begin{cases} a = m_{e1} r_{e1} \cos\theta_1 + m_{e2} r_{e2} \cos\theta_2 \\ b = - m_{e1} r_{e1} \sin\theta_1 + m_{e2} r_{e2} \sin\theta_2 \\ c = m_{e1} r_{e1} \sin\theta_1 + m_{e2} r_{e2} \sin\theta_2 \\ d = m_{e1} r_{e1} \cos\theta_1 - m_{e2} r_{e2} \cos\theta_2 \end{cases} \tag{3-54}$$

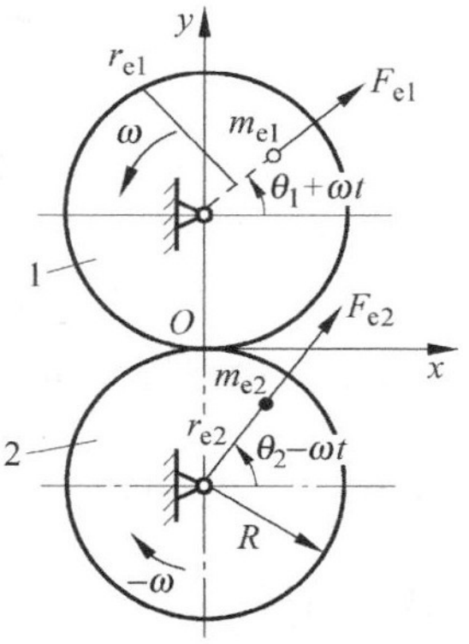

图 3-20 一阶惯性力平衡机构

若要平衡一阶惯性力，则式(3-52)中 a_1、b_1、c_1、d_1 与式(3-54)中的 a、b、c、d 之间应满足下述关系：

$$\begin{cases} a + a_1 = 0, \quad b + b_1 = 0 \\ c + c_1 = 0, \quad d + d_1 = 0 \end{cases} \tag{3-55}$$

由此可解出未知量 $m_{e1} r_{e1}$、θ_1 和 $m_{e2} r_{e2}$、θ_2。

例如，当用齿轮机构平衡图 3-21 上所示的曲柄滑块机构中的第一阶惯性力时，则有

$$\begin{cases} m_{e1} r_{e1} \cos\theta_1 + m_{e2} r_{e2} \cos\theta_2 = - m_C R \\ m_{e1} r_{e1} \sin\theta_1 = m_{e2} r_{e2} \sin\theta_2 \\ m_{e1} r_{e1} \sin\theta_1 = - m_{e2} r_{e2} \sin\theta_2 \\ m_{e1} r_{e1} \cos\theta_1 = m_{e2} r_{e2} \cos\theta_2 \end{cases} \tag{3-56}$$

故

$$m_{e1} r_{e1} = m_{e2} r_{e2} = \frac{m_C R}{2}$$

$$\theta_1 = \theta_2 = 180^\circ$$

当需要平衡二阶惯性力时，可采用一对相反方向转动而角速度大小为 2ω 的齿轮机构，如图 3-22 所示。齿轮 1、2 上的平衡质量平衡一阶惯性力，齿轮 3、4 上的平衡质量平衡二阶惯性力。

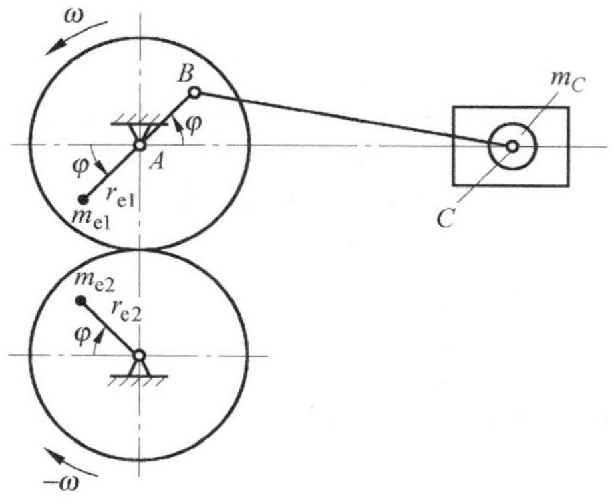

图 3-21 一阶惯性力平衡的曲柄滑块机构

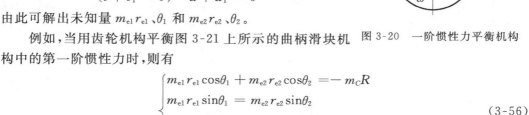

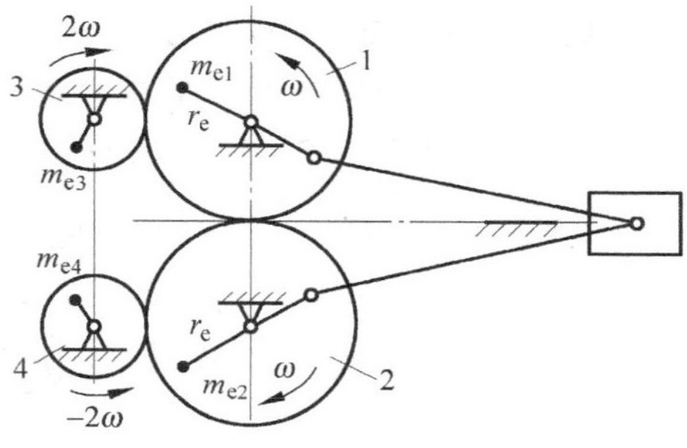

图 3-22 一、二阶惯性力平衡的曲柄滑块机构

与 3.5.1 节介绍的用回转质量来平衡曲柄滑块机构惯性力相比，用平衡机构来平衡水平方向惯性力时，将不产生垂直方向的惯性力。因为垂直方向的力在平衡机构内互相抵消，故平衡效果较好。但采用平衡机构将使结构复杂、机械尺寸加大，这是这种方法的缺点。

3.6　在机构运动平面内的惯性力矩的平衡

和机构中的惯性力一样，机构的惯性力矩通常也是周期性变化的，所以它也会引起基础振动和增加轴承受力。机构惯性力矩的平衡问题比惯性力的平衡问题要复杂一些，而且到目前为止，研究得也不够充分。本节将通过四杆机构来介绍机构运动平面内的惯性力矩（以下简称惯性力矩）的计算方法、平衡的可能性以及平衡方法。

3.6.1　机构惯性力矩的表达式

式(3-12f)就是我们将要讨论的惯性力矩 M_z。为了便于研究，将它作一些变换，写成与机构动量矩有关的形式：

$$M_z=-\sum_{i=1}^{n}m_i(x_i\ddot{y}_i-y_i\ddot{x}_i)=-\frac{\mathrm{d}}{\mathrm{d}t}\sum_{i=1}^{n}m_i(x_i\dot{y}_i-y_i\dot{x}_i)=-\frac{\mathrm{d}H_O}{\mathrm{d}t}\tag{3-57}$$

式中 H_O 为 n 个质点对轴 O 动量矩之和，n 正如在 3.1 节中曾讲过的，应为质量动替代的质点数。若用构件质心的坐标来表示机构的动量矩，就必须要包括构件转动的动量矩。对于图 3-23 所示的由 n 个可动构件组成的机构，其对轴 O 动量矩为

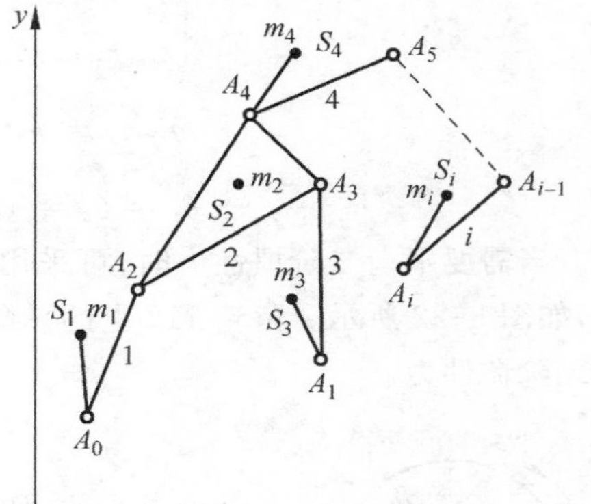

图 3-23　任意构件的坐标

$$H_O=\sum_{i=1}^{n}m_i(x_{Si}\dot{y}_{Si}-y_{Si}\dot{x}_{Si}+k_i^2\dot{\varphi}_i)\tag{3-58}$$

式中 n——可动构件数；x_{Si}、y_{Si}——构件 i 质心的坐标（为了书写方便，以下就用 x_i、y_i 来表示）；k——第 i 个构件的回转半径，它的平方等于构件 i 对质心的转动惯量 J_{Si} 和质量 m_i 的比值，$k_i^2=\dfrac{J_{Si}}{m_i}$；$\dot{\varphi}_i$——第 i 个构件的角速度。故有

$$M_z=-\frac{\mathrm{d}H_O}{\mathrm{d}t}=-\frac{\mathrm{d}}{\mathrm{d}t}\left[\sum_{i=1}^{n}m_i(x_i\dot{y}_i-y_i\dot{x}_i+k_i^2\dot{\varphi}_i)\right]\tag{3-59}$$

3.6.2 任意四杆机构的惯性力矩

图 3-24 为一四杆机构，其动量矩 H_O 为

$$H_O = \sum_{i=1}^{3} m_i(x_i \dot{y}_i - y_i \dot{x}_i + k_i^2 \dot{\varphi}_i) \tag{3-60}$$

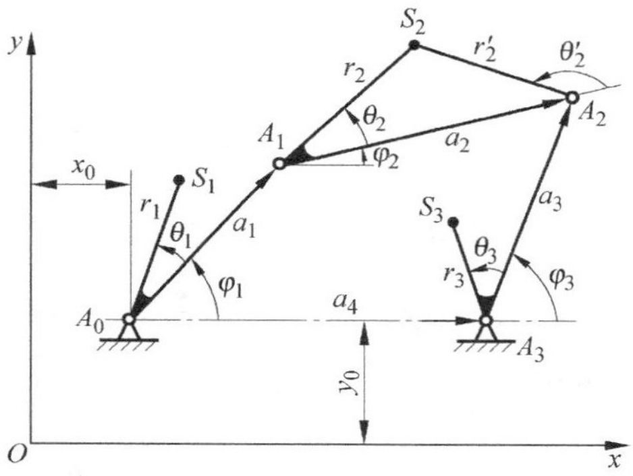

图 3-24 任意四杆机构的坐标

根据机构的运动关系可知

$$\begin{cases} x_1 = r_1\cos(\theta_1 + \varphi_1) + x_0 \\ y_1 = r_1\sin(\theta_1 + \varphi_1) + y_0 \\ x_2 = a_1\cos\varphi_1 + r_2\cos(\theta_2 + \varphi_2) + x_0 \\ y_2 = a_1\sin\varphi_1 + r_2\sin(\theta_2 + \varphi_2) + y_0 \\ x_3 = r_3\cos(\theta_3 + \varphi_3) + a_4 + x_0 \\ y_3 = r_3\sin(\theta_3 + \varphi_3) + y_0 \end{cases} \tag{3-61}$$

把式(3-61)代入式(3-60)可得

$$H_O = H_{A0} + x_0\sum_{i=1}^{3}(m_i\dot{y}_i) - y_0\sum_{i=1}^{3}(m_i\dot{x}_i) \tag{3-62}$$

其中

$$\begin{aligned} H_{A0} =& m_1(k_1^2 + r_1^2)\dot{\varphi}_1 + m_2[a_1^2\dot{\varphi}_1 + (k_2^2 + r_2^2)\dot{\varphi}_2 + a_1 r_2\cos(\varphi_1 - \varphi_2 - \theta_2)(\dot{\varphi}_1 + \dot{\varphi}_2)] \\ & + m_3[k_3^2 + r_3^2 + r_3 a_4\cos(\theta_3 + \varphi_3)]\dot{\varphi}_3 \end{aligned} \tag{3-63}$$

式(3-62)为任一四杆机构的动量矩表达式，式中 H_{A0} 就是机构对点 A_0 的动量矩。对于惯性力已经平衡的机构，式(3-62)的后两项为 0，所以下面我们仅讨论与 H_{A0} 有关的问题。

对于四杆机构中 $A_0A_1A_2A_3A_0$ 形成的封闭形，有

$$\boldsymbol{a}_1 + \boldsymbol{a}_2 - \boldsymbol{a}_3 - \boldsymbol{a}_4 = 0 \tag{3-64}$$

此向量方程在固结于结构 1 的动坐标系中，有两个投影式：

$$\begin{cases} a_1 + a_2\cos(\varphi_1 - \varphi_2) - a_3\cos(\varphi_1 - \varphi_3) - a_4\cos\varphi_1 = 0 \\ a_2\sin(\varphi_1 - \varphi_2) - a_3\sin(\varphi_1 - \varphi_3) - a_4\sin\varphi_1 = 0 \end{cases} \tag{3-65}$$

设
$$\lambda = \frac{a_1}{a_2},\quad \mu = \frac{a_3}{a_2},\quad \nu = \frac{a_4}{a_2} \tag{3-66}$$
代入式(3-65)得
$$\begin{cases}\lambda + \cos(\varphi_1 - \varphi_2) - \mu\cos(\varphi_1 - \varphi_3) - \nu\cos\varphi_1 = 0\\ \sin(\varphi_1 - \varphi_2) - \mu\sin(\varphi_1 - \varphi_3) - \nu\sin\varphi_1 = 0\end{cases} \tag{3-67}$$
设
$$\begin{cases}T_1 = \mu\sin(\varphi_1 - \varphi_3) + \nu\sin\varphi_1\\ T_2 = \mu\cos(\varphi_1 - \varphi_3) + \nu\cos\varphi_1\end{cases} \tag{3-68}$$
则式(3-67)变为
$$\begin{cases}\cos(\varphi_1 - \varphi_2) = T_2 - \lambda\\ \sin(\varphi_1 - \varphi_2) = T_1\end{cases} \tag{3-69}$$
注意此处 T_1、T_2 为随时间变化的量。

把式(3-69)代入式(3-63),可得
$$\begin{aligned}H_{A0} =& \{m_1(k_1^2 + r_1^2) + m_2 a_1[a_1 + r_2(T_2 - \lambda)\cos\theta_2 + r_2 T_1\sin\theta_2]\}\dot{\varphi}_1\\ &+ m_2[k_2^2 + r_2^2 + a_1 r_2(T_2 - \lambda)\cos\theta_2 + a_1 r_2 T_1\sin\theta_2]\dot{\varphi}_2\\ &+ m_3[k_3^2 + r_3^2 + a_4 r_3(\cos\varphi_3\cos\theta_3 - \sin\varphi_3\sin\theta_3)]\dot{\varphi}_3\end{aligned} \tag{3-70}$$
令
$$\begin{aligned}V =& \Big[m_2 a_1 r_2 T_2\dot{\varphi}_1 + m_2 a_1 r_2\Big(T_2 - \lambda + \frac{1}{\lambda}\Big)\dot{\varphi}_2\\ &+ m_3 r_3(a_3 + a_4\cos\varphi_3)\frac{\cos\theta_3}{\cos\theta_2} - \dot{\varphi}_3\Big]\cos\theta_2\end{aligned} \tag{3-71}$$
$$W = \Big[m_2 a_1 r_2 T_1(\dot{\varphi}_1 + \dot{\varphi}_2) - m_3 r_3 a_4\sin\varphi_3\frac{\cos\theta_3}{\cos\theta_2}\dot{\varphi}_3\Big]\sin\theta_2 \tag{3-72}$$
由于
$$a_2 - r_2\cos\theta_2 = -r'_2\cos\theta'_2 \tag{3-73}$$
故有
$$\begin{aligned}H_{A0} =& [m_1(k_1^2 + r_1^2) - m_2 a_1\lambda r'_2\cos\theta'_2]\dot{\varphi}_1\\ &+ m_2[k_2^2 + r_2(a_2\cos\theta_2 - r_2)]\dot{\varphi}_2\\ &+ m_3[k_3^2 - r_3(a_3\cos\theta_3 - r_3)]\dot{\varphi}_3 + V + W\end{aligned} \tag{3-74}$$

3.6.3　惯性力平衡的四杆机构的惯性力矩

由于在考虑机构平衡问题时,既要使惯性力平衡,又要使惯性力矩平衡,所以下面讨论在惯性力平衡的基础上机构惯性力矩的平衡问题。

前面已经讲到对于惯性力已经平衡的机构,在式(3-62)中后两项为0。同时,H_{A0}也将简化如下。

四杆机构惯性力平衡的条件是式(3-28),即
$$m_1 r_1 = m_2 r'_2\frac{a_1}{a_2},\quad \theta_1 = \theta'_2$$
$$m_3 r_3 = m_2 r_2\frac{a_3}{a_2},\quad \theta_3 = \theta_2 + \pi$$
代入式(3-74)得

$$H_{A0} = \sum_{i=1}^{3} m_i(k_i^2 + r_i^2 - a_i r_i \cos\theta_i)\,\dot{\varphi}_i + V + W \tag{3-75}$$

把惯性力平衡条件代入式(3-71)、(3-72)可得

$$V = 0 \tag{3-76}$$

$$W = 2m_2 a_1 r_2 \sin\theta_2 T_1\,\dot{\varphi}_1 \tag{3-77}$$

式(3-76)和式(3-77)证明如下。

将惯性力平衡条件代入式(3-71)并化简后得

$$V = m_2 a_2 r_2 \cos\theta_2 [\lambda T_2\,\dot{\varphi}_1 + (\lambda T_2 - \lambda^2 + 1)\,\dot{\varphi}_2 - (\mu + \nu\cos\varphi_3)\mu\,\dot{\varphi}_3] \tag{3-78}$$

把向量式(3-64)写成固结于构件 3 上的动坐标的投影式,则有

$$\lambda\cos(\varphi_3 - \varphi_1) + \cos(\varphi_3 - \varphi_2) - \mu - \nu\cos\varphi_3 = 0 \tag{3-79a}$$

$$\lambda\sin(\varphi_3 - \varphi_1) + \sin(\varphi_3 - \varphi_2) - \nu\sin\varphi_3 = 0 \tag{3-79b}$$

故

$$\sin(\varphi_3 - \varphi_2) = \lambda\sin(\varphi_1 - \varphi_3) + \nu\sin\varphi_3 \tag{3-80}$$

根据四杆机构运动分析结果可知

$$\dot{\varphi}_3 = \frac{\dfrac{a_4}{a_3}\sin\varphi_1 - \sin(\varphi_3 - \varphi_1)}{\dfrac{a_4}{a_1}\sin\varphi_3 - \sin(\varphi_3 - \varphi_1)}\,\dot{\varphi}_1 = \frac{\dfrac{\nu}{\mu}\sin\varphi_1 - \sin(\varphi_3 - \varphi_1)}{\dfrac{\nu}{\lambda}\sin\varphi_3 - \sin(\varphi_3 - \varphi_1)}\,\dot{\varphi}_1$$

$$= \frac{\lambda[\nu\sin\varphi_1 + \mu\sin(\varphi_1 - \varphi_3)]}{\mu[\nu\sin\varphi_3 + \mu\sin(\varphi_1 - \varphi_3)]}\,\dot{\varphi}_1 \tag{3-81}$$

设

$$T_3 = \nu\sin\varphi_3 + \lambda\sin(\varphi_1 - \varphi_3)$$

则有

$$\dot{\varphi}_3 = \frac{\lambda T_1}{\mu T_3}\dot{\varphi}_1 \tag{3-82}$$

把式(3-64)写成投影式有

$$a_1\cos\varphi_1 + a_2\cos\varphi_2 - a_3\cos\varphi_3 - a_4 = 0$$

$$a_1\sin\varphi_1 + a_2\sin\varphi_2 - a_3\sin\varphi_3 = 0$$

把以上两式对 t 求导,并消去$\dot{\varphi}_3$,得

$$\dot{\varphi}_2 = -\frac{a_1\sin(\varphi_3 - \varphi_1)}{a_2\sin(\varphi_3 - \varphi_2)}\,\dot{\varphi}_1$$

由式(3-79b)得

$$\sin(\varphi_3 - \varphi_2) = \lambda\sin(\varphi_1 - \varphi_3) + \nu\sin\varphi_3$$

代入$\dot{\varphi}_2$ 的表达式得

$$\dot{\varphi}_2 = \frac{\lambda\sin(\varphi_1 - \varphi_3)}{\lambda\sin(\varphi_1 - \varphi_3) + \nu\sin\varphi_3}\,\dot{\varphi}_1 = \frac{\lambda\sin(\varphi_1 - \varphi_3)}{T_3}\,\dot{\varphi}_1 \tag{3-83}$$

将式(3-82)和式(3-83)代入式(3-78)得

$$V = m_2 a_2 r_2 \cos\theta_2 \Big[\lambda T_2\,\dot{\varphi}_1 + \frac{\lambda}{T_3}\sin(\varphi_1 - \varphi_3)\,\dot{\varphi}_1(\lambda T_2 - \lambda^2 + 1)$$

$$- (\mu + \nu\cos\varphi_3)\frac{\lambda T_1}{T_3}\,\dot{\varphi}_1\Big]$$

$$= \frac{1}{T_3} m_2 a_2 r_2 \cos\theta_2 \lambda \dot{\varphi}_1 \{[\mu\cos(\varphi_1 - \varphi_3) + \nu\cos\varphi_1][\lambda\sin(\varphi_1 - \varphi_3) + \nu\sin\varphi_3]$$
$$+ [\mu\cos(\varphi_1 - \varphi_3) + \nu\cos\varphi_1]\lambda\sin(\varphi_1 - \varphi_3) - \lambda^2\sin(\varphi_1 - \varphi_3)$$
$$+ \sin(\varphi_1 - \varphi_3) - \mu[\mu\sin(\varphi_1 - \varphi_3) + \nu\sin\varphi_1]$$
$$- \nu\cos\varphi_3[\mu\sin(\varphi_1 - \varphi_3) + \nu\sin\varphi_1]\}$$
$$= \frac{1}{T_3} m_2 a_2 r_2 \cos\theta_2 \lambda \dot{\varphi}_1 \{-\lambda^2\sin(\varphi_1 - \varphi_3) - \mu^2\sin(\varphi_1 - \varphi_3)$$
$$- \nu^2\sin(\varphi_1 - \varphi_3) + \sin(\varphi_1 - \varphi_3) + 2\mu\lambda\cos(\varphi_1 - \varphi_3)\sin(\varphi_1 - \varphi_3)$$
$$+ 2\nu\lambda\cos\varphi_1\sin(\varphi_1 - \varphi_3) - \mu\nu[-\cos(\varphi_1 - \varphi_3)\sin\varphi_3$$
$$+ \sin(\varphi_1 - \varphi_3)\cos\varphi_3 + \sin\varphi_1]\}$$

将
$$\sin\varphi_1 = \sin(\varphi_1 - \varphi_3 + \varphi_3) = \sin(\varphi_1 - \varphi_3)\cos\varphi_3 + \sin\varphi_3\cos(\varphi_1 - \varphi_3)$$
代入上式中的最后一项得

$$V = \frac{1}{T_3} m_2 a_2 r_2 \cos\theta_2 \lambda\sin(\varphi_1 - \varphi_3)\dot{\varphi}_1[-\lambda^2 - \mu^2 - \nu^2 + 1$$
$$+ 2\lambda\mu\cos(\varphi_1 - \varphi_3) + 2\nu\lambda\cos\varphi_1 - 2\mu\nu\cos\varphi_3] \tag{3-84}$$

将式(3-64)中各向量向固定坐标投影,可得

$$\begin{cases}\lambda\cos\varphi_1 - \mu\cos\varphi_3 - \nu = -\cos\varphi_2\\ \lambda\sin\varphi_1 - \mu\sin\varphi_3 = -\sin\varphi_2\end{cases} \tag{3-85}$$

两式平方相加得

$$\lambda^2 + \mu^2 + \nu^2 - 1 = 2\mu\lambda\cos(\varphi_1 - \varphi_3) + 2\nu(\lambda\cos\varphi_1 - \mu\cos\varphi_3)$$

代入式(3-84)得

$$V = 0$$

这就是式(3-76)所示的结果。

对式(3-77)的结果,证明如下。

将惯性力平衡条件式(3-28)代入式(3-72)得

$$W = m_2 a_2 r_2 \sin\theta_2(\lambda T_1 \dot{\varphi}_1 + \lambda T_1 \dot{\varphi}_2 + \mu\nu\sin\varphi_3 \dot{\varphi}_3)$$

将式(3-82)和式(3-83)代入上式得

$$W = m_2 a_2 r_2 \sin\theta_2\left(\lambda T_1 \dot{\varphi}_1 + \lambda T_1 \frac{\lambda\sin(\varphi_1 - \varphi_3)}{T_3}\dot{\varphi}_1 + \nu\sin\varphi_3 \frac{\lambda T_1}{T_3}\dot{\varphi}_1\right)$$
$$= m_2 a_2 r_2 \sin\theta_2 T_1 \dot{\varphi}_1 \frac{\lambda T_3 + \lambda^2\sin(\varphi_1 - \varphi_3) + \lambda\nu\sin\varphi_3}{T_3}$$
$$= m_2 a_2 r_2 \sin\theta_2 T_1 \dot{\varphi}_1 \lambda \frac{T_3 + T_3}{T_3}$$
$$= 2m_2 a_1 r_2 \sin\theta_2 T_1 \dot{\varphi}_1$$

这就是式(3-77)的结果。

将式(3-76)和式(3-77)代入式(3-75),得

$$H_{A0} = \sum_{i=1}^{3} m_i(k_i^2 + r_i^2 - a_i r_i \cos\theta_i)\dot{\varphi}_i + 2m_2 a_1 r_2 \sin\theta_2 T_1 \dot{\varphi}_1 \tag{3-86}$$

对于惯性力平衡的四杆机构，其惯性力矩为

$$M_z = -\frac{\mathrm{d}H_{A0}}{\mathrm{d}t} = -\sum_{i=1}^{3} m_i(k_i^2 + r_i^2 - a_i r_i \cos\theta_i)\ddot{\varphi}_i - 2m_2 a_1 r_2 \sin\theta_2 (T_1 \ddot{\varphi}_1 + \dot{T}_1 \dot{\varphi}_1) \tag{3-87}$$

下面我们将根据式(3-87)来分析惯性力已经平衡的四杆机构的惯性力矩如何平衡的问题。

3.6.4 惯性力矩平衡条件

从式(3-87)可以看出，如果一个惯性力已经平衡的四杆机构，要达到惯性力矩平衡，则必须满足以下条件：

$$M_z = -\sum_{i=1}^{3} m_i(k_i^2 + r_i^2 - a_i r_i \cos\theta_i)\ddot{\varphi}_i - 2m_2 a_1 r_2 \sin\theta_2 (T_1 \ddot{\varphi}_1 + \dot{T}_1 \dot{\varphi}_1) = 0 \tag{3-88}$$

根据这个条件，如果把机构设计成下述两种情况，则可达到惯性力矩的完全平衡。

(1) $\theta_2 = 0$，$\ddot{\varphi}_1 = \ddot{\varphi}_2 = \ddot{\varphi}_3 = 0$。当平行四杆机构连杆的质心在连杆线上，主动件作匀速转动时，便属于这种情况。此时只要把机构的惯性力平衡以后，惯性力矩也就平衡了。

(2) $\theta_2 = 0$，$\ddot{\varphi}_1 = 0$，$\ddot{\varphi}_2 = -\ddot{\varphi}_3$。为满足此条件，机构可设计成如图3-25所示的结构。其结构尺寸为 $a_1 = a_4$，而 $a_2 = a_3$。由于机构在运动中，总保持$\angle OAB = \angle OCB$，即

$$180° - \varphi_1 + \varphi_2 = 180° - \varphi_3$$

或

$$\varphi_1 = \varphi_2 + \varphi_3$$

对 t 求导两次有

$$\ddot{\varphi}_1 = \ddot{\varphi}_2 + \ddot{\varphi}_3$$

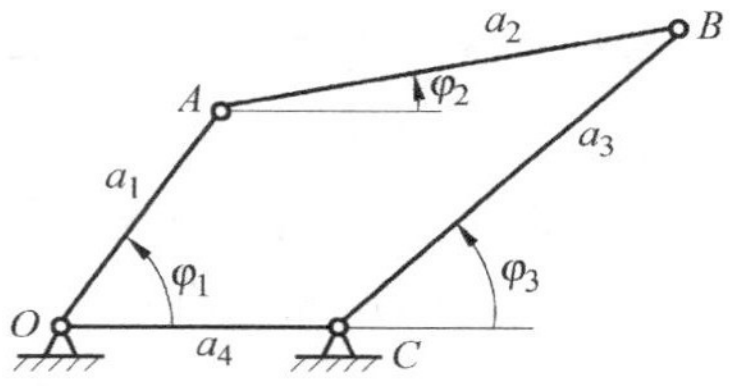

图 3-25 惯性力矩平衡的四杆机构

当主动件匀速运转时，$\ddot{\varphi}_1 = 0$，故有

$$\ddot{\varphi}_2 + \ddot{\varphi}_3 = 0$$

或

$$\ddot{\varphi}_2 = -\ddot{\varphi}_3$$

在设计构件2和3的其他参数时，除满足惯性力平衡条件外，还应满足：

$$m_2(k_2^2 + r_2^2 - a_2 r_2) = m_3(k_3^2 + r_3^2 + a_3 r_3)$$

因为满足惯性力平衡条件时 $\theta_3 = \theta_2 + \pi = \pi$，在式(3-88)中$\ddot{\varphi}_1 = 0$，$\theta_2 = 0$，因此式(3-88)可写为

$$M_z = -m_2(k_2^2 + r_2^2 - a_2 r_2)\ddot{\varphi}_2 - m_3(k_3^2 + r_3^2 + a_3 r_3)\ddot{\varphi}_3 = 0$$

因为$\ddot{\varphi}_2 = -\ddot{\varphi}_3$，故有

$$m_2(k_2^2 + r_2^2 - a_2 r_2) = m_3(k_3^2 + r_3^2 + a_3 r_3)$$

除了上述两种机构外，其他的四杆机构都很难通过改变内部质量分布的办法，使惯性力和惯性力矩都达到平衡。但是根据式(3-88)，我们可以找出一些减少惯性力矩的措

施，也就是作出适当安排使其中某些项消失。下面的一些措施对减少惯性力矩是有利的：

① 将连杆的质心设计在连杆线上，使 $\theta_2=0$。

② 主动件作匀速转动，使 $\ddot{\varphi}_1=0$。

③ 将构件 i 设计成

$$k_i^2+r_i^2=a_ir_i\cos\theta_i \tag{3-89}$$

下面以图 3-26 上所示的四杆机构为例，来说明上述措施的意义。为了使该机构惯性力矩小，首先应使 $\theta_2=0$。构件 2 的质心 S_2 位于 A_2A_3 连线上，它离点 A_2 的距离为 r_2。构件 2 的杆长为 a_2。为了满足式(3-89)，构件 2 的参数还应满足：

$$a_2=\frac{k_2^2+r_2^2}{r_2} \tag{3-90}$$

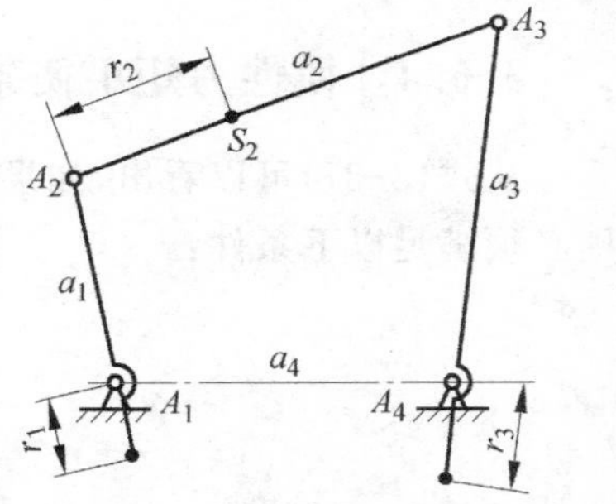

图 3-26　减小惯性力矩的四杆机构

这意味着 a_2 等于以 A_2 为悬挂点时物理摆的等值摆长。由此式可确定 r_2 的长度。当机构尺寸及连杆的参数确定后，构件 1 和构件 3 的参数必须满足式(3-28)所表示的惯性力平衡条件。当 $\theta_2=0°$时，θ_1 和 θ_3 必须为 180°，构件 1 和 3 便不可能再满足式(3-89)，因此满足式(3-89)的构件只能有一个。从质量替代的观点来看，满足式(3-90)就是使点 A_2、A_3 成为构件 2 的动替代的两个点，这样一来在满足惯性力平衡的同时，构件 2 的惯性力矩也就消失了。

对于图 3-26 所示的机构，在满足上述条件并经惯性力平衡后，如果主动件匀速转动，则除了构件 3 的惯性力矩外，其他的惯性力和惯性力矩都被平衡了。这时由式(3-88)可得惯性力矩：$M_z=-m_3(k_3^2+r_3^2+a_3r_3)\ddot{\varphi}_3$。至于构件 3 的惯性力矩平衡问题，可用平衡机构来解决。

3.6.5　用平衡机构平衡惯性力矩

机构的惯性力矩，虽然一般不能通过机构内部的质量安排得到完全平衡，但是可用加平衡机构办法来平衡。下面介绍两种用来平衡惯性力矩的齿轮机构。

1. 用轮子的转动惯量来平衡惯性力矩

图 3-27 表示一惯性力矩平衡系统，它相当于一个惯性力矩发生器，可用来平衡绕定轴转动的构件所产生的惯性力矩。其基本原理是：当构件 1 以 $\ddot{\varphi}$ 加速运转时，通过一对齿轮带动构件 2 以 $\ddot{\varphi}_e$ 的加速度运转，这时构件 1、2 的惯性力矩之和为

$$M_e=-J_1\ddot{\varphi}+J_e\ddot{\varphi}_e=-J_1\ddot{\varphi}+i_eJ_e\ddot{\varphi} \tag{3-91}$$

式中 J_1——构件 1 的转动惯量；J_e——构件 2 的转动惯量；$i_e=\dfrac{\omega_e}{\omega}$为齿轮机构的速比。

将此机构加到需要平衡的机构上，就可平衡一个大小为 M_e，方向与之相反的惯性力矩。例如用它来平衡一四杆机构摆杆的惯性力矩时，可将平衡机构的构件 1 与摆杆固结，如图 3-28 所示。如果用到前面所讲的惯性力和惯性力矩平衡的各项措施，则机构尚未平

衡的惯性力矩为

$$M_z = -m_3(k_3^2 + r_3^2 + a_3 r_3)\ddot{\varphi}_3$$

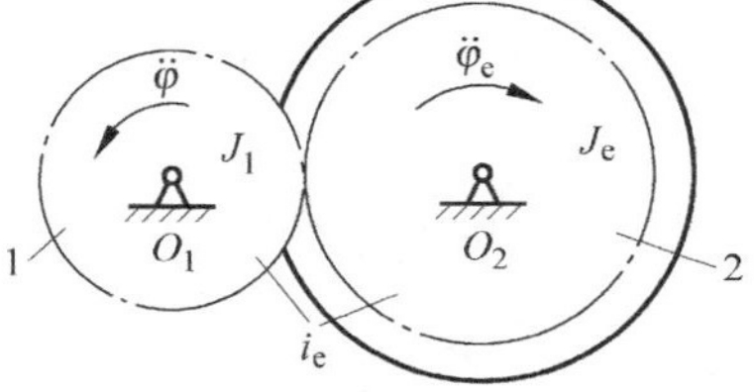

图 3-27 惯性力矩平衡机构

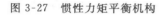

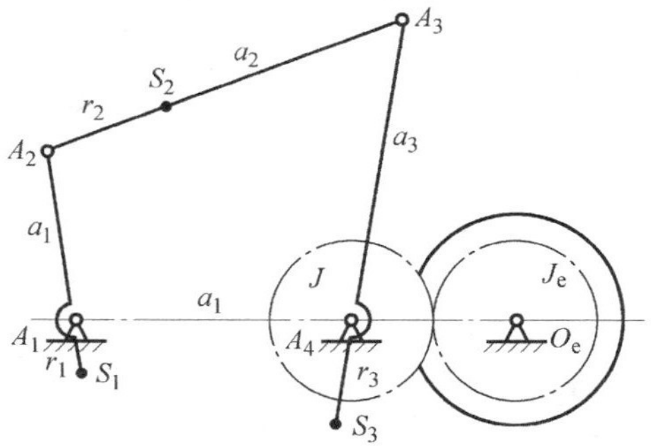

图 3-28 完全平衡的四杆机构

为使平衡机构所产生的惯性力矩与它平衡，则应满足：

$$M_z + M_e = 0$$

即

$$m_3(k_3^2 + r_3^2 + a_3 r_3)\ddot{\varphi}_3 + J\ddot{\varphi}_3 - i_e J_e \ddot{\varphi}_3 = 0$$

所以平衡机构应设计成

$$i_e J_e - J = m_3(k_3^2 + r_3^2 + a_3 r_3) \tag{3-92}$$

总之，用本章所讲惯性力和惯性力矩平衡的方法来设计图 3-28 的四杆机构，在下述条件下，机构的惯性力和惯性力矩能得到完全平衡。这些条件是

$$\begin{cases} m_1 r_1 = m_2 r'_2 \lambda, \theta_1 = \pi \\ m_3 r_3 = m_2 r_2 \mu, \theta_3 = \pi \\ \theta_2 = 0 \\ a_2 r_2 = k_2^2 + r_2^2 \\ i_e J_e = m_3(k_3^2 + r_3^2 + a_3 r_3) + J \\ \ddot{\varphi}_1 = 0 \end{cases} \tag{3-93}$$

如果$\ddot{\varphi}_1 \neq 0$，也可在构件 1 处再加一个惯性力矩平衡机构，从而使惯性力矩完全平衡。

2. 在齿轮机构上加平衡重来逐阶平衡惯性力矩

和机构的总惯性力一样，机构总的惯性力矩也可以展开成傅里叶级数。设机构主动件的转角为 φ，则有

$$M_z = a_0 + \sum_{n=1}^{\infty} a_n \cos n\varphi + \sum_{n=1}^{\infty} b_n \sin n\varphi \tag{3-94}$$

若要平衡第 k 阶惯性力矩，可用图 3-29 所示的平衡机构。其中齿轮 1 和 3 与机构主动件速比为常数，两轮以同方向同速度 $\omega_k(\omega_k = k\omega, k=1,2,3,\cdots)$转动，在轮 1 和 3 上加两个相等的平衡质量 m_{ek}，且位于相等的半径 r_{ek}上，相位相差 180°，这两个质量形成的惯性力大小相等、方向相反，所以彼此抵消，但其惯性力矩为

$$M_k = \omega_k^2 m_{ek} r_{ek} A \cos\varphi_{ek} \tag{3-95}$$

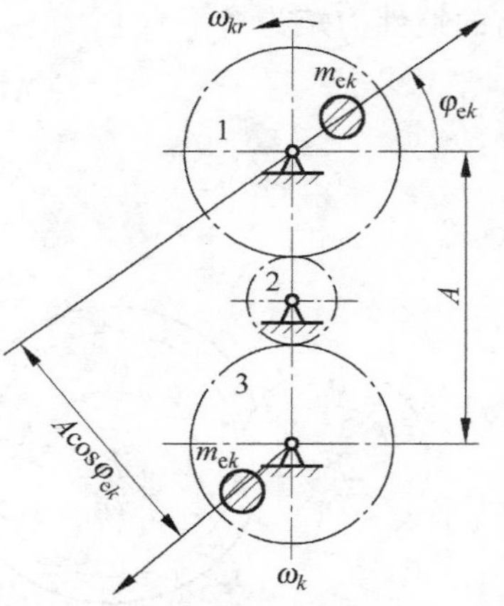

图 3-29　惯性力矩平衡机构

其中 A 为齿轮 1、3 的中心距，φ_{ek} 为齿轮 1 上平衡质量的向径和水平轴的夹角。

现要用它来平衡第 k 阶惯性力矩，而第 k 阶惯性力矩为

$$M_{zk} = a_k \cos k\varphi + b_k \sin k\varphi = c_k \sin(k\varphi + \theta_k) \tag{3-96}$$

式中 $c_k = \sqrt{a_k^2 + b_k^2}$

$$\tan\theta_k = \frac{a_k}{b_k}$$

平衡条件为

$$M_k + M_{zk} = 0$$

即 $$\omega_k^2 m_{ek} r_{ek} A \cos\varphi_{ek} = -c_k \cos(k\varphi + \theta_k)$$

所以，齿轮机构上安装的平衡量的大小应为

$$m_{ek} r_{ek} = \frac{c_k}{\omega_k^2 A} = \frac{c_k}{k^2 \omega^2 A} \tag{3-97}$$

相位角应满足：

$$\varphi_{ek} = k\varphi + 180° + \theta_k \tag{3-98}$$

到此为止，我们已经讨论了机构的惯性力和在机构运动平面内惯性力矩的平衡问题。也就是讨论了与满足(3-13a)、(3-13b)、(3-13e)三个方程式有关的原理与方法。对于式(3-13c)、(3-13d)所表示的 M_x 和 M_y 的平衡问题，在有关内燃发动机设计的书中均有介绍，本书不再叙述。

第4章　含弹性构件的机械系统动力学分析与设计

4.1　概　　述

在刚性机械系统的动力学分析中，我们假设所有构件都是刚体，即使有弹簧之类的元件，也不计元件的质量，只简化成作用在刚体上的外力。但是，随着机械运动速度的提高，机械本身重量的减轻和机械工作精度的提高，构件本身的弹性往往成为不可忽略的因素。构件弹性对机械工作带来的影响主要有：

(1) 引起运动配合关系失调。这种问题在需要有准确运动配合关系的机械系统，例如生产线上使用的机械手在速度高时，不能按要求抓取或运送机件。

(2) 降低运动的精度。例如在一些仪表的测量装置中，引起指针指示位置的偏差而使测量数据不可靠。

(3) 产生机械振动。构件的弹性会使机械在外界干扰或内部周期性变化力，例如不平衡力作用下产生振动。当干扰力接近系统的自然频率时，强烈的振动会造成机件损坏，甚至整机毁坏的严重后果。

(4) 机件的疲劳损坏。由于机械周期性运转，构件的弹性变形也是周期性变化的，由此产生的交变应力会引起疲劳损坏。

因为构件弹性的诸多影响，近30年来考虑构件弹性的机械动力学已成为机械学中的重要分支。对于广泛使用的旋转机械，如发电机组、鼓风机、涡轮机等的动力学研究已形成一个专门研究领域。关于旋转机械的问题，本书将在后面单独阐述。

研究含弹性构件的机械系统动力学问题的方法，仍如前所述，包括力学模型的简化，动力学方程的建立、求解，所讨论的问题包括应如何用这些模型来解决在已知外力(外界条件)下求系统的响应；已知系统参数和所要求的运动求控制力及已知外力和所要求的运动进行系统参数设计等。但是在考虑构件弹性后，系统的自由度将大大增加，系统的参数也更多，更复杂。此外，由于存在弹性变形，系统的势能变化也必须考虑。本章将根据不同机构的特征着重介绍几种行之有效的方法。

机构中构件的弹性变形，主要有以下几种形式：

(1) 纵向变形。这种变形常发生在细长的构件中。如图4-1(a)所示，在移动从动件的凸轮机构中，在外力和惯性力作用下从动件的纵向变形有时相当大。

(2) 弯曲变形。在如图4-1(b)所示的四杆构件中，三个构件均可能发生弯曲变形，从而使从动件的运动规律与刚性机构不同。细长的转轴也常产生较大的弯曲变形。

(3) 扭转变形。这种变形常发生在跨距较大的转动构件中，例如，纺织机械，大功率发电机组等，如图4-1(c)所示。

(4) 接触变形。这种变形常发生在高副相接触的构件中,例如齿轮、凸轮以及有间隙的低副中。图 4-1(d)为发生接触变形的高副示意图。

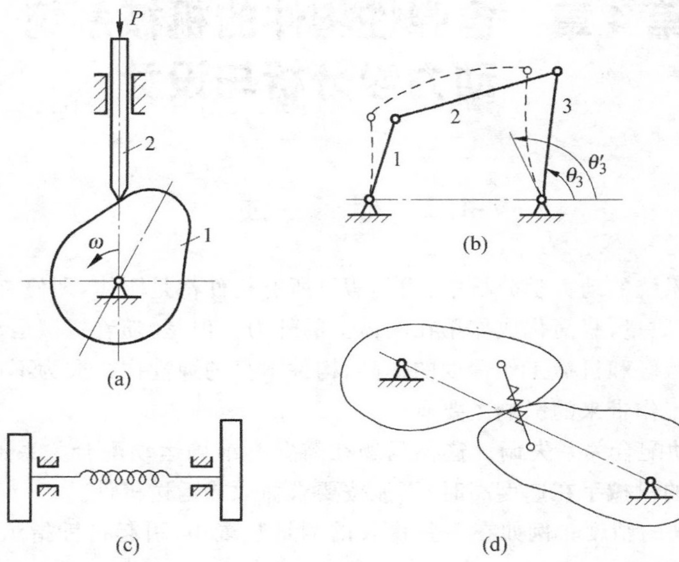

图 4-1　机械中构件弹性变形的形式

在一个实际系统中,需要考虑多种变形同时存在的情况。例如图 4-1(a)中可能同时存在凸轮轴的扭转变形和弯曲变形;图(d)中齿面除了接触弹性外,如果轮齿刚度弱,也可能轮齿的弯曲变形亦不可忽略。因此在分析实际系统时,还需要根据具体条件确定要考虑的弹性环节。

4.2　考虑轴扭转变形时传动系统动力学分析

在机械中,经常用到齿轮、皮带轮等传动机构。图 4-2(a)是常见的串联齿轮传动系统;图(b)为有分支(并联)的齿轮传动系统,它是纺织机械中用的抽纱机的传动示意图,其中罗拉上装有纱锭,长度很大。当传动轴的长度比较大时,由于轴的弹性,在机械的起动、停车或载荷变化时会发生同一轴上零件运动的不同步或振动等现象,从而影响机械的正常工作。抽纱机罗拉轴的首尾不同步会引起断头或精细不匀。计算表明,某抽纱机罗拉轴首尾转角差在起动过程中,可达 10°以上。机床上轴的振动会影响加工质量,因此考虑轴的扭转变形在这些情况下是很重要的。

在进行动力学研究时,首先需要建立系统的力学模型。为了集中讨论轴的扭转变形的影响,本节对传动系统作如下简化:

(1) 不计轴的质量,将其看成无质量的扭簧。

(2) 不考虑传动机构(例如齿轮的轮齿)内部的弹性,因此各轴间的传动比为常数。

(3) 不考虑转轴的弯曲变形和纵向变形。

(4) 认为支承是刚性的。

(5) 不计系统的阻尼。

4.2.1　串联传动系统的等效力学模型

现以图 4-2(a)所示的传动系统为例,来说明力学模型的建立与简化。首先根据前述假定,该系统可简化成图(c)。

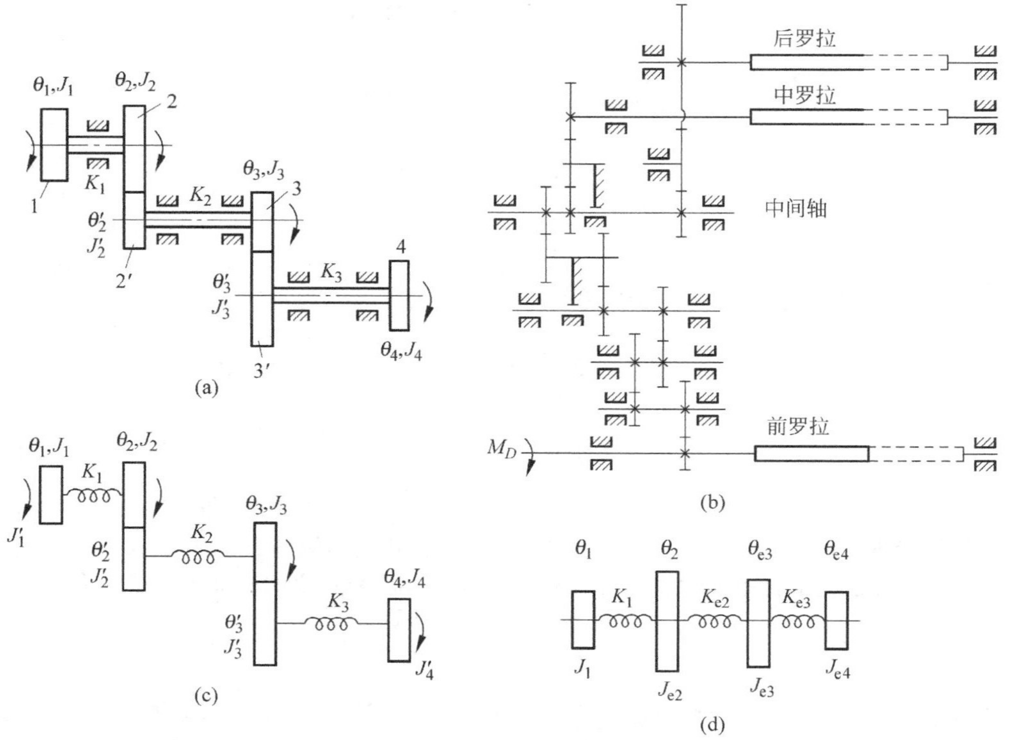

图 4-2　传动系统简化力学模型

图 4-2(c)中 $J_1, J_2, \cdots$ 为转盘的转动惯量;$\theta_2, \theta_2, \cdots$ 为转盘转角;$K_1, K_2, \cdots$ 为轴的扭转刚度系数,可用材料力学中计算扭转变形的方法来确定。对于等截面轴,刚度系数计算方法是:设轴的直径为 d,长度为 l,材料剪切模量为 G,则在扭矩 T 的作用下,轴两端相对扭转角 θ 为

$$\theta = \frac{Tl}{IG} \tag{4-1}$$

式中

$$I = \frac{\pi d^4}{32}$$

所以轴的扭转刚度系数为

$$K = \frac{\pi G d^4}{32 l} \tag{4-2}$$

如果轴是变截面的,如图 4-3(b)所示,则可先用式(4-2)分别计算出各段的刚度系数 K_1、K_2:

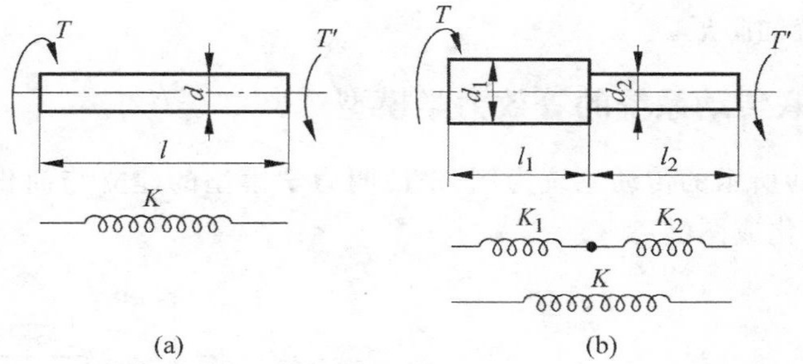

图 4-3　弹性轴的等效模型

$$K_1 = \frac{\pi G d_1^4}{32 l_1}$$

$$K_2 = \frac{\pi G d_2^4}{32 l_2}$$

再把两个扭簧串联起来，计算总刚度系数 K：

$$\frac{1}{K} = \frac{1}{K_1} + \frac{1}{K_2}$$

所以有

$$K = \frac{K_1 K_2}{K_1 + K_2} \tag{4-3}$$

其次，为了对图 4-2(c)的模型作进一步简化，我们先分析它的自由度，并选择广义坐标。设各轮的转角分别为 θ_1、θ_2、θ_2'、θ_3、θ_3'和 θ_4。由于轴的扭转变形使得 θ_1 与 θ_2、θ_2'与 θ_3、θ_3'与 θ_4 不相等。在不计齿轮啮合中弹性变形的情况下，θ_2 和 θ_2'，θ_3 和 θ_3'之间有确定的速比关系：

$$\theta_2' = i_{2'2}\theta_2 = i_{31}\theta_1$$

$$\theta_3' = i_{3'3}\theta_3 = i_{43}\theta_3$$

式中，$i_{2'2} = \frac{n_{2'}}{n_2}$和 $i_{3'3} = \frac{n_{3'}}{n_3}$分别为轮 2 和 2′、3 和 3′的转速比；$i_{31}$ 和 i_{43} 代表刚性机械传动系统中，轮 3 和轮 1、轮 4 和轮 3 的转速比。这种确定的速比关系，减少了系统的自由度，即在 θ_2、θ_2'和 θ_3、θ_3'中只有两个是独立的，因此系统的自由度为 4。在此选择 θ_1、θ_2、θ_3、θ_4 为广义坐标，用拉格朗日方程(即式(1-4))来建立系统的动力学方程。

系统的动能：

$$E = \frac{1}{2} J_1 \dot{\theta}_1^2 + \frac{1}{2}(J_2 + i_{2'2}^2 J_2')\dot{\theta}_2^2 + \frac{1}{2}(J_3 + i_{3'3}^2 J_3')\dot{\theta}_3^2 + \frac{1}{2} J_4 \dot{\theta}_4^2 \tag{4-4}$$

由此得

$$\begin{cases} \dfrac{\partial E}{\partial \dot{\theta}_1} = J_1 \dot{\theta}_1 \\ \dfrac{\partial E}{\partial \dot{\theta}_2} = (J_2 + i_{2'2}^2 J_2')\dot{\theta}_2 \\ \dfrac{\partial E}{\partial \dot{\theta}_3} = (J_3 + i_{3'3}^2 J_3')\dot{\theta}_3 \\ \dfrac{\partial E}{\partial \dot{\theta}_4} = J_4 \dot{\theta}_4 \end{cases}$$

系统的势能：

$$U = \frac{1}{2}K_1(\theta_2-\theta_1)^2+\frac{1}{2}K_2(\theta_3-\theta_2')^2+\frac{1}{2}K_3(\theta_4-\theta_3')^2$$
$$= \frac{1}{2}K_1(\theta_2-\theta_1)^2+\frac{1}{2}K_2(\theta_3-i_{2'2}\theta_2)^2+\frac{1}{2}K_3(\theta_4-i_{3'3}\theta_3)^2 \tag{4-5}$$

由此得

$$\begin{cases}\dfrac{\partial U}{\partial\theta_1}=-K_1(\theta_2-\theta_1)=K_1\theta_1-K_1\theta_2\\ \dfrac{\partial U}{\partial\theta_2}=K_1(\theta_2-\theta_1)-K_2 i_{2'2}(\theta_3-i_{2'2}\theta_2)\\ \qquad=-K_1\theta_1+(K_1+K_2 i_{2'2}^2)\theta_2-K_2 i_{2'2}\theta_3\\ \dfrac{\partial U}{\partial\theta_3}=K_2(\theta_3-i_{2'2}\theta_2)-K_3 i_{3'3}(\theta_4-i_{3'3}\theta_3)\\ \qquad=-i_{2'2}K_2\theta_2+(K_2+i_{3'3}^2K_3)\theta_3-i_{3'3}K_3\theta_4\\ \dfrac{\partial U}{\partial\theta_4}=K_3(\theta_4-i_{3'3}\theta_3)=-i_{3'3}K_3\theta_3+K_3\theta_4\end{cases} \tag{4-6}$$

把式(4-5)和式(4-6)代入式(1-4)，可得如下动力学方程：

$$\begin{cases}J_1\ddot{\theta}_1+K_1\theta_1-K_1\theta_2=0\\ (J_2+i_{2'2}^2J_2')\ddot{\theta}_2-K_1\theta_1+(K_1+i_{2'2}^2K_2)\theta_2-i_{2'2}K_2\theta_3=0\\ (J_3+i_{3'3}^2J_3')\ddot{\theta}_3-i_{2'2}K_2\theta_2+(K_2+i_{3'3}^2K_3)\theta_3-i_{3'3}K_3\theta_4=0\\ J_4\ddot{\theta}_4-i_{3'3}K_3\theta_3+K_3\theta_4=0\end{cases} \tag{4-7}$$

写成矩阵形式为

$$\begin{bmatrix}J_1&&&\\&J_2+i_{2'2}^2J_2'&&\\&&J_3+i_{3'3}^2J_2'&\\&&&J_4\end{bmatrix}\begin{bmatrix}\ddot{\theta}_1\\ \ddot{\theta}_2\\ \ddot{\theta}_3\\ \ddot{\theta}_4\end{bmatrix}$$
$$+\begin{bmatrix}K&-K_1&0&0\\-K_1&K_1+i_{2'2}^2K_2&-i_{2'2}K_2&0\\0&-i_{2'2}K_2&K_2+i_{3'3}^2K_3&-i_{3'3}K_3\\0&0&-i_{3'3}K_3&K_3\end{bmatrix}\begin{bmatrix}\theta_1\\ \theta_2\\ \theta_3\\ \theta_4\end{bmatrix}=\mathbf{0} \tag{4-8}$$

我们对广义坐标进行如下变换，令

$$\begin{bmatrix}\theta_1\\ \theta_2\\ \theta_3\\ \theta_4\end{bmatrix}=\begin{bmatrix}1&0&0&0\\0&1&0&0\\0&0&i_{31}&0\\0&0&0&i_{41}\end{bmatrix}\begin{bmatrix}\theta_1\\ \theta_2\\ \theta_{e3}\\ \theta_{e4}\end{bmatrix} \tag{4-9}$$

其中 $i_{31}=i_{2'2}$ 和 $i_{41}=i_{3'3}i_{2'2}=i_{43}i_{31}$ 分别为刚性系统中轮 3 和轮 4 对轮 1 的转速比。将式(4-9)代入式(4-7),并对式(4-7)中后两式分别乘以 i_{31} 和 i_{41} 可得

$$\begin{cases} J_1\ddot{\theta}_1+K_1\theta_1-K_1\theta_2=0 \\ (J_2+i_{31}^2J'_2)\ddot{\theta}_2-K_1\theta_1+(K_1+i_{31}^2K_2)\theta_2-i_{31}^2K_2\theta_{e3}=0 \\ (i_{31}^2J_3+i_{41}^2J'_3)\ddot{\theta}_{e3}-i_{31}^2K_2\theta_2+(i_{31}^2K_2+i_{41}^2K_3)\theta_{e3}-i_{41}^2K_3\theta_{e4}=0 \\ i_{41}^2J_4\ddot{\theta}_{e4}-i_{41}^2K_3\theta_{e3}+i_{41}^2K_3\theta_{e4}=0 \end{cases}$$

设

$$\begin{cases} J_{e2}=J_2+i_{31}^2J'_2,J_{e3}=i_{31}^2J_3+i_{41}^2J'_3,J_{e4}=i_{41}^2J_4 \\ K_{e2}=i_{31}^2K_2,\quad K_{e3}=i_{41}^2K_3 \end{cases} \tag{4-10}$$

则方程(4-7)变为

$$\begin{cases} J_1\ddot{\theta}_1+K_1\theta_1-K_1\theta_2=0 \\ J_{e2}\ddot{\theta}_2-K_1\theta_1+(K_1+K_{e2})\theta_2-K_{e2}\theta_3=0 \\ J_{e3}\ddot{\theta}_3-K_{e2}\theta_2+(K_{e2}+K_{e3})\theta_{e3}-K_{e3}\theta_{e4}=0 \\ J_{e4}\ddot{\theta}_4-K_{e3}\theta_{e3}+K_{e3}\theta_{e4}=0 \end{cases} \tag{4-11}$$

写成矩阵形式为

$$\begin{bmatrix} J_1 & 0 & 0 & 0 \\ 0 & J_{e2} & 0 & 0 \\ 0 & 0 & J_{e3} & 0 \\ 0 & 0 & 0 & J_{e4} \end{bmatrix}\begin{bmatrix} \ddot{\theta}_1 \\ \ddot{\theta}_2 \\ \ddot{\theta}_{e3} \\ \ddot{\theta}_{e4} \end{bmatrix}+\begin{bmatrix} K_1 & -K_1 & 0 & 0 \\ -K_1 & K_1+K_{e2} & -K_{e2} & 0 \\ 0 & -K_{e2} & K_{e2}+K_{e3} & K_{e3} \\ 0 & 0 & -K_{e3} & K_{e3} \end{bmatrix}\begin{bmatrix} \theta_1 \\ \theta_2 \\ \theta_{e3} \\ \theta_{e4} \end{bmatrix}=\mathbf{0} \tag{4-12}$$

至此,应用式(4-9)~(4-12)的变换可把图 4-2(c)的力学模型等效成如图 4-2(d)所示的单轴系统,两个系统具有相同的动能和势能。式(4-12)为等效系统无外力时的动力学方程,式中 J_e 为等效转动惯量,K_e 为等效刚度系数,可由式(4-10)计算。

如果在转盘(齿轮)上作用有外力矩 T_1,T_2,T_3,T_4,可将它们按功能等效原理,转换到等效系统中去。等效力矩即广义力可按下式计算:

$$\boldsymbol{Q}_i=\sum_{j=1}^{4}T_j\frac{\partial\theta_j}{\partial\theta_i}\quad i=1\sim4,\quad j=1\sim4$$

式中 $\frac{\partial\theta_j}{\partial\theta_i}$ 为力矩作用的转盘转角对广义坐标的偏导数,在此等于二者的速度比。在有外力作用的情况下,式(4-12)的右端将不为 $\mathbf{0}$,而是由广义力组成的列向量 $\boldsymbol{Q}_i$。

对于由 N 个轴组成的多级串联齿轮传动系统,如图 4-4(a)所示,我们可以用同样方法简化成一单轴系统,即图 4-4(b)。简化步骤叙述如下。

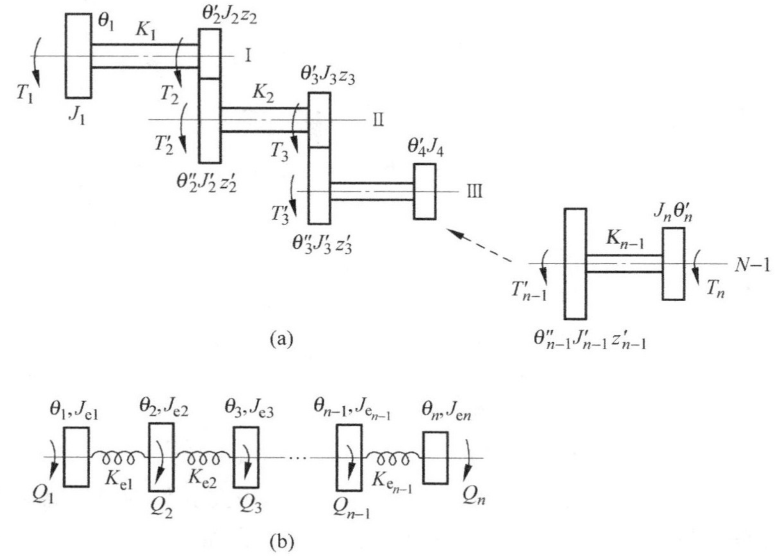

(a)

(b)

图 4-4 串联齿轮传动系统等效力学模型

(1) 根据齿轮的齿数,计算各轴间的传动比

$$\begin{cases} i_{\text{II I}} = \dfrac{\omega_2''}{\omega_2'} = -\dfrac{z_2}{z_2'} \\ i_{\text{III I}} = \dfrac{\omega_3''}{\omega_3'}\dfrac{\omega_2''}{\omega_2'} = (-1)^2\dfrac{z_2 z_3}{z_2' z_3'} \\ i_{(N-1)\text{ I}} = (-1)^p\dfrac{z_{n-1}z_{n-2}\cdots z_3 z_2}{z_{n-1}'z_{n-2}'\cdots z_3' z_2'} \end{cases} \tag{4-13}$$

式中 p 为外啮合齿轮对的数目。

(2) 进行坐标变换,确立广义坐标 $\theta_1,\theta_2,\cdots,\theta_n$

$$\begin{cases} \theta_1 = \theta_1 \\ \theta_2 = \theta_2' = \theta_2''/i_{\text{II I}} \\ \theta_3 = \theta_3'/i_{\text{II I}} = \theta_3''/i_{\text{III I}} \\ \quad\vdots \\ \theta_{n-1} = \theta_{n-1}'/i_{(N-2)\text{ I}} = \theta_{n-1}''/i_{(N-1)\text{ I}} \\ \theta_n = \theta_n'/i_{(N-1)\text{ I}} \end{cases} \tag{4-14}$$

(3) 计算等效转动惯量 $J_{e1},J_{e2},\cdots,J_{en}$

$$\begin{cases} J_{e1} = J_1 \\ J_{e2} = J_2 + J_2' i_{\text{II I}}^2 \\ J_{e3} = J_3 i_{\text{II I}}^2 + J_3' i_{\text{III I}}^2 \\ \quad\vdots \\ J_{e(n-1)} = J_{n-1} i_{(N-2)\text{ I}}^2 + J_{n-1}' i_{(N-1)\text{ I}}^2 \\ J_{en} = J_n i_{(N-1)\text{ I}}^2 \end{cases} \tag{4-15}$$

(4) 计算等效刚度系数 $K_{e1},K_{e2},\cdots,K_{e(n-1)}$

$$\begin{cases} K_{e1} = K_1 \\ K_{e2} = K_2 i_{\text{II I}}^2 \\ \quad\vdots \\ K_{e(n-1)} = K_{(n-1)} i_{(N-1)\text{I}}^2 \end{cases} \tag{4-16}$$

(5) 求广义力 $Q_1,Q_2,\cdots,Q_n$

$$\begin{cases} Q_1 = T_1 \\ Q_2 = T_2 + T'_2 i_{\text{II I}} \\ Q_3 = T_3 i_{\text{II I}} + T'_3 i_{\text{III I}} \\ \quad\vdots \\ Q_{n-1} = T_{n-1} i_{(N-2)\text{I}} + T'_{n-1} i_{(N-1)\text{I}} \\ Q_n = T_n i_{(N-1)\text{I}} \end{cases} \tag{4-17}$$

上述变换后得到的等效力学模型如图 4-4(b)所示，由此我们便可直接用等效模型来建立动力学方程。对此类等效模型用达朗贝尔原理更为方便。

4.2.2　串联齿轮传动系统的动力学方程

应用达朗贝尔原理，可建立图 4-4(b)等效模型的动力学方程。

为了书写方便起见，下面在不至于混淆的情况下，把等效转动惯量、等效力矩、等效刚度等符号中的下标“e”省略。这样对每一个轮盘写出其动力学方程：

$$\begin{cases} J_1\ddot{\theta}_1 = Q_1 - K_1(\theta_1 - \theta_2) \\ J_2\ddot{\theta}_2 = Q_2 + K_1(\theta_1 - \theta_2) - K_2(\theta_2 - \theta_3) \\ J_3\ddot{\theta}_3 = Q_3 + K_2(\theta_2 - \theta_3) - K_3(\theta_3 - \theta_4) \\ \quad\vdots \\ J_{n-1}\ddot{\theta}_{n-1} = Q_{n-1} + K_{n-2}(\theta_{n-2} - \theta_{n-1}) - K_{n-1}(\theta_{n-1} - \theta_n) \\ J_n\ddot{\theta}_n = Q_n + K_{n-1}(\theta_{n-1} - \theta_n) \end{cases} \tag{4-18}$$

有了动力学方程，可以利用它来求解在已知外力和系统参数情况下，起动过程中各轮的真实运动，研究由于弹性和惯性引起的运动不同步问题；也可用来求解系统参数设计和外加控制力矩等问题。需要注意的是，对等效系统求解的结果还需要利用式(4-14)～(4-17)转换到原系统中去。由于传动系统所受的外力通常是变化的，例如金属切削机床中的切削力等，在有弹性元件的情况下，会引起机械振动。所以式(4-18)的一个重要用途是进行传动系统的振动分析。以下我们将介绍振动分析的方法。

4.2.3　用振型分析法研究无外力作用时系统的自由振动

将式(4-18)表示成矩阵形式：

$$\begin{bmatrix} J_1 & 0 & 0 & \cdots \\ 0 & J_2 & 0 & \cdots \\ \vdots & & & \\ 0 & 0 & \cdots & J_n \end{bmatrix}\begin{bmatrix} \ddot{\theta}_1 \\ \ddot{\theta}_2 \\ \vdots \\ \ddot{\theta}_n \end{bmatrix}+\begin{bmatrix} K_1 & -K_1 & 0 & \cdots & & & 0 \\ -K_1 & K_1+K_2 & -K_2 & 0 & \cdots & & 0 \\ 0 & -K_2 & K_2+K_3 & K_3 & 0 & \cdots & 0 \\ \vdots & & & & & & \\ 0 & 0 & \cdots & & & -K_{n-1} & K_{n-1} \end{bmatrix}\begin{bmatrix} \theta_1 \\ \theta_2 \\ \vdots \\ \theta_n \end{bmatrix}$$

$$=\begin{bmatrix} Q_1 \\ Q_2 \\ \vdots \\ Q_n \end{bmatrix} \tag{4-19}$$

式(4-19)可简写为

$$\boldsymbol{J}\ddot{\boldsymbol{\theta}}+\boldsymbol{K}\boldsymbol{\theta}=\boldsymbol{Q} \tag{4-20}$$

在无外力作用时 $\boldsymbol{Q}=\boldsymbol{0}$,故有

$$\boldsymbol{J}\ddot{\boldsymbol{\theta}}+\boldsymbol{K}\boldsymbol{\theta}=\boldsymbol{0} \tag{4-21}$$

设无外力作用时,系统中的圆盘以自由振动的圆频率 ω 作简谐运动,即

$$\theta_i = A_i\sin(\omega t+\varphi),\quad i=1,2,\cdots,n \tag{4-22}$$

代入式(4-21)可得

$$-\omega^2\boldsymbol{JA}+\boldsymbol{KA}=\boldsymbol{0}$$

即

$$(-\omega^2\boldsymbol{J}+\boldsymbol{K})\boldsymbol{A}=\boldsymbol{0} \tag{4-23}$$

这是一个齐次代数方程组,$\boldsymbol{A}$ 有非零解的条件是系数行列式的值为 0,设 $\omega^2=\lambda$,于是有

$$|-\lambda\boldsymbol{J}+\boldsymbol{K}|=0 \tag{4-24}$$

式(4-24)称为系统的特征方程,它是 λ^n 的多项式。通过它可求出 λ 的 n 个根,它们是系统的特征值。由于在建立方程式时,把系统的刚性运动也考虑在内,也就是说,如果每一个轮子按刚性运动的关系转过一个角度,系统的势能为 0,这导致刚度矩阵 $\boldsymbol{K}$ 的行列式的值为 0,λ 的 n 个根中有一个为 0,其余的为大于 0 的实数根。

设 $\lambda_0=0,\lambda_1<\lambda_2<\lambda_3<\cdots<\lambda_{n-1}$,把 λ 的值代入式(4-23),可得出相应的特征向量。对于有 n 个自由度的系统,则有 n 个特征值和 n 个特征向量。

当 $\lambda=0$ 时,$\omega_0=0$,这时系统不是简谐运动,其对应的特征向量代表刚体运动的关系。不为 0 的特征值,对应于各阶自振频率,其相应的特征向量为各阶主振型。也就是当 $\omega_0=0$ 时,对应的运动 $\boldsymbol{A}_{(0)}=\boldsymbol{A}_{1(0)}[1,1,1,\cdots]^{\mathrm{T}}$,是等效系统整体刚性运动。式中 $\boldsymbol{A}$ 下标括弧内的数字代表振型的阶。

第一阶主振动频率为 ω_1,主振型为 $\boldsymbol{A}_{(1)}=A_{1(1)}[1,\phi_{2(1)},\phi_{3(1)},\cdots]^{\mathrm{T}}$

第二阶主振动频率为 ω_2,主振型为 $\boldsymbol{A}_{(2)}=\boldsymbol{A}_{1(2)}[1,\phi_{2(2)},\phi_{3(2)},\cdots]^{\mathrm{T}}$

⋮

主振型中的各元素代表当系统以某一主频率振动时各圆盘的振幅间的比例值。我们可以把主振型合写成矩阵(称为振型矩阵)形式:

$$\boldsymbol{A} = [\boldsymbol{A}_{(0)} \quad \boldsymbol{A}_{(1)} \quad \cdots \quad \boldsymbol{A}_{(n)}]$$

令

$$\boldsymbol{\phi} = \begin{bmatrix} 1 & 1 & 1 & \cdots & 1 \\ 1 & \phi_{2(1)} & \phi_{2(2)} & \cdots & \phi_{2(n)} \\ 1 & \phi_{3(1)} & \phi_{3(2)} & \cdots & \phi_{3(n)} \\ \vdots & \vdots & \vdots & \vdots & \vdots \\ 1 & \phi_{n(1)} & \phi_{n(2)} & \cdots & \phi_{n(n)} \end{bmatrix} \tag{4-25}$$

则式(4-21)表达的方程的解为

$$\begin{bmatrix} \theta_1 \\ \theta_2 \\ \theta_3 \\ \vdots \\ \theta_n \end{bmatrix} = \begin{bmatrix} 1 & 1 & 1 & \cdots & 1 \\ 1 & \phi_{2(1)} & \phi_{2(2)} & \cdots & \phi_{2(n)} \\ 1 & \phi_{3(1)} & \phi_{3(2)} & \cdots & \phi_{3(n)} \\ \vdots & \vdots & \vdots & & \vdots \\ 1 & \phi_{n(1)} & \phi_{n(2)} & \cdots & \phi_{n(n)} \end{bmatrix} \begin{bmatrix} A_{1(0)}(t+\tau) \\ A_{1(1)}\sin(\omega_1 t+\varphi_1) \\ A_{1(2)}\sin(\omega_2 t+\varphi_2) \\ \vdots \\ A_{1(n)}\sin(\omega_n t+\varphi_n) \end{bmatrix} \tag{4-26}$$

式(4-26)所表达的解,其物理意义是很清楚的,它表示系统中任一轮的扭转运动为

$$\theta_j = A_{1(0)}(t+\tau) + \sum_{i=1}^{n-1} \phi_{j(i)} A_{1(i)} \sin(\omega_i t + \varphi_i) \tag{4-27}$$

也就是说,j 轮的运动为刚性运动与各阶主振动的叠加,$\phi_{j(i)}$ 代表第 i 阶振型中 j 轮的振幅相对值,$A_{1(i)}$ 代表各阶振型分量的大小,式中 $A_{1(0)}$、$A_{1(1)}$…和 τ、φ_1、φ_2…等是 $2n$ 个待定常数,它们可由系统的初始条件来确定,设 $t=0$ 时,$\boldsymbol{\theta}=\boldsymbol{\theta}_0$,$\dot{\boldsymbol{\theta}}=\dot{\boldsymbol{\theta}}_0$,代入式(4-26)及其微分式,便可得 $2n$ 个方程:

$$\left\{\begin{aligned} &\begin{bmatrix} \theta_1 \\ \theta_2 \\ \theta_3 \\ \vdots \\ \theta_n \end{bmatrix}_0 = \begin{bmatrix} 1 & 1 & 1 & \cdots \\ 1 & \phi_{2(1)} & \phi_{2(2)} & \cdots \\ 1 & \phi_{3(1)} & \phi_{3(2)} & \cdots \\ \vdots & \vdots & \vdots & \vdots \\ 1 & \varphi_{n(1)} & \varphi_{n(2)} & \cdots \end{bmatrix} \begin{bmatrix} A_{1(0)}(t+\tau) \\ A_{1(1)}\sin(\omega_1 t+\varphi_1) \\ A_{1(2)}\sin(\omega_2 t+\varphi_2) \\ \vdots \\ A_{1(n)}\sin(\omega_n t+\varphi_n) \end{bmatrix} \\ &\begin{bmatrix} \dot\theta_1 \\ \dot\theta_2 \\ \dot\theta_3 \\ \vdots \\ \dot\theta_n \end{bmatrix}_0 = \begin{bmatrix} 1 & 1 & 1 & \cdots \\ 1 & \phi_{2(1)} & \phi_{2(2)} & \cdots \\ 1 & \phi_{3(1)} & \phi_{3(2)} & \cdots \\ \vdots & \vdots & \vdots & \vdots \\ 1 & \varphi_{n(1)} & \varphi_{n(2)} & \cdots \end{bmatrix} \begin{bmatrix} A_{1(0)}\tau \\ \omega_1 A_{1(1)}\cos\varphi_1 \\ \omega_2 A_{1(2)}\cos\varphi_2 \\ \vdots \\ \omega_n A_{1(n)}\cos\varphi_n \end{bmatrix} \end{aligned}\right. \tag{4-28}$$

求解上述方程便可得出全部未知常数,求出上述等效系统的解以后,可用坐标变换[即式(4-14)]求出原系统的解。在发生自由振动时,各转盘的运动为原来的刚性运动叠加弹性振动。

例 4-1 在图 4-5 所示的传动系统中,已知各轮转动惯量 $J_1=0.05$,$J_2=0.05$,$J_{2'}=$

0.2，$J_3=0.8$，单位：$kg\cdot m^2$；齿轮速比 $i_{2'2}=\dfrac{\omega_{2''}}{\omega_{2'}}=\dfrac{1}{2}=i_{\mathrm{II\,I}}$；轴的尺寸为：$d_1=25$，$d_2=40$，$l_1=150$，$l_2=300$，单位：mm；轴所用材料的剪切模量 $G=8.0\times10^{10}\ N/m^2$。求系统的主频率、主振型及无外力作用下，自由振动的解。

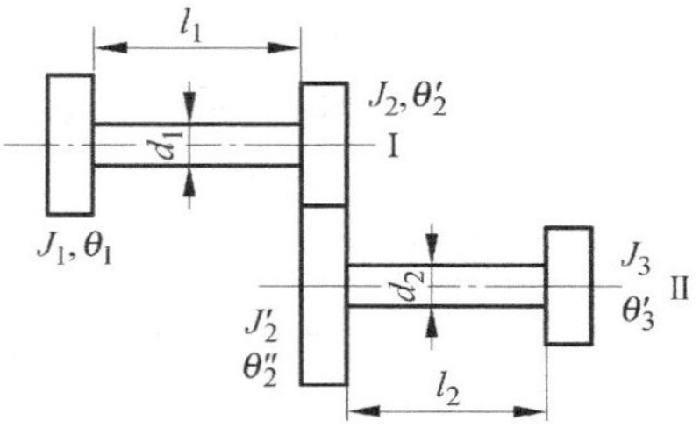

图 4-5　传动系统简图

解

1. 计算轴的刚度系数。由式(4-1)可得

$$K_1=\frac{\pi G d_1^4}{32 l_1}=\frac{\pi\times8\times10^{10}\times25^4\times10^{-12}}{32\times150\times10^{-3}}=20453.08\ N\cdot m/rad$$

$$K_2=\frac{\pi G d_2^4}{32 l_2}=\frac{\pi\times8\times10^{10}\times40^4\times10^{-12}}{32\times300\times10^{-3}}=67020.64\ N\cdot m/rad$$

2. 坐标转换

$$\theta_1=\theta_1$$

$$\theta_2=\theta_2'=\theta_2''/i_{\mathrm{II\,I}}=2\theta_2'$$

广义坐标为　θ_1,θ_2

3. 计算等效转动惯量

根据式(4-15)可得

$$J_{e1}=J_1=0.05\ kg\cdot m^2$$

$$J_{e2}=J_2+J_2' i_{\mathrm{II\,I}}^2=0.05+0.2\times\left(\frac{1}{2}\right)^2=0.10\ kg\cdot m^2$$

$$J_{e3}=J_3 i_{\mathrm{II\,I}}^2=0.8\times\left(\frac{1}{2}\right)^2=0.20\ kg\cdot m^2$$

4. 计算等效刚度系数

由式(4-16)可得

$$K_{e1}=K_1=20453.08\ N\cdot m/rad$$

$$K_{e2}=K_2 i_{\mathrm{II\,I}}^2=67020.64\times\left(\frac{1}{2}\right)^2=16755.16\ N\cdot m/rad$$

5. 建立动力学方程

把等效转动惯量、等效刚度系数代入式(4-21)得

$$\begin{bmatrix}0.05 & & \\ & 0.1 & \\ & & 0.2\end{bmatrix}\begin{bmatrix}\ddot\theta_1\\ \ddot\theta_2\\ \ddot\theta_3\end{bmatrix}+\begin{bmatrix}20453.08 & -20453.08 & 0\\ -20453.08 & 37208.24 & -16755.16\\ 0 & -16755.16 & 16755.16\end{bmatrix}\begin{bmatrix}\theta_1\\ \theta_2\\ \theta_3\end{bmatrix}=\begin{bmatrix}0\\0\\0\end{bmatrix} \tag{a}$$

6. 方程求解

设方程(a)的解的形式为

$$\theta_i=A_i\sin(\omega t+\varphi) \tag{b}$$

并设 $\omega^2=\lambda$，代入式(a)得

$$\begin{bmatrix} 20453.08-0.05\lambda & -20453.08 & 0 \\ -20453.08 & 37208.24-0.1\lambda & -16755.16 \\ 0 & -16755.16 & 16755.16-0.2\lambda \end{bmatrix}\begin{bmatrix} A_1 \\ A_2 \\ A_3 \end{bmatrix}=\mathbf{0} \qquad \text{(c)}$$

系统特征方程为

$$\begin{vmatrix} 20453.08-0.05\lambda & -20453.08 & 0 \\ -20453.08 & 37208.24-0.1\lambda & -16755.16 \\ 0 & -16755.16 & 16755.16-0.2\lambda \end{vmatrix}=0 \qquad \text{(d)}$$

展开后得到方程

$$\lambda(0.001\lambda^2-864.92\lambda+1.19943\times10^8)=0$$

方程的根为

$$\lambda_0=0,\quad \lambda_1=173467.25,\quad \lambda_2=691451.90$$

所以 $\omega_0=0$，$\omega_1=416.4937\text{s}^{-1}$，$\omega_2=831.5359\text{s}^{-1}$，把 $\lambda_0=0$ 代入式(c)可得

$$\phi_{1(0)}=1,\quad \phi_{2(0)}=1,\quad \phi_{3(0)}=1$$

刚体运动振型为

$$\boldsymbol{\phi}_{(0)}=[1,1,1]^{\mathrm{T}}$$

将 $\lambda_1=173467.25$ 代入式(c)，可得

$$\phi_{1(1)}=1,\quad \phi_{2(1)}=0.5759386,\quad \phi_{3(1)}=-0.5379161$$

第一阶振型为

$$\boldsymbol{\phi}_{(1)}=[1,0.5759386,-0.5379161]^{\mathrm{T}}$$

将 $\lambda_2=691451.90$ 代入式(c)，得

$$\phi_{1(2)}=1,\quad \phi_{2(2)}=-0.6903536,\quad \phi_{3(2)}=0.0951734$$

第二阶振型为

$$\boldsymbol{\phi}_{(2)}=[1,-0.6903536,0.0951734]^{\mathrm{T}}$$

振型矩阵为

$$\boldsymbol{\phi}=\begin{bmatrix} 1 & 1 & 1 \\ 1 & 0.5759386 & -0.6903536 \\ 1 & -0.5379161 & 0.0951734 \end{bmatrix}$$

取小数点后3位数，方程的通解为

$$\begin{bmatrix} \theta_1 \\ \theta_2 \\ \theta_3 \end{bmatrix}=\begin{bmatrix} 1 & 1 & 1 \\ 1 & 0.576 & -0.690 \\ 1 & -0.538 & 0.095 \end{bmatrix}\begin{bmatrix} A_{1(0)}(t+\tau) \\ A_{1(1)}\sin(\omega_1 t+\varphi_1) \\ A_{1(2)}\sin(\omega_2 t+\varphi_2) \end{bmatrix}$$

展开后的表达式为

$$\begin{cases} \theta_1=A_{1(0)}(t+\tau)+A_{1(1)}\sin(416.49t+\varphi_1)+A_{1(2)}\sin(831.54t+\varphi_2) \\ \theta_2=A_{1(0)}(t+\tau)+0.576A_{1(1)}\sin(416.49t+\varphi_1)-0.69A_{1(2)}\sin(831.54t+\varphi_2) \\ \theta_3=A_{1(0)}(t+\tau)-0.538A_{1(1)}\sin(416.49t+\varphi_1)+0.095A_{1(2)}\sin(831.54t+\varphi_2) \end{cases}$$

由求解结果可以看出，各轮的运动为刚性运动(解中的第一项)与圆频率分别为416.49和831.54的两阶简谐运动的叠加。$A_{1(1)}$、$A_{1(2)}$ 表示一阶、二阶振型分量。如果 $A_{1(1)}>$

$A_{1(2)}$，则说明一阶振型分量大于二阶。若 $A_{1(0)}$ 是不为 0 的常数，则各轮均存在随时间无限增加的角位移。这是因为在没有计入系统阻尼又没有外力作用的情况下，如果轮 1 有一个角速度，则传动系统就会无限地转动下去。

主振型有一个重要性质叫主振型的正交性，即不同频率的主振型对质量矩阵 $\boldsymbol{J}$ 和刚度矩阵 $\boldsymbol{K}$ 存在下述关系：

$$\begin{cases} \boldsymbol{\phi}_{(i)}{}^{\mathrm{T}}\boldsymbol{J}\,\boldsymbol{\phi}_{(j)} = \begin{cases} 0 & i \neq j \\ J_i & i = j \end{cases} \\ \boldsymbol{\phi}_{(i)}{}^{\mathrm{T}}\boldsymbol{K}\,\boldsymbol{\phi}_{(j)} = \begin{cases} 0 & i \neq j \\ K_i & i = j \end{cases} \end{cases} \tag{4-29}$$

由于具有上述关系，当用振型矩阵及其转置矩阵与质量矩阵和刚度矩阵分别右、左相乘，可使两个矩阵成为对角阵，即

$$\boldsymbol{\phi}^{\mathrm{T}}\boldsymbol{J}\boldsymbol{\phi} = \boldsymbol{J}_P$$

$$\boldsymbol{\phi}^{\mathrm{T}}\boldsymbol{K}\boldsymbol{\phi} = \boldsymbol{K}_P$$

$\boldsymbol{J}_P$、$\boldsymbol{K}_P$ 叫主质量矩阵和主刚度矩阵。利用正交关系，动力学方程(4-21)可变化成为

$$\boldsymbol{J}_P\ddot{\boldsymbol{\theta}} + \boldsymbol{K}_P\boldsymbol{\theta} = \boldsymbol{0} \tag{4-30}$$

由于 $\boldsymbol{J}_P$ 和 $\boldsymbol{K}_P$ 均为对角矩阵，这表明把原来互相耦合的运动方程变成 n 个互相独立的相当于 n 个单自由度系统的方程。我们还可以通过正则变换使质量矩阵变成单位矩阵，这种变换对求解任意外力作用下的动力学方程比较方便。正则变换的方法如下：

由于振型中各元素只是各轮振幅的相对值，我们可以取一组特殊的值使其满足：

$$\boldsymbol{\phi}_{N(i)}^{\mathrm{T}}\boldsymbol{J}\boldsymbol{\phi}_{N(i)} = \boldsymbol{1} \tag{4-31}$$

$\boldsymbol{\phi}_{N(i)}$ 的求法是令

$$\boldsymbol{\phi}_{N(i)} = \frac{1}{C_i}\boldsymbol{\phi}_{(i)} \tag{4-32}$$

代入式(4-31)得

$$\frac{1}{C_i^2}\boldsymbol{\phi}_{(i)}^{\mathrm{T}}\boldsymbol{J}\boldsymbol{\phi}_{(i)} = \frac{1}{C_i^2}J_{Pi} = \boldsymbol{1}$$

式中 $\boldsymbol{J}_{Pi}$ 为主质量。所以，将 $C_i = \pm\sqrt{J_{Pi}}$ 代入式(4-32)便可求出正则振型。正则振型构成的矩阵为

$$\boldsymbol{\phi}_N = [\boldsymbol{\phi}_{N(1)}, \boldsymbol{\phi}_{N(2)}, \cdots] \tag{4-33}$$

使用正则振型矩阵后，质量矩阵便成为单位矩阵，称为正则质量矩阵 $\boldsymbol{J}_N$，即

$$\boldsymbol{J}_N = \boldsymbol{\phi}_N^{\mathrm{T}}\boldsymbol{J}\boldsymbol{\phi}_N = \boldsymbol{I} = \begin{bmatrix} 1 & & \\ & 1 & \\ & & \ddots \end{bmatrix}$$

同理，也可用正则振型矩阵对刚度矩阵 $\boldsymbol{K}$ 进行变换，得到正则刚度矩阵 $\boldsymbol{K}_N$：

$$\boldsymbol{K}_N = \boldsymbol{\phi}_N^{\mathrm{T}}\boldsymbol{K}\boldsymbol{\phi}_N \tag{4-34}$$

变换后，动力学方程(4-21)成为：

$$\boldsymbol{J}_N\boldsymbol{\theta} + \boldsymbol{K}_N\boldsymbol{\theta} = \boldsymbol{0}$$

系统的振动主频率 $\omega_i^2 = \lambda_i$ 与正则刚度矩阵的关系是

$$-\lambda \boldsymbol{I} + \boldsymbol{K}_N = \boldsymbol{0}$$

$$\lambda_i = K_{Ni}$$

这种变换是在已知主振型的条件下进行的，主要用于求解在已知外力作用时，系统的响应分析。

4.2.4 有外力作用时的振动分析

在有外力作用时，方程(4-20)是非齐次方程。它们的全解应为齐次方程(4-26)的全解与非齐次方程的一组特解之和。求解齐次方程在前面已讨论过，在此主要讨论求特解的方法。

方程(4-20)的特解是与外力的性质密切相关的。系统中作用的激振力可能有三种形式：

① 每一转轮上作用的力是同频率、同相位的简谐力，或者同频率不同相位的力。

② 所有外力为同一周期的周期力，例如多缸往复式发动机引起的干扰力。

③ 外力为任意时间周期函数。

对于第二种情况，我们可以先把外力按傅里叶级数展开成不同频率不同阶的简谐力之和，然后逐阶用求解第一种外力作用的方法来求解。因此求解第一种情况是解第二种情况的基础。对于第三种情况，我们可用振型正交性将力变换成振型函数之叠加来求解。进行这种分解后，就可像求解单自由度系统那样求解各阶振型分量。

在此我们先讨论第一种情况，设各轮上作用有同一圆频率 Ω 和同一相位 α 的简谐力：

$$\boldsymbol{T} = \boldsymbol{T}\sin(\Omega t + \alpha)$$

运用式(4-17)可求出广义力应为

$$\boldsymbol{Q} = \boldsymbol{Q}\sin(\Omega t + \alpha)$$

代入式(4-20)可得

$$\boldsymbol{J}\ddot{\boldsymbol{\theta}} + \boldsymbol{K}\boldsymbol{\theta} = \boldsymbol{Q}\sin(\Omega t + \alpha) \tag{4-35}$$

设方程的特解为

$$\boldsymbol{\theta} = \boldsymbol{B}\sin(\Omega t + \alpha) \tag{4-36}$$

代入式(4-35)可得

$$-\Omega^2 \boldsymbol{J}\boldsymbol{B} + \boldsymbol{K}\boldsymbol{B} = \boldsymbol{Q}$$

$$\boldsymbol{B} = [\boldsymbol{K} - \Omega^2 \boldsymbol{J}]^{-1}\boldsymbol{Q} \tag{4-37}$$

$\boldsymbol{B}$ 中各元素就是各轮以 Ω 圆频率振动的振幅。如果各个外力的相位不同，分别为 α_i，则可设

$$T_i = T_{1i}\sin\Omega t + T_{2i}\cos\Omega t$$

$$T_{1i} = T_i\cos\alpha_i, \quad T_{2i} = T_i\sin\alpha_i$$

利用上述方法分别求出对 T_1 和 T_2 的响应后，再进行叠加。

对于第三种受力情况，设各轮上作用力为

$$\boldsymbol{T}_1 = \boldsymbol{T}(t)$$

广义力 $$Q_1 = Q(t)$$

动力学方程为

$$J\ddot{\theta} + K\theta = Q(t)$$

运用前面讲的正则振型矩阵进行如下变换，令

$$\theta = \phi_N \theta_N \tag{4-38}$$

则 $$\phi_N^T J \phi_N \ddot{\theta}_N + \phi_N^T K \phi_N \theta_N = \phi_N^T Q(t)$$

所以有

$$J_P \ddot{\theta}_N + K_P \theta_N = Q_N(t) \tag{4-39}$$

由于 J_P、K_P 为对角矩阵，式(4-39)中每一个方程有如下形式：

$$J_{Pr}\ddot{\theta}_{Nr} + K_{Pr}\theta_{Nr} = Q_{Nr}(t) \quad r = 1,2,\cdots,n \tag{4-40}$$

它相当于单自由度系统，可用解单自由度系统的方法求解出θ_{Nr}。解出θ_{N1}，θ_{N2}，…，θ_{Nn}各阶振型分量后，再代入式(4-38)，便可求得θ。

以上我们介绍了用振型分析法研究串联传动系统动力学特性。从所建立的动力学方程(4-20)，(4-21)可以看出，矩阵的阶数与系统的自由度数目相等。当系统的自由度很多时，矩阵的阶数将大大增加，从而增加了求解的难度和计算的工作量。

下面介绍另一种方法——传递矩阵法。用这种方法进行振动分析时，只需对一些阶次很低的传递矩阵进行连续的矩阵乘法运算，并且和系统自由度没有直接关系，可以大大节省计算工作量。特别是在只要求计算若干阶低阶的固有频率和相应的特征向量——主振型时(这种情况在工程中是常见的)，用这种方法更加方便。

4.2.5 传递矩阵法在传动系统扭转弹性动力学分析中的应用

设有一传动系统，用4.2.1中介绍的方法得到等效力学模型，如图4-6(a)所示。取出其中第 i 个轴段和第 i 个圆盘来分析(见图4-6(b))。规定轴线正方向向右为正，轴段两端的转角 θ 及扭矩 T 用右手螺旋法则来表示，其正方向如图4-6(b)所示。第 i 个圆盘两侧受力如图(c)所示，圆盘 i 的转角为 θ_i。

对第 i 个圆盘写出动力学方程有

$$J_i\ddot{\theta}_i = T_{i+1} - T_i \tag{4-41}$$

设轴系以圆频率 ω 作简谐扭振，即令

$$\theta_i = A_i \sin(\omega t - \alpha) \tag{4-42}$$

代入式(4-41)得

$$T_{i+1} = T_i - J_i\omega^2\theta_i \tag{4-43}$$

我们用列向量$\begin{bmatrix}\theta\\T\end{bmatrix}_{iL}$和$\begin{bmatrix}\theta\\T\end{bmatrix}_{iR}$来表示第 i 个圆盘左右两边的转角和扭矩，这些向量称为状态向量。由式(4-43)可知，圆盘左右两边的状态向量之间的关系为

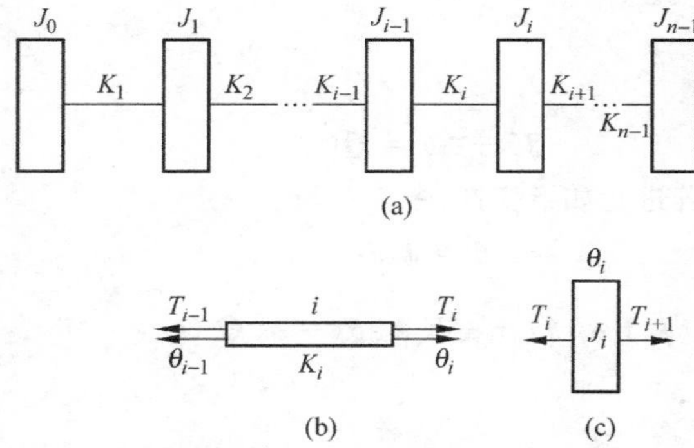

图 4-6　扭转振动等效力学模型

$$\begin{bmatrix}\theta\\T\end{bmatrix}_{iR}=\begin{bmatrix}1 & 0\\-p^2J_i & 1\end{bmatrix}_i\begin{bmatrix}\theta\\T\end{bmatrix}_{iL} \tag{4-44}$$

上式中的方矩阵体现了从第 i 个圆盘左边状态到右边状态的传递关系，因此称为点传递矩阵。

对于轴段 i(见图 4-6(b))来讲，当忽略了轴的惯性后，两端的扭矩应相等，即

$$T_i=T_{i-1}$$

两端转角间的关系为

$$\theta_i-\theta_{i-1}=\frac{T_{i-1}}{K_i}$$

或

$$\theta_i=\theta_{i-1}+\frac{T_{i-1}}{K_i}$$

写成矩阵形式有

$$\begin{bmatrix}\theta\\T\end{bmatrix}_{iL}=\begin{bmatrix}1 & \dfrac{1}{K}\\0 & 1\end{bmatrix}_i\begin{bmatrix}\theta\\T\end{bmatrix}_{i-1,R} \tag{4-45}$$

式中，轴段 i 右边的状态向量与第 i 个圆盘左边的状态向量是相同的，而轴段 i 左边的状态向量与第 $i-1$ 个圆盘右面的状态向量相同。

式(4-45)中的方矩阵体现了从第 i 个轴段的左边到右边的传递关系，称为场传递矩阵。

将式(4-45)代入式(4-44)，可以建立第 i 个圆盘左边的状态向量和第 $i-1$ 个圆盘的右边状态向量间的传递关系。

$$\begin{aligned}\begin{bmatrix}\theta\\T\end{bmatrix}_{iR}&=\begin{bmatrix}1 & 0\\-\omega^2J_i & 1\end{bmatrix}_i\begin{bmatrix}\theta\\T\end{bmatrix}_{iL}=\begin{bmatrix}1 & 0\\-\omega^2J_i & 1\end{bmatrix}_i\begin{bmatrix}1 & \dfrac{1}{K}\\0 & 1\end{bmatrix}_i\begin{bmatrix}\theta\\T\end{bmatrix}_{i-1,R}\\&=\begin{bmatrix}1 & \dfrac{1}{K}\\-\omega^2J_i & 1-\dfrac{\omega^2J_i}{K}\end{bmatrix}_i\begin{bmatrix}\theta\\T\end{bmatrix}_{i-1,R}\end{aligned} \tag{4-46}$$

上式中矩阵表示了第 $i-1$ 个点的右状态向量和第 i 个点右状态向量间的关系，称为第 i

段的传递矩阵。下面我们来介绍如何应用传递矩阵来解决传动系统扭转弹性动力学分析中的问题。

1. 用传递矩阵求解系统的自然频率和主振型

有了传递矩阵后,可以建立轴上从最左端到最右端点的状态向量之间的关系。再根据两端已知的边界条件,就可以求出轴、盘扭振系统的固有频率和主振型。

在图 4-6(a)所示的系统中,从 0 点左边传递到第 n 点右边,状态向量的传递关系为

$$\begin{bmatrix}\theta\\T\end{bmatrix}_{nR}=\begin{bmatrix}1 & \dfrac{1}{K}\\-\omega^2J_n & 1-\dfrac{\omega^2J}{K}\end{bmatrix}_n\begin{bmatrix}1 & \dfrac{1}{K}\\-\omega^2J_{n-1} & 1-\dfrac{\omega^2J_{n-1}}{K}\end{bmatrix}_{n-1}\cdots\begin{bmatrix}1 & \dfrac{1}{K}\\-\omega^2J_1 & 1-\dfrac{\omega^2J_1}{K}\end{bmatrix}_1\begin{bmatrix}1 & \dfrac{1}{K}\\0 & 1\end{bmatrix}_0\begin{bmatrix}\theta\\T\end{bmatrix}_{0L}$$

$$=\boldsymbol{U}_n\begin{bmatrix}\theta\\T\end{bmatrix}_{0L}\tag{4-47}$$

$\boldsymbol{U}_n$ 为从 0 点到第 n 点间$(n+1)$个传递矩阵相乘的结果,它仍是一个 4×4 的矩阵,则式(4-47)可表示为

$$\begin{bmatrix}\theta\\T\end{bmatrix}_{nR}=\begin{bmatrix}U_{11} & U_{12}\\U_{21} & U_{22}\end{bmatrix}_n\begin{bmatrix}\theta\\T\end{bmatrix}_{0L}$$

或写成

$$\begin{cases}\theta_{nR}=U_{11n}\theta_{0L}+U_{12n}T_{0L}\\T_{nR}=U_{21n}\theta_{0L}+U_{22n}T_{0L}\end{cases}\tag{4-48}$$

在图 4-6(a)的系统中,两端 0 和 n 处,在无外力作用时边界条件为 $T_{0L}=0$,$T_{nR}=0$,代入式(4-48)可得

$$\theta_{nR}=U_{11n}\theta_{0L}\tag{4-49a}$$

$$T_{nR}=U_{21n}\theta_{0L}=0\tag{4-49b}$$

式(4-49b)中 $\theta_{0L}\neq0$,否则系统静止不动,没有意义,故有

$$U_{21n}=0\tag{4-50}$$

由于总传递矩阵是由 n 段传递矩阵相乘得到的,而每一段传递矩阵中都含有自振频率 ω 的平方,而 $\omega^2=\lambda$ 为系统的特征值,所以 U_{21} 为含 λ^n 的多项式,式(4-50)是系统的特征方程。求解后可得到 n 个特征值:$\lambda_0,\lambda_1,\cdots,\lambda_j,\cdots,\lambda_n$。求出特征值后,代入式(4-49a)可得 θ_{nR} 与 θ_{0L} 的比值,所有点的 θ_i 与 θ_0 的比值便构成主振型。由于在每一个点 i 上都有一个从 0 传至 i 的传递矩阵 $\boldsymbol{U}_i=\begin{bmatrix}U_{11} & U_{12}\\U_{21} & U_{22}\end{bmatrix}_i$ 使

$$\begin{bmatrix}\theta\\T\end{bmatrix}_{iR}=\begin{bmatrix}U_{11} & U_{12}\\U_{21} & U_{22}\end{bmatrix}_i\begin{bmatrix}\theta\\T\end{bmatrix}_{0L}\tag{4-51}$$

因此将求解出的 λ_j 值代入上式,便可求得对应于 λ_j 的各点的 θ_{ij} 对 θ_0 的比值的列向量,即以 $\sqrt{\lambda_j}=\omega_j$ 为圆频率振动时的主振型。

2. 用传递矩阵求解有分支的传动系统的动力学问题

我们取图 4-2(b)中一部分为例,来说明如何用传递矩阵分析有分支的传动系统。图 4-7为简化的力学模型,运动由轴Ⅰ经点 A 传至轴Ⅲ,经点 B 传至轴Ⅱ。由于Ⅱ、Ⅲ轴

属于细长的轴，刚度低，我们将它们离散成 $n_{\text{Ⅱ}}+1$ 和 $n_{\text{Ⅲ}}+1$ 个集中圆盘和 $n_{\text{Ⅱ}}$、$n_{\text{Ⅲ}}$ 个无质量的弹性轴段。如果将Ⅰ轴选为主传动系统，Ⅰ至Ⅱ的传动系统属于串联系统，可以用4.2.1中所介绍的方法，将Ⅱ轴中的弹性元件和转动惯量等效到Ⅰ轴上去。需要解决的是如何建立Ⅰ轴至Ⅲ轴传动的力学模型。在此可以用传递矩阵法将Ⅲ轴的动力学效应包含在Ⅰ轴 A 点左右状态向量之间的传递矩阵中。解决的方法如下：

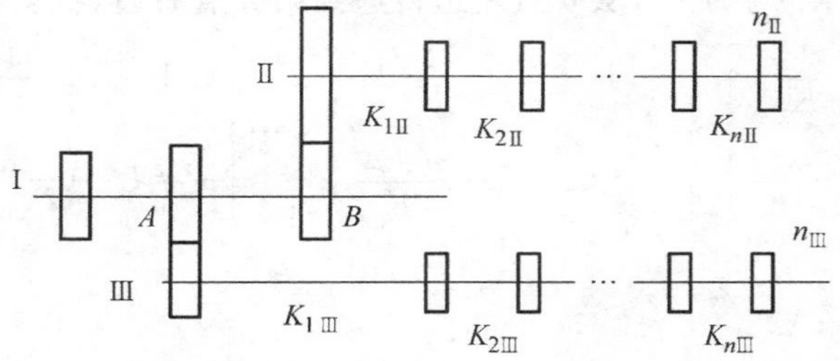

图4-7　有分支的传动系统

设Ⅲ轴与Ⅰ轴间的速度比 $i_{\text{Ⅲ Ⅰ}}=\dfrac{\omega_{\text{Ⅲ}}}{\omega_{\text{Ⅰ}}}$，在不计齿轮传动的弹性情况下，有

$$\theta_{A\text{Ⅰ},L}=\theta_{A\text{Ⅰ},R}=-\frac{\theta_{A\text{Ⅲ},R}}{i_{\text{Ⅲ Ⅰ}}} \tag{4-52a}$$

$$T_{A\text{Ⅰ},R}=i_{\text{Ⅲ Ⅰ}}T_{A\text{Ⅲ},R} \tag{4-52b}$$

式中下标 AⅠ表示Ⅰ轴上的 A 点，AⅢ表示Ⅲ轴上的 A 点，以下同。根据式(4-52)可知，只要建立 $\theta_{A\text{Ⅲ}}$ 和 $T_{A\text{Ⅲ}}$ 在Ⅲ轴内的传递关系，便可将其代入，得到 $\theta_{A\text{Ⅰ}}$ 和 $T_{A\text{Ⅰ}}$ 与Ⅲ轴的关系。在Ⅲ轴中，A 点的状态向量 $\begin{bmatrix}\theta\\T\end{bmatrix}_{A\text{Ⅲ},R}$ 可通过Ⅲ轴的传递矩阵得到。当状态向量由 $A_{\text{Ⅲ}}$ 传至 $A_{n\text{Ⅲ}}$ 时由式(4-47)得

$$\begin{bmatrix}\theta\\T\end{bmatrix}_{n\text{Ⅲ},R}=\boldsymbol{U}_{n\text{Ⅲ}}\begin{bmatrix}\theta\\T\end{bmatrix}_{A\text{Ⅲ},R}$$

$$\begin{bmatrix}\theta\\T\end{bmatrix}_{A\text{Ⅲ},R}=\boldsymbol{U}_{n\text{Ⅲ}}^{-1}\begin{bmatrix}\theta\\T\end{bmatrix}_{n\text{Ⅲ},R}=\boldsymbol{H}\begin{bmatrix}\theta\\T\end{bmatrix}_{n\text{Ⅲ},R}$$

$$=\begin{bmatrix}H_{11} & H_{12}\\H_{21} & H_{22}\end{bmatrix}\begin{bmatrix}\theta\\T\end{bmatrix}_{n\text{Ⅲ},R}$$

式中 $\boldsymbol{H}=\boldsymbol{U}_{n\text{Ⅲ}}^{-1}$。由边界条件可知Ⅲ轴末端力矩 $T_{n\text{Ⅲ},R}=0$，故有

$$\theta_{A\text{Ⅲ},R}=H_{11}\theta_{n\text{Ⅲ},R} \tag{4-53a}$$

$$T_{A\text{Ⅲ},R}=H_{21}\theta_{n\text{Ⅲ},R} \tag{4-53b}$$

将式(4-53a)代入式(4-53b)得

$$T_{A\text{Ⅲ},R}=\frac{H_{21}}{H_{11}}\theta_{A\text{Ⅲ},R}=\frac{H_{21}}{H_{11}}\theta_{A\text{Ⅰ},R}i_{\text{Ⅲ Ⅰ}}$$

代入式(4-52b)得

$$T_{A\text{Ⅰ},R}=i_{\text{Ⅲ Ⅰ}}^{2}\frac{H_{21}}{H_{11}}\theta_{A\text{Ⅰ},R}$$

Ⅰ轴上 A 点的左右状态向量中，$\theta_{A\,\mathrm{I},R}=\theta_{A\,\mathrm{I},L}$，状态向量的传递关系为

$$\begin{bmatrix}\theta\\T\end{bmatrix}_{A\,\mathrm{I},R}=\begin{bmatrix}1 & 0\\ i_{\mathrm{III}\,\mathrm{I}}^2\dfrac{H_{21}}{H_{11}} & 1\end{bmatrix}\begin{bmatrix}\theta\\T\end{bmatrix}_{A\,\mathrm{I},L} \tag{4-54}$$

式(4-54)的矩阵中包含了Ⅲ轴的所有参数。需要指出的是，此处计算的 $T_{A\,\mathrm{I},R}$ 没有计入齿轮转动惯量的影响，如果需要计入，则需要在力矩计算时加上齿轮的惯性力，即

$$\begin{bmatrix}\theta\\T\end{bmatrix}_{A\,\mathrm{I},R}=\begin{bmatrix}1 & 0\\ i_{\mathrm{III}\,\mathrm{I}}^2\dfrac{H_{21}}{H_{11}}-\omega^2 J_{A\,\mathrm{I}} & 1\end{bmatrix}\begin{bmatrix}\theta\\T\end{bmatrix}_{A\,\mathrm{I},L} \tag{4-55}$$

式中 ω 为系统的自振频率。

经过上述变换后，就可以以Ⅰ轴为等效模型，用传递矩阵法求解各种动力学问题。

3. 用传递矩阵降低传动系统的自由度

当传动系统的自由度数目很多时，用前述方法求解系统的自然频率需要解高次代数方程，计算比较复杂。在实际机械系统中，机械运转速度总在某种速度以下，因此没有必要求解所有的自然频率。在这种情况下，可以将等效模型进一步简化，只计算最低的几阶频率和振型。利用传递矩阵可以简化等效模型，达到降低系统自由度的目的。

在前面的分析中，我们已建立了如图 4-6(a)所示的等效模型中的点传递矩阵式(4-44)，场传递矩阵式(4-45)和由($i-1$)点至 i 点状态向量的传递关系矩阵(4-46)。在此我们再进一步把系统分成两种类型的单元，即类型 A 和类型 B，如图 4-8(a)，(b)所示。

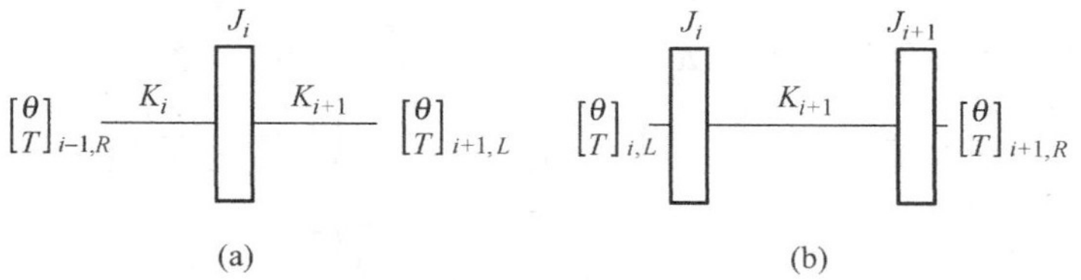

图 4-8 单元类型分类

(a) A 型单元；(b) B 型单元

对 A 型单元，可写出两端状态向量的关系式：

$$\begin{bmatrix}\theta\\T\end{bmatrix}_{i+1,L}=\begin{bmatrix}1 & \dfrac{1}{K_{i+1}}\\0 & 1\end{bmatrix}\begin{bmatrix}\theta\\T\end{bmatrix}_{i,R}=\begin{bmatrix}1 & \dfrac{1}{K_{i+1}}\\0 & 1\end{bmatrix}\begin{bmatrix}1 & \dfrac{1}{K_i}\\-\omega^2 J_i & 1-\dfrac{\omega^2 J_i}{K_i}\end{bmatrix}\begin{bmatrix}\theta\\T\end{bmatrix}_{i-1,R}$$

$$=\begin{bmatrix}1-\dfrac{\omega^2 J_i}{K_{i+1}} & \dfrac{1}{K_i}+\dfrac{1}{K_{i+1}}\left(1-\dfrac{\omega^2 J_i}{K_i}\right)\\-\omega^2 J_i & 1-\dfrac{\omega^2 J_i}{K_i}\end{bmatrix}\begin{bmatrix}\theta\\T\end{bmatrix}_{i-1,R}=\boldsymbol{A}\begin{bmatrix}\theta\\T\end{bmatrix}_{i-1,R} \tag{4-56}$$

对 B 型单元有

$$\begin{bmatrix}\theta\\T\end{bmatrix}_{i+1,R}=\begin{bmatrix}1 & \dfrac{1}{K_{i+1}}\\ -\omega^2 J_i & 1-\dfrac{\omega^2 J_{i+1}}{K_{i+1}}\end{bmatrix}\begin{bmatrix}1 & 0\\ -\omega^2 J_i & 1\end{bmatrix}\begin{bmatrix}\theta\\T\end{bmatrix}_{i,L}$$

$$=\begin{bmatrix}1-\dfrac{\omega^2 J_i}{K_{i+1}} & \dfrac{1}{K_{i+1}}\\ -\omega^2 J_{i+1}-\omega^2 J_i\left(1-\dfrac{\omega^2 J_{i+1}}{K_{i+1}}\right) & 1-\dfrac{\omega^2 J_{i+1}}{K_{i+1}}\end{bmatrix}\begin{bmatrix}\theta\\T\end{bmatrix}_{i,L}=\boldsymbol{B}\begin{bmatrix}\theta\\T\end{bmatrix}_{i,L}\tag{4-57}$$

比较 A、B 两种单元，如果在式(4-56)，(4-57)中 $\boldsymbol{A}$、$\boldsymbol{B}$ 矩阵的各对应元素相等或近似相等，则可以互相转换。在将 A 型转换成 B 型时，设转换后的 B 型单元的参数为 J'_i，J'_{i+1} 和 K'_{i+1}，见图 4-9，令 $\boldsymbol{A}$、$\boldsymbol{B}$ 矩阵中第 1 行第 1 列即(1,1)元素相等可得

$$\frac{J_i}{K_{i+1}}=\frac{J'_i}{K'_{i+1}}\tag{a}$$

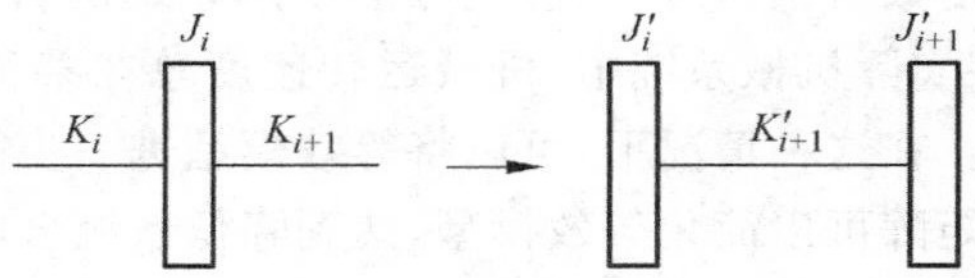

图 4-9　A 型转换成 B 型

令(2,2)元素相等可得

$$\frac{J_i}{K_i}=\frac{J'_{i+1}}{K'_{i+1}}\tag{b}$$

下面比较(1,2)元素，$\boldsymbol{A}$ 矩阵中的该元素为

$$\frac{1}{K_i}+\frac{1}{K_{i+1}}\left(1-\frac{\omega^2 J_i}{K_i}\right)=\left(\frac{1}{K_i}+\frac{1}{K_{i+1}}\right)\left(1-\frac{\omega^2 J_i}{K_i+K_{i+1}}\right)$$
$$=\left(\frac{1}{K_i}+\frac{1}{K_{i+1}}\right)\left(1-\frac{\omega^2}{n_a^2}\right)$$

式中 $n_a^2=\dfrac{K_i+K_{i+1}}{J_i}$。如果在某一 A 型单元中 $n_a\gg\omega$(这种情况在计算低阶频率时是常见的)，则 $\boldsymbol{A}$ 中的(1,2)元素近似等于 $\dfrac{1}{K_i}+\dfrac{1}{K_{i+1}}$，因此在转换后的 B 型单元中有

$$\frac{1}{K'_{i+1}}=\frac{1}{K_i}+\frac{1}{K_{i+1}}\tag{c}$$

由(a)、(b)、(c)三式可得转换后的 B 型单元的参数为

$$\begin{cases}K'_{i+1}=\dfrac{K_iK_{i+1}}{K_i+K_{i+1}}\\ J'_i=\dfrac{J_iK_i}{K_i+K_{i+1}}\\ J'_{i+1}=\dfrac{J_iK_{i+1}}{K_i+K_{i+1}}\end{cases}\tag{4-58}$$

转换条件为 $n_a^2=\dfrac{K_i+K_{i-1}}{J_i}\gg\omega^2$。式(4-58)是由 $\boldsymbol{A}$、$\boldsymbol{B}$ 矩阵中(1,1)，(2,2)和(1,2)三个元

素分别相等或近似相等得出的将 A 型单元转换成 B 型单元的计算式。可以证明此时两矩阵中的(2,1)元素也近似相等,因为转换后 **B** 矩阵中的(2,1)元素为

$$-\omega^2 J'_{i+1}-\omega^2 J'_i\left(1-\frac{\omega^2 J'_{i+1}}{K'_{i+1}}\right)$$

$$=-\omega^2(J'_{i+1}+J'_i)\left[1-\frac{\omega^2}{K'_{i+1}\left(\frac{1}{J'_i}+\frac{1}{J'_{i+1}}\right)}\right]$$

$$=-\omega^2(J'_{i+1}+J'_i)\left(1-\frac{\omega^2}{n_b^2}\right)=-\omega^2 J_i$$

因为式中 $n_b=K'_{i+1}\left(\frac{1}{J'_i}+\frac{1}{J'_{i+1}}\right)$,将式(4-58)代入可得

$$n_b=\frac{K_iK_{i+1}}{K_i+K_{i+1}}\left(\frac{K_i+K_{i+1}}{J_iK_i}+\frac{K_i+K_{i+1}}{J_iK_{i+1}}\right)=\frac{K_i+K_{i+1}}{J_i}=n_a$$

前面已讨论过,当 $n_a=n_b\gg\omega$ 时,在计算低阶自然频率时可忽略$\frac{\omega^2}{n_a^2}$,所以转换后 **A**、**B** 矩阵中各元素均近似相等。

将 A 型单元转换成 B 型后,可以把原 A 型中圆盘的转动惯量分解到相邻的两个圆盘上,从而减少了一个自由度。反过来,如果将 B 型单元转换成 A 型,则是把两个相邻圆盘的转动惯量合成为一个,也同样减少了系统的自由度。在把 B 型单元转换成 A 型时,只需将式(4-58)中已知量和未知量调换,便可求得转换后的 A 型单元的参数 K'_i,J'_i和K'_{i+1}(见图 4-10)为

$$\begin{cases}J'_i=J_i+J_{i+1}\\ K'_i=\dfrac{J_i+J_{i+1}}{J_{i+1}}K_{i+1}\\ K'_{i+1}=\dfrac{J_i+J_{i+1}}{J_i}K_{i+1}\end{cases}\tag{4-59}$$

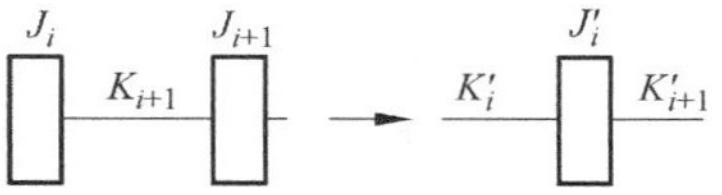

图 4-10 B 型转换成 A 型

转换条件为

$$n_c^2=K_{i+1}\left(\frac{1}{J_i}+\frac{1}{J_{i+1}}\right)$$

下面举一例题来说明应用传递矩阵简化多自由度系统的过程。

例 4-2 一铣床传动系统的等效力学模型如图 4-11(a)所示。图中圆盘上面的数字表示转动惯量,单位 kg · m^2,圆盘之间轴上的数字为等效柔度系数,它等于等效刚度系数的倒数,即$\frac{1}{K_i}$,单位(N · m)$^{-1}$。为了便于书写,图中的数值应乘以 10^{-6} 为真正的柔度值。试将模型进行简化,用来计算低阶自然频率。

首先,如果把所有的 B 型单元转换成 A 型,计算它们的$\frac{1}{n_a^2}$的数值,所得结果列在图 4-11(a)下面第 2 行,然后计算把 A 型转换成 B 型时的$\frac{1}{n_c^2}$(图中 n_a 和 n_c 均用 n 表示),计算结果列在图 4-11(a)下面第 4 行,然后从中选取数值小的单元(在图中用“ * ”标出)进行第一次转换。在第一次转换中,把 J_2 分解到 J_1 和 J_3,J_4 分解到 J_3 和 J_5,J_6 和 J_7

合并为一个圆盘。第一次转换后的简化模型如图 4-11(b)所示。用同样方法进行第 2 次转换得到图 4-11(c)，第 3 次转换得到图 4-11(d)，直到最后得到图 4-11(e)。

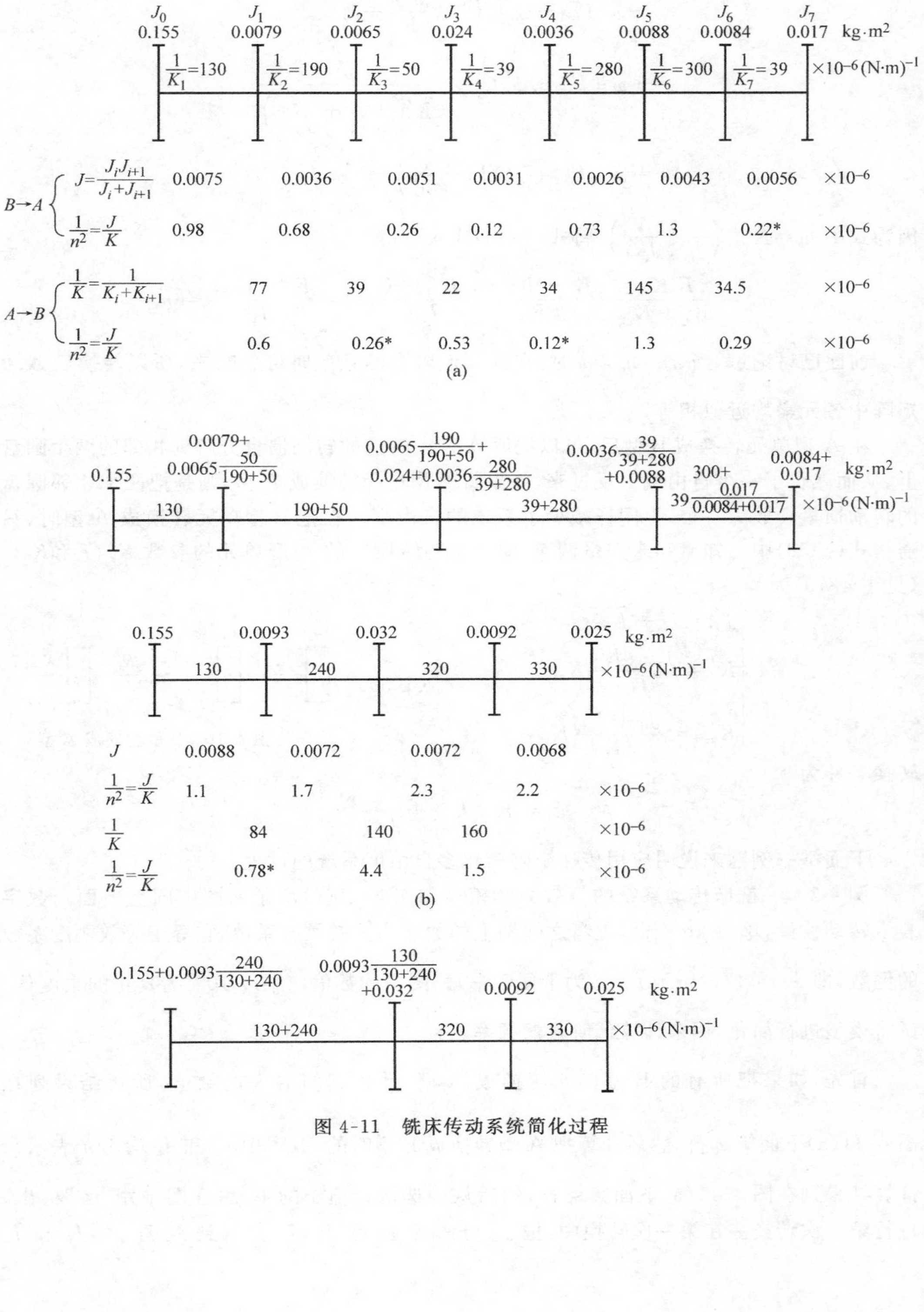

图 4-11　铣床传动系统简化过程

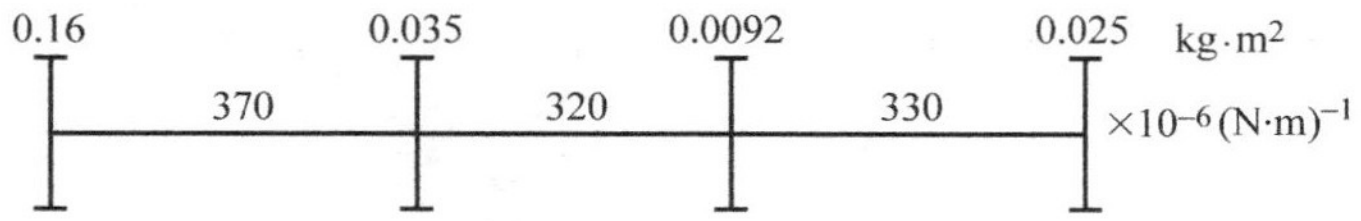

J	0.029		0.0073		0.0068	
$\frac{1}{n^2}=\frac{J}{K}$	11		2.3		2.2	$\times10^{-6}$
$\frac{1}{K}$		170		160		$\times10^{-6}$
$\frac{1}{n^2}=\frac{J}{K}$		6.0		1.5*		$\times10^{-6}$

(c)

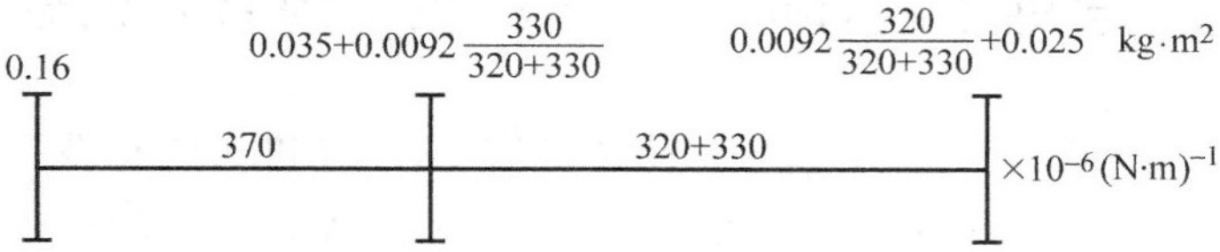

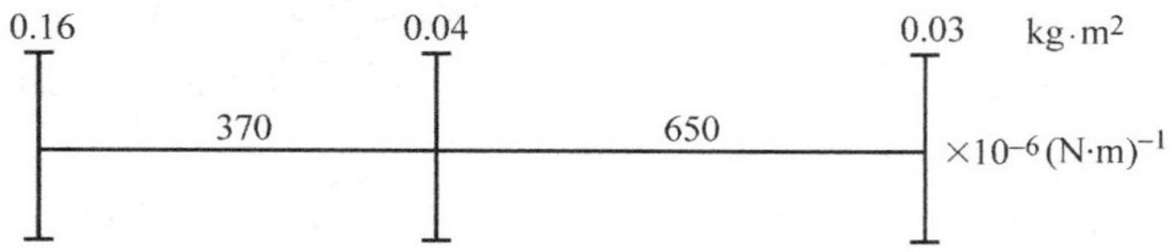

J	0.032		0.017	
$\frac{1}{n^2}$	12		11	$\times10^{-6}$
$\frac{1}{K}$		23		$\times10^{-6}$
$\frac{1}{n^2}$		9.2*		$\times10^{-6}$

(d)

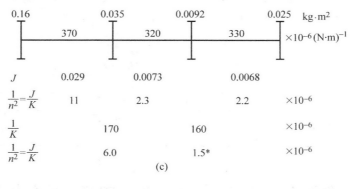

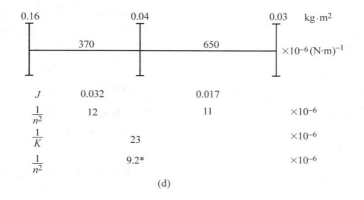

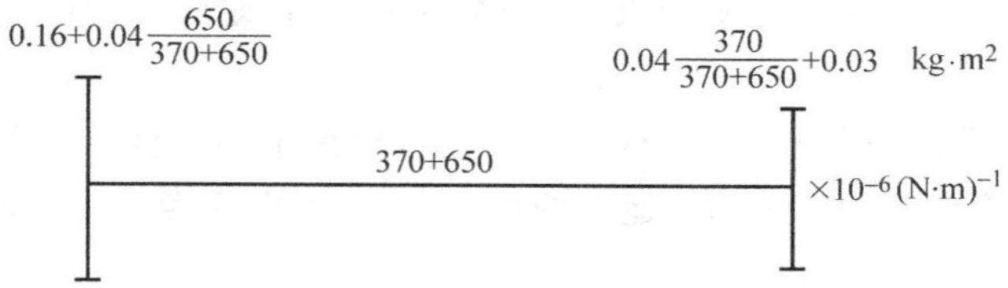

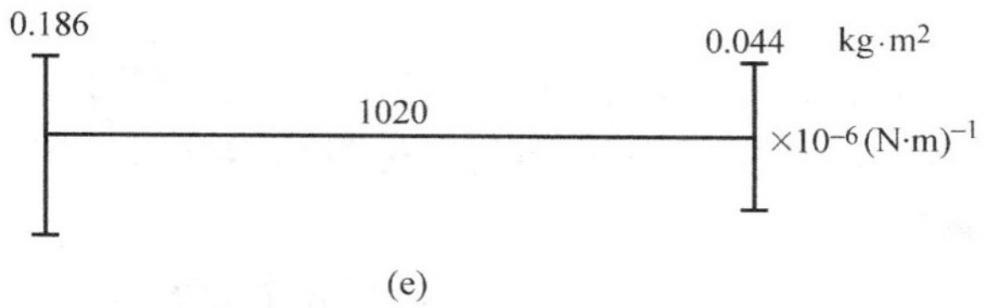

(e)

图 4-11(续)

各次简化后的自然频率计算结果列在下表中。结果表明，前 3 次简化后所得结果很接近，这说明简化后的模型可以用来计算低阶频率。

自由度数	自然频率		
	第一阶	第二阶	第三阶
8	30.4	61	133
4	30.8	61	135
3	30.4	59	
2	26.5		

4.3　含弹性构件的平面连杆机构的有限元分析法

与仅由绕固定轴转动构件组成的传动系统相比，连杆机构含有做平面一般运动的构件，所以运动分析和动力学分析都比较复杂。在分析含弹性构件的连杆机构动力学问题时，可以将弹性构件简化成离散的集中质量模型，或者建立把弹性构件分成若干个连续体的有限元模型。近代有限元方法已发展为比较成熟的方法，并有相应的软件系统，从而得到广泛应用。本节将以典型的四杆机构为例来介绍如何用有限元法来解决含弹性构件的机构的动力学问题。

有限元法早已成功用于结构力学的分析中，但是“机构”与“结构”有重要区别。“结构”的构形是固定不变的，而机构是运动的，它的构形是随时间变化的，由此产生的构件运动的惯性力会直接影响到机构的动力学性能，所以在应用有限元法时需要进行如下处理：

(1) 在对刚性机构进行运动分析的基础上，将机构瞬时固定在一系列位置上，从而形成一系列的“瞬时结构”。

(2) 将刚性机构运动产生的惯性力，作为外力施加在每一个“瞬时结构”上，然后对“瞬时结构”进行弹性动力学分析，得出各构件的弹性运动。

(3) 将刚性机构的运动与弹性运动分析结果相叠加，便得到考虑构件弹性的机构的运动。

这种分析方法是基于与刚性运动相比，弹性运动很小的条件。这种方法叫做运动弹性动力学分析，因为它既考虑了刚性运动的惯性力，又考虑弹性运动的惯性力对机械系统的影响。

下面以图 4-12 所示的四杆机构为例，介绍如何对连杆机构进行运动弹性动力学分析。

在某瞬间(如曲柄转角为 φ 时)，把曲柄看成瞬时固定，便形成一个“瞬时结构”，它由三根铰接杆及机架组成，其上受有外力和作为刚体机构运动时所产生的惯性力等。在这些力作用下，各杆件将发生弹性变形。

该结构可看成由一些单元(元件)组成。用来划分单元的点，也就是单元的端点称为节点。一切单元都是通过其端点的节点来维持相互关系的。通常取一个杆件，或根据结构形状，将需要分隔的杆件中的一部分作为一个单元。如图 4-12 的四杆机构，可取 OA、

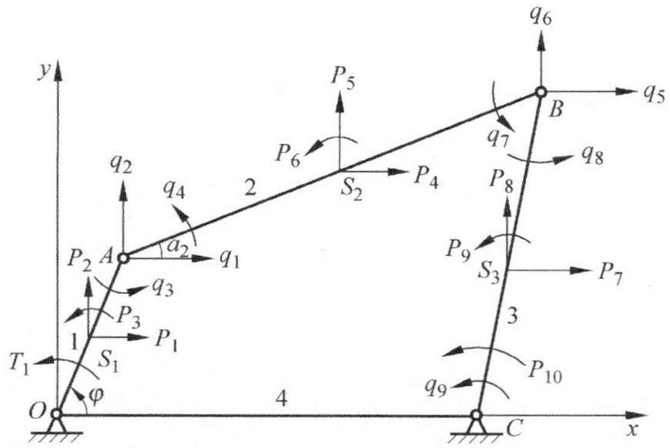

图 4-12 弹性四杆机构系统坐标及单元划分

AB、BC 作为单元，节点为 A、B、C、D 四个。对于图 4-13 所示的机构，则除了 OA、AB、BC 外，可把连杆的一部分 AS 分成为一个单元。

单元的端点受有节点载荷。平面机构中节点处一般有两个方向的节点位移和杆端转角(见图 4-14)。以后为方便起见，把移动和杆端转角统称为节点位移或节点变形。

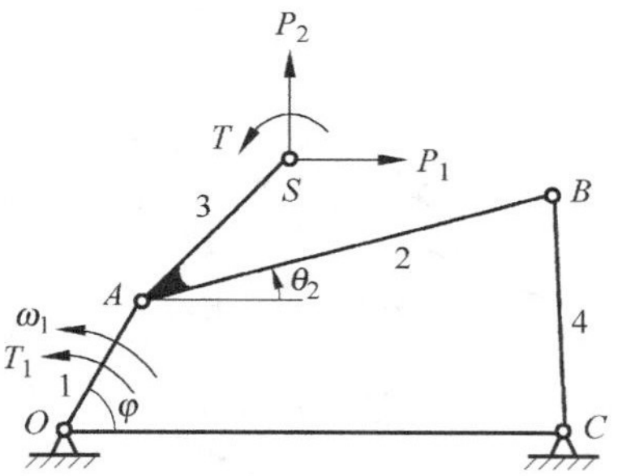

图 4-13 四杆机构单元划分

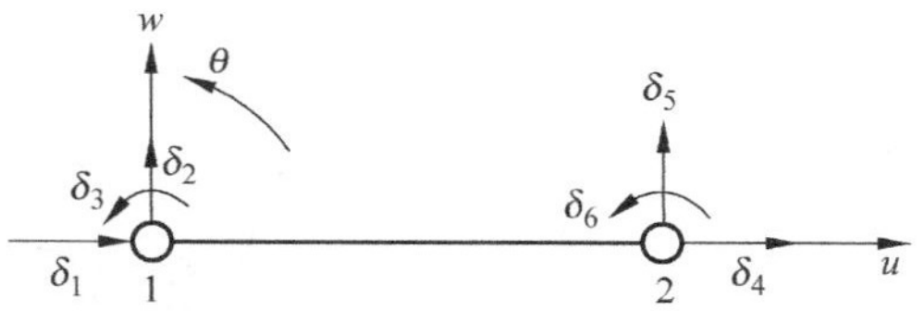

图 4-14 单元坐标

节点变形可以反映出构件的弹性运动情况，所以以下主要研究节点变形。

4.3.1 单元坐标和系统坐标

为研究方便起见，先看一典型的单元(见图 4-14)，其两端节点分别为 1、2。在此需要建立两种坐标系：单元坐标系和系统坐标系。固定在单元上的坐标系 u、w 和转角 θ，称为单元坐标系，规定取 1-2 方向为 u 的正方向，把 u 按反时针方向转过 90°的方向为 w 的正方向，转角 θ 取反时针方向为正。利用单元坐标来分析单元节点变形和节点力之间的关系比较方便。但由于各单元位置不同，各单元坐标不统一，不便于研究整体结构，所以需要采用统一的系统坐标系，即图 4-12 中的固定坐标系：x、y 及转角 φ。用向量 $\boldsymbol{\delta}$、$\boldsymbol{q}$ 分别表示单元坐标和系统坐标：

$$\boldsymbol{\delta}=\begin{bmatrix}u\\w\\\theta\end{bmatrix}\tag{4-60}$$

或

$$\boldsymbol{\delta}=[u,\omega,\theta]^{\mathrm{T}}$$

$$\boldsymbol{q}=\begin{bmatrix}x\\y\\\varphi\end{bmatrix}\tag{4-61}$$

或

$$\boldsymbol{q}=[x\quad y\quad \varphi]^{\mathrm{T}}$$

对于图 4-12 所示的四杆机构，在系统坐标中可以采用 $q_1\sim q_9$ 共 9 个变量。q_1，q_2 为点 A 在 x，y 方向的弹性位移，q_3 为曲柄销 A 处的转角变形，q_4 和 q_7 为连杆在点 A、B 的转角变形，q_5、q_6 为 B 点的弹性位移，q_8、q_9 为摇杆在点 B、C 处的转角变形。需要说明的是，上述各转角变形均为 xy 平面内的转角变形。因为我们去掉了机构的刚性自由度，即认为曲柄轴固定不动，曲柄在点 O 处的转角变形为零，当然该点在 x、y 方向的变形也为零，所以可以把曲柄看成是有固定端的悬臂梁结构。因此图 4-12 所示的四杆机构，在去掉刚性机构自由度以后可用 9 个弹性自由度来表示其节点特性。在机构各单元的单元坐标中，因为单元Ⅰ、Ⅱ、Ⅲ分别有 3、6 和 4 个单元坐标，所以机构共有 13 个单元坐标（见图 4-15）。各单元坐标系中 u 方向和系统坐标系中 x 方向的夹角用 α_i 表示，各单元的端点用 1、2 表示。

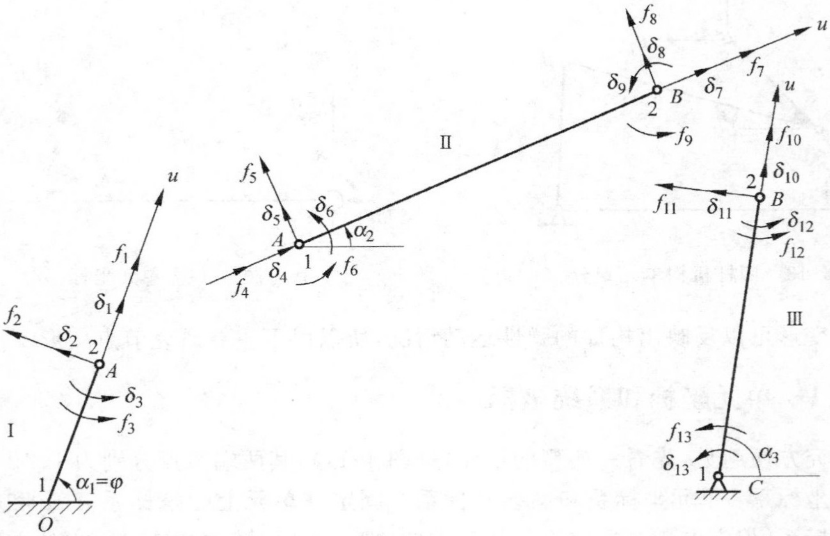

图 4-15　弹性四杆机构单元坐标

显然单元坐标和系统坐标间存在着相互转换关系图（见图 4-16）。

设轴 u 和轴 x 的夹角为 α，则任一点 M 在两个坐标系中的坐标分别为 x、y 和 u、w。由图 4-16 不难从几何关系得

$$\begin{cases} x = u\cos\alpha - w\sin\alpha \\ y = u\sin\alpha + w\cos\alpha \\ \varphi = \theta \end{cases} \tag{4-62}$$

反之得

$$\begin{cases} u = x\cos\alpha + y\sin\alpha \\ w = - x\sin\alpha + y\cos\alpha \\ \theta = \varphi \end{cases} \tag{4-63}$$

写成矩阵形式为

$$\begin{bmatrix} u \\ w \\ \theta \end{bmatrix} = \begin{bmatrix} \cos\alpha & \sin\alpha & 0 \\ -\sin\alpha & \cos\alpha & 0 \\ 0 & 0 & 1 \end{bmatrix} \begin{bmatrix} x \\ y \\ \varphi \end{bmatrix} \tag{4-64}$$

或写成

$$\boldsymbol{\delta} = \boldsymbol{Tq} \tag{4-65}$$

其中

$$\boldsymbol{T} = \begin{bmatrix} \cos\alpha & \sin\alpha & 0 \\ -\sin\alpha & \cos\alpha & 0 \\ 0 & 0 & 1 \end{bmatrix}$$

由式(4-64)可得

$$\begin{bmatrix} x \\ y \\ \varphi \end{bmatrix} = \begin{bmatrix} \cos\alpha & -\sin\alpha & 0 \\ \sin\alpha & \cos\alpha & 0 \\ 0 & 0 & 1 \end{bmatrix} \begin{bmatrix} u \\ w \\ \theta \end{bmatrix} \tag{4-66}$$

或写成

$$\boldsymbol{q} = \boldsymbol{T}^{\mathrm{T}}\boldsymbol{\delta} \tag{4-67}$$

显然矩阵 $\boldsymbol{T}$ 是一正交矩阵，$\boldsymbol{T}^{\mathrm{T}}\boldsymbol{T}=\boldsymbol{I}$，$\boldsymbol{I}$ 为单位矩阵。

所有节点的系统坐标，可写成一个向量 $\boldsymbol{q}$：

$$\boldsymbol{q} = \begin{bmatrix} q_1 \\ q_2 \\ \vdots \\ q_9 \end{bmatrix}$$

所有单元坐标也可统一写成向量：

$$\boldsymbol{\delta} = \begin{bmatrix} \delta_1 \\ \delta_2 \\ \vdots \\ \delta_{13} \end{bmatrix}$$

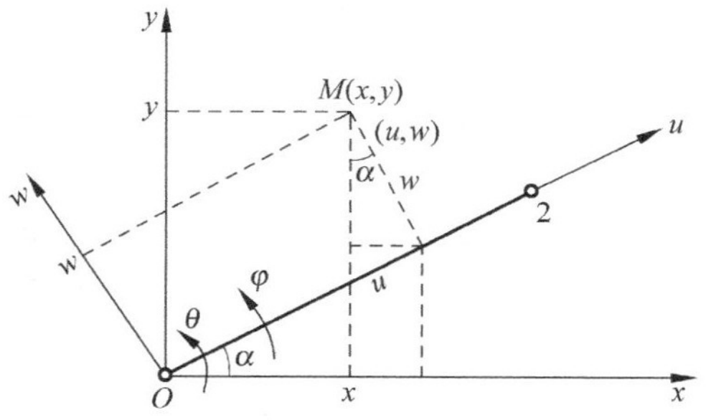

图 4-16　单元坐标与系统坐标关系图

通过式(4-64)，可得到 $\boldsymbol{q}$ 和 $\boldsymbol{\delta}$ 之间的关系式：

$$\boldsymbol{\delta} = \boldsymbol{Bq} \tag{4-68}$$

其中 $\boldsymbol{\delta}$ 为 13×1 向量，$\boldsymbol{q}$ 为 9×1 向量。$\boldsymbol{B}$ 为 13×9 矩阵，称为坐标转换矩阵，其中各元素是由各单元杆件的方向决定的，下面来说明 $\boldsymbol{B}$ 矩阵的求法。对单元Ⅰ应用式(4-64)有

$$\begin{bmatrix}\delta_1\\\delta_2\\\delta_3\end{bmatrix}=\begin{bmatrix}\cos\alpha_1 & \sin\alpha_1 & 0\\-\sin\alpha_1 & \cos\alpha_1 & 0\\0 & 0 & 1\end{bmatrix}\begin{bmatrix}q_1\\q_2\\q_3\end{bmatrix}\tag{a}$$

对单元Ⅱ有

$$\begin{bmatrix}\delta_4\\\delta_5\\\delta_6\\\delta_7\\\delta_8\\\delta_9\end{bmatrix}=\begin{bmatrix}\cos\alpha_2 & \sin\alpha_2 & 0 & 0 & 0 & 0\\-\sin\alpha_2 & \cos\alpha_2 & 0 & 0 & 0 & 0\\0 & 0 & 1 & 0 & 0 & 0\\0 & 0 & 0 & \cos\alpha_2 & \sin\alpha_2 & 0\\0 & 0 & 0 & -\sin\alpha_2 & \cos\alpha_2 & 0\\0 & 0 & 0 & 0 & 0 & 1\end{bmatrix}\begin{bmatrix}q_1\\q_2\\q_4\\q_5\\q_6\\q_7\end{bmatrix}\tag{b}$$

对单元Ⅲ有

$$\begin{bmatrix}\delta_{10}\\\delta_{11}\\\delta_{12}\\\delta_{13}\end{bmatrix}=\begin{bmatrix}\cos\alpha_3 & \sin\alpha_3 & 0 & 0\\-\sin\alpha_3 & \cos\alpha_3 & 0 & 0\\0 & 0 & 1 & 0\\0 & 0 & 0 & 1\end{bmatrix}\begin{bmatrix}q_5\\q_6\\q_8\\q_9\end{bmatrix}\tag{c}$$

把式(a)、(b)、(c)组合起来即得式(4-69)，式中 13×9 的矩阵即式(4-68)中的坐标转换矩阵 $\boldsymbol{B}$ 由下式确定：

$$\begin{bmatrix}\delta_1\\\delta_2\\\delta_3\\\delta_4\\\delta_5\\\delta_6\\\delta_7\\\delta_8\\\delta_9\\\delta_{10}\\\delta_{11}\\\delta_{12}\\\delta_{13}\end{bmatrix}=\begin{bmatrix}\cos\alpha_1 & \sin\alpha_1 & 0 & 0 & 0 & 0 & 0 & 0 & 0\\-\sin\alpha_1 & \cos\alpha_1 & 0 & 0 & 0 & 0 & 0 & 0 & 0\\0 & 0 & 1 & 0 & 0 & 0 & 0 & 0 & 0\\\cos\alpha_2 & \sin\alpha_2 & 0 & 0 & 0 & 0 & 0 & 0 & 0\\-\sin\alpha_2 & \cos\alpha_2 & 0 & 0 & 0 & 0 & 0 & 0 & 0\\0 & 0 & 0 & 1 & 0 & 0 & 0 & 0 & 0\\0 & 0 & 0 & 0 & \cos\alpha_2 & \sin\alpha_2 & 0 & 0 & 0\\0 & 0 & 0 & 0 & -\sin\alpha_2 & \cos\alpha_2 & 0 & 0 & 0\\0 & 0 & 0 & 0 & 0 & 0 & 1 & 0 & 0\\0 & 0 & 0 & 0 & \cos\alpha_3 & \sin\alpha_3 & 0 & 0 & 0\\0 & 0 & 0 & 0 & -\sin\alpha_3 & \cos\alpha_3 & 0 & 0 & 0\\0 & 0 & 0 & 0 & 0 & 0 & 0 & 1 & 0\\0 & 0 & 0 & 0 & 0 & 0 & 0 & 0 & 1\end{bmatrix}\begin{bmatrix}q_1\\q_2\\q_3\\q_4\\q_5\\q_6\\q_7\\q_8\\q_9\end{bmatrix}\tag{4-69}$$

4.3.2　系统力和单元力

将机构设定为一个“瞬时结构”后，作用于其上的力有：该瞬时作用于机构上的外力和该瞬时机构刚性运动产生的惯性力。这些力在系统坐标中称为“系统力”。它们在系统坐标方向的分量用 P_i 表示。如图 4-17(a)中 P_1、P_2 表示曲柄 1 的惯性力在 x、y 方向的分量，作用于质心 S_1；P_3 表示作用在曲柄 1 上的惯性力矩(当曲柄作等速转动时，它等于

0)；同样，P_4、P_5、P_6 分别为连杆 2 的惯性力在 x、y 方向的分量及惯性力矩；P_7、P_8、P_9 分别为摇杆 3 的惯性力在 x、y 方向的分量及惯性力矩；P_{10} 为作用于摇杆上的阻力矩。为方便起见，力及力矩都按坐标的正方向标注，它们可为正或负。除此以外，还有作用于曲柄轴上的主动力矩 T_1。

需要说明的是，在这里把惯性力看成为作用于质心的集中力和一个惯性力矩，如果把它作为分布力来考虑，则计算方法类同，不过更为复杂些。另外，为书写方便起见，力矩也用字母 P 表示。

设作用在机构上的系统力有 s 个，写成向量形式为

$$\boldsymbol{P} = [P_1 \quad P_2 \quad \cdots \quad P_s]^{\mathrm{T}} \tag{4-70}$$

在单元坐标中表示单元受力情况时（见图 4-17(b)），单元间相互作用力沿单元坐标方向的分量 $f_1, f_2, \cdots, f_{13}$ 称为节点单元力，或简称为节点力。这些力作用于节点，且对应于单元变形 $\delta_1, \delta_2, \cdots, \delta_{13}$，如图 4-15 所示，作用在点 A 的节点单元力 f_1 对应于单元变形 δ_1，f_2 对应于单元变形 δ_2…。节点单元力的正方向和单元坐标的正方向一致。如把它们用向量表示，则有

$$\boldsymbol{f} = [f_1 \quad f_2 \quad \cdots \quad f_{13}]^{\mathrm{T}} \tag{4-71}$$

对于铰销连接，在忽略其中摩擦的情况下，铰销将不传递力矩，所以在图 4-15 中表示力矩的节点单元力 f_3、f_6、f_9、f_{12}、f_{13} 将为 0(在图 4-17 中未画出)。

在单元上除了单元之间的作用力——节点单元力外，还有外力和惯性力作用。它们在单元坐标系中表示为 P_{uj}，P_{wj} 和 $P_{\theta j}$（见图 4-17(b)）。实际上 P_{uj}、P_{wj}、$P_{\theta j}$ 是作用在单元上相应的外力在单元坐标上的分量，称为非节点单元力，或简称非节点力。

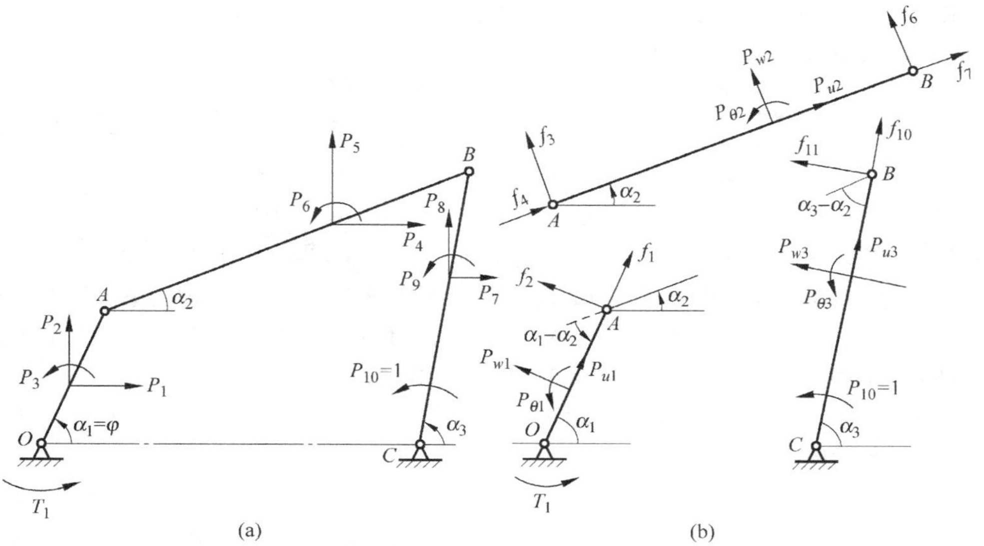

图 4-17 系统力与单元力

(a) 系统力；(b) 节点力与非节点力

图 4-17(b)中标出了节点力和非节点力，其中 P_{u1}、P_{w1}、$P_{\theta1}$ 分别为系统力 P_1、P_2、P_3 在杆件 1 的单元坐标系中沿单元坐标方向的分量，P_{u2}、P_{w2}、$P_{\theta2}$ 为力 P_4、P_5、P_6 在杆件 2 的单元坐标系中沿单元坐标方向的分量……显然非节点力和相应的系统力有如下关系：

$$\begin{bmatrix} P_{u1} \\ P_{w1} \\ P_{\theta1} \end{bmatrix} = \begin{bmatrix} \cos\alpha_1 & \sin\alpha_1 & 0 \\ -\sin\alpha_1 & \cos\alpha_1 & 0 \\ 0 & 0 & 1 \end{bmatrix} \begin{bmatrix} P_1 \\ P_2 \\ P_3 \end{bmatrix} \tag{4-72}$$

即

$$\begin{bmatrix} P_{u1} \\ P_{w1} \\ P_{\theta1} \end{bmatrix} = \boldsymbol{T} \begin{bmatrix} P_1 \\ P_2 \\ P_3 \end{bmatrix} \tag{4-73}$$

或

$$\begin{bmatrix} P_1 \\ P_2 \\ P_3 \end{bmatrix} = \boldsymbol{T}^{\mathrm{T}} \begin{bmatrix} P_{u1} \\ P_{w1} \\ P_{\theta1} \end{bmatrix}$$

对其他各非节点力 P_{u2}、P_{w2}、$P_{\theta2}$，均可类似地写出这种关系式。

4.3.3　单元位移函数

在应用拉格朗日方程式写出运动方程时需要计算动能和势能即应变能。要计算这些量，不仅要知道节点的变形，还要知道单元内部各点的变形，所以要列出单元内任一点变形和节点变形的关系。

设杆单元的节点变形为 $\delta_1, \delta_2, \cdots, \delta_6$(见图 4-18)，其上任一点 Q(距节点 1 的距离为 x)的变形为 u, w，写成矩阵形式为

$$\boldsymbol{e} = \begin{bmatrix} u \\ w \end{bmatrix} \tag{4-74}$$

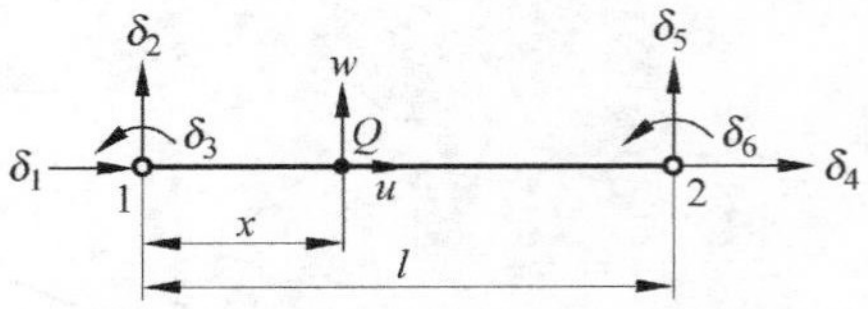

图 4-18　单元位移函数

u, w 分别为点 Q 沿杆方向和垂直于杆方向的变形。显然，它们是 x 的函数。除了与点 Q 在杆上的位置(用参数 x 表示)有关外，u 和 w 还与节点变形有关，为了建立点 Q 的变形 u、w 和节点变形 $\delta_1, \delta_2, \cdots, \delta_6$ 的关系，可以先选择 $u=u(\delta_1, \delta_2, \cdots, \delta_6, x)$ 和 $w=w(\delta_1, \delta_2, \cdots, \delta_6, x)$ 为某种具有未知系数的函数，然后根据节点条件来求这些未知系数，最简单的函数是多项式函数。

由于节点纵向变形有 δ_1、δ_4 两个边界条件，所以可以选用包含两个未知系数的一次多项式来表示函数 u：

$$u = c_1 + c_2 x \tag{4-75}$$

对于横向变形，有两节点的横向变形 δ_2、δ_5 和转角变形 $\delta_3 = \left(\dfrac{\mathrm{d}w}{\mathrm{d}x}\right)_0$ 和 $\delta_6 = \left(\dfrac{\mathrm{d}w}{\mathrm{d}x}\right)_l$ 四个边界条件(式中下标 $0, l$ 代表坐标值 x)，所以可选用包含四个未知系数的三次多项式来表示函数 w：

$$w = c_3 + c_4 x + c_5 x^2 + c_6 x^3 \tag{4-76}$$

用边界条件可以求出 $c_1, c_2, \cdots, c_6$ 这 6 个待定系数。这些边界条件是：

$$当\ x = 0\ 时, u = \delta_1, 所以\ \delta_1 = c_1$$

$$当\ x = l\ 时, u = \delta_4, 所以\ \delta_4 = \delta_1 + c_2 l$$

$$c_2 = \frac{\delta_4 - \delta_1}{l}$$

代入式(4-75)得

$$u = \delta_1 + \frac{\delta_4 - \delta_1}{l} x \tag{4-77}$$

或

$$u = \left(1 - \frac{x}{l}\right)\delta_1 + \frac{x}{l}\delta_4$$

当 $x=0$ 时，$w=\delta_2$，$\left(\frac{\mathrm{d}w}{\mathrm{d}x}\right)_0=\delta_3$，由此得

$$\delta_2 = c_3$$

而

$$\frac{\mathrm{d}w}{\mathrm{d}x} = c_4 + 2c_5 x + 3c_6 x^2 \tag{4-78}$$

故有

$$\delta_3 = c_4$$

将 c_3、c_4 代入式(4-76)，当 $x=l$ 时，有

$$w = \delta_5 = \delta_2 + \delta_3 l + c_5 l^2 + c_6 l^3$$

而

$$\left(\frac{\mathrm{d}w}{\mathrm{d}x}\right)_l = \delta_6 = \delta_3 + 2c_5 l + 3c_6 l^2$$

将以上两式联立解得

$$c_5 = \frac{1}{l^2}(3\delta_5 - 3\delta_2 - \delta_6 l - 2\delta_3 l)$$

$$c_6 = \frac{1}{l^3}(\delta_6 l + \delta_3 l - 2\delta_5 + 2\delta_2)$$

把这些系数代入式(4-76)得

$$w = \left(1 - \frac{3x^2}{l^2} + \frac{2x^3}{l^3}\right)\delta_2 + \left(x - \frac{2x^2}{l} + \frac{x^3}{l^2}\right)\delta_3 + \left(\frac{3x^2}{l^2} - \frac{2x^3}{l^3}\right)\delta_5 + \left(-\frac{x^2}{l} + \frac{x^3}{l^2}\right)\delta_6 \tag{4-79}$$

把式(4-77)、(4-79)写成矩阵形式为

$$\boldsymbol{e}(x,t) = \begin{bmatrix} u \\ w \end{bmatrix} = \begin{bmatrix} N_1 & 0 \\ 0 & N_2 \end{bmatrix} \begin{bmatrix} \boldsymbol{\delta}_a \\ \boldsymbol{\delta}_b \end{bmatrix} \tag{4-80}$$

其中

$$\boldsymbol{\delta}_a = \begin{bmatrix} \delta_1 \\ \delta_2 \end{bmatrix}, \quad \boldsymbol{\delta}_b = \begin{bmatrix} \delta_2 \\ \delta_3 \\ \delta_5 \\ \delta_6 \end{bmatrix} \tag{4-81}$$

是时间的函数。

而 N_1、N_2 为分块子矩阵：

$$\boldsymbol{N}_1 = \left[1 - \frac{x}{l} \quad \frac{x}{l}\right]$$

或

$$\boldsymbol{N}_1 = [N_{11} \quad N_{14}] \tag{4-82}$$

$$N_{11} = 1 - \frac{x}{l}, \quad N_{14} = \frac{x}{l} \tag{4-83}$$

$$\boldsymbol{N}_2 = \left[1 - \frac{2x^2}{l^2} + \frac{2x^3}{l^3} \quad x - \frac{2x^2}{l^2} + \frac{2x^3}{l^3} \quad \frac{3x^2}{l^2} - \frac{2x^3}{l^3} \quad -\frac{x^2}{l} + \frac{x^3}{l^2}\right]$$

或

$$\boldsymbol{N}_2 = [N_{22} \quad N_{23} \quad N_{25} \quad N_{26}] \tag{4-84}$$

其中

$$\begin{cases} N_{22} = 1 - \dfrac{3x^2}{l^2} + \dfrac{2x^3}{l^3}, N_{23} = x - \dfrac{2x^2}{l} + \dfrac{x^3}{l^2} \\ N_{25} = \dfrac{3x^2}{l^2} - \dfrac{2x^3}{l^3}, N_{26} = -\dfrac{x^2}{l} + \dfrac{x^3}{l^2} \end{cases} \tag{4-85}$$

式中 N_{11}、N_{14}、N_{22}、N_{23}、N_{25}、N_{26} 均为 x 的函数，它们与时间无关，又称为单元位移形态函数，简称形函数。它们是有限元法中把单元内部视为连续体来计算的基本函数。利用它们可以写出单元的动能、势能的表达式，从而得出单元的质量矩阵和刚度矩阵。此外，当节点的运动求解出来以后，单元内部任一点的运动均可根据形函数求出。

用形函数表达的单元内的纵向和横向变形为

$$\begin{cases} u = N_{11}\delta_1 + N_{14}\delta_4 \\ w = N_{22}\delta_2 + N_{23}\delta_3 + N_{25}\delta_5 + N_{26}\delta_6 \end{cases} \tag{4-86}$$

4.3.4 单元动力学方程

为建立单元运动方程式，取节点变形为广义坐标。因为这些变形求得后，即可由形函数确定出杆中任一点的变形。节点变形的数目也就是弹性变形自由度的数目。

在此，我们用拉格朗日方程即式(1-4)建立系统的动力学方程。

1. 动能与单元质量矩阵

设杆为均匀断面，其单位长度的质量为 ρ，则杆单元的动能 E 为

$$E = \int_0^l \frac{1}{2}\rho(\dot{w}^2 + \dot{u}^2)\mathrm{d}x$$

由式(4-86)得

$$\int_0^l \dot{u}^2 \mathrm{d}x = \int_0^l \left[\frac{\mathrm{d}}{\mathrm{d}t}(N_{11}\delta_1 + N_{14}\delta_4)\right]^2 \mathrm{d}x$$
$$= \int_0^l (N_{11}\dot{\delta}_1 + N_{14}\dot{\delta}_4)^2 \mathrm{d}x$$

同样有

$$\int_0^l \dot{w}^2 \mathrm{d}x = \int_0^l (N_{22}\dot{\delta}_2 + N_{23}\dot{\delta}_3 + N_{25}\dot{\delta}_5 + N_{25}\dot{\delta}_6)^2 \mathrm{d}x$$

$$E = \frac{\rho}{2}\left\{\int_0^l (N_{11}\dot{\delta}_1 + N_{14}\dot{\delta}_4)^2 \mathrm{d}x + \int_0^l (N_{22}\dot{\delta}_2 + N_{23}\dot{\delta}_3 + N_{25}\dot{\delta}_5 + N_{26}\dot{\delta}_6)^2 \mathrm{d}x\right\} \tag{4-87}$$

代入式(1-4)得

$$\begin{aligned}\frac{\mathrm{d}}{\mathrm{d}t}\left(\frac{\partial E}{\partial \dot{\delta}_1}\right) - \frac{\partial E}{\partial \delta_1} &= \frac{\mathrm{d}}{\mathrm{d}t}\left[\rho\int_0^l (N_{11}\dot{\delta}_1 + N_{14}\dot{\delta}_4) N_{11}\mathrm{d}x\right] \\ &= \rho\int_0^l N_{11}^2 \ddot{\delta}_1 \mathrm{d}x + \rho\int_0^l N_{11}N_{14}\ddot{\delta}_4 \mathrm{d}x \\ &= m_{11}\ddot{\delta}_1 + m_{14}\ddot{\delta}_4\end{aligned}$$

其中

$$m_{11} = \rho\int_0^l N_{11}^2 \mathrm{d}x, \quad m_{14} = \rho\int_0^l N_{11}N_{14}\mathrm{d}x \tag{4-88}$$

称为等效质量。

同样,对广义坐标 δ_4 有

$$\frac{\mathrm{d}}{\mathrm{d}t}\left(\frac{\partial E}{\partial \dot{\delta}_4}\right) - \frac{\partial E}{\partial \delta_4} = m_{41}\ddot{\delta}_1 + m_{44}\ddot{\delta}_4$$

其中

$$m_{41} = \rho\int_0^l N_{11}N_{14}\mathrm{d}x, \quad m_{44} = \rho\int_0^l N_{14}^2 \mathrm{d}x \tag{4-89}$$

同理,对于广义坐标 δ_2、δ_3、δ_5、δ_6 有

$$\frac{\mathrm{d}}{\mathrm{d}t}\left(\frac{\partial E}{\partial \dot{\delta}_i}\right) - \frac{\partial E}{\partial \delta_i} = m_{i2}\ddot{\delta}_2 + m_{i3}\ddot{\delta}_3 + m_{i5}\ddot{\delta}_5 + m_{i6}\ddot{\delta}_6 \quad i = 2,3,5,6$$

其中

$$m_{ij} = \rho\int_0^l N_{2i}N_{2j}\mathrm{d}x \quad i,j = 2,3,5,6$$

如把上述各式写成统一形式,则有

$$\frac{\mathrm{d}}{\mathrm{d}t}\left(\frac{\partial E}{\partial \dot{\delta}_i}\right) - \frac{\partial E}{\partial \delta_i} = \sum_{j=1}^{6} m_{ij}\ddot{\delta}_j \quad i = 1,2,\cdots,6 \tag{4-90}$$

其中 m_{ij} 为

$$\begin{cases}\text{对 } i=1,4 \text{ 有} & \\ \quad m_{ij} = \rho\int_0^l N_{1i}N_{1j}\mathrm{d}x & j = 1,4 \\ \quad m_{ij} = 0 & j = 2,3,5,6 \\ \text{对于 } i=2,3,5,6 \text{ 则有} \quad m_{ij} = \rho\int_0^l N_{2i}N_{2j}\mathrm{d}x & j = 2,3,5,6 \\ \quad m_{ij} = 0 & j = 1,4\end{cases} \tag{4-91}$$

由式(4-91)可以看出,若把 i 和 j 的次序颠倒一下,积分值将不变,所以 $m_{ij} = m_{ji}$。

式(4-90)也可以写成矩阵形式:

$$\begin{bmatrix} \dfrac{\mathrm{d}}{\mathrm{d}t}\left(\dfrac{\partial E}{\partial \dot{\delta}_1}\right)-\dfrac{\partial E}{\partial \delta_1} \\ \vdots \\ \dfrac{\mathrm{d}}{\mathrm{d}t}\left(\dfrac{\partial E}{\partial \dot{\delta}_6}\right)-\dfrac{\partial E}{\partial \delta_6} \end{bmatrix} = \begin{bmatrix} m_{11} & 0 & 0 & m_{14} & 0 & 0 \\ 0 & m_{22} & m_{23} & 0 & m_{25} & m_{26} \\ 0 & m_{32} & m_{33} & 0 & m_{35} & m_{36} \\ m_{41} & 0 & 0 & m_{44} & 0 & 0 \\ 0 & m_{52} & m_{53} & 0 & m_{55} & m_{56} \\ 0 & m_{62} & m_{63} & 0 & m_{65} & m_{66} \end{bmatrix} \begin{bmatrix} \ddot{\delta}_1 \\ \ddot{\delta}_2 \\ \ddot{\delta}_3 \\ \ddot{\delta}_4 \\ \ddot{\delta}_5 \\ \ddot{\delta}_6 \end{bmatrix} \tag{4-92}$$

由等效质量 $m_{11} \sim m_{66}$ 组成的矩阵称为单元等效质量矩阵或简称为单元质量矩阵，用 $\boldsymbol{m}$ 表示：

$$\boldsymbol{m} = \begin{bmatrix} m_{11} & 0 & 0 & m_{14} & 0 & 0 \\ 0 & m_{22} & m_{23} & 0 & m_{25} & m_{26} \\ 0 & m_{32} & m_{33} & 0 & m_{35} & m_{36} \\ m_{41} & 0 & 0 & m_{44} & 0 & 0 \\ 0 & m_{52} & m_{53} & 0 & m_{55} & m_{56} \\ 0 & m_{62} & m_{63} & 0 & m_{65} & m_{66} \end{bmatrix} \tag{4-93}$$

因为 $m_{ij}=m_{ji}$，故质量矩阵为对称矩阵。

若把式(4-83)和(4-85)代入式(4-91)并积分，可得各等效质量，令 $m_i=\rho l_i$ 为杆 i 的质量，则

$$\boldsymbol{m} = \frac{m_i}{420}\begin{bmatrix} 140 & 0 & 0 & 70 & 0 & 0 \\ 0 & 156 & 22l_i & 0 & 54 & -13l_i \\ 0 & 22l_i & 4l_i^2 & 0 & 13l_i & -3l_i^2 \\ 70 & 0 & 0 & 140 & 0 & 0 \\ 0 & 54 & 13l_i & 0 & 156 & -22l_i \\ 0 & -13l & -3l_i^2 & 0 & -22l_i & 4l_i^2 \end{bmatrix} \tag{4-94}$$

2. 势能与单元刚度矩阵

设杆断面面积为 A，长度为 l，材料弹性模量为 E。若忽略因弯曲变形引起的纵向变形，则单元纵向变形的应变能 U_1 为

$$U_1 = \frac{1}{2}\int_0^l EA\left(\frac{\partial u}{\partial x}\right)^2 \mathrm{d}x \tag{4-95}$$

把式(4-86)的 u 代入，则

$$\frac{\partial u}{\partial x} = u' = N'_{11}\delta_1 + N'_{14}\delta_4$$

其中右上角符号“′”表示对 x 的导数。

$$U_1 = \frac{1}{2}EA\int_0^l (N'_{11}\delta_1 + N'_{14}\delta_4)^2 \mathrm{d}x$$

由于杆单元弯曲变形引起的应变能 U_2 为

$$U_2 = \frac{EI}{2}\int_0^l w''^2 \mathrm{d}x \tag{4-96}$$

其中 I 为截面惯性矩；w''为 w 对于 x 的二阶导数。需要说明的是，在式(4-96)中忽略了剪切变形的影响。把式(4-86)中 w 代入得

$$w'' = N''_{22}\delta_2 + N''_{23}\delta_3 + N''_{25}\delta_5 + N''_{26}\delta_6$$

$$U_2 = \frac{EI}{2}\int_0^l (N''_{22}\delta_2 + N''_{23}\delta_3 + N''_{25}\delta_5 + N''_{26}\delta_6)^2 \mathrm{d}x \tag{4-97}$$

总势能为

$$U = U_1 + U_2$$

代入拉格朗日方程左边第三项得

$$\frac{\partial U}{\partial \delta_1} = EA\int_0^l (N'_{11}\delta_1 + N'_{14}\delta_4)N'_{11}\mathrm{d}x = k_{11}\delta_1 + k_{14}\delta_4$$

$$k_{11} = EA\int_0^l N'^2_{11}\mathrm{d}x, \quad k_{14} = EA\int_0^l N'_{11}N'_{14}\mathrm{d}x$$

同样可以得到

$$\begin{cases} \dfrac{\partial U}{\partial \delta_4} = EA\displaystyle\int_0^l (N'_{11}\delta_1 + N'_{14}\delta_4)N'_{14}\mathrm{d}x = k_{41}\delta_1 + k_{44}\delta_4 \\ \text{其中} \quad k_{41} = EA\displaystyle\int_0^l N'_{14}N'_{11}\mathrm{d}x, \quad k_{44} = EA\int_0^l N'^2_{14}\mathrm{d}x \\ \dfrac{\partial U}{\partial \delta_i} = EI\displaystyle\int_0^l (N''_{22}\delta_2 + N''_{23}\delta_3 + N''_{25}\delta_5 + N''_{26}\delta_6)N''_{2i}\mathrm{d}x = k_{i2}\delta_2 + k_{i3}\delta_3 + k_{i5}\delta_5 + k_{i6}\delta_6 \\ \qquad\qquad i = 2,3,5,6 \\ \text{其中} \quad k_{ij} = \displaystyle\int_0^l EIN''_{2j}N''_{2i}\mathrm{d}x \quad j = 2,3,5,6 \end{cases} \tag{4-98}$$

把以上各式合在一起得

$$\begin{cases} \dfrac{\partial U}{\partial \delta_i} = \displaystyle\sum_{j=1}^{6} k_{ij}\delta_j \quad i,j = 1,2,\cdots,6 \\ \text{对于 } i = 1,4, \text{则有 } k_{ij} = EA\displaystyle\int_0^l N'_{1j}N'_{1i}\mathrm{d}x \quad j = 1,4 \\ \qquad\qquad k_{ij} = 0 \qquad\qquad j = 2,3,5,6 \\ \text{对于 } i = 2,3,5,6, \text{则有 } k_{ij} = 0, \quad j = 1,4 \\ \qquad\qquad k_{ij} = EI\displaystyle\int_0^l N''_{2i}N''_{2j}\mathrm{d}x \quad j = 2,3,5,6 \end{cases} \tag{4-99}$$

把式(4-98)写成矩阵形式为

$$\left[\frac{\partial U}{\partial \delta}\right] = \boldsymbol{k\delta} \tag{4-100}$$

其中

$$
\left\{\begin{aligned}
&\frac{\partial U}{\partial \boldsymbol{\delta}} = \begin{bmatrix}\frac{\partial U}{\partial \delta_1} & \frac{\partial U}{\partial \delta_2} & \cdots & \frac{\partial U}{\partial \delta_6}\end{bmatrix}^{\mathrm{T}} \\
&\boldsymbol{\delta} = \begin{bmatrix}\delta_1 & \delta_2 & \delta_3 & \delta_4 & \delta_5 & \delta_6\end{bmatrix}^{\mathrm{T}} \\
&\boldsymbol{k} = \begin{bmatrix}
k_{11} & 0 & 0 & k_{14} & 0 & 0 \\
0 & k_{22} & k_{23} & 0 & k_{25} & k_{26} \\
0 & k_{32} & k_{33} & 0 & k_{35} & k_{36} \\
k_{41} & 0 & 0 & k_{44} & 0 & 0 \\
0 & k_{52} & k_{53} & 0 & k_{55} & k_{56} \\
0 & k_{62} & k_{63} & 0 & k_{65} & k_{66}
\end{bmatrix}
\end{aligned}\right. \tag{4-101}
$$

$\boldsymbol{k}$ 称为单元刚度矩阵。

由式(4-99)看出 $k_{ij}=k_{ji}$，所以 $\boldsymbol{k}$ 为对称矩阵。

若把式(4-83)、(4-85)中的 $N_{11},\cdots,N_{26}$ 代入式(4-99)，积分后得

$$
\boldsymbol{k} = \begin{bmatrix}
\frac{EA}{l} & 0 & 0 & -\frac{EA}{l} & 0 & 0 \\
0 & \frac{12EI}{l^3} & \frac{6EI}{l^2} & 0 & -\frac{12EI}{l^3} & \frac{6EI}{l^2} \\
0 & \frac{6EI}{l^2} & \frac{4EI}{l} & 0 & -\frac{6EI}{l^2} & \frac{2EI}{l} \\
-\frac{EA}{l} & 0 & 0 & \frac{EA}{l} & 0 & 0 \\
0 & -\frac{12EI}{l^3} & -\frac{6EI}{l^2} & 0 & \frac{12EI}{l^3} & -\frac{6EI}{l^2} \\
0 & \frac{6EI}{l^2} & \frac{2EI}{l} & 0 & -\frac{6EI}{l^2} & \frac{4EI}{l^2}
\end{bmatrix} \tag{4-102}
$$

3. 等效节点载荷

如果在杆单元上只有节点力 $\boldsymbol{f}$，则拉格朗日方程的右边的广义力 Q_i 为

$$
Q_i = \sum_{j=1}^{6} f_j \frac{\partial \delta_j}{\partial \delta_i} = f_i \quad i = 1,2,\cdots,6 \tag{4-103}
$$

所以对应于每个广义坐标的节点力，就是该坐标的广义力。如果在单元中，还有其他外力，包括构件刚性机构运动产生的惯性力，则广义力由节点力与由外力引起的广义力两部分组成。计算外力的广义力的方法如下。设作用在非节点的力——非节点力为 P_{uj}、P_{wj}、$P_{\theta j}(j=1,2,\cdots,r)$，作用点在 j(离点 1 距离为 x_j)，如图 4-19 所示。令非节点力的广义力为 $F_{i(0)}$。

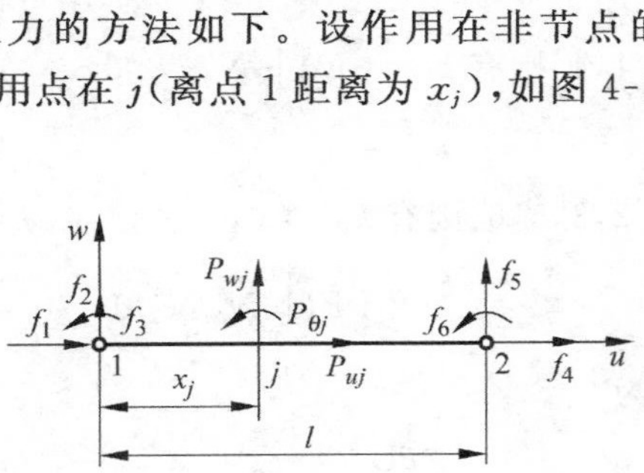

图 4-19　单元内节点力与非节点力

$$F_{i(0)} = \sum_{j=1}^{r}\left(P_{uj}\frac{\partial u_j}{\partial \delta_i} + P_{wj}\frac{\partial w_j}{\partial \delta_i} + P_{\theta j}\frac{\partial \theta_j}{\partial \delta_i}\right) \tag{4-104}$$

而

$$\theta_j = \left(\frac{\partial w}{\partial x}\right)_j$$

把式(4-86)代入可得

$$\begin{cases} F_{i(0)} = \sum\limits_{j=1}^{r} P_{uj} N_{11}(x_j) \\ F_{4(0)} = \sum\limits_{j=1}^{r} P_{uj} N_{14}(x_j) \\ F_{i(0)} = \sum\limits_{j=1}^{r} [P_{wj} N_{2i}(x_j) + P_{\theta j} N'_{2i}(x_j)] \quad i = 2,3,4,5,6 \end{cases} \tag{4-105}$$

如果既有节点力又有非节点力作用，则广义力为

$$Q_i = f_i + F_{i(0)}$$

$F_i^{(0)}$ 也称为非节点力的等效节点载荷或简称等效节点载荷。

上式写成矩阵形式为

$$\boldsymbol{Q} = \boldsymbol{f} + \boldsymbol{F}_{(0)} \tag{4-106}$$

其中

$$\boldsymbol{Q} = [Q_1\ Q_2\ Q_3\ Q_4\ Q_5\ Q_6]^{\mathrm{T}}$$

$$\boldsymbol{f} = [f_1\ f_2\ f_3\ f_4\ f_5\ f_6]^{\mathrm{T}}$$

$$\boldsymbol{F}_{(0)} = [F_{1(0)}\ F_{2(0)}\ F_{3(0)}\ F_{4(0)}\ F_{5(0)}\ F_{6(0)}]^{\mathrm{T}}$$

常用的等效节点荷载计算式见表 4-1。

4. 单元运动方程

把式(4-92)、(4-101)、(4-106)代入拉格朗日方程，即得单元运动方程式：

$$\boldsymbol{m}\ddot{\boldsymbol{\delta}} + \boldsymbol{K\delta} = \boldsymbol{Q} = \boldsymbol{f} + \boldsymbol{F}_{(0)} \tag{4-107}$$

其中 $\boldsymbol{m}$ 为质量矩阵，$\boldsymbol{k}$ 为单元刚度矩阵，$\boldsymbol{Q}$ 为广义力。

表 4-1　各种载荷的等效节点载荷

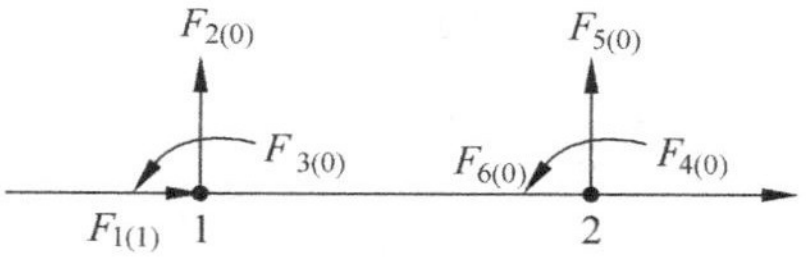

	$F_{1(0)}$	$F_{2(0)}$	$F_{3(0)}$	$F_{4(0)}$	$F_{5(0)}$	$F_{6(0)}$
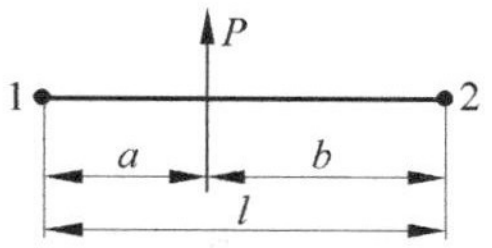	0	$\frac{Pb^2}{l^2}\left(1+\frac{2a}{l}\right)$	$\frac{Pb^2a}{l^2}$	0	$\frac{Pa^2}{l^2}\left(1+\frac{2a}{l}\right)$	$-\frac{Pb^2}{l^2}$
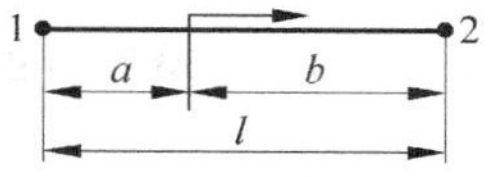	$\frac{Pb}{l}$	0	0	$\frac{Pb}{l}$	0	0

续表

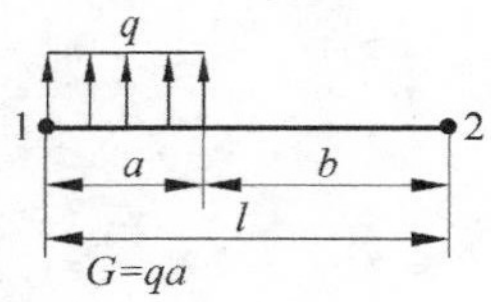	0	$\frac{G}{2}\left(2-2\frac{a^2}{l^2}+\frac{a^3}{l^3}\right)$	$\frac{G}{2}\left(6-8\frac{a^2}{l^2}+\frac{a^3}{l^3}\right)$	0	$\frac{Ga^2}{2l^2}\left(2-\frac{a}{l}\right)$	$\frac{Ga}{12l}\left(4-\frac{3a}{l}\right)$
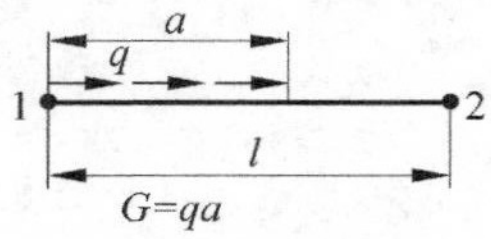	$\frac{G}{2}\left(2-\frac{a}{l}\right)$	0	0	$\frac{G}{2}\frac{a}{l}$	0	0
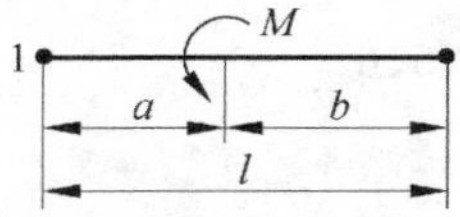	0	$-\frac{6Mab}{l^3}$	$\frac{Mb}{l^2}(b-2a)$	0	$\frac{6Mab}{l^3}$	$\frac{Ma}{l^2}(a-2b)$

式(4-107)是单元动力学方程的一般形式，下面分别对图 4-17 所示四杆机构中的曲柄、摇杆、连杆列出其单元运动方程式。例如，对于曲柄来讲，因为把它作为悬臂梁看待，所以引入支承条件(边界条件)，即在点 O 的 u、w、θ 方向的节点变形为零，广义坐标为 3 个。它的动力学方程就成为三个方程式组成的方程组。

$$\boldsymbol{m}_{\mathrm{I}}\ddot{\boldsymbol{\delta}}_{\mathrm{I}}+\boldsymbol{k}_{\mathrm{I}}\boldsymbol{\delta}_{\mathrm{I}}=\boldsymbol{Q}_{\mathrm{I}} \tag{4-108}$$

角标“Ⅰ”表示单元Ⅰ。$\boldsymbol{m}_{\mathrm{I}}$、$\boldsymbol{k}_{\mathrm{I}}$ 均为 3×3 矩阵，$\boldsymbol{\delta}_{\mathrm{I}}$ 和 $\boldsymbol{Q}_{\mathrm{I}}$ 为 3×1 向量。因为单元Ⅰ中的单元坐标 δ_1、δ_2、δ_3 均为 0，所以只要将质量矩阵、刚度矩阵和广义力向量中，与它们相对应的行列中的元素去掉，便可得到单元Ⅰ的刚度矩阵、质量矩阵和广义力向量。

$$\boldsymbol{m}_{\mathrm{I}}=\frac{m_1}{420}\begin{bmatrix}140 & 0 & 0\\ 0 & 156 & -22l_1\\ 0 & -22l_1 & 4l_1^2\end{bmatrix},\quad \boldsymbol{k}_{\mathrm{I}}=\begin{bmatrix}\frac{(EA)_1}{l_1} & 0 & 0\\ 0 & \frac{12(EI)_1}{l_1^3} & -\frac{6(EI)_1}{l_1^3}\\ 0 & \frac{6(EI)_1}{l_1^2} & \frac{4(EI)_1}{l_1}\end{bmatrix}$$

而

$$\boldsymbol{\delta}_{\mathrm{I}}=\begin{bmatrix}\delta_1\\ \delta_2\\ \delta_3\end{bmatrix}_{\mathrm{I}}\qquad \boldsymbol{Q}_{\mathrm{I}}=\begin{bmatrix}Q_1\\ Q_2\\ Q_3\end{bmatrix}$$

为了建立系统方程方便起见，此处广义坐标 δ_1、δ_2、δ_3 是按图 4-15 标注的。对摇杆或单元Ⅲ，边界条件是点 C 的 u、w 方向变形为 0，只有 4 个广义坐标：δ_{11}，δ_{12}，δ_{13}，δ_{14}。单元Ⅲ的动力学方程为

$$\boldsymbol{m}_{\mathrm{III}}\ddot{\boldsymbol{\delta}}_{\mathrm{III}}+\boldsymbol{k}_{\mathrm{III}}\boldsymbol{\delta}_{\mathrm{III}}=\boldsymbol{Q}_{\mathrm{III}} \tag{4-109}$$

式中 $\boldsymbol{m}$、$\boldsymbol{k}$ 为 4×4 矩阵，$\boldsymbol{\delta}$ 和 $\boldsymbol{Q}$ 为 4×1 向量，角标“Ⅲ”表示单元Ⅲ。

$$
\boldsymbol{m}_{\mathrm{III}} = \frac{m_3}{420}\begin{bmatrix} 4l_3^2 & 0 & 13l_3 & -3l_3^2 \\ 0 & 140 & 0 & 0 \\ 13l_3 & 0 & 156 & -22l_3 \\ -3l_3^2 & 0 & -22l_3 & 4l_3^2 \end{bmatrix}
$$

$$
\boldsymbol{k}_{\mathrm{III}} = \begin{bmatrix} \frac{4(EI)_3}{l_3} & 0 & -\frac{6(EI)_3}{l_3} & -\frac{2(EI)_3}{l_3} \\ 0 & \frac{(EI)_3}{l_3} & 0 & 0 \\ -\frac{6(EI)_3}{l_3^2} & 0 & \frac{12(EI)_3}{l_3^3} & -\frac{6(EI)_3}{l_3^2} \\ \frac{2(EI)_3}{l_3} & 0 & -\frac{6(EI)_3}{l_3^2} & \frac{4(EI)_3}{l_3} \end{bmatrix}
$$

$$
\boldsymbol{\delta}_{\mathrm{III}} = \begin{bmatrix} \delta_{13} \\ \delta_{10} \\ \delta_{11} \\ \delta_{12} \end{bmatrix} \qquad \boldsymbol{Q}_{\mathrm{III}} = \begin{bmatrix} Q_{13} \\ Q_{10} \\ Q_{11} \\ Q_{12} \end{bmatrix}
$$

对于连杆或单元Ⅱ来讲，其边界条件均未知，有 6 个广义坐标，故直接应用式(4-107)，其中 $\boldsymbol{m}_{\mathrm{II}}$ 和 $\boldsymbol{k}_{\mathrm{II}}$ 用式(4-94)和式(4-102)得出，广义坐标与图 4-15 保持一致。

$\boldsymbol{\delta}_{\mathrm{II}} = [\delta_4\ \delta_5\ \delta_6\ \delta_7\ \delta_8\ \delta_9]^{\mathrm{T}}$，相应的 $\boldsymbol{Q}_{\mathrm{II}}$ 为

$$
\boldsymbol{Q}_{\mathrm{II}} = [Q_4\ Q_5\ Q_6\ Q_7\ Q_8\ Q_9]^{\mathrm{T}}
$$

于是有

$$
\boldsymbol{m}_{\mathrm{II}}\ \ddot{\boldsymbol{\delta}}_{\mathrm{II}} + \boldsymbol{k}_{\mathrm{II}}\ \boldsymbol{\delta}_{\mathrm{II}} = \boldsymbol{Q}_{\mathrm{II}} \tag{4-110}
$$

式中 $\boldsymbol{m}_{\mathrm{II}}$、$\boldsymbol{k}_{\mathrm{II}}$ 为 6×6 矩阵。

5. 系统动力学方程

为了求解系统的动力学方程，只有单元方程是不行的，因为各单元在节点处的广义坐标并不都是独立的，而是相互关联的。因此我们需要通过坐标变换，把单元动力学转换到系统坐标($q_1, q_2, \cdots, q_9$)中去。转换后的方程中，不再出现节点力。这是因为在系统坐标中，所有节点力做功之和为 0。

在把三个单元方程组合成系统方程时，需要将单元坐标按顺序排列成：

$$
\boldsymbol{\delta} = [\delta_1\ \delta_2\ \delta_3\ \cdots\ \delta_{13}]^{\mathrm{T}}
$$

为此需要对式(4-109)中的 $\boldsymbol{\delta}$ 的排列进行调整，并相应地要把 $\boldsymbol{m}_{\mathrm{III}}$ 和 $\boldsymbol{k}_{\mathrm{III}}$ 中第一行挪到第四行，第一列挪到第四列，成为

$$
\frac{m_3}{420}\begin{bmatrix} 140 & 0 & 0 & 0 \\ 0 & 156 & -22l_3 & 13l_3 \\ 0 & -22l_3 & 4l_3 & -3l_3^2 \\ 0 & 13l_3 & -3l_3^2 & 4l_3^2 \end{bmatrix}\begin{bmatrix} \ddot{\delta}_{10} \\ \ddot{\delta}_{11} \\ \ddot{\delta}_{12} \\ \ddot{\delta}_{13} \end{bmatrix} +
$$

$$\begin{bmatrix} \frac{(EA)_3}{l_3} & 0 & 0 & 0 \\ 0 & \frac{12(EI)_3}{l_3} & -\frac{6(EI)_3}{l_3^2} & -\frac{6(EI)_3}{l_3^2} \\ 0 & -\frac{6(EI)_3}{l_3^2} & \frac{4(EI)_3}{l_3} & \frac{2(EI)_3}{l_3} \\ 0 & -\frac{6(EI)_3}{l_3^2} & \frac{2(EI)_3}{l_3} & \frac{4(EI)_3}{l_3} \end{bmatrix} \begin{bmatrix} \delta_{10} \\ \delta_{11} \\ \delta_{12} \\ \delta_{13} \end{bmatrix} = \begin{bmatrix} Q_{10} \\ Q_{11} \\ Q_{12} \\ Q_{13} \end{bmatrix}$$

也可表示为

$$\boldsymbol{m}'_{\mathrm{III}}\ddot{\boldsymbol{\delta}}'_{\mathrm{III}} + \boldsymbol{k}'_{\mathrm{III}}\boldsymbol{\delta}'_{\mathrm{III}} = \boldsymbol{F}'_{\mathrm{III}}$$

组合后的方程为

$$\begin{bmatrix} \boldsymbol{m}_{\mathrm{I}} & 0 & 0 \\ 0 & \boldsymbol{m}_{\mathrm{II}} & 0 \\ 0 & 0 & \boldsymbol{m}'_{\mathrm{III}} \end{bmatrix} \begin{bmatrix} \ddot{\boldsymbol{\delta}}_{\mathrm{I}} \\ \ddot{\boldsymbol{\delta}}_{\mathrm{II}} \\ \ddot{\boldsymbol{\delta}}'_{\mathrm{III}} \end{bmatrix} + \begin{bmatrix} \boldsymbol{k}_{\mathrm{I}} & & \\ & \boldsymbol{k}_{\mathrm{II}} & \\ & & \boldsymbol{k}'_{\mathrm{III}} \end{bmatrix} \begin{bmatrix} \boldsymbol{\delta}_{\mathrm{I}} \\ \boldsymbol{\delta}_{\mathrm{II}} \\ \boldsymbol{\delta}'_{\mathrm{III}} \end{bmatrix} = \begin{bmatrix} \boldsymbol{Q}_{\mathrm{I}} \\ \boldsymbol{Q}_{\mathrm{II}} \\ \boldsymbol{Q}'_{\mathrm{III}} \end{bmatrix} \tag{4-111}$$

或简写为

$$\boldsymbol{m}\ddot{\boldsymbol{\delta}} + \boldsymbol{k}\boldsymbol{\delta} = \boldsymbol{Q} \tag{4-112}$$

这里 $\boldsymbol{m}_{\mathrm{I}}$、$\boldsymbol{k}_{\mathrm{I}}$ 为 3×3 矩阵，$\boldsymbol{m}_{\mathrm{II}}$、$\boldsymbol{k}_{\mathrm{II}}$ 为 6×6 矩阵，$\boldsymbol{m}'_{\mathrm{III}}$、$\boldsymbol{k}'_{\mathrm{III}}$ 为 4×4 矩阵，故 $\boldsymbol{m}$、$\boldsymbol{k}$ 为 13×13 矩阵。一般来说，如 $\boldsymbol{\delta}$ 为 m 行，则 $\boldsymbol{m}$、$\boldsymbol{k}$ 均为 $m\times m$ 矩阵，$\boldsymbol{\delta}$ 和 $\boldsymbol{F}$ 为 $m\times 1$ 列向量。此处四杆机构中，$m=13$。

下一步需要将单元坐标变换成系统坐标。将式(4-68)的坐标变换关系 $\boldsymbol{\delta}=\boldsymbol{Bq}$ 代入式(4-112)即可。由于我们在研究中，将机构瞬时静止为一个“瞬时结构”，所以 $\boldsymbol{B}$ 对时间的微分为 0。由此得：

$$\boldsymbol{mB}\ddot{\boldsymbol{q}} + \boldsymbol{kBq} = \boldsymbol{Q}$$

两边乘以 $\boldsymbol{B}^{\mathrm{T}}$ 得

$$\boldsymbol{B}^{\mathrm{T}}\boldsymbol{mB}\ddot{\boldsymbol{q}} + \boldsymbol{B}^{\mathrm{T}}\boldsymbol{kBq} = \boldsymbol{B}^{\mathrm{T}}\boldsymbol{Q} \tag{4-113}$$

令 $\boldsymbol{B}^{\mathrm{T}}\boldsymbol{kB}=\boldsymbol{K}$，称为系统刚度矩阵，因为 $\boldsymbol{B}$ 为 13×9 矩阵，故 $\boldsymbol{K}$ 为 9×9 矩阵，且与 $\boldsymbol{k}$ 一样为对称矩阵。同样令 $\boldsymbol{B}^{\mathrm{T}}\boldsymbol{mB}=\boldsymbol{M}$，称为系统质量矩阵，它也是 9×9 矩阵。而 $\boldsymbol{B}^{\mathrm{T}}\boldsymbol{Q}=\boldsymbol{Q}_S$ 称为系统广义力，是 9×1 的列向量。

经过这样变换后，式(4-113)可写为

$$\boldsymbol{M}\ddot{\boldsymbol{q}} + \boldsymbol{Kq} = \boldsymbol{Q}_S \tag{4-114}$$

这就是系统动力学方程式。

如前所述，此处广义力 $\boldsymbol{Q}_S$ 中，不含节点力，由式(4-106)知

$$\boldsymbol{Q} = \boldsymbol{f} + \boldsymbol{F}_{(0)}$$

故

$$\boldsymbol{Q}_{\mathrm{e}} = \boldsymbol{B}^{\mathrm{T}}\boldsymbol{f} + \boldsymbol{B}^{\mathrm{T}}\boldsymbol{F}_{(0)} \tag{4-115}$$

上式中右边第一项将为 0，因为 $\boldsymbol{f}$ 为各单元节点力的集合，在两单元连结点上。两单元节点力间有一定联系，当把它们转换到系统坐标中后，成为一对大小相等、方向相反的力而

互相抵消。这点也可用下列推导得到证明。

因为对整个机构来讲，节点力是构件之间的作用力，同时，在固定铰销点上无位移，故这些节点力在位移$\boldsymbol{\delta}$上做的功之和应为0。用数学式表示为

$$\boldsymbol{\delta}^{\mathrm{T}}\boldsymbol{f}=\mathbf{0}$$

把式(4-68)$\boldsymbol{\delta}=\boldsymbol{Bq}$代入，则因

$$\boldsymbol{\delta}^{\mathrm{T}}=\boldsymbol{q}^{\mathrm{T}}\boldsymbol{B}^{\mathrm{T}}$$

故

$$\boldsymbol{q}^{\mathrm{T}}\boldsymbol{B}^{\mathrm{T}}\boldsymbol{f}=\mathbf{0}$$

式中$\boldsymbol{q}$为广义坐标，不为$\mathbf{0}$，故有

$$\boldsymbol{B}^{\mathrm{T}}\boldsymbol{f}=\mathbf{0}$$

这样式(4-115)就成为

$$\boldsymbol{Q}_{\mathrm{e}}=\boldsymbol{B}^{\mathrm{T}}\boldsymbol{F}_{(0)} \tag{4-116}$$

由此可知，在计算$\boldsymbol{Q}_{\mathrm{e}}$时可以不必计算单元节点力$\boldsymbol{f}$，从而使计算大为简化。

式(4-114)为有9个广义坐标q_i的二阶线性微分方程组。得到系统的动力学方程后，便可运用前面介绍的振型分析法或直接积分法(数值积分法)求解这些方程。

需要提出的是，由于在建立力学模型时，是令机构瞬时固定在某一位置上进行分析的。在不同的机构位置上，坐标转换矩阵即式(4-68)中的$\boldsymbol{B}$的各角度值不同，因而质量矩阵、刚度矩阵、力向量均不相同(力向量中的元素还与惯性力的变化、外力变化有关)。所以要对机构的不同位置逐一地进行上述分析求解，以得到机构在整个周期内的真实运动。

图4-20给出了一个含弹性摆杆的四杆机构输出运动的实验结果。机构中，曲柄和连杆是刚性的。输出角(摆杆转角)的规律随曲柄转速变化而改变。这是所有含弹性的构件

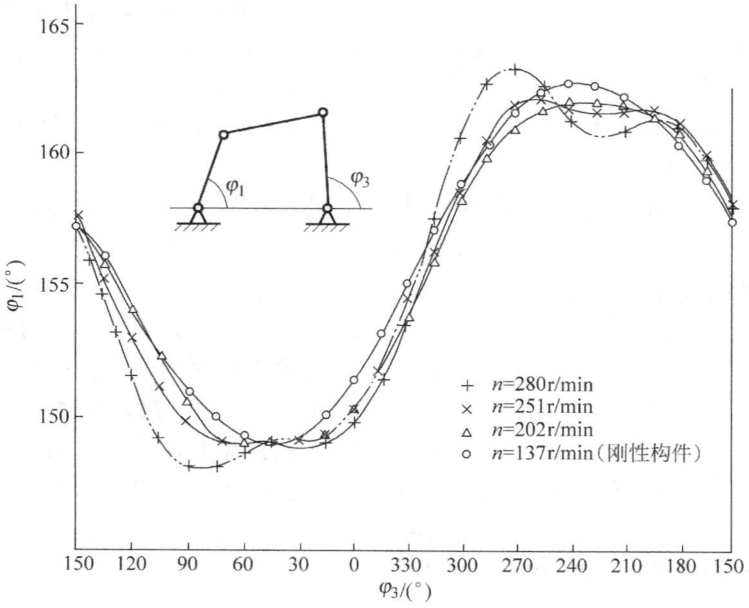

图4-20 含弹性摆杆四杆机构输出运动曲线

机构的运动特征。因为在不同速度下，机构的惯性力不同，因此弹性构件的变形不同。从图 4-20 中可以看出当转速为 137r/min 时，机构呈刚性机构运动特性。随着转速的提高，运动离刚性运动规律越来越远。当转速接近自然频率时，会产生很大的变形和振动。

综上所述，对含弹性构件的连杆机构，在小变形情况下用有限元法进行弹性动力学分析的步骤叙述如下。

(1) 把机构作为刚性机构处理，进行运动学分析和动态静力学分析，求出在各个瞬时作用在机构构件上的惯性力和惯性力矩。

(2) 将机构的各个瞬时位置看成一个"瞬时结构"，将惯性力施加在这些瞬时结构上。

(3) 对各个"瞬时结构"进行单元划分，建立单元坐标和系统坐标，并确立坐标转换矩阵。

(4) 计算各单元的质量矩阵、刚度矩阵和广义力向量(广义力中含惯性力和其他外力)，建立单元动力学方程。

(5) 将单元动力学方程组合起来，形成以单元坐标表示的系统的动力学方程。

(6) 用坐标转换矩阵将以单元坐标表示的系统动力学方程转换成由系统坐标表示的方程。

(7) 用数学方法求解所得到的动力学方程，并用实验或仿真方法对结果进行校验。

4.4　含弹性从动件的凸轮机构

凸轮机构是利用凸轮的外形轮廓实现从动件按所要求的规律运动的机构。在实际结构中，凸轮自身的刚度常常比较大，而从动件会因为传递运动的距离等原因，刚度相对较低，而且由于从动件运动是周期性变化的，运动的瞬时速度和加速度有时会很大，甚至有冲击发生。特别是高速凸轮机构从动件的弹性会引起输出运动与原设计不一致导致机械运动的不协调，从而影响机械工作性能和可靠性。此外，由于周期性载荷的影响还会引起弹性振动，产生噪音和零件磨损，因此考虑从动件弹性的凸轮机构动力学分析也是机械系统动力学的一个主要部分。

图 4-21 是从实验装置上测得的一平板凸轮的弹性从动件的输出运动。图中虚线为设计的从动件的运动规律，实线是实测的结果，纵坐标是示波器显示的模拟信号。可以看出在从动件刚度低时，二者有显著不同。

考虑从动件弹性的凸轮机构的分析模型与从动件的结构、凸轮设计时所选用的运动规律有关。以下以图 4-22 所示移动从动件平板凸轮机构为例，来讨论分析过程及结果。在分析中，我们只考虑从动杆的纵向变形。根据前面讲述的方法，从动杆可以用单个集中质量力学模型(见图 4-22(a))、多个集中质量离散模型(见图(b))或有限元模型(见图(c))建立的动力学方程的方法，亦可基于达朗贝尔原理、拉格朗日方程或采用传递矩阵法等。在此以单质量的力学模型为例说明进行动力学分析的方法。在外力为 0，不计摩擦力的情况下，用达朗贝尔原理可得方程：

$$m\ddot{y}+k_r(y-s)+k_s y=0$$

即

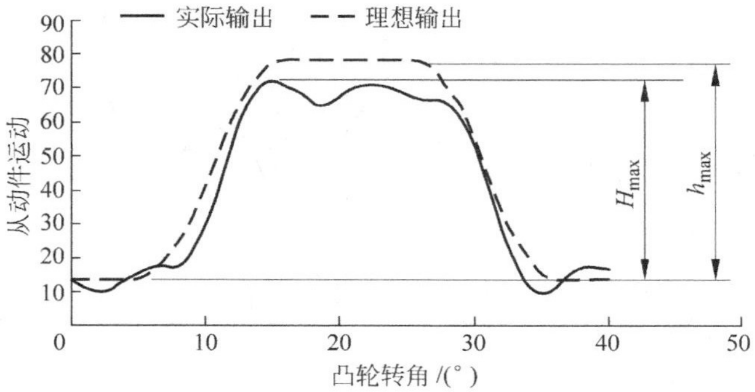

图 4-21 从动件的输出运动

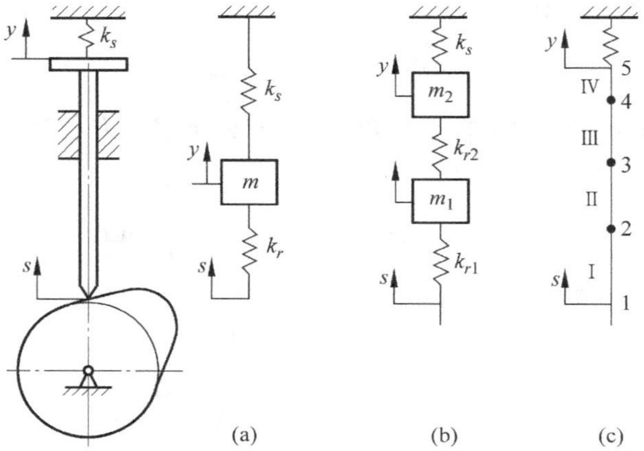

图 4-22 平板凸轮从动杆简化模型

$$m\ddot{y}+(k_r+k_s)y=k_r s$$

或

$$\ddot{y}+\frac{k_r+k_s}{m}y=\frac{k_r}{m}s$$

式中 y——从动杆输出运动；s——由凸轮轮廓推动从动杆所得的从动杆底部的运动规律，可视为从动杆的输入运动；m——从动杆质量；k_r 和 k_s——分别是从动件的等效刚度系数和凸轮副封闭弹簧的刚度系数。

设

$$\omega^2=\frac{k_r+k_s}{m},\quad s=s(\theta),\quad \theta=\Omega t$$

式中 θ——凸轮转角；Ω——凸轮的角速度，则得

$$\ddot{y}+\omega^2 y=\frac{k_r}{m}s(\theta) \tag{4-117}$$

式(4-117)即为图 4-22(a)凸轮机构的动力学方程。它的解 $y(t)$ 是从动杆的输出运动规律，显然与凸轮输入的理想的运动规律 $s(\theta)$ 密切相关。我们先分析在等速运动规律(见

图 4-23(a))时，从动件的输出运动。

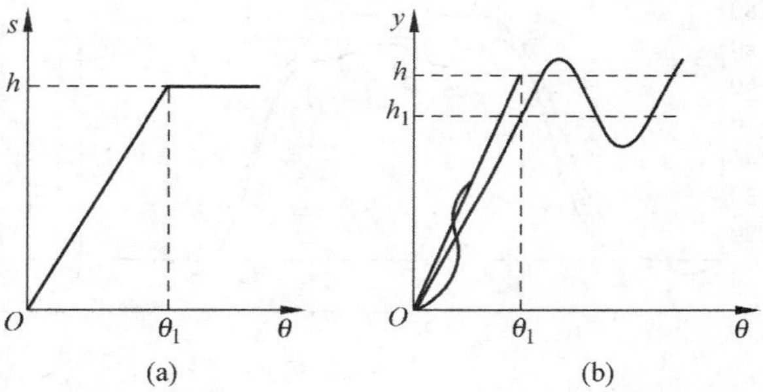

图 4-23 等速运动规律的输入与输出运动曲线

把等速运动规律的表达式

$$s(\theta) = \frac{h}{\theta_1}\theta = \frac{h}{\theta_1}\Omega t$$

代入式(4-117)可得等速运动时的动力学方程。它的全解为方程对应的齐次方程的全解与其一个特解之和：

$$y = A\cos\omega t + B\sin\omega t + \frac{k_r}{\omega^2 m}\frac{h}{\theta_1}\Omega t \tag{4-118}$$

式中 A、B 为常数，由初始条件确定。

设 $t=0$ 时，$y_0=0$，$\dot{y}_0=0$，代入式(4-118)可解出：

$$A = 0,\quad B = -\frac{k_r}{\omega^3 m}\frac{h}{\theta_1}\Omega$$

故有

$$y = -\frac{k_r}{\omega^3 m}\frac{h}{\theta_1}\Omega\sin\omega t + \frac{k_r}{\omega^2 m}\frac{h}{\theta_1}\Omega t \tag{4-119}$$

若以凸轮转角为参考坐标，将 $\omega^2 = \dfrac{k_r + k_s}{m}$ 代入，得

$$y(\theta) = \frac{k_r}{k_r + k_s}\left(\frac{h}{\theta_1}\theta - \frac{h}{\theta_1}\frac{\Omega}{\omega}\sin\frac{\omega}{\Omega}\theta\right) \tag{4-120}$$

式(4-120)表示机构在从动件上升阶段，$\theta=0\sim\theta_1$ 区间内输出运动的规律。图 4-23(b)表示从动件弹性对运动的影响。它不仅使凸轮转角为 θ_1 时，从动件升程不为 h 而是 h_1，而且在由 0 至 h_1 过程中，在匀速运动的基础上叠加一个正弦规律的运动。如果从动件刚度很大，凸轮转速低，这时候 $\Omega \ll \omega$，由式(4-120)可知输出运动与刚性机构很接近。

在 $\theta > \theta_1$ 以后的一个区间内，从动件的理想情况是静止在最高点位置。求解输出真实运动的方法是先由式(4-120)求出当 $\theta=\theta_1$ 时从动件的位移 $y(\theta_1)$ 和此时的速度 $\dot{y}(\theta_1)$，以它们为初始条件求解这一时段的动力学方程：

$$\ddot{y} + \omega^2 y = \frac{k_r}{m}h$$

方程的全解为

$$
\begin{aligned}
y &= A_1\cos\omega t + B_1\sin\omega t + \frac{k_r}{\omega^2 m}h \\
&= A_1\cos\frac{\omega}{\Omega}\theta + B_1\sin\frac{\omega}{\Omega}\theta + \frac{k_r}{k_r+k_s}h
\end{aligned}
\tag{4-121}
$$

根据初始条件 $\theta=\theta_1$，由式(4-120)及其微分式可得

$$y(\theta_1) = \frac{k_r}{k_r+k_s}\left(h - \frac{h}{\theta_1}\frac{\Omega}{\omega}\sin\frac{\omega}{\Omega}\theta_1\right)$$

$$\dot{y}(\theta_1) = \frac{k_r}{k_r+k_s}\left(\frac{h}{\theta_1}\Omega - \frac{h}{\theta_1}\Omega\cos\frac{\omega}{\Omega}\theta_1\right) = \frac{k_r h\Omega}{(k_r+k_s)\theta_1}\left(1-\cos\frac{\omega}{\Omega}\theta_1\right)$$

设$\frac{k_r}{k_r+k_s}=k$，$\frac{\omega}{\Omega}\theta=\varphi$，$\frac{\omega}{\Omega}\theta_1=\varphi_1$，$y(\theta_1)=h_1$，$\dot{y}(\theta_1)=V_1$，由式(4-121)可解得

$$A_1 = (h_1-kh)\cos\varphi_1 - \frac{V_1}{\omega}\sin\varphi_1$$

$$B_1 = (h_1-kh)\sin\varphi_1 + \frac{V_1}{\omega}\cos\varphi_1$$

故在 $\theta>\theta_1$ 的凸轮静止区间，输出运动为

$$
\begin{aligned}
y &= kh + (h_1-kh)\cos(\varphi-\varphi_1) + \frac{V_1}{\omega}\sin(\varphi-\varphi_1) \\
&= kh + H\sin(\varphi-\varphi_1+\alpha)
\end{aligned}
\tag{4-122}
$$

其中 α 和 H 为

$$\alpha = \arctan\frac{h_1-kh}{V_1}\omega$$

$$H = \sqrt{(h_1-kh)^2 + \left(\frac{V_1}{\omega}\right)^2}$$

式(4-122)所代表的输出运动，相当于从动件在 h_1(见图 4-23(b))的位置上，叠加一个圆频率为 ω 的正弦运动，可称为从动件在上停歇区的余振。

以上我们在等速运动情况下分析了含弹性从动件的凸轮机构在上升阶段及上停歇区的输出运动。对于下降阶段以及其他运动规律，可用类似的方法分析。

对于余弦运动的凸轮，输入端为

$$s = \frac{h}{2}\left(1-\cos\frac{\pi}{\theta_1}\theta\right)$$

式中 h——从动杆升程；θ_1——达到升程时凸轮的转角。凸轮动力学方程为

$$\ddot{y} + \omega^2 y = \frac{h}{2}\left(1-\cos\frac{\pi}{\theta_1}\theta\right)$$

方程的全解为

$$y = A\cos\frac{\omega}{\Omega}\theta + B\sin\frac{\omega}{\Omega}\theta + \frac{k_r h}{2m\omega}\left[1 - \frac{1}{1-\left(\frac{\pi\Omega}{\theta_1\omega}\right)^2}\cos\frac{\pi}{\theta_1}\theta\right]$$

在初始条件 $\theta=0$，$y=0$，$\dot{y}=0$ 时，有

$$A = \frac{k_r h}{2m\omega^2}\left[\frac{1}{1-\left(\frac{\pi\Omega}{\theta_1\omega}\right)^2} - 1\right]$$

$$B = 0$$

此时方程的解为

$$y = \frac{k_r h}{2m\omega^2}\left[\frac{1}{1-\left(\dfrac{\pi\Omega}{\theta_1\omega}\right)^2}-1\right]\cos\frac{\omega}{\Omega}\theta + \frac{k_r h}{2m\omega^2}\left[1-\frac{1}{1-\left(\dfrac{\pi\Omega}{\theta_1\omega}\right)^2}\cos\frac{\pi}{\theta_1}\theta\right] \tag{4-123}$$

从式(4-120)、(4-123)表达的分析结果可以看出从动杆弹性对凸轮输出运动的影响是：

(1) 原设计的运动幅值有变化，而且叠加了一个圆频率等于自然频率 ω 的简谐运动，即振动。

(2) 从动件振动的幅值与凸轮转速 Ω 和自然频率 ω 的比值有关，当 $\Omega \ll \omega$ 时，各项影响均很小。一般当 $\dfrac{\Omega}{\omega} = 10^{-2} \sim 10^{-1}$ 时，应考虑构件弹性的影响。

4.5　含多种弹性构件机构的机械系统

在机械系统中，有时会遇到不同类型的弹性构件同时存在的情况。例如一个高速凸轮机构，除了从动杆的弹性需要考虑以外，凸轮轴本身由于长度大，刚性低，还需要考虑轴本身的扭转变形和弯曲变形。在处理此类问题时，需要首先建立各部分的力学模型，确定相关的等效参数，建立局部的动力学方程，利用各局部相关联(耦合)的关系将动力学方程联立求解。以下我们以图 4-24 的凸轮及其传动机构为例来说明解决此类问题的方法。

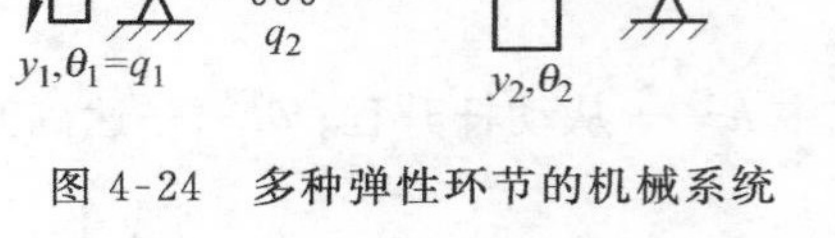

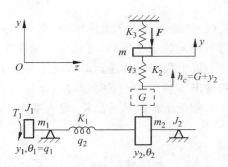

图 4-24　多种弹性环节的机械系统

设凸轮系统的传动机构可等效成两个圆盘 1,2 和一个扭转弹簧。圆盘的质量和转动惯量分别为 m_1, m_2, J_1, J_2；弹簧的刚度系数为 K_1；传动轴的支承系统为刚性，主动轮 1 上作用有驱动力矩 T_1，凸轮机构的从动件简化为一单质量 m，从动杆的刚度系数为 K_2，封闭弹簧的刚度系数为 K_3；从动件的运动与凸轮转角的关系用 G 表示，它是设计时确定的；从动杆顶端作用有外载荷 F。又设两圆盘的转角分别为 θ_1, θ_2，它们的 y 向(横向)位移为 y_1, y_2；从动杆顶端位移(输出位移)为 y，底端位移为 h_c，考虑到圆盘 2(凸轮)的横向变形 y_2，则 $h_c = G(\theta_2) + y_2$。

在建立简化后的力学模型的动力学方程时，首先要确定系统的自由度，然后选择适当的参数作为广义坐标。图 4-24 系统的自由度有：传动轴上圆盘 1 和 2 的旋转运动 θ_1, θ_2 和横向运动 y_1, y_2，故有 4 个自由度；凸轮的从动杆，由于简化为一个单独的质量，而且只有在 y 向的位移，只有一个自由度 y，所以系统共有 5 个自由度。在选择广义坐标时，考虑到建立方程的方便性可选取；$q_1 = \theta_1, q_2 = \theta_2 - \theta_1, q_3 = y - h_c$(为从动杆的变形量)，和 y_1, y_2 五个参数为广义坐标。这些坐标与其他参数的关系是

$$\begin{cases}\theta_1 = q_1 \\ \theta_2 = q_2 + \theta_1 = q_1 + q_2 \\ h_c = G(\theta_2) + y_2 = G(q_1 + q_2) + y_2\end{cases} \tag{4-124}$$

下面我们分两部分来建立动力学方程。对于传动轴的 y 向变形，用第 1 章所述的影响系数法即式(1-10)就可得到：

$$\begin{cases}y_1 = -\alpha_{11} m_1 \ddot{y}_1 + \alpha_{12}(-m_2\ddot{y}_2 + K_2 q_3) \\ y_2 = -\alpha_{21} m_1 \ddot{y}_1 + \alpha_{22}(-m_2\ddot{y}_2 + K_2 q_3)\end{cases}$$

式中 α_{ij} 为 j 处力对 i 处的影响系数。等式右边的作用力包括 m_1，m_2 运动时的惯性力和凸轮与从动杆间的作用力 $K_2 q_3$。

上式又可写成：

$$\begin{cases}\alpha_{11} m_1 \ddot{y}_1 + \alpha_{12} m_2 \ddot{y}_2 + y_1 = \alpha_{12} K_2 q_3 \\ \alpha_{21} m_1 \ddot{y}_1 + \alpha_{22} m_2 \ddot{y}_2 + y_2 = \alpha_{22} K_2 q_3\end{cases} \tag{4-125}$$

对于广义坐标 q_1、q_2、q_3，我们应用拉格朗日方程(1-4)来建立动力学方程：

$$\frac{\mathrm{d}}{\mathrm{d}t}\left(\frac{\partial E}{\partial \dot{q}_i}\right) - \frac{\partial E}{\partial q_i} + \frac{\partial U}{\partial q_i} = Q_i$$

在此动能 E 包括主动轮、凸轮转动的动能和质量 m 的动能；势能包括轴的扭转势能及弹簧 K_2、K_3 的势能(忽略质量在重力场中具有的位能变化)。

$$\begin{aligned}E &= \frac{1}{2}J_1\dot{\theta}_1^2 + \frac{1}{2}J_2\dot{\theta}_2^2 + \frac{1}{2}m\,\dot{y}^2 \\ &= \frac{1}{2}J_1\,\dot{q}_1^2 + \frac{1}{2}J_2(\dot{q}_1 + \dot{q}_2)^2 + \frac{1}{2}m(\dot{q}_3 + \dot{G} + \dot{y}_2)^2\end{aligned} \tag{4-126}$$

其中

$$\dot{G} = \frac{\mathrm{d}G}{\mathrm{d}t} = \frac{\mathrm{d}G}{\mathrm{d}\theta_2}\frac{\mathrm{d}\theta_2}{\mathrm{d}t} = G'\dot{\theta}_2 = G'(\dot{q}_1 + \dot{q}_2) \tag{4-127}$$

式中 G' 表示函数 G 对 θ_2 的导数。

势能 U 为

$$U = \frac{1}{2}K_1 q_2^2 + \frac{1}{2}K_2 q_3^2 + \frac{1}{2}K_3 y^2 \tag{4-128}$$

广义力为

$$\begin{cases}Q_1' = T_1\dfrac{\partial\theta_1}{\partial q_1} - F\dfrac{\partial y}{\partial q_1} = T_1 - F\dfrac{\partial G}{\partial q_1} = T_1 - FG' \\ \qquad \dfrac{\partial G}{\partial q_1} = \dfrac{\mathrm{d}G}{\mathrm{d}\theta_2},\quad \dfrac{\partial\theta_2}{\partial q_1} = G' \\ Q_2' = T_1\dfrac{\partial\theta_1}{\partial q_2} - F\dfrac{\partial y}{\partial q_2} = -F\dfrac{\mathrm{d}G}{\mathrm{d}\theta_2}\dfrac{\partial\theta_2}{\partial q_2} = -FG' \\ Q_3' = T_1\dfrac{\partial\theta_1}{\partial q_3} - F\dfrac{\partial y}{\partial q_3} = -F\end{cases} \tag{4-129}$$

把 E、U、Q_i' 代入拉格朗日方程。为了便于推导，先计算下列各项：

$$\frac{\partial E}{\partial \dot{q}_1} = J_1 \dot{q}_1 + J_2(\dot{q}_1 + \dot{q}_2) + m(\dot{q}_3 + \dot{G} + \dot{y}_2)\frac{\partial \dot{G}}{\partial \dot{q}_1}$$

而

$$\frac{\partial \dot{G}}{\partial \dot{q}_1} = \frac{\partial}{\partial \dot{q}_1}[G'(\dot{q}_1 + \dot{q}_2)] = G'$$

因此

$$\frac{\partial E}{\partial \dot{q}_1} = (J_1 + J_2)\dot{q}_1 + J_2 \dot{q}_2 + m(\dot{q}_3 + \dot{G} + \dot{y}_2)G'$$

同理有

$$\frac{\partial E}{\partial \dot{q}_2} = J_2(\dot{q}_1 + \dot{q}_2) + m(\dot{q}_3 + \dot{G} + \dot{y}_2)G'$$

$$\frac{\partial E}{\partial \dot{q}_3} = m(\dot{q}_3 + \dot{G} + \dot{y}_2)$$

$$\frac{\partial E}{\partial q_1} = m(\dot{q}_3 + \dot{G} + \dot{y}_2)\frac{\partial \dot{G}}{\partial q_1}$$

由式(4-127)得

$$\frac{\partial \dot{G}}{\partial q_1} = (\dot{q}_1 + \dot{q}_2)\frac{\partial G'}{\partial q_1} = (\dot{q}_1 + \dot{q}_2)\frac{\mathrm{d}G'}{\mathrm{d}\theta_2}\frac{\partial \theta_2}{\partial q_1}$$
$$= (\dot{q}_1 + \dot{q}_2)G''$$

式中 G''为 G 对 θ_2 的二阶导数。故有

$$\frac{\partial E}{\partial q_1} = m(\dot{q}_3 + \dot{G} + \dot{y}_2)(\dot{q}_1 + \dot{q}_2)G''$$

同理有

$$\frac{\partial E}{\partial q_2} = m(\dot{q}_3 + \dot{G} + \dot{y}_2)(\dot{q}_1 + \dot{q}_2)G''$$

$$\frac{\partial E}{\partial q_3} = 0$$

$$\frac{\mathrm{d}}{\mathrm{d}t}\left(\frac{\partial E}{\partial \dot{q}_1}\right) = (J_1 + J_2)\ddot{q}_1 + J_2 \ddot{q}_2 + mG'(\ddot{q}_3 + \ddot{G} + \ddot{y}_2) + m(\dot{q}_3 + \dot{G} + \dot{y}_2)\frac{\mathrm{d}G'}{\mathrm{d}t}$$

而

$$\frac{\mathrm{d}G'}{\mathrm{d}t} = \frac{\mathrm{d}G'}{\mathrm{d}\theta_2}\frac{\mathrm{d}\theta_2}{\mathrm{d}t} = G''(\dot{q}_1 + \dot{q}_2)$$

$$\ddot{G} = \frac{\mathrm{d}[G'(\dot{q}_1 + \dot{q}_2)]}{\mathrm{d}t} = G'(\ddot{q}_1 + \ddot{q}_2) + G''(\dot{q}_1 + \dot{q}_2)^2$$

故

$$\frac{\mathrm{d}}{\mathrm{d}t}\left(\frac{\partial E}{\partial \dot{q}_1}\right) = (J_1 + J_2)\ddot{q}_1 + J_2 \ddot{q}_2 + mG'(\ddot{q}_3 + \ddot{y}_2) + mG'^2(\ddot{q}_1 + \ddot{q}_2)$$
$$+ mG'G''(\dot{q}_1 + \dot{q}_2)^2 + mG''(\dot{q}_1 + \dot{q}_2)(\dot{q}_3 + \dot{G} + \dot{y}_2)$$

同理有

$$\frac{\mathrm{d}}{\mathrm{d}t}\left(\frac{\partial E}{\partial \dot{q}_2}\right)= J_2(\ddot{q}_1+\ddot{q}_2)+mG'(\ddot{q}_3+\ddot{y}_2)+mG'^2(\ddot{q}_1+\ddot{q}_2)$$
$$+mG'G''(\dot{q}_1+\dot{q}_2)^2+mG''(\dot{q}_1+\dot{q}_2)(\dot{q}_3+\dot{G}+\dot{y}_2)$$
$$\frac{\mathrm{d}}{\mathrm{d}t}\left(\frac{\partial E}{\partial \dot{q}_3}\right)= m(\ddot{q}_3+\ddot{y}_2)+mG''(\dot{q}_1+\dot{q}_2)^2+mG'(\ddot{q}_1+\ddot{q}_2)$$
$$\frac{\partial U}{\partial q_1}=K_3 y\frac{\partial y}{\partial q_1}=K_3(q_3+G+y_2)G'$$
$$\frac{\partial U}{\partial q_2}=K_1q_2+K_3(q_3+G+y_2)G'$$
$$\frac{\partial U}{\partial q_3}=K_2q_3+K_3(q_3+G+y_2)$$

把以上各项代入拉格朗日方程得

$$(J_1+J_2+mG'^2)\ddot{q}_1+(J_2+mG'^2)\ddot{q}_2+mG'\ddot{q}_3+mG'\ddot{y}_2$$
$$=-mG'G''(\dot{q}_1+\dot{q}_2)^2-K_3G'(q_3+G+y_2)+T_1-FG'$$
$$(J_2+mG'^2)\ddot{q}_1+(J_2+mG'^2)\ddot{q}_2+mG'\ddot{q}_3+mG'\ddot{y}_2$$
$$=-mG'G''(\dot{q}_1+\dot{q}_2)^2-K_1q_2-K_3(q_3+G+y_2)G'-FG'$$
$$mG'\ddot{q}_1+mG'\ddot{q}_2+m\ddot{q}_3+m\ddot{y}_2$$
$$=-mG''(\dot{q}_1+\dot{q}_2)^2-K_2q_3-K_3(q_3+G+y_2)-F$$

把上式中第一、二方程相减；把第二式减去第三式乘 G'，可简化得到下列三个方程：

$$J_1\ddot{q}_1=T_1+K_1q_2$$
$$J_2\ddot{q}_1+J_2\ddot{q}_2=-K_1q_2+K_2G'q_3$$
$$mG'\ddot{q}_1+mG'\ddot{q}_2+m\ddot{q}_3+m\ddot{y}_2=-mG''(\dot{q}_1+\dot{q}_2)^2-K_2q_3-K_3(q_3+G+y_2)-F$$

将第一式的 $\ddot{q}_1$ 代入二、三式，把 $\ddot{q}_2$ 代入第三式，经整理后得

$$\begin{cases}\ddot{q}_1=\dfrac{T_1}{J_1}+\dfrac{K_1}{J_1}q_2\\ \ddot{q}_2=-K_1\left(\dfrac{1}{J_1}+\dfrac{1}{J_2}\right)q_2+\dfrac{K_2G'}{J_2}q_3-\dfrac{T_1}{J_1}\\ \ddot{q}_3=-G''(\dot{q}_1+\dot{q}_2)^2-\left(\dfrac{K_2+K_3}{m}+\dfrac{K_2G'^2}{J_2}\right)q_3-\dfrac{K_3G+F}{m}-\dfrac{K_3y_2}{m}+\dfrac{G'K_1}{J_2}q_2-\ddot{y}_2\end{cases}\tag{4-130}$$

联立式(4-125)及式(4-130)，共有 5 个方程，有 5 个未知量 T_1、q_2、q_3、y_1、y_2，所以可以通过解上述 5 个二阶非线性微分方程组来求得 4 个广义坐标及所需的外力矩 T_1。式(4-125)及式(4-130)分别为两个局部的动力学方程，它们通过凸轮从动杆与凸轮间的作用力耦合为联立方程。

4.6　考虑构件弹性的机构设计

从上一节的分析中可知构件的弹性对机构的运动、动力学特性的影响，在有些情况下，特别当机构的工作速度接近系统的自然频率时，这种影响是很大的，因此，考虑构件弹

性的机构设计，亦成为机构学中一个重要分支。一般说来，可以从以下两方面采取措施，以得到理想的运动学、动力学特性。

(1) 合理设计机构的运动学参数。例如连杆机构的构件尺寸、凸轮机构的轮廓、选择适当的运动规律等。

(2) 合理选择机构的动力学参数，即系统的质量、转动惯量的大小及其分布、构件的刚度、阻尼等。例如第 3 章中关于机构惯性力平衡问题，就是通过改变机构的质量分布来解决机构的不平衡产生的振动问题，属于刚性机构动力学设计。

以下将结合高速凸轮机构、连杆机构来介绍机构弹性动力学设计的基本方法。

4.6.1 特定运动规律下的凸轮机构设计

在上一节中，我们分析了由于从动杆弹性变形，使得从动杆与凸轮相接触的输入端运动 $s(\theta)$ 与输出端运动 $y(\theta)$ 不一致，它们二者之差为动态误差。比较 $s(\theta)$ 和 $y(\theta)$ 可以看出动态误差包括两个部分。一部分是与 $s(\theta)$ 同步的误差。这种误差在等速运动规律中，可由式(4-120)得出为

$$\delta_{1\text{等}} = \left(1-\frac{k_r}{k_r+k_s}\right)\frac{h}{\theta_1}\theta$$

余弦运动规律可由式(4-123)得出：

$$\delta_{1\text{余弦}} = \frac{h}{2}\left\{\left(1-\frac{k_r}{m\,\omega^2}\right)+\left[1-\frac{1}{1-\left(\dfrac{\pi\Omega}{\theta_1\omega}\right)^2}\right]\cos\frac{\pi}{\theta_1}\theta\right\}$$

这一部分误差，在一定转速下可以通过对 $s(\theta)$ 的修正消除或减小。例如对等速运动规律，可把

$$s(\theta) = \frac{h}{\theta_1}\theta$$

修改为 $s^*(\theta)=\dfrac{k_r+k_s}{k_r}h\dfrac{\theta}{\theta_1}$，从而在从动杆变形后，仍能达到升程 h。

另一部分误差是由于以自然频率 ω 的振动产生的，即式(4-120)右边第二项和式(4-123)右边的第一项。如果从动杆选用多质量模型或有限元模型(见图 4-22(b)，(c))，这种振动将为多个自然频率的振动相叠加后的结果。这部分振动虽然是由于输入端的冲击引起的自由振动，其幅值可以由于阻尼的存在而衰减，但由于凸轮的周期性运动，使冲击不断地发生，从而很难完全消失。这种振动往往是有害的。例如在发动机的配气机构中，这种振动会直接影响发动机的性能。在确定的运动规律下减小这种振动的途径是合理地设计系统的质量、刚度和阻尼这些动力学参数。在进行动力学参数设计时，常以动态误差最小为目标函数。设理想的输出运动为 y_{ideal}，则目标函数为

$$\min\left[\sum_{i=1}^{N}(y_{\text{ideal}}-y)_i^2\right]$$

式中 N 为运动周期内的取样点数。设计变量为

$$[X_1,X_2,\cdots]=[m_1,m_2,\cdots,k_{r1},k_{r2},\cdots,k_s,C_1,C_2,\cdots]^{\mathrm{T}}$$

此外，还应建立约束条件，如从动杆总质量、刚度系统的限制值等。确定了这些条件

以后，就可对动力学参数进行优化设计。

应当说明的是，由于弹性构件的动态响应与机构运行速度有关，因此这些设计只能满足某一速度，或很小一个速度范围的要求。不仅凸轮机构如此，所有考虑构件弹性的设计均有这一共同特征。

4.6.2 高速凸轮运动规律设计

当从动件的运动规律可以改变时，作为动力学设计问题，我们也可以用类似逆动力学的思路来处理凸轮的运动规律设计问题。也就是说，可以令从动杆输出运动 $y(\theta)$ 为所要求的运动，反过来求输入端的运动规律 $s(\theta)$。

在式(4-117)中有

$$\ddot{y}=\frac{\mathrm{d}^2 y}{\mathrm{d}\theta^2}\left(\frac{\mathrm{d}\theta}{\mathrm{d}t}\right)^2=\Omega^2\frac{\mathrm{d}^2 y}{\mathrm{d}\theta^2}$$

该式可改写为

$$\Omega^2\frac{\mathrm{d}^2 y}{\mathrm{d}\theta^2}+\omega^2 y=\frac{k_r}{m}s(\theta)$$

所以有

$$s(\theta)=\frac{m}{k_r}\Omega^2\frac{\mathrm{d}^2 y}{\mathrm{d}\theta^2}+\frac{m}{k_r}\omega^2 y \tag{4-131}$$

为了减小由于 $s(\theta)$ 不连续产生的冲击，$s(\theta)$ 至少应具有连续的一阶导数。因此 $y(\theta)$ 至少应具有连续的三阶导数 $\frac{\mathrm{d}^3 y}{\mathrm{d}\theta^3}$。在满足高阶导数连续性的函数中，多项式是比较容易实现的。从这一点出发，可以采用一种多项式动力凸轮，即根据凸轮的动力学特性，用多项式来设计凸轮的运动规律。为了满足 $y(\theta)$ 的三阶导数连续，且满足条件：

$$\begin{cases}\theta=0, y=y'=y''=y'''=0\\ \theta=\theta_1, y=h, y'=y''=y'''=0\end{cases} \tag{4-132}$$

则应取的多项式最低阶次为 4，最高阶次为 7，即

$$y(\theta)=C_4\theta^4+C_5\theta^5+C_6\theta^6+C_7\theta^7 \tag{4-133}$$

代入式(4-132)，取无量纲形式 $\theta_1=1, h=1$，可解出

$$C_4=35,\quad C_5=-84,\quad C_6=70,\quad C_7=-20$$

所以七次多项式为

$$y(\theta)=35\theta^4-84\theta^5+70\theta^6-20\theta^7$$

在保证最低阶次的前提下，可以用提高最高阶次的方法来改善运动特性。例如，可以把多项式的最高阶次提高到 9，即

$$y(\theta)=C_4\theta^4+C_5\theta^5+C_6\theta^6+C_7\theta^7+C_8\theta^8+C_9\theta^9$$

此外，还可在 $\theta=0\sim1$ 之间选取一些限制条件，诸如限制最大速度等，来调整多项式运动规律。目前应用的多项式，最高阶次已达 50。

4.6.3 高速平面连杆机构设计

在高速机械设计中，例如空间科学用的探测装置、航空航天设施等，不仅要求它们能

在高速下满足工作性能的需求，还要求质量轻。这就往往导致构件刚度下降，从而产生过大的变形和动应力。因此在进行高速连杆机构设计时，通常以构件的截面形状与尺寸作为设计变量，用优化设计的方法，在满足一定条件下，取得最优解。这些条件可以是：

(1) 由于弹性变形产生的运动误差在预先设定的范围内。

(2) 机构的质量达到最小。

(3) 构件中的动应力，不超过允许值。

(4) 各种条件的组合。

考虑构件弹性的动力学设计的基本过程如图 4-25 所示。在优化设计中，目标函数可定为所有构件质量之和最小，即

$$\min\left[\sum_{i=1}^{N} m_i\right] \tag{4-134}$$

也可以将多种指标组合成多目标函数，即

$$\min\left[C_1\sum_{i=1}^{N} m_i + C_2\sum_{j=1}^{Q}\delta_j + C_3\sum_{k=1}^{P}\sigma_k\right] \tag{4-135}$$

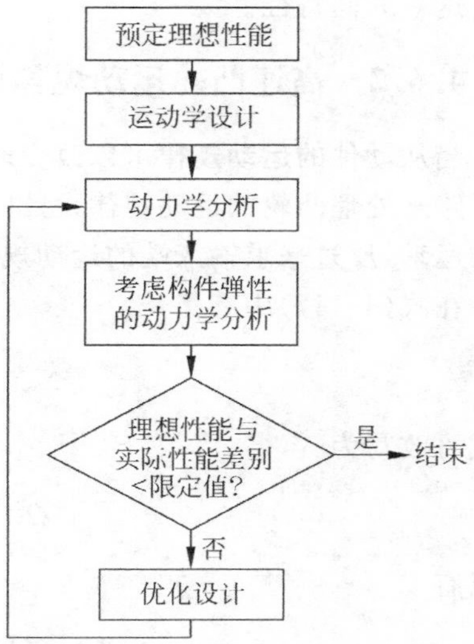

图 4-25　机构动力学参数设计基本过程

式中 m_i——每个构件质量；δ_j——由于构件弹性产生的运动误差；σ_k——各构件的动应力。

显然，设计的约束条件的确定要根据机构工作的特定要求。例如，对图 4-26 所示的实现预定轨迹的四杆机构，需选择 P 点在 x、y 方向的最大偏移不超过限定值，即

$$\begin{cases} |\delta_{Px}(D,t)|_{\max} \leqslant [\delta_{Px}] \\ |\delta_{Py}(D,t)|_{\max} \leqslant [\delta_{Py}] \end{cases} \tag{4-136}$$

有关应力的约束条件，应分别考虑各构件的最大正应力给出，即

$$|\sigma_K(D,t)|_{\max} \leqslant [\sigma]_K \quad K=1,2,\cdots,N \tag{4-137}$$

式中 D——设计变量；N——构件数。

关于设计变量的搜索方法，可参考优化设计的有关章节。

下面以图 4-27 所示的四杆机构为例，说明机构运动弹性动力学设计过程。设计要求是

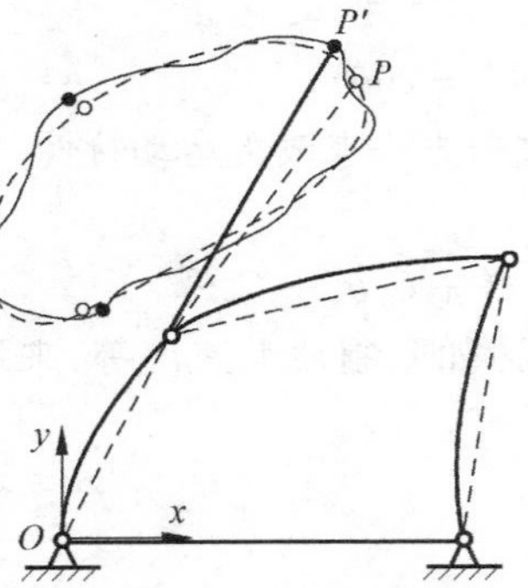

图 4-26　实现轨迹要求的弹性四杆机构

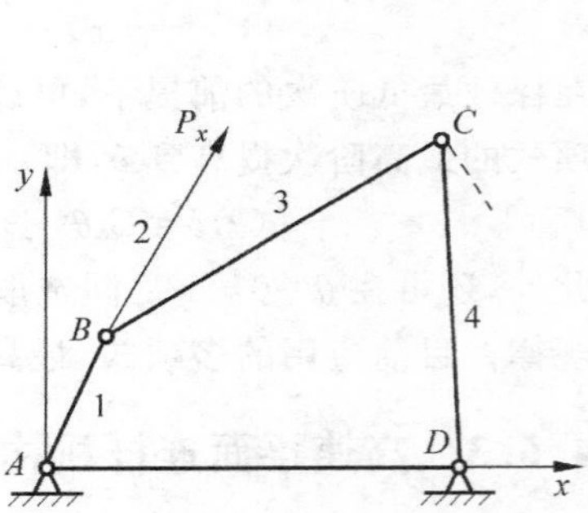

图 4-27　弹性四杆机构设计示例

在 P 点运动轨迹在任何方向与刚性机构的误差均不大于 0.5 cm 的条件下，构件质量之和最小。在设计中选择所有构件为铝质等截面均质杆，材料弹性模量 $E=1\times10^9\ \mathrm{N/m^2}$，密度 $\rho=2.77\times10^3\ \mathrm{kg/m^3}$，机构中曲柄的转速为 300 r/min。按刚性构件进行运动学设计后，各构件的长度为：$a_1=30.5$，$a_2=54.8$，$a_3=91.4$，$a_4=76.2$，$a_0=91.4$，单位：cm。需要考虑杆件弹性进行动力学优化设计。优化设计过程介绍如下。

1. 建立优化设计的数学模型

目标函数为

$$\min\left(\sum_{i=1}^{4} m_i\right)=\min\left(\sum_{i=1}^{4}\rho A_i a_i\right)$$

式中 A_i——构件的截面面积。

约束条件为

$$|\max\delta_{Px}|\leqslant 0.5$$
$$|\max\delta_{Py}|\leqslant 0.5$$

设计变量为 A_1，A_2，A_3，A_4。

2. 用 4.3 节中介绍的方法，建立有限元中的单元动力学方程和系统动力学方程。

3. 用优化设计方法进行设计变量的搜索和迭代，此处采用直接搜索和罚函数进行迭代，优化过程如图 4-25 所示。

设计结果为 $A_1=13.03$，$A_2=9.29$，$A_3=18.87$，$A_4=1.72$，单位：$\mathrm{cm^2}$。总质量 $\sum m_i=7.39\mathrm{kg}$，最大变形均为 0.5cm。

在上面进行的设计中，是以限制杆件 2 上 P 点的最大变形量为约束条件进行优化的。在这种情况下，各构件承受的最大应力并未达到允许的最大值。因此，可以想见如果各构件承受的应力进一步提高的话，机构的总质量还可以进一步减小。当以构件承受的最大动应力为约束条件进行优化时，设

$$(\sigma_1)_{\max}\leqslant 1.33\times10^7\ \mathrm{kg/m^2}$$
$$(\sigma_2)_{\max}\leqslant 1.33\times10^7\ \mathrm{kg/m^2}$$
$$(\sigma_3)_{\max}\leqslant 1.33\times10^7\ \mathrm{kg/m^2}$$
$$(\sigma_4)_{\max}\leqslant 1.33\times10^7\ \mathrm{kg/m^2}$$

所得到的结果为 $\sum m_i=1.5\mathrm{kg}$。但此时 P 点的最大位置偏移增加至 5.5cm。

通常把使杆件承受应力最大以达到机构质量最小的设计称为满应力设计。这种设计的优点是可以充分利用材料以使机构最轻。为了克服在满应力时，构件变形产生的运动误差过大的问题，可以在满应力设计以后，再对机构的运动学尺寸进行调整，以减小运动误差。下面介绍两种调整运动尺寸的方法。

1. 向量延伸旋转法

向量延伸旋转的基本操作如图 4-28 所示。设某一杆件由初始位置 OP_0 逆时针转动，预期运动到 OP_j 的位置。但由于杆件的弹性变形（包括伸长和弯曲）或者由于从动件运动规律受外力影响产生的变化，使杆件处于 OP'_j。杆件的预期位置可用向量 $\boldsymbol{A}_j$ 表示：

$$\boldsymbol{A}_j = a_j \mathrm{e}^{\mathrm{i}\theta_j}$$

式中 a_j——杆件原始长度；θ_j——预期的转角。杆件实际所处的位置用向量 $\boldsymbol{A}'_j$ 表示：

$$\boldsymbol{A}'_j = a_j \mathrm{e}^{\mathrm{i}(\theta_j + \Delta\theta_j + \Delta L_j)} \tag{4-138}$$

式中 $\Delta L_j = \ln \dfrac{a_j + \Delta a_j}{a_j}$；$\Delta a_j$，$\Delta\theta_j$ 分别是杆件长度及角位置与原始状态之差。

$\mathrm{e}^{\mathrm{i}(\theta_j + \Delta\theta_j + \Delta L_j)}$ 叫做运动弹性动力学的延伸旋转操作因子(简称 KEDSRO)，它在进行构件尺寸调整时，非常有用。例如图 4-27 所示的四杆机构左边两个构件(见图 4-29)在刚性机构运动中，构件 1、2 应由 AB_0P_0 运动到 AB_jP_j，1 杆转动角度为 θ_j，2 杆为 β_j。由于构件弹性和其他动力学因素，使得它们实际运动是由 AB_0P_0 至 $AB'_0P'_0$ 和 $AB'_jP'_j$。P 点位置差用 $\Delta\boldsymbol{R}_0$ 和 $\Delta\boldsymbol{R}_j$ 表示。设两杆件的长度分别为 a_1，a_2，由 P_0 至 P_j 的预期位移为 $\boldsymbol{S}_j$，实际位移为 $\boldsymbol{S}'_j$；$\boldsymbol{A}_1$，$\boldsymbol{A}_2$ 为刚性杆起始位置向量；$\boldsymbol{A}'_1$，$\boldsymbol{A}'_2$ 为弹性杆的起始位置向量。

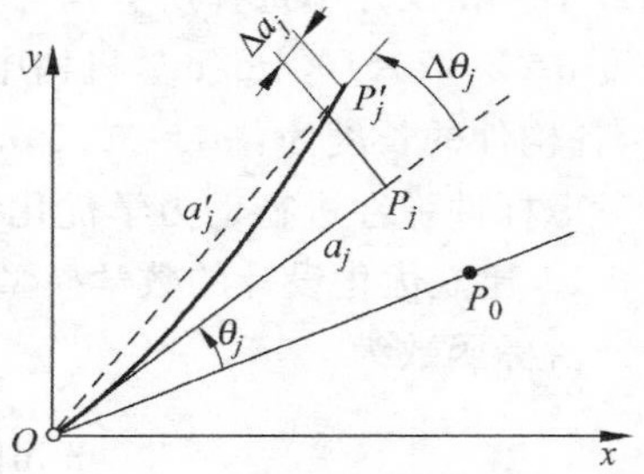

图 4-28　延伸旋转向量

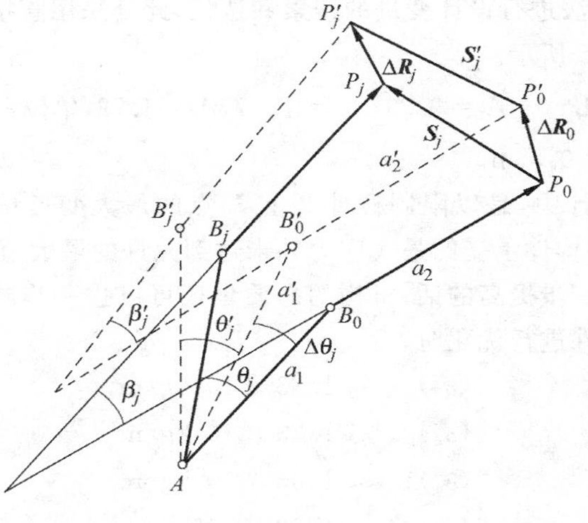

图　4-29

刚性机构的封闭多边形可表示为

$$a_1 \mathrm{e}^{\mathrm{i}\theta_j} + a_2 \mathrm{e}^{\mathrm{i}\beta_j} - \boldsymbol{A}_1 - \boldsymbol{A}_2 = \boldsymbol{S}_j \tag{4-139}$$

实际运动的封闭多边形为

$$a'_1 \mathrm{e}^{\mathrm{i}\theta'_j} + a'_2 \mathrm{e}^{\mathrm{i}\beta'_j} - \boldsymbol{A}'_1 - \boldsymbol{A}'_2 = \boldsymbol{S}'_j \tag{4-140}$$

当用 KEDSRO 操作因子表示时，式(4-140)变为

$$a_1 \mathrm{e}^{\mathrm{i}(\theta_j + \Delta\theta_j + \Delta L_{1j})} + a_2 \mathrm{e}^{\mathrm{i}(\beta_j + \Delta\beta_j + \Delta L_{2j})} - a_1 \mathrm{e}^{\mathrm{i}(\Delta\theta_j + \Delta L_{1j})} - a_2 \mathrm{e}^{\mathrm{i}(\Delta\beta_j + \Delta L_{2j})} = \boldsymbol{S}'_j$$

而

$$\boldsymbol{S}'_j = \boldsymbol{S}_j - \Delta\boldsymbol{R}_0 + \Delta\boldsymbol{R}_j$$

所以机构实际运动的封闭多边形为

$$a_1 e^{i(\theta_j+\Delta\theta_j+\Delta L_{1j})}+a_2 e^{i(\beta_j+\Delta\beta_j+\Delta L_{2j})}-a_1 e^{i(\Delta\theta_j+\Delta L_{1j})}-a_2 e^{i(\Delta\beta_j+\Delta L_{2j})}$$
$$=\boldsymbol{S}_j+\Delta\boldsymbol{R}_j-\Delta\boldsymbol{R}_0 \qquad (4\text{-}141)$$

式中 $\boldsymbol{S}_j$ 为设计所要求的 P 点位移。在理想情况下，$\Delta\boldsymbol{R}_j$ 和 $\Delta\boldsymbol{R}_0$ 均应为 0，而 θ_j，$\Delta\theta_j$，β_j，$\Delta\beta_j$，ΔL_{1j} 和 ΔL_{2j} 可以在初始设计，即不考虑构件弹性情况下对所设计的机构进行运动分析和运动弹性动力学分析后得出，将它们代入式(4-141)并令 $\Delta\boldsymbol{R}_j$ 和 $\Delta\boldsymbol{R}_0$ 为 0 时得到方程：

$$a'_1 e^{i(\theta_j+\Delta\theta_j+\Delta L_{1j})}+a'_2 e^{i(\beta_j+\Delta\beta_j+\Delta L_{2j})}-a'_1 e^{i(\Delta\theta_j+\Delta L_{1j})}-a'_2 e^{i(\Delta\beta_j+\Delta L_{2j})}=\boldsymbol{S}_j \qquad (4\text{-}142)$$

由式(4-142)求解出构件长度 a'_1，a'_2，它们显然与初始设计尺寸有所不同，是在考虑构件弹性变形及其他动力等因素引起的误差情况下，满足原始运动要求的新的机构尺寸。在对新机构进行运动弹性动力学分析后，可确定新机构所实现的运动与原始要求的误差，看其是否满足要求，其结果应是更接近原始要求。

2. 运动改善法

假定弹性机构微小位移变化以及机构运动学尺寸关系与刚性机构相同，这样便可由刚性机构运动学分析得出的关系，求出某点位移对机构各尺寸的偏导数，从而建立补偿弹性变形所需的尺寸修改量与补偿量的方程式，求解出尺寸修改量。

值得提出的是，进行几何尺寸修改时，经常要取机构的多个位置来建立方程，因此可以修改的几何参数越多，显然能满足的位置越多。如果方程数多于需修改的尺寸数，则会出现矛盾方程。这里又需要用优化方法(如最小二乘法)求解。此外，如果是在满应力设计的基础上修改尺寸，则当运动学尺寸修改较大时，应检验构件的最大动应力。

以上介绍了考虑构件弹性时，机构设计的基本方法。机构的动力学设计与其他设计的不同点在于：

(1) 所设计的结果与机构的工作速度和条件有关，所以所得结果只适用于某个速度范围。

(2) 在设计过程中，构件的惯性力是个重要因素。当改变构件结构尺寸时，例如提高构件刚度，有可能引起惯性力增加，因此需要全面考虑。

第 5 章　挠性转子的系统振动与平衡

在工业上有许多由绕定轴旋转构件组成的旋转机械，例如：发电机组，鼓风机和化工机械等。在机械中绕定轴转动的构件叫做转子。为了提高生产效率，这些转子往往需要在比较高的速度下运动。此外，在汽轮发电机组中，为了提高功率，常采用加长转子的办法，从而降低转子的刚度。这些情况都有可能引发机械系统强烈振动，因而产生了专门研究旋转机械振动的转子动力学。引起高速转子振动的原因有外界交变载荷，转子自身的不平衡，油膜轴承的性能及转子内部的裂纹等。本书主要介绍作为转子动力学基础的由转子不平衡引起的横向振动问题，所介绍的方法亦可扩展应用于其他振动问题的分析与研究。

5.1　转子在不平衡力作用下的振动

5.1.1　刚性转子在弹性支承上的振动

对于刚性转子的这种振动现象，我们并不陌生。如果把这种转子系统简化为两个自由度的线性振动系统(见图 5-1)，并取质心 S 的位移 y_S 和绕质心 S 的转角 θ 为两个广义坐标，我们就可以用拉格朗日方程(1-4)推出这个系统的动力学方程。

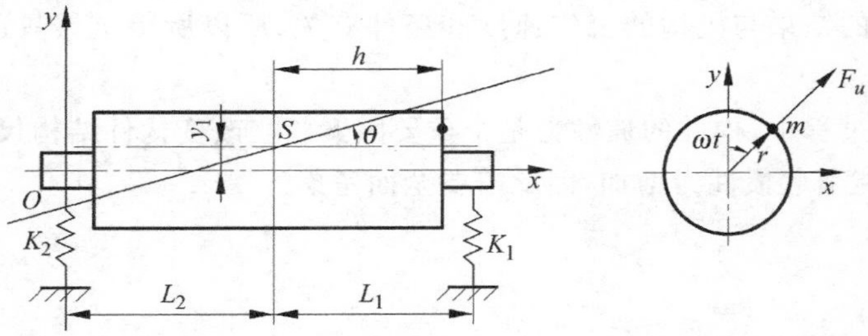

图 5-1　弹性支承上的刚性转子

设转子的质量为 M，绕质心并垂直于 xOy 平面的轴的转动惯量为 J_S，两支承的刚度系数为 K_1，K_2。在此我们将支承的弹性力作为外力处理，式(1-4)可写成

$$\frac{\mathrm{d}}{\mathrm{d}t}\left(\frac{\partial E}{\partial \dot{q}_i}\right)-\frac{\partial E}{\partial q_i}=Q_i \tag{5-1}$$

取广义坐标 $q_1=y_S$，$q_2=\theta$，系统的动能为

$$E=\frac{1}{2}(M\dot{y}_S^2+J_S\dot{\theta}^2)$$

从而有

$$\frac{\partial E}{\partial \dot{y}_S}=M\dot{y}_S,\quad \frac{\partial E}{\partial \dot{\theta}}=J_S\dot{\theta},\quad \frac{\partial E}{\partial y_S}=\frac{\partial E}{\partial \theta}=0$$

支承弹性力为

$$F_{K1}=-K_1(L_1\theta+y_S)$$
$$F_{K2}=-K_2(-L_2\theta+y_S)$$

设转子上对质心距离为 h 的平面上所具有的不平衡量为 mr。因为一般转子的不平衡量不是很大，所以只考虑它所产生的不平衡力，而不计它对转子转动惯量等系统参数的影响。则转子的不平衡力为

$$F_u=mr\omega^2$$

ω 为转子转动的角速度。所以系统的动力学方程为

$$\begin{cases}\dfrac{\mathrm{d}(M\dot{y}_S)}{\mathrm{d}t}=F_{K1}+F_{K2}+F_u\cos\omega t\\[2ex]\dfrac{\mathrm{d}(J_S\dot{\theta})}{\mathrm{d}t}=F_{K1}L_1-F_{K2}L_2+F_u h\cos\omega t\end{cases}$$

将 F_{K1}、F_{K2}、F_u 代入上式并整理得

$$\begin{cases}M\ddot{y}_S+(K_1+K_2)y_S-(K_2L_2-K_1L_1)\theta=mr\omega^2\cos\omega t\\[2ex]J_S\ddot{\theta}+(K_1L_1^2+K_2L_2^2)\theta-(K_2L_2-K_1L_1)y_S=mr\omega^2h\cos\omega t\end{cases}$$

若该转子系统的结构对称，即 $K_1=K_2=K$，$L_1=L_2=L$，则方程简化为

$$\begin{cases}M\ddot{y}_S+2Ky_S=mr\omega^2\cos\omega t\\[2ex]J_S\ddot{\theta}+2KL^2\theta=mr\omega^2h\cos\omega t\end{cases}$$

方程的特解为

$$\begin{cases}y_S=\dfrac{mr\omega^2}{2K-M\omega^2}\cos\omega t\\[2ex]\theta=\dfrac{hm\omega^2r}{2KL^2-J_S\omega^2}\cos\omega t\end{cases}\tag{5-2}$$

由式(5-2)可以看出刚性转子在不平衡力作用下的振动具有如下特点：

(1) 振动的幅值和原始不平衡量的大小 mr 成正比。

(2) 当转子的角速度 $\omega=\omega_{yc}=\sqrt{\dfrac{2K}{M}}$ 和 $\omega=\omega_{\theta c}=\sqrt{\dfrac{2KL^2}{J_S}}$ 时，转子振动的幅值趋于∞，ω_{yc} 和 $\omega_{\theta c}$ 就是在弹性支承上的刚性转子的临界速度。这种振动现象在一般低速软支承动平衡机上可以观察到。

5.1.2 挠性转子在刚性支承上的振动

为了说明这种现象，先看一个具体例子。图 5-2 为一根细长的钢轴，尺寸如图所示。如果支承的刚度系数为 $K_1=K_2=10^6$ N/cm，转子质量 $M\approx$

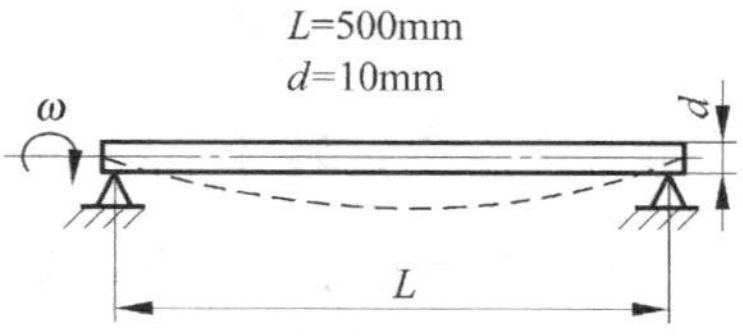

图 5-2 刚性支承上的弹性转子

$\frac{7.8\times\pi d^2\times L}{4}=\frac{7.8\times\pi\times1\times50}{4\times1000}=0.31$ kg,可以估算它发生刚性转子-轴承系统共振时的临界速度为

$$\omega_{yc}=\sqrt{\frac{2K}{M}}\approx 2500\ \mathrm{s}^{-1}$$

即

$$n_{yc}=2.4\times10^4\ \mathrm{r/min}$$

从这个计算结果可以知道,这种转子系统产生上述振动时转速很高。这种支承刚度相对于轴的刚度很大的情况,可以认为支承是刚性的,即认为 K_1、$K_2\to\infty$,因而不容易发生刚性转子系统的共振。然而就是这样一根转子如果存在原始不平衡量的话,当转速接近 6800 r/min 时,会发生强烈振动。而且通过测量仪器可以观察到这时轴发生相当大的弯曲(弹性变形),如图 5-2 虚线所示。这说明在这种情况下不能再把转子作为刚体来研究它的动力学性质。同时也说明对于这种以弯曲变形为主的转子还存在着另一种临界速度,称之为弯曲临界速度,在此简称为临界速度。转子的弯曲临界速度随它的刚度而改变。转子越细长,临界速度越低,并且它的临界速度不止一个。当我们把图 5-2 所示的轴的转速升高到 6800 r/min 以上时,轴的振动会逐渐平静下来,而继续升高达到某一数值时,又会发生强烈振动。如此下去,理论上可以出现无穷多次这种振动。我们依次称之为一阶临界速度、二阶临界速度……。

转速在一阶临界速度以上的转子叫做挠性转子,在一阶临界速度以下运转的转子叫刚性转子。

近年来,随着工业的发展,在高速机械和大功率的发电机组中比较多地采用了挠性转子。这是因为对于速度很高的机械,如果设计成刚性转子,会加大机件的尺寸。对于大功率的发电机组,为了提高机组容量,常常采用加大转子长度的办法,因而降低了轴的刚度,使转子的临界速度较低,机组的工作转速往往在一阶或二阶临界速度以上。下表是常见的几种发电机组转子的工作转速及临界转速。

电机容量/kW	转子直径/mm	转子长度/mm	重量/kN	临界转速/r·min^{-1}	工作转速/r·min^{-1}
50000	820	8000	176.4	1280	3000
125000	1000	9275	303.8	1250	3000
300000	1100	12430	588	950(Ⅰ) 2750(Ⅱ)	3000

转子的临界速度及其在临界速度时的变形问题、振动问题是本章重点讨论的问题之一,将在下面几节中逐步讨论。

5.1.3　挠性转子在弹性支承上的振动

上面分别讨论了弹性支承和挠性轴的情况。通常当转子的刚度和支承刚度相差不是很悬殊时,要同时考虑二者的弹性。

挠性转子在弹性支承上的振动现象和挠性转子在刚性支承上情况相仿,转子系统也

存在着无穷多阶临界速度，在临界速度下转子也会产生变形，系统也会发生振动。但是由于支承弹性的影响，有下述三点不同：

(1) 支承弹性使各阶临界速度降低。

(2) 由于支承在垂直和水平方向均有弹性，而且刚度在两个方向上不一定相等，因此对于任一阶临界速度都可能存在着两种速度，$n_{c水平}$和$n_{c垂直}$。

(3) 在临界速度下转子不仅本身产生弯曲，而且还在支承上沿两个方向振动，因此轴心的运动轨迹不是一个圆，而是一个椭圆。

图 5-3 为在试验台上记录下的一根试验转子的轴心轨迹。在水平和垂直方向上分别装两个传感器，把在两个方向测得的轴的振动送入示波器的 x 向和 y 向，就可以从示波器上拍摄下轴心运动轨迹。

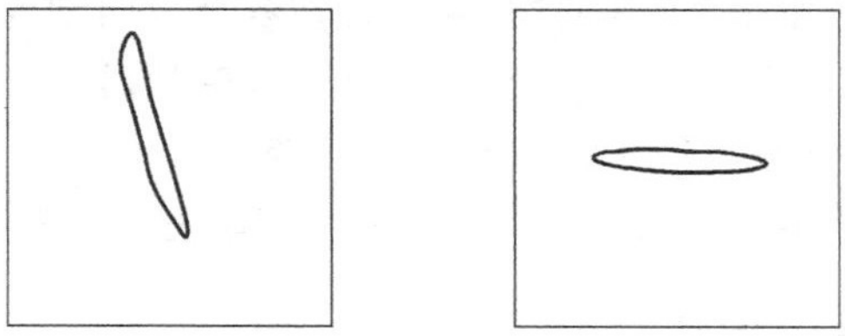

(a) (b)

图 5-3 两种临界速度时的轴心轨迹

图 5-3(a)是当转速为 $n_{c垂直}$时拍摄的。此时椭圆的长轴大约在垂直方向上。图 5-3(b)为转速等于 $n_{c水平}$时的情况。由于该试验台支座的垂直刚度小于水平刚度，所以临界速度 $n_{c垂直}<n_{c水平}$。

图 5-4 概括了上面所讲的三种情况，表示了转子转速与支承刚度、挠性转子与刚性转子的关系。图的左部为支承刚度小时的情况，此时当速度不太高时发生转子为刚体时的共振，高速时产生弯曲振动。同一根转子当支承刚度增大后，变成图右方所示的情况，此时没有出现刚性转子-支承系统共振现象。图中虚线为刚性转子和挠性转子的分界线。

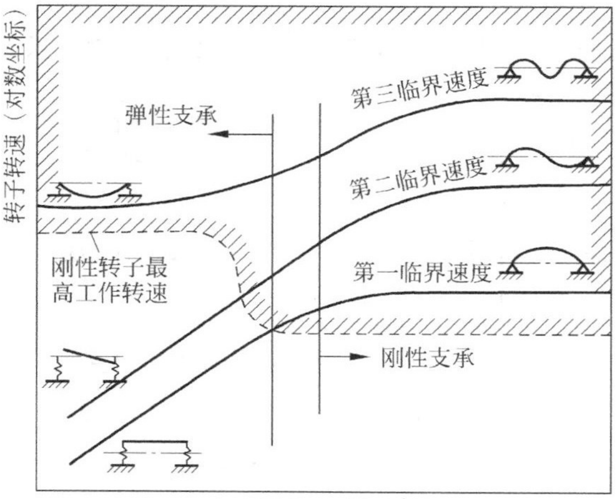

图 5-4 不同支承刚度和转速时的临界速度

5.2　单圆盘挠性转子的振动

在上一节已经谈到挠性转子以临界速度运转时，会产生很大变形，因而引起转子系统的强烈振动。单圆盘转子是挠性转子中最简单的一种，然而挠性转子的许多基本现象在单圆盘转子中均有所表现。所以分析单圆盘转子是进一步了解复杂转子的基础。

为了使问题进一步简化，我们对图5-5所示的单圆盘转子作如下假定：

(1) 圆盘位于轴的中央。在这种假定下，圆盘振动时轴线不发生偏斜，因而可不计陀螺力矩。

(2) 转轴的截面是圆形的，即各向同性，转轴在各个方向刚度相同。

(3) 转轴为均质轴，即沿轴向各截面相同，且不计轴的质量。

(4) 支承是刚性的，在分析时不计支承部分的变形。

上述假定虽然与实际情况不尽相同，但对一些简单情况仍然是适用的。

5.2.1　转子的自由振动

图5-5所示的单圆盘转子在没有不平衡量的情况下，若没有外界干扰，转子轴线与固定坐标 $Oxyz$ 的 x 轴重合。圆盘中心处于 O_b 点。在受到外界干扰后，轴发生弯曲，圆盘中心处于 O_r 点。O_r 点的运动反映了圆盘的运动。它的动力学微分方程为

$$\begin{cases} M\ddot{y} + Ky = 0 \\ M\ddot{z} + Kz = 0 \end{cases} \tag{5-3}$$

式中 M——圆盘质量；K——轴在 $x=l/2$ 处的刚度系数，K 的值可用材料力学的计算公式算出。当支承为简支时，圆盘处轴的挠度可按下列公式计算(参数见图5-6)：

$$y_a = \frac{Pab}{6lEI}(l^2 - a^2 - b^2)$$

式中 $I=\frac{\pi d^4}{64}$；d——轴直径；E——材料弹性模量。圆盘处刚度系数 $K=\frac{P}{y_a}$。

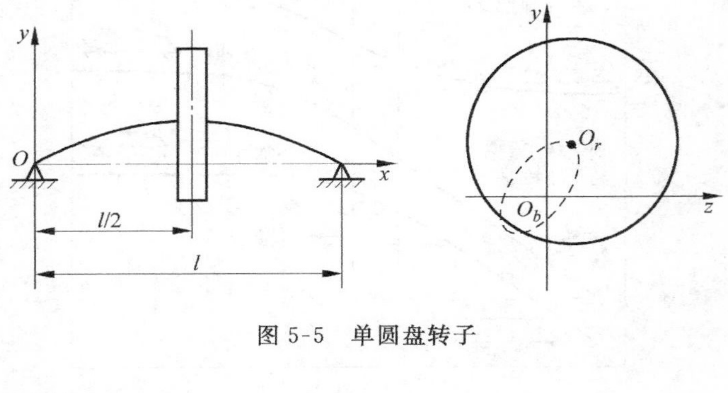

图5-5　单圆盘转子

式(5-3)可改写为

$$\begin{cases}\ddot{y}+\omega_n^2 y=0\\ \ddot{z}+\omega_n^2 z=0\end{cases}\tag{5-4}$$

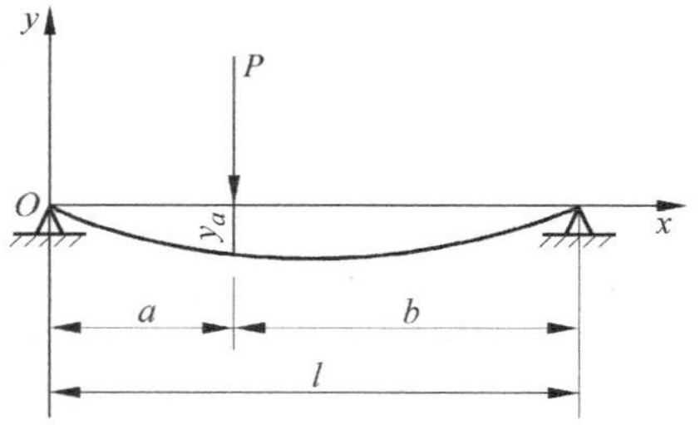

图 5-6 轴的力学模型

其中

$$\omega_n^2=\frac{K}{M}$$

由于式(5-4)中有两个独立的方程，可以分别求解。在这里我们用复数来表达 O_r 点的运动，即

$$\boldsymbol{S}=z+\mathrm{i}y$$

因此式(5-4)中两方程可以合并写成

$$\ddot{S}+\omega_n^2 S=0$$

其解为

$$S=A\mathrm{e}^{\mathrm{i}\omega_n t}+B\mathrm{e}^{-\mathrm{i}\omega_n t}\tag{5-5}$$

式中 A、B 均为复数，由初始条件决定，代表圆盘中心 O_r 点的运动轨迹，这种运动又称为轴心涡动。该运动可能有以下几种情况：

(1) $A\neq0, B=0$，轨迹为圆，正向涡动。

(2) $A=0, B\neq0$，轨迹也是圆，反向涡动。

(3) $A=B$，轨迹为沿 z 轴的直线。$A=-B$，轨迹为沿 y 轴的直线。

(4) $A\neq B$，轨迹为椭圆。

在上述分析中，没有计入外界阻尼。在有粘滞阻尼情况下，圆盘的动力学方程为

$$\ddot{S}+2n\dot{S}+\omega_n^2 S=0$$

式中 $n=\frac{c}{2M}$，c 为粘性阻尼系数，单位 N·s/m。当 $\omega_n>n$ 时，方程的解为

$$\begin{cases}S=\mathrm{e}^{-nt}(A\mathrm{e}^{\mathrm{i}\omega'_n t}+B\mathrm{e}^{-\mathrm{i}\omega'_n t})\\ \omega'_n=\sqrt{\omega_n^2-n^2}\end{cases}\tag{5-6}$$

由式(5-6)可以看出，在正阻尼 $n>0$ 时，轴心的涡动是衰减的，涡动的频率低于无阻尼情况。然而，在负阻尼 $n<0$ 的情况下，涡动发散，振动越来越大，这种现象叫不稳定现象。在实际机械中，有时会出现这种现象。产生这种现象的原因有油膜轴承的失稳、转子内摩擦等。

5.2.2 转子有不平衡时的不平衡响应

当圆盘上有不平衡时(见图 5-7)，它的质心将偏离圆盘的圆心 O_r，位于 O_c 点。设偏心量 O_rO_c 为 a，这时圆盘的动力学方程为

$$\begin{cases}M\dfrac{\mathrm{d}^2}{\mathrm{d}t^2}(z+a\cos\Omega t)+c\dot{z}+Kz=0\\ M\dfrac{\mathrm{d}^2}{\mathrm{d}t^2}(y+a\sin\Omega t)+c\dot{y}+Ky=0\end{cases}\tag{5-7}$$

式中 Ω——转子转速；z、y——O_r 点的坐标；K——圆盘处轴的刚度系数。式(5-7)可改

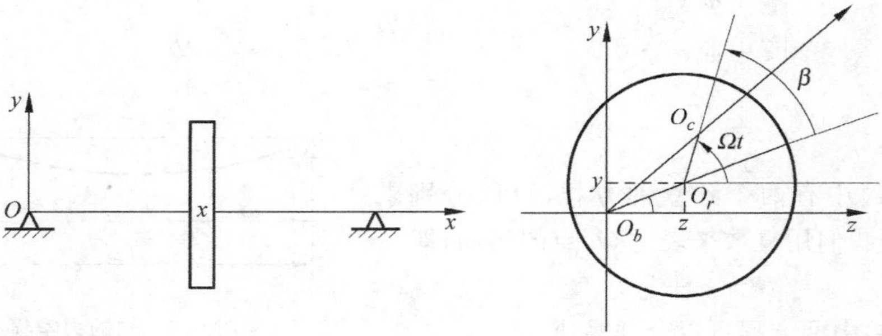

图 5-7　有不平衡量的单圆盘转子

写成

$$\begin{cases} M\ddot{z}+c\dot{z}+Kz=Ma\Omega^2\cos\Omega t \\ M\ddot{y}+c\dot{y}+Ky=Ma\Omega^2\sin\Omega t \end{cases} \tag{5-8}$$

圆盘在 x、y 方向的运动可以用一个复数向量 $\boldsymbol{S}$ 表示，即

$$\begin{cases} \boldsymbol{S}=z+\mathrm{i}y \\ M\ddot{S}+c\dot{S}+KS=Ma\Omega^2\mathrm{e}^{\mathrm{i}\Omega t} \end{cases} \tag{5-9}$$

寻求圆盘在不平衡力作用下的振动(称为不平衡响应)就是求式(5-9)的特解。设特解为

$$\boldsymbol{S}=\bar{\boldsymbol{S}}\mathrm{e}^{\mathrm{i}\Omega t}$$

代入式(5-9)可得

$$-M\Omega^2\bar{\boldsymbol{S}}\mathrm{e}^{\mathrm{i}\Omega t}+\Omega c\mathrm{i}\bar{\boldsymbol{S}}\mathrm{e}^{\mathrm{i}\Omega t}+K\bar{\boldsymbol{S}}\mathrm{e}^{\mathrm{i}\Omega t}=Ma\Omega^2\mathrm{e}^{\mathrm{i}\Omega t}$$

即

$$-M\Omega^2\bar{\boldsymbol{S}}+\Omega c\mathrm{i}\bar{\boldsymbol{S}}+K\bar{\boldsymbol{S}}=Ma\Omega^2$$

$$\bar{\boldsymbol{S}}=\frac{Ma\Omega^2}{-M\Omega^2+K+\Omega c\mathrm{i}}=\frac{a\Omega^2}{-\Omega^2+\omega_n^2+2n\Omega\mathrm{i}}=\frac{a\Omega^2(-\Omega^2+\omega_n^2-2n\Omega\mathrm{i})}{(\omega_n^2-\Omega^2)^2+4n^2\Omega^2} \tag{5-10}$$

由式(5-10)可以看出，$\bar{\boldsymbol{S}}$ 为一复数，它代表一个向量。设该向量的模为 A，相位角为 β，于是有

$$\begin{cases} A=\dfrac{a\Omega^2}{\sqrt{(\omega_n^2-\Omega^2)^2+4n^2\Omega^2}}=\dfrac{a}{\sqrt{\left(\dfrac{\omega_n^2}{\Omega^2}-1\right)^2+\dfrac{4n^2}{\Omega^2}}} \\ \tan\beta=\dfrac{-2n\Omega}{\omega_n^2-\Omega^2} \end{cases} \tag{5-11}$$

$$\bar{\boldsymbol{S}}=A\mathrm{e}^{\mathrm{i}\beta}$$

不平衡响应的全解为

$$S=\bar{\boldsymbol{S}}\mathrm{e}^{\mathrm{i}\Omega t}=A\mathrm{e}^{\mathrm{i}(\Omega t+\beta)} \tag{5-12}$$

下面我们来分析式(5-11)、(5-12)所代表的圆盘的不平衡响应具有哪些特性。

(1) 圆盘中心 O_r 的轨迹为一个圆，圆的半径为 A。对于一个特定的转子，A 的大小与偏心量 a 成正比，同时它又随轴转速 Ω 的变化而改变。当 $\Omega=\dfrac{\omega_n^2}{\sqrt{\omega_n^2-(2n)^2}}$时，$A$ 值最大，达到临界速度。当阻尼 n 很小时，可认为 ω_n 就等于临界速度。单圆盘转子在我们所假定的条件下，有一个临界速度。对于复杂转子，它的临界速度有很多。转速接近或超过临界转速的转子属于挠性转子或称高速转子。了解转子的临界速度对于设计转子系统和了解机器运行状态是非常重要的，如何确定转子的临界速度也将是本章学习的重要内容之一。

(2) 相位角 β 也随转子速度变化而变化。当 $\Omega<\omega_n$ 时，β 为负值，即变形 $\bar{S}$ 滞后于质心线 O_bO_c。当 $\Omega=\omega_n$ 时，$\beta=90°$。在 $\Omega>\omega_n$ 时，$\beta>90°$，也就是质心 c 趋向于 O_bO_r 连线。一个有趣的现象是当 Ω 趋于无穷大时，这时 $A\to a$，$\beta\to 180°$，$O_c\to O_b$，质心趋于与转轴旋转中心 O_b 重合，这种现象叫自动定心作用。因为当质心与回转轴中心重合时，不平衡力就会消失。

上述两点特征，可用图 5-8 的幅频特性和相频特性曲线表示。

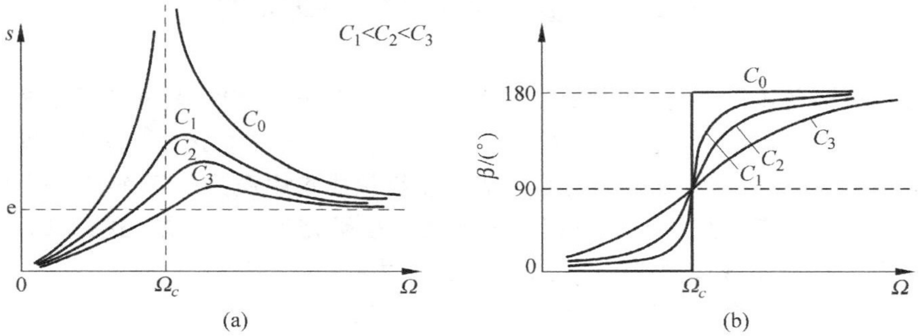

图 5-8 单圆盘转子的幅频、相频曲线
(a) 幅频特性曲线；(b) 相频特性曲线

5.2.3 圆盘运动的动坐标表示法

设另一坐标系 Oy_1z_1，它以与转子同样的速度 Ω 转动，圆盘中心在动坐标中的坐标值为 y_1、z_1（见图 5-9）。它与静坐标 Oyz 中的坐标值 y、z 的关系为

$$\begin{bmatrix} z \\ y \end{bmatrix} = \begin{bmatrix} \cos\Omega t & -\sin\Omega t \\ \sin\Omega t & \cos\Omega t \end{bmatrix} \begin{bmatrix} z_1 \\ y_1 \end{bmatrix} \tag{5-13}$$

在固定坐标中的向量 $\boldsymbol{S}$，用动坐标表示为

$$\begin{aligned} \boldsymbol{S} &= z + \mathrm{i}y = (z_1\cos\Omega t - y_1\sin\Omega t) \\ &\quad + \mathrm{i}(z_1\sin\Omega t + y_1\cos\Omega t) \\ &= (z_1 + \mathrm{i}y_1)(\cos\Omega t + \mathrm{i}\sin\Omega t) \\ &= \boldsymbol{S}_1 \mathrm{e}^{\mathrm{i}\Omega t} \end{aligned} \tag{5-14}$$

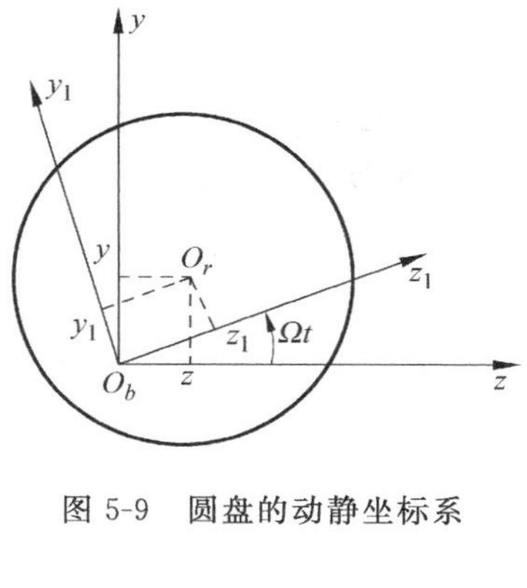

图 5-9 圆盘的动静坐标系

式(5-14)代表了动坐标中的向量 $\boldsymbol{S}_1$ 和静坐标中向量 $\boldsymbol{S}$ 之间的关系。对于圆盘的运动来说，$\boldsymbol{S}$ 是在静坐标中的轴心轨迹 $\boldsymbol{S}_1$ 是在动坐标中的轴心轨迹。利用式(5-14)可以在已知 $\boldsymbol{S}_1$ 的情况下求出 $\boldsymbol{S}$，或者反过来

已知 $\boldsymbol{S}$ 求 $\boldsymbol{S}_1$。例如圆盘的自由振动在静坐标中是

$$\boldsymbol{S}=A\mathrm{e}^{\mathrm{i}\omega_n t}+B\mathrm{e}^{-\mathrm{i}\omega_n t}$$

在动坐标中则是

$$\boldsymbol{S}_1=\mathrm{e}^{-\mathrm{i}\Omega t}(A\mathrm{e}^{\mathrm{i}\omega_n t}+B\mathrm{e}^{-\mathrm{i}\omega_n t})$$

$\boldsymbol{S}_1$ 不再是圆或椭圆，而是复杂的曲线。不平衡响应在动坐标中的轨迹是

$$\boldsymbol{S}_1=\mathrm{e}^{-\mathrm{i}\Omega t}A\mathrm{e}^{\mathrm{i}(\Omega t+\beta)}=A\mathrm{e}^{\mathrm{i}\beta}$$

$\boldsymbol{S}_1$ 为一固定向量，也就是式(5-10)中的 $\bar{\boldsymbol{S}}$。在转速 Ω 不变的情况下，圆盘中心 O_r 在动坐标中为一固定点。即转轴弯曲到一确定值绕 O_b 回转，因此有时称为弓形回转。

由上述例子可以看出在解决挠性转子振动问题时，有时先求静坐标中的解比较方便，有时则相反，要根据具体问题选择解题方法。

5.3 多圆盘挠性转子的振动

在分析多圆盘转子时，我们依然保留分析单圆盘转子时，对转轴和支承所作的假定，且不计阻尼的影响。由于有多个圆盘，它们在振动过程中会有角运动。为了使问题简化，不计角运动时的圆盘的转动惯量，我们先把圆盘简化成集中质量。下面我们用 1.4.4 节介绍的影响系数法来建立动力学方程。由于在此是研究动力学问题，式(1-6)中的影响系数 α_{ij} 为动态影响系数，表示在 x_j 处的单位激振力在 x_i 处引起的振动。例如在 x_j 处有一激振力 $\boldsymbol{F}_j\mathrm{e}^{\mathrm{i}\omega t}$，它引起 x_i 处的振动为 $\boldsymbol{S}_i\mathrm{e}^{\mathrm{i}(\omega t+\beta)}$，则影响系数为

$$\boldsymbol{\alpha}_{ij}=\frac{\boldsymbol{S}_i\mathrm{e}^{\mathrm{i}(\omega t+\beta)}}{\boldsymbol{F}_j\mathrm{e}^{\mathrm{i}\omega t}}=|\boldsymbol{\alpha}_{ij}|\mathrm{e}^{\mathrm{i}\beta} \tag{5-15}$$

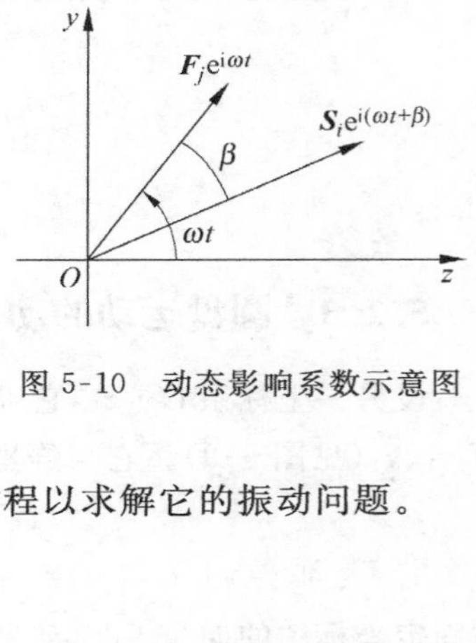

图 5-10 动态影响系数示意图

图 5-10 表示此时影响系数的物理意义，$\boldsymbol{\alpha}_{ij}$ 的模为 $|\boldsymbol{\alpha}_{ij}|$，表示单位激振力在 x_i 处产生的振幅。β 为作用力与振动的相位差。在不计阻尼时，$\beta=0°$，即影响系数为一实数。

下面我们将用影响系数法建立多圆盘转子的动力学方程以求解它的振动问题。

5.3.1 多圆盘转子的动力学方程

为了简化问题，我们现在只研究在 xOy 平面中的横向振动，见图 5-11。在不考虑 xOy 和 xOz 两个平面运动和力的耦合作用前提下，两个运动可以分别求解。在 xOy 平面内，各圆盘的运动 y_i 为

$$\begin{aligned}y_i&=\alpha_{i1}(F_1-m_1\ddot{y}_1)+\alpha_{i2}(F_2-m_2\ddot{y}_2)+\cdots\\&=\sum_{j=1}^{m}\alpha_{ij}(F_j-m_j\ddot{y}_j)\quad i=1,2,\cdots,n\end{aligned}$$

写成矩阵形式为

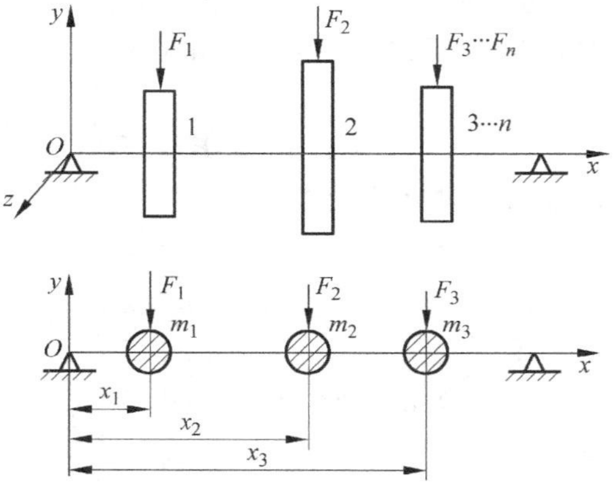

图 5-11 多圆盘转子简化模型

$$\begin{bmatrix} \alpha_{11} & \alpha_{12} & \cdots & \alpha_{1n} \\ \alpha_{21} & \alpha_{22} & \cdots & \alpha_{2n} \\ \vdots & & & \\ \alpha_{n1} & \alpha_{n2} & \cdots & \alpha_{nn} \end{bmatrix} \begin{bmatrix} m_1 & & & \\ & m_2 & & \\ & & \ddots & \\ & & & m_n \end{bmatrix} \begin{bmatrix} \ddot{y}_1 \\ \ddot{y}_2 \\ \vdots \\ \ddot{y}_n \end{bmatrix} + \begin{bmatrix} y_1 \\ y_2 \\ \vdots \\ y_n \end{bmatrix} = \begin{bmatrix} \alpha_{11} & \alpha_{12} & \cdots & \alpha_{1n} \\ \alpha_{21} & \alpha_{22} & \cdots & \alpha_{2n} \\ \vdots & & & \\ \alpha_{n1} & \alpha_{n2} & \cdots & \alpha_{nn} \end{bmatrix} \begin{bmatrix} F_1 \\ F_2 \\ \vdots \\ F_n \end{bmatrix} \tag{5-16}$$

简写成

$$\boldsymbol{\alpha M \ddot{y}} + \boldsymbol{y} = \boldsymbol{\alpha F} \tag{5-17}$$

式中$\boldsymbol{\alpha}$——影响系数矩阵；$\boldsymbol{M}$——质量矩阵；$\boldsymbol{F}$——外力向量。

设$\boldsymbol{\alpha}^{-1}=\boldsymbol{K}$，$\boldsymbol{K}$ 为刚度矩阵。用刚度矩阵表示的动力学方程为

$$\boldsymbol{M\ddot{y}} + \boldsymbol{Ky} = \boldsymbol{F} \tag{5-18}$$

式(5-17)、(5-18)是常用的两种形式的动力学方程。

5.3.2 多圆盘转子的临界速度和振型

多圆盘转子的临界速度和振型可以通过求解式(5-17)的齐次方程的特征值和特征向量而求得。设圆盘以某一自振频率 ω 振动，第 i 个圆盘的振动表示为

$$\boldsymbol{y}_i = A_i\sin(\omega t + \beta) \quad i = 1,2,\cdots,n \tag{5-19}$$

代入下式

$$\boldsymbol{\alpha M \ddot{y}} + \boldsymbol{y} = \boldsymbol{0} \tag{5-20}$$

得

$$-\omega^2\boldsymbol{\alpha MA} + \boldsymbol{A} = \boldsymbol{0}$$

即

$$(-\omega^2\boldsymbol{\alpha M} + \boldsymbol{I})\boldsymbol{A} = \boldsymbol{0} \tag{5-21}$$

式中 $\boldsymbol{I}$ 为单位矩阵。由于 $\boldsymbol{A}$ 中必定有非零元素(否则系统静止不动)，则行列式

$$|-\omega^2\boldsymbol{\alpha M} + \boldsymbol{I}| = 0 \tag{5-22}$$

式(5-22)为系统的特征方程。如果用式(5-18)表示的动力学方程，则特征方程的形式是

$$|-\omega^2\boldsymbol{M} + \boldsymbol{K}| = 0 \tag{5-23}$$

令 $\omega^2=\lambda$，式(5-22)、(5-23)为 λ 的 n 次多项式，可解出 n 个根，$\lambda_1<\lambda_2<\cdots<\lambda_n$。$\lambda$ 为特征值，即系统的自振频率(主频率)的平方。将 n 个 λ 值代入式(5-22)可求出 n 个特征向量。设

$$-\lambda\boldsymbol{\alpha M}+\boldsymbol{I}=\boldsymbol{B}$$

当 $\lambda=\lambda_r$ 时代入 $\boldsymbol{B}$ 矩阵，计算出其中各个元素，得

$$\begin{bmatrix} b_{11(r)} & b_{12(r)} & \cdots & b_{1n(r)} \\ b_{21(r)} & b_{22(r)} & \cdots & b_{2n(r)} \\ \vdots & & & \\ b_{n1(r)} & b_{n2(r)} & \cdots & b_{nn(r)} \end{bmatrix} \begin{bmatrix} A_{1(r)} \\ A_{2(r)} \\ \vdots \\ A_{n(r)} \end{bmatrix} = \boldsymbol{0} \tag{5-24}$$

由式(5-24)可求出 $\boldsymbol{A}_{(r)}$ 的比例解，即

$$A_{1(r)}[1, A_{2(r)}/A_{1(r)}, A_{3(r)}/A_{1(r)}, \cdots, A_{n(r)}/A_{1(r)}]^{\mathrm{T}} = A_{1(r)}\ \boldsymbol{\phi}_{(r)}$$

式中 $\boldsymbol{\phi}_{(r)}=[1,\varphi_{2(r)},\varphi_{3(r)},\cdots,\varphi_{n(r)}]^{\mathrm{T}}=[\phi_{1(r)},\phi_{2(r)},\cdots,\phi_{n(r)}]^{\mathrm{T}}$ 为特征向量，即主振型。n 个圆盘系统有 n 个主振型，它们构成振型矩阵：

$$\boldsymbol{\Phi}=[\boldsymbol{\phi}_{(1)},\boldsymbol{\phi}_{(2)},\cdots,\boldsymbol{\phi}_{(n)}] \tag{5-25}$$

特征值与特征向量的物理意义是当系统以某一主频率振动时，特征向量即主振型，它代表各质量振幅的比例，见图 5-12。

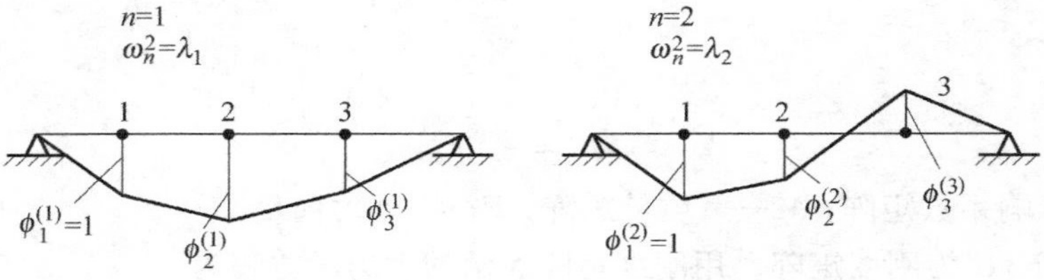

图 5-12　多圆盘转子的主振型

解出特征值和特征向量后，式(5-19)表示的自由振动的解为

$$\boldsymbol{y}=\boldsymbol{\Phi}[A\sin(\omega t+\beta)] \tag{5-26}$$

下面我们来剖析式(5-26)表达的各质量振动的组成。把该式展开表示为

$$\begin{cases} y_1 = A_1\phi_{1(1)}\sin(\omega_1 t+\beta_1)+A_2\phi_{1(2)}\sin(\omega_2 t+\beta_2)+\cdots+A_n\phi_{1(n)}\sin(\omega_n t+\beta_n) \\ y_2 = A_1\phi_{2(1)}\sin(\omega_1 t+\beta_1)+A_2\phi_{2(2)}\sin(\omega_2 t+\beta_2)+\cdots+A_n\phi_{2(n)}\sin(\omega_n+\beta_n) \\ \vdots \\ y_n = A_1\phi_{n(3)}\sin(\omega_1 t+\beta_1)+A_2\phi_{n(2)}\sin(\omega_2 t+\beta_2)+\cdots+A_n\phi_{n(n)}\sin(\omega_n t+\beta_n) \end{cases} \tag{5-27}$$

式(5-26)中 $\boldsymbol{\Phi}$ 的每一列代表一阶主振型，$A_1,A_2,\cdots$ 则代表各阶振型分量的大小，$\beta_1,\beta_2,\cdots$ 表示各阶振型的相位。分析式(5-27)中的每一个方程可知任何一质量的振动幅值是各阶振型在该点的幅值以不同比例组合而成。各阶振型不仅比例不同，而且相位也不同，$A_1,A_2,\cdots$ 和 $\beta_1,\beta_2,\cdots$ 的值是根据初始条件确定的。设 $t=0$ 时，$\boldsymbol{y}=\boldsymbol{y}_0$，$\dot{\boldsymbol{y}}=\dot{\boldsymbol{y}}_0$，代入式(5-27)及其微分式 $\dot{\boldsymbol{y}}=\boldsymbol{\Phi}[\omega A\cos(\omega t+\beta)]$ 可得 $2n$ 个方程组，解这组方程即可求得 $\boldsymbol{A}$ 和 $\boldsymbol{\beta}$ 的值。

以上分析了 xOy 平面内的解，在 xOz 平面内亦可用同样方法求出

$$\boldsymbol{z} = \boldsymbol{\Phi}[B\sin(\omega t + \psi)] \tag{5-28}$$

将式(5-26)、(5-28)合起来，可写成

$$\begin{aligned}\boldsymbol{s} &= \boldsymbol{z} + \mathrm{i}\boldsymbol{y} \\ &= \boldsymbol{\Phi}[B\sin(\omega t + \psi) + \mathrm{i}A\sin(\omega t + \beta)]\end{aligned} \tag{5-29}$$

多圆盘转子在不计圆盘转动惯量的情况下，转子的临界速度就是它的自振频率，所以 n 个圆盘的转子有 n 个临界速度，依次称为第一阶临界速度、第二阶临界速度，等等。

5.3.3 多圆盘转子的不平衡响应

设在图 5-13 所示的多圆盘转子上，每个圆盘均有不平衡产生的质量偏心 $a_1, a_2, \cdots$，由它们产生的不平衡力为旋转的矢量 $\boldsymbol{F}_1, \boldsymbol{F}_2, \cdots$。

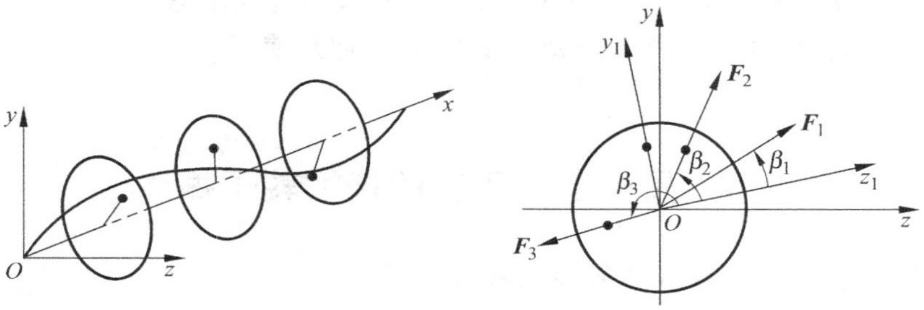

图 5-13 有不平衡量的多圆盘转子

在上一节我们已指出旋转向量可表示为该向量乘以 $\mathrm{e}^{\mathrm{i}\Omega t}$，即

$$\boldsymbol{F}_i = m_i a_i \Omega^2 \mathrm{e}^{\mathrm{i}\beta_i} \mathrm{e}^{\mathrm{i}\Omega t} \tag{5-30}$$

β_i 为不平衡力在转动坐标中的相位角。这样我们可以用影响系数法直接写出求不平衡响应的动力学方程式：

$$\boldsymbol{\alpha M} \ddot{\boldsymbol{s}} + \boldsymbol{s} = \boldsymbol{\alpha F} = \boldsymbol{\alpha f} \mathrm{e}^{\mathrm{i}\Omega t} \tag{5-31}$$

式中 $\boldsymbol{s}=\boldsymbol{z}+\mathrm{i}\boldsymbol{y}$，$\boldsymbol{f}$ 用下式计算：

$$\boldsymbol{f} = [\Omega^2 m_1 a_1 \mathrm{e}^{\mathrm{i}\beta_1}, \Omega^2 m_2 a_2 \mathrm{e}^{\mathrm{i}\beta_2}, \cdots]^{\mathrm{T}}$$

设解 $\boldsymbol{s}=\boldsymbol{s}_1 \mathrm{e}^{\mathrm{i}\Omega t}$，代入式(5-29)得

$$(-\Omega^2 \boldsymbol{\alpha M s}_1 + \boldsymbol{s}_1)\mathrm{e}^{\mathrm{i}\Omega t} = \boldsymbol{\alpha f} \mathrm{e}^{\mathrm{i}\Omega t}$$

即

$$(-\Omega^2 \boldsymbol{\alpha M} + \boldsymbol{I})\boldsymbol{s}_1 = \boldsymbol{\alpha f}$$

所以有

$$\boldsymbol{s}_1 = (-\Omega^2 \boldsymbol{\alpha M} + \boldsymbol{I})^{-1} \boldsymbol{\alpha f} \tag{5-32}$$

$\boldsymbol{s}_1$ 即不平衡响应在动坐标中的解。$\boldsymbol{s}_1$ 中各元素均为向量，它的模代表各圆盘中心偏离转动中心的距离，它的方向代表在转动坐标中的相位角。为了进一步了解这个解的物理意义，我们进一步分析 $\boldsymbol{s}_1$ 的构成情况。设

$$\boldsymbol{C}=(-\Omega^2 \boldsymbol{\alpha M}+\boldsymbol{I})^{-1}\boldsymbol{\alpha} \tag{5-33}$$

则式(5-32)为

$$\boldsymbol{s}_1 = \boldsymbol{C}\boldsymbol{f}$$

或

$$\boldsymbol{s}_{1i} = \boldsymbol{C}_{i1} m_1 a_1 \Omega^2 \mathrm{e}^{\mathrm{i}\beta_1} + \boldsymbol{C}_{i2} m_2 a_2 \Omega^2 \mathrm{e}^{\mathrm{i}\beta_2} + \cdots$$

即任一圆盘中心的偏离量为各圆盘上不平衡力单独作用时产生偏离量的线性组合。各圆盘的 $\boldsymbol{s}_{1i}$ 不仅大小不同，相位也不同。因此，各圆盘中心的连线形成一空间曲线，称之为动挠度曲线。前面讲到的单圆盘转子，它的动挠度曲线为弓形，是一条平面曲线。

此外，由式(5-32)可知，当 Ω 趋于某一自然频率 ω_i 时，行列式

$$|-\Omega^2 \boldsymbol{\alpha M} + \boldsymbol{I}| \to 0$$

振动幅值理论上为无限大，这就是共振现象，此时的转速为临界速度。

矩阵 $\boldsymbol{C}$ 实质上就是计算不平衡响应的影响系数矩阵。它和某一常力作用下静挠度的影响系数矩阵 $\boldsymbol{\alpha}$ 是不同的。由于在我们的分析中没有计入阻尼因素，$\boldsymbol{C}$ 中各元素均为实数。在有阻尼存在时，影响系数将成为复数，因为阻尼使不平衡力和变形 $\boldsymbol{s}_1$ 间产生相位差。

5.4 具有连续质量的挠性转子振动

5.4.1 自由振动的自然频率和振型函数

连续质量的系统，它们的动力学方程为偏微分方程。通常只能在极简单的情况下，求出其解析解。本节所分析的内容与结果，对于理解挠性转子的振动是很必要的。

在分析连续质量转轴时，我们假定转轴各向同性并且支承是刚性的。由梁的弯曲计算公式可知，当梁上沿 x 方向作用分布载荷 $q(x)$ 时(见图 5-14)有

$$q(x) = \frac{\mathrm{d}Q(x)}{\mathrm{d}x} = \frac{\mathrm{d}^2 M(x)}{\mathrm{d}x^2}$$

$$M(x) = EI(x)\frac{\mathrm{d}^2 y(x)}{\mathrm{d}x^2}$$

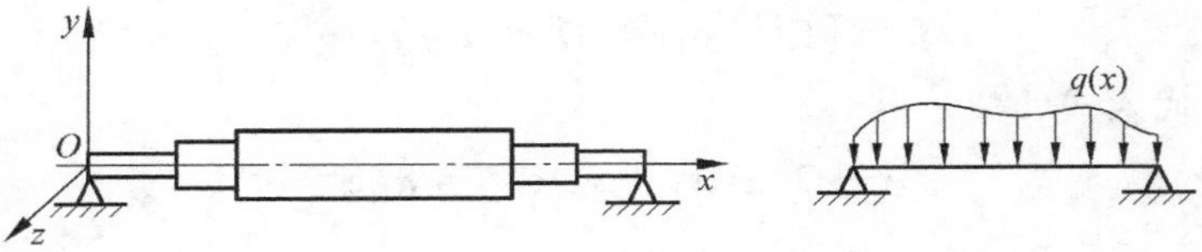

图 5-14 连续质量转子

故有

$$q(x) = \frac{\mathrm{d}^2}{\mathrm{d}x^2}\left[EI(x)\frac{\mathrm{d}^2 y(x)}{\mathrm{d}x^2}\right] \tag{5-34}$$

式中 $M(x)$——弯矩；$I(x)$——截面惯性矩；$y(x)$——挠度；E——弹性模量。

当把式(5-34)用于转轴横向振动时，分布载荷就是振动的惯性力，它不仅是 x 的函数，也是时间 t 的函数，故

$$q(x,t) = -m(x)\frac{\partial^2 y(x,t)}{\partial t^2} = \frac{\partial^2}{\partial x^2}\left[EI(x)\frac{\partial^2 y(x,t)}{\partial x^2}\right]$$

即

$$\frac{\partial^2}{\partial x^2}\left[EI(x)\frac{\partial^2 y(x,t)}{\partial x^2}\right] + m(x)\frac{\partial^2 y(x,t)}{\partial t^2} = 0 \tag{5-35}$$

设解为 $y(x,t)=Y(x)\sin(\omega t)$，代入上式得

$$\left\{\frac{\mathrm{d}^2}{\mathrm{d}x^2}\left[EI(x)\frac{\mathrm{d}^2 Y(x)}{\mathrm{d}x^2}\right] - m(x)\omega^2 Y(x)\right\}\sin\omega t = 0$$

$$\frac{\mathrm{d}^2}{\mathrm{d}x^2}\left[EI(x)\frac{\mathrm{d}^2 Y(x)}{\mathrm{d}x^2}\right] - m(x)\omega^2 Y(x) = 0 \tag{5-36}$$

式(5-36)为系统的特征方程，解此方程可求出系统的自然频率和振型函数。下面以均质轴为例说明方程的解法。

设 $m(x)=m, I(x)=I$，则式(5-36)变成

$$EI\frac{\mathrm{d}^4}{\mathrm{d}x^4}Y(x) - m\omega^2 Y(x) = 0 \tag{5-37}$$

令

$$k^4 = \frac{m\omega^2}{EI} \tag{5-38}$$

则

$$\frac{\mathrm{d}^4}{\mathrm{d}x^4}Y(x) - k^4 Y(x) = 0$$

方程的解为

$$Y(x) = A\mathrm{e}^{kx} + B\mathrm{e}^{-kx} + C\cos kx + D\sin kx \tag{5-39}$$

式中 A,B,C,D 为 4 个常数，由边界条件确定。在不同支承条件下，边界条件如图 5-15 所示。

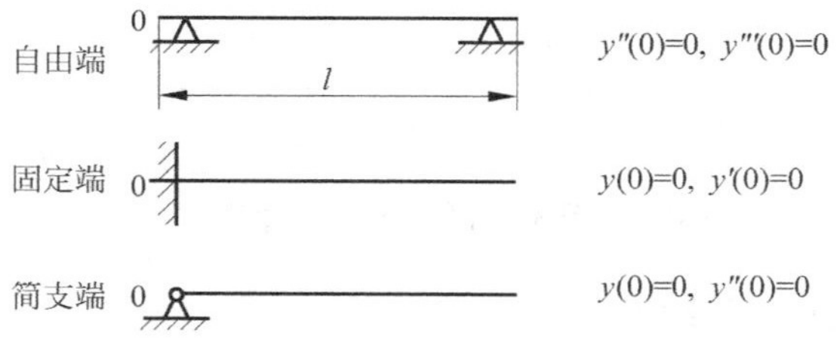

图 5-15　转子的边界条件

以图 5-15 上第三种情况为例可得方程：

$$\begin{cases} A+B+C=0 \\ A+B-C=0 \\ A\mathrm{e}^{kl}+B\mathrm{e}^{-kl}+C\cos kl+D\sin kl=0 \\ A\mathrm{e}^{kl}+B\mathrm{e}^{-kl}-C\cos kl-D\sin kl=0 \end{cases}$$

解这组方程得

$$\begin{cases} A = B = C = 0 \\ D\sin kl = 0 \end{cases} \tag{5-40}$$

由于 D 不能为 0，否则轴静止不动，所以 $\sin kl=0$，$k=n\pi/l$，n 为正整数。

将 k 的值代入式(5-38)则可求出对应于不同阶数 n 的自然频率 $\omega_1,\omega_2,\cdots$。同样，把 k 值代入式(5-40)即求得各阶振型函数。

$$n=1,\quad k_1=\frac{\pi}{l},\quad \omega_1=\frac{\pi^2}{l^2}\sqrt{\frac{EI}{m}},\quad Y_1(x)=D_1\sin\frac{\pi}{l}x$$

$$n=2,\quad k_2=2\pi/l,\quad \omega_2=\frac{4\pi^2}{l^2}\sqrt{\frac{EI}{m}},\quad Y_2(x)=D_2\sin\frac{2\pi}{l}x$$

$$\vdots$$

$$n=n,\quad k_n=n\pi/l,\quad \omega_n=\frac{n^2\pi^2}{l^2}\sqrt{\frac{EI}{m}},\quad Y_n(x)=D_n\sin\frac{n\pi}{l}x$$

连续质量系统有无穷多个自由度，所以 n 取值为 $1,2,\cdots,\infty$。自然频率和振型函数也有无穷多个。振型函数的形状如图 5-16 所示。

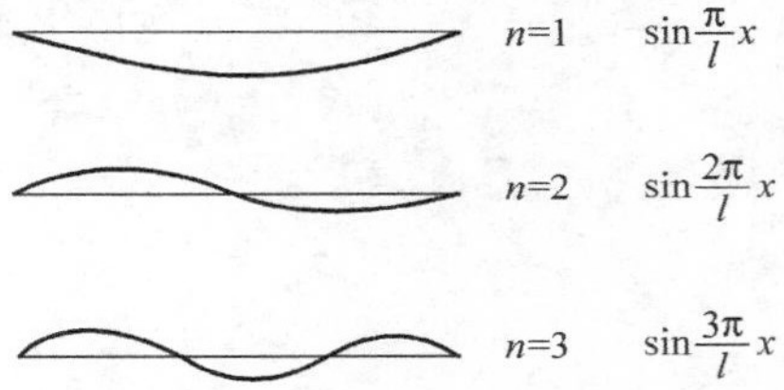

图 5-16　连续质量转子的振型

系统的全解为

$$\begin{aligned} y(x,t) &= \sum_{n=1}^{\infty} Y_n(x)\sin(\omega_n t+\varphi_n) \\ &= \sum_{n=1}^{\infty} D_n \sin\frac{n\pi}{l}x\sin(\omega_n t+\varphi_n) \end{aligned} \tag{5-41}$$

全解由无穷多阶振型分量组成，其中 D_n 和 φ_n 根据初始条件决定。D_n 为各阶振型分量，φ_n 为各阶振型分量的相位。

对于非均质轴，振型函数 $\Phi_1(x),\Phi_2(x),\cdots$，它们将是比较复杂的函数。连续轴的振型函数同样具有正交性，表示为

$$\int_0^l m(x)\Phi_i(x)\Phi_j(x)\mathrm{d}x = \begin{cases} 0 & i=1 \\ N_n & i=j=n \end{cases} \tag{5-42}$$

N_n 叫做正交模。在后面的分析中，我们将用到这一性质。

5.4.2　不平衡响应分析

连续转子上的不平衡量一般也是连续分布的。设沿 x 向各截面上的质心偏移量为 $\boldsymbol{a}(x)$：

$$\boldsymbol{a}(x) = a(x)\mathrm{e}^{\mathrm{i}\beta(x)} \tag{5-43}$$

转子各截面的轴心位置可以用向量 $\boldsymbol{S}(x,t)$ 表示(见图 5-17)：

$$\boldsymbol{S}(x,t) = z(x,t) + \mathrm{i}y(x,t)$$

根据式(5-35)可知转子的振动方程为

$$\frac{\partial^2}{\partial x^2}\left[EI(x)\frac{\partial^2 \boldsymbol{S}(x,t)}{\partial x^2}\right] + m(x)\frac{\partial^2 \boldsymbol{S}(x,t)}{\partial t^2} = \Omega^2 m(x)\boldsymbol{a}(x)\mathrm{e}^{\mathrm{i}\Omega t} \tag{5-44}$$

式中 Ω——转子旋转角速度。

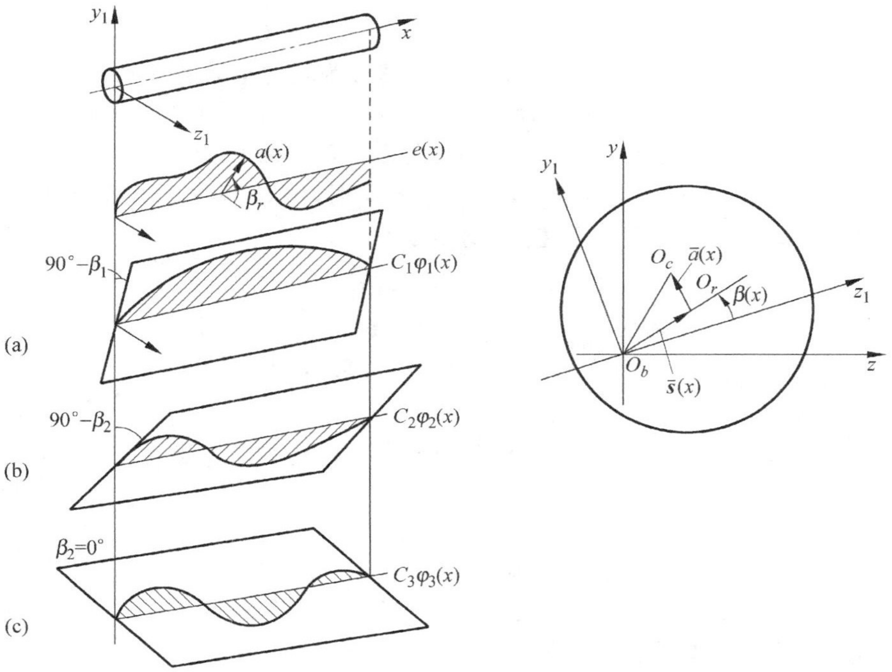

图 5-17 连续质量转子的不平衡量

设解 $\boldsymbol{S}(x,t)=\boldsymbol{s}_1(x)\mathrm{e}^{\mathrm{i}\Omega t}$，则有

$$\frac{\mathrm{d}^2}{\mathrm{d}x^2}\left[EI(x)\frac{\mathrm{d}^2\boldsymbol{s}_1(x)}{\mathrm{d}x^2}\right]\mathrm{e}^{\mathrm{i}\Omega t}-m(x)\Omega^2\boldsymbol{s}_1(x)\mathrm{e}^{\mathrm{i}\Omega t}=m(x)\Omega^2\boldsymbol{a}(x)\mathrm{e}^{\mathrm{i}\Omega t}$$

即

$$\frac{\mathrm{d}^2}{\mathrm{d}x^2}\left[EI(x)\frac{\mathrm{d}^2\boldsymbol{s}_1(x)}{\mathrm{d}x^2}\right]-m(x)\Omega^2\boldsymbol{s}_1(x)=m(x)\Omega^2\boldsymbol{a}(x)\tag{5-45}$$

为了便于求解 $\boldsymbol{s}_1(x)$，我们可利用振型函数正交性对不平衡量 $\boldsymbol{a}(x)$ 进行振型分解。

$$\boldsymbol{a}(x)=a(x)\mathrm{e}^{\mathrm{i}\beta(x)}=a(x)[\cos\beta(x)+\mathrm{i}\sin\beta(x)]\tag{5-46}$$

上式表示将 $\boldsymbol{a}(x)$ 分解到 xOy_1 和 xOz_1 平面内。由于振型函数是平面曲线，我们可把分解后的 $\boldsymbol{a}(x)$ 的实部和虚部分别展开为

$$\begin{cases}a_z(x)=a(x)\cos\beta(x)=\sum\limits_{n=1}^{\infty}C_{nz}\boldsymbol{\Phi}_n(x)\\ a_y(x)=a(x)\sin\beta(x)=\sum\limits_{n=1}^{\infty}\boldsymbol{C}_{ny}\boldsymbol{\Phi}_n(x)\end{cases}\tag{5-47}$$

代入式(5-46)得

$$\begin{aligned}\boldsymbol{a}(x)&=\sum_{n=1}^{\infty}(C_{nz}+\mathrm{i}C_{ny})\boldsymbol{\Phi}_n(x)=\sum_{n=1}^{\infty}\boldsymbol{C}_n\boldsymbol{\Phi}_n(x)\\&=\sum_{n=1}^{\infty}C_n\mathrm{e}^{\mathrm{i}\beta_n}\boldsymbol{\Phi}_n(x)\end{aligned}\tag{5-48}$$

$$|\boldsymbol{C}_n| = \sqrt{C_{nz}^2 + C_{ny}^2}, \quad \tan\beta_n = \frac{C_{ny}}{C_{nz}}$$

式中 $|\boldsymbol{C}_n|$——各阶不平衡分量的大小(即以振型函数为基的坐标值)；β_n——各阶分量所在平面的方位。图 5-17 表示了对这种分解的几何说明，(a)、(b)、(c)分别表示第 1、2、3 阶不平衡分量，它们分别处于与 x_1Oz_1 平面交角为 β_i 的平面上。

$\boldsymbol{C}_n$ 可利用振型函数的正交性求出，例如当 $n=r$ 时，由 $\boldsymbol{C}_r$ 可先求出 C_{ry} 和 C_{rz}，再用上式计算 $|\boldsymbol{C}_n|$ 和 β_r。C_{ry} 和 C_{rz} 可用下述方法求出：

$$\begin{aligned}
&\int_0^l a_y(x)m(x)\Phi_r(x)\,\mathrm{d}x \\
&= \int_0^l m(x)\Phi_r(x)\sum_{n=1}^{\infty} C_{ny}\Phi_n(x)\,\mathrm{d}x \\
&= C_{ry}\int_0^l m(x)\Phi_r^2(x)\,\mathrm{d}x \\
&= \boldsymbol{C}_{ry}N_r
\end{aligned} \tag{5-49}$$

所以有

$$\boldsymbol{C}_{ry} = \frac{1}{N_r}\int_0^l a_y(x)m(x)\Phi_r(x)\,\mathrm{d}x \tag{5-50}$$

式中 N_r 为第 r 阶的正交模。用同样方法可求出 C_{rz}。

把式(5-48)代入式(5-45)，得

$$\frac{\mathrm{d}^2}{\mathrm{d}x^2}\left[EI(x)\frac{\mathrm{d}^2\boldsymbol{s}_1(x)}{\mathrm{d}x^2}\right] - m(x)\Omega^2\boldsymbol{s}_1(x) = m(x)\Omega^2\sum_{n=1}^{\infty}C_n\mathrm{e}^{\mathrm{i}\beta_n}\Phi_n(x) \tag{5-51}$$

因此微分方程的解 $\boldsymbol{s}_1(x)$ 也可表示为各阶振型函数的叠加。设

$$\boldsymbol{s}_1(x) = \sum_{n=1}^{\infty}\boldsymbol{A}_n\Phi_n(x) \tag{5-52}$$

代入式(5-51)。为了书写简便，我们只取式中的一项 $n=r$ 来说明如何确定 $\boldsymbol{A}_r$。

$$\begin{aligned}
&\boldsymbol{A}_r\frac{\mathrm{d}^2}{\mathrm{d}x^2}\left[EI(x)\frac{\mathrm{d}^2\Phi_r(x)}{\mathrm{d}x^2}\right] - m(x)\Omega^2\boldsymbol{A}_r\Phi_r(x) \\
&= \Omega^2 m(x)C_r\mathrm{e}^{\mathrm{i}\beta_r}\Phi_r(x)
\end{aligned} \tag{5-53}$$

从式(5-36)可知系统的特征方程为齐次式：

$$\frac{\mathrm{d}^2}{\mathrm{d}x^2}\left[EI(x)\frac{\mathrm{d}^2\boldsymbol{s}_1(x)}{\mathrm{d}x^2}\right] - m(x)\omega^2\boldsymbol{s}_1(x) = 0$$

转子的自振频率 $\omega_1,\omega_2,\cdots,\omega_r$ 和振型函数 $\Phi_1(x),\Phi_2(x),\cdots,\Phi_r(x)$ 必然满足特征方程，故有

$$\frac{\mathrm{d}^2}{\mathrm{d}x^2}\left[EI(x)\frac{\mathrm{d}^2\Phi_r(x)}{\mathrm{d}x^2}\right] - m(x)\omega_r^2\Phi_r(x) = 0$$

$$\frac{\mathrm{d}^2}{\mathrm{d}x^2}\left[EI(x)\frac{\mathrm{d}^2\Phi_r(x)}{\mathrm{d}x^2}\right] = m(x)\omega_r^2\Phi_r(x) \tag{5-54}$$

代入式(5-53)得

$$[-m(x)\Omega^2\Phi_r(x) + m(x) - \omega_r^2\Phi_r(x)]\boldsymbol{A}_r = \Omega^2 m(x)C_r\mathrm{e}^{\mathrm{i}\beta_r}\Phi_r(x)$$

所以有

$$\boldsymbol{A}_r = \frac{\Omega^2}{\omega_r^2 - \Omega^2} C_n \mathrm{e}^{\mathrm{i}\beta_r}$$

由此可得全解为

$$\boldsymbol{s}_1(x) = \sum_{n=1}^{\infty} \frac{\Omega^2}{\omega_n^2 - \Omega^2} C_n \mathrm{e}^{\mathrm{i}\beta_n} \Phi_n(x) \tag{5-55}$$

式(5-55)为分布不平衡力作用下转子的动挠度曲线，它反映动挠度曲线有如下特性：

(1) 转子动挠度曲线由无穷多阶振型分量叠加而成。各阶分量在各自的相位平面内。

(2) 各阶振型分量的大小正比于该阶的不平衡分量 C_n。

(3) 动挠度曲线与转子转速有关。当 Ω 接近于某一临界速度时，该阶振型分量趋于 ∞，动挠度曲线将主要呈现为该阶振型函数。所以在临界速度时，转子的动挠度曲线是一平面曲线。

5.5 复杂转子系统动力学分析

前面几节我们对转子进行了不少简化，虽然建立了动力学方程，但只求得了简单情况下的解。在工业上一方面有许多机械结构比较复杂，同时又由于工作速度离临界速度不远，因而需要比较精确地进行系统的动力学计算。在这种情况下就需要考虑各种因素对系统的影响。

例如对图 5-18 所示的转子系统，需要考虑的因素有：

(1) 转轴的截面是阶梯形，因此质量是不均匀的。

(2) 需要计入转轴质量的影响。

(3) 轴上有许多圆盘，圆盘半径较大，转动惯量不可忽略。

(4) 轴向有若干支承，支承部分的变形亦不可忽略。

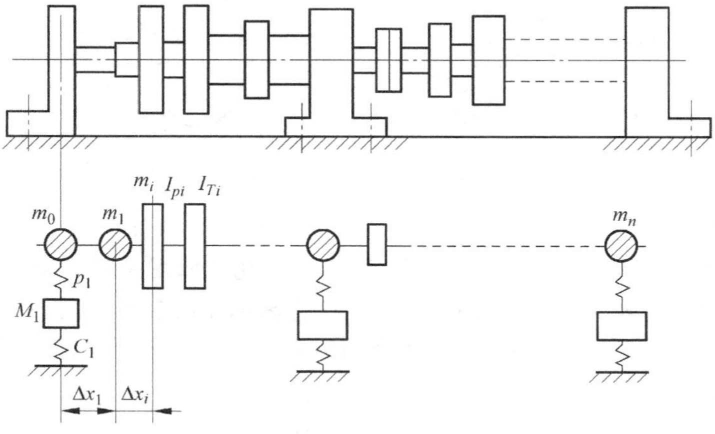

图 5-18 复杂转子系统的力学模型

对于这样复杂的系统，我们介绍一种方便的方法建立它的动力学方程并进行求解。这就是适用于一环连一环的链状结构的传递矩阵法。

5.5.1　复杂转子系统的力学模型

1. 转轴的简化

转轴的质量是分布质量。我们在处理这一问题时，采取离散的方法，把它简化成离散质量，即把轴分割成长度为 Δx 的许多轴段，把质量集中在分割点(连接点)处。质量分配的原则是保持该轴段质心位置不变。各连接点处的质量应为相邻两轴段在该点处分配的质量之和。两质量之间用无质量的弹性段相连，用柔度系数 β_i 来表示其弹性(见图 5-19)。

在等截面轴段有

$$\beta_i = \frac{\Delta x_i}{EI_i} \tag{5-56}$$

在变截面轴段有

$$\beta_i = \sum_j \frac{\Delta x_j}{EI_j}, \quad I_j = \frac{\pi d_j^4}{64} \tag{5-57}$$

式中 E——弹性模量；I——轴截面惯性矩；j——该轴段内取的不同截面区的数量。

对轴段的这种处理方法会带来一定误差。但如果分段足够多的话，这种误差可以限制在一定范围内，过多的分段数会造成计算误差增大，所以也不能认为分段数越多越好。

2. 圆盘

在力学模型中圆盘有质量 m_i，和绕 x 轴和 y、z 轴的转动惯量 I_P、I_{TY}、I_{TZ}。一般情况下，圆盘中心对称，所以绕 y 轴和 z 轴的转动惯量相等，$I_{Ty}=I_{Tz}=I_T$(见图 5-20)。

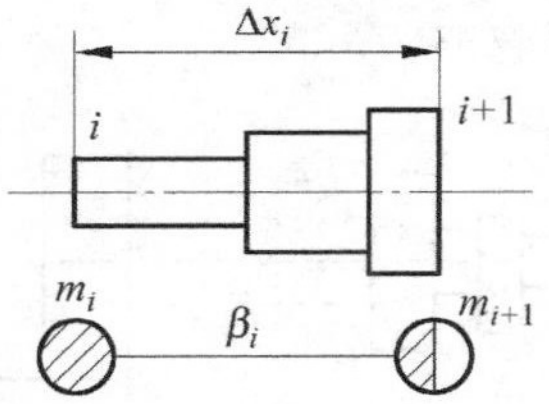

图 5-19　阶梯轴的简化模型

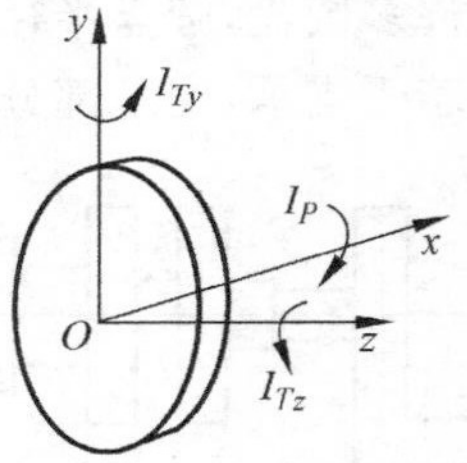

图 5-20　圆盘的简化模型

3. 支承的简化

支承的处理方法与轴承的类型和性能有关，可简化成如图 5-21 所示的情况。图中 p 为轴承刚度系数，C_0 为轴承座的静刚度系统，M 为轴承座的参振质量。为了使总系统成为链式结构，我们把 p、C_0、M 构成的子系统的影响用一个等效刚度 K 来表示，K 的值可以按下述方法计算。

由 M、C_0 组成质量弹簧系统，在激振力 $F\sin\omega t$ 的作用下，响应 y_M 为

$$y_M = \frac{F}{C_0\left(1-\frac{\omega^2}{\omega_0^2}\right)}\sin\omega t, \quad \omega_0^2 = \frac{C_0}{M}$$

动态下刚度系数为

$$C = C_0\left(1 - \frac{\omega^2}{\omega_0^2}\right) \tag{5-58}$$

将 c 和 p 两个弹性环节串联，得

$$K = \frac{cp}{c+p} = \frac{C_0 p\left(1 - \frac{\omega^2}{\omega_0^2}\right)}{p + C_0\left(1 - \frac{\omega^2}{\omega_0^2}\right)} \tag{5-59}$$

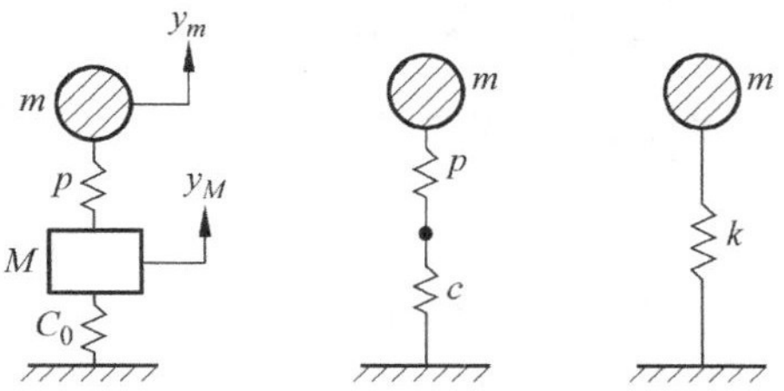

图 5-21 支承的简化模型

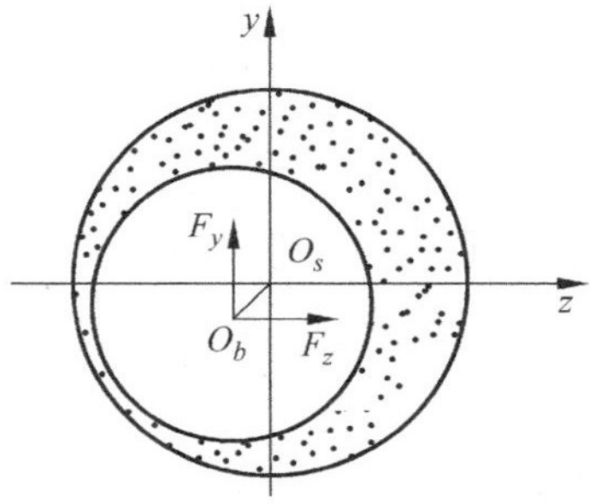

图 5-22 油膜轴承的简化模型

值得注意的是，当轴承为动压油膜轴承（见图 5-22）时，油膜的刚度有各向异性的特征，并有交叉刚度。在不计阻尼时有

$$\begin{cases} F_z = K_{zz}z + K_{zy}y \\ F_y = K_{yz}z + K_{yy}y \end{cases} \tag{5-60}$$

因此动压油膜轴承有 4 个刚度系数，它们分别是 y 向、z 向的主刚度系数 K_{yy}，K_{zz} 和交叉刚度系数 K_{zy} 和 K_{yz}。由于这些系数不相等，在分析这种系统时，必须把 xOy 平面和 xOz 平面中的运动综合考虑，统一建立运动方程式。

5.5.2 传递矩阵

我们分析的是转子系统的横向振动。对已离散的系统也就是要求出各连接点处的位移 y（或 z）、转角 θ_y（或 θ_z）、剪力 Q_y（Q_z）和弯矩 M_y（M_z）。我们把这些量写在一个状态向量中，即

$$\boldsymbol{p} = [Q_y \quad M_y \quad \theta_y \quad y]^{\mathrm{T}} \tag{5-61}$$

或

$$\boldsymbol{p} = [Q_y \quad Q_z \quad M_y \quad M_z \quad \theta_y \quad \theta_z \quad y \quad z]^{\mathrm{T}} \tag{5-62}$$

式(5-62)可用于 xOy 和 xOz 两平面有耦合作用的情况下。在以下的讨论中将以式(5-61)为主来分析，其方法在用式(5-62)时是相同的，只是方程的维度增加。

1. 点传递矩阵

在系统中，各连接点的状态向量之间是相关联的，设系统以 ω 频率振动，就有

$$y_i = A_i \sin\omega t$$

$$\dot{y}_i = \omega A_i \cos\omega t$$

$$\ddot{y}_i = -\omega^2 A_i \sin\omega t = -\omega^2 y_i$$

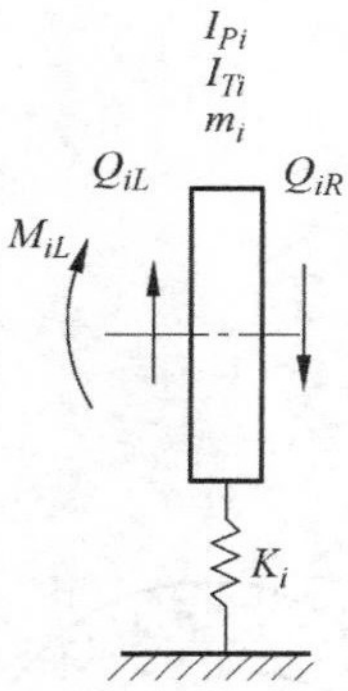

图 5-23　圆盘的状态向量

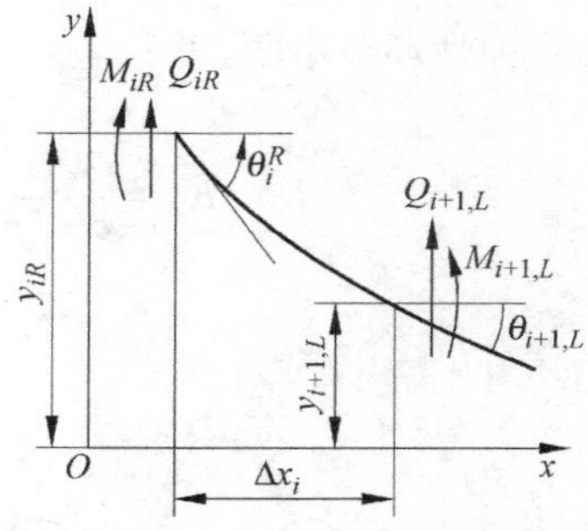

图 5-24　弹性轴段的状态向量

第 i 点右、右两边(见图 5-23)状态向量分别为

$$\boldsymbol{P}_{iL} = [Q \quad M \quad \theta \quad y]_{iL}^{\mathrm{T}} \quad \boldsymbol{P}_{iR} = [Q \quad M \quad \theta \quad y]_{iR}^{\mathrm{T}}$$

左、右状态向量中各元素之间的关系为

$$\begin{cases} Q_{iR} = Q_{iL} + m\omega^2 y_i - K_i y_i \\ M_{iR} = M_{iL} - M_I \\ \theta_{iR} = \theta_{iL} \\ y_{iR} = y_{iL} \end{cases} \tag{5-63}$$

此处 M_I 为圆盘在 xOy 平面内转动的惯性力矩，$M_I = \omega(\Omega I_P - \omega I_T)\theta$，所以有

$$\begin{bmatrix} Q \\ M \\ \theta \\ y \end{bmatrix}_{iR} = \begin{bmatrix} 1 & 0 & 0 & m_i\omega^2 - K_i \\ 0 & 1 & \omega(\Omega I_P - \omega I_T) & 0 \\ 0 & 0 & 1 & 0 \\ 0 & 0 & 0 & 1 \end{bmatrix} \begin{bmatrix} Q \\ M \\ \theta \\ y \end{bmatrix}_{iL} \tag{5-64}$$

或简写成

$$\boldsymbol{p}_{iR} = \boldsymbol{a}_i \boldsymbol{p}_{iL} \tag{5-65}$$

$\boldsymbol{a}_i$ 为第 i 点左、右两边的点传递矩阵，在没有弹性支承的点，应将矩阵中 K_i 去掉。

2. 弹性轴段的场传递矩阵

弹性轴段(见图 5-24)两端的状态向量为 $\boldsymbol{p}_{iR}$ 和 $\boldsymbol{p}_{i+1,L}$，其中各元素间的关系是

$$\begin{cases} Q_{i+1,L} = Q_{iR} \\ M_{i+1,L} = M_{iR} + Q_{iR}\Delta x_{i+1} \\ \theta_{i+1,L} = \theta_{iR} + M_{iR}\beta_{i+1} + \dfrac{\beta_{i+1}}{2} Q_{iR}\Delta x_{i+1} \\ y_{i+1,L} = y_{iR} + \dfrac{\beta_{i+1}}{6}\Delta x_{i+1}^2 Q_{iR} + \dfrac{\beta_{i+1}}{2}\Delta x_{i+1} M_{iR} + \theta_{iR}\Delta x_{i+1} \end{cases}$$

即

$$\begin{bmatrix} Q \\ M \\ \theta \\ y \end{bmatrix}_{i+1,L} = \begin{bmatrix} 1 & 0 & 0 & 0 \\ \Delta x_{i+1} & 1 & 0 & 0 \\ \frac{\beta_{i+1}}{2}\Delta x_{i+1} & \beta_{i+1} & 1 & 0 \\ \frac{\beta_{i+1}}{6}\Delta x_{i+1}^2 & \frac{\beta_{i+1}}{2}\Delta x_{i+1} & \Delta x_{i+1} & 1 \end{bmatrix} \begin{bmatrix} Q \\ M \\ \theta \\ y \end{bmatrix}_{iR} \tag{5-66}$$

简写成

$$\boldsymbol{p}_{i+1,L} = \boldsymbol{a}_{i+1}\boldsymbol{p}_{iR} \tag{5-67}$$

矩阵 $\boldsymbol{a}_{i+1}$ 就是弹性轴段的场传递矩阵。

5.5.3 状态向量间的传递关系

把式(5-65)代入式(5-67)可得

$$\boldsymbol{p}_{i+1,L} = \boldsymbol{a}_{i+1}\boldsymbol{a}_i\boldsymbol{p}_{iL} = \boldsymbol{A}_{i+1}\boldsymbol{p}_{iL} \tag{5-68}$$

由式(5-64)、(5-66)可得

$$\boldsymbol{A}_{i+1} = \begin{bmatrix} 1 & 0 & 0 & m_i\omega^2 \\ \Delta x_{i+1} & 1 & \omega(\Omega I_P - \omega I_T) & m_i\omega^2\Delta x_{i+1} \\ \frac{\beta_{i+1}}{2}\Delta x_{i+1} & \beta_{i+1} & 1+\omega(\Omega I_P - \omega I_T) & \frac{\beta_{i+1}}{2}m_i\omega^2\Delta x_{i+1} \\ \frac{\beta_{i+1}}{6}\Delta x_{i+1}^2 & \frac{\beta_{i+1}}{2}\Delta x_{i+1} & \Delta x_{i+1}+\omega(\Omega I_P - \omega I_T)\frac{\beta_{i+1}}{2}\Delta x_{i+1} & 1+\frac{\beta_{i+1}}{6}m_i\omega^2\Delta x_{i+1}^2 \end{bmatrix}$$

式(5-68)建立了由 i 点到 $i+1$ 点之前状态向量的递推关系。当从 $i=0$ 推至任意一点 i 时,有

$$\boldsymbol{p}_{iL} = \boldsymbol{A}_i\boldsymbol{A}_{i-1}\cdots\boldsymbol{A}_1\boldsymbol{p}_{0L} = \boldsymbol{U}_i\boldsymbol{p}_{0L} \tag{5-69}$$

递推到最后一点 $i=n$ 时,若第 n 点有集中质量,则有

$$\boldsymbol{p}_{nR} = \boldsymbol{a}_n\boldsymbol{A}_n\boldsymbol{A}_{n-1}\cdots\boldsymbol{A}_1\boldsymbol{p}_{0L} = \boldsymbol{U}_n\boldsymbol{p}_{0L} \tag{5-70}$$

式中 $\boldsymbol{U}_n$ 为 $n+1$ 个矩阵的乘积。由以上两式可知,所有各点的状态向量均可表示为起始点状态向量中诸元素的线性组合,因此只要能解出起始点的状态向量,则任一点的状态向量都可以用传递矩阵法计算出来。

5.5.4 自然频率和振型的求解

在起始点 $i=0$ 和终止点 $i=n$ 的状态向量中,有些元素可以根据边界条件来确定,例如当两端均为自由端时,有

$$\boldsymbol{p}_{0L} = [0 \quad 0 \quad \theta_0 \quad y_0]^{\mathrm{T}}$$
$$\boldsymbol{p}_{nR} = [0 \quad 0 \quad \theta_n \quad y_n]^{\mathrm{T}}$$

对于固定端来说,此处 $\theta=0, y=0$。当边界为简支时,$M=0, y=0$。现以自由端为例,说明问题的解法。其他情况读者可自行推导。

对于自由端的边界条件(见图 5-25),由式(5-70)可得

$$\begin{bmatrix} 0 \\ 0 \\ \theta_n \\ y_n \end{bmatrix} = \begin{bmatrix} u_{11} & u_{12} & u_{13} & u_{14} \\ u_{21} & u_{22} & u_{23} & u_{24} \\ u_{31} & u_{32} & u_{33} & u_{34} \\ u_{41} & u_{42} & u_{43} & u_{44} \end{bmatrix}_n \begin{bmatrix} 0 \\ 0 \\ \theta_0 \\ y_0 \end{bmatrix}$$

即

$$\begin{bmatrix} u_{13} & u_{14} \\ u_{23} & u_{24} \end{bmatrix}_n \begin{bmatrix} \theta_0 \\ y_0 \end{bmatrix} = \begin{bmatrix} 0 \\ 0 \end{bmatrix} \tag{5-71}$$

由于 $\theta_0 \neq 0, y_0 \neq 0$,式(5-71)有解的条件是

$$\begin{vmatrix} u_{13} & u_{14} \\ u_{23} & u_{24} \end{vmatrix}_n = 0 \tag{5-72}$$

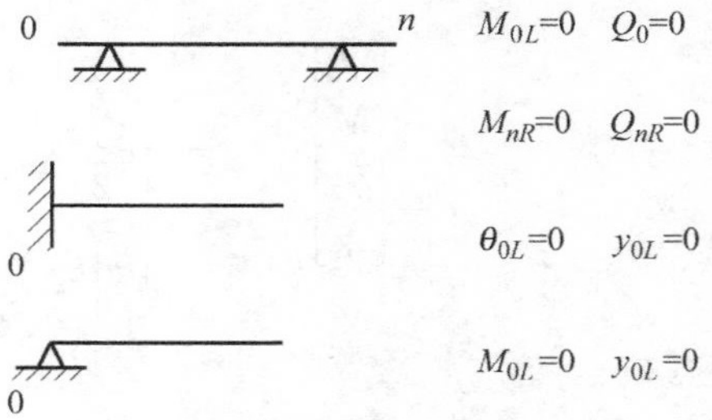

图 5-25　转子系统的边界条件

式(5-72)就是特征方程。当系统的结构参数已知时,方程中只有振动频率 ω 是未知的。求解该式就可得到特征值即自然频率 $\omega_1, \omega_2, \cdots, \omega_n$,然后将它们代入式(5-69),求出各点以 ω 频率振动时的状态向量。例如当 $\omega = \omega_r$ 时,可求出 $y_{0r}, y_{1r}, \cdots, y_{nr}$。

$$\boldsymbol{y}_r = [y_{0r}\ y_{1r}\ \cdots\ y_{nr}]^{\mathrm{T}} \tag{5-73}$$

$\boldsymbol{y}_r$ 就是第 r 阶振型。

式(5-72)的阶数比较高。在求解时主要用数值方法,用计算机迭代求解。计算机求解的流程如图 5-26 所示。

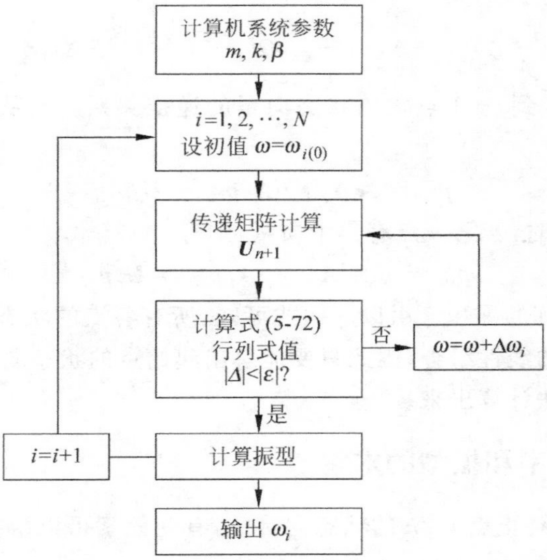

图 5-26　计算机迭代计算流程

应当注意的是,当考虑圆盘转动惯量时,由式(5-64)可知转子的速度 Ω 也影响系统的自然频率,此外,支承的动刚度系数,油膜轴承的刚度系数也都与转子转速有关,也就是在不同的 Ω 时,解出的 $\omega_1, \omega_2, \cdots$ 不同,所以这时自振频率并不等于临界速度。图 5-27 表示转子速度、自然频率与临界速度之间的关系。在每种转速下,均可求得自然颁率 ω_1, $\omega_2, \omega_3, \cdots$ 只有在 $\Omega=\omega$ 时,$\Omega_{c1}, \Omega_{c2}, \Omega_{c3}, \cdots$ 才是转子的临界速度。

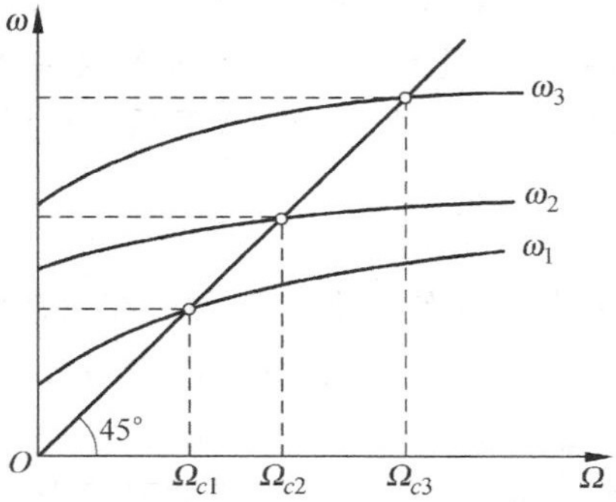

图 5-27 转子速度、自然频率与临界转速的关系

5.5.5 系统的强迫振动

设在第 j 连接点处有一激振力 $\boldsymbol{F}_j=F_j\sin\omega t$，见图 5-28，在此力作用下，各连接点均以 ω 圆频率振动，求解出的状态向量中各元素均含 $\sin\omega t$。第 j 点处关系式为

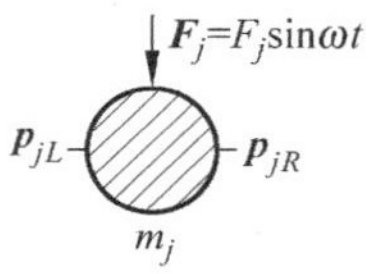

图 5-28 第 j 个质点上的激振力

$$\begin{bmatrix}Q\\M\\\theta\\y\end{bmatrix}_{jR}=\begin{bmatrix}1&0&0&m_j\omega^2\\0&1&0&0\\0&0&1&0\\0&0&0&1\end{bmatrix}\begin{bmatrix}Q\\M\\\theta\\y\end{bmatrix}_{jL}+\begin{bmatrix}F_j\\0\\0\\0\end{bmatrix}$$

为了计算机处理方便，亦可将激振力写入矩阵的第 5 列，并相应增加第 5 行，状态向量中也增加一个元素“1”，得

$$\begin{bmatrix}Q\\M\\\theta\\y\\1\end{bmatrix}_{jR}=\begin{bmatrix}1&0&0&m_j\omega^2&F_j\\0&1&0&0&0\\0&0&1&0&0\\0&0&0&1&0\\0&0&0&0&1\end{bmatrix}\begin{bmatrix}Q\\M\\\theta\\y\\1\end{bmatrix}_{jL}\tag{5-74}$$

这样一来，式(5-69)、(5-70)所有矩阵都是 5×5 阶，状态向量亦为 5 列。因为激振频率 ω 和系统参数均为已知量，矩阵中不含未知数。

由于 F_j 的存在，当把自由端边界条件代入后，得到非齐次方程：

$$\begin{bmatrix}u_{13}&u_{14}\\u_{23}&u_{24}\end{bmatrix}\begin{bmatrix}\theta_0\\y_0\end{bmatrix}+\begin{bmatrix}u_{15}\\u_{25}\end{bmatrix}=\begin{bmatrix}0\\0\end{bmatrix}$$

由此方程求出 θ_0，y_0，从而解出各点的振动的幅值和力矩、剪力变化的幅度值。

5.5.6 不平衡响应计算

不平衡响应就是在不平衡力作用下的强迫振动。了解了强迫振动的解法，也就不难掌握 不平衡响应的解法。在求不平衡响应时，可将不平衡力 $m_ja_j\Omega^2\mathrm{e}^{\mathrm{i}(\Omega t+\beta_j)}$ 作为激振力代入式(5-74)中(此处 a_j 代表 j 处的质心偏移量)，即可按相同的步骤求出各点的状态向量，这些状态向量就代表动坐标中的解。利用 5.2.3 节中的动、静坐标间的关系，可得出在固定坐标中的表达式。需要指出的是，如果多个不平衡量的方位角 β_j 不相等，则需将不平衡力分解到 xOy_1 和 xOz_1 两个平面上分别求解后，再进行叠加。

5.5.7　系统阻尼影响

在考虑阻尼因素时，应在传递矩阵中，加入阻力。在通常情况下，主要考虑粘滞阻力，即阻尼力与速度成正比，$F_c=-c\dot{y}$。直接将 F_c 写入式(5-63)得

$$Q_{iR}=Q_{iL}+m\omega^2 y_i-K_j y_i-c\dot{y}_i$$

为了便于用传递矩阵计算，此处我们假设振动的解的形式为

$$y_i=A_i\mathrm{e}^{\mathrm{i}\omega t}$$

则

$$\dot{y}_i=\mathrm{i}A_i\omega\mathrm{e}^{\mathrm{i}\omega t}=\mathrm{i}\omega y_i$$

$$\ddot{y}_i=-A_i\omega^2\mathrm{e}^{\mathrm{i}\omega t}=-\omega^2 y_i$$

这样一来，点传递矩阵变成复数矩阵：

$$\boldsymbol{a}_i=\begin{bmatrix}1 & 0 & 0 & m_i\omega^2-K_i-\mathrm{i}c\omega\\ 0 & 1 & \omega(\Omega I_P-\omega I_P) & 0\\ 0 & 0 & 1 & 0\\ 0 & 0 & 0 & 1\end{bmatrix}\tag{5-75}$$

由此求解出的特征值和特征向量均为复数。在特征值 $\lambda_i=\lambda_R+\mathrm{i}\lambda_I$ 中，虚部代表有阻尼的自然频率的平方值，实部反应振动的衰减指数。如果 $\lambda_R>0$，则振动发散，成为非稳定性系统。用复数传递矩阵解出的强迫振动的解 y,θ,M,Q 等亦为复数，它们除了代表振动的振幅外，还代表了振动的相位差。

5.6　挠性转子平衡原理

挠性转子的不平衡量由两部分组成：一部分是由原始质量偏心 $\boldsymbol{a}(x)$ 引起的 $\boldsymbol{u}_0(x)$；另一部分是由转子弹性变形 $\boldsymbol{s}(x)$ 引起的挠性不平衡量 $\boldsymbol{u}_s(x)$，即

$$\boldsymbol{u}_0(x)=m(x)\boldsymbol{a}(x)\tag{5-76}$$

$$\boldsymbol{u}_s(x)=m(x)\boldsymbol{s}(x)\tag{5-77}$$

在刚性转子平衡时，由于只存在 $\boldsymbol{u}_0(x)$，我们知道可以用一个集中的校正量，达到静平衡，用两个校正面的校正量达到动平衡。对于挠性不平衡能否用集中的校正量来消除和需要多少个校正量，这是研究挠性转子平衡的关键问题。如果我们试图用 m 个集中的校正量 $U_k(k=1,2,\cdots,m)$ 来平衡挠性转子(见图 5-29)，则完全平衡的条件是

$$\begin{cases}\displaystyle\int_0^l m(x)\boldsymbol{s}_b(x)\mathrm{d}x+\boxed{\displaystyle\int_0^l \boldsymbol{u}_0(x)\mathrm{d}x+\sum_{k=1}^m \boldsymbol{U}_k=0}\\ \displaystyle\int_0^l xm(x)\boldsymbol{s}_b(x)\mathrm{d}x+\boxed{\displaystyle\int_0^l x\boldsymbol{u}_0(x)\mathrm{d}x+\sum_{k=1}^m x_k\boldsymbol{U}_k=0}\end{cases}\tag{5-78}$$

式中 x_k 为校正量所在平面的坐标；虚线框内部分为刚性转子的平衡条件，这一部分可以通过在低速下进行刚性平衡来满足。$\boldsymbol{s}_b(x)$是加了校正量以后转子的动挠度曲线。如果校正量 $\boldsymbol{U}_k(k=1,2,\cdots,m)$能够消除挠性不平衡，则应满足

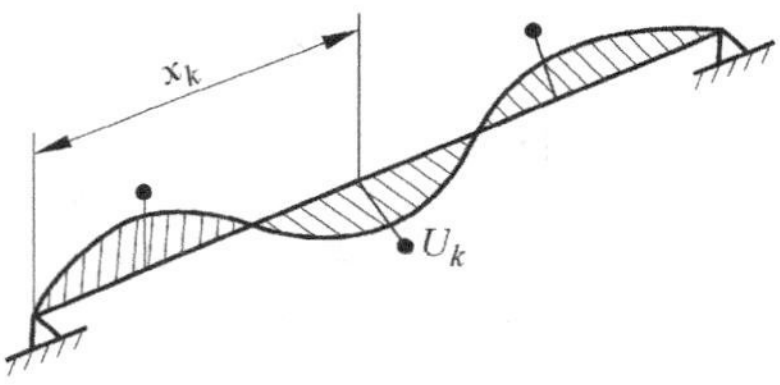

图 5-29 转子的集中校正量

$$\boldsymbol{s}_b(x)=0$$

也就是若干集中的校正量产生的弹性变形与原始不平衡产生的弹性变形相抵消。集中的校正量可以用 δ 函数表示：

$$\delta(x-x_k)=\begin{cases}1 & 当\ x=x_k\\ 0 & 当\ x\neq x_k\end{cases}$$

于是有

$$\boldsymbol{U}_k=\boldsymbol{U}_k\delta(x-x_k) \tag{5-79}$$

根据 5.4.2 节中把不平衡量展开成振型函数的线性组合式(5-48)，在有集中校正量时的转子动挠度曲线方程为

$$\frac{\mathrm{d}^2}{\mathrm{d}x^2}\left[EI(x)\frac{\mathrm{d}^2\boldsymbol{s}_b(x)}{\mathrm{d}x^2}\right]-m(x)\Omega^2\boldsymbol{s}_b(x)$$
$$=m(x)\Omega^2\sum_{n=1}^{\infty}\boldsymbol{C}_n\Phi_n(x)+\Omega^2\sum_{k=1}^{m}\boldsymbol{U}_k\delta(x-x_k) \tag{5-80}$$

把 $\boldsymbol{U}_k\delta(x-x_k)$也按振型函数展开得

$$\boldsymbol{U}_k\delta(x-x_k)=\sum_{n=1}^{\infty}m(x)\boldsymbol{B}_{kn}\Phi_n(x) \tag{5-81}$$

在求第 r 阶的 $\boldsymbol{B}_{kr}$(r 为 $1,2,\cdots,\infty$的任意整数)时，可以把等式两边乘以 $\Phi_r(x)$，再对 x 积分，然后利用振型函数的正交性求出。即

$$\int_0^l\boldsymbol{U}_k\Phi_r(x)\delta(x-x_k)\mathrm{d}x$$
$$=\int_0^l\sum_{n=1}^{\infty}\boldsymbol{B}_{kn}m(x)\Phi_n(x)\Phi_r(x)\mathrm{d}x$$

即

$$\boldsymbol{U}_k\Phi_r(x_k)=\boldsymbol{B}_{kr}N_r$$
$$\boldsymbol{B}_{kr}=\frac{\boldsymbol{U}_k\Phi_r(x_k)}{N_r}\quad r=1,2,\cdots,\infty \tag{5-82}$$

式中 N_r 为第 r 阶正交模，见式(5-49)。将式(5-82)代入式(5-81)得

$$\boldsymbol{U}_k\delta(x-x_k)=m(x)\sum_{n=1}^{\infty}\frac{\boldsymbol{U}_k\Phi_n(x_k)}{N_n}\Phi_n(x) \tag{5-83}$$

将式(5-83)代入式(5-80)得

$$\frac{\mathrm{d}^2}{\mathrm{d}x^2}\left[EI(x)\frac{\mathrm{d}^2\boldsymbol{s}_b(x)}{\mathrm{d}x^2}\right]-m(x)\Omega^2\boldsymbol{s}_b(x)$$
$$=m(x)\Omega^2\sum_{n=1}^{\infty}\boldsymbol{C}_n\Phi_n(x)+m(x)\Omega^2\sum_{n=1}^{\infty}\sum_{k=1}^{m}\frac{\boldsymbol{U}_k\Phi_n(x_k)}{N_n}\Phi_n(x) \tag{5-84}$$

式(5-84)的解可由 5.4.2 节的分析结果即式(5-55)得出：

$$\boldsymbol{s}_b(x)=\sum_{n=1}^{\infty}\frac{\Omega^2}{\omega_n^2-\Omega^2}\boldsymbol{C}_n\Phi_n(x)+\sum_{n=1}^{\infty}\sum_{k=1}^{m}\frac{\Omega^2}{\omega_n^2-\Omega^2}\frac{\boldsymbol{U}_k\Phi_n(x_k)}{N_n}\Phi_n(x) \tag{5-85}$$

转子平衡条件是

$$\boldsymbol{s}_b(x)=0$$

即

$$\sum_{n=1}^{\infty}\boldsymbol{C}_n\Phi_n(x)+\sum_{n=1}^{\infty}\sum_{k=1}^{m}\frac{\boldsymbol{U}_k\Phi_n(x_k)}{N_n}\Phi_n(x)=0$$

对每一阶分量 $n=r$ 来说，应满足：

$$\boldsymbol{C}_r+\sum_{k=1}^{m}\frac{\boldsymbol{U}_k\Phi_r(x_k)}{N_r}=0$$

或

$$\sum_{k=1}^{m}\boldsymbol{U}_k\Phi_r(x_k)=-\boldsymbol{C}_rN_r=-\boldsymbol{\Psi}_r\quad r=1,2,\cdots,\infty \tag{5-86}$$

式(5-86)叫振型平衡方程式，有无穷多个。我们把刚性平衡条件和挠性平衡条件合起来写成矩阵形式，并利用式(5-50)，将$\boldsymbol{\Psi}_r$ 表示为

$$\boldsymbol{\Psi}_r=\int_0^l\boldsymbol{a}(x)m(x)\Phi_r(x)\mathrm{d}x=\int_0^l\boldsymbol{u}_0(x)\Phi_r(x)\mathrm{d}x \tag{5-87}$$

于是可得转子平衡条件为

$$\begin{bmatrix}1 & 1 & \cdots & 1\\ x_1 & x_2 & & x_m\\ \Phi_1(x_1) & \Phi_1(x_2) & & \Phi_1(x_m)\\ \Phi_2(x_1) & \Phi_2(x_2) & & \Phi_2(x_m)\\ \vdots & \vdots & & \vdots\\ \Phi_\infty(x_1) & \Phi_\infty(x_2) & & \Phi_\infty(x_m)\end{bmatrix}\begin{bmatrix}U_1\\ U_2\\ \vdots\\ U_m\end{bmatrix}=-\begin{bmatrix}\int_0^l u_0(x)\mathrm{d}x\\ \int_0^l xu_0(x)\mathrm{d}x\\ \int_0^l \Phi_1(x)u_0(x)\mathrm{d}x\\ \int_0^l \Phi_2(x)u_0(x)\mathrm{d}x\\ \vdots\\ \int_0^l \Phi_\infty(x)u_0(x)\mathrm{d}x\end{bmatrix} \tag{5-88}$$

式(5-88)表明，要完全平衡挠性转子，应满足无穷多个方程式，因此集中校正量的数目 m 在理论上为无穷多个，这就否定了能用若干集中的校正量完全平衡挠性转子的可能性。然而式(5-88)仍然给出了寻求解决挠性转子平衡的途径。

在前面的分析中，我们知道转子动挠度曲线在某一阶临界速度时，主要呈现该阶振型。任何一个转子只可能在某一有限的速度以下运行，速度不可能到无穷大。因此，在振型平衡条件中，只要满足转子运转速度以下的 N 阶振型平衡条件即可。所以在第 N 阶临界速度下运行的转子，应满足 $N+2$ 个平衡方程。也就是校正量的数目 $m=N+2$。这一结论对解决挠性转子平衡问题至关重要。在实际问题中，由于挠性平衡所加的校正量一般来说不太大，因此若转子是刚性平衡的，在挠性平衡时，有时可不考虑前两个方程，只取 N 个校正面。这样造成的刚性不平衡问题并不严重。采用 $N+2$ 个校正量叫 $N+2$ 法，采用 N 个校正量叫 N 法。

5.7 挠性转子平衡方法

5.7.1 振型平衡法

振型平衡法是根据振型分离的原理对转子逐阶进行平衡的一种方法。根据前面的分析可知，转子在某一阶临界速度下，其挠度曲线主要是该阶的振型曲线，因此在某一阶临界速度下平衡转子，其结果就是平衡了该阶的振型分量。但是，每次平衡时必须保证本阶平衡所加的平衡量不破坏其他阶的平衡，即本阶所加的平衡量要与其他阶的振型正交。

现以图 5-30 上一个工作转速超过二阶临界转速的转子为例来说明振型法的平衡步骤。

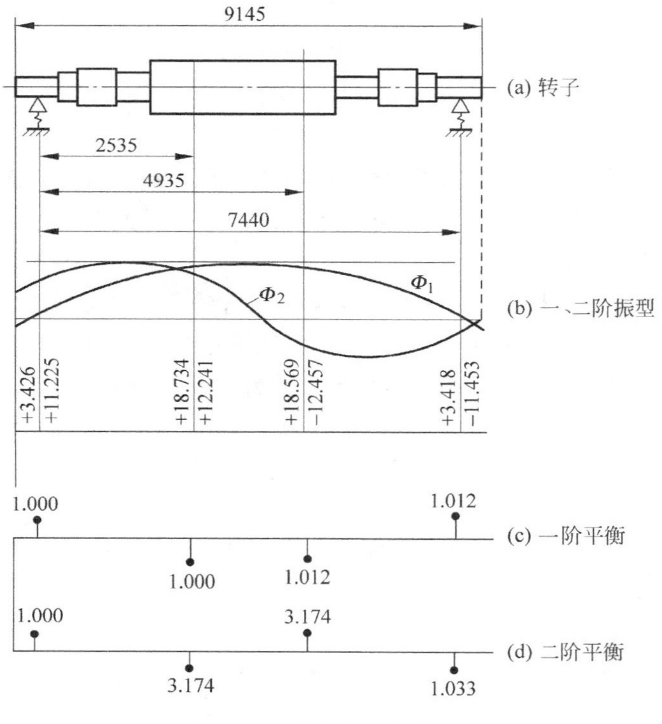

图 5-30 转子振型平衡法

(1) 确定转子的临界速度、振型函数及平衡平面的位置。图 5-30(b)为振型函数 Φ_1、Φ_2，它们可用前述的计算方法求得，也可用实验方法测出转子在临界转速时的挠度曲线。挠度曲线应和该阶振型曲线成比例。但实验法会遇到一些困难，因为未经平衡的转子有时会振动太大而不能达到所要求的临界速度。

在采用 $N+2$ 法时，该转子应选择四个平衡平面，四个平面的位置可根据振型曲线来确定。四个平面的轴向坐标分别为 x_1、x_2、x_3、x_4。

(2) 在低于第一临界速度 70%的转速范围内对转子作刚性平衡。

(3) 将转子开动到第一临界速度附近(约为第一临界速度的 90%)进行一阶平衡。这时所加的四个配重 $U_{1(\mathrm{I})} \sim U_{4(\mathrm{I})}$ 应满足如下关系式(上标(I)表示第一阶平衡量):

$$U_{1(\mathrm{I})} + U_{2(\mathrm{I})} + U_{3(\mathrm{I})} + U_{4(\mathrm{I})} = 0 \tag{5-89a}$$

$$x_1 U_{1(\mathrm{I})} + x_2 U_{2(\mathrm{I})} + x_3 U_{3(\mathrm{I})} + x_4 U_{4(\mathrm{I})} = 0 \tag{5-89b}$$

$$\Phi_1(x_1)U_{1(\mathrm{I})} + \Phi_1(x_2)U_{2(\mathrm{I})} + \Phi_1(x_3)U_{3(\mathrm{I})} + \Phi_1(x_4)U_{4(\mathrm{I})} = -\boldsymbol{\Psi}_1 \tag{5-89c}$$

$$\Phi_2(x_1)U_{1(\mathrm{I})} + \Phi_2(x_2)U_{2(\mathrm{I})} + \Phi_2(x_3)U_{3(\mathrm{I})} + \Phi_2(x_4)U_{4(\mathrm{I})} = 0 \tag{5-89d}$$

式(5-89a)和(5-89b)表示一阶平衡不应破坏已有的刚性平衡状态;式(5-89c)是一阶振型平衡的条件;式(5-89d)为正交条件,即保证一阶振型平衡不影响二阶振型平衡。

把 x_1、x_2、x_3、x_4 及对应的 $\Phi_1(x_1)$、…、$\Phi_1(x_4)$ 和 $\Phi_2(x_1)$、…、$\Phi_2(x_4)$ 的值代入式(5-89),可得如下结果(计算从略):

$$U_{1(\mathrm{I})} = 3.264\boldsymbol{\Psi}_1$$
$$U_{2(\mathrm{I})} = -3.264\boldsymbol{\Psi}_1$$
$$U_{3(\mathrm{I})} = -3.303\boldsymbol{\Psi}_1$$
$$U_{4(\mathrm{I})} = 3.303\boldsymbol{\Psi}_1$$

这时所得的结果只是 4 个配重的比值,也就是说要达到平衡一阶振型而又不影响刚性平衡及其他阶振型平衡的目的,4 个配重必须符合此比例关系。这 4 个配重均在过转子中心线的同一平面内。

(4) 配重的绝对量及相位可用试加法来确定。方法是:先在不加任何平衡量的情况下开机达到平衡一阶所需的转速,记录下初始的轴承振动值及相位 $\boldsymbol{A}_0$($\boldsymbol{A}_0$ 可为某一轴承振动量),然后在转子上按所算出的比例加上总量为 P_1 的一组试重 $U_{10(\mathrm{I})} \sim U_{40(\mathrm{I})}$,再在同样转速时记录下振动幅值与相位 $\boldsymbol{A}_1$。根据 $\boldsymbol{A}_0$ 和 $\boldsymbol{A}_1$ 可以算出试重的效应系数 $\boldsymbol{\alpha}_1$:

$$\boldsymbol{\alpha}_1 = \frac{\boldsymbol{A}_1 - \boldsymbol{A}_0}{P_1} \tag{5-90}$$

$\boldsymbol{\alpha}_1$ 是个向量,其大小表示单位总加重对振动幅值的影响,其相位表示加重平面和由于加重所产生的振动之间的相位差。

应加的平衡总量 Q_1 应满足:

$$\boldsymbol{\alpha}_1 Q_1 + \boldsymbol{A}_0 = \boldsymbol{0}$$

即

$$Q_1 = -\frac{\boldsymbol{A}_0}{\boldsymbol{\alpha}_1} = \frac{\boldsymbol{A}_0}{\boldsymbol{A}_0 - \boldsymbol{A}_1} P_1 \tag{5-91}$$

各平面应加平衡量则相应为 $U_{10(\mathrm{I})} \sim U_{40(\mathrm{I})}$ 乘以 $\dfrac{Q_1}{P_1}$。

(5) 将转子开动到第二阶临界速度附近作第二阶振型平衡。方法和步骤(3)相同,不过此时配重的比例关系应按下式计算:

$$\begin{cases} U_{1(\text{II})} + U_{2(\text{II})} + U_{3(\text{II})} + U_{4(\text{II})} = 0 \\ x_1 U_{1(\text{II})} + x_2 U_{2(\text{II})} + x_3 U_{3(\text{II})} + x_4 U_{4(\text{II})} = 0 \\ \Phi_1(x_1) U_{1(\text{II})} + \Phi_1(x_2) U_{2(\text{II})} + \Phi_1(x_3) U_{3(\text{II})} + \Phi_1(x_4) U_{4(\text{II})} = 0 \\ \Phi_2(x_1) U_{1(\text{II})} + \Phi_2(x_2) U_{2(\text{II})} + \Phi_2(x_3) U_{3(\text{II})} + \Phi_2(x_4) U_{4(\text{II})} = -\Psi_2 \end{cases} \tag{5-92}$$

由此式可解出(计算从略)

$$U_{1(\text{II})} = 1.821\Psi_2$$
$$U_{2(\text{II})} = -5.718\Psi_2$$
$$U_{3(\text{II})} = 5.799\Psi_2$$
$$U_{4(\text{II})} = -1.822\Psi_2$$

(6) 确定二阶平衡量的大小和相位,方法与步骤(4)类似。

用振型平衡法平衡后,转子上存在两组平衡量,它们分别在不同的相位上。由上述的平衡步骤可知振型平衡法要求先知道振型,所以有时用起来不大方便,而且振型的计算及测量的不准确,会使平衡效果不很理想。

5.7.2 影响系数法

在第一章中已对线性系统的影响系数进行了介绍。在此我们也可用影响系数来解决平衡问题。在平衡时所采用的影响系数可定义为:在 j 校正面上的单位平衡量(或称校正量)在 i 点处产生的振动。由于不平衡量与振动量之间有相位差,故影响系数为复数。利用影响系数可建立一组包含未知的平衡量的方程组。这些方程组可以根据不同速度下的振动测量值来建立,因此可以保证在各阶临界速度的平衡。如果平衡速度与平衡平面选择合理,采用影响系数法可得到良好效果。

影响系数 α_{ij} 可以用计算法或实验法求得。计算法由于系统参数变化,往往不够准确。目前用得较多的是实验法,即用加试重的方法求出影响系数。其过程如下:首先在不加任何试重的情况下开机到某一稳定转速,测出转子上 i 点的原始振动值 $\boldsymbol{s}_{i0}$,然后在 j 平面上加一个已知的量 U_j 再次开车到原来转速,测量出点 i 的振动值 $\boldsymbol{s}_{ij}$。$\boldsymbol{s}_{ij}$ 为 i 平面处在该转速下由原始不平衡量引起的振动 $\boldsymbol{s}_{i0}$ 与在 j 平面上试加不平衡量 U_j 引起的振动 $\boldsymbol{s}_{ij}$ 的向量之和(见图 5-31),即

$$\boldsymbol{s}_{i0} + \boldsymbol{s}_{ij} = \boldsymbol{s}_{i1}$$

或

$$\boldsymbol{s}_{ij} = \boldsymbol{s}_{i1} - \boldsymbol{s}_{i0}$$

影响系数为

$$\boldsymbol{\alpha}_{ij} = \frac{\boldsymbol{s}_{i1} - \boldsymbol{s}_{i0}}{U_j}$$

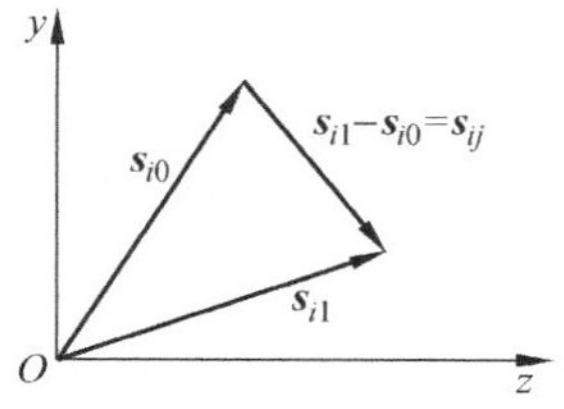

图 5-31 振动量的合成

对挠性转子来说,在不同速度下,同样两个平面之间的影响系数是不同的,所以在测某一速度下的影响系数时,必须保证 $\boldsymbol{s}_{i0}$ 和 $\boldsymbol{s}_{i1}$ 是在同一速度下测得的结果,否则会引起很大误差。

影响系数用于刚性转子平衡可以取得很好的效果。在用它作挠性平衡时,必须注意前述挠性转子平衡的特点才能取得应有的效果。即需要根据转子的工作速度及振型正确

选定转子平衡的速度、平衡平面的位置和数目(当然这些问题应在设计时予以考虑)。否则可能只消除了测振点处的振动,而不能很好地消除转子上其他截面处的变形。影响系数法的用处是确定在各平衡平面内应加的平衡量的大小和相位以使测振点的振动减小或消除。

若用 m 个加重平面来消除 n 个测点的振动量,则要先确定 $m\times n$ 个影响系数,这时可以先将转子开动到所选的平衡速度下,测得各个测点的原始振动量 $\boldsymbol{s}_{10},\boldsymbol{s}_{20},\cdots,\boldsymbol{s}_{n0}$。它们与原始不平衡量 $\boldsymbol{U}_{10},\boldsymbol{U}_{20},\cdots,\boldsymbol{U}_{m0}$ 之间的关系为

$$\begin{bmatrix}\boldsymbol{s}_{10}\\\boldsymbol{s}_{20}\\\vdots\\\boldsymbol{s}_{i0}\\\vdots\\\boldsymbol{s}_{n0}\end{bmatrix}=\begin{bmatrix}\boldsymbol{\alpha}_{11}&\boldsymbol{\alpha}_{12}&\cdots&\boldsymbol{\alpha}_{1j}&\cdots&\boldsymbol{\alpha}_{1m}\\\boldsymbol{\alpha}_{21}&\alpha_{22}&\cdots&\alpha_{2j}&\cdots&\alpha_{2m}\\\vdots&&&&&\\\boldsymbol{\alpha}_{i1}&\alpha_{i2}&\cdots&\alpha_{ij}&\cdots&\alpha_{im}\\\vdots&&&&&\\\boldsymbol{\alpha}_{n1}&\alpha_{n2}&\cdots&\boldsymbol{\alpha}_{nj}&\cdots&\boldsymbol{\alpha}_{nm}\end{bmatrix}\begin{bmatrix}\boldsymbol{U}_{10}\\\boldsymbol{U}_{20}\\\vdots\\\boldsymbol{U}_{j0}\\\vdots\\\boldsymbol{U}_{m0}\end{bmatrix}\tag{5-93}$$

然后在平衡平面Ⅰ内某一方位上加一个已知的试校正量,其重径积的大小与方位用向量表示为 $\boldsymbol{U}_{\mathrm{I}}^{*}$,将转子仍然开动到所选的平衡速度下,测量各点振动的大小与相位并表示为 $\boldsymbol{s}_{11},\boldsymbol{s}_{21},\cdots,\boldsymbol{s}_{n1}$,这时有

$$\begin{bmatrix}\boldsymbol{s}_{11}\\\boldsymbol{s}_{21}\\\vdots\\\boldsymbol{s}_{i1}\\\vdots\\\boldsymbol{s}_{n1}\end{bmatrix}=\begin{bmatrix}\boldsymbol{\alpha}_{11}&\boldsymbol{\alpha}_{12}&\cdots&\boldsymbol{\alpha}_{1j}&\cdots&\boldsymbol{\alpha}_{1m}\\\boldsymbol{\alpha}_{21}&\alpha_{22}&\cdots&\alpha_{2j}&\cdots&\alpha_{2m}\\\vdots&&&&&\\\boldsymbol{\alpha}_{i1}&\alpha_{i2}&\cdots&\alpha_{ij}&\cdots&\alpha_{im}\\\vdots&&&&&\\\boldsymbol{\alpha}_{n1}&\alpha_{n2}&\cdots&\alpha_{nj}&\cdots&\alpha_{nm}\end{bmatrix}\begin{bmatrix}\boldsymbol{U}_{10}+\boldsymbol{U}_{\mathrm{I}}^{*}\\\boldsymbol{U}_{20}\\\vdots\\\boldsymbol{U}_{j0}\\\vdots\\\boldsymbol{U}_{m0}\end{bmatrix}\tag{5-94}$$

用式(5-94)减去式(5-93)可得

$$\begin{bmatrix}\boldsymbol{s}_{11}-\boldsymbol{s}_{10}\\\boldsymbol{s}_{21}-\boldsymbol{s}_{20}\\\vdots\\\boldsymbol{s}_{i1}-\boldsymbol{s}_{i0}\\\vdots\\\boldsymbol{s}_{n1}-\boldsymbol{s}_{n0}\end{bmatrix}=\begin{bmatrix}\boldsymbol{\alpha}_{11}&\boldsymbol{\alpha}_{12}&\cdots&\boldsymbol{\alpha}_{1j}&\cdots&\boldsymbol{\alpha}_{1m}\\\boldsymbol{\alpha}_{21}&\alpha_{22}&\cdots&\alpha_{2j}&\cdots&\alpha_{2m}\\\vdots&&&&&\\\boldsymbol{\alpha}_{i1}&\alpha_{i2}&\cdots&\alpha_{ij}&\cdots&\alpha_{im}\\\vdots&&&&&\\\boldsymbol{\alpha}_{n1}&\alpha_{n2}&\cdots&\alpha_{nj}&\cdots&\alpha_{nm}\end{bmatrix}\begin{bmatrix}\boldsymbol{U}_{\mathrm{I}}^{*}\\0\\\vdots\\0\\\vdots\\0\end{bmatrix}$$

由此得

$$\boldsymbol{\alpha}_{11}=\frac{\boldsymbol{s}_{11}-\boldsymbol{s}_{10}}{\boldsymbol{U}_{\mathrm{I}}^{*}}$$

$$\boldsymbol{\alpha}_{i1}=\frac{\boldsymbol{s}_{i1}-\boldsymbol{s}_{i0}}{\boldsymbol{U}_{\mathrm{I}}^{*}}$$

$$\vdots$$

$$\boldsymbol{\alpha}_{n1}=\frac{\boldsymbol{s}_{n1}-\boldsymbol{s}_{n0}}{\boldsymbol{U}_{\mathrm{I}}^{*}}$$

同样在平面Ⅱ内加试校正量 $\boldsymbol{U}_{\mathrm{II}}^{*}$,就可求得 $\boldsymbol{\alpha}_{12},\boldsymbol{\alpha}_{22},\cdots,\boldsymbol{\alpha}_{n2}$。在 m 个平面上分别加 m

次试重就可求得所有的影响系数。

由于影响系数、振动量和试重校正量等都是向量，所以可用复数运算。例如对$\boldsymbol{\alpha}_{11}$可计算如下。设

$$\boldsymbol{s}_{10} = a_{10z} + \mathrm{i}a_{10y} \quad \boldsymbol{s}_{11} = \alpha_{11z} + \mathrm{i}a_{11y}$$

$$\boldsymbol{U}_I^* = b_z + \mathrm{i}b_y \quad \boldsymbol{\alpha}_{11} = \alpha_{11z} + \mathrm{i}\alpha_{11y}$$

则

$$\boldsymbol{s}_{11} - \boldsymbol{s}_{10} = (\alpha_{11z} - \alpha_{10z}) + \mathrm{i}(\alpha_{11y} - \alpha_{10y})$$

$$\alpha_{11z} = \frac{b_z(\alpha_{11z} - \alpha_{10z}) + b_y(\alpha_{11y} - \alpha_{10y})}{b_z^2 + b_y^2}$$

$$= \frac{b_z(\alpha_{11z} - \alpha_{10z}) + b_y(\alpha_{11y} - \alpha_{10y})}{U_\mathrm{I}^2}$$

$$\alpha_{11y} = \frac{b_z(\alpha_{11y} - \alpha_{10y}) - b_y(\alpha_{11z} - \alpha_{10z})}{U_\mathrm{I}^2}$$

式中U_I为试校正量的大小，它等于$\sqrt{b_z^2 + b_y^2}$。

知道影响系数后，就可代入下式求解应加的平衡量$\boldsymbol{U}_1, \boldsymbol{U}_2, \cdots, \boldsymbol{U}_m$。

$$\begin{bmatrix} \boldsymbol{\alpha}_{11} & \boldsymbol{\alpha}_{12} & \cdots & \boldsymbol{\alpha}_{1j} & \cdots & \boldsymbol{\alpha}_{1m} \\ \boldsymbol{\alpha}_{21} & \boldsymbol{\alpha}_{22} & \cdots & \boldsymbol{\alpha}_{2j} & \cdots & \boldsymbol{\alpha}_{2m} \\ \vdots & & & & & \\ \boldsymbol{\alpha}_{i1} & \boldsymbol{\alpha}_{i2} & \cdots & \boldsymbol{\alpha}_{ij} & \cdots & \boldsymbol{\alpha}_{im} \\ \vdots & & & & & \\ \boldsymbol{\alpha}_{n1} & \boldsymbol{\alpha}_{n2} & \cdots & \boldsymbol{\alpha}_{nj} & \cdots & \boldsymbol{\alpha}_{nm} \end{bmatrix} \begin{bmatrix} \boldsymbol{U}_1 \\ \boldsymbol{U}_2 \\ \vdots \\ \boldsymbol{U}_j \\ \vdots \\ \boldsymbol{U}_m \end{bmatrix} + \begin{bmatrix} \boldsymbol{s}_{10} \\ \boldsymbol{s}_{20} \\ \vdots \\ \boldsymbol{s}_{i0} \\ \vdots \\ \boldsymbol{s}_{n0} \end{bmatrix} = \boldsymbol{0} \tag{5-95}$$

上式可简写成

$$\boldsymbol{\alpha U} + \boldsymbol{s}_0 = \boldsymbol{0} \tag{5-96}$$

式(5-95)写成代数式为

$$\left[\begin{array}{cccc:cccc} \alpha_{11z} & \alpha_{12z} & \cdots & +\alpha_{1mz} & -\alpha_{11y} & -\alpha_{12y} & \cdots & -\alpha_{1my} \\ \alpha_{21z} & \alpha_{22z} & \cdots & \alpha_{2mz} & -\alpha_{21y} & -\alpha_{22y} & \cdots & -\alpha_{2my} \\ \vdots & & & & & & & \\ \alpha_{n1z} & \alpha_{n2z} & \cdots & \alpha_{nmz} & -\alpha_{n1y} & -\alpha_{n2y} & \cdots & -\alpha_{nmy} \\ \hdashline \alpha_{11y} & \alpha_{12y} & \cdots & \alpha_{1my} & \alpha_{11z} & \alpha_{12z} & \cdots & \alpha_{1mz} \\ \alpha_{21y} & \alpha_{22y} & \cdots & \alpha_{2my} & \alpha_{21z} & \alpha_{22z} & \cdots & \alpha_{2mz} \\ \vdots & & & & & & & \\ \alpha_{n1y} & \alpha_{n2y} & \cdots & \alpha_{nmy} & \alpha_{n1z} & \alpha_{n2z} & \cdots & \alpha_{nmz} \end{array}\right] \left[\begin{array}{c} U_{1z} \\ U_{2z} \\ \vdots \\ U_{mz} \\ \hdashline U_{1y} \\ U_{2y} \\ \vdots \\ U_{my} \end{array}\right] = -\left[\begin{array}{c} s_{10z} \\ s_{20z} \\ \vdots \\ s_{n0z} \\ \hdashline s_{10y} \\ s_{20y} \\ \vdots \\ s_{n0y} \end{array}\right] \tag{5-97}$$

式中角标字母z和y分别表示该向量复数形式的实部和虚部。式(5-97)可简写成

$$\left[\begin{array}{c:c} \boldsymbol{\alpha}_z & -\boldsymbol{\alpha}_y \\ \hdashline \boldsymbol{\alpha}_y & \boldsymbol{\alpha}_z \end{array}\right] \left[\begin{array}{c} \boldsymbol{U}_z \\ \hdashline \boldsymbol{U}_y \end{array}\right] = -\left[\begin{array}{c} \boldsymbol{s}_{0z} \\ \hdashline \boldsymbol{s}_{0y} \end{array}\right] \tag{5-98}$$

其中

$$\boldsymbol{s}_{0z}=\begin{bmatrix}s_{10z} & s_{20z} & \cdots & s_{n0z}\end{bmatrix}$$

$$\boldsymbol{s}_{0y}=\begin{bmatrix}s_{10y} & s_{20y} & \cdots & s_{n0y}\end{bmatrix}$$

$$\boldsymbol{U}_{z}=\begin{bmatrix}U_{1z} & U_{2z} & \cdots & U_{mz}\end{bmatrix}^{\mathrm{T}}$$

$$\boldsymbol{U}_{y}=\begin{bmatrix}U_{1y} & U_{2y} & \cdots & U_{my}\end{bmatrix}^{\mathrm{T}}$$

从以上方程式可以看出，计算需要加的平衡量，其根据是使 n 个测点的振动为 0，所以所选择的点越多，则平衡的效果越好。当然，相应的平衡平面的数目 m 也应增加。

5.7.3 平衡量的优化

方程(5-97)在 $m=n$ 的情况下有确定解。但在实际上常遇到 $m\neq n$ 的情况。例如，如果在转子系统中设有两个测量点，而平衡转速取为 $N+1$ 时，测量值的数目将为 $n=2(N+1)$。但平衡平面为 $m=N+2$(或 $n=N$)，这时会有 $m<n$ 的情况出现。

当 $m>n$ 时，方程(5-97)有无穷多组解，在这许多解中如何选取最佳值是一个值得研究的问题；当 $m<n$ 时，方程为矛盾方程，得不到满足所有方程的解，这时只能选取一组最佳近似解。对后一种情况目前常用的方法介绍如下。

1. 最小二乘法

在方程(5-97)为矛盾方程的时候，如果将一组$[U_z\ U_y]^{\mathrm{T}}$ 代入，则不能满足所有方程，因而有残余振动$\boldsymbol{\delta}_i$，$\boldsymbol{\delta}_i=\delta_z+\mathrm{i}\delta_y$。可以得到

$$\begin{bmatrix}\boldsymbol{\alpha}_z & -\boldsymbol{\alpha}_y\\ \boldsymbol{\alpha}_y & \boldsymbol{\alpha}_z\end{bmatrix}\begin{bmatrix}\boldsymbol{U}_z\\ \boldsymbol{U}_y\end{bmatrix}+\begin{bmatrix}\boldsymbol{s}_{0z}\\ \boldsymbol{s}_{0y}\end{bmatrix}=\begin{bmatrix}\boldsymbol{\delta}_z\\ \boldsymbol{\delta}_y\end{bmatrix} \tag{5-99}$$

其中

$$\boldsymbol{\delta}_z=\begin{bmatrix}\delta_{1z} & \delta_{2z} & \cdots & \delta_{nz}\end{bmatrix}^{\mathrm{T}}$$

$$\boldsymbol{\delta}_y=\begin{bmatrix}\delta_{1y} & \delta_{2y} & \cdots & \delta_{ny}\end{bmatrix}^{\mathrm{T}}$$

或写成

$$\begin{cases}\delta_{i0z}=s_{i0z}+\displaystyle\sum_{j=1}^{m}(\alpha_{ijz}U_{jz}-\alpha_{ijy}U_{jy})\\ \delta_{i0y}=s_{i0y}+\displaystyle\sum_{j=1}^{m}(\alpha_{ijy}U_{jz}-\alpha_{ijz}U_{jy})\end{cases} \tag{5-100}$$

式中 $i=1,2,\cdots,n$。最小二乘法是寻求一组最佳解 $\boldsymbol{U}^*$，使残余振动振幅的平方和最小，即

$$\min\left[\delta^2=\sum_{i=1}^{n}(\delta_{iz}^2+\delta_{iy}^2)\right] \tag{5-101}$$

δ_{iz}、δ_{iy} 均为 U_{1z}、U_{1y}、$\cdots$、U_{mz}、U_{my} 的函数。根据求极值方法得

$$\frac{\partial\delta^2}{\partial U_{1z}}=\frac{\partial\delta^2}{\partial U_{1y}}=\frac{\partial\delta^2}{\partial U_{2z}}=\frac{\partial\delta^2}{\partial U_{2y}}=\cdots=\frac{\partial\delta^2}{\partial U_{mz}}=\frac{\partial\delta^2}{\partial U_{my}}=0$$

代入式(5-100)、(5-101)可得

$$\begin{cases} \dfrac{\partial \delta^2}{\partial U_{kz}} = 2\sum_{i=1}^{n}\left\{\alpha_{ikz}\left[s_{i0z}+\sum_{j=1}^{m}(\alpha_{ijz}U_{jz}-\alpha_{ijz}U_{jy})\right]+\alpha_{iky}\left[s_{i0y}+\sum_{j=1}^{m}(\alpha_{ijy}U_{jz}+\alpha_{ijy}U_{jy})\right]\right\} \\ \qquad = 0 \\ \dfrac{\partial \delta^2}{\partial U_{ky}} = 2\sum_{i=1}^{n}\left\{-\alpha_{iky}\left[s_{i0z}+\sum_{j=1}^{m}(\alpha_{ijz}U_{jz}-\alpha_{ijy}U_{jy})\right]+\alpha_{ikz}\left[s_{i0y}+\sum_{j=1}^{m}(\alpha_{ijy}U_{jz}+\alpha_{ijz}U_{jy})\right]\right\} \\ \qquad = 0 \end{cases} \tag{5-102}$$

式中 $k=1,2,\cdots,m$。式(5-102)可写成矩阵形式：

$$\boldsymbol{\alpha}^{\mathrm{T}}\boldsymbol{\alpha}\boldsymbol{U}+\tilde{\boldsymbol{\alpha}}^{\mathrm{T}}\boldsymbol{S}_0=\mathbf{0} \tag{5-103}$$

$\tilde{\boldsymbol{\alpha}}$为影响系数矩阵的共轭矩阵，其元素$\tilde{\alpha}_{ij}$和$\alpha_{ij}$共轭，即

$$\boldsymbol{\alpha}_{ij}=\alpha_{ijz}+\mathrm{i}\alpha_{ijy}$$

$$\tilde{\boldsymbol{\alpha}}_{ij}=\alpha_{ijz}-\mathrm{i}\alpha_{ijy}$$

求解式(5-103)所得的结果，将保证 $\sum_{i=1}^{n}\delta_i^2$ 最小。但在 n 个测点中，可能有的点残余振动很大，甚至超过允许值。为了消除这一现象，使残余振动均化可采用加权最小二乘法。

2. 加权迭代均化残余振动

在实验数据处理中，常用一种"加权平均值"。它的意义如下：设对同一物理量采用不同的方法去测定或对同一物理量由不同的人去测定，得到 $x_1,x_2,\cdots,x_i,\cdots,x_n$。在计算平均值时可以对比较可靠的数值予以加重平均，这种平均值叫加权平均值，即

$$x_m=\frac{\lambda_1x_1+\lambda_2x_2+\cdots+\lambda_nx_n}{\lambda_1+\lambda_2+\cdots+\lambda_n}=\frac{\sum_{i=1}^{n}\lambda_ix_i}{\sum_{i=1}^{n}\lambda_i}$$

式中 $\lambda_1,\lambda_2,\cdots,\lambda_n$ 代表与各观测值对应的权，叫加权因子。从加权的基本思想出发，如果用最小二乘法解出的配重代入式(5-99)后，其中某些点残余振动过大，则可对该方程乘以大的加权因子，而残余振动小的乘以小的加权因子，加权后求出的结果达到这样的目标：

$$\min\left(\sum_{i=1}^{n}\lambda_i\delta_i^2\right)$$

加权因子的大小可以这样来确定：先求出所有残余振动的均方根，即

$$R=\sqrt{\frac{1}{n}\sum_{i=1}^{n}|\delta_i|^2} \tag{5-104}$$

然后求出加权因子 λ_i^0

$$\lambda_i^{(0)}=\sqrt{\frac{|\delta_i|}{R}} \tag{5-105}$$

式中 $i=1,2,\cdots,n$。用 $\lambda_{i(0)}$ 分别乘式(5-97)中各方程，也就是对式(5-103)相应项乘以 $(\lambda_{i(0)})^2$ 再解此方程，可得一次加权后的配重 $\boldsymbol{U}_i(i=1,2,\cdots,m)$。将 $\boldsymbol{U}_i$ 代入式(5-99)可得一次加权后的残余振动。如果还达不到要求，可按上述方法进行第二次加权。需要指出

的是，第二次加权时并不是按照第一次加权后求出的残余振动 $\delta_i^{(i)}$ 求出的 $\lambda_i^{(i)}$ 进行加权，而是 $\lambda_i^{(0)}$ 与 $\lambda_i^{(i)}$ 的乘积。因为第二次加权是在第一次加权的基础上继续加权，而不是重新对方程(5-97)加权。

3. 其他优化方法

近年来，随着线性规划及非线性规划的理论在工程技术问题方面的应用和发展，在把这些理论用于挠性转子平衡方面也做了不少工作。采用其他优化计算法可以使残余振动量按工作要求来分配。因为在使用机械时，并不一定要求残余振动均化，而是希望在工作转速下的残余振动小，启动过程中的残余振动值可以大一些。关于这些方法可参考有关资料。

本章在平衡方法方面，主要介绍了常用的两种基本方法——振型平衡法及影响系数法。从应用上看影响系数法由于便于采用计算机，用得更为广泛一些。但振型平衡法的基本原理对研究平衡问题有重要意义。除此以外还有些其他方法，如振型圆法、谐量法等，在此不再介绍，读者可参考其他资料。

第 6 章 含间隙运动副的机械系统动力学

在前几章的分析中，认为机械系统的运动副中，不存在间隙，是一种理想状态。在实际机械中，虽然可以采取一些措施，减小间隙，以保证机械正常工作，但是由于形成运动副的两构件之间存在相对运动，间隙是不可避免的。随着机械长时间的运转引起的磨损，间隙还会增大。运动副中存在的间隙，对轴承工作性能，机械的运动精度和机械的动力学性能有重要影响，会产生冲击载荷，引起机械振动、噪声，并加快机件的磨损。特别是对于高速、精密机械、航天工程中外空工作的机械等，间隙的影响是至关重要的。例如航天器用的太阳能电池帆板，需要在太空中展开。展开过程中，由于间隙产生的振动会因为没有空气阻力的存在，很难消失，从而影响电池帆板工作。因此研究间隙对机械工作性能的影响和确定合理的间隙量，是机械动力学的重要问题之一。

与研究其他动力学类似，研究含间隙运动副机械系统动力学的关键问题是在假设运动副的接触状态的基础上，建立间隙副的动力学模型，然后根据基本力学和机构学方法，建立系统的动力学方程。目前采用的间隙模型主要有以下几种：

(1) 连续接触模型：这种模型，不考虑运动副中两个构件脱离接触，因而没有冲击载荷产生，适用于间隙小、速度较低的轻型机械。

(2) 两状态非连续接触模型：这种模型假定组成运动副的两构件存在接触和分离（脱离接触自由运动）两种状态。在从分离状态变换成接触状态的瞬间发生冲击，因此要研究这种冲击对机械动力学性能的影响。在分析冲击的动力学响应时，有时还要考虑接触表面的力学性质，例如接触表面的弹性、阻尼、摩擦等对机械运动和受力的影响。基于这种力学模型，动力学方程需要分两个阶段建立。

(3) 多状态非连续接触模型：在这种模型中，除了上述接触和分离状态之外，认为在碰撞发生时，会经历一个反复碰撞的过渡过程，称为“碰撞状态”。采用这种间隙模型，动力学方程则需要分三阶段建立。

本章将针对前两种间隙模型，介绍含间隙副的机械系统动力学分析方法。

6.1 采用连续接触间隙副模型的机械运动精度分析——小位移法

6.1.1 转动副和移动副中的间隙

机构中通常使用转动副和移动副。如果忽略垂直于运动平面方向的侧隙、轴销轴线和运动平面的偏斜等误差，讨论将只限于在运动平面中的间隙。

在转动副（见图 6-1(a)）中，令轴销和轴套半径分别为 R_1 和 R_2，则半径间隙 r（以后简称为间隙）为

$$r = R_2 - R_1 \tag{6-1}$$

轴和套的圆心连线 O_1O_2 的方向可在 360°内变动。

对于移动副(见图 6-1(b)),当滑块受外力作用,向一边移动时,中心线之间的距离为

$$r = \frac{1}{2}(H_2 - H_1) \tag{6-2}$$

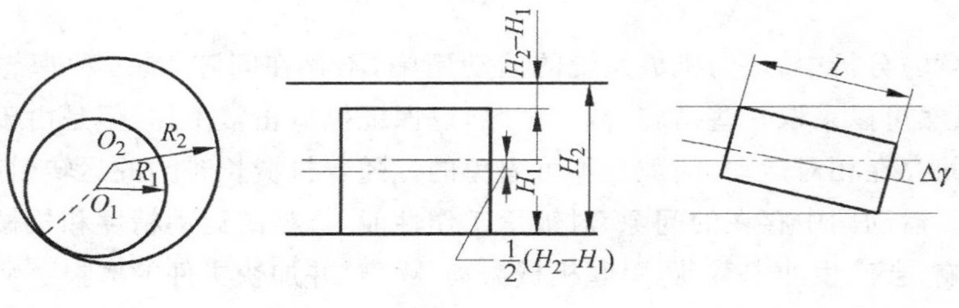

图 6-1　运动副中的间隙

(a) 间隙转动副；(b) 间隙移动副；(c) 有偏转的间隙移动副

式中 H_1、H_2——滑块和导轨的高度；r——沿垂直于导轨方向的间隙。

在移动副中当外力作用线超出滑块底面时,滑块会引起转角偏差 $\Delta\gamma$(见图 6-1(c))。因 $\Delta\gamma$ 为微量,故

$$\Delta\gamma \leqslant \frac{2r}{L} \tag{6-3}$$

6.1.2　用小位移法确定机构位置的误差

小位移法是一种分析有间隙机构的运动误差的比较简单的方法。此方法除了假定运动副元件始终接触外,还假定运动副中的反力与无间隙机构相同,因此精确性不很高,适用于低速机构系统的运动精度分析。为叙述方便起见,此处以曲柄滑块机构为例来说明小位移分析法的基本原理和方法。

设在曲柄滑块机构 OAB(见图 6-2(a))中,铰销 O、A、B 的半径间隙分别为 r_O、r_A、r_B,滑块和导轨的间隙为 r_4。在此只研究间隙的影响,故分析中忽略了各杆长的误差。下面讨论由于运动副间隙造成从动件滑块位置的误差。

为了确定间隙副中,两构件接触点的位置,需要先确定它们之间的作用力的方向。在不考虑两构件有脱离接触和发生碰撞的情况下,可以认为理想机构和有间隙机构的铰销中的作用力相同。在对理想机构进行动态静力学分析后,可求得各铰销中作用力方向,从而决定铰销内轴对套的相对位移方向,力分析见图 6-2(b)。

接触点的位置可按下述原则判定: 设铰销中的反力为 R_{ij}。角标字母表示构件 i 给构件 j 的作用力。当轴销和轴套间有间隙时,认为轴中心相对轴套中心的位移为 $\boldsymbol{r}$,方向沿着轴给套的作用力的方向(见图 6-2(g))。例如在铰销 O 中,如果套给轴的作用力为 $\boldsymbol{R}_{12}$,则轴中心相对于套中心移动 $\boldsymbol{r}_O$,方向与 $\boldsymbol{R}_{12}$ 相反,和 $\boldsymbol{R}_{21}$ 方向相同。

机构中各运动副间隙对从动件位置的影响可近似认为是独立的。从动件位置的总的误差为各间隙引起误差之和。因为从动件的位置 y 是和构件尺寸、运动副间隙和主动件

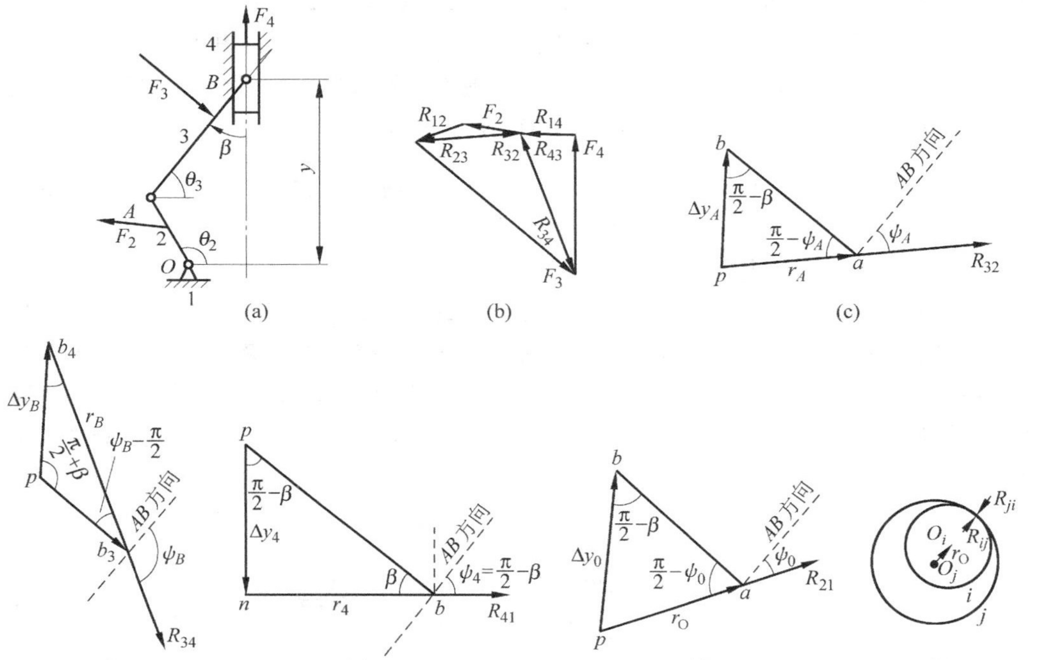

图 6-2 小位移图

位置 θ_2 有关的，故滑块的位置为

$$y = y(l_1, l_2, l_3, q_{rO}, q_{rA}, q_{rB}, q_{r4}, \theta_2)$$

式中 l_1 是导轨与 O 轴的偏距，l_2 和 l_3 分别是曲柄和连杆的长度。广义坐标 $q_{rO}, q_{rA}, q_{rB}, q_{r4}$ 分别表示在转动副 O、A、B 和移动副中的间隙，θ_2 为曲柄转角。在本章中只研究间隙的影响，因此认为构件尺寸 l_1、l_2、l_3 为已知常数。对于理想机构，即无间隙的机构，$y = y_0 = y(l_1, l_2, l_3, \theta_2)$。

当间隙很小时，在 y_0 附近把 y 按泰勒级数展开，并令各运动副中的间隙为 r_O、r_A、r_B 和 r_4。因它们均为微量，忽略它们的二阶及以上各阶微量后得

$$\Delta y = \left(\frac{\partial y}{\partial q_{rO}}\right)_0 r_O + \left(\frac{\partial y}{\partial q_{rA}}\right)_0 r_A + \left(\frac{\partial y}{\partial q_{rB}}\right)_0 r_B + \left(\frac{\partial y}{\partial q_{r4}}\right)_0 r_4 \tag{6-4}$$

各偏导的下角“0”表示各偏导值是在所研究的 θ_2 位置下，以理想机构的参数代入得到的值。$\left(\frac{\partial y}{\partial q_{rO}}\right)_0$、$\left(\frac{\partial y}{\partial q_{rA}}\right)_0$、$\left(\frac{\partial y}{\partial q_{rB}}\right)_0$、$\left(\frac{\partial y}{\partial q_{r4}}\right)_0$ 分别为 O、A、B 和滑块 4 处的单位间隙引起从动件的位移。式(6-4)表明在求解机构位置偏差时，可以先分别求出 O、A、…处间隙造成的从动件位置偏差，然后相加得到总的偏差。式(6-4)也可写成

$$\Delta y = \Delta y_O + \Delta y_A + \Delta y_B + \Delta y_4 \tag{6-5}$$

其中 Δy_O、Δy_A、Δy_B、Δy_4 分别为 r_O、r_A、r_B、r_4 引起的从动件位置偏差。

式(6-5)中的各项误差可用下述方法求得。例如求 Δy_A 时，可令主动件 2 固定不动，构件 3 上的点 A 相对构件 2 沿 $\boldsymbol{R}_{32}$ 方向移动一小位移 r_A，则从动件 4 将移动小量 Δy_A。

在上述分析过程中认为除 A 处外其他运动副均无间隙，即单独考虑 r_A 的影响。

图 6-2(c)是求 Δy_A 的小位移图。设 $pa=r_A$，方向沿 $\boldsymbol{R}_{32}$ 方向，由于点 A_3 移动了 pa 大小，点 B 将相对于点 A_3 转动，其绝对移动只能沿导轨方向，因此作 $ab\perp AB$，pb 平行于导轨，两线交于点 b，则 $pb=\Delta y_A$。由图中的几何关系得

$$\Delta y_A=\frac{r_A}{\sin\left(\dfrac{\pi}{2}-\beta\right)}\sin\left(\frac{\pi}{2}-\psi_A\right)=\frac{r_A\cos\psi_A}{\cos\beta} \tag{6-6}$$

ψ_A 为 $\boldsymbol{R}_{32}$ 和连杆 AB 的夹角。

用同样的方法可以考虑 r_4 与 r_B 引起的偏差 Δy_4 和 Δy_B。在图 6-2(d)中画出 $b_4b_3=r_B$，其方向沿 $\boldsymbol{R}_{34}$ 方向。它表示轴心 B_3（构件 3 上的点）相对于轴套中心 B_4（构件 4 上的点）的相对位移。点 B_3 的绝对位移垂直于 AB，因为 OA 不动（θ_2 不变，点 A 处无间隙），点 B_3 将绕点 A 转动。点 B_4 的绝对位移将沿导轨方向。所以过 b_3 作 $pb_3\perp AB$，过点 b_4 作线平行于导轨，两线交于点 p，pb_4 即为由于 r_B 引起的滑块位移偏差。由图 6-2(d)可得

$$\Delta y_B=\frac{r_B\sin\left(\psi_B-\dfrac{\pi}{2}\right)}{\sin\left(\dfrac{\pi}{2}+\beta\right)}=-\frac{r_B\cos\psi_B}{\cos\beta} \tag{6-7}$$

ψ_B 为 $\boldsymbol{R}_{34}$ 和 AB 之夹角。

在图 6-2(e)中画出 r_4 引起的滑块位置偏差 Δy_4。这时认为 θ_2 无误差，故 OA 不动。且 $r_A=r_B=0$，点 B 将绕点 A 转动，点 B 的绝对位移将垂直于 AB。由于滑块与导轨间有间隙 r_4，所以点 B 在垂直于导轨方向的位移将为 r_4，其方向沿 $\boldsymbol{R}_{41}$ 方向。点 B 沿导轨方向的小位移即为偏差 Δy_4。如图 6-2(e)所示，作 $nb=r_4$，过 b 作 $pb\perp AB$，过 n 作 pn 平行于导轨，两线交于点 p。$pn=\Delta y_4$。由图 6-2(e)可知 Δy_4 向下为负，即

$$\Delta y_4=-\frac{r_4\cos\psi_4}{\cos\beta}=\frac{\pm r_4\sin\beta}{\cos\beta} \tag{6-8}$$

式中 ψ_4 为 $\boldsymbol{R}_{41}$ 和 AB 之夹角。“+”、“−”号决定于 $\boldsymbol{R}_{41}$ 的方向。在图 6-2(e)中，当 $\boldsymbol{R}_{41}$ 向右时，因 $\psi_4=\dfrac{\pi}{2}-\beta$，$\cos\psi_4=\sin\beta$，故取“−”号；当 $\boldsymbol{R}_{41}$ 向左时，因 $\psi_4=\dfrac{\pi}{2}+\beta$，$\cos\psi_4=-\sin\beta$，故取“+”号。角 β 以图 6-2(a)中所示方向为正。如果连杆 AB 位于导轨右侧，则 β 为负。Δy_4 的正负也可直接由作图决定。Δy_4 向上为正，向下为负。

最后分析由 r_O 引起的滑块位置偏差 Δy_O（见图 6-2(f)）。考虑到 θ_2 无误差，$r_A=r_B=r_4=0$，因此当 O_2 相对于 O_1 沿 $\boldsymbol{R}_{21}$ 方向移动 r_O 时，点 A 亦将移动 r_O，杆 OA 作平移（因为 θ_2 不变），因此点 B 的小位移求法和图 6-2(c)相似。作 $pa=r_O$，过 a 作 $ab\perp AB$，过 p 作 pb 平行于导轨，两线相交于点 b，$pb=\Delta y_O$。由图 6-2(f)得

$$\Delta y_O=\frac{r_O\cos\psi_O}{\cos\beta} \tag{6-9}$$

ψ_O 为 $\boldsymbol{R}_{21}$ 和连杆 AB 的夹角。

把所有 Δy_O、Δy_A、Δy_B、Δy_4 代入式(6-5)，得滑块由于铰销 O、A、B 处的间隙及滑动

副间隙引起的位置偏差 Δy 为

$$\begin{aligned}\Delta y &= \Delta y_O + \Delta y_A + \Delta y_B + \Delta y_4 \\ &= \frac{1}{\cos\beta}(r_O\cos\psi_O + r_A\cos\psi_A - r_B\cos\psi_B \pm r_4\sin\beta)\end{aligned} \tag{6-10}$$

由式(6-10)可以看出：从动杆的位置误差 Δy 在连杆上的投影 $\Delta y\cos\beta$ 等于各运动副间隙在连杆上的投影之和。

综上所述，用小位移法求运动副间隙对从动件位置的影响，可按下述步骤进行：

(1) 认为机构是理想的，即先不计运动副中的间隙，进行机构动力学分析，找出在已知力作用下等效构件的运动规律。根据等效构件已知的运动规律进行运动分析，找出各构件质心的加速度和构件的角加速度。计算构件的惯性力和惯性力矩。应用动态静力学方法分析各运动副中的作用力。显然，等效构件(通常为主动件)在不同位置时，求得的运动副中作用力方向是不同的，所以这些运动副中的作用力是对应于主动件的某一位置 θ_2 的(图 6-2(b)表示在 θ_2 位置下的受力分析图)。

(2) 分别考虑每一个运动副中间隙对从动件位置的影响。此时把其他运动副视为无间隙，所考虑的运动副中轴相对于轴套或滑块相对于导轨的运动方向与轴对套或滑块对导轨的作用力的方向一致，用小位移法找出由该间隙引起的从动件位置偏差。

(3) 把各运动副引起的从动件位置偏差综合起来，得到由各运动副间隙造成的偏差。

(4) 上述(2)、(3)步显然是对应于主动件某一位置 θ_2 时求得的。对机构各位置均进行上述偏差分析，可得出机构中从动件位置偏差和主动件位置的关系。把理想机构的位移和偏差相加，可以求出从动件的真正位移和主动件位置的关系。

6.2 采用连续接触间隙副模型的机械动力学分析

在上一节分析含间隙副机构的运动精度时，认为运动副中有间隙的机构和理想机构中铰销作用力相同；构件的惯性力和惯性力矩是按理想机构的加速度得出来的，没有考虑自由状态和接触状态以及接触时元件表面的变形等问题。这样计算虽然比较简单些，但其模型简化得较多，忽略因素也多，因此主要用于低速、轻载(惯性力小)和间隙小的机械的位置精度分析。

连续接触间隙模型也可用来进行机械的动力学分析。这种分析没有考虑轴销和轴套的间隙引起的轴和轴套反复的接触和分离。但由于间隙通常很小，碰撞的实际时间很短，自由状态的时间也很短，所以，为了简化计算，可以把这些现象看成是瞬时的，从而把轴和轴套看成为连续接触的力学模型来进行分析。当然，接触点是改变的，而且当接触角发生突变时，该瞬间接触将被破坏(例如接触点由左侧某点变为右侧某一点，瞬间接触将被破坏)。在采用连续接触间隙模型时，忽略轴套微小的弹性变形，这样轴和轴套的中心距将保持为半径间隙 r。因此可把间隙看成一无质量的假想杆(见图 6-3)，它的长度等于 r，杆件的方向由轴销和轴套接触点的位置决定，所以方向是变化的，这些假想杆的方向将由动力计算决定。

上述假设也可用高副低代的原理来说明。轴销和轴套间有间隙，则杆件 1、2 实际上将形成高副接触(见图 6-3)。根据高副低代的原理,高副接触可瞬时用一杆替代,杆子两端铰链位于两接触曲线在接触点处的曲率中心上。由于圆心 O_1、O_2 在接触点处两曲线(圆弧)的曲率中心,且在任何瞬间,O_1、O_2 间的距离不变,因此可把间隙看成定长为 r 的无质量杆件。

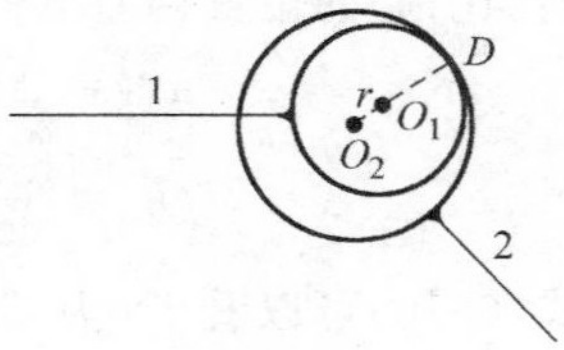

图 6-3　间隙转动副中的假想杆

利用这种连续接触的模型来进行计算,忽略了自由状态以及接触表面的弹性变形,但是计及了间隙对构件的运动影响,以及对构件惯性力和惯性力矩的影响,比小位移法精确。

下面将以四杆机构为例来说明分析方法。在图 6-4 所示的四杆机构中,若四个转动副均有间隙,各半径间隙分别为 r_1、r_2、r_3、r_4。各杆长为 l_1、l_2、l_3、l_4,各运动杆的质心位于 S_2、S_3、S_4。为清楚起见,图中的间隙有意放大了。

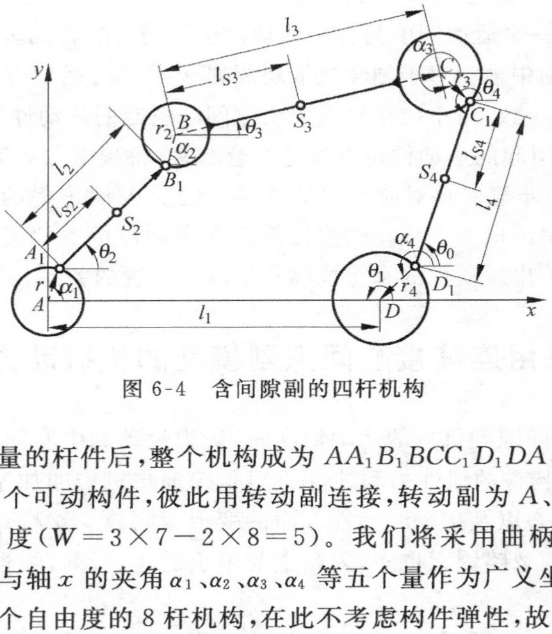

图 6-4　含间隙副的四杆机构

把间隙看成无质量的杆件后,整个机构成为 $AA_1B_1BCC_1D_1DA$,由八杆组成,其中除 DA 为固定件外,有 7 个可动构件,彼此用转动副连接,转动副为 A、A_1、B_1、B、C、C_1、D_1、D,所以共有五个自由度($W=3\times7-2\times8=5$)。我们将采用曲柄转角 θ_2 及半径间隙 AA_1、B_1B、CC_1、D_1D 与轴 x 的夹角 α_1、α_2、α_3、α_4 等五个量作为广义坐标。这样一来,四杆机构演变为一具有 5 个自由度的 8 杆机构,在此不考虑构件弹性,故可用 2.4 节介绍的方法建立多自由度机构的动力学方程式。在此采用拉格朗日方程式:

$$\frac{\mathrm{d}}{\mathrm{d}t}\left(\frac{\partial E}{\partial \dot{q}_i}\right)-\frac{\partial E}{\partial q_i}+\frac{\partial U}{\partial q_i}=F_i \tag{6-11}$$

式中 q_i——广义坐标,为 θ_2、α_1、α_2、α_3、α_4;E、U——系统的动能和位能;F_i——广义力。

动能 E 为各杆动能之和:

$$E=\sum_{i=2}^{4}E_i=\sum_{i=2}^{4}\frac{1}{2}m_i(\dot{x}_{Si}^2+\dot{y}_{Si}^2)+\sum_{i=2}^{4}\frac{1}{2}J_i\dot{\theta}_i^2 \tag{6-12}$$

式中 x_{Si}、y_{Si}——杆 i 质心的坐标;θ_i——杆 i 铰链连线和轴 x 的夹角;J_i——杆 i 对质心 S_i 的转动惯量。

若系统中只考虑重力,不考虑其他有势力(如弹性变形力等),则有

$$U = \sum_{i=2}^{4} m_i g y_{Si} \tag{6-13}$$

其中 g 为重力加速度。为简便起见，设作用在机构中的外力只有主动力矩 T_2，则有

$$\begin{cases} F_1 = T_2 \\ F_2 = F_3 = F_4 = F_5 = 0 \end{cases} \tag{6-14}$$

把 E、U、F_i 代入式(6-11)，可以看出，为求出$\dfrac{\partial E}{\partial \dot{q}_i}$、$\dfrac{\partial E}{\partial q_i}$、$\dfrac{\partial U}{\partial q_i}$，还需要把$\dot{x}_{Si}$、$\dot{y}_{Si}$、$\dot{\theta}_i$、$y_{Si}$写成广义坐标$\theta_2$、$\alpha_1$、$\alpha_2$、$\alpha_3$、$\alpha_4$ 的函数表达式。所以下面需要先进行机构的运动学分析，再根据拉格朗日方程列出动力学方程式，加以求解，以决定 θ_2、α_1、α_2、α_3、α_4 与时间 t 的函数关系。

6.2.1 机构运动分析

1. 机构位置分析

把各杆件及间隙 r 看成向量，其方向如图 6-4 中箭头所示。角 θ_i 与 α_i 均自 x 的正方向按反时针方向度量到相应的向量方向。用连杆机构运动分析方法，把 8 个向量看成一个封闭形，写出向量方程式：

$$\sum_{i=1}^{4} \boldsymbol{l}_i + \sum_{i=1}^{4} \boldsymbol{r}_i = 0 \tag{6-15}$$

投影到 x、y 方向，并写成矩阵形式得

$$\sum_{i=1}^{4} l_i \begin{bmatrix} \cos\theta_i \\ \sin\theta_i \end{bmatrix} + \sum_{i=1}^{4} r_i \begin{bmatrix} \cos\alpha_i \\ \sin\alpha_i \end{bmatrix} = \begin{bmatrix} 0 \\ 0 \end{bmatrix} \tag{6-16}$$

将式(6-16)展开得到两个代数方程式，从中消去 θ_4，而后可得 θ_3 的解。由式(6-16)得

$$\begin{cases} l_4 \cos\theta_4 = -\left[\sum_{i=1}^{3} l_i \cos\theta_i + \sum_{i=1}^{4} r_i \cos\alpha_i \right] \\ l_4 \sin\theta_4 = -\left[\sum_{i=1}^{3} l_i \sin\theta_i + \sum_{i=1}^{4} r_i \sin\alpha_i \right] \end{cases} \tag{6-17}$$

两式平方相加得

$$l_4^2 = l_3^2 + \left[\sum_{i=1}^{2} l_i \cos\theta_i + \sum_{i=1}^{4} r_i \cos\alpha_i \right]^2 + \left[\sum_{i=1}^{2} l_i \sin\theta_i + \sum_{i=1}^{4} r_i \sin\alpha_i \right]^2$$
$$+ 2l_3 \left\{ \cos\theta_3 \left[\sum_{i=1}^{2} l_i \cos\theta_i + \sum_{i=1}^{4} r_i \cos\alpha_i \right] + \sin\theta_3 \left[\sum_{i=1}^{2} l_i \sin\theta_i + \sum_{i=1}^{4} r_i \sin\alpha_i \right] \right\}$$

令
$$A = 2l_3 \left(\sum_{i=1}^{2} l_i \cos\theta_i + \sum_{i=1}^{4} r_i \cos\alpha_i \right)$$
$$B = 2l_3 \left(\sum_{i=1}^{2} l_i \sin\theta_i + \sum_{i=1}^{4} r_i \sin\alpha_i \right)$$

则
$$l_4^2 = l_3^2 + \frac{A^2 + B^2}{4l_3^2} + A\cos\theta_3 + B\sin\theta_3$$

令
$$D^2 = A^2 + B^2$$

$$C=l_4^2-l_3^2-\frac{D^2}{4l_3^2}$$

则上式为

$$A\cos\theta_3+B\sin\theta_3=C$$

解得

$$\cos\theta_3=\frac{AC}{D^2}\pm\sqrt{\left(\frac{AC}{D^2}\right)^2-\frac{C^2-B^2}{D^2}} \tag{6-18}$$

这里 θ_3 将有两个值。因间隙 r_i 一般很小，可先忽略间隙计算 θ_3，它们分别对应于图 6-5中的 θ_3 和 θ_3'。根据机构运动的连续性，决定选用 θ_3 还是 θ_3'，从而确定上式中的正负号。

由式(6-18)可以看出，右边部分 A、C、D、B 均为 θ_2、α_1、α_2、α_3 和 α_4 的函数(θ_1 为常数)，即该式为用广义坐标表示的 θ_3。把 θ_3 代入式(6-17)可得

$$\begin{cases}\cos\theta_4=-\dfrac{1}{l_4}\left(\displaystyle\sum_{i=1}^{3}l_i\cos\theta_i+\sum_{i=1}^{4}r_i\cos\alpha_i\right)\\ \sin\theta_4=-\dfrac{1}{l_4}\left(\displaystyle\sum_{i=1}^{3}l_i\sin\theta_i+\sum_{i=1}^{4}r_i\sin\alpha_i\right)\end{cases} \tag{6-19}$$

即用 θ_2、α_1、α_2、α_3、α_4 表示 θ_4。

习惯上输出角以图 6-4 中的 θ_0 表示，则

$$\theta_0=\theta_4-\pi \tag{6-20}$$

θ_0 亦为广义坐标的函数。

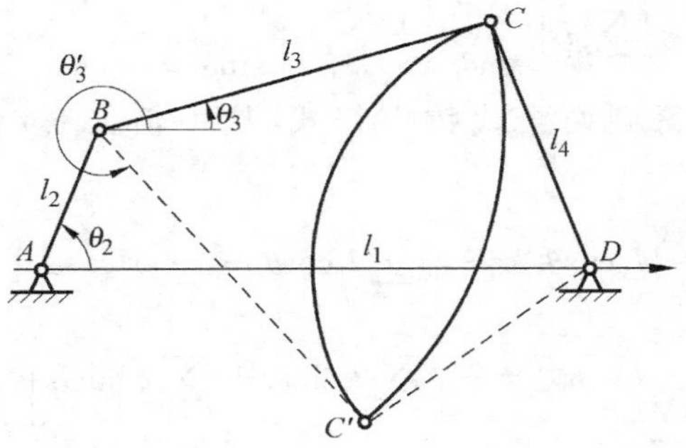

图 6-5　连杆的角位移

为求动能和惯性力，要求各杆质心的速度、加速度。为此先确定各杆件质心的坐标位置，把它们也用 5 个广义坐标表示。由图 6-4 得

$$\begin{cases}\begin{bmatrix}x_{S2}\\y_{S2}\end{bmatrix}=l_{S2}\begin{bmatrix}\cos\theta_2\\\sin\theta_2\end{bmatrix}+r_1\begin{bmatrix}\cos\alpha_1\\\sin\alpha_1\end{bmatrix}\\ \begin{bmatrix}x_{S3}\\y_{S3}\end{bmatrix}=l_2\begin{bmatrix}\cos\theta_2\\\sin\theta_2\end{bmatrix}+l_{S3}\begin{bmatrix}\cos\theta_3\\\sin\theta_3\end{bmatrix}+\displaystyle\sum_{i=1}^{2}r_i\begin{bmatrix}\cos\alpha_i\\\sin\alpha_i\end{bmatrix}\\ \begin{bmatrix}x_{S4}\\y_{S4}\end{bmatrix}=\displaystyle\sum_{i=2}^{3}l_i\begin{bmatrix}\cos\theta_i\\\sin\theta_i\end{bmatrix}+l_{S4}\begin{bmatrix}\cos\theta_4\\\sin\theta_4\end{bmatrix}+\sum_{i=1}^{3}r_i\begin{bmatrix}\cos\alpha_i\\\sin\alpha_i\end{bmatrix}\end{cases} \tag{6-21}$$

或写成以下矩阵形式：

$$\begin{bmatrix} x_{S2} & y_{S2} \\ x_{S3} & y_{S3} \\ x_{S4} & y_{S4} \end{bmatrix} = \begin{bmatrix} l_{S2} & 0 & 0 & r_1 & 0 & 0 \\ l_2 & l_{S3} & 0 & r_1 & r_2 & 0 \\ l_2 & l_3 & l_{S4} & r_1 & r_2 & r_3 \end{bmatrix} \begin{bmatrix} \cos\theta_2 & \sin\theta_2 \\ \cos\theta_3 & \sin\theta_3 \\ \cos\theta_4 & \sin\theta_4 \\ \cos\alpha_1 & \sin\alpha_1 \\ \cos\alpha_2 & \sin\alpha_2 \\ \cos\alpha_3 & \sin\alpha_3 \end{bmatrix} \tag{6-22}$$

2. 角速度及质心线速度

只要把 θ_i、x_{Si}、y_{Si} 对时间 t 求导，即能得出角速度和质心线速度。由式(6-18)可知，$\theta_3=\theta_3(\theta_2,\alpha_1,\alpha_2,\alpha_3,\alpha_4)$，所以有

$$\begin{cases} \dot{\theta}_3 = \dfrac{\mathrm{d}\theta_3}{\mathrm{d}t} = \dfrac{\partial\theta_3}{\partial\theta_2}\dot{\theta}_2 + \displaystyle\sum_{i=1}^{4}\dfrac{\partial\theta_3}{\partial\alpha_i}\dot{\alpha}_i \\ \dot{\theta}_4 = \dfrac{\mathrm{d}\theta_4}{\mathrm{d}t} = \dfrac{\partial\theta_4}{\partial\theta_2}\dot{\theta}_2 + \displaystyle\sum_{i=1}^{4}\dfrac{\partial\theta_4}{\partial\alpha_i}\dot{\alpha}_i \end{cases} \tag{6-23}$$

式中 $\dfrac{\partial\theta_j}{\partial\theta_2}(j=3,4)$ 及 $\dfrac{\partial\theta_j}{\partial\alpha_i}(j=3,4;\ \alpha=1,2,3,4)$ 为构件 3、4 对广义坐标的偏类速度，可将式(6-16)对 θ_2 及 α_i 求偏导得出。例如对 θ_2 求偏导得

$$\sum_{i=2}^{4} l_i \frac{\partial\theta_i}{\partial\theta_2}\begin{bmatrix} -\sin\theta_i \\ \cos\theta_i \end{bmatrix} = \begin{bmatrix} 0 \\ 0 \end{bmatrix} \tag{6-24}$$

因为 $\dfrac{\partial\theta_2}{\partial\theta_2}=1$，从上式中可解出 $\dfrac{\partial\theta_3}{\partial\theta_2}$、$\dfrac{\partial\theta_4}{\partial\theta_2}$。将式(6-24)展开后得

$$\begin{cases} -l_3\dfrac{\partial\theta_3}{\partial\theta_2}\sin\theta_3 - l_4\dfrac{\partial\theta_4}{\partial\theta_2}\sin\theta_4 = l_2\sin\theta_2 \\ l_3\dfrac{\partial\theta_3}{\partial\theta_2}\cos\theta_3 + l_4\dfrac{\partial\theta_4}{\partial\theta_2}\cos\theta_4 = -l_2\cos\theta_2 \end{cases} \tag{6-25}$$

解得 θ_3、θ_4 对广义坐标 θ_2 的偏类速度为

$$\begin{cases} \dfrac{\partial\theta_3}{\partial\theta_2} = \dfrac{l_2}{l_3}\dfrac{\sin(\theta_2-\theta_4)}{\sin(\theta_4-\theta_3)} \\ \dfrac{\partial\theta_4}{\partial\theta_2} = \dfrac{l_2}{l_4}\dfrac{\sin(\theta_3-\theta_2)}{\sin(\theta_4-\theta_3)} \end{cases} \tag{6-26}$$

用同样方法可求得 $\dfrac{\partial\theta_3}{\partial\alpha_i}$、$\dfrac{\partial\theta_4}{\partial\alpha_i}(i=1,2,3,4)$。如把式(6-16)对 α_i 求导：

$$\sum_{j=3}^{4} l_j \frac{\partial\theta_j}{\partial\alpha_i}\begin{bmatrix} -\sin\theta_j \\ \cos\theta_j \end{bmatrix} + r_i\begin{bmatrix} -\sin\alpha_i \\ \cos\alpha_i \end{bmatrix} = \begin{bmatrix} 0 \\ 0 \end{bmatrix} \qquad i=1,2,3,4 \tag{6-27}$$

解得

$$\begin{bmatrix} \dfrac{\partial\theta_3}{\partial\alpha_i} \\ \dfrac{\partial\theta_4}{\partial\alpha_i} \end{bmatrix} = \frac{1}{\sin(\theta_4-\theta_3)}\begin{bmatrix} \dfrac{r_i}{l_3}\sin(\alpha_i-\theta_4) \\ \dfrac{r_i}{l_4}\sin(\theta_3-\alpha_i) \end{bmatrix} \tag{6-28}$$

因为 θ_3、θ_4 为广义坐标 θ_2、α_1、α_2、α_3、α_4 的函数，所以把式(6-26)、(6-28)代入式(6-23)就可以用 θ_2、α_i、$\dot{\theta}_2$、$\dot{\alpha}_i(i=1,2,3,4)$ 来表示角速度 $\dot{\theta}_3$、$\dot{\theta}_4$。

把上述各偏类速度[式(6-26)、(6-28)]整理成矩阵形式：

$$\begin{bmatrix} \dfrac{\partial\theta_3}{\partial\theta_2} & \dfrac{\partial\theta_4}{\partial\theta_2} \\ \dfrac{\partial\theta_3}{\partial\alpha_1} & \dfrac{\partial\theta_4}{\partial\alpha_1} \\ \dfrac{\partial\theta_3}{\partial\alpha_2} & \dfrac{\partial\theta_4}{\partial\alpha_2} \\ \dfrac{\partial\theta_3}{\partial\alpha_3} & \dfrac{\partial\theta_4}{\partial\alpha_3} \\ \dfrac{\partial\theta_3}{\partial\alpha_4} & \dfrac{\partial\theta_4}{\partial\alpha_4} \end{bmatrix} = \frac{1}{\sin(\theta_4-\theta_3)} \begin{bmatrix} \dfrac{l_2}{l_3}\sin(\theta_2-\theta_4) & \dfrac{l_2}{l_4}\sin(\theta_3-\theta_2) \\ \dfrac{r_1}{l_3}\sin(\alpha_1-\theta_4) & \dfrac{r_1}{l_4}\sin(\theta_3-\alpha_1) \\ \dfrac{r_2}{l_3}\sin(\alpha_2-\theta_4) & \dfrac{r_2}{l_4}\sin(\theta_3-\alpha_2) \\ \dfrac{r_3}{l_3}\sin(\alpha_3-\theta_4) & \dfrac{r_3}{l_4}\sin(\theta_3-\alpha_3) \\ \dfrac{r_4}{l_3}\sin(\alpha_4-\theta_4) & \dfrac{r_4}{l_4}\sin(\theta_3-\alpha_4) \end{bmatrix} \tag{6-29}$$

同理,若把式(6-22)中的 x_{Sj}、y_{Sj}($j=2,3,4$)对时间 t 求导,可得各质心的速度:

$$\begin{bmatrix} \dot{x}_{Sj} \\ \dot{y}_{Sj} \end{bmatrix} = \begin{bmatrix} \dfrac{\partial x_{Sj}}{\partial\theta_2} \\ \dfrac{\partial y_{Sj}}{\partial\theta_2} \end{bmatrix} \dot{\theta}_2 + \sum_{i=1}^{4} \begin{bmatrix} \dfrac{\partial x_{Sj}}{\partial\alpha_i} \\ \dfrac{\partial y_{Sj}}{\partial\alpha_i} \end{bmatrix} \dot{\alpha}_i \qquad j=2,3,4 \tag{6-30}$$

其中偏类速度$\dfrac{\partial x_{Sj}}{\partial\theta_2}$、$\dfrac{\partial y_{Sj}}{\partial\theta_2}$、$\dfrac{\partial x_{Sj}}{\partial\alpha_i}$、$\dfrac{\partial y_{Sj}}{\partial\alpha_i}$可由式(6-21)求得。由式(6-21)的第一式得

$$\begin{cases} \begin{bmatrix} \dfrac{\partial x_{S2}}{\partial\theta_2} \\ \dfrac{\partial y_{S2}}{\partial\theta_2} \end{bmatrix} = l_{S2} \begin{bmatrix} -\sin\theta_2 \\ \cos\theta_2 \end{bmatrix} \\ \begin{bmatrix} \dfrac{\partial x_{S2}}{\partial\alpha_1} \\ \dfrac{\partial y_{S2}}{\partial\alpha_1} \end{bmatrix} = r_1 \begin{bmatrix} -\sin\alpha_1 \\ \cos\alpha_1 \end{bmatrix} \\ \begin{bmatrix} \dfrac{\partial x_{S2}}{\partial\alpha_i} \\ \dfrac{\partial y_{S2}}{\partial\alpha_i} \end{bmatrix} = \begin{bmatrix} 0 \\ 0 \end{bmatrix} \quad i=2,3,4 \end{cases} \tag{6-31}$$

由式(6-21)第二式得

$$\begin{cases} \begin{bmatrix} \dfrac{\partial x_{S3}}{\partial\theta_2} \\ \dfrac{\partial y_{S3}}{\partial\theta_2} \end{bmatrix} = l_2 \begin{bmatrix} -\sin\theta_2 \\ \cos\theta_2 \end{bmatrix} + l_{S3} \dfrac{\partial\theta_3}{\partial\theta_2} \begin{bmatrix} -\sin\theta_3 \\ \cos\theta_3 \end{bmatrix} \\ \begin{bmatrix} \dfrac{\partial x_{S3}}{\partial\alpha_i} \\ \dfrac{\partial y_{S3}}{\partial\alpha_i} \end{bmatrix} = r_i \begin{bmatrix} -\sin\alpha_i \\ \cos\alpha_i \end{bmatrix} + l_{S3} \dfrac{\partial\theta_3}{\partial\alpha_i} \begin{bmatrix} -\sin\theta_3 \\ \cos\theta_3 \end{bmatrix} \quad i=1,2 \\ \begin{bmatrix} \dfrac{\partial x_{S3}}{\partial\alpha_i} \\ \dfrac{\partial y_{S3}}{\partial\alpha_i} \end{bmatrix} = l_{S3} \dfrac{\partial\theta_3}{\partial\alpha_i} \begin{bmatrix} -\sin\theta_3 \\ \cos\theta_3 \end{bmatrix} \quad i=3,4 \end{cases} \tag{6-32}$$

其中$\dfrac{\partial\theta_3}{\partial\theta_2}$、$\dfrac{\partial\theta_3}{\partial\alpha_i}$由式(6-26)、(6-28)求得。由式(6-21)第三式得

$$\left\{\begin{aligned}&\begin{bmatrix}\dfrac{\partial x_{S4}}{\partial\theta_2}\\[2mm]\dfrac{\partial y_{S4}}{\partial\theta_2}\end{bmatrix}=\sum_{i=2}^{3}l_i\frac{\partial\theta_i}{\partial\theta_2}\begin{bmatrix}-\sin\theta_i\\ \cos\theta_i\end{bmatrix}+l_{S4}\frac{\partial\theta_4}{\partial\theta_2}\begin{bmatrix}-\sin\theta_4\\ \cos\theta_4\end{bmatrix}\\&\begin{bmatrix}\dfrac{\partial x_{S4}}{\partial\alpha_i}\\[2mm]\dfrac{\partial y_{S4}}{\partial\alpha_i}\end{bmatrix}=l_3\frac{\partial\theta_3}{\partial\alpha_i}\begin{bmatrix}-\sin\theta_3\\ \cos\theta_3\end{bmatrix}+l_{S4}\frac{\partial\theta_4}{\partial\alpha_i}\begin{bmatrix}-\sin\theta_4\\ \cos\theta_4\end{bmatrix}+r_i\begin{bmatrix}-\sin\alpha_i\\ \cos\alpha_i\end{bmatrix}\quad i=1,2,3\\&\begin{bmatrix}\dfrac{\partial x_{S4}}{\partial\alpha_4}\\[2mm]\dfrac{\partial y_{S4}}{\partial\alpha_4}\end{bmatrix}=l_3\frac{\partial\theta_3}{\partial\alpha_4}\begin{bmatrix}-\sin\theta_3\\ \cos\theta_3\end{bmatrix}+l_{S4}\frac{\partial\theta_4}{\partial\alpha_4}\begin{bmatrix}-\sin\theta_4\\ \cos\theta_4\end{bmatrix}\end{aligned}\right.\tag{6-33}$$

把这些偏类速度代入式(6-30),即可得到用广义坐标θ_2、α_i及速度$\dot\theta_2$、$\dot\alpha_i$表示的$\dot x_{Sj}$、$\dot y_{Sj}$。

3. 角加速度与质心的线加速度

把式(6-23)对t求导以求$\ddot\theta_3$、$\ddot\theta_4$。因为偏类速度均为θ_2、α_1、α_2、α_3、α_4的函数,故有

$$\left.\begin{aligned}\frac{\mathrm d}{\mathrm dt}\left(\frac{\partial\theta_k}{\partial\theta_2}\right)&=\frac{\partial^2\theta_k}{\partial\theta_2^2}\dot\theta_2+\sum_{i=1}^{4}\frac{\partial^2\theta_k}{\partial\theta_2\partial\alpha_i}\dot\alpha_i\\\frac{\mathrm d}{\mathrm dt}\left(\frac{\partial\theta_k}{\partial\alpha_i}\right)&=\frac{\partial^2\theta_k}{\partial\alpha_i\partial\theta_2}\dot\theta_2+\sum_{j=1}^{4}\frac{\partial^2\theta_k}{\partial\alpha_i\partial\alpha_j}\dot\alpha_j\end{aligned}\right\}\quad k=3,4;\quad i=1,2,3,4\tag{6-34}$$

由此得

$$\begin{aligned}\begin{bmatrix}\ddot\theta_3\\ \ddot\theta_4\end{bmatrix}=&\ddot\theta_2\begin{bmatrix}\dfrac{\partial\theta_3}{\partial\theta_2}\\[2mm]\dfrac{\partial\theta_4}{\partial\theta_2}\end{bmatrix}+\dot\theta_2^2\begin{bmatrix}\dfrac{\partial^2\theta_3}{\partial\theta_2^2}\\[2mm]\dfrac{\partial^2\theta_4}{\partial\theta_2^2}\end{bmatrix}+\sum_{i=1}^{4}\ddot\alpha_i\begin{bmatrix}\dfrac{\partial\theta_3}{\partial\alpha_i}\\[2mm]\dfrac{\partial\theta_4}{\partial\alpha_i}\end{bmatrix}+2\sum_{i=1}^{4}\dot\alpha_i\dot\theta_2\begin{bmatrix}\dfrac{\partial^2\theta_3}{\partial\alpha_i\partial\theta_2}\\[2mm]\dfrac{\partial^2\theta_4}{\partial\alpha_i\partial\theta_2}\end{bmatrix}\\&+\sum_{i=1}^{4}\dot\alpha_i^2\begin{bmatrix}\dfrac{\partial^2\theta_3}{\partial\alpha_i^2}\\[2mm]\dfrac{\partial^2\theta_4}{\partial\alpha_i^2}\end{bmatrix}+\sum_{i=1}^{4}\sum_{\substack{j=1\\j\neq i}}^{4}\dot\alpha_i\dot\alpha_j\begin{bmatrix}\dfrac{\partial^2\theta_3}{\partial\alpha_i\partial\alpha_j}\\[2mm]\dfrac{\partial^2\theta_4}{\partial\alpha_i\partial\alpha_j}\end{bmatrix}\end{aligned}\tag{6-35}$$

其中$\dfrac{\partial\theta_k}{\partial\theta_2}$、$\dfrac{\partial\theta_k}{\partial\alpha_i}$($k=3,4$)均由式(6-29)得出,而各二阶偏导可由该式对$\theta_2$、$\alpha_i$求偏导而得,亦可将式(6-24)、(6-27)对$\theta_2$、$\alpha_i$求导后解方程式得到。例如用第二种方法,把式(6-24)对θ_2、α_i求导得

$$\sum_{i=2}^{4}l_i\left(\frac{\partial\theta_i}{\partial\theta_2}\right)^2\begin{bmatrix}-\cos\theta_i\\-\sin\theta_i\end{bmatrix}+\sum_{i=2}^{4}l_i\frac{\partial^2\theta_i}{\partial\theta_2^2}\begin{bmatrix}-\sin\theta_i\\ \cos\theta_i\end{bmatrix}=\begin{bmatrix}0\\0\end{bmatrix}\tag{6-36}$$

$$\sum_{j=3}^{4}l_j\frac{\partial\theta_j}{\partial\theta_2}\frac{\partial\theta_j}{\partial\alpha_i}\begin{bmatrix}-\cos\theta_j\\-\sin\theta_j\end{bmatrix}+\sum_{j=3}^{4}l_j\frac{\partial^2\theta_j}{\partial\theta_2\partial\alpha_i}\begin{bmatrix}-\sin\theta_j\\ \cos\theta_j\end{bmatrix}=\begin{bmatrix}0\\0\end{bmatrix}\tag{6-37}$$

把式(6-27)对 α_i 求导得

$$\sum_{j=3}^{4} l_j \left(\frac{\partial \theta_j}{\partial \alpha_i}\right)^2 \begin{bmatrix} -\cos\theta_j \\ -\sin\theta_j \end{bmatrix} + \sum_{j=3}^{4} l_j \frac{\partial^2 \theta_j}{\partial \alpha_i^2} \begin{bmatrix} -\sin\theta_j \\ \cos\theta_j \end{bmatrix} + r_i \begin{bmatrix} -\cos\alpha_i \\ -\sin\alpha_i \end{bmatrix} = \begin{bmatrix} 0 \\ 0 \end{bmatrix} \tag{6-38}$$

把式(6-27)对 α_j 求导($j \neq i$)得

$$\sum_{k=3}^{4} l_k \left(\frac{\partial \theta_k}{\partial \alpha_i}\right)\left(\frac{\partial \theta_k}{\partial \alpha_j}\right) \begin{bmatrix} -\cos\theta_k \\ -\sin\theta_k \end{bmatrix} + \sum_{k=3}^{4} l_k \frac{\partial^2 \theta_k}{\partial \alpha_i \partial \alpha_j} \begin{bmatrix} -\sin\theta_k \\ \cos\theta_k \end{bmatrix} = \begin{bmatrix} 0 \\ 0 \end{bmatrix} \tag{6-39}$$

解式(6-36)、(6-37)和式(6-38)、(6-39)可得出$\frac{\partial^2 \theta_k}{\partial \theta_2^2}$、$\frac{\partial^2 \theta_k}{\partial \theta_2 \partial \alpha_i}$、$\frac{\partial^2 \theta_k}{\partial \alpha_i^2}$、$\frac{\partial^2 \theta_k}{\partial \alpha_i \partial \alpha_j}$($k=3,4$；$i$、$j=1,2,3,4$；$j \neq i$)。由式(6-36)得

$$\begin{bmatrix} \frac{\partial^2 \theta_3}{\partial \theta_2^2} \\ \frac{\partial^2 \theta_4}{\partial \theta_2^2} \end{bmatrix} = \frac{1}{\sin(\theta_4 - \theta_3)} \begin{bmatrix} \frac{l_2}{l_3}\cos(\theta_2 - \theta_4) + \left(\frac{\partial \theta_3}{\partial \theta_2}\right)^2 \cos(\theta_3 - \theta_4) + \frac{l_4}{l_3}\left(\frac{\partial \theta_4}{\partial \theta_2}\right)^2 \\ -\frac{l_2}{l_4}\cos(\theta_2 - \theta_3) - \frac{l_3}{l_4}\left(\frac{\partial \theta_3}{\partial \theta_2}\right)^2 - \left(\frac{\partial \theta_4}{\partial \theta_2}\right)^2 \cos(\theta_3 - \theta_4) \end{bmatrix} \tag{6-40}$$

由式(6-37)得

$$\begin{bmatrix} \frac{\partial^2 \theta_3}{\partial \theta_2 \partial \alpha_i} \\ \frac{\partial^2 \theta_4}{\partial \theta_2 \partial \alpha_i} \end{bmatrix} = \frac{1}{\sin(\theta_4 - \theta_3)} \begin{bmatrix} \frac{\partial \theta_3}{\partial \theta_2}\frac{\partial \theta_3}{\partial \alpha_i}\cos(\theta_3 - \theta_4) + \frac{l_4}{l_3}\frac{\partial \theta_4}{\partial \theta_2}\frac{\partial \theta_4}{\partial \alpha_i} \\ -\frac{l_3}{l_4}\frac{\partial \theta_3}{\partial \theta_2}\frac{\partial \theta_3}{\partial \alpha_i} - \frac{\partial \theta_4}{\partial \theta_2}\frac{\partial \theta_4}{\partial \alpha_i}\cos(\theta_3 - \theta_4) \end{bmatrix} \tag{6-41}$$

由式(6-38)得

$$\begin{bmatrix} \frac{\partial^2 \theta_3}{\partial \alpha_i^2} \\ \frac{\partial^2 \theta_4}{\partial \alpha_i^2} \end{bmatrix} = \frac{1}{\sin(\theta_4 - \theta_3)} \begin{bmatrix} \frac{r_i}{l_3}\cos(\alpha_i - \theta_4) + \left(\frac{\partial \theta_3}{\partial \alpha_i}\right)^2 \cos(\theta_3 - \theta_4) + \frac{l_4}{l_3}\left(\frac{\partial \theta_4}{\partial \alpha_i}\right)^2 \\ -\frac{r_i}{l_4}\cos(\alpha_i - \theta_3) - \frac{l_3}{l_4}\left(\frac{\partial \theta_3}{\partial \alpha_i}\right)^2 - \left(\frac{\partial \theta_4}{\partial \alpha_i}\right)^2 \cos(\theta_3 - \theta_4) \end{bmatrix} \tag{6-42}$$

由式(6-39)得

$$\begin{bmatrix} \frac{\partial^2 \theta_3}{\partial \alpha_i \partial \alpha_j} \\ \frac{\partial^2 \theta_4}{\partial \alpha_i \partial \alpha_j} \end{bmatrix} = \frac{1}{\sin(\theta_4 - \theta_3)} \begin{bmatrix} \frac{\partial \theta_3}{\partial \alpha_i}\frac{\partial \theta_3}{\partial \alpha_j}\cos(\theta_3 - \theta_4) + \frac{l_4}{l_3}\frac{\partial \theta_4}{\partial \alpha_i}\frac{\partial \theta_4}{\partial \alpha_j} \\ -\frac{l_3}{l_4}\frac{\partial \theta_3}{\partial \alpha_i}\frac{\partial \theta_3}{\partial \alpha_j} - \frac{\partial \theta_4}{\partial \alpha_i}\frac{\partial \theta_4}{\partial \alpha_j}\cos(\theta_3 - \theta_4) \end{bmatrix} \tag{6-43}$$

把式(6-40)～(6-43)的二阶偏导以及式(6-29)的一阶偏导代入式(6-35)，即可得用广义坐标表示的 $\ddot{\theta}_3$、$\ddot{\theta}_4$。

用同样方法可求得各构件质心的加速度。将式(6-30)对 t 求导得

$$\begin{bmatrix} \ddot{x}_{Sk} \\ \ddot{y}_{Sk} \end{bmatrix} = \ddot{\theta}_2 \begin{bmatrix} \frac{\partial x_{Sk}}{\partial \theta_2} \\ \frac{\partial y_{Sk}}{\partial \theta_2} \end{bmatrix} + \dot{\theta}_2^2 \begin{bmatrix} \frac{\partial^2 x_{Sk}}{\partial \theta_2^2} \\ \frac{\partial^2 y_{Sk}}{\partial \theta_2^2} \end{bmatrix} + 2\sum_{i=1}^{4} \dot{\theta}_2 \dot{\alpha}_i \begin{bmatrix} \frac{\partial^2 x_{Sk}}{\partial \theta_2 \partial \alpha_i} \\ \frac{\partial^2 y_{Sk}}{\partial \theta_2 \partial \alpha_i} \end{bmatrix}$$

$$+\sum_{i=1}^{4}\ddot{\alpha}_i\begin{bmatrix}\dfrac{\partial x_{Sk}}{\partial \alpha_i}\\[2ex]\dfrac{\partial y_{Sk}}{\partial \alpha_i}\end{bmatrix}+\sum_{i=1}^{4}\dot{\alpha}_i^2\begin{bmatrix}\dfrac{\partial^2 x_{Sk}}{\partial \alpha_i^2}\\[2ex]\dfrac{\partial^2 y_{Sk}}{\partial \alpha_i^2}\end{bmatrix}+\sum_{i=1}^{4}\sum_{\substack{i=1\\ j\neq i}}^{4}\dot{\alpha}_i\dot{\alpha}_j\begin{bmatrix}\dfrac{\partial^2 x_{Sk}}{\partial \alpha_i\partial \alpha_j}\\[2ex]\dfrac{\partial^2 y_{Sk}}{\partial \alpha_i\partial \alpha_j}\end{bmatrix}\quad k=2,3,4 \tag{6-44}$$

其中一阶偏导由式(6-31)～(6-33)得出，二阶偏导可由式(6-31)～(6-33)导出。把上述各式对 θ_2 和 α_i 求导得

$$\left.\begin{aligned}
&\begin{bmatrix}\dfrac{\partial^2 x_{S2}}{\partial \theta_2^2}\\[2ex]\dfrac{\partial^2 y_{S2}}{\partial \theta_2^2}\end{bmatrix}=l_{S2}\begin{bmatrix}-\cos\theta_2\\-\sin\theta_2\end{bmatrix},\qquad
\begin{bmatrix}\dfrac{\partial^2 x_{S2}}{\partial \alpha_1^2}\\[2ex]\dfrac{\partial^2 y_{S2}}{\partial \alpha_1^2}\end{bmatrix}=r_1\begin{bmatrix}-\cos\alpha_1\\-\sin\alpha_1\end{bmatrix}\\
&\begin{bmatrix}\dfrac{\partial^2 x_{S2}}{\partial \alpha_i^2}\\[2ex]\dfrac{\partial^2 y_{S2}}{\partial \alpha_i^2}\end{bmatrix}=\begin{bmatrix}0\\0\end{bmatrix}\qquad i=2,3,4\\
&\begin{bmatrix}\dfrac{\partial^2 x_{S2}}{\partial \theta_2\partial \alpha_i}\\[2ex]\dfrac{\partial^2 y_{S2}}{\partial \theta_2\partial \alpha_i}\end{bmatrix}=\begin{bmatrix}0\\0\end{bmatrix},\qquad
\begin{bmatrix}\dfrac{\partial^2 x_{S2}}{\partial \alpha_i\partial \alpha_j}\\[2ex]\dfrac{\partial^2 y_{S2}}{\partial \alpha_i\partial \alpha_j}\end{bmatrix}=\begin{bmatrix}0\\0\end{bmatrix}
\end{aligned}\right\}\tag{6-45}$$

其中 i、$j=1,2,3,4$；$i\neq j$。

$$\left.\begin{aligned}
&\begin{bmatrix}\dfrac{\partial^2 x_{S3}}{\partial \theta_2^2}\\[2ex]\dfrac{\partial^2 y_{S3}}{\partial \theta_2^2}\end{bmatrix}=l_2\begin{bmatrix}-\cos\theta_2\\-\sin\theta_2\end{bmatrix}+l_{S3}\frac{\partial^2\theta_3}{\partial\theta_2^2}\begin{bmatrix}-\sin\theta_3\\\cos\theta_3\end{bmatrix}+l_{S3}\left(\frac{\partial\theta_3}{\partial\theta_2}\right)^2\begin{bmatrix}-\cos\theta_3\\-\sin\theta_3\end{bmatrix}\\
&\begin{bmatrix}\dfrac{\partial^2 x_{S3}}{\partial \theta_2\partial\alpha_i}\\[2ex]\dfrac{\partial^2 y_{S3}}{\partial \theta_2\partial\alpha_i}\end{bmatrix}=l_{S3}\frac{\partial^2\theta_3}{\partial\theta_2\partial\alpha_i}\begin{bmatrix}-\sin\theta_3\\\cos\theta_3\end{bmatrix}+l_{S3}\frac{\partial\theta_3}{\partial\theta_2}\frac{\partial\theta_3}{\partial\alpha_i}\begin{bmatrix}-\cos\theta_3\\-\sin\theta_3\end{bmatrix}\\
&\begin{bmatrix}\dfrac{\partial^2 x_{S3}}{\partial \alpha_i^2}\\[2ex]\dfrac{\partial^2 y_{S3}}{\partial \alpha_i^2}\end{bmatrix}=l_{S3}\frac{\partial^2\theta_3}{\partial\alpha_i^2}\begin{bmatrix}-\sin\theta_3\\\cos\theta_3\end{bmatrix}+l_{S3}\left(\frac{\partial\theta_3}{\partial\alpha_i}\right)^2\begin{bmatrix}-\cos\theta_3\\-\sin\theta_3\end{bmatrix}+r_i\begin{bmatrix}-\cos\alpha_i\\-\sin\alpha_i\end{bmatrix}\\
&\qquad i=1,2,3,4\text{。当 } i=3,4\text{ 时，上式右边最后一项取为 }0\\
&\begin{bmatrix}\dfrac{\partial^2 x_{S3}}{\partial \alpha_i\partial\alpha_j}\\[2ex]\dfrac{\partial^2 y_{S3}}{\partial \alpha_i\partial\alpha_j}\end{bmatrix}=l_{S3}\frac{\partial^2\theta_3}{\partial\alpha_i\partial\alpha_j}\begin{bmatrix}-\sin\theta_3\\\cos\theta_3\end{bmatrix}+l_{S3}\frac{\partial\theta_3}{\partial\alpha_i}\frac{\partial\theta_3}{\partial\alpha_j}\begin{bmatrix}-\cos\theta_3\\-\sin\theta_3\end{bmatrix}\\
&\qquad i\text{、}j=1,2,3,4;\ j\neq i
\end{aligned}\right\}\tag{6-46}$$

$$\left.\begin{array}{l}\begin{bmatrix}\dfrac{\partial^2 x_{S4}}{\partial\theta_2^2}\\[2mm]\dfrac{\partial^2 y_{S4}}{\partial\theta_2^2}\end{bmatrix}=\sum_{i=2}^{3}l_i\dfrac{\partial^2\theta_i}{\partial\theta_2^2}\begin{bmatrix}-\sin\theta_i\\\cos\theta_i\end{bmatrix}+\sum_{i=2}^{3}l_i\left(\dfrac{\partial\theta_i}{\partial\theta_2}\right)^2\begin{bmatrix}-\cos\theta_i\\-\sin\theta_i\end{bmatrix}+l_{S4}\dfrac{\partial^2\theta_4}{\partial\theta_2^2}\begin{bmatrix}-\sin\theta_4\\\cos\theta_4\end{bmatrix}\\\qquad+l_{S4}\left(\dfrac{\partial\theta_4}{\partial\theta_2}\right)^2\begin{bmatrix}-\cos\theta_4\\-\sin\theta_4\end{bmatrix}\\\begin{bmatrix}\dfrac{\partial^2 x_{S4}}{\partial\theta_2\partial\alpha_i}\\[2mm]\dfrac{\partial^2 y_{S4}}{\partial\theta_2\partial\alpha_i}\end{bmatrix}=l_3\dfrac{\partial^2\theta_3}{\partial\theta_2\partial\alpha_i}\begin{bmatrix}-\sin\theta_3\\\cos\theta_3\end{bmatrix}+l_3\dfrac{\partial\theta_3}{\partial\theta_2}\dfrac{\partial\theta_3}{\partial\alpha_i}\begin{bmatrix}-\cos\theta_3\\-\sin\theta_3\end{bmatrix}\\\qquad+l_{S4}\dfrac{\partial^2\theta_4}{\partial\theta_2\partial\alpha_i}\begin{bmatrix}-\sin\theta_4\\\cos\theta_4\end{bmatrix}+l_{S4}\dfrac{\partial\theta_4}{\partial\theta_2}\dfrac{\partial\theta_4}{\partial\alpha_i}\begin{bmatrix}-\cos\theta_4\\-\sin\theta_4\end{bmatrix}\\\begin{bmatrix}\dfrac{\partial^2 x_{S4}}{\partial\alpha_i^2}\\[2mm]\dfrac{\partial^2 y_{S4}}{\partial\alpha_i^2}\end{bmatrix}=l_3\dfrac{\partial^2\theta_3}{\partial\alpha_i^2}\begin{bmatrix}-\sin\theta_3\\\cos\theta_3\end{bmatrix}+l_3\left(\dfrac{\partial\theta_3}{\partial\alpha_i}\right)^2\begin{bmatrix}-\cos\theta_3\\-\sin\theta_3\end{bmatrix}+l_{S4}\dfrac{\partial^2\theta_4}{\partial\alpha_i^2}\begin{bmatrix}-\sin\theta_4\\\cos\theta_4\end{bmatrix}\\\qquad+l_{S4}\left(\dfrac{\partial\theta_4}{\partial\alpha_i}\right)^2\begin{bmatrix}-\cos\theta_4\\-\sin\theta_4\end{bmatrix}+r_i\begin{bmatrix}-\cos\alpha_i\\-\sin\alpha_i\end{bmatrix}\\\text{上式中当 } i=4 \text{ 时,右边最后一项取为 0。 对于 } i\neq j\text{,则有}\\\begin{bmatrix}\dfrac{\partial^2 x_{S4}}{\partial\alpha_i\partial\alpha_j}\\[2mm]\dfrac{\partial^2 y_{S4}}{\partial\alpha_i\partial\alpha_j}\end{bmatrix}=l_3\dfrac{\partial^2\theta_3}{\partial\alpha_i\partial\alpha_j}\begin{bmatrix}-\sin\theta_3\\\cos\theta_3\end{bmatrix}+l_3\dfrac{\partial\theta_3}{\partial\alpha_i}\dfrac{\partial\theta_3}{\partial\alpha_j}\begin{bmatrix}-\cos\theta_3\\-\sin\theta_3\end{bmatrix}\\\qquad+l_{S4}\dfrac{\partial^2\theta_4}{\partial\alpha_i\partial\alpha_j}\begin{bmatrix}-\sin\theta_4\\\cos\theta_4\end{bmatrix}+l_{S4}\dfrac{\partial\theta_4}{\partial\alpha_i}\dfrac{\partial\theta_4}{\partial\alpha_j}\begin{bmatrix}-\cos\theta_4\\-\sin\theta_4\end{bmatrix}\end{array}\right]\tag{6-47}$$

式(6-45)～(6-47)中右边各阶偏导及 θ_3、θ_4 均由式(6-18)、(6-19)、(6-26)、(6-28)、(6-40)～(6-43)给出。

把式(6-45)～(6-47)连同式(6-31)～(6-33)所得的一阶、二阶偏导代入式(6-44)，即得到各构件质心的加速度。

6.2.2 动力学方程

把式(6-12)～(6-14)代入式(6-11)得

$$\begin{aligned}&\frac{\mathrm{d}}{\mathrm{d}t}\sum_{i=2}^{4}\left[m_i\left(\dot{x}_{Si}\frac{\partial\dot{x}_{Si}}{\partial\dot{q}_j}+\dot{y}_{Si}\frac{\partial\dot{y}_{Si}}{\partial\dot{q}_j}\right)+J_i\dot{\theta}_i\frac{\partial\dot{\theta}_i}{\partial\dot{q}_j}\right]-\sum_{i=2}^{4}\left[m_i\left(\dot{x}_{Si}\frac{\partial\dot{x}_{Si}}{\partial q_j}+\dot{y}_{Si}\frac{\partial\dot{y}_{Si}}{\partial q_j}\right)\right.\\&\qquad\left.+J_i\dot{\theta}_i\frac{\partial\dot{\theta}_i}{\partial q_i}\right]+\sum_{i=2}^{4}m_ig\frac{\partial y_{Si}}{\partial q_j}=F_j\quad j=1,2,\cdots,5\end{aligned}\tag{6-48}$$

其中广义坐标 q_1 为 θ_2，q_2～q_5 依次为 α_1、α_2、α_3、α_4。

根据式(6-30)和式(6-33)有

$$\frac{\partial \dot{x}_{Si}}{\partial \dot{q}_j}=\frac{\partial x_{Si}}{\partial q_j},\quad \frac{\partial \dot{\theta}_i}{\partial \dot{q}_j}=\frac{\partial \theta_i}{\partial q_j}$$

而
$$\frac{\mathrm{d}}{\mathrm{d}t}\left(\frac{\partial \dot{x}_{Si}}{\partial \dot{q}_j}\right)=\frac{\mathrm{d}}{\mathrm{d}t}\left(\frac{\partial x_{Si}}{\partial q_j}\right)=\frac{\partial \dot{x}_{Si}}{\partial q_j},\quad \frac{\mathrm{d}}{\mathrm{d}t}\left(\frac{\partial \dot{\theta}_i}{\partial \dot{q}_j}\right)=\frac{\mathrm{d}}{\mathrm{d}t}\left(\frac{\partial \theta_i}{\partial q_j}\right)=\frac{\partial \dot{\theta}_i}{\partial q_j}$$

所以式(6-48)左边第一项化简为

$$\begin{aligned}
&\sum_{i=2}^{4}\left\{m_i\left(\ddot{x}_{Si}\frac{\partial \dot{x}_{Si}}{\partial \dot{q}_j}+\ddot{y}_{Si}\frac{\partial \dot{y}_{Si}}{\partial \dot{q}_j}\right)+J_i\ddot{\theta}_i\frac{\partial \dot{\theta}_i}{\partial \dot{q}_j}+m_i\left[\dot{x}_{Si}\frac{\mathrm{d}}{\mathrm{d}t}\left(\frac{\partial \dot{x}_{Si}}{\partial \dot{q}_j}\right)\right.\right.\\
&\qquad\left.\left.+\dot{y}_{Si}\frac{\mathrm{d}}{\mathrm{d}t}\left(\frac{\partial \dot{y}_{Si}}{\partial \dot{q}_j}\right)\right]+J_i\dot{\theta}_i\frac{\mathrm{d}}{\mathrm{d}t}\left(\frac{\partial \dot{\theta}_i}{\partial \dot{q}_j}\right)\right\}\\
&=\sum_{i=2}^{4}\left[m_i\left(\ddot{x}_{Si}\frac{\partial x_{Si}}{\partial q_j}+\ddot{y}_{Si}\frac{\partial y_{Si}}{\partial q_j}\right)+J_i\ddot{\theta}_i\frac{\partial \theta_i}{\partial q_j}\right]+\sum_{i=2}^{4}\left[m_i\left(\dot{x}_{Si}\frac{\partial \dot{x}_{Si}}{\partial q_j}\right.\right.\\
&\qquad\left.\left.+\dot{y}_{Si}\frac{\partial \dot{y}_{Si}}{\partial q_j}\right)+J_i\dot{\theta}_i\frac{\partial \dot{\theta}_i}{\partial q_j}\right]
\end{aligned}$$

把上式代入式(6-48),化简后得

$$\sum_{i=2}^{4}J_i\ddot{\theta}_i\frac{\partial \theta_i}{\partial q_j}+\sum_{i=2}^{4}m_i\left(\ddot{x}_{Si}\frac{\partial x_{Si}}{\partial q_j}+\ddot{y}_{Si}\frac{\partial y_{Si}}{\partial q_j}\right)+g\sum_{i=2}^{4}m_i\frac{\partial y_{Si}}{\partial q_j}=F_j \tag{6-49}$$

若把式(6-35)中的 $\ddot{\theta}_3$、$\ddot{\theta}_4$ 及式(6-44)中的 $\ddot{x}_{Sk}$、$\ddot{y}_{Sk}$($k=2,3,4$)代入,则可得 5 个对 $\ddot{\theta}_2$、$\ddot{\alpha}_1$、$\ddot{\alpha}_2$、$\ddot{\alpha}_3$、$\ddot{\alpha}_4$ 为线性的微分方程式,例如在式(6-49)中当 $j=1$ 时,即对广义坐标 θ_2 有

$$J_2\ddot{\theta}_2+\sum_{k=3}^{4}J_k\ddot{\theta}_k\frac{\partial \theta_k}{\partial \theta_2}+\sum_{k=2}^{4}m_k\left(\ddot{x}_{Sk}\frac{\partial x_{Sk}}{\partial \theta_2}+\ddot{y}_{Sk}\frac{\partial y_{Sk}}{\partial \theta_2}\right)+g\sum_{k=2}^{4}m_k\frac{\partial y_{Sk}}{\partial \theta_2}=T_2$$

把 $\ddot{\theta}_3$、$\ddot{\theta}_4$、$\ddot{x}_{Sk}$、$\ddot{y}_{Sk}$ 代入后得

$$\begin{aligned}
&\left\{J_2+\sum_{k=3}^{4}J_k\left(\frac{\partial \theta_k}{\partial \theta_2}\right)^2+\sum_{k=2}^{4}m_k\left[\left(\frac{\partial x_{Sk}}{\partial \theta_2}\right)^2+\left(\frac{\partial y_{Sk}}{\partial \theta_2}\right)^2\right]\right\}\ddot{\theta}_2+\sum_{i=1}^{4}\left\{\sum_{k=3}^{4}J_k\left(\frac{\partial \theta_k}{\partial \theta_2}\frac{\partial \theta_k}{\partial \alpha_i}\right)\right.\\
&\quad\left.+\sum_{k=2}^{4}m_k\left[\frac{\partial x_{Sk}}{\partial \theta_2}\frac{\partial x_{Sk}}{\partial \alpha_i}+\frac{\partial y_{Sk}}{\partial \theta_2}\frac{\partial y_{Sk}}{\partial \alpha_i}\right]\right\}\ddot{\alpha}_i\\
&=T_2-\left[\sum_{k=3}^{4}J_k\frac{\partial^2 \theta_k}{\partial \theta_2^2}\frac{\partial \theta_k}{\partial \theta_2}+\sum_{k=2}^{4}m_k\left(\frac{\partial x_{Sk}}{\partial \theta_2}\frac{\partial^2 x_{Sk}}{\partial \theta_2^2}+\frac{\partial y_{Sk}}{\partial \theta_2}\frac{\partial^2 y_{Sk}}{\partial \theta_2^2}\right)\right]\dot{\theta}_2^2\\
&\quad-2\dot{\theta}_2\sum_{i=1}^{4}\dot{\alpha}_i\left[\sum_{k=3}^{4}J_k\frac{\partial^2 \theta_k}{\partial \theta_2\partial \alpha_i}\frac{\partial \theta_k}{\partial \theta_2}+\sum_{k=2}^{4}m_k\left(\frac{\partial^2 x_{Sk}}{\partial \theta_2\partial \alpha_i}\frac{\partial x_{Sk}}{\partial \theta_2}+\frac{\partial^2 y_{Sk}}{\partial \theta_2\partial \alpha_i}\frac{\partial y_{Sk}}{\partial \theta_2}\right)\right]\\
&\quad-\sum_{i=1}^{4}\dot{\alpha}_i^2\left[\sum_{k=3}^{4}J_k\frac{\partial \theta_k}{\partial \theta_2}\frac{\partial^2 \theta_k}{\partial \alpha_i^2}+\sum_{k=2}^{4}m_k\left(\frac{\partial^2 x_{Sk}}{\partial \alpha_i^2}\frac{\partial x_{Sk}}{\partial \theta_2}+\frac{\partial^2 y_{Sk}}{\partial \alpha_i^2}\frac{\partial y_{Sk}}{\partial \theta_2}\right)\right]\\
&\quad-\sum_{i=1}^{4}\sum_{\substack{j=1\\ j\neq i}}^{4}\dot{\alpha}_i\dot{\alpha}_j\left[\sum_{k=3}^{4}J_k\frac{\partial^2 \theta_k}{\partial \alpha_i\partial \alpha_j}\frac{\partial \theta_k}{\partial \theta_2}+\sum_{k=2}^{4}m_k\left(\frac{\partial^2 x_{Sk}}{\partial \alpha_i\partial \alpha_j}\frac{\partial x_{Sk}}{\partial \theta_2}+\frac{\partial^2 y_{Sk}}{\partial \alpha_i\partial \alpha_j}\frac{\partial y_{Sk}}{\partial \theta_2}\right)\right]\\
&\quad-g\sum_{k=2}^{4}m_k\frac{\partial y_{Sk}}{\partial \theta_2}
\end{aligned}\tag{6-50}$$

或缩写成

$$A_{11}\ddot{\theta}_2 + A_{12}\ddot{\alpha}_1 + A_{13}\ddot{\alpha}_2 + A_{14}\ddot{\alpha}_3 + A_{15}\ddot{\alpha}_4 = B_1 \tag{6-51}$$

式中 A_{11}、A_{12}、A_{13}、A_{14}、A_{15} 为 θ_2、α_1、α_2、α_3、α_4 的函数，B_1 为 θ_2、α_1、α_2、α_3、α_4 及 $\dot{\theta}_2$、$\dot{\alpha}_1$、$\dot{\alpha}_2$、$\dot{\alpha}_3$、$\dot{\alpha}_4$ 的函数。

同样，对式(6-49)中其他各式($j=2,3,4,5$)也可写出类似式(6-50)的方程，或写成

$$A_{j1}\ddot{\theta}_2 + A_{j2}\ddot{\alpha}_1 + A_{j3}\ddot{\alpha}_2 + A_{j4}\ddot{\alpha}_3 + A_{j5}\ddot{\alpha}_4 = B_j \quad j = 2,3,4,5 \tag{6-52}$$

式(6-51)、(6-52)可合并写成矩阵形式：

$$\boldsymbol{A}\ddot{\boldsymbol{q}} = \boldsymbol{B} \tag{6-53}$$

其中

$$\boldsymbol{A} = \begin{bmatrix} A_{11} & A_{12} & A_{13} & A_{14} & A_{15} \\ A_{21} & A_{22} & A_{23} & A_{24} & A_{25} \\ A_{31} & A_{32} & A_{33} & A_{34} & A_{35} \\ A_{41} & A_{42} & A_{43} & A_{44} & A_{45} \\ A_{51} & A_{52} & A_{53} & A_{54} & A_{55} \end{bmatrix}$$

$$\ddot{\boldsymbol{q}} = [\ddot{\theta}_2 \quad \ddot{\alpha}_1 \quad \ddot{\alpha}_2 \quad \ddot{\alpha}_3 \quad \ddot{\alpha}_4]^{\mathrm{T}}$$

$$\boldsymbol{B} = [B_1 \quad B_2 \quad B_3 \quad B_4 \quad B_5]^{\mathrm{T}}$$

若把式(6-53)对 $\ddot{\theta}_2$、$\ddot{\alpha}_1$、$\ddot{\alpha}_2$、$\ddot{\alpha}_3$、$\ddot{\alpha}_4$ 求解，可得

$$\ddot{q}_j = f_j(\theta_2, \alpha_1, \alpha_2, \alpha_3, \alpha_4, \dot{\theta}_2, \dot{\alpha}_1, \dot{\alpha}_2, \dot{\alpha}_3, \dot{\alpha}_4) \quad j = 1,2,3,4,5 \tag{6-54}$$

它是一组二阶非线性方程。式(6-54)即为连续接触间隙副模型的四杆机构的动力学方程式，它的解为广义坐标对时间 t 的函数。知道了广义坐标的变化规律，即能求得各杆的实际位置、角速度、角加速度等。

6.2.3 方程的求解

式(6-54)为一组二阶非线性方程，可把它化成10个一阶微分方程式，如式(6-55)所示，然后采用数值方法(例如龙格-库塔方法)求解。

$$\left.\begin{aligned} &\frac{\mathrm{d}\dot{\theta}_2}{\mathrm{d}t} = f_1(\theta_2, \alpha_1, \alpha_2, \alpha_3, \alpha_4, \dot{\theta}_2, \dot{\alpha}_1, \dot{\alpha}_2, \dot{\alpha}_3, \dot{\alpha}_4) \\ &\frac{\mathrm{d}\theta_2}{\mathrm{d}t} = \dot{\theta}_2 \\ &\frac{\mathrm{d}\dot{\alpha}_i}{\mathrm{d}t} = f_{i+1}(\theta_2, \alpha_1, \alpha_2, \alpha_3, \alpha_4, \dot{\theta}_2, \dot{\alpha}_1, \dot{\alpha}_2, \dot{\alpha}_3, \dot{\alpha}_4) \\ &\frac{\mathrm{d}\alpha_i}{\mathrm{d}t} = \dot{\alpha}_i \\ &\qquad i = 1,2,3,4 \end{aligned}\right\} \tag{6-55}$$

应用数值方法求解时需要知道起始条件。初值可按以下方法选取。当 $t=0$ 时，取值为：(1)$\theta_2=\theta_{20}=0$；(2)$\alpha_i=\alpha_{i0}(i=1,2,3,4)$。$\alpha_{i0}$ 的值可在该位置($\theta_2=0$)，采用上一节小位移法中的假定，忽略运动副中间隙(认为 $r_i=0$)时，进行受力分析，根据得到的铰销作用

力 P_{i0} 来决定，认为 α_{i0} 为 P_{i0} 与轴 x 的夹角。这是因为间隙通常很小，可以先忽略间隙进行分析，而接触点的位置又和作用力的方向有关；(3)取 $\dot{\theta}_2=\dot{\theta}_{20}$。若自静止起动，则 $\dot{\theta}_{20}=0$，若需研究稳态运动，则 $\dot{\theta}_{20}$ 可取稳态运动时的平均速度，以后再作迭代修正；(4)$\dot{\alpha}_{i0}$ 可取在第 i 个轴销中的力 P_{i0} 方向改变率。设在 $\theta_2=0$，且忽略间隙时求出的铰销作用力为 P_{i0}(见图 6-6)，经过一段时间 Δt，机构位置改变为 $\theta_{20}+\Delta\theta_2$，计算出的铰销力变为 P_{i0}^{+}，它的方向角变为 $\alpha_{i0}+\Delta\alpha_{i0}$，则可近似认为 $\dot{\alpha}_{i0}=\dfrac{\Delta\alpha_{i0}}{\Delta t}$。

把上述各量作为 $t=0$ 时的初始条件，用龙格-库塔方法求解式(6-55)，得出 θ_2 和 α_i 对时间的变化情况。如果进行计算得到当 $\theta_2=360°$(或其他循环值)，即回到初始位置时，各 α_i、$\dot{\theta}_2$、$\dot{\alpha}_i$ 与上一循环末，也就是本循环初 $\theta=0°$时的值不同，则需要继续计算，一直达到与循环的初始值重合为止，这时运动达到稳定状态。

求出 θ_2、α_i 及相应的 $\dot{\theta}_2$、$\dot{\alpha}_i$(均为时间变量)后代入式(6-18)～(6-20)，可得各杆的位置及实际输出角；代入式(6-21)求得实际质心位置；代入式(6-23)求得各杆角速度，代入式(6-30)可求得质心速度，从而知道杆上任一点的实际速度；代入式(6-35)求得各杆加速度[$\ddot{\theta}_2$ 由式(6-55)求得]；代入式(6-44)求得质心加速度，从而杆上任一点的加速度均可得到。这样，考虑运动副有间隙时的机构在外力作用下的实际运动就可得到。

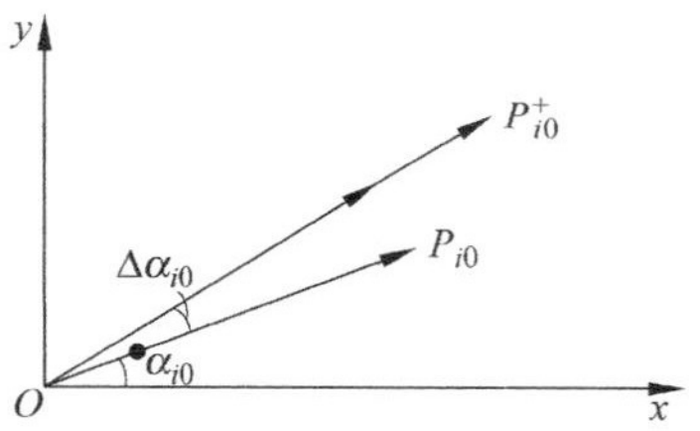

图 6-6　初始速度方向

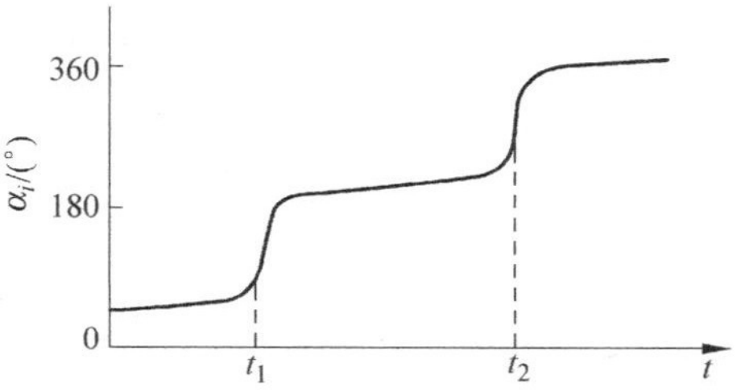

图 6-7　假想杆的角位移

还要说明一点，求出 θ_2、α_i 的解后，可能发现 α_i 会有突变。图 6-7 为示意性的 α_i-t 曲线。在 $t=t_1$、t_2、…处 α_i 有突变，表示在第 i 个铰销中接触角突然改变，说明这时接触将被破坏，两构件将从间隙的这一侧接触转到另一侧接触。

6.2.4　铰销力及输出角误差

求出了各杆的实际位置、角速度和角加速度及质心的位置、速度和加速度，则不难根据各杆的力及力矩(包括惯性力及惯性力矩在内)的平衡方程式解得铰销中作用力。

实际输出角 $\theta_0=\theta_4-\pi$，知道了 θ_4，也就能求出 θ_0 的变化。画出 θ_0-t 曲线，再与运动副中假定无间隙时得出的 θ_0'-t 曲线比较，即能决定由于间隙引起的输出角的误差。

例 6-1　在图 6-8 所示的四杆机构中，若只考虑曲柄销 B 处有间隙，半径间隙为 r_2。曲柄 2 为主动件，其运动情况为 $\dot{\theta}_2=\omega=$常数。各杆的长度 l_i，质心的位置 l_{Si}，质量 m_i，

对质心的转动惯量 J_i 为已知。求各杆的实际运动情况及作用在曲柄上的力矩 T_2 的变化情况。

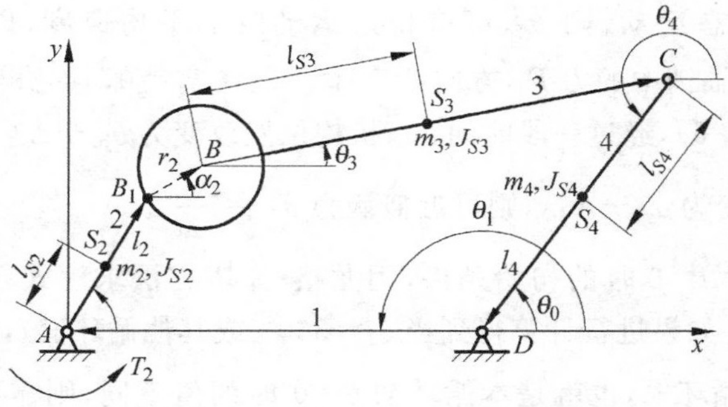

图 6-8　单间隙副四杆机构

解　考虑只有曲柄销 B 有间隙，这时机构只有两个自由度，为含 1 个无质量构件的 5 杆机构，可用两个广义坐标 θ_2、α_2 表示，其中 $\theta_2=\omega t$ 为已知函数。

(1) 位置分析

由式(6-18)得

$$\cos\theta_3=\frac{AC}{D^2}\pm\sqrt{\left(\frac{AC}{D^2}\right)^2-\frac{C^2-B^2}{D^2}} \tag{a}$$

$$\begin{aligned}A&=2l_3(-l_1+l_2\cos\theta_2+r_2\cos\alpha_2)\\B&=2l_3(l_2\sin\theta_2+r_2\sin\alpha_2)\\D^2&=A^2+B^2\\C&=l_4^2-l_3^2-\frac{D^2}{4l_3^2}\end{aligned}$$

由式(6-19)得

$$\cos\theta_4=-\frac{1}{l_4}(-l_1+l_2\cos\theta_2+l_3\cos\theta_3+r_2\cos\alpha_2) \tag{b}$$

$$\sin\theta_4=-\frac{1}{l_4}(l_2\sin\theta_2+l_3\sin\theta_3+r_2\sin\alpha_2) \tag{c}$$

由式(6-20)得　　$\theta_0=\theta_4-\pi$

由式(6-22)写出各质心位置，用矩阵形式表示为

$$\begin{bmatrix}x_{S2}&y_{S2}\\x_{S3}&y_{S3}\\x_{S4}&y_{S4}\end{bmatrix}=\begin{bmatrix}l_{S2}&0&0&0\\l_2&l_{S3}&0&r_2\\l_2&l_3&l_{S4}&r_2\end{bmatrix}\begin{bmatrix}\cos\theta_2&\sin\theta_2\\\cos\theta_3&\sin\theta_3\\\cos\theta_4&\sin\theta_4\\\cos\alpha_2&\sin\alpha_2\end{bmatrix} \tag{d}$$

(2) 速度分析

由式(6-23)得　　$$\dot{\theta}_i=\omega\frac{\partial\theta_i}{\partial\theta_2}+\dot{\alpha}_2\frac{\partial\theta_i}{\partial\alpha_2}\quad i=3,4 \tag{e}$$

由式(6-29)得

$$\begin{bmatrix} \dfrac{\partial\theta_3}{\partial\theta_2} & \dfrac{\partial\theta_4}{\partial\theta_2} \\ \dfrac{\partial\theta_3}{\partial\alpha_2} & \dfrac{\partial\theta_4}{\partial\alpha_2} \end{bmatrix} = \frac{1}{\sin(\theta_4-\theta_3)} \begin{bmatrix} \dfrac{l_2}{l_3}\sin(\theta_2-\theta_4) & \dfrac{l_2}{l_4}\sin(\theta_3-\theta_2) \\ \dfrac{r_2}{l_3}\sin(\alpha_2-\theta_4) & \dfrac{r_2}{l_4}\sin(\theta_3-\alpha_2) \end{bmatrix} \tag{f}$$

由式(6-30)得各质心速度为

$$\begin{bmatrix} x_{Si} \\ y_{Si} \end{bmatrix} = \omega \begin{bmatrix} \dfrac{\partial x_{Si}}{\partial\theta_2} \\ \dfrac{\partial y_{Si}}{\partial\theta_2} \end{bmatrix} + \dot{\alpha}_2 \begin{bmatrix} \dfrac{\partial x_{Si}}{\partial\alpha_2} \\ \dfrac{\partial y_{Si}}{\partial\alpha_2} \end{bmatrix} \tag{g}$$

其中一阶偏导由式(6-31)、(6-32)得到

$$\begin{bmatrix} \dfrac{\partial x_{S2}}{\partial\theta_2} & \dfrac{\partial y_{S2}}{\partial\theta_2} \\ \dfrac{\partial x_{S3}}{\partial\theta_2} & \dfrac{\partial y_{S3}}{\partial\theta_2} \\ \dfrac{\partial x_{S4}}{\partial\theta_2} & \dfrac{\partial y_{S4}}{\partial\theta_2} \\ \dfrac{\partial x_{S3}}{\partial\alpha_2} & \dfrac{\partial y_{S3}}{\partial\alpha_2} \\ \dfrac{\partial x_{S4}}{\partial\alpha_2} & \dfrac{\partial y_{S4}}{\partial\alpha_2} \end{bmatrix} = \begin{bmatrix} l_{S2} & 0 & 0 & 0 \\ l_2 & l_{S3}\dfrac{\partial\theta_3}{\partial\theta_2} & 0 & 0 \\ l_2 & l_3\dfrac{\partial\theta_3}{\partial\theta_2} & l_{S4}\dfrac{\partial\theta_4}{\partial\theta_2} & 0 \\ 0 & l_{S3}\dfrac{\partial\theta_3}{\partial\alpha_2} & 0 & r_2 \\ 0 & l_3\dfrac{\partial\theta_3}{\partial\alpha_2} & l_{S4}\dfrac{\partial\theta_4}{\partial\alpha_2} & r_2 \end{bmatrix} \begin{bmatrix} -\sin\theta_2 & \cos\theta_2 \\ -\sin\theta_3 & \cos\theta_3 \\ -\sin\theta_4 & \cos\theta_4 \\ -\sin\alpha_2 & \cos\alpha_2 \end{bmatrix} \tag{h}$$

其中$\dfrac{\partial x_{S2}}{\partial\alpha_2}=\dfrac{\partial y_{S2}}{\partial\alpha_2}=0$。

(3) 加速度分析

由式(6-35)得

$$\ddot{\theta}_i = \omega^2\frac{\partial^2\theta_i}{\partial\theta_2^2} + \ddot{\alpha}_2\frac{\partial\theta_i}{\partial\alpha_2} + 2\dot{\alpha}_2\omega\frac{\partial^2\theta_i}{\partial\alpha_2\partial\theta_2} + \dot{\alpha}_2^2\frac{\partial^2\theta_i}{\partial\alpha_2^2} \quad i=3,4 \tag{i}$$

其中二阶偏导由式(6-40)、(6-41)、(6-42)得到

$$\begin{bmatrix} \dfrac{\partial^2\theta_3}{\partial\theta_2^2} \\ \dfrac{\partial^2\theta_4}{\partial\theta_2^2} \\ \dfrac{\partial^2\theta_3}{\partial\theta_2\partial\alpha_2} \\ \dfrac{\partial^2\theta_4}{\partial\theta_2\partial\alpha_2} \\ \dfrac{\partial^2\theta_3}{\partial\alpha_2^2} \\ \dfrac{\partial^2\theta_4}{\partial\alpha_2^2} \end{bmatrix} = \frac{1}{\sin(\theta_4-\theta_3)} \begin{bmatrix} \dfrac{l_2}{l_3} & 0 & \left(\dfrac{\partial\theta_3}{\partial\theta_2}\right)^2 & 0 & 0 & \dfrac{l_4}{l_3}\left(\dfrac{\partial\theta_4}{\partial\theta_2}\right)^2 \\ 0 & -\dfrac{l_2}{l_4} & -\left(\dfrac{\partial\theta_4}{\partial\theta_2}\right)^2 & 0 & 0 & -\dfrac{l_3}{l_4}\left(\dfrac{\partial\theta_3}{\partial\theta_2}\right)^2 \\ 0 & 0 & \dfrac{\partial\theta_3}{\partial\theta_2}\dfrac{\partial\theta_3}{\partial\alpha_2} & 0 & 0 & \dfrac{l_4}{l_3}\dfrac{\partial\theta_4}{\partial\theta_2}\dfrac{\partial\theta_4}{\partial\alpha_2} \\ 0 & 0 & -\dfrac{\partial\theta_4}{\partial\theta_2}\dfrac{\partial\theta_4}{\partial\alpha_2} & 0 & 0 & -\dfrac{l_3}{l_4}\dfrac{\partial\theta_3}{\partial\theta_2}\dfrac{\partial\theta_3}{\partial\alpha_2} \\ 0 & 0 & \left(\dfrac{\partial\theta_3}{\partial\alpha_2}\right)^2 & \dfrac{r_2}{l_3} & 0 & \dfrac{l_4}{l_3}\left(\dfrac{\partial\theta_4}{\partial\alpha_2}\right)^2 \\ 0 & 0 & \left(\dfrac{\partial\theta_4}{\partial\alpha_2}\right)^2 & 0 & -\dfrac{r_2}{l_4} & -\dfrac{l_3}{l_4}\left(\dfrac{\partial\theta_3}{\partial\alpha_2}\right)^2 \end{bmatrix} \begin{bmatrix} \cos(\theta_2-\theta_4) \\ \cos(\theta_2-\theta_3) \\ \cos(\theta_3-\theta_4) \\ \cos(\alpha_2-\theta_4) \\ \cos(\alpha_2-\theta_3) \\ 1 \end{bmatrix} \tag{j}$$

各质心的加速度由式(6-44)得出

$$\begin{bmatrix}\ddot{x}_{Si}\\ \ddot{y}_{Si}\end{bmatrix}=\omega^2\begin{bmatrix}\dfrac{\partial^2 x_{Si}}{\partial\theta_2^2}\\ \dfrac{\partial^2 y_{Si}}{\partial\theta_2^2}\end{bmatrix}+2\omega\dot{\alpha}_2\begin{bmatrix}\dfrac{\partial^2 x_{Si}}{\partial\theta_2\partial\alpha_2}\\ \dfrac{\partial^2 y_{Si}}{\partial\theta_2\partial\alpha_2}\end{bmatrix}+\ddot{\alpha}_2\begin{bmatrix}\dfrac{\partial x_{Si}}{\partial\alpha_2}\\ \dfrac{\partial y_{Si}}{\partial\alpha_2}\end{bmatrix}+\dot{\alpha}_2^2\begin{bmatrix}\dfrac{\partial^2 x_{Si}}{\partial\alpha_2^2}\\ \dfrac{\partial^2 y_{Si}}{\partial\alpha_2^2}\end{bmatrix}\tag{k}$$

二阶偏导由式(6-45)、(6-46)、(6-47)得到

$$\begin{bmatrix}\dfrac{\partial^2 x_{S2}}{\partial\theta_2^2} & \dfrac{\partial^2 y_{S2}}{\partial\theta_2^2}\\ \dfrac{\partial^2 x_{S3}}{\partial\theta_2^2} & \dfrac{\partial^2 y_{S3}}{\partial\theta_2^2}\\ \dfrac{\partial^2 x_{S3}}{\partial\theta_2\partial\alpha_2} & \dfrac{\partial^2 y_{S3}}{\partial\theta_2\partial\alpha_2}\\ \dfrac{\partial^2 x_{S3}}{\partial\alpha_2^2} & \dfrac{\partial^2 y_{S3}}{\partial\alpha_2^2}\\ \dfrac{\partial^2 x_{S4}}{\partial\theta_2^2} & \dfrac{\partial^2 y_{S4}}{\partial\theta_2^2}\\ \dfrac{\partial^2 x_{S4}}{\partial\theta_2\partial\alpha_2} & \dfrac{\partial^2 y_{S4}}{\partial\theta_2\partial\alpha_2}\\ \dfrac{\partial^2 x_{S4}}{\partial\alpha_2^2} & \dfrac{\partial^2 y_{S4}}{\partial\alpha_2^2}\end{bmatrix}=-\begin{bmatrix}l_{S2} & 0 & 0 & 0 & 0 & 0\\ l_2 & \pm l_{S3}\dfrac{\partial^2\theta_3}{\partial\theta_2^2} & l_{S3}\left(\dfrac{\partial\theta_3}{\partial\theta_2}\right)^2 & 0 & 0 & 0\\ 0 & \pm l_{S3}\dfrac{\partial^2\theta_3}{\partial\theta_2\partial\alpha_2} & l_{S3}\dfrac{\partial\theta_3}{\partial\theta_2}\dfrac{\partial\theta_3}{\partial\alpha_2} & 0 & 0 & 0\\ 0 & \pm l_{S3}\dfrac{\partial^2\theta_3}{\partial\alpha_2^2} & l_{S3}\left(\dfrac{\partial\theta_3}{\partial\alpha_2}\right)^2 & 0 & 0 & r_2\\ 0 & \pm l_3\dfrac{\partial^2\theta_3}{\partial\theta_2^2} & l_3\left(\dfrac{\partial\theta_3}{\partial\theta_2}\right)^2 & \pm l_{S4}\dfrac{\partial^2\theta_4}{\partial\theta_2^2} & l_{S4}\left(\dfrac{\partial\theta_4}{\partial\theta_2}\right)^2 & 0\\ 0 & \pm l_3\dfrac{\partial^2\theta_3}{\partial\theta_2\partial\alpha_2} & l_3\dfrac{\partial\theta_3}{\partial\theta_2}\dfrac{\partial\theta_3}{\partial\alpha_2} & \pm l_{S4}\dfrac{\partial^2\theta_4}{\partial\theta_2\partial\alpha_2} & l_{S4}\dfrac{\partial\theta_4}{\partial\theta_2}\dfrac{\partial\theta_4}{\partial\alpha_2} & 0\\ 0 & \pm l_3\dfrac{\partial^2\theta_3}{\partial\alpha_2^2} & l_3\left(\dfrac{\partial\theta_3}{\partial\alpha_2}\right)^2 & \pm l_{S4}\dfrac{\partial^2\theta_4}{\partial\alpha_2^2} & l_{S4}\left(\dfrac{\partial\theta_4}{\partial\alpha_2}\right)^2 & r_2\end{bmatrix}$$

$$\times\begin{bmatrix}\cos\theta_2 & \sin\theta_2\\ \sin\theta_3 & \cos\theta_3\\ \cos\theta_3 & \sin\theta_3\\ \sin\theta_4 & \cos\theta_4\\ \cos\theta_4 & \sin\theta_4\\ \cos\alpha_2 & \sin\alpha_2\end{bmatrix}\tag{l}$$

其中“+”号用于计算左边第一列各量，“−”号用于计算左边第二列各量。因为

$$\frac{\partial^2 x_{S2}}{\partial\theta_2\partial\alpha_2}=0,\quad \frac{\partial^2 y_{S2}}{\partial\theta_2\partial\alpha_2}=0,\quad \frac{\partial^2 x_{S2}}{\partial\alpha_2^2}=0,$$

$$\frac{\partial^2 y_{S2}}{\partial\alpha_2^2}=0,\quad \frac{\partial x_{S2}}{\partial\alpha_2}=\frac{\partial y_{S2}}{\partial\alpha_2}=0$$

故对于式(k)当 $i=2$ 时只有右边第一项不为0。

(4)动力学方程

因为 $\ddot{\theta}_2=0$，故由式(6-51)得

$$A_{13}\ddot{\alpha}_2=B_1\tag{m}$$

$$A_{23}\ddot{\alpha}_2=B_2\tag{n}$$

其中

$$A_{13}=\sum_{k=3}^{4}J_k\frac{\partial\theta_k}{\partial\alpha_2}\frac{\partial\theta_k}{\partial\theta_2}+\sum_{k=2}^{4}m_k\left[\frac{\partial x_{Sk}}{\partial\theta_2}\frac{\partial x_{Sk}}{\partial\alpha_2}+\frac{\partial y_{Sk}}{\partial\theta_2}\frac{\partial y_{Sk}}{\partial\alpha_2}\right]$$

$$B_1 = T_2 - \left[J_3 \frac{\partial^2 \theta_3}{\partial \theta_2^2} \frac{\partial \theta_3}{\partial \theta_2} + J_4 \frac{\partial^2 \theta_4}{\partial \theta_2^2} \frac{\partial \theta_4}{\partial \theta_2} + \sum_{k=2}^{4} m_k \left(\frac{\partial x_{Sk}}{\partial \theta_2} \frac{\partial^2 x_{Sk}}{\partial \theta_2^2} + \frac{\partial y_{Sk}}{\partial \theta_2} \frac{\partial^2 y_{Sk}}{\partial \theta_2^2}\right)\right]\omega^2$$

$$- 2\omega\dot{\alpha}_2 \left[\sum_{k=3}^{4} J_k \frac{\partial^2 \theta_k}{\partial \theta_2 \partial \alpha_2} \frac{\partial \theta_k}{\partial \theta_2} + \sum_{k=2}^{4} m_k \left(\frac{\partial^2 x_{Sk}}{\partial \theta_2 \partial \alpha_2} \frac{\partial x_{Sk}}{\partial \theta_2} + \frac{\partial^2 y_{Sk}}{\partial \theta_2 \partial \alpha_2} \frac{\partial y_{Sk}}{\partial \theta_2}\right)\right]$$

$$- \dot{\alpha}_2^2 \left[\sum_{k=3}^{4} J_k \frac{\partial \theta_k}{\partial \theta_2} \frac{\partial^2 \theta_k}{\partial \alpha_2^2} + \sum_{k=2}^{4} m_k \left(\frac{\partial^2 x_{Sk}}{\partial \alpha_2^2} \frac{\partial x_{Sk}}{\partial \theta_2} + \frac{\partial^2 y_{Sk}}{\partial \alpha_2^2} \frac{\partial y_{Sk}}{\partial \theta_2}\right)\right] - g \sum_{k=2}^{4} m_k \frac{\partial y_{Sk}}{\partial \theta_2}$$

$$A_{23} = \sum_{k=3}^{4} J_k \left(\frac{\partial \theta_k}{\partial \alpha_2}\right)^2 + \sum_{k=2}^{4} m_k \left[\left(\frac{\partial x_{Sk}}{\partial \alpha_2}\right)^2 + \left(\frac{\partial y_{Sk}}{\partial \alpha_2}\right)^2\right]$$

$$B_2 = -\left[J_3 \frac{\partial^2 \theta_3}{\partial \theta_2^2} \frac{\partial \theta_3}{\partial \alpha_2} + J_4 \frac{\partial^2 \theta_4}{\partial \theta_2^2} \frac{\partial \theta_4}{\partial \alpha_2} + \sum_{k=2}^{4} m_k \left(\frac{\partial x_{Sk}}{\partial \alpha_2} \frac{\partial^2 x_{Sk}}{\partial \theta_2^2} + \frac{\partial y_{Sk}}{\partial \alpha_2} \frac{\partial^2 y_{Sk}}{\partial \theta_2^2}\right)\right]\omega^2$$

$$- 2\omega\dot{\alpha}_2 \left[J_3 \frac{\partial \theta_3}{\partial \alpha_2} \frac{\partial^2 \theta_3}{\partial \alpha_2 \partial \theta_2} + J_4 \frac{\partial \theta_4}{\partial \alpha_2} \frac{\partial^2 \theta_4}{\partial \alpha_2 \partial \theta_2} + \sum_{k=2}^{4} m_k \left(\frac{\partial x_{Sk}}{\partial \alpha_2} \frac{\partial^2 x_{Sk}}{\partial \theta_2 \partial \alpha_2} + \frac{\partial y_{Sk}}{\partial \alpha_2} \frac{\partial^2 y_{Sk}}{\partial \theta_2 \partial \alpha_2}\right)\right]$$

$$- \dot{\alpha}_2^2 \left[\sum_{k=3}^{4} J_k \frac{\partial \theta_k}{\partial \alpha_2} \frac{\partial^2 \theta_k}{\partial \alpha_2^2} + \sum_{k=2}^{4} m_k \left(\frac{\partial x_{Sk}}{\partial \alpha_2} \frac{\partial^2 \theta_k}{\partial \alpha_2^2} + \frac{\partial y_{Sk}}{\partial \alpha_2} \frac{\partial^2 \theta_k}{\partial \alpha_2^2}\right)\right] - g \sum_{k=2}^{4} m_k \frac{\partial y_{Sk}}{\partial \alpha_2}$$

式(m)、(n)中有两个未知量 α_2 与 T_2，θ_2 为已知量($\theta_2 = \omega t$)。式(n)中 A_{23} 为 θ_2、α_2 的函数，B_2 为 $\dot{\alpha}_2$、α_2、θ_2 的函数，而 $\theta_2 = \omega t$ 为已知函数，故式(n)可写为

$$\ddot{\alpha}_2 = f(t, \alpha_2, \dot{\alpha}_2) \tag{o}$$

用数值积分方法不难由式(o)求出 $\alpha_2 = \alpha_2(t)$。

把 $\alpha_2 = \alpha_2(t)$、$\dot{\alpha}_2 = \dot{\alpha}_2(t)$、$\ddot{\alpha}_2 = \ddot{\alpha}_2(t)$ 及 $\theta_2 = \omega t$ 代入式(m)，即能求得相应的 $T_2 = T_2(t)$，即为维持曲柄等速运动需要的主动力矩变化情况。

把 α_2 及 θ_2 代入式(a)、(b)，求得 θ_3、θ_4 以及由式(c)求得输出角 θ_0。知道实际输出角 θ_0 的变化后，把它与不考虑运动副间隙时得出的机构输出角 θ_0' 进行比较，即能看出间隙对输出角变化的影响。

6.3 采用两状态间隙移动副模型的机械动力学分析

6.3.1 两状态间隙移动副的力学模型

在图 6-9(a)所示的移动副连接中，滑块 1 相对导轨 2 应作垂直于纸面方向的运动。但在横向(x 方向)存在间隙。现着重分析在 x 方向的运动情况。图 6-9(b)表示滑块与导轨的横截面图。在无间隙情况下，1 和 2 将仅有垂直于纸面方向的相对运动。现在 x 方向具有间隙 r，因而在 x 方向有相对运动。通常间隙很小，为百分之几 mm 到几个 mm。图中为清楚起见，将间隙放大画出。组成运动副的两构件间的接触是不连续的，存在接触与不接触两种状态。前者称为自由运动状态或简称为自由状态，后者称为接触状态。

1. 自由状态与接触状态判断条件

(1) 自由运动状态条件

设以 x_1、x_2 分别表示构件 1、2 的两运动副元素中心点在 x 方向的位移(见图 6-9(b))。当相对位移 $|x_2 - x_1|$ 小于间隙 r 时，两构件将不接触，故自由状态的条件为

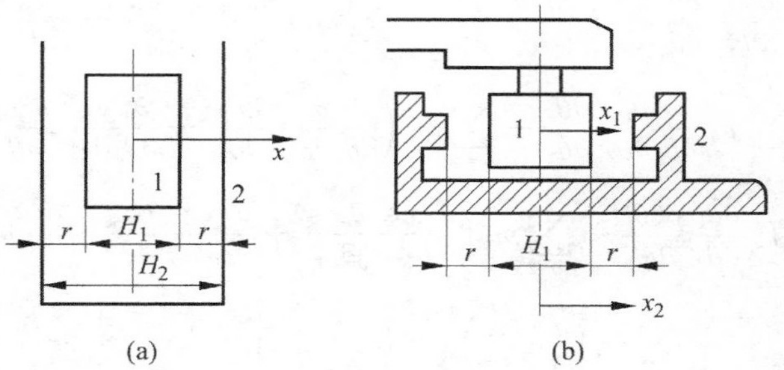

图 6-9　间隙移动副

$$|x_2 - x_1| < r \tag{6-56}$$

(2) 接触状态条件

显然，不满足式(6-56)时两构件将接触，所以接触条件为

$$|x_2 - x_1| \geqslant r \tag{6-57}$$

开始接触时取等号。当 $x_2 - x_1 = r$ 时，两构件将在左边开始接触；当 $x_2 - x_1 > r$ 时，左边接触面将发生弹性变形。当 $x_2 - x_1 = -r$ 时，两构件开始在右边接触，$x_2 - x_1 < -r$ 时右边接触面将发生弹性变形。设 x_c 为弹性变形大小，则有

$$\left.\begin{aligned} x_c &= x_2 - x_1 - r = x_r - r \geqslant 0 \quad & x_2 - x_1 \geqslant r \text{ 时} \\ x_c &= x_r + r \leqslant 0 \quad & x_2 - x_1 \leqslant -r \text{ 时} \end{aligned}\right\} \tag{6-58}$$

式中 $x_r = x_2 - x_1$。

因为在一般情况下，两接触表面硬度有较大差别，以减少其中一个构件的磨损，通常选易加工件为易磨损件。为简便起见，可以假定只有构件 1 表面有弹性变形，并设弹性变形 x_c 的方向向右为正，向左为负。

2. 表面状况和相互作用力

(1) 自由状态

在自由运动状态下，两构件不接触，其间无机械约束。如果在运动副中存在油膜，则两者将通过油膜传递压力。油膜力和两构件的相对位移、相对速度与润滑油的黏度、温度等性质有关。在本书中将不讨论这些问题，认为运动副中无润滑油，或忽略介质传递的力，所以在自由状态下，认为两构件间的作用力为 0。

(2) 接触状态

在接触状态下，构件之间的作用力和表面状况有关。

认为构件表面具有弹性和内阻尼，因此两构件从开始接触时，在一极短时间内，接触力由 0 迅速增大。在假设只有一个构件表面具有弹性，而另一个为刚体时，其力学模型如图 6-10 所示。图 6-11 表示接触力和相对位移的变化情况称为力-位移特性，从图 6-11 中可看出当 $|x_2 - x_1| < r$ 时，接触力为 0；当 $|x_2 - x_1| \geqslant r$ 时，力在一短时间内很快增加。接触力 P 的大小可根据弹性力学计算求得。一般来讲，P 和接触后的相对位移(变形)x_c 的关系为非线性的，这就使问题更复杂了。为了简化计算，考虑到接触后相对位移很小，可以把 P 和 x_c、$\dot{x}_c$ 的关系线性化，用一弹簧和阻尼来代替(见图 6-10)。这样，构件 2 给

构件 1 的力 P_{21} 为

$$P_{21}=Kx_c+C\dot{x}_c \tag{6-59}$$

式中 K——刚度系数；C——阻尼系数；x_c——两构件接触后构件 1 的变形；$\dot{x}_c$——两构件接触后构件 1 的变形速度。x_c、$\dot{x}_c$ 以 x 正方向为正。

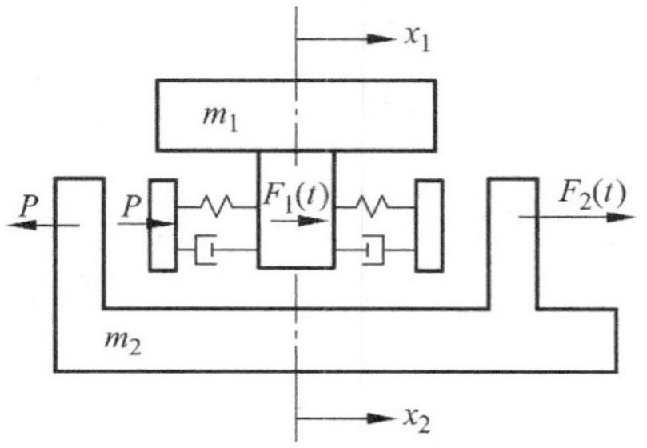

图 6-10 接触面力学模型

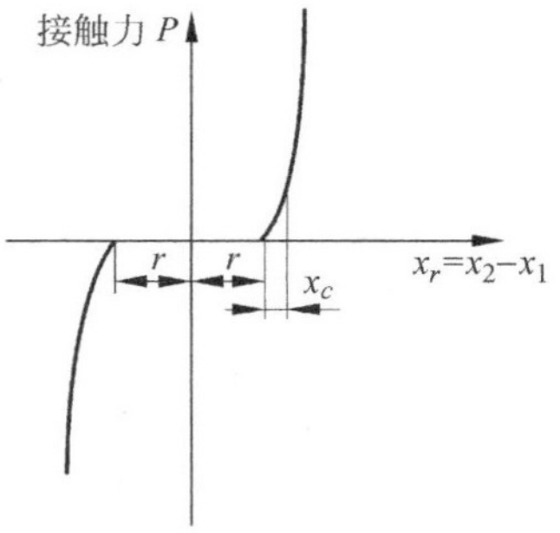

图 6-11 接触力变化曲线

当然，这里讨论的只是两构件在 x 方向（即垂直于导轨方向）的作用力，至于平行于导轨方向的运动情况在此未加讨论。

6.3.2 动力学方程

在图 6-10 所示的力学模型中，设作用于构件 1、2 上的外力分别为 $F_1(t)$、$F_2(t)$，需要分析研究构件 1、2 的运动情况。设想两构件开始不接触，处于自由状态。经过一段时间后，两构件将在某一面（左或右面）接触。接触时相对速度可能不为 0，表面将发生冲击，构件表面发生弹性变形。从开始接触到两构件在力 F_1、F_2 作用下开始分离时为止的这段时间内，两构件处于接触状态。然后重新开始新的自由运动状态，一直持续到下一次冲击发生。所以两构件将有自由运动状态和接触状态互相交替的过程，需要分别写出自由状态和接触状态的动力学方程。

1. 自由状态

这时两构件间的作用力为 0，构件 1、2 的微分方程式为

$$\begin{cases} m_1\ddot{x}_1=F_1(t) \\ m_2\ddot{x}_2=F_2(t) \end{cases} \tag{6-60}$$

它们是两个非耦合的微分方程式。

2. 接触状态

当 $|x_2-x_1|\geqslant r$ 时，两构件将接触。开始接触时 $|x_2-x_1|=r$。由式(6-58)可知

$$\begin{cases} \dot{x}_c=\dot{x}_r=\dot{x}_2-\dot{x}_1 \\ \ddot{x}_c=\ddot{x}_r=\ddot{x}_2-\ddot{x}_1 \end{cases} \tag{6-61}$$

构件 1、2 的动力学方程式为

$$m_1\ddot{x}_1=F_1(t)+P_{21}$$

$$m_2 \ddot{x}_2 = F_2(t) + P_{12} = F_2(t) - P_{21}$$

把式(6-59)所决定的构件 2 对构件 1 的作用力 P_{21} 代入，则有

$$\begin{cases} m_1 \ddot{x}_1 = F_1(t) + Kx_c + C\dot{x}_c \\ m_2 \ddot{x}_2 = F_2(t) - Kx_c - C\dot{x}_c \end{cases} \tag{6-62}$$

由式(6-58)及(6-61)可以看出式(6-62)为一组耦合的二阶微分方程式。

有时为求解方便起见，把式(6-62)作如下变量替换。令

$$x_m = x_1 + x_2, \quad x_r = x_2 - x_1$$

$$\begin{cases} x_1 = \dfrac{1}{2}(x_m - x_r) \\ x_2 = \dfrac{1}{2}(x_m + x_r) \end{cases} \tag{6-63}$$

代入式(6-62)得

$$\frac{1}{2}m_1(\ddot{x}_m - \ddot{x}_r) = F_1(t) + Kx_c + C\dot{x}_c$$

$$\frac{1}{2}m_2(\ddot{x}_m + \ddot{x}_r) = F_2(t) - Kx_c - C\dot{x}_c$$

在求解 $\ddot{x}_m$ 和 $\ddot{x}_r$ 时，可以将方程转换成：

$$\begin{cases} \ddot{x}_m = \dfrac{m_2 - m_1}{m_1 m_2}(Kx_c + C\dot{x}_c) + \dfrac{F_1(t)}{m_1} + \dfrac{F_2(t)}{m_2} \\ \ddot{x}_r = -\dfrac{m_1 + m_2}{m_1 m_2}(Kx_c + C\dot{x}_c) + \dfrac{F_2(t)}{m_2} - \dfrac{F_1(t)}{m_1} \end{cases} \tag{6-64}$$

6.3.3 方程的求解

方程式(6-61)和(6-64)的解，取决于外力变化情况。下面以一种简单情况为例来说明分析方法。设

$$F_2(t) = 0, \quad F_1(t) = A\sin(\omega t + \varphi)$$

即只在滑块 1 上有简谐变化力作用时，分析两构件的运动情况。对于以其他形式变化的外力情况，也可用类似的分析方法。

分别按自由状态和接触状态进行求解。接触状态终止时的运动(即位移、速度、加速度)状态为自由状态开始时的运动状态。同样，自由状态终止时的运动状态即为接触开始时的运动状态。所以每一时域的初始条件，即为前一时域结束时的状态。

1. 接触状态

设第 i 次接触开始(设在左面接触)时条件为

$$\begin{cases} t = t_i, \quad x_1 = x_1(t_i), \quad x_2 = x_2(t_i), \quad x_r = x_2(t_i) - x_1(t_i) = r \\ x_c = 0, \quad \dot{x}_1 = \dot{x}_1(t_i), \quad \dot{x}_2 = \dot{x}_2(t_i), \quad \dot{x}_r = \dot{x}_c = \dot{x}_2(t_i) - \dot{x}_1(t_i) = v_i \end{cases} \tag{6-65}$$

根据这一初始条件求解式(6-64)。把式(6-61)的 $\ddot{x}_c = \ddot{x}_r$ 代入式(6-64)的第二式，并令

$$\omega_n^2 = \frac{m_1 + m_2}{m_1 m_2}K, \quad 2\zeta\omega_n = \frac{m_1 + m_2}{m_1 m_2}C, \quad B = -\frac{A}{m_1}$$

则得
$$\ddot{x}_c=-\frac{m_1+m_2}{m_1m_2}Kx_c-\frac{m_1+m_2}{m_1m_2}C\dot{x}_c-\frac{A}{m_1}\sin(\omega t+\varphi)$$

或
$$\ddot{x}_c+2\zeta\omega_n\dot{x}_c+\omega_n^2x_c=B\sin(\omega t+\varphi) \tag{6-66}$$

上式为一典型的有阻尼的强迫振动方程式，其解为

$$x_c=x_0\mathrm{e}^{-\zeta\omega_nt}\sin(\omega_n\sqrt{1-\zeta^2}t+\alpha)+\frac{B\sin(\omega t+\varphi+\beta)}{\sqrt{(\omega_n^2-\omega^2)^2+(2\zeta\omega_n\omega)^2}} \tag{6-67}$$

式中
$$\tan\beta=\frac{-2\zeta\omega_n\omega}{\omega_n^2-\omega^2} \tag{6-68}$$

把式(6-61)对时间 t 求导，得速度为

$$\begin{aligned}\dot{x}_c=\dot{x}_r=&x_0\mathrm{e}^{-\omega_n\zeta t}\omega_n\left[-\zeta\sin(\omega_n\sqrt{1-\zeta^2}t+\alpha)\right.\\&\left.+\sqrt{1-\zeta^2}\cos(\omega_n\sqrt{1-\zeta^2}t+\alpha)\right]+\frac{B\omega\cos(\omega t+\varphi+\beta)}{\sqrt{(\omega_n^2-\omega^2)^2+(2\zeta\omega_n\omega)^2}}\end{aligned} \tag{6-69}$$

式(6-67)、(6-69)中的 x_0、α 为积分常数，由初始条件决定。把 $t=t_i$，$x_c=0$，$\dot{x}_r=v_i$ 代入即可确定 x_0 和 α：

$$0=x_0\mathrm{e}^{-\zeta\omega_nt_i}\sin(\omega_n\sqrt{1-\zeta^2}t_i+\alpha)+\frac{B\sin(\omega t_i+\varphi+\beta)}{\sqrt{(\omega_n^2-\omega^2)^2+(2\zeta\omega_n\omega)^2}} \tag{a}$$

$$\begin{aligned}v_i=&x_0\mathrm{e}^{-\omega_n\zeta t_i}\omega_n[-\zeta\sin(\omega_n\sqrt{1-\zeta^2}t_i+\alpha)+\sqrt{1-\zeta^2}\cos(\omega_n\sqrt{1-\zeta^2}t_i+\alpha)]\\&+\frac{B\omega\cos(\omega t_i+\varphi+\beta)}{\sqrt{(\omega_n^2-\omega^2)^2+(2\zeta\omega_n\omega)^2}}\end{aligned} \tag{b}$$

将式(b)+$\zeta\omega_n$×式(a)得

$$\begin{aligned}v_i=&\frac{B[\omega\cos(\omega t_i+\varphi+\beta)+\zeta\omega_n\sin(\omega t_i+\varphi+\beta)]}{\sqrt{(\omega_n^2-\omega^2)^2+(2\zeta\omega_n\omega)^2}}\\&+x_0\mathrm{e}^{-\omega_n\zeta t_i}\omega_n\sqrt{1-\zeta^2}\cos(\omega_n\sqrt{1-\zeta^2}t_i+\alpha)\end{aligned} \tag{c}$$

故有

$$\begin{aligned}x_0=&\frac{\mathrm{e}^{\omega_n\zeta t_i}}{\omega_n\sqrt{1-\zeta^2}\cos(\omega_n\sqrt{1-\zeta^2}t_i+\alpha)}\\&\times\left[v_i-\frac{B[\omega\cos(\omega t_i+\varphi+\beta)+\zeta\omega_n\sin(\omega t_i+\varphi+\beta)]}{\sqrt{(\omega_n^2-\omega^2)^2+(2\zeta\omega_n\omega)^2}}\right]\end{aligned} \tag{6-70}$$

由式(c)和式(a)消去 x_0 得

$$\begin{aligned}&\tan(\omega_n\sqrt{1-\zeta^2}t_i+\alpha)\\&=\frac{-\omega_n\sqrt{1-\zeta^2}B\sin(\omega t_i+\varphi+\beta)}{v_i\sqrt{(\omega_n^2-\omega^2)^2+(2\zeta\omega_n\omega)^2}-B[\omega\cos(\omega t_i+\varphi+\beta)+\zeta\omega_n\sin(\omega t_i+\varphi+\beta)]}\end{aligned}$$

故 $\alpha=-\omega_n\sqrt{1-\zeta^2}t_i$

$$+\arctan\left[\frac{-\omega_n\sqrt{1-\zeta^2}B\sin(\omega t_i+\varphi+\beta)}{v_i\sqrt{(\omega_n^2-\omega^2)^2+(2\zeta\omega_n\omega)^2}-B[\omega\cos(\omega t_i+\varphi+\beta)+\zeta\omega_n\sin(\omega t_i+\varphi+\beta)]}\right] \tag{6-71}$$

由上式求出 α 值，代入式(6-70)即可求出另一积分常数 x_0。把 α、x_0 代入式(6-67)和

(6-69)即能知道这一区域中两构件相对变形和相对速度的变化情况。

把式(6-67)和(6-69)代入式(6-62)，得$\ddot{x}_1$、$\ddot{x}_2$ 和 t 的函数关系。积分两次，并应用式(6-65)的初始条件可决定 x_1、x_2、$\dot{x}_1$、$\dot{x}_2$。设有

$$\begin{cases} x_1 = x_1(t) \quad x_2 = x_2(t) \\ \dot{x}_1 = \dot{x}_1(t) \quad \dot{x}_2 = \dot{x}_2(t) \end{cases} \tag{6-72}$$

现在来决定接触状态结束时的情况。首先决定这一区间结束时的时间 $t=t_{i+1}$。这时因两构件刚刚结束接触，要进入自由状态，所以 $x_c=0$。由式(6-67)得

$$0 = x_0 \mathrm{e}^{-\omega_n \zeta t_{i+1}} \sin(\omega_n \sqrt{1-\zeta^2}\, t_{i+1} + \alpha) + \frac{B\sin(\omega t_{i+1} + \varphi + \beta)}{\sqrt{(\omega_n^2 - \omega^2)^2 + (2\zeta\omega_n\omega)^2}} \tag{d}$$

由式(d)和式(a)消去 x_0 得

$$\frac{\mathrm{e}^{-\omega_n \zeta (t_{i+1} - t_i)} \sin(\omega t_i + \varphi + \beta)}{\sin(\omega_n t_i \sqrt{1-\zeta^2} + \alpha)} \sin(\omega_n t_{i+1} \sqrt{1-\zeta^2} + \alpha) - \sin(\omega t_{i+1} + \varphi + \beta) = 0 \tag{6-73}$$

其中 α 已由式(6-71)求得。对于式(6-73)一般采用近似数值方法求解 t_{i+1}。解出的 t_{i+1} 有很多值，取 $t_{i+1}>t_i$，将与 t_i 最接近的值作为该区间结束时的时间。把所得的 t_{i+1} 代入式(6-72)和(6-69)，可得接触状态结束时两构件的运动状况以及它们间的相对速度，这些量也是自由状态开始时的状态。

2. 自由状态

自由状态开始时的初始条件由上一接触状态区间结束时的运动情况决定。设这时$t=t_j$[即由式(6-73)决定的 t_{i+1}]。

$$\begin{cases} x_1 = x_1(t_j) \quad x_2 = x_2(t_j) \\ x_r = r \text{ 或 } -r \end{cases} \tag{6-74}$$

上式决定于前一次接触状态时在哪一面接触，可写为

$$x_r = \begin{Bmatrix} r \\ -r \end{Bmatrix}_j \tag{6-75}$$

$$\begin{cases} \dot{x}_1 = \dot{x}_1(t_j) \quad \dot{x}_2 = \dot{x}_2(t_j) \\ \dot{x}_r = \dot{x}_2(t_j) - \dot{x}_1(t_j) = v_j \end{cases} \tag{6-76}$$

v_j 即为前一次接触状态结束时的相对速度$\dot{x}_c(t_{i+1})$。

这一区间的动力学方程式为式(6-60)，可根据上述初始条件求解。把 F_2 和 F_1 代入后得

$$\begin{cases} \ddot{x}_1 = \dfrac{A\sin(\omega t + \varphi)}{m_1} = -B\sin(\omega t + \varphi) \\ \ddot{x}_2 = 0 \end{cases} \tag{6-77}$$

积分得

$$\begin{cases} x_2 = C_1 t + C_2 \\ x_1 = \dfrac{B}{\omega^2}\sin(\omega t + \varphi) + D_1 t + D_2 \end{cases} \tag{6-78}$$

式中 C_1、C_2、D_1、D_2 为积分常数，由初始条件决定。把式(6-78)的两式相减得

$$\begin{cases} x_r = x_2 - x_1 = E_1 t + E_2 - \dfrac{B}{\omega^2}\sin(\omega t + \varphi) \\ \dot{x}_r = E_1 - \dfrac{B}{\omega}\cos(\omega t + \varphi) \end{cases} \tag{6-79}$$

其中 $E_1 = C_1 - D_1 \quad E_2 = C_2 - D_2$

根据初始条件即式(6-74)、(6-75)、(6-76)有

$$\begin{Bmatrix} r \\ -r \end{Bmatrix}_j = E_1 t_j + E_2 - \frac{B}{\omega^2}\sin(\omega t_j + \varphi)$$

$$v_j = E_1 - \frac{B}{\omega}\cos(\omega t_j + \varphi)$$

故可得

$$\begin{cases} E_1 = v_j + \dfrac{B}{\omega}\cos(\omega t_j + \varphi) \\ E_2 = \begin{Bmatrix} r \\ -r \end{Bmatrix}_j - \left[v_j + \dfrac{B}{\omega}\cos(\omega t_j + \varphi)\right]t_j + \dfrac{B}{\omega^2}\sin(\omega t_j + \varphi) \end{cases} \tag{6-80}$$

把 E_1、E_2 代入式(6-79)得

$$x_r = \left[v_j + \frac{B}{\omega}\cos(\omega t_j + \varphi)\right](t - t_j) - \frac{B}{\omega^2}[\sin(\omega t + \varphi) - \sin(\omega t_j + \varphi)] + \begin{Bmatrix} r \\ -r \end{Bmatrix}_j \tag{6-81}$$

$$\dot{x}_r = v_j + \frac{B}{\omega}[\cos(\omega t_j + \varphi) - \cos(\omega t + \varphi)] \tag{6-82}$$

如要求 x_2 和 x_1 的变化情况，则可根据初始条件，由式(6-78)决定积分常数 C_1、C_2、D_1、D_2，即

$$\begin{cases} x_1(t_j) = \dfrac{B}{\omega^2}\sin(\omega t_j + \varphi) + D_1 t_j + D_2 \\ \dot{x}_1(t_j) = \dfrac{B}{\omega}\cos(\omega t_j + \varphi) + D_1 \\ x_2(t_j) = C_1 t_j + C_2 \\ \dot{x}_2(t_j) = C_1 \end{cases} \tag{6-83}$$

求出 C_1、C_2、D_1、D_2 后代入式(6-78)即能得出 x_1、x_2 及相应的速度 $\dot{x}_1$、$\dot{x}_2$，设有

$$\begin{cases} x_1 = x_1(t) \quad x_2 = x_2(t) \\ \dot{x}_1 = \dot{x}_1(t) \quad \dot{x}_2 = \dot{x}_2(t) \end{cases} \tag{6-84}$$

现在来决定自由状态结束时的运动情况。首先计算结束时的时间，即下一接触区间开始时的时间 $t = t_{j+1}$。

因为自由状态结束时可以在左面也可以在右面接触，事先无法知道，所以应分别计算两种情况，即将 $x_r = r$ 或 $x_r = -r$ 代入式(6-81)，分别求出 t'_{j+1} 和 t''_{j+1}。因为求得的 t'_{j+1} 或 t''_{j+1} 均有很多值，可以取大于 t_j 的最小值 $(t'_{j+1})_{\mathrm{m}}$ 和 $(t''_{j+1})_{\mathrm{m}}$ 来比较。若 $(t'_{j+1})_{\mathrm{m}} < (t''_{j+1})_{\mathrm{m}}$，则表示在 $x_r = r$ 时，在左面接触，这时 $t_{j+1} = (t'_{j+1})_{\mathrm{m}}$。若 $(t'_{j+1})_{\mathrm{m}} > (t''_{j+1})_{\mathrm{m}}$，则表示将在

$x_r=-r$ 时即在右面接触，这时 $t_{j+1}=(t''_{j+1})_m$。

把所得的 t_{j+1} 值代入式(6-82)，可得接触时两构件的相对速度。把 t_{j+1} 代入式(6-84)，可得自由状态结束时亦即下一接触区开始时两构件的位置和速度，这可以作为下一区间开始时的初始条件。

自由状态结束后，即可重复计算下一区间(接触状态)的运动。重复上述计算，可得两构件的全面运动情况。计算一直重复到稳定运动阶段为止。

3. 计算步骤

根据上述分析，可把计算方法归纳如下：

(1) 先假设一初始条件(设为自由状态)，例如 $t=0$，$x_1=x_2=x_0$，$x_r=0$，$\dot{x}_1=v_0$，$\dot{x}_2=0$，$\dot{x}_r=\dot{x}_2-\dot{x}_1=-v_0$。把初始条件代入式(6-80)得 $E_1=\frac{B}{\omega}\cos\varphi-v_0$，$E_2=\frac{B}{\omega^2}\sin\varphi$。代入式(6-79)得

$$\begin{cases} x_r=\left(\dfrac{B}{\omega}\cos\varphi-v_0\right)t+\dfrac{B}{\omega^2}\sin\varphi-\dfrac{B}{\omega^2}\sin(\omega t+\varphi) \\ \dot{x}_r=\dfrac{B}{\omega}\cos\varphi-v_0-\dfrac{B}{\omega}\cos(\omega t+\varphi) \end{cases} \tag{a}$$

由式(6-83)得 $C_1=0$，$C_2=x_0$，$D_1=v_0-\frac{B}{\omega}\cos\varphi$，$D_2=-\frac{B}{\omega^2}\sin\varphi+x_0$。

由式(6-78)得

$$\begin{cases} x_1=\dfrac{B}{\omega^2}\sin(\omega t+\varphi)+\left(v_0-\dfrac{B}{\omega}\cos\varphi\right)t-\dfrac{B}{\omega^2}\sin\varphi+x_0 \\ x_2=x_0 \\ \dot{x}_1=\dfrac{B}{\omega}\cos(\omega t+\varphi)+v_0-\dfrac{B}{\omega}\cos\varphi \\ \dot{x}_2=0 \end{cases} \tag{b}$$

(2) 求自由状态结束时的时间 t_{j+1} 及结束时的运动状况。当 $x_r=r$ 时，由式(a)第一式得

$$\sin(\omega t'_{j+1}+\varphi)=\sin\varphi-\frac{r\omega^2}{B}+\left(\omega\cos\varphi-\frac{\omega^2}{B}v_0\right)t'_{j+1}$$

当 $x_r=-r$ 时，由式(a)第一式得

$$\sin(\omega t''_{j+1}+\varphi)=\sin\varphi+\frac{r\omega^2}{B}+\left(\omega\cos\varphi-\frac{\omega^2}{B}v_0\right)t''_{j+1}$$

求出 t'_{j+1} 和 t''_{j+1} 的比 0 大的最小值，取其小值作为 t_{j+1}。求解的过程如图 6-12 所示。

作出曲线 $y=\sin(\omega t+\varphi)$ 及直线 $y=\sin\varphi+\frac{r\omega^2}{B}+\left(\omega\cos\varphi-\frac{\omega^2}{B}v_0\right)t$，$y=\sin\varphi-\frac{r\omega^2}{B}+\left(\omega\cos\varphi-\frac{\omega^2}{B}v_0\right)t$。两条直线和曲线的第一个交点分别为 A、B，其横坐标为 $(t''_{j+1})_m$ 和 $(t'_{j+1})_m$。取两者中的小值作为自由状态结束时的时间 t_{j+1}。今设 $\varphi<90°$、$B>0$，如图 6-12 所示，$t_{j+1}=(t''_{j+1})_m$，这时 $x_r=-r$，两构件在右面接触。把 t_{j+1} 代入式(a)的第二式得出 $\dot{x}_r(t_{j+1})=v_i$。把 $t=t_{j+1}$ 代入式(b)得 $x_2=x_0$，$\dot{x}_2=0$，$x_1=r+x_0$，$\dot{x}_1=\frac{B}{\omega}\cos(\omega t_{j+1}+\varphi)+$

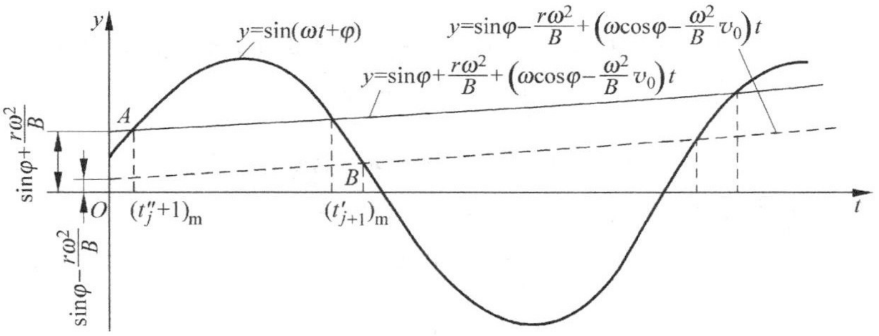

图 6-12 自由状态结束时间求解过程

$v_0-\dfrac{B}{\omega}\cos\varphi, x_r=-r, x_c=0$。这些值即为自由状态结束，下一接触状态开始时的运动状况。

(3) 计算接触状态时的运动，用上述条件作为初始条件，按式(6-68)计算 β，按式(6-71)计算 α(其中 t_i 即为上述的 t_{j+1})，按式(6-70)计算 x_0，代入式(6-67)、(6-69)可得这一区域的变形 x_c 和变形速度 $\dot{x}_c$ 的变化情况。把它们代入式(6-62)，可以积分求得 x_1、x_2，即得到式(6-72)。

(4) 计算接触区域终止时的状态，由式(6-73)求得 t_{i+1}，即把 $t_{i+1}>t_i$ 且为最小的值作为接触结束时的时间。因为这一接触区间在右面接触，故这时 $x_r=-r$。把 t_{i+1} 代入式(6-69)得 $\dot{x}_r$，即结束接触时两构件的相对速度。把 t_{i+1} 代入式(6-72)求得结束接触时两构件的位移和速度，作为下一自由状态开始时的初始条件。

(5) 重新计算新的自由状态下的运动。与步骤(1)、(2)类似，只是初始条件 $t=t_j$ 为步骤(4)中计算出的 t_{i+1}，此时的 x_1、x_2、$\dot{x}_1$、$\dot{x}_2$、x_r、$\dot{x}_r$ 均为步骤(4)中计算所得。依此初始条件由式(6-80)求得 E_1、E_2。由式(6-83)求得 C_1、C_2、D_1、D_2，代入式(6-79)、(6-78)得动力学方程式。

(6) 求自由状态结束，下一接触状态开始时的状况。为此分别以 $x_r=r$，及 $x_r=-r$ 代入式(6-79)，求得 $(t'_{j+1})_m$ 和 $(t''_{j+1})_m$，取两者之中小的值作为结束自由状态的时间 t_{j+1}，再代入式(6-78)和式(6-79)得该时刻的 x_1、x_2、$\dot{x}_1$、$\dot{x}_2$、x_r、$\dot{x}_r$，即自由状态结束，新的接触状态开始时的状况。

(7) 重复(3)以下各步骤，一直到达稳定运动情况为止，即经过一个循环后，构件 1、2 的运动状况和前一循环相同。

例 6-2 设一正弦机构如图 6-13 所示。曲柄由一等速马达(角速度 ω)带动。若曲柄销和滑槽间有间隙 r，在轴 O 及滑块与机架间认为无间隙。滑块 2 的质量为 m，曲柄长 OA 为 l，若除了主动力矩 M 外无其他外力作用，现分析间隙对机构输出运动 x_2 的影响。

解 设 x_A、y_A 为曲柄销点 A 的坐标，x_2 为滑块 2 上点 B 的 x 方向坐标。

(1) 自由运动状况

设初始条件为 $t=0$ 时，滑块 2 不动，曲柄转角 $\varphi=\varphi_0$。并设此时曲柄销 A 位于滑槽的中心，即 $x_A=x_B$，$\dot{x}_2=0$，$\ddot{x}_2=0$。在 $t=0$ 时，$x_2=x_A=l\cos\varphi_0$，$\dot{x}_A=-\omega l\sin\varphi_0$，$x_r=x_2-$

$x_A=0, \dot{x}_r=\dot{x}_2-\dot{x}_A=\omega l\sin\varphi_0$。

显然这时曲柄销和滑槽不接触，为自由状况。这阶段的运动情况为

$$\begin{cases} x_A = l\cos(\omega t+\varphi_0) \\ \dot{x}_A = -\omega l\sin(\omega t+\varphi_0) \end{cases} \tag{a}$$

滑块 2 上无外力作用，滑块的动力学方程式为$\ddot{x}_2=0$，或积分得

$$\left.\begin{aligned} x_2 &= At+B \\ \dot{x}_2 &= A \end{aligned}\right\} \tag{b}$$

根据初始条件，显然 $A=0, B=l\cos\varphi_0$。

$$\begin{cases} x_2-x_A = x_r = l\cos\varphi_0 - l\cos(\omega t+\varphi_0) \\ \dot{x}_r = \omega l\sin(\omega t+\varphi_0) \end{cases} \tag{c}$$

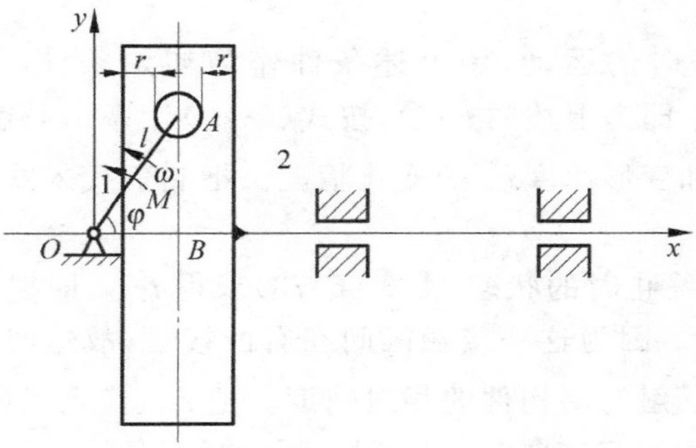

图 6-13　含间隙移动副的正弦机构

(2) 自由状态终止时情况

当自由状态终止时，曲柄销将和滑槽左面接触，$x_2-x_A=r$。先求出开始接触的时间 t_1。根据式(c)，并把 A、B 及 $x_2-x_A=r$ 代入得

$$\begin{cases} r = l\cos\varphi_0 - l\cos(\omega t_1+\varphi_0) \\ \cos(\omega t_1+\varphi_0) = \dfrac{l\cos\varphi_0 - r}{l} \\ t_1 = \dfrac{1}{\omega}\left[\arccos\dfrac{l\cos\varphi_0-r}{l} - \varphi_0\right] \end{cases} \tag{d}$$

接触时的相对速度及各构件的状况为

$$\begin{cases} x_2 = l\cos\varphi_0, & \dot{x}_2 = 0, & x_A = l\cos(\omega t_1+\varphi_0) \\ \dot{x}_A = -\omega l\sin(\omega t_1+\varphi_0), & x_r = r, & \dot{x}_r = \dot{x}_c = \omega l\sin(\omega t_1+\varphi_0) \end{cases} \tag{e}$$

(3) 接触状态

接触时滑块给曲柄的作用力在 x、y 方向的分力为 P_x、P_y，如果忽略摩擦，则 $P_y=0$。现在我们研究的是 x 方向的运动，同时，忽略了滑块和固定导轨间的摩擦，所以只需考虑 x 方向的作用力 P_x，P_x 由式(6-59)求得。设接触表面的刚度系数和阻尼系数分别为 K

和 C，则

$$P_x = Kx_c + C\dot{x}_c$$

对于滑块来讲，其动力学方程为

$$m\ddot{x}_2 = -P_x = -Kx_c - C\dot{x}_c$$

因

$$\ddot{x}_2 - \ddot{x}_A = \ddot{x}_r = \ddot{x}_c$$

故

$$m(\ddot{x}_A + \ddot{x}_c) = -Kx_c - C\dot{x}_c$$

$$m\ddot{x}_c + C\dot{x}_c + Kx_c = -m\ddot{x}_A = m\omega^2 l\cos(\omega t + \varphi_0)$$

写成式(6-66)的形式为

$$\ddot{x}_c + 2\zeta\omega_n\dot{x}_c + \omega_n^2 x_c = B\sin(\omega t + \gamma)$$

其中 $\omega_n^2 = \dfrac{K}{m}, 2\zeta\omega_n = \dfrac{C}{m}, B = -\omega^2 l, \gamma = \varphi_0 - \dfrac{\pi}{2}$。其解由式(6-67)得到

$$x_c = x_0 e^{-\zeta\omega_n t}\sin\left(\omega_n\sqrt{1-\zeta^2}\,t + \alpha\right) + \frac{B\sin(\omega t + \gamma + \beta)}{\sqrt{(\omega_n^2 - \omega^2)^2 + (2\zeta\omega_n\omega)^2}} \tag{f}$$

其中 $\beta = \arctan\left(\dfrac{-2\zeta\omega_n\omega}{\omega_n^2 - \omega^2}\right)$。

由式(6-69)得

$$\begin{aligned}\dot{x}_c =& x_0 e^{-\omega_n\zeta t}\omega_n\left[-\zeta\sin(\omega_n\sqrt{1-\zeta^2}\,t + \alpha) + \sqrt{1-\zeta^2}\cos(\omega_n\sqrt{1-\zeta^2}\,t + \alpha)\right] \\ &+ \frac{B\omega\cos(\omega t + \gamma + \beta)}{\sqrt{(\omega_n^2 - \omega^2)^2 + (2\zeta\omega_n\omega)^2}}\end{aligned} \tag{g}$$

当 $t = t_1$ 时，$x_c = 0$，$\dot{x}_c = \omega l\sin(\omega t_1 + \varphi_0)$，代入式(f)和(g)，解得积分常数 α 和 x_0[由式(6-71)和(6-70)得出]。

因为曲柄销 A 的 x 方向动力学方程仍为式(a)，所以在知道了 x_c、$\dot{x}_c$ 后不难得出滑块 2 的运动规律。因为 $x_r \geqslant r$，由式(6-58)得 $x_c = x_r - r$，故有

$$\begin{cases} x_2 = x_A + x_r = x_A + x_c + r \\ \dot{x}_2 = \dot{x}_A + \dot{x}_r = \dot{x}_A + \dot{x}_c \end{cases} \tag{h}$$

(4) 求终止接触时的状态

当 $x_r = r$ 时将终止接触。由式(6-73)求出接触终止时间 t_2。即求解

$$\frac{e^{-\omega_n\zeta(t_2 - t_1)}\sin(\omega t_1 + \gamma + \beta)}{\sin(\omega_n t_1\sqrt{1-\zeta^2} + \alpha)}\sin(\omega_n t_2\sqrt{1-\zeta^2} + \alpha) - \sin(\omega t_2 + \gamma + \beta) = 0$$

解得 $t_2 > t_1$ 且为最小的值即为终止接触时间。把该 t_2 值代入式(f)、(g)得 $x_c(t_2) = 0$ 和 $\dot{x}_c(t_2)$。由式(h)知 $t = t_2$ 时，$x_2 = x_A(t_2) + r$，$\dot{x}_2 = \dot{x}_A(t_2) + \dot{x}_c(t_2)$，即为终止接触时滑块 2 的位置及速度。

(5) 重复研究自由运动状态

这时 x_A 和 x_2 的运动规律仍为式(a)、(b)，但在求其积分常数 A、B 时要用 $t = t_2$，$x_2 = x_A(t_2) + r$，$\dot{x}_2 = \dot{x}_A(t_2) + \dot{x}_c(t_2)$，$\dot{x}_r = \dot{x}_c(t_2)$。把它们代入式(a)、(b)，决定积分常数 A、B。

为求自由状态终止时情况，还要判别曲柄销 A 和滑槽将在左边还是在右边接触。为此，分别以 $x_r=r$ 及 $x_r=-r$ 代入式(c)，求出两个时间 $(t_3')_m$ 和 $(t_3'')_m$（均为比 t_2 大的最小值）。取两者中的小值作为自由状态终止的时间 t_3，从而决定下一接触区间的接触面及相应的初始条件 $x_2(t_3)$、$\dot{x}_2(t_3)$、$\dot{x}_r(t_3)$。然后重复步骤(3)、(4)，…，依此类推，可求得滑块各阶段的运动情况，一直到达稳定运动为止。

6.4　采用两状态间隙转动副模型的机械动力学分析

6.4.1　间隙转动副模型的建立

在机构中大量应用轴销和轴套组成的转动副。图 6-14(a)为有间隙转动副的示意图。轴销和轴套半径分别为 R_1、R_2，半径间隙 $r=R_2-R_1$。图 6-14(a)表示构件 1、2 因运动副有间隙而相互不接触的情况；图 6-14(b)表示两构件接触的情况。

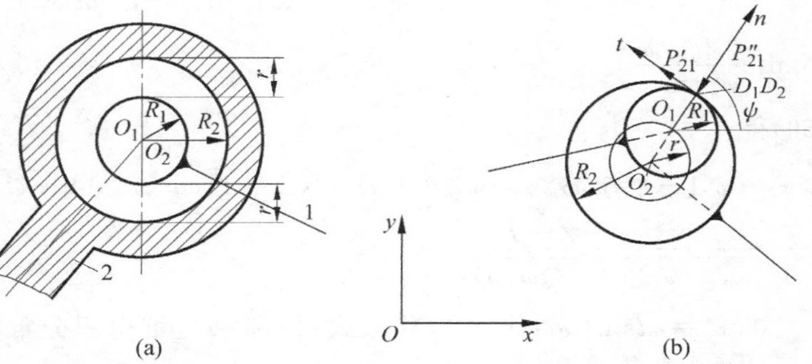

图 6-14　有间隙的转动副

(a) 不接触；(b) 相接触

1. 自由状态和接触状态

设轴销中心 O_1 的坐标为 (x_1,y_1)，轴套中心 O_2 的坐标为 (x_2,y_2)，中心距 O_1O_2 为

$$O_1O_2=\sqrt{(x_1-x_2)^2+(y_1-y_2)^2}$$

当中心距 O_1O_2 小于半径间隙 r，两构件将不接触，故自由状态的条件为

$$\sqrt{(x_1-x_2)^2+(y_1-y_2)^2}<r \tag{6-85}$$

接触状态条件为

$$\sqrt{(x_1-x_2)^2+(y_1-y_2)^2}\geqslant r \tag{6-86}$$

取等号表示开始接触，取“>”号表示两构件接触且接触表面有变形。

接触时的角度即 O_1O_2 和轴 x 的夹角称为接触角 ψ（见图 6-14(b)），它可由下式表示：

$$\psi=\arctan\frac{y_1-y_2}{x_1-x_2} \tag{6-87}$$

由上述可知，两构件接触或不接触完全由轴销和轴套中心 O_1、O_2 的位置决定。以 O_2

为中心，间隙 r 为半径的圆称为间隙圆。

图 6-15(a)中两构件不接触，为自由状态，图(b)为接触状态。已经有

$$\left.\begin{array}{ll} x_{O1}=x_A+l_1\cos\theta_1, & y_{O1}=y_A+l_1\sin\theta_1 \\ x_{O2}=x_C+l_2\cos\theta_2, & y_{O2}=y_C+l_2\sin\theta_2 \end{array}\right\} \tag{6-88}$$

把它们代入式(6-85)得自由状态条件为

$$O_1O_2=\sqrt{e_x^2+e_y^2}<r \tag{6-89}$$

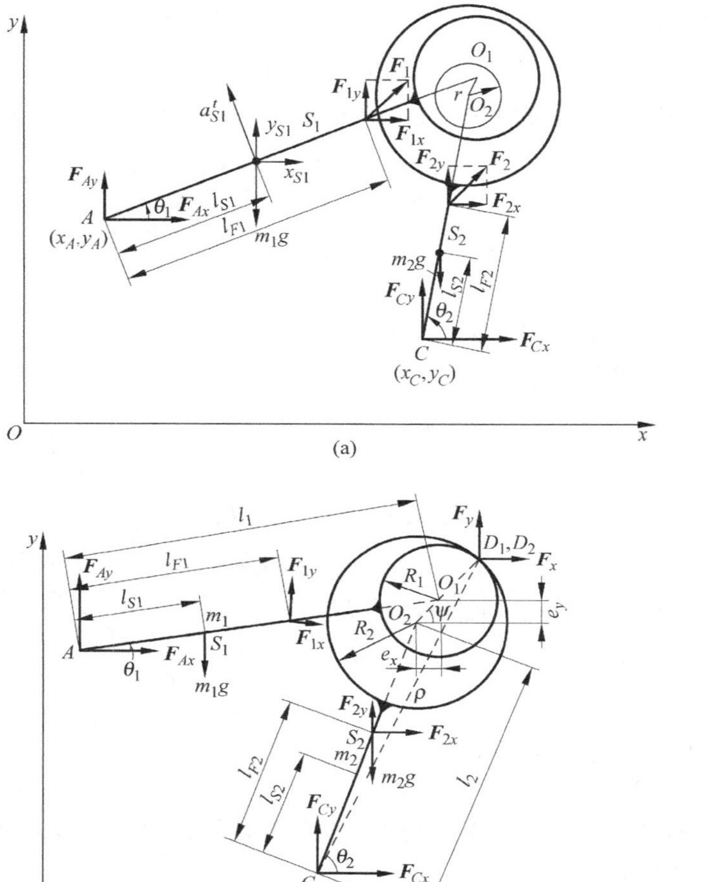

图 6-15 间隙副的接触条件

(a) 不接触；(b) 相接触

e_x、e_y 分别为 O_1O_2 在 x、y 方向的投影，即

$$\begin{cases} e_x=x_{O1}-x_{O2}=x_A-x_C+l_1\cos\theta_1-l_2\cos\theta_2 \\ e_y=y_{O1}-y_{O2}=y_A-y_C+l_1\sin\theta_1-l_2\sin\theta_2 \end{cases} \tag{6-90}$$

由式(6-86)得接触状态条件为

$$O_1O_2 = \sqrt{e_x^2 + e_y^2} \geqslant r \tag{6-91}$$

接触角 ψ 由下式决定

$$\tan\psi = \frac{e_y}{e_x} \tag{6-92}$$

2. 接触点相对速度

设接触点为 D(见图 6-14(b))。D_1、D_2 分别为构件 1、2 相互接触的点。为叙述简便起见,认为只有构件 2 表面有弹性变形。显然点 D_2 的法向变形速度 v_n 与点 O_1 对 O_2 的相对速度在法向的分量相等,即

$$v_n = v_{D_1D_2}^n = v_{O_1O_2}^n$$

因为点 O_1 相对于 O_2 的速度在 x、y 方向的分量为$\dot{e}_x$、$\dot{e}_y$,由图 6-16 不难知道

$$v_n = \dot{e}_x\cos\psi + \dot{e}_y\sin\psi \tag{6-93}$$

而$\dot{e}_x$、$\dot{e}_y$ 由式(6-90)得

$$\begin{cases} \dot{e}_x = \dot{x}_A - \dot{x}_C - l_1\dot{\theta}_1\sin\theta_1 + l_2\dot{\theta}_2\sin\theta_2 \\ \dot{e}_y = \dot{y}_A - \dot{y}_C + l_1\dot{\theta}_1\cos\theta_1 - l_2\dot{\theta}_2\cos\theta_2 \end{cases} \tag{6-94}$$

D_1 相对于 D_2 的切向速度 v_t 为

$$\begin{aligned} v_t &= (v_{O1}^t + \dot{\theta}_1R_1) - [v_{O2}^t + \dot{\theta}_2(R_1 + O_2O_1)] \\ &= (v_{O1}^t - v_{O2}^t) + (\dot{\theta}_1 - \dot{\theta}_2)R_1 - \dot{\theta}_2\sqrt{e_x^2 + e_y^2} \end{aligned}$$

v_{O1}^t、v_{O2}^t分别为点 O_1、O_2 的速度在切向的投影。O_1 相对于 O_2 的速度在 x、y 方向的分量为$\dot{e}_x$、$\dot{e}_y$,在切向 t 的分量将为$\dot{e}_y\cos\psi - \dot{e}_x\sin\psi$(见图 6-16)。故

$$\begin{aligned} v_t &= \dot{e}_y\cos\psi - \dot{e}_x\sin\psi + (\dot{\theta}_1 - \dot{\theta}_2)R_1 \\ &\quad - \dot{\theta}_2\sqrt{e_x^2 + e_y^2} \end{aligned} \tag{6-95}$$

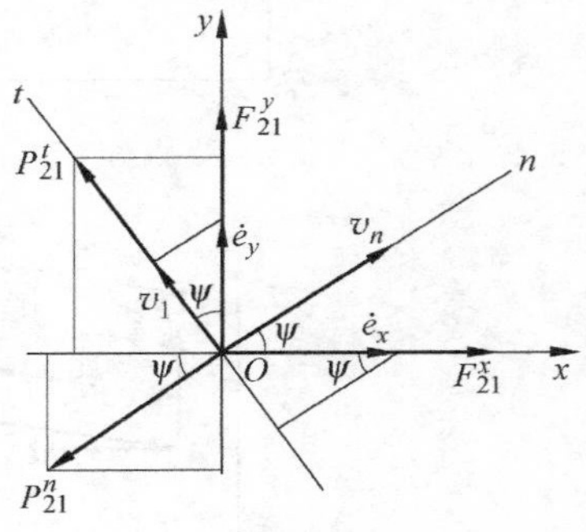

图 6-16　接触点速度图

3. 接触点处的相互作用力

(1) 自由运动状态时

和移动副连接情况类似,认为两构件不接触时两构件间的作用力为 0。这里也忽略了轴销中介质传递的力。

(2) 接触状态时

认为构件表面具有弹性和阻尼。与 6.2 节中情况类似,把接触表面力——位移特性线性化后,认为接触点法向力(见图 6-14(b))为

$$P_{21}^n = K\delta_n + C_nv_n \tag{6-96}$$

式中 P_{21}^n——构件 2 给构件 1 的法向力,它沿 O_1O_2 方向;δ_n——法向变形,计算式为

$$\delta_n = O_1O_2 - r = \sqrt{e_x^2 + e_y^2} - r \tag{6-97}$$

K——刚度系数;C_n——法向阻尼系数;v_n——O_1 对 O_2 的相对速度在法向的投影,可由式(6-93)决定。

除了法向力外还可能有切向力 P_{21}^t。考虑到接触表面有滑动，故

$$P_{21}^t = -f\sigma P_n - C_t v_t$$

式中 f——摩擦系数；$\sigma = \mathrm{sign}(v_t)$，表示与 v_t 的正负号相同。当 v_t 为正时，$\sigma=1$；当 v_t 为负时，$\sigma=-1$。$-f\sigma P_n$ 表示和 v_t 反方向，大小为 fP_n；C_t——切向阻尼系数。

通常忽略切向阻尼，这时有

$$P_{21}^t = -f\sigma P_n \tag{6-98}$$

把 P_{21}^n 和 P_{21}^t 的合力用 x、y 方向分量表示时(见图 6-16)有

$$\begin{cases} F_{21}^x = -P_{21}^n \cos\psi - P_{21}^t \sin\psi \\ F_{21}^y = -P_{21}^n \sin\psi + P_{21}^t \cos\psi \end{cases} \tag{6-99}$$

F_{21}^x、F_{21}^y 为构件 2 给构件 1 的力。

构件 1 给构件 2 的力与构件 2 给构件 1 的力大小相等、方向相反。以后为书写方便起见，令

$$\begin{cases} F_x = F_{12}^x = -F_{21}^x \\ F_y = F_{12}^y = -F_{21}^y \end{cases} \tag{6-100}$$

4. 作用在构件上的其他力(见图 6-15)

作用在构件 1 上的力有外力 F_{1x}、F_{1y}，重力 $m_1 g$；在构件 2 上有外力 F_{2x}、F_{2y}，重力 $m_2 g$。当然外力不一定是一个，这里为说明方便起见，只考虑一个外力。不止一个外力时分析方法相同。此外，在铰销 A、C 处有铰销反力作用。

6.4.2 动力学方程

1. 自由状态下的动力学方程式

设以 m_i、l_i、J_i 分别表示构件 $i(i=1、2)$ 的质量、杆长和对质心 S_i 的转动惯量。F_{Ax}、F_{Ay}，F_{Cx}、F_{Cy} 为作用于构件 1 上点 A 及构件 2 上点 C 的 x、y 方向的分力。F_1、F_2 为作用在构件 1、2 上的外力，其 x、y 方向的分力为 F_{1x}、F_{1y}，F_{2x}、F_{2y}。

分别考虑各构件的运动。在自由状态下构件 1、2 之间的作用力为 0(见图 6-15(a))，对于构件 1 有

$$\begin{cases} F_{Ax} + F_{1x} = m_1 \ddot{x}_{S1} \\ F_{Ay} + F_{1y} = m_1(\ddot{y}_{S1} + g) \\ (F_{Ax}\sin\theta_1 - F_{Ay}\cos\theta_1) l_{S1} + (F_{1y}\cos\theta_1 - F_{1x}\sin\theta_1)(l_{F1} - l_{S1}) = J_1 \ddot{\theta}_1 \end{cases} \tag{6-101}$$

式中 $\ddot{x}_{S1}$、$\ddot{y}_{S1}$——质心 S 的加速度在 x、y 方向的分量；l_{S1}、l_{F1}——点 A 到点 S_1 及外力 F_1 作用点的距离；g——重力加速度，若机构在水平面内运动，则取 $g=0$。

应用达朗贝尔原理，在杆上加上惯性力和惯性力矩，写出对点 A 的力矩平衡方程式：

$$-m_1 \ddot{y}_{S1} l_{S1} \cos\theta_1 + m_1 \ddot{x}_{S1} l_{S1} \sin\theta_1 - J_1 \ddot{\theta}_1 + M_1 = 0 \tag{6-102}$$

其中 M_1 为外力 F_1 及重力 $m_1 g$ 对点 A 的力矩，即作用于构件 1 上的所有外力对点 A 的力矩，表示为

$$M_1 = (F_{1y}\cos\theta_1 - F_{1x}\sin\theta_1) l_{F1} - m_1 g \cos\theta_1 l_{S1} \tag{6-103}$$

因为
$$\ddot{y}_{S1}\cos\theta_1 - \ddot{x}_{S1}\sin\theta_1 = a_{S1}^t = a_A^t + \ddot{\theta}_1 l_{S1} \tag{6-104}$$
式中 a_{S1}^t——质心 S_1 的加速度在垂直于 AO_1 方向的分量，并认为把 AO_1 顺 θ_1 的正方向(反时针方向)转过 90°的方向为正；a_A^t——点 A 的加速度在垂直于 AO_1 方向的分量。代入式(6-102)后得
$$(J_1 + m_1 l_{S1}^2)\ddot{\theta}_1 = M_1 - m_1 l_{S1} a_A^t$$
令 $J_A = J_1 + m_1 l_{S1}^2$ 为构件 1 对点 A 的转动惯量，则有
$$J_A\ddot{\theta}_1 = M_1 - m_1 l_{S1} a_A^t \tag{6-105}$$
同理，对于构件 2 可推出：
$$J_C\ddot{\theta}_2 = M_2 - m_2 l_{S2} a_C^t \tag{6-106}$$
式中 a_C^t——点 C 的加速度在垂直于 CO_2 方向的分量；J_C——构件 2 对点 C 的转动惯量；M_2——作用于构件 2 上的外力 F_2 及重力 $m_2 g$ 对点 C 的力矩。
$$M_2 = (F_{2y}\cos\theta_2 - F_{2x}\sin\theta_2) l_{F2} - m_2 g l_{S2}\cos\theta_2 \tag{6-107}$$
当点 C 为固定转轴时，$a_C^t = 0$，式(6-106)成为
$$J_C\ddot{\theta}_2 = M_2 \tag{6-108}$$
式(6-105)及(6-106)或(6-108)描述了构件 1、2 的运动。

2. 接触状态下的动力学方程式(见图 6-15(b))

由于两构件接触，则在接触点有相互作用力。图中 F_x、F_y 为构件 1 给构件 2 的力，构件 2 给构件 1 的力为 $-F_x$、$-F_y$。

考虑构件 1 上各力对点 A 的力矩平衡，得
$$J_A\ddot{\theta}_1 = M_1 - m_1 a_A^t l_{S1} \tag{6-109}$$
$$\begin{aligned} M_1 = {} & (F_{1y}\cos\theta_1 - F_{1x}\sin\theta_1) l_{F1} + (F_x\sin\theta_1 - F_y\cos\theta_1) l_1 \\ & + (F_x\sin\psi - F_y\cos\psi) R_1 - m_1 g l_{S1}\cos\theta_1 \end{aligned} \tag{6-110}$$
考虑 x、y 方向的力平衡，有
$$\begin{cases} m_1\ddot{x}_{S1} = F_{Ax} + F_{1x} - F_x \\ m_1\ddot{y}_{S1} = F_{Ay} + F_{1y} - F_y - m_1 g \end{cases} \tag{6-111}$$
对于构件 2，写出所有作用于构件 2 上的力对点 C 的力矩平衡式，有
$$J_C\ddot{\theta}_2 = M_2 - m_2 a_C^t l_{S2} \tag{6-112}$$
其中
$$\begin{aligned} M_2 = {} & (F_{2y}\cos\theta_2 - F_{2x}\sin\theta_2) l_{F2} + (F_y\cos\theta_2 - F_x\sin\theta_2) l_2 \\ & + (F_y\cos\psi - F_x\sin\psi) R_1 + (F_y e_x - F_x e_y) - m_2 g l_{S2}\cos\theta_2 \end{aligned} \tag{6-113}$$
式(6-109)和(6-112)描述了两构件相互接触时的运动状况。

6.4.3 方程的求解

式(6-105)、(6-106)给出了自由状态下的动力学方程式，式(6-109)、(6-112)给出了接触状态下的动力学方程式。两者具有相同形式，只是右边项 M_1 和 M_2 的内容有所

不同。

在上述四式中，a_A 通常由与构件 1 相连的其他构件的运动确定。例如对于四杆机构来讲(见图 6-17)，设主动件 OA 等速转动，A、C 铰销处无间隙，则 $a_A=\omega^2 l_{OA}$，而 $a_A^t=-\omega^2 l_{OA}\sin(\omega t-\theta_1)$。所以，一般 a_A^t 为 θ_1 和时间 t 的函数，且 a_A^t 与 θ_1 为非线性关系。同样，a_C^t 为 θ_2 和 t 的函数(也可能为 0)。

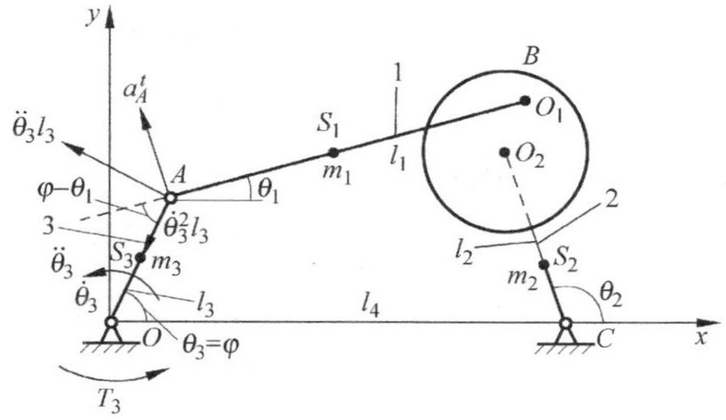

图 6-17 有一个间隙副的四杆机构

M_1、M_2 中外力对点 A 或 C 的力矩一般为 θ_1、θ_2 的非线性函数，M_1、M_2 中接触力 F_x、F_y 对点 A、C 的力矩则将为 θ_1、θ_2、$\dot{\theta}_1$、$\dot{\theta}_2$ 的函数，所以可以把式(6-105)、(6-106)写成

$$\begin{cases}\ddot{\theta}_1=f_1(t,\theta_1)\\ \ddot{\theta}_2=f_2(t,\theta_2)\end{cases}\tag{6-114}$$

而把式(6-109)、(6-112)写成

$$\begin{cases}\ddot{\theta}_1=f_1(t,\theta_1,\theta_2,\dot{\theta}_1,\dot{\theta}_2)\\ \ddot{\theta}_2=f_2(t,\theta_1,\theta_2,\dot{\theta}_1,\dot{\theta}_2)\end{cases}\tag{6-115}$$

用解析法求解以上两式是很困难的，所以一般根据其初始条件采用数值解法(例如龙格-库塔方法)求解。在应用四阶龙格-库塔法求解时，需将式(6-114)、(6-115)转换成四个一阶微分方程：

$$\begin{cases}\dfrac{d\dot{\theta}_1}{dt}=f_1\\ \dfrac{d\theta_1}{dt}=\dot{\theta}_1\\ \dfrac{d\dot{\theta}_2}{dt}=f_2\\ \dfrac{d\theta_2}{dt}=\dot{\theta}_2\end{cases}\tag{6-116}$$

设初始条件为 $t=t_0$，$\theta_1=\theta_{10}$，$\theta_2=\theta_{20}$，$\dot{\theta}_1=\dot{\theta}_{10}$，$\dot{\theta}_2=\dot{\theta}_{20}$，根据式(1-19)可得

$$
\left\{\begin{aligned}
\dot{\theta}_{1(i+1)} &= \dot{\theta}_{1i} + \frac{1}{6}(k_1 + 2k_2 + 2k_3 + k_4) \\
\theta_{1(i+1)} &= \theta_{1i} + \frac{1}{6}(q_1 + 2q_2 + 2q_3 + q_4) \\
\dot{\theta}_{2(i+1)} &= \dot{\theta}_{2i} + \frac{1}{6}(n_1 + 2n_2 + 2n_3 + n_4) \\
\theta_{2(i+1)} &= \theta_{2i} + \frac{1}{6}(p_1 + 2p_2 + 2p_3 + p_4)
\end{aligned}\right. \tag{6-117}
$$

式中

$$
\left\{\begin{aligned}
k_1 &= \Delta t f_1(t_i, \theta_{1i}, \theta_{2i}, \dot{\theta}_{1i}, \dot{\theta}_{2i}) \\
q_1 &= \Delta t \dot{\theta}_{1i} \\
n_1 &= \Delta t f_2(t_i, \theta_{1i}, \theta_{2i}, \dot{\theta}_{1i}, \dot{\theta}_{2i}) \\
p_1 &= \Delta t \dot{\theta}_{2i} \\
k_j &= \Delta t f_1\left(t_i + \frac{\Delta t}{2}, \theta_{1i} + \frac{q_{j-1}}{2}, \theta_{2i} + \frac{p_{j-1}}{2}, \dot{\theta}_{1i} + \frac{k_{j-1}}{2}, \dot{\theta}_{2i} + \frac{n_{j-1}}{2}\right) \\
q_j &= \Delta t\left(\dot{\theta}_{1i} + \frac{k_{j-1}}{2}\right) \\
n_j &= \Delta t f_2\left(t_i + \frac{\Delta t}{2}, \theta_{1i} + \frac{q_{j-1}}{2}, \theta_{2i} + \frac{p_{j-1}}{2}, \dot{\theta}_{1i} + \frac{k_{j-1}}{2}, \dot{\theta}_{2i} + \frac{n_{j-1}}{2}\right) \\
p_j &= \Delta t\left(\dot{\theta}_{2i} + \frac{n_{j-1}}{2}\right) \\
&\qquad (j = 2, 3) \\
k_4 &= \Delta t f_1(t_i + \Delta t, \theta_{1i} + q_3, \theta_{2i} + p_3, \dot{\theta}_{1i} + k_3, \dot{\theta}_{2i} + n_3) \\
q_4 &= \Delta t(\dot{\theta}_{1i} + k_3) \\
n_4 &= \Delta t f_2(t_i + \Delta t, \theta_{1i} + q_3, \theta_{2i} + p_3, \dot{\theta}_{1i} + k_3, \dot{\theta}_{2i} + n_3) \\
q_4 &= \Delta t(\dot{\theta}_{2i} + n_3)
\end{aligned}\right. \tag{6-118}
$$

Δt 为时间步长，由式(6-117)可以看出，取定时间步长 Δt，根据初始条件($i=0$)可求出经过 Δt 时间后($t=\Delta t$)的 θ_{11}、θ_{21}、$\dot{\theta}_{11}$、$\dot{\theta}_{21}$，然后再进一步求得 $t=\Delta t$ 时的 θ_{12}、θ_{22}、$\dot{\theta}_{12}$、$\dot{\theta}_{22}$。依此类推，已知 $t=i\Delta t$ 时的 θ_{1i}、θ_{2i}、$\dot{\theta}_{1i}$、$\dot{\theta}_{2i}$，则能求得 $t=(i+1)\Delta t$ 时的 $\theta_{1(i+1)}$、$\theta_{2(i+1)}$、$\dot{\theta}_{1(i+1)}$、$\dot{\theta}_{2(i+1)}$ 的值。

6.4.4　计算步骤

根据上述内容，可以把计算步骤归纳如下。设已知外力变化情况即 $F_1(t)$、$F_2(t)$，点 A、C 的运动即 x_A、y_A、x_C、y_C、$\dot{x}_A$、$\dot{y}_A$、$\dot{x}_C$、$\dot{y}_C$、$\ddot{x}_A$、$\ddot{y}_A$、$\ddot{x}_C$、$\ddot{y}_C$ 为已知，它们中有些可能为 0 或常数，有的为时间 t 的函数。当 $t=t_0$ 时初始值已知，设为 θ_{10}、θ_{20}、$\dot{\theta}_{10}$、$\dot{\theta}_{20}$。

(1) 由式(6-90)计算出 e_x、e_y，并由式(6-89)和式(6-91)决定是自由状态还是接触状态。如为自由状态则应用式(6-105)、(6-106)求解，否则用式(6-112)、(6-109)，现设为自由状态。

(2) 由式(6-103)、(6-107)决定 M_1、M_2($t=t_0$,$\theta_i=\theta_{i0}$,$i=1,2$),计算式(6-114)的 $f_1(t_0,\theta_{10})$和 $f_2(t_0,\theta_{20})$。

(3) 取步长 Δt,利用式(6-118)逐步求出各系数,代入式(6-117)求得 $t_1=\Delta t$ 时的θ_{11}、θ_{21}、$\dot{\theta}_{11}$、$\dot{\theta}_{21}$、$\ddot{\theta}_{11}$、$\ddot{\theta}_{21}$。

(4) 用所得的 θ_{11}、θ_{21}、$t_1=t_0+\Delta t$ 及相应的 x_A、y_A、x_C、y_C 代入式(6-90),计算出 e_x、e_y,并重新按式(6-89)或(6-91)判断是否仍在自由状态。如果仍为自由状态,则再走一步计算 $t_2=t_0+2\Delta t$ 时的情况,取 $F_1=F_1(t_1)$,$F_2=F_2(t_1)$,重复步骤(3),只是求式(6-118)的系数时采用 θ_{11}、θ_{21}、$\dot{\theta}_{11}$、$\dot{\theta}_{21}$、t_1 等值。由式(6-117)求得 θ_{12}、θ_{22}、$\dot{\theta}_{12}$、$\dot{\theta}_{22}$。重复步骤(4),一直到 $t=t_j$ 时,由 θ_{1j}、θ_{2j}、t_j 求出的 e_x、e_y 不满足自由状态条件为止,计算即转入接触状态。

(5) 把自由状态结束时的运动状况作为接触状况时的初始条件。取 $t_0=t_j$,$\theta_{10}=\theta_{1j}$,$\theta_{20}=\theta_{2j}$,$\dot{\theta}_{10}=\dot{\theta}_{1j}$,$\dot{\theta}_{20}=\dot{\theta}_{2j}$,$\ddot{\theta}_{10}=\ddot{\theta}_{1j}$,$\ddot{\theta}_{20}=\ddot{\theta}_{2j}$,进行接触状态计算。

(6) 由式(6-90)、(6-97)及(6-92)求出 δ_n 和 ψ,由式(6-93)、(6-94)求 v_n。由式(6-95)求出 v_t 的正负号,然后由式(6-96)、(6-98)计算 P_{21}^n、P_{21}^t,由式(6-99)、(6-100)计算 F_x、F_y。取相应于时间 t_0 时的 $F_1(t_0)$、$F_2(t_0)$,由式(6-110)、(6-113)计算 M_1、M_2,由式(6-115)计算 f_1、f_2。

(7) 取步长 Δt,求 $t_1=t_0+\Delta t$ 时的运动状况。逐步由式(6-118)求出各系数,代入式(6-117)得 θ_{11}、θ_{21}、$\dot{\theta}_{11}$、$\dot{\theta}_{21}$。

(8) 把所得的 θ_{11}、θ_{21} 以及 $t=t_1$ 时的 x_A、y_A、x_C、y_C 代入式(6-90)求出 e_x、e_y,并用式(6-91)检验,看是否仍满足接触状况条件。若满足,则重复步骤(6)、(7);如不满足,则计算转入自由状态。把接触状态结束时的时间及相应的 θ_1、θ_2、$\dot{\theta}_1$、$\dot{\theta}_2$ 作为自由状态的初始条件,重复步骤(1)、(2)、(3)、(4)。

(9) 当运动达到稳定状态时,计算结束。这时经过一个运动周期后,各杆件的运动状况和前一个周期的相应时刻的运动状况重复。

例 6-3 如图 6-17 所示的四杆机构,设只有铰销 B 处有间隙,曲柄 OA 受有主动力矩 $T_3=T_3(\dot{\theta}_3)=a-b\dot{\theta}_3$($a$、$b$ 为常数)。已知各杆长度、质心位置、质量及对质心的转动惯量 l_1、l_2、l_3、l_4、l_{S1}、l_{S2}、l_{S3}、m_1、m_2、m_3 及 J_1、J_2、J_3,忽略重力影响。又设 B 处的轴销半径为 R_1,半径间隙为 r,轴套的刚度系数和法向阻尼系数为 K 和 C_n。试分析各杆的运动。

解 1. 自由状态动力学方程式

(1) 对于构件 2,因 $a_C^t=0$,且在构件 2 上无其他外力作用,由式(6-107)知 $M_2=0$。按式(6-108)有

$$\ddot{\theta}_2=0 \tag{a}$$

(2) 对于构件 1,因曲柄 OA 并非等速转动,设它的角速度为 $\dot{\theta}_3$,角加速度为 $\ddot{\theta}_3$,则点 A 的法向加速度由点 A 指向 O,大小为 $\dot{\theta}_3^2 l_3$,切向加速度为 $\ddot{\theta}_3 l_3$,方向垂直于 OA。把它

们投影到 AO_1 的垂直方向(见图 6-18)得

$$a_A^t = \ddot{\theta}_3 l_3 \cos(\theta_3 - \theta_1) - \dot{\theta}_3^2 l_3 \sin(\theta_3 - \theta_1)$$

在构件 1 上除铰销力外无其他外力作用,故 $M_1=0$。由式(6-105)得

$$\ddot{\theta}_1 = -\frac{m_1 l_{S1}}{J_A}[\ddot{\theta}_3 l_3 \cos(\theta_3 - \theta_1) - \dot{\theta}_3^2 l_3 \sin(\theta_3 - \theta_1)] \tag{b}$$

J_A 为杆 1 对点 A 的转动惯量。

式(b)中包含有 θ_1、$\ddot{\theta}_1$、θ_3、$\dot{\theta}_3$ 及 $\ddot{\theta}_3$,故单独一个方程式无法直接求解,需要和杆 3 的动力学方程式联立才能解得 θ_1、θ_3。

(3) 对于构件 3,作用在其上的外力有外力矩 T_3 和作用在点 O 及 A 的铰销力。在对点 O 取力矩时,点 O 铰销力将不出现,所以我们只分析点 A 的铰销力。为求点 A 的铰销力,应用式(6-101)的前两式,因为 $F_{1x}=F_{1y}=0$,故作用于构件 1 上的力为

$$F_{Ax} = m_1 \ddot{x}_{S1} \quad F_{Ay} = m_1 \ddot{y}_{S1}$$

由图 6-18 可得出

$$\begin{cases} \ddot{x}_{S1} = \ddot{x}_A - (\dot{\theta}_1^2 l_{S1} \cos\theta_1 + \ddot{\theta}_1 l_{S1} \sin\theta_1) \\ \quad\;\; = -(\dot{\theta}_3^2 l_3 \cos\theta_3 + \ddot{\theta}_3 l_3 \sin\theta_3 + \dot{\theta}_1^2 l_{S1} \cos\theta_1 + \ddot{\theta}_1 l_{S1} \sin\theta_1) \\ \ddot{y}_{S1} = (\ddot{\theta}_3 l_3 \cos\theta_3 - \dot{\theta}_3^2 l_3 \sin\theta_3 + \ddot{\theta}_1 l_{S1} \cos\theta_1 - \dot{\theta}_1^2 l_{S1} \sin\theta_1) \end{cases} \tag{c}$$

代入 F_{Ax}、F_{Ay} 中则有

$$F_{Ax} = -m_1[(\dot{\theta}_3^2 \cos\theta_3 + \ddot{\theta}_3 \sin\theta_3) l_3 + (\dot{\theta}_1^2 \cos\theta_1 + \ddot{\theta}_1 \sin\theta_1) l_{S1}]$$

$$F_{Ay} = m_1[(\ddot{\theta}_3 \cos\theta_3 - \dot{\theta}_3^2 \sin\theta_3) l_3 + (\ddot{\theta}_1 \cos\theta_1 - \dot{\theta}_1^2 \sin\theta_1) l_{S1}]$$

作用在构件 3 点 A 处的力为 $-F_{Ax}$、$-F_{Ay}$。由此得出曲柄 3 的动力学方程式(见图 6-19)为

$$J_0 \ddot{\theta}_3 = T_3 + F_{Ax} l_3 \sin\theta_3 - F_{Ay} l_3 \cos\theta_3$$

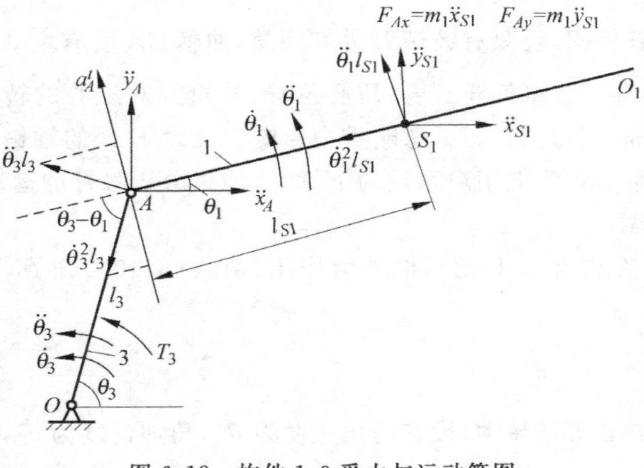

图 6-18　构件 1、3 受力与运动简图

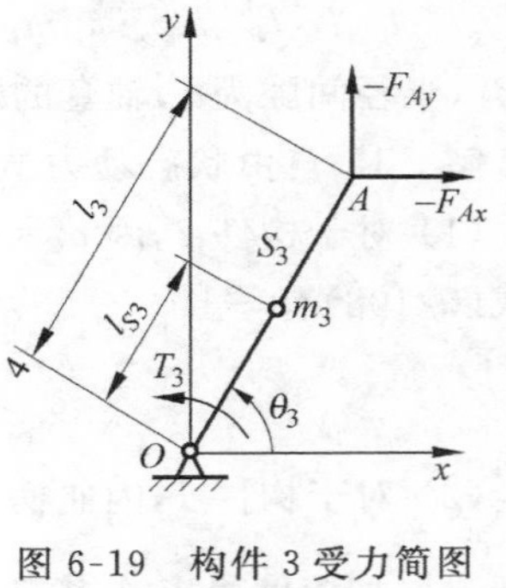

图 6-19　构件 3 受力简图

式中 J_0 为构件 3 对点 O 的转动惯量。把 F_{Ax}、F_{Ay} 及 $T_3=a-b\dot{\theta}_3$ 代入得

$$J_0\ddot{\theta}_3=a-b\dot{\theta}_3-m_1l_3^2\ddot{\theta}_3-m_1l_3l_{S1}[\ddot{\theta}_1(\sin\theta_1\sin\theta_3+\cos\theta_1\cos\theta_3)+\dot{\theta}_1^2(\cos\theta_1\sin\theta_3-\cos\theta_3\sin\theta_1)]$$

或
$$(J_0+m_1l_3^2)\ddot{\theta}_3=a-b\dot{\theta}_3-m_1l_3l_{S1}\dot{\theta}_1^2\sin(\theta_3-\theta_1)-m_1l_3l_{S1}\ddot{\theta}_1\cos(\theta_3-\theta_1) \tag{d}$$

式(d)中也包含有 θ_1 和 θ_3 两个未知量，所以把式(b)和(d)联立求解，可解得 θ_1、θ_3。由于式(b)、(d)与 $\ddot{\theta}_1$ 和 $\ddot{\theta}_3$ 为线性关系，故按 $\ddot{\theta}_1$ 和 $\ddot{\theta}_3$ 解得

$$\begin{cases}\ddot{\theta}_1=f_1(\theta_1,\theta_3,\dot{\theta}_1,\dot{\theta}_3)\\ \ddot{\theta}_3=f_3(\theta_1,\theta_3,\dot{\theta}_1,\dot{\theta}_3)\end{cases} \tag{e}$$

其中

$$\begin{cases}f_1(\theta_1,\theta_3,\dot{\theta}_1,\dot{\theta}_3)\\ =-\dfrac{m_1l_{S1}l_3\{\cos(\theta_3-\theta_1)[a-b\dot{\theta}_3-m_1l_3l_{S1}\sin(\theta_3-\theta_1)\dot{\theta}_1^2]-(J_0+m_1l_3^2)\sin(\theta_3-\theta_1)\dot{\theta}_3^2\}}{J_A(J_0+m_1l_3^2)-m_1^2l_{S1}^2l_3^2\cos^2(\theta_3-\theta_1)}\\ f_3(\theta_1,\theta_3,\dot{\theta}_1,\dot{\theta}_3)\\ =\dfrac{J_A[a-b\dot{\theta}_3-m_1l_{S1}l_3\sin(\theta_3-\theta_1)\dot{\theta}_1^2]-m_1^2l_{S1}^2l_3^2\cos(\theta_3-\theta_1)\sin(\theta_3-\theta_1)\dot{\theta}_3^2}{J_A(J_0+m_1l_3^2)-m_1^2l_{S1}^2l_3^2\cos^2(\theta_3-\theta_1)}\end{cases} \tag{f}$$

2. 自由状态动力学方程式的求解

式(a)和(e)给出的动力学方程式有 θ_1、θ_2 和 θ_3 三个未知数，可由上述三个方程式解得。

把认为运动副中无间隙时作运动分析所得的值作为初始值。例如取 $t=0$ 时，$\theta_3=0$，$\dot{\theta}_3=\dot{\theta}_{30}=$曲柄稳定运转时的平均转速(或为其他假定值，以后再作迭代修改)，进行运动分析，求出 $\theta_3=0$ 时的 θ_{10}、θ_{20}及相应的 $\dot{\theta}_{10}$、$\dot{\theta}_{20}$作为初值，由式(a)得

$$\theta_2=\theta_{20}+\dot{\theta}_{20}t \tag{g}$$

对式(e)，采用式(6-117)的四阶龙格-库塔公式来求 θ_1、θ_3。取步长 Δt，求出 $t_1=\Delta t$，$t_2=2\Delta t,\cdots,t_j=j\Delta t$ 时的 θ_{11}、θ_{31}、$\dot{\theta}_{11}$、$\dot{\theta}_{31}$，…及 θ_{1j}、θ_{3j}、$\dot{\theta}_{1j}$、$\dot{\theta}_{3j}$。每次计算后把相应于 t_j 的 θ_{2j}[由式(g)得到]及 θ_{1j}代入式(6-90)计算 e_x、e_y，核验是否满足条件式(6-89)。其中

$$x_A=l_3\cos\theta_3,\quad y_A=l_3\sin\theta_3,\quad x_C=l_4,\quad y_C=0 \tag{h}$$

如果满足，则仍为自由状态，可进一步计算，否则自由状态结束，进入接触状态计算。同时定出 $O_1O_2=r$ 时(即自由状态结束时)的时间 t_j 作为接触状态起始的时间 t_0。此时求得的 θ_{1j}、θ_{2j}、θ_{3j}、$\dot{\theta}_{1j}$、$\dot{\theta}_{2j}$、$\dot{\theta}_{3j}$为接触状态的初始条件。

3. 接触状态的动力学方程式

如上所述，初始条件为 $t=t_0$，$\theta_1=\theta_{10}$，$\theta_2=\theta_{20}$，$\theta_3=\theta_{30}$，$\dot{\theta}_1=\dot{\theta}_{10}$，$\dot{\theta}_2=\dot{\theta}_{20}$，$\dot{\theta}_3=\dot{\theta}_{30}$，把相应的 θ_{30}代入式(h)决定 x_A、y_A。而$\dot{x}_A$、$\dot{y}_A$、$\dot{x}_C$、$\dot{y}_C$ 由式(h)求导而得

$$\begin{cases}\dot{x}_A=-\dot{\theta}_3l_3\sin\theta_3 & \dot{y}_A=\dot{\theta}_3l_3\cos\theta_3\\ \dot{x}_C=0 & \dot{y}_C=0\end{cases} \tag{i}$$

θ_2 由式(g)求得。

设在接触状态区间,某一时间 t 时的运动状况为 θ_1、θ_2、θ_3、$\dot{\theta}_1$、$\dot{\theta}_2$、$\dot{\theta}_3$。现分别列出构件 1、2 的动力学方程式,把上述值代入式(6-92)求得接触角 ψ;代入式(6-94)求得 $\dot{e}_x$、$\dot{e}_y$;代入式(6-93)求得 v_n;由式(6-95)求得 v_t 的正负号,然后由式(6-96)及(6-98)计算 P_n、P_t;由式(6-99)和(6-100)计算 F_x、F_y。

对于构件 1、2,其动力学方程式可根据式(6-102)、(6-109)写出。因为除了铰销力外,在构件 1、2 上无其他外力作用,故由式(6-110)和(6-113)列出 M_1、M_2 为

$$\begin{cases} M_1 = (F_x\sin\theta_1 - F_y\cos\theta_1)l_1 - (F_y\cos\psi - F_x\sin\psi)R_1 \\ M_2 = (F_y\sin\theta_2 - F_x\sin\theta_2)l_2 + (F_y\cos\psi - F_x\sin\psi)R_1 + (F_y e_x - F_x e_y) \end{cases} \tag{j}$$

又
$$a_A^t = \ddot{\theta}_3 l_3\cos(\theta_3 - \theta_1) - \dot{\theta}_3^2 l_3\sin(\theta_3 - \theta_1)$$
$$a_C^t = 0$$

从而由式(6-109)和(6-112)写出动力学方程式:

$$\begin{aligned} J_A\ddot{\theta}_1 =& - m_1[\ddot{\theta}_3 l_3\cos(\theta_3 - \theta_1) - \dot{\theta}_3^2 l_3\sin(\theta_3 - \theta_1)]l_{Si} + (F_x\sin\theta_1 - F_y\cos\theta_1)l_1 \\ & - (F_y\cos\psi - F_x\sin\psi)R_1 \end{aligned} \tag{k}$$

$$J_C\ddot{\theta}_2 = (F_y\cos\theta_2 - F_x\sin\theta_2)l_2 + (F_y\cos\psi - F_x\sin\psi)R_1 + (F_y e_x - F_x e_y) \tag{l}$$

式(k),(l)为构件 1、2 的动力学方程式,其中 F_x、F_y 为 θ_1、θ_2、θ_3、$\dot{\theta}_1$、$\dot{\theta}_2$、$\dot{\theta}_3$ 的函数,方程不显含 $\ddot{\theta}_1$、$\ddot{\theta}_2$、$\ddot{\theta}_3$。

对于构件 3 来讲,作用在其上的力除力矩 T_3 外,还有 A、O 处的铰销力。和自由状态时一样,只需要求出点 A 处的铰销力。由式(6-111)得

$$F_{Ax} = m_1\ddot{x}_{S1} + F_x$$
$$F_{Ay} = m_1\ddot{y}_{S1} + F_y$$

故构件 1 给构件 3 的力为 $-F_{Ax}$、$-F_{Ay}$。上式中 $\ddot{x}_{S1}$、$\ddot{y}_{S1}$ 由式(c)给出,若把式(c)代入上式,则有

$$F_{Ax} = - m_1[(\dot{\theta}_3^2\cos\theta_3 + \ddot{\theta}_3\sin\theta_3)l_3 + (\dot{\theta}_1^2\cos\theta_1 + \ddot{\theta}_1\sin\theta_1)l_{S1}] + F_x$$

$$F_{Ay} = m_1[(\ddot{\theta}_3\cos\theta_3 + \dot{\theta}_3^2\sin\theta_3)l_3 + (\ddot{\theta}_1\cos\theta_1 + \dot{\theta}_1^2\sin\theta_1)l_{S1}] + F_y$$

构件 3 的动力学方程式(见图 6-19)为

$$\begin{aligned} J_0\ddot{\theta}_3 =& T_3 + F_{Ax}l_3\sin\theta_3 - F_{Ay}l_3\cos\theta_3 \\ =& a - b\dot{\theta}_3 - m_1[(\dot{\theta}_3^2\cos\theta_3 + \ddot{\theta}_3\sin\theta_3)l_3 + (\dot{\theta}_1^2\cos\theta_1 + \ddot{\theta}_1\sin\theta_1)l_{S1}]l_3\sin\theta_3 \\ & - m_1[(\ddot{\theta}_3\cos\theta_3 - \dot{\theta}_3^2\sin\theta_3)l_3 + (\ddot{\theta}_1\cos\theta_1 - \dot{\theta}_1^2\sin\theta_1)l_{S1}]l_3\cos\theta_3 \\ & + (F_x\sin\theta_3 - F_y\cos\theta_3)l_3 \end{aligned}$$

或
$$\begin{aligned} (J_0 + m_1 l_3^2)\ddot{\theta}_3 =& a - b\dot{\theta}_3 - \dot{\theta}_1^2 m_1 l_3 l_{S1}\sin(\theta_3 - \theta_1) - m_1 l_3 l_{S1}\cos(\theta_3 - \theta_1)\ddot{\theta}_1 \\ & + (F_x\sin\theta_3 - F_y\cos\theta_3)l_3 \end{aligned} \tag{m}$$

式(m)即为构件3的动力学方程式。

式(k)、(l)、(m)与$\ddot{\theta}_1$、$\ddot{\theta}_2$、$\ddot{\theta}_3$为线性关系，由此按$\ddot{\theta}_1$、$\ddot{\theta}_2$、$\ddot{\theta}_3$解得

$$\ddot{\theta}_1=\frac{B}{A} \tag{n}$$

$$\ddot{\theta}_2=\frac{D}{J_C} \tag{o}$$

$$\ddot{\theta}_3=\frac{C}{A} \tag{p}$$

其中 $A=m_1l_3^2l_{S1}^2\cos^2(\theta_3-\theta_1)-J_A(J_0+m_1l_3^2)$

$C=m_1l_3l_{S1}\cos(\theta_3-\theta_1)[(F_x\sin\theta_1-F_y\cos\theta_1)l_1-(F_y\cos\psi-F_x\sin\psi)R_1$
$+m_1l_3l_{S1}\sin(\theta_3-\theta_1)\dot{\theta}_3^2]-J_A[a-b\dot{\theta}_3-\dot{\theta}_1^2m_1l_3l_{S1}\sin(\theta_3-\theta_1)$
$+(F_x\sin\theta_3-F_y\cos\theta_3)l_3]$

$B=m_1l_{S3}l_{S1}\cos(\theta_3-\theta_1)[a-b\dot{\theta}_3-\dot{\theta}_1^2m_1l_3l_{S1}\sin(\theta_3-\theta_1)+(F_x\sin\theta_3-F_y\cos\theta_3)l_3]$
$-(J_0+m_1l_3^2)[(F_x\sin\theta_1-F_y\cos\theta_1)l_1-(F_y\cos\psi-F_x\sin\psi)R_1$
$+m_1l_3l_{S1}\sin(\theta_3-\theta_1)\dot{\theta}_3^2]$

$D=(F_y\cos\theta_2-F_x\sin\theta_2)l_2+(F_y\cos\psi-F_x\sin\psi)R_1+(F_ye_x-F_xe_y)$

式(n)、(o)、(p)为三个二阶非线性微分方程式，可写成下列缩写形式：

$$\begin{cases}\ddot{\theta}_1=f_1(\theta_1,\theta_2,\theta_3,\dot{\theta}_1,\dot{\theta}_2,\dot{\theta}_3)\\ \ddot{\theta}_2=f_2(\theta_1,\theta_2,\theta_3,\dot{\theta}_1,\dot{\theta}_2,\dot{\theta}_3)\\ \ddot{\theta}_3=f_3(\theta_1,\theta_2,\theta_3,\dot{\theta}_1,\dot{\theta}_2,\dot{\theta}_3)\end{cases} \tag{q}$$

式(q)即为接触状态的动力学方程式。

4. 方程的求解

根据接触状态的初始值$t=t_0$时的θ_{10}、θ_{20}、θ_{30}、$\dot{\theta}_{10}$，$\dot{\theta}_{20}$、$\dot{\theta}_{30}$，用四阶龙格-库塔方法即可进行数值求解。若取步长为Δt，则由初始值求得$t_1=t_0+\Delta t$时的θ_{11}、θ_{21}、θ_{31}、$\dot{\theta}_{11}$，$\dot{\theta}_{21}$、$\dot{\theta}_{31}$。由这些值用式(6-90)计算t_1时的e_x、e_y，代入式(6-91)，看是否满足。若满足，则仍为接触状态，可再进一步计算，即再取一步长Δt，根据t_1时的θ_{11}、…、$\dot{\theta}_{31}$值计算$t=t_2=t_0+2\Delta t$时的θ_{12}、θ_{22}、θ_{32}、$\dot{\theta}_{12}$、$\dot{\theta}_{22}$、$\dot{\theta}_{32}$。再由式(6-90)计算e_x、e_y，由式(6-91)检验。如仍满足，则再重复进行计算，一直到不满足式(6-91)为止，这时接触状态结束，转入自由状态计算。把接触状态终止时的运动状况作为下一自由状态的初始条件，重复步骤2。这样重复计算，一直到达稳定状况为止。

6.5 间隙对机械动力学性能的影响

机械系统中间隙的存在对机械工作性能的影响可归纳为以下几个方面：

(1) 使构件产生附加运动，从而影响机械的运动精度；

(2) 由于间隙副中接触状态变化，产生冲击载荷，从而激发机械的振动；

(3) 在运动副中产生附加的动反力，从而加速轴承的磨损。

在此，通过对一个实际机械系统的分析与实验结果，使读者能具体了解间隙的影响。机械系统由直流电机驱动的曲柄滑块机构组成，如图 6-20(a)所示，图(b)是它的机构简图。为了减小移动副中的摩擦力和增加接触面，滑块 1 上装有 3 个圆周方向均匀分布的带球面的滚子 3，导轨与滑块的接触面为圆柱形凹槽，它与球面滚子在理想情况下，为线接触，如图(c)所示。这种形式的移动副称为三球销移动副。导轨外形为一圆柱面，整个导轨由 4 个板簧支承。

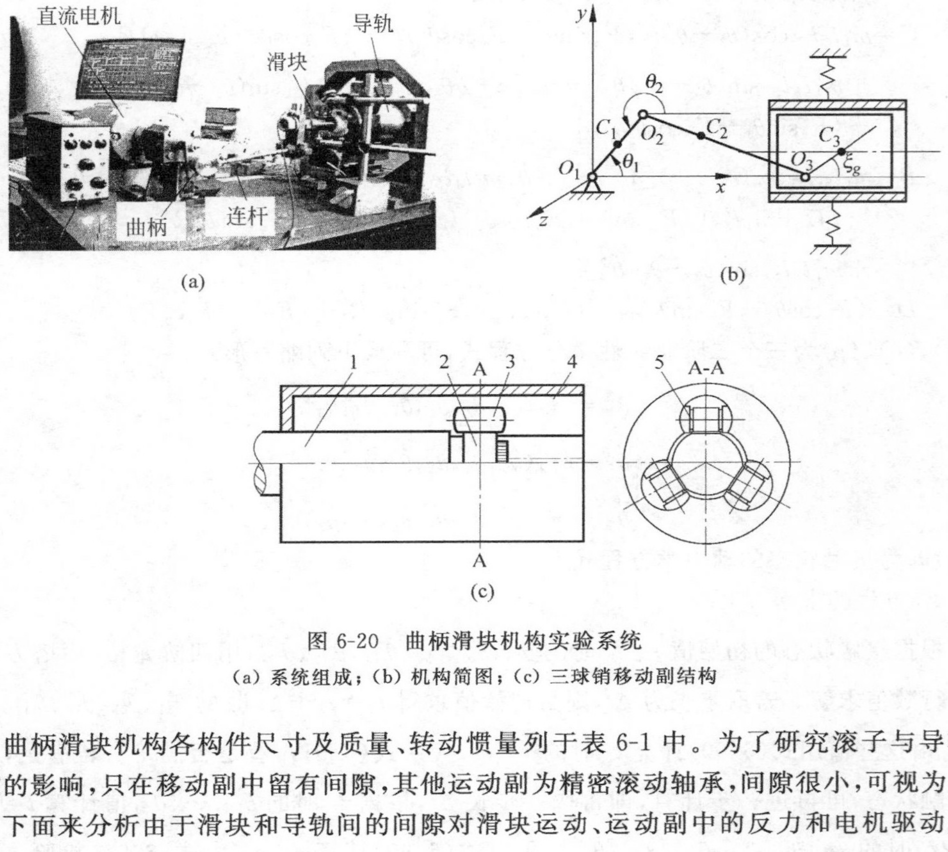

图 6-20　曲柄滑块机构实验系统

(a) 系统组成；(b) 机构简图；(c) 三球销移动副结构

曲柄滑块机构各构件尺寸及质量、转动惯量列于表 6-1 中。为了研究滚子与导轨间间隙的影响，只在移动副中留有间隙，其他运动副为精密滚动轴承，间隙很小，可视为无间隙。下面来分析由于滑块和导轨间的间隙对滑块运动、运动副中的反力和电机驱动力的影响。

表 6-1　曲柄滑块机构的参数

构件编号	质量 m_i/kg	构件长度 l_i/m	质心位置 ρ_i/m	绕质心惯量 J_i/kg·m^2
曲柄 1	0.2	0.03	0.017	1.43×10^{-4}
连杆 2	0.2	0.15	0.046	6.6×10^{-4}
滑块 3	1.05	—	(lO_3C_3)0.105 $\xi_g=28.6°$	5.07×10^{-3}
导轨 4 (B_4)	5.02	—	—	6.69×10^{-3}

6.5.1 两状态间隙模型

采用两状态间隙模型,滑块与导轨间有接触和脱离接触两种状态。由于三球销移动副有三处可以接触,首先需要判断接触点,然后确定接触力的计算方法。

1. 接触判断条件

图 6-21 为三球销移动副内部接触情况的示意图,球销与导轨槽半径差为 r_0。某一球销是否与导轨槽接触,取决于它们中心之间的距离 r_i($i=1,2,3$ 表示球销编号,图中用 a,b,c 表示)与 r_0 的关系,即

$$\left.\begin{aligned} r_i &< r_0 \quad \text{(非接触状态)} \\ r_i &> r_0 \quad \text{(接触状态)} \end{aligned}\right\} \tag{6-119}$$

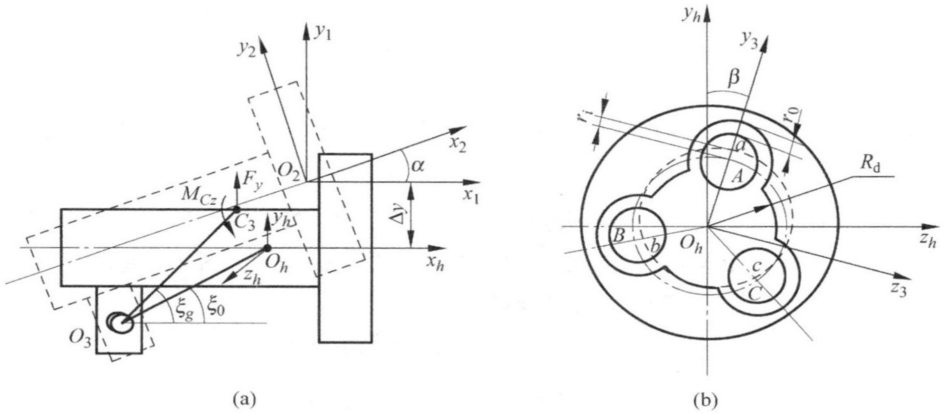

图 6-21 三球销移动副接触分析图

接触表面的变形量为

$$\delta = r_i - r_0 \tag{6-120}$$

为了计算 r_i,需要确定球销中心和导轨槽中心的坐标值。以导轨槽中心为原点,建立固定坐标系 $e^0(x_h, y_h, z_h)$,在由于间隙产生的附加运动中,滑块有在 x_h 和 y_h 方向的位移。由于 x_h 位移不影响接触,在此只考虑 y_h 方向位移 Δy 和绕 z_h 轴的转动(角度 α)。图 6-21 中 β 角是导轨在弹性支承上的转角。运用坐标变化法可得球销和导轨槽中心在 e^0 坐标系中的坐标值 $\boldsymbol{q}_i$ 和 $\boldsymbol{Q}_i$:

$$\begin{cases} \boldsymbol{q}_i = (-R_\mathrm{d}\sin\alpha\cos\gamma_i, R_\mathrm{d}\cos\alpha\cos\gamma_i + \Delta y, -R_\mathrm{d}\sin\gamma_i) \\ \boldsymbol{Q}_i = (\zeta, R_\mathrm{d}\cos\beta, -R_\mathrm{d}\sin(\gamma_i - \beta)) \end{cases} \tag{6-121}$$

式中 ζ 为接触面在 x_h 方向的坐标;$\gamma_i = (i-1)\times 120°$,$i=1,2,3$。由此得

$$r_i = \sqrt{(Q_{iy} - q_{iy})^2 + (Q_{iz} - q_{iz})^2} \tag{6-122}$$

2. 接触力

与 6.2.1 节中不同的是,此处考虑接触力中弹性力和阻尼力的非线性特征,它们均与

弹性变形量 δ 有关。这样一方面更接近实际情况，另一方面也有利于数值计算的稳定性。接触力 P_{43} 按下式计算：

$$P_{43} = F_s + F_v$$

式中　弹性力 $F_s = K\delta^{3/2}$；阻尼力 $F_v = c\dot{\delta}$；$c = f(\delta) = \mu\delta$；$\mu$ 为与材料黏性有关的系数。

在两种状态下，接触力表达为：

$$P_{43} = \begin{cases} 0 & \text{（自由状态）} \\ K\delta^{3/2} + \mu\delta\dot{\delta} & \text{（接触状态）} \end{cases} \tag{6-123}$$

为了便于建立动力学方程，将 3 处的接触力移动到滑块质心点 C_3 处（见图 6-21），于是有

$$\begin{cases} F_y = \sum_{i=1}^{3} \lambda_i (K\delta_i^{3/2} + \mu\delta_i\dot{\delta}_i)\sin\varphi_i \\ M_{Cz} = \sum_{i=1}^{3} \lambda_i (K\delta_i^{3/2} + \mu\delta_i\dot{\delta}_i)\sin\varphi_i[l_3\cos(\alpha + \xi_0) - R_d\sin\alpha\cos\gamma_i - \rho_3\cos(\alpha + \xi_g)] \\ M_{Cx} = \sum_{i=1}^{3} \lambda_i [(K\delta_i^{3/2} + \mu\delta_i\dot{\delta}_i)\cos\varphi_i q_{iy} - (K\delta_i^{3/2} + \mu\delta_i\dot{\delta}_i)\sin\varphi_i q_{iz}] \end{cases} \tag{6-124}$$

式中 φ_i——接触力与 z 轴正方向的夹角；l_3——O_3 和 O_h 之间的距离；ρ_3——O_3 和 C_3 之间的距离；ξ_g——O_3 和 C_3 连线与导轨槽中心线夹角；ξ_0——O_3 和 O_h 连线与导轨槽中心线夹角（见图 6-21）。式(6-124)中 λ_i 取值为

$$\lambda_i = \begin{cases} 1 & (r_i \geqslant r_0\text{，用于接触状态}) \\ 0 & (r_i < r_0\text{，用于非接触状态}) \end{cases} \tag{6-125}$$

6.5.2　动力学方程

此处用 2.5 节中介绍的凯恩方法建立系统的动力学方程。为了便于推导，可以将移动副间的几何约束用力约束（即接触力）来代替。这样整个系统由两个子系统组成：子系统 1 是由曲柄、连杆和滑块构成的 3 自由度的开环系统（见图 6-22(a)）；子系统 2 是弹性支承上的导轨（见图 6-22(b)）。两子系统间通过接触力相耦合，共有 4 个自由度：$\theta_1, \theta_2, \theta_3, \theta_4$，其中 θ_3 为滑块的转角，即图 6-21 中的 α；θ_4 为导轨绕 x 轴的转角（见图 6-21 中的 β）。

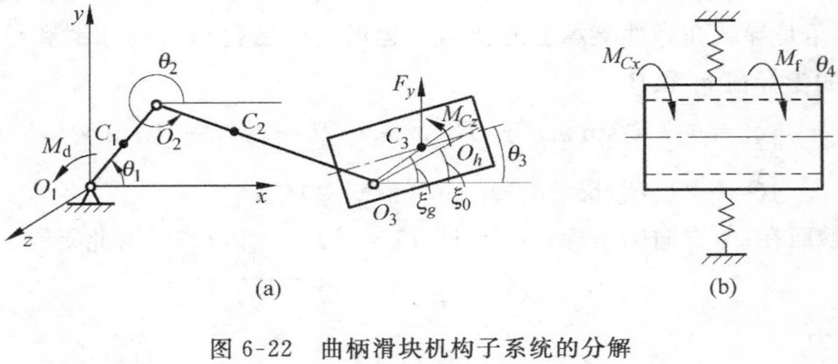

图 6-22　曲柄滑块机构子系统的分解

(a) 子系统 1；(b) 子系统 2

选取广义坐标：

$$\begin{cases} \boldsymbol{q} = [\theta_1, \theta_2, \theta_3, \theta_4] \\ u_r = \dot{q}_r \quad (r = 1,2,3,4) \end{cases} \tag{6-126}$$

凯恩方法的基本思路是将作用在机械系统中的主动力和惯性力都转换到广义坐标中去，在广义坐标中，二者之和为 0，见式(1-6)。所以需要采用 2.5 节所述的方法求出两个子系统的广义主动力和广义惯性力。

对于子系统 2，我们可以用达朗贝尔法，很容易得到其动力学方程。

$$\begin{cases} \text{自由状态：} \quad J_4\ddot{\theta}_4 + M_{\mathrm{f}} = 0 \\ \text{接触状态：} \quad J_4\ddot{\theta}_4 + M_{\mathrm{f}} = M_{Cx} \end{cases} \tag{6-127}$$

式中 $M_{\mathrm{f}} = K_{\mathrm{f}}\theta_4$ 为弹性支承的反力。

对于子系统 1，定义固定坐标 $Oxyz$ 系统，沿三个方向的单位矢量为 $\boldsymbol{x}_0, \boldsymbol{y}_0, \boldsymbol{z}_0$。

1. 机构运动学分析

为了得到各质心速度和角速度与广义坐标的关系式，各构件质心位置用单位向量表示为

$$\begin{cases} l_{C1} = \rho_1(\cos\theta_1\boldsymbol{x}_0 + \sin\theta_1\boldsymbol{y}_0) \\ l_{C2} = l_1(\cos\theta_1\boldsymbol{x}_0 + \sin\theta_1\boldsymbol{y}_0) + \rho_2(\cos\theta_2\boldsymbol{x}_0 + \sin\theta_2\boldsymbol{y}_0) \\ l_{C3} = l_1(\cos\theta_1\boldsymbol{x}_0 + \sin\theta_1\boldsymbol{y}_0) + l_2(\cos\theta_2\boldsymbol{x}_0 + \sin\theta_2\boldsymbol{y}_0) + \rho_3(\cos\theta_3\boldsymbol{x}_0 + \sin\theta_3\boldsymbol{y}_0) \end{cases} \tag{6-128}$$

由上式对时间微分可得质心的速度与广义坐标的关系：

$$\begin{cases} V_{C1} = \rho_1 u_1(-\sin\theta_1\boldsymbol{x}_0 + \cos\theta_1\boldsymbol{y}_0) \\ V_{C2} = l_1 u_1(-\sin\theta_1\boldsymbol{x}_0 + \cos\theta_1\boldsymbol{y}_0) + \rho_2 u_2(-\sin\theta_2\boldsymbol{x}_0 + \cos\theta_2\boldsymbol{y}_0) \\ V_{C3} = l_1 u_1(-\sin\theta_1\boldsymbol{x}_0 + \cos\theta_1\boldsymbol{y}_0) + l_2 u_2(-\sin\theta_2\boldsymbol{x}_0 + \cos\theta_2\boldsymbol{y}_0) \\ \qquad\quad + \rho_3(-\sin\theta_3\boldsymbol{x}_0 + \cos\theta_3\boldsymbol{y}_0) \end{cases} \tag{6-129}$$

各构件角速度 ω_i 为

$$\boldsymbol{\omega} = [\dot{\theta}_1\boldsymbol{z}_0, \dot{\theta}_2\boldsymbol{z}_0, \dot{\theta}_3\boldsymbol{z}_0]^{\mathrm{T}} \tag{6-130}$$

将式(6-129)和(6-130)对时间微分可得到各构件的角加速度和质心的加速度，以便求得惯性力(矩)。

在将主动力(重力和电机驱动力矩)和惯性力(矩)转换到广义坐标系时需要用到偏速率 $\frac{\partial V_{Ci}}{\partial u_r}(i=1,2,3;\ r=1,2,3)$ 和 $\frac{\partial \omega_i}{\partial u_r}(i=1,2,3;\ r=1,2,3)$。将它们表示为矩阵，构成转换矩阵：

$$\boldsymbol{v} = \begin{bmatrix} \frac{\partial V_{C1}}{\partial u_1} & \frac{\partial V_{C2}}{\partial u_1} & \frac{\partial V_{C3}}{\partial u_1} \\ \frac{\partial V_{C1}}{\partial u_2} & \frac{\partial V_{C2}}{\partial u_2} & \frac{\partial V_{C3}}{\partial u_2} \\ \frac{\partial V_{C1}}{\partial u_3} & \frac{\partial V_{C2}}{\partial u_3} & \frac{\partial V_{C3}}{\partial u_3} \end{bmatrix}$$

$$
= \begin{bmatrix} -\rho_1(\sin q_1 \boldsymbol{x}_0 - \cos q_1 \boldsymbol{y}_0) & -l_1(\sin q_1 \boldsymbol{x}_0 - \cos q_1 \boldsymbol{y}_0) & -l_1(\sin q_1 \boldsymbol{x}_0 - \cos q_1 \boldsymbol{y}_0) \\ 0 & -\rho_2(\sin q_2 \boldsymbol{x}_0 + \cos q_2 \boldsymbol{y}_0) & -l_2(\sin q_2 \boldsymbol{x}_0 + \cos q_2 \boldsymbol{y}_0) \\ 0 & 0 & -\rho_3(\sin q_3 \boldsymbol{x}_0 - \cos q_3 \boldsymbol{y}_0) \end{bmatrix} \tag{6-131}
$$

$$
\boldsymbol{\omega} = \begin{bmatrix} \dfrac{\partial \omega_1}{\partial u_1} & \dfrac{\partial \omega_2}{\partial u_1} & \dfrac{\partial \omega_3}{\partial u_1} \\ \dfrac{\partial \omega_1}{\partial u_2} & \dfrac{\partial \omega_2}{\partial u_2} & \dfrac{\partial \omega_3}{\partial u_2} \\ \dfrac{\partial \omega_1}{\partial u_3} & \dfrac{\partial \omega_2}{\partial u_3} & \dfrac{\partial \omega_3}{\partial u_3} \end{bmatrix} = \begin{bmatrix} \boldsymbol{z}_0 & 0 & 0 \\ 0 & \boldsymbol{z}_0 & 0 \\ 0 & 0 & \boldsymbol{z}_0 \end{bmatrix} \tag{6-132}
$$

2. 主动力和惯性力

自由状态下主动力和主动力矩为

$$
\boldsymbol{R} = [-m_1 g \boldsymbol{y}_0 \quad -m_2 g \boldsymbol{y}_0 \quad -m_3 g \boldsymbol{y}_0]^{\mathrm{T}}
$$

$$
\boldsymbol{L} = [M_{\mathrm{d}} \boldsymbol{z}_0 \quad 0 \quad 0]^{\mathrm{T}}
$$

惯性力为

$$
\boldsymbol{R}_i^* = \begin{bmatrix} m_1[\rho_1(\dot{u}_1 \sin q_1 + u_1^2 \cos q_1)\boldsymbol{x}_0 - \rho_1(\dot{u}_1 \cos q_1 - u_1^2 \sin q_1)\boldsymbol{y}_0] \\ m_2[(l_1 \dot{u}_1 \sin q_1 + l_1 u_1^2 \cos q_1 + \rho_2 \dot{u}_2 \sin q_2 + \rho_2 u_2^2 \cos q_2)\boldsymbol{x}_0 \\ \quad -(l_1 \dot{u}_1 \cos q_1 - l_1 u_1^2 \sin q_1 - \rho_2 \dot{u}_2 \cos q_2 + \rho_2 u_2^2 \sin q_2)\boldsymbol{y}_0] \\ m_3[(l_1 \dot{u}_1 \sin q_1 + l_1 u_1^2 \cos q_1 + l_2 \dot{u}_2 \sin q_2 + l_2 u_2^2 \cos q_2 \\ \quad + \rho_3 \dot{u}_3 \sin(q_3 + \xi_g) + \rho_3 u_3^2 \cos(q_3 + \xi_g))\boldsymbol{x}_0 \\ \quad -(l_1 \dot{u}_1 \cos q_1 - l_1 u_1^2 \sin q_1 - l_2 \dot{u}_2 \cos q_2 + l_2 u_2^2 \sin q_2 \\ \quad + \rho_3 \dot{u}_3 \cos(q_3 + \xi_g) - \rho_3 u_3^2 \sin(q_3 + \xi_g))\boldsymbol{y}_0] \end{bmatrix}
$$

惯性力矩为

$$
\boldsymbol{L}^* = [-J_1 \dot{u}_1 \boldsymbol{z}_0 \quad -J_2 \dot{u}_2 \boldsymbol{z}_0 \quad -J_3 \dot{u}_3 \boldsymbol{z}_0]^{\mathrm{T}}
$$

3. 广义主动力和广义惯性力

$$
\begin{cases} \text{广义主动力：} \boldsymbol{F} = \boldsymbol{\nu R} + \boldsymbol{\omega L}, & \text{即 } F_{(r)} = \displaystyle\sum_{i=1}^{3} (\nu_{i(r)} R_i + \omega_{i(r)} L_i) \\ \text{广义惯性力：} \boldsymbol{F}^* = \boldsymbol{\nu R}^* + \boldsymbol{\omega L}^*, & \text{即 } F_{(r)}^* = \displaystyle\sum_{i=1}^{3} (\nu_{i(r)} R_i^* + \omega_{i(r)} L_i^*) \end{cases} \tag{6-133}
$$

4. 动力学方程

不考虑接触力时动力学方程为

$$
\begin{cases} F_{(r)} + F_{(r)}^* = 0 \\ \dot{q}_r = u_r \end{cases} \quad (r = 1,2,3) \tag{6-134}
$$

简写成

$$
M(\dot{u}_r, u_r, q_r, t) = 0
$$

广义坐标中的接触力可由式(6-124)转换得到，在此表示为

$$
\begin{cases} \Phi(\dot{u}_r, u_r, q_r, \lambda, t) = 0 \\ \lambda = \displaystyle\sum_{i=1}^{3} \lambda_i \end{cases} \tag{6-135}
$$

$$\lambda = \begin{cases} 1 & (\text{有接触}) \\ 0 & (\text{没有接触}) \end{cases}$$

在计算过程中可用 λ 判断属于哪种状态，所以子系统 2 两种状态的动力学方程可统一表达为

$$M(\dot{u}_r, u_r, q_r, t) + \lambda\Phi(\dot{u}_r, u_r, q_r, t) = 0 \tag{6-136}$$

6.5.3 方程求解结果与实验结果

用龙格-库塔法将式(6-127)和(6-136)联立求解，得到两状态间隙三球销移动副对机构动力学性能影响的数字计算结果；在实验台上安装相应的传感器可测得滑块沿 y 向的加速度、滑块的转角和电机驱动力矩，以便与计算结果对比。这些结果均表示在图 6-23～图 6-29中，是在间隙 r_0＝0.07 mm，曲柄转速 n＝75 r/min 时得到的。

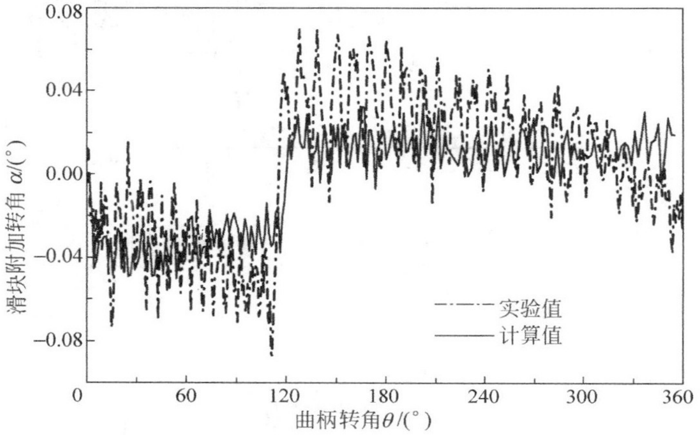

图 6-23 滑块附加转角与曲柄转角的关系

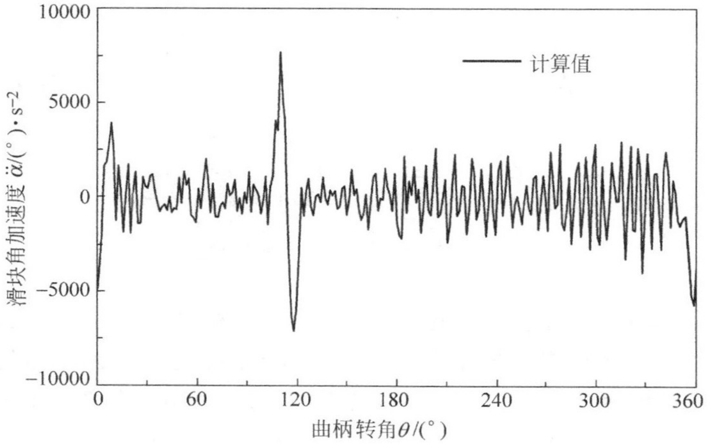

图 6-24 滑块角加速度与曲柄转角的关系

图 6-23、图 6-24 反映间隙影响滑块在 xOy 平面内转动角度和角加速度。图 6-25 和图 6-26为由于间隙产生的滑块在垂直方向(即纵向)的加速度和位移,图中实线是计算结果,虚线为实验结果。可以看出,由于间隙的存在,滑块不仅产生附加角位移和垂直方向的位移,而且它们的加速度都很大。此外,在曲柄转角为 113°时,位移和加速度均产生突变,这是由于连杆传到滑块上的力的方向变化所致。计算结果和实验结果有很好的一致性。

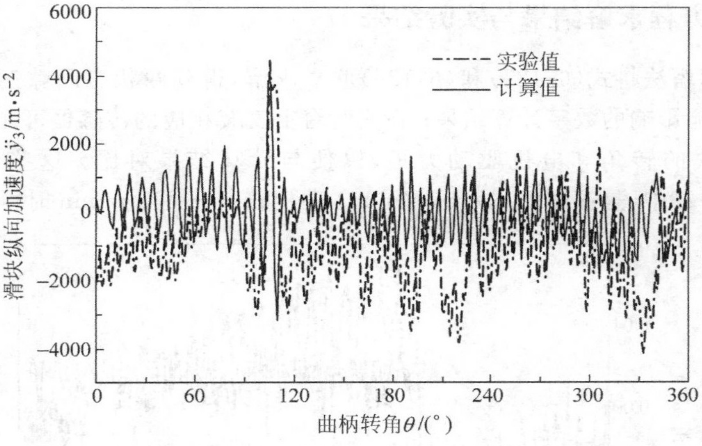

图 6-25　滑块纵向加速度与曲柄转角的关系

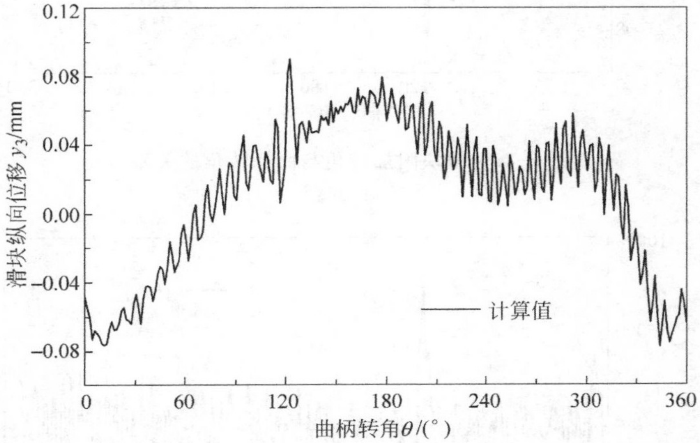

图 6-26　滑块纵向位移与曲柄转角的关系

图 6-27 为曲柄 1 上驱动力矩变化的计算结果和实验结果。可以看出,在有间隙和无间隙情况下,力矩变化具有相同的趋势,但是间隙的存在,加大了力矩变化的幅度。图 6-28 为移动副中约束反力的变化曲线,其中(a)为 3 个球面的接触力在 y 向的合力,(b)为某一单个球面的接触力；图 6-29 为铰销 O_2 处的约束反力,均为计算结果。可以看出在有间隙时,滑块和导轨间的接触力变化很大。当单个球面接触力为 0 时,二者脱离接触。事实上,由于接触力不可能小于 0,所以负值区均为脱离接触状态。

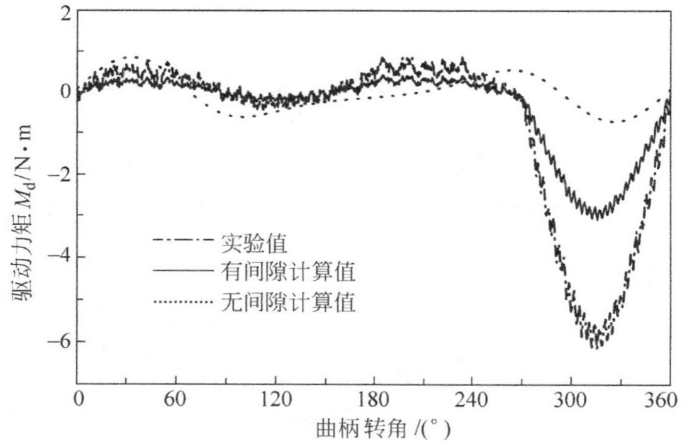

图 6-27 曲柄 1 上驱动力矩与曲柄转角的关系

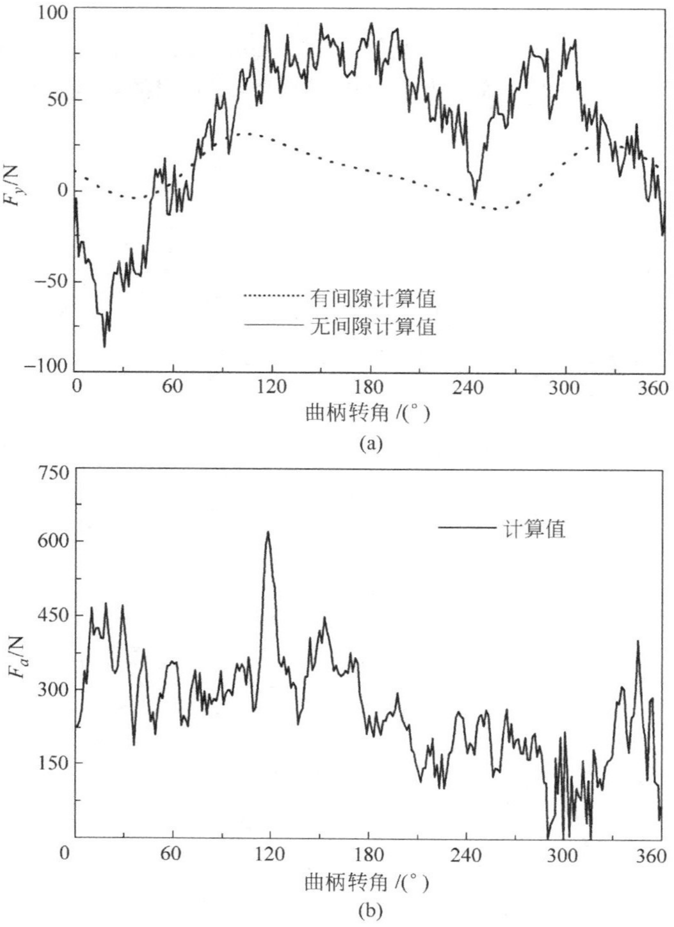

图 6-28 移动副约束反力

(a) 垂直方向 F_y；(b)一个球销的接触力 F_a

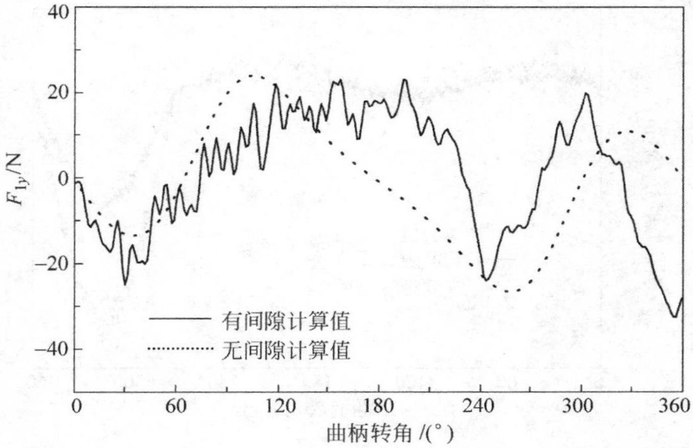

图 6-29　铰销 O_2 处的约束反力 F_{1y}

上述计算和实验结果是在曲柄转速仅为 75 r/min 时的结果。可以得知，当提高转速时，间隙的影响将加大，特别是加速度将会剧烈升高，使间隙的影响更加不可忽视。

第 7 章　含变质量构件的机械系统

在前边研究的机械系统中，我们所研究的对象不论是质点或质点系（构件）都具有一个共同特点，就是它们的质量在运动过程中保持不变。然而在工程技术领域和自然界中，许多实例表明，有些物体在运动过程中，它们的质量在连续地变化，有些构件的质心位置和转动惯量也是变化的。例如：火箭在喷射气体而获得推力向前运动的过程中，火箭本身的质量在连续地减少；喷气式飞机在飞行过程中不断地有空气进入，同时又把这部分空气与燃料的燃烧产物以很高的速度喷射出去；星体在宇宙空间运动时，由于俘获宇宙中星际间的一些物质而使其质量增加，或因放射而使其质量不断地减少等。上述实例的一个共同特点就是物体在运动中或有外来的质量连续地加入其中，或体内的一些质量连续地从其中分离出去，或者兼而有之，使其质量随时间连续地变化。我们称这类物体为变质量物体，变质量动力学所研究的就是这类物体的动力学问题。本章将介绍变质量质点、变质量构件和含变质量构件的机械系统的动力学问题。

7.1　变质量质点运动的基本方程

一变质量质点由于在运动中连续地放出质量或有质量加入其中，而使其质量在连续地变化。

设在某瞬间 t 时，质点的质量为 m，它的绝对速度为 v，作用于其上的外力之和为 $\boldsymbol{F}$（见图 7-1(a)）。在 Δt 的时间间隔内有微粒质量 Δm 以绝对速度 $\boldsymbol{u}$ 附加到质量为 m 的质点上。这样，经过 Δt 时间后（见图 7-1(b)），质点的质量变为 $m+\Delta m$，它具有的绝对速度为 $\boldsymbol{v}+\Delta\boldsymbol{v}$。根据动量定理有

$$\lim_{t\to 0}\frac{\Delta \boldsymbol{Q}}{\Delta t}=\frac{\mathrm{d}\boldsymbol{Q}}{\mathrm{d}t}=\boldsymbol{F} \tag{7-1}$$

式中 $\boldsymbol{Q}$ 为动量，$\Delta\boldsymbol{Q}$ 为动量的增量，它等于瞬间 $t+\Delta t$ 时的动量 $\boldsymbol{Q}'$ 和瞬间 t 时的动量 $\boldsymbol{Q}$ 之差。$\boldsymbol{Q}$ 和 $\boldsymbol{Q}'$ 分别为

$$\boldsymbol{Q}=m\boldsymbol{v}+\Delta m\boldsymbol{u} \tag{7-2}$$

$$\boldsymbol{Q}'=(m+\Delta m)(\boldsymbol{v}+\Delta\boldsymbol{v}) \tag{7-3}$$

由此得

$$\begin{aligned}\Delta\boldsymbol{Q}=\boldsymbol{Q}'-\boldsymbol{Q}&=(m+\Delta m)(\boldsymbol{v}+\Delta\boldsymbol{v})-(m\boldsymbol{v}+\Delta m\boldsymbol{u})\\&=m\Delta\boldsymbol{v}+\Delta m(\boldsymbol{v}-\boldsymbol{u})+\Delta m\Delta\boldsymbol{v}\end{aligned}$$

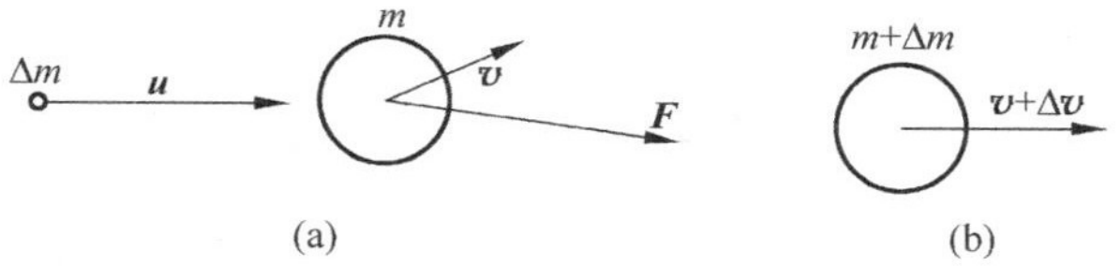

图 7-1　变质量质点的运动

忽略高阶微量 $\Delta m\Delta \boldsymbol{v}$，除以 Δt，并令 $\Delta t\to 0$，得

$$\frac{\mathrm{d}\boldsymbol{Q}}{\mathrm{d}t}=m\frac{\mathrm{d}\boldsymbol{v}}{\mathrm{d}t}+\frac{\mathrm{d}m}{\mathrm{d}t}(\boldsymbol{v}-\boldsymbol{u})=\boldsymbol{F} \tag{7-4}$$

或

$$m\frac{\mathrm{d}\boldsymbol{v}}{\mathrm{d}t}=\boldsymbol{F}+\frac{\mathrm{d}m}{\mathrm{d}t}(\boldsymbol{u}-\boldsymbol{v}) \tag{7-5}$$

令 $\boldsymbol{v}_r=\boldsymbol{u}-\boldsymbol{v}$ 为微粒相对于质点的速度，则

$$m\frac{\mathrm{d}\boldsymbol{v}}{\mathrm{d}t}=\boldsymbol{F}+\dot{m}\,\boldsymbol{v}_r \tag{7-6}$$

$\dot{m}$ 为 m 对 t 的导数，是质量 m 的变化率。式中最后一项 $\dot{m}\boldsymbol{v}_r$ 表示附加质量引起的附加力，它的方向和相对速度 $\boldsymbol{v}_r$ 的方向相同。

如果有微粒从质量 m 中分离出去，则式(7-6)中 $\frac{\mathrm{d}m}{\mathrm{d}t}<0$，分离出去的微粒引起的附加力方向将和 $\boldsymbol{v}_r$ 的方向相反。令

$$\boldsymbol{F}_r=\frac{\mathrm{d}m}{\mathrm{d}t}(\boldsymbol{u}-\boldsymbol{v})=\dot{m}\,\boldsymbol{v}_r \tag{7-7}$$

$\boldsymbol{F}_r$ 称为冲力，则式(7-6)可写为

$$m\frac{\mathrm{d}\boldsymbol{v}}{\mathrm{d}t}=\boldsymbol{F}+\boldsymbol{F}_r \tag{7-8}$$

式(7-8)即为变质量质点运动的基本方程式。

如在作用于质点上的诸力中，加上冲力 $\boldsymbol{F}_r$，则变质量质点的动力学方程式(7-8)在形式上和不变质量质点的动力学方程式相同。但要注意式(7-8)中除了右边多一项冲力外，质量 m 是变量，它将和质量变化规律有关，是时间 t 的函数。

如果进入质点或分离出去的微粒的绝对速度 $\boldsymbol{u}=0$，则式(7-5)可写为

$$m\frac{\mathrm{d}\boldsymbol{v}}{\mathrm{d}t}=\boldsymbol{F}-\frac{\mathrm{d}m}{\mathrm{d}t}\boldsymbol{v}$$

或

$$\frac{\mathrm{d}}{\mathrm{d}t}(m\boldsymbol{v})=\boldsymbol{F} \tag{7-9}$$

例 7-1 设一圆柱形重物，其材质均匀，圆柱轴线垂直于地面(见图 7-2)。它以速度 v_0 垂直向上运动，从其上端面以等速度 $u(u\geqslant v_0)$ 向上喷出微粒，因之物体质量逐渐减小。设减小量与时间成比例，试分析该物体的运动。

解 取轴 x 垂直向下。当 $t=0$ 时，物体的初速度为 v_0，因 v_0 向上，故在所取坐标系中为 $-v_0$。物体的质量为 M，$M=m(1-\varepsilon t)$，其中 ε 为比例常数，$\varepsilon>0$，$0<t<\frac{1}{\varepsilon}$。物体受的外力为重力 Mg，物体在时间 t 时的速度为 $\dot{x}$。

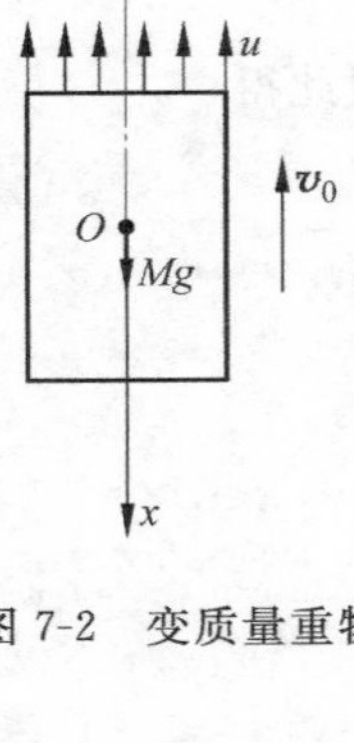

图 7-2 变质量重物

由式(7-5)得

$$M\frac{\mathrm{d}\dot{x}}{\mathrm{d}t}=Mg+\frac{\mathrm{d}M}{\mathrm{d}t}(-u-\dot{x})$$

而 $\frac{\mathrm{d}M}{\mathrm{d}t}=-m\varepsilon$，故上式可写为

$$\frac{\mathrm{d}\dot{x}}{\mathrm{d}t}=g+\frac{\varepsilon}{1-\varepsilon t}(u+\dot{x})$$

或
$$\frac{\mathrm{d}\dot{x}}{\mathrm{d}t}-\frac{\varepsilon}{1-\varepsilon t}\dot{x}=g+\frac{\varepsilon u}{1-\varepsilon t}$$

这是$\dot{x}$的一阶线性微分方程，因此它的解为

$$\begin{aligned}\dot{x}&=\exp\left(\int\frac{\varepsilon\mathrm{d}t}{1-\varepsilon t}\right)\left\{\int\left[\left(g+\frac{\varepsilon u}{1-\varepsilon t}\right)\exp\left(-\int\frac{\varepsilon\mathrm{d}t}{1-\varepsilon t}\right)\right]\mathrm{d}t\right\}\\&=\frac{1}{1-\varepsilon t}\left[\int\left(g+\frac{\varepsilon u}{1-\varepsilon t}\right)(1-\varepsilon t)\mathrm{d}t\right]\\&=\frac{1}{1-\varepsilon t}\left[gt-\frac{g}{2}\varepsilon t^2+\varepsilon ut+C\right]\end{aligned}$$

根据初始条件 $t=0,\dot{x}=-v_0$ 来决定积分常数 C，于是有

$$-v_0=C$$

故
$$\begin{aligned}\dot{x}&=\frac{1}{1-\varepsilon t}\left[gt-g\varepsilon t^2+\frac{g}{2}\varepsilon t^2+\varepsilon ut-v_0\right]\\&=gt+\frac{\left(\frac{gt}{2}+u\right)\varepsilon t-v_0}{1-\varepsilon t}\end{aligned}$$

这就给出了物体的速度变化。

7.2　变质量构件的动力学方程

7.2.1　变质量刚体的动力学方程

根据力学可知，物体可以看成为一个质点系。如果各质点间的距离(相对位置)不变，则物体称为刚体。在变质量构件中，有一些微粒要离开物体或附加进来，这些微粒和质点与其他质点间的相对位置会发生改变。但如果我们认为那些分离的微粒自分离开始就不再属于所研究的质点系，或者那些要附加进来的微粒只是在加入以后才算作所研究的质点系，这样就得到了变质量刚体的概念。这个刚体的质量、质心位置和转动惯量是变化的。换句话说，把变质量构件看成这样的刚体：其中有些微粒离开它，一旦离开它就不再属于该刚体了，而所研究的构件中剩下的各质点间相对位置仍保持不变；如果有些微粒要加进去，则一旦附加进去，就属于该刚体的一部分。例如印刷机中缠在心轴上的纸卷和心轴成为一个刚体转动，而纸卷表面一层的纸带逐渐被拉出，可以认为被拉出去的纸就不再属于刚体了，纸卷和心轴可以看成一变质量刚体。

对于变质量刚体可以推导其动力学方程式。设在瞬时 t 时，研究两个质点系(见图 7-3)：①质量为 m_i，向径为 r_i 的质点组成的刚体(质点系 A)；②占据同一位置的微粒质点(质点系 B)，在相应的点 i 有质量 $\mathrm{d}m_i$。以$\boldsymbol{v}_i=\dot{\boldsymbol{r}}_i$ 与 $\boldsymbol{u}_i$ 分别表示 m_i 和 $\mathrm{d}m_i$ 的绝对速度。在瞬间 $t+\mathrm{d}t$ 时，每一对 m_i 和 $\mathrm{d}m_i$ 看成为一个系统内质点，即 $\mathrm{d}m_i$ 附加进入所研究的刚体中。

对于质点系 A 中任一点 i 可列出方程：

$$m_i \frac{\mathrm{d}\boldsymbol{v}_i}{\mathrm{d}t} = \boldsymbol{F}_{Ei} + \boldsymbol{F}_{Ii} + \boldsymbol{F}_{Ti} + \boldsymbol{F}_{Ni} \qquad (7\text{-}10)$$

式中 $\boldsymbol{F}_{Ei}$——质点 i 上受的外力；$\boldsymbol{F}_{Ii}$——质点 i 上受的内力；$\boldsymbol{F}_{Ti}=\frac{\mathrm{d}m_i}{\mathrm{d}t}(\boldsymbol{u}_i-\boldsymbol{v}_i)$，为点 i 上受的冲力；$\boldsymbol{F}_{Ni}$——质点 i 上所受的约束反力。

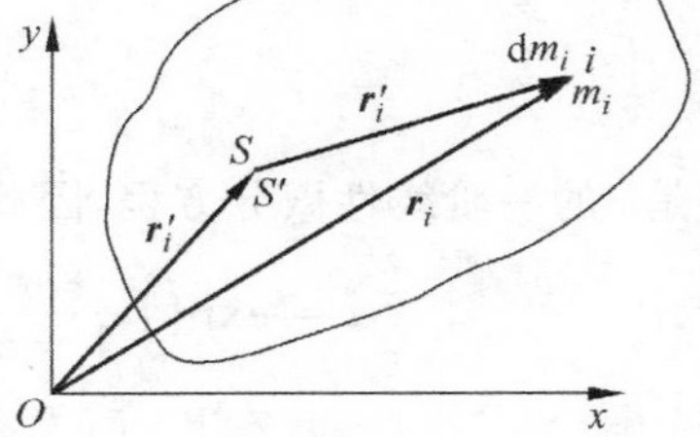

图 7-3

当然并不是在所有质点上都同时存在外力、冲力和约束反力。如果在其中某些点上无外力，则在这些点上 $\boldsymbol{F}_{Ei}$ 为 0。同样，也可能冲力、约束反力为 0。

对整个质点系来讲有

$$\sum_{i=1}^{n} m_i \frac{\mathrm{d}\boldsymbol{v}_i}{\mathrm{d}t} = \boldsymbol{F}_E + \boldsymbol{F}_T + \boldsymbol{F}_N \qquad (7\text{-}11)$$

式中 $\boldsymbol{F}_E=\sum \boldsymbol{F}_{Ei}$，为外力的主向量；$\boldsymbol{F}_T=\sum \boldsymbol{F}_{Ti}$，为冲力的主向量；$\boldsymbol{F}_N=\sum \boldsymbol{F}_{Ni}$，为约束反力的主向量。这里有 $\sum \boldsymbol{F}_{Ii}=0$，即所有内力之和为 0。

现在来看式(7-11)的左边项 $\sum_{i=1}^{n} m_i \frac{\mathrm{d}\boldsymbol{v}_i}{\mathrm{d}t}$。设物体的质心位于点 S，它的向径以 $\boldsymbol{r}_S$ 表示。变质量刚体中各质点的距离虽不变，但因质量发生变化，所以质心的位置将是变动的，即质心 S 将相对于刚体变动。设瞬时和质心 S 重合的刚体上的点为 S'，其向径为 $\boldsymbol{r}_{S'}$，则

$$\sum_{i=1}^{n} m_i \boldsymbol{r}_i = m\boldsymbol{r}_{S'} \qquad (7\text{-}12)$$

或

$$\sum_{i=1}^{n} m_i \boldsymbol{r}'_i = 0 \qquad (7\text{-}13)$$

式中 $\boldsymbol{r}'_i$ 为自点 S' 到点 i 的向量；$m=\sum_{i=1}^{n} m_i$；$\boldsymbol{r}'_i=\boldsymbol{r}_i-\boldsymbol{r}_{S'}$。

设点 i 的速度为 $\boldsymbol{v}_i$，加速度为 $\boldsymbol{a}_i$，则

$$\sum_{i=1}^{n} m_i \boldsymbol{v}_i = m\boldsymbol{v}_{S'} \qquad (7\text{-}14)$$

$\boldsymbol{v}_{S'}$ 为点 S' 的速度，即质心 S 的牵连速度。式(7-14)证明如下：

$$\sum_{i=1}^{n} m_i \boldsymbol{v}_i = \sum_{i=1}^{n} m_i(\boldsymbol{v}_{S'} + \omega \boldsymbol{r}'_i) = \sum_{i=1}^{n} m_i \boldsymbol{v}_{S'} + \sum_{i=1}^{n} (\omega m_i \boldsymbol{r}'_i)$$

$$= m\boldsymbol{v}_{S'} + \omega \times \sum_{i=1}^{n} m_i \boldsymbol{r}'_i = m\boldsymbol{v}_{S'}$$

式中 ω 为刚体的角速度。同样可得

$$\sum_{i=1}^{n} m_i \boldsymbol{a}_i = m\boldsymbol{a}_{S'} \qquad (7\text{-}15)$$

$\boldsymbol{a}_{S'}$ 为点 S' 的加速度，即质心 S 的牵连加速度。这是因为

$$\sum_{i=1}^{n} m_i \boldsymbol{a}_i = \sum_{i=1}^{n} m_i(\boldsymbol{a}_{S'} + \boldsymbol{\varepsilon} \times \boldsymbol{r}'_i - \omega^2 \boldsymbol{r}'_i)$$

$$= m\boldsymbol{a}_{S'} + \boldsymbol{\varepsilon} \times \left[\sum_{i=1}^{n} m_i \boldsymbol{r}'_i\right] - \omega^2 \sum_{i=1}^{n} m_i \boldsymbol{r}'_i = m\boldsymbol{a}_{S'}$$

式(7-15)也可写为

$$\sum_{i=1}^{n} m_i \frac{\mathrm{d}\,\boldsymbol{v}_i}{\mathrm{d}t} = m\boldsymbol{a}_{S'} \tag{7-16}$$

把式(7-16)代入式(7-11)得

$$m\boldsymbol{a}_{S'} = \boldsymbol{F}_E + \boldsymbol{F}_T + \boldsymbol{F}_N \tag{7-17}$$

式(7-17)即为移动动力学方程式。除此以外,变质量刚体还有转动,转动的动力学方程式可类似地求得。

以 $\boldsymbol{r}'_i$ 与式(7-10)进行矢量积运算,并对 $i=1,2,\cdots,n$ 求和得

$$\sum_{i=1}^{n}\left(\boldsymbol{r}'_i \times m_i \frac{\mathrm{d}\,\boldsymbol{v}_i}{\mathrm{d}t}\right) = \sum_{i=1}^{n} \boldsymbol{r}'_i \times (\boldsymbol{F}_{Ei} + \boldsymbol{F}_{Ii} + \boldsymbol{F}_{Ti} + \boldsymbol{F}_{Ni})$$

$$= \boldsymbol{M}_E + \boldsymbol{M}_T + \boldsymbol{M}_N \tag{7-18}$$

式中 $\boldsymbol{M}_E$——所有外力对点 S' 的力矩之和;$\boldsymbol{M}_T$——所有冲力对点 S' 的力矩之和;$\boldsymbol{M}_N$——所有约束反力对点 S' 的力矩之和。

上式左边项简化为

$$\sum_{i=1}^{n}\left(\boldsymbol{r}'_i \times m_i \frac{\mathrm{d}\,\boldsymbol{v}_i}{\mathrm{d}t}\right) = \sum_{i=1}^{n}[\boldsymbol{r}'_i \times m_i(\boldsymbol{a}_{S'} + \varepsilon \times \boldsymbol{r}'_i - \omega^2 \boldsymbol{r}'_i)]$$

因为

$$\sum_{i=1}^{m}(\boldsymbol{r}'_i \times m_i \boldsymbol{a}_{S'}) = \left(\sum_{i=1}^{n} m\boldsymbol{r}'_i\right) \times \boldsymbol{a}'_S = 0$$

$$\sum_{i=1}^{n} \boldsymbol{r}'_i \times m_i(\omega^2 \boldsymbol{r}'_i) = \omega^2 \sum_{i=1}^{n}(m_i \boldsymbol{r}'_i \times \boldsymbol{r}'_i) = 0$$

$$\sum_{i=1}^{n}(\boldsymbol{r}'_i \times m_i \boldsymbol{\varepsilon} \times \boldsymbol{r}'_i) = \left(\sum_{i=1}^{n} m_i r'^2_i\right)\boldsymbol{\varepsilon} = J_{S'}\,\boldsymbol{\varepsilon}$$

其中 $J_{S'} = \sum_{i=1}^{n} m_i r'^2_i$,为构件对点 S' 的转动惯量。所以式(7-18)可写为

$$J_{S'}\,\boldsymbol{\varepsilon} = \boldsymbol{M}_E + \boldsymbol{M}_T + \boldsymbol{M}_N \tag{7-19}$$

式(7-19)即为构件的转动动力学方程式,它和式(7-17)一起决定了构件的运动。

应当注意的是,在式(7-17)中的 m 是变化的,质心位置 S 也是变化的,因而点 S' 也是改变的。同样,在式(7-19)中 $J_{S'}$ 为变量。

7.2.2 由相对运动产生的变质量构件的动力学方程

在前面推导式(7-17)、(7-19)时,认为质点对刚体没有相对运动。但在更一般情况下,构件中某些质点可能对刚体有相对运动发生。例如在图 7-4 所示的火箭简图中,外壳和机器看成为刚体,另外,燃料(变质量质点)燃烧后相对于火箭喷管逐渐加速运行并喷出,使火箭产生冲力。这些质点给管壁上的力为相互作用力,它们在离开火箭前相对于刚体运动。

对这种情况可作如下研究。在瞬时 t 研究两个质点系:①刚体 1,它包括火箭中的壳

体、机器等不变部分。刚体中质点 A_i 的质量设为 m_{i1}。②变质量质点系 2,瞬时和刚体上点 A_i 重合的质点的质量为 m_{i2}(见图 7-5)。火箭中的燃料以及燃气相当于质点系 2。建立固定坐标系 Oxy 及固结于刚体上的动坐标系 $O_1x_1y_1$。

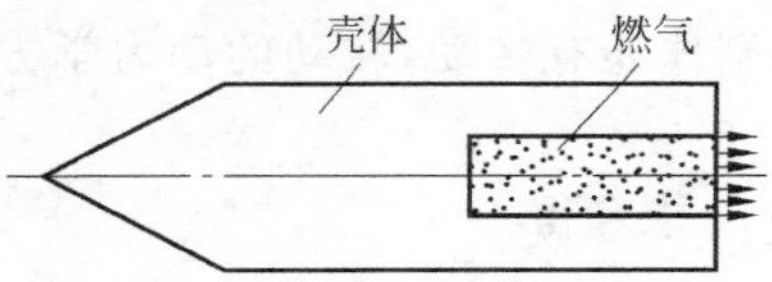

图　7-4

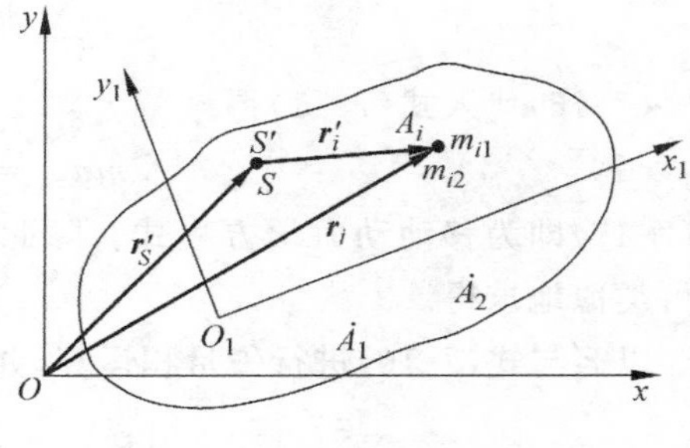

图　7-5

设点 A_i 的向径为 $\boldsymbol{r}_i$；m_{i1} 和 m_{i2} 间的相互作用力为 $\boldsymbol{F}_i$ 及 $-\boldsymbol{F}_i$,是一对作用力和反作用力；刚体上点 A_i 的绝对速度为 $\boldsymbol{v}_i$,质点 m_{i2} 相对于 m_{i1} 有相对运动,质点 m_{i2} 的绝对速度为 $\boldsymbol{v}_{i2}$；作用在 m_{i1} 上的力有外力 $\boldsymbol{F}_{Ei1}$、内力(即刚体质点系 1 中其他质点给它的力)$\boldsymbol{F}_{Ii1}$、约束反力 $\boldsymbol{F}_{Ni1}$,作用在 m_{i2} 上的力有外力 $\boldsymbol{F}_{Ei2}$、内力(即质点系 2 中其他质点给它的力)$\boldsymbol{F}_{Ii2}$、冲力 $\boldsymbol{F}_{Ti}$。当然,并不是对每一质点均有这些力,例如约束反力只在某些点上才有,上述假设给出了一般情况。

对于质点 m_{i1} 有

$$m_{i1}\frac{\mathrm{d}\,\boldsymbol{v}_i}{\mathrm{d}t}=\boldsymbol{F}_{Ei1}+\boldsymbol{F}_{Ii1}+\boldsymbol{F}_{Ni1}+\boldsymbol{F}_i \tag{7-20}$$

对于质点 m_{i2} 有

$$m_{i2}\frac{\mathrm{d}\,\boldsymbol{v}_{i2}}{\mathrm{d}t}=\boldsymbol{F}_{Ei2}+\boldsymbol{F}_{Ii2}+\boldsymbol{F}_{Ti}-\boldsymbol{F}_i \tag{7-21}$$

其中 $\boldsymbol{F}_{Ti}=\frac{\mathrm{d}m_{i2}}{\mathrm{d}t}(\boldsymbol{u}_{i2}-\boldsymbol{v}_{i2})$,$\boldsymbol{u}_{i2}$ 为微粒 $\mathrm{d}m_{i2}$ 的绝对速度,$\boldsymbol{v}_{i2}$ 为质点系 2 中与点 A_i 重合点的速度,即质点 m_{i2} 的速度。

$\frac{\mathrm{d}\,\boldsymbol{v}_{i2}}{\mathrm{d}t}=\boldsymbol{a}_{i2}$,它等于牵连加速度 $\boldsymbol{a}_{i1}=\frac{\mathrm{d}\,\boldsymbol{v}_i}{\mathrm{d}t}$、相对加速度 $\boldsymbol{a}_i^r$ 及哥氏加速度 $\boldsymbol{a}_i^k$ 之和,即

$$\frac{\mathrm{d}\,\boldsymbol{v}_{i2}}{\mathrm{d}t}=\boldsymbol{a}_{i2}=\frac{\mathrm{d}\,\boldsymbol{v}_i}{\mathrm{d}t}+\boldsymbol{a}_i^r+\boldsymbol{a}_i^k \tag{7-22}$$

把式(7-22)代入式(7-21),并和式(7-20)相加消去 $\boldsymbol{F}_i$,得

$$m_{i1}\frac{\mathrm{d}\,\boldsymbol{v}_i}{\mathrm{d}t}+m_{i2}\left[\frac{\mathrm{d}\,\boldsymbol{v}_i}{\mathrm{d}t}+\boldsymbol{a}_i^r+\boldsymbol{a}_i^k\right]=(\boldsymbol{F}_{Ei1}+\boldsymbol{F}_{Ei2})+(\boldsymbol{F}_{Ii1}+\boldsymbol{F}_{Ii2})+\boldsymbol{F}_{Ni1}+\boldsymbol{F}_{Ti}$$

或

$$m_i\frac{\mathrm{d}\,\boldsymbol{v}_i}{\mathrm{d}t}=\boldsymbol{F}_{Ei}+\boldsymbol{F}_{Ii}+\boldsymbol{F}_{Ni}+\boldsymbol{F}_{Ti}-m_{i2}(\boldsymbol{a}_i^r+\boldsymbol{a}_i^k) \tag{7-23}$$

其中

$$m_i=m_{i1}+m_{i2}$$
$$\boldsymbol{F}_{Ei}=\boldsymbol{F}_{Ei1}+\boldsymbol{F}_{Ei2}$$
$$\boldsymbol{F}_{Ii}=\boldsymbol{F}_{Ii1}+\boldsymbol{F}_{Ii2}$$

$$F_{Ni}=F_{Ni1}$$

令

$$R_i=F_{Ti}-m_{i2}a_i^r-m_{i2}a_i^k$$
$$=F_{Ti}+F_i^r+F_i^k$$

其中 $F_i^r=-m_{i2}a_i^r$,为相对运动惯性力;$F_i^k=-m_{i2}a_i^k$,为哥氏惯性力;R_i 为附加力,它等于冲力、相对运动惯性力和哥氏惯性力之和。这样式(7-23)就成为

$$m_i\frac{\mathrm{d}\boldsymbol{v}_i}{\mathrm{d}t}=F_{Ei}+F_{Ii}+F_{Ni}+R_i \tag{7-24}$$

此式可以这样理解:在瞬时 t,把变质量质点假想地固结到刚体上点 A_i,组成一个新的质点。这个质点具有质量 m_i,作用在其上的力有 F_{Ei}、F_{Ii}、F_{Ni} 和 R_i,即除了作用于 m_{i1}、m_{i2} 上的外力、内力、约束反力外还要加上附加力。对这个质点列出的动力学方程式即为式(7-24)。

对所有质点列出式(7-24)所示的动力学方程,总和起来,并考虑到内力之和等于0,可得

$$\sum_{i=1}^{n}m_i\frac{\mathrm{d}\boldsymbol{v}_i}{\mathrm{d}t}=F_E+F_N+R$$

式中 $F_E=\sum F_{Ei}$,$F_N=\sum F_{Ni}$,$R=\sum R_i$,分别为作用于变质量构件上的所有外力、约束反力和附加力的矢量和。

根据式(7-17)可得变质量构件的瞬时质心动力学方程式:

$$ma_{S'}=F_E+F_N+R \tag{7-25}$$

$a_{S'}$ 为在瞬时 t,质心 S(包括不变和变质量系的总质心)的牵连加速度,即与它重合的动坐标系上点 S' 的加速度。

与固定质量构件的动力学方程式相比,式(7-25)除了右边多了一项附加力外,还要注意 m 是变化的,而且质心位置也是变化的。

与式(7-17)相比,式(7-25)右边项以 R 替代 F_T,即不仅有冲力,还因为有质点对刚体的相对运动,因而还产生相对运动惯性力和哥氏惯性力。如果质点对刚体无相对运动,则 $a_i^r=0$,$a_i^k=0$,式(7-25)变为式(7-17),因此前述变质量为所研究的一般情况中的一个特例。

另一个特例是:质点 m_{i2} 虽然对刚体有相对运动,但无质量变化(无微粒 $\mathrm{d}m_{i2}$ 分离出去或附加进来)。这时构件的总质量虽然不变,但构件的质心位置却是变化的。此时式(7-25)中 R 只包含相对运动惯性力和哥氏惯性力(如果刚体作平移,则无哥氏惯性力),m 为常数,但点 S' 的位置是变化的。

与式(7-19)类似,可得构件对点 S' 的转动方程式。把式(7-24)各项对质心取矩,总和起来,并考虑到内力之矩的和等于0,可得

$$\sum_{i=1}^{n}\left(r'_i\times m_i\frac{\mathrm{d}\boldsymbol{v}_i}{\mathrm{d}t}\right)=\sum_{i=1}^{n}r'_i\times(F_{Ei}+F_{Ii}+F_{Ni}+R_i)$$

或

$$J_{S'}\boldsymbol{\varepsilon}=M_E+M_N+M_R \tag{7-26}$$

式中 $J_{S'}$——瞬时 t 构件对点 S' 的转动惯量;M_E、M_N、M_R——所有外力、约束反力和附加力对点 S' 的力矩;$\boldsymbol{\varepsilon}$——构件的角加速度(刚体或动坐标的角加速度)。

例 7-2 一链条堆在平台上(见图 7-6),用常力 $\boldsymbol{F}$ 水平拉它,若链与平台的摩擦系数为 f,链条的单位长度质量为 μ,试分析其运动情况。

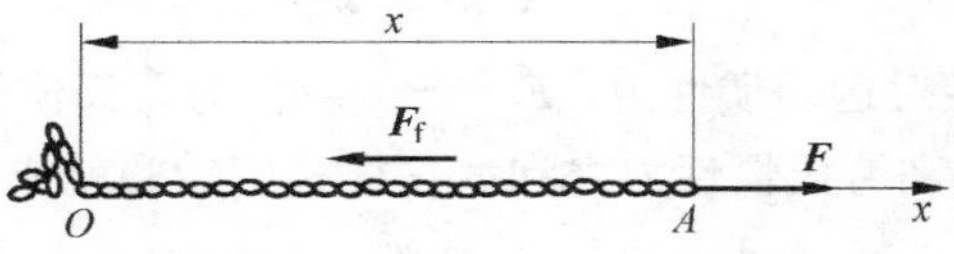

图 7-6

解 设链条从其起始点 O 拉出的长度 $OA=x$,则参加运动的链条质量将为

$$m=\mu x$$

它受到拉力 $\boldsymbol{F}$ 及摩擦力 $\boldsymbol{F}_f$ 的作用,显然

$$F_f=fmg=\mu fgx$$

运动部分的链条可看成一变质量刚体。经过 dt 时间,链条伸长 dx,有微小质量 $dm=\mu dx$ 并入此运动着的链条(刚体)。一旦并入,即与原来的刚体一起运动,它将和刚体无相对运动,这种情况即本节开始所述情况,链条可作为一变质量刚体来考虑。

作用于链条上的垂直力为重力和平台的约束反力,它们相互抵消。水平外力为 $\boldsymbol{F}$ 和 $\boldsymbol{F}_f$,冲力 $\boldsymbol{F}_T$ 为

$$F_T=\frac{dm}{dt}(u-v)=\frac{dm}{dt}(0-\dot{x})=-\frac{dm}{dt}\dot{x}-\mu\dot{x}^2$$

而

$$\dot{x}=\frac{dx}{dt}=v$$

因此由式(7-17)得

$$m\frac{d\dot{x}}{dt}=F-\mu fgx-\mu\dot{x}^2$$

此即为链条的动力学方程式。因链条为平移,故无转动方程式。

把 $m=\mu x$ 代入,并令 $z=\dot{x}^2$,则有

$$\frac{d\dot{x}}{dt}=\frac{d\dot{x}}{dx}\frac{dx}{dt}=\dot{x}\frac{d\dot{x}}{dx}=\frac{1}{2}\frac{d\dot{x}^2}{dx}=\frac{1}{2}\frac{dz}{dx}$$

作了上述变量替换后,动力学方程可写为

$$\frac{1}{2}\mu x\frac{dz}{dx}=F-\mu fgx-\mu z$$

即

$$x\frac{dz}{dx}=\frac{2F}{\mu}-2fgx-2z$$

当 $x\neq 0$ 时,有

$$\frac{dz}{dx}+\frac{2}{x}z=\frac{2F}{\mu x}-2fg$$

这是 z 的一阶线性微分方程,可用积分因子方法直接求解。积分因子为

$$\exp\left(\int\frac{2dx}{x}\right)=\exp(2\ln x)=x^2$$

故解为

$$x^2 z = \int\left(\frac{2F}{\mu x} - 2fg\right)x^2 \mathrm{d}x = \frac{F}{\mu}x^2 - \frac{2}{3}fgx^3 + C$$

设在 $t=0$ 时，$x=0^+$，$\dot{x}=0$，即 $z=0$，代入后得 $C=0$。故有

$$z = \dot{x}^2 = \frac{F}{\mu} - \frac{2}{3}fgx$$

$$\frac{\mathrm{d}x}{\mathrm{d}t} = \dot{x} = \sqrt{\frac{F}{\mu} - \frac{2}{3}fgx}$$

积分得

$$\int_{0^+}^{x} \frac{\mathrm{d}x}{\sqrt{\dfrac{F}{\mu} - \dfrac{2}{3}fgx}} = \int_0^t \mathrm{d}t$$

由此得

$$\frac{3}{fg}\sqrt{\frac{F}{\mu}} - \frac{3}{fg}\sqrt{\frac{F}{\mu} - \frac{2}{3}fgx} = t$$

化简后得

$$x = \sqrt{\frac{F}{\mu}}t - \frac{1}{6}fgt^2$$

上式即为链条的运动规律。

例 7-3 图 7-7 表示一绕垂直轴 z 旋转的吊杆 1，图中 xy 平面为水平面。在吊杆上有一行走小车 2，设小车 2 以等速度 u_0 相对于吊杆移动。吊杆受常驱动力矩 M 作用，如小车质量为 m_2，吊杆的质量为 m_1，质心位于点 S_1，对质心的转动惯量为 J_{S1}，若忽略摩擦，试写出吊杆的动力学方程式，并求出角速度 ω 与时间 t 的函数关系。

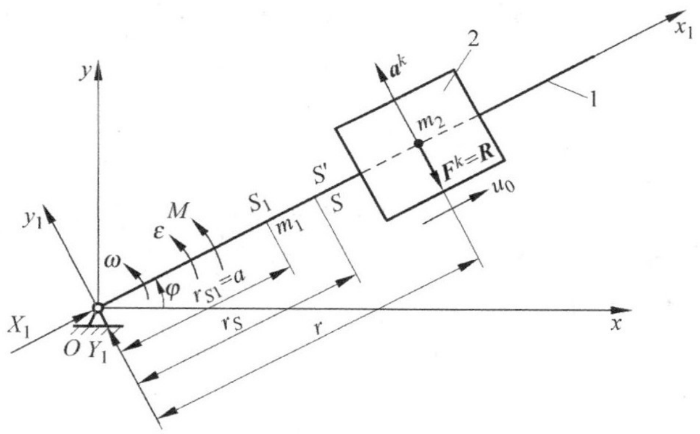

图 7-7

解 把小车和吊杆看成一个变质量构件。由于小车在吊杆上行走，虽然小车和吊杆的总质量没有发生变化，但总质心 S 的位置和系统对总质心的转动惯量是变化的。

把小车（质量为 m_2）看成瞬时固定在吊杆（刚体）上，并加以附加力 $\boldsymbol{R}$，写出其质心的动力学方程及转动方程式。

附加力 $\boldsymbol{R}$ 等于冲力、相对运动惯性力和哥氏惯性力之和。由于没有微粒质量附加进来或分离出去，所以冲力为 0；小车相对于吊杆沿 x_1 方向作等速运动，所以 $a^r=0$，亦即相对运动惯性力 $\boldsymbol{F}^r=0$，因此附加力中只有哥氏惯性力 $\boldsymbol{F}^k$，它的大小等于 $2m_2u_0\omega$，方向如图 7-7 所示。

作用在吊杆和小车上的外力只有驱动力矩 M,并设 M 为常量。约束反力为 $\boldsymbol{F}_N$,它在 x_1、y_1 方向的分量分别为 X_1、Y_1。设总质心在点 S,瞬时和它重合的吊杆上的点为 S'。点 S' 的加速度(即总质心点 S 的牵连加速度)在 x_1、y_1 方向的分量分别为 $a_{S'x1}$、$a_{S'y1}$,则沿 x_1 方向的移动动力学方程式为

$$(m_1+m_2)a_{S'x1}=X_1 \tag{a}$$

沿 y_1 方向的移动运动方程式为

$$(m_1+m_2)a_{S'y1}=Y_1-2m_2u_0\omega \tag{b}$$

转动方程式为

$$J_{S'}\varepsilon=M-2m_2u_0\omega(r-r_S)-Y_1r_S \tag{c}$$

其中 $J_{S'}$ 为系统对点 S' 的转动惯量,r_S 为质心 S 到点 O 的距离,r 为小车质心到点 O 的距离。

由于小车相对吊杆作匀速运动,故

$$r=r_0+u_0t$$

当 $t=0$ 时,r_0 为小车的起始位置。显然

$$a_{S'x1}=-\omega^2r_S$$
$$a_{S'y1}=\varepsilon r_S$$

ε 为吊杆的角加速度。

由式(b)、(c)消去 Y_1,得

$$\begin{aligned}J_{S'}\varepsilon+(m_1+m_2)r_S^2\varepsilon&=M-2m_2u_0\omega(r-r_S)-2m_2u_0\omega r_S\\&=M-2m_2u_0\omega r\end{aligned}$$

或

$$J_0\varepsilon=M-2m_2u_0\omega r \tag{d}$$

其中

$$J_0=J_{S'}+(m_1+m_2)r_S^2 \tag{e}$$

而

$$J_{S'}=J_{S1}+m_1(r_S-a)^2+m_2(r-r_S)^2$$

其中 $a=r_{S1}$,为点 S_1 到点 O 的距离。

因 S' 和质心 S 瞬时重合,故有

$$(m_1+m_2)r_S=m_1a+m_2r$$

代入式(e)并化简后得

$$J_0=J_{S1}+m_1a^2+m_2r^2$$

故式(d)可改写为

$$(J_{S1}+m_1a^2+m_2r^2)\frac{\mathrm{d}\omega}{\mathrm{d}t}=M-2m_2u_0\omega r \tag{f}$$

而

$$\frac{\mathrm{d}\omega}{\mathrm{d}t}=\frac{\mathrm{d}\omega}{\mathrm{d}r}\frac{\mathrm{d}r}{\mathrm{d}t}=u_0\frac{\mathrm{d}\omega}{\mathrm{d}r}$$

所以有

$$(J_{S1}+m_1a^2+m_2r^2)u_0\frac{\mathrm{d}\omega}{\mathrm{d}r}+2m_2u_0r\omega=M$$

或

$$\frac{\mathrm{d}}{\mathrm{d}r}[(J_{S1}+m_1a^2+m_2r^2)\omega]=\frac{M}{u_0}$$

积分得

$$(J_{S1}+m_1a^2+m_2r^2)\omega=\frac{M}{u_0}r+C$$

当 $t=0$ 时，$r=r_0$，$\omega=\omega_0$，代入得

$$C=(J_{S1}+m_1a^2+m_2r_0^2)\omega_0-\frac{M}{u_0}r_0$$

故
$$(J_{S1}+m_1a^2+m_2r^2)\omega=\frac{M}{u_0}(r-r_0)+(J_{S1}+m_1a^2+m_2r_0^2)\omega_0$$

以 $r=r_0+u_0t$ 代入，即得 ω 与 t 的函数关系：

$$\omega=\frac{Mt+(J_{S1}+m_1a^2+m_2r_0^2)\omega_0}{J_{S1}+m_1a^2+m_2(r_0+u_0t)^2}$$

7.3 能量形式的变质量构件的动力学方程

7.1 和 7.2 节所述为以动量定理为基础建立质点和构件的动力学方程的方法，本节将讲述以能量形式表达的变质量构件的动力学方程。

7.3.1 以能量形式表示的动力学方程

把式(7-24)两边与 $\boldsymbol{v}_i\mathrm{d}t$（表示微小位移）进行数量积运算，并总和起来得

$$\begin{aligned}\sum m_i\frac{\mathrm{d}\,\boldsymbol{v}_i}{\mathrm{d}t}\cdot\boldsymbol{v}_i\mathrm{d}t&=\sum[\boldsymbol{F}_{Ei}+\boldsymbol{F}_{Ii}+\boldsymbol{F}_{Ni}+\boldsymbol{R}_i]\cdot\boldsymbol{v}_i\mathrm{d}t\\&=\mathrm{d}W_E+\mathrm{d}W_N+\mathrm{d}W_R\end{aligned}\tag{7-27}$$

其中 $\mathrm{d}W_E$、$\mathrm{d}W_N$、$\mathrm{d}W_R$ 分别为作用在构件上的所有外力、约束反力和附加力在牵连运动中所做的功，即认为这些力作用在刚体上，在刚体作微小位移时所做的功。

由于内力成对存在，当把它们设想作用在刚体上后，它们在刚体运动中所做的元功之和为 0，即 $\sum\boldsymbol{F}_{Ii}\cdot\boldsymbol{v}_i\mathrm{d}t=0$。

式(7-27)的左边部分简化为

$$\begin{aligned}\sum m_i\frac{\mathrm{d}\,\boldsymbol{v}_i}{\mathrm{d}t}\cdot\boldsymbol{v}_i\mathrm{d}t&=\sum m_i\boldsymbol{v}_i\cdot\mathrm{d}\boldsymbol{v}_i=\sum\frac{1}{2}m_i\mathrm{d}(\boldsymbol{v}_i\cdot\boldsymbol{v}_i)\\&=\frac{1}{2}\sum m_i\mathrm{d}(v_i^2)\end{aligned}$$

由于 m_i 为变量，所以不能直接把 m_i 放到微分符号里去，显然

$$\mathrm{d}\left(\frac{1}{2}m_iv_i^2\right)=\frac{1}{2}v_i^2\mathrm{d}m_i+m_i\mathrm{d}\left(\frac{v_i^2}{2}\right)\neq m_i\mathrm{d}\left(\frac{v_i^2}{2}\right)$$

为了计算方便起见，采用局部微分符号 d^* 及局部求导符号 $\frac{\mathrm{d}^*}{\mathrm{d}\varphi}$，$\frac{\mathrm{d}^*}{\mathrm{d}t}$，…，表示在作这种局部微分和局部求导时，暂时地认为质量为常量，即认为构件暂时被“固化”而作的运算，这样就有

$$\frac{1}{2}\sum m_i\mathrm{d}(v_i^2)=\sum\frac{1}{2}\mathrm{d}^*(m_iv_i^2)=\mathrm{d}^*\left(\sum\frac{1}{2}m_iv_i^2\right)=\mathrm{d}^*E_\mathrm{e}\tag{7-28}$$

这里的 E_e 为在该瞬时，刚体连同其上变质量质点在牵连运动中具有的动能，即变质量质点 m_{i2} 和刚体一起运动时具有的动能。要注意的是，E_e 和变质量构件真正的动能是不相同的。

把式(7-28)代入式(7-27)得

$$d^* E_e = dW_E + dW_N + dW_R \tag{7-29}$$

在理想约束情况下,所有约束力所做的元功之和为 0,即 $dW_N = 0$。式(7-29)成为

$$d^* E_e = dW_E + dW_R \tag{7-30}$$

把式(7-29)及式(7-30)两边除以 dt 得

$$\frac{d^* E_e}{dt} = N_E + N_N + N_R \tag{7-31}$$

$$\frac{d^* E_e}{dt} = N_E + N_R \tag{7-32}$$

式中 N_E、N_N、N_R 分别表示外力、约束反力和附加力假想都作用在刚体上在刚体运动时的能量。

式(7-29)～(7-32)就是以能量形式表示的动力学方程式。

7.3.2 动能的计算

E_e 是把变质量质点设想固结在刚体上,与刚体一起运动时,刚体所具有的动能,即

$$E_e = \frac{1}{2}\sum_{i=1}^{n} m_i v_i^2$$

这里 m_i 是变量。

设固结于刚体上的动坐标系为 $O_1 x_1 y_1$,它的运动即刚体的运动。在某瞬时 t,变质量构件所具有的总质量为 $m = \sum m_i$,它的质心位于点 S,在该瞬时和点 S 重合的动坐标(刚体)上的点为 S'(见图 7-8),动坐标(刚体)的角速度为 ω,则动能 E_e 可用质心 S 的牵连速度 $v_{S'}$ 及刚体角速度 ω 来表示。

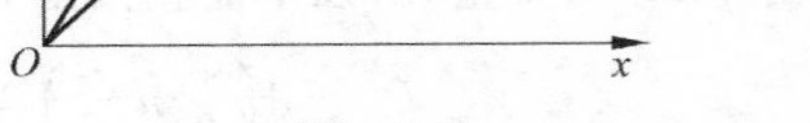

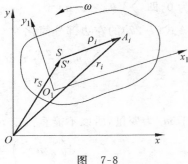

图 7-8

刚体上任一点的速度 $\boldsymbol{v}_i$ 可写为

$$\boldsymbol{v}_i = \boldsymbol{v}_{S'} + \boldsymbol{v}_{iS'}$$

$\boldsymbol{v}_{iS'}$ 为点 A_i 相对于点 S' 的速度,它等于 $\omega\rho_i$,方向垂直于 SA_i。刚体的动能为

$$\begin{aligned}\sum m_i v_i^2 &= \sum m_i (\boldsymbol{v}_{S'} + \boldsymbol{v}_{iS'}) \cdot (\boldsymbol{v}_{S'} + \boldsymbol{v}_{iS'}) \\ &= \sum m_i v_{S'}^2 + \sum m_i v_{iS'}^2 + 2\sum m_i \boldsymbol{v}_{S'} \cdot \boldsymbol{v}_{iS'}\end{aligned}$$

上式右边第一项为

$$\sum m_i v_{S'}^2 = m v_{S'}^2$$

第二项为

$$\sum m_i v_{iS'}^2 = \sum m_i \omega^2 \rho_i^2 = \omega^2 \sum m_i \rho_i^2 = \omega^2 J_{S'}$$

$J_{S'}$ 表示把变质量质点固结到刚体上后,刚体绕点 S' 的转动惯量。显然它不是常数,因为 m_i 为变量,而且 S' 的位置也是改变的,所以 $J_{S'} = \sum m_i \rho_i^2$ 是变化的。这和固定质量构件是不同的。

第三项为 $$2\sum m_i \boldsymbol{v}_{S'} \cdot \boldsymbol{v}_{iS'} = 2\sum m_i \boldsymbol{v}_{S'} \cdot (\boldsymbol{\omega} \times \boldsymbol{\rho}_i)$$

$$= 2\boldsymbol{v}_{S'} \cdot \left[\sum m_i(\boldsymbol{\omega} \times \boldsymbol{\rho}_i)\right]$$

$$= 2\boldsymbol{v}_{S'} \cdot \left[\boldsymbol{\omega} \times \sum m_i \boldsymbol{\rho}_i\right]$$

因为 S' 瞬时和质心 S 重合，所以有

$$\sum m_i \boldsymbol{\rho}_i = 0$$

这样第三项为 0，因此有

$$E_e = \frac{1}{2}\sum m_i v_i^2 = \frac{1}{2}m v_{S'}^2 + \frac{1}{2}J_{S'}\omega^2 \tag{7-33}$$

从形式上看，式(7-33)与具有定常质量构件动能计算公式相同，但要注意，式中的 m、$J_{S'}$ 均是变化的，而且 S' 的位置也是变化的。

下面考虑变质量构件在各种特殊情况下的动能表达式。

(1) 构件平移的情况

这时 $\omega=0$，于是有

$$E_e = \frac{1}{2}m v_{S'}^2 \tag{7-34}$$

在通常情况下，$\boldsymbol{v}_S$ 和 $\boldsymbol{v}_{S'}$ 是不同的(见图 7-9)，$\boldsymbol{v}_{S'}$ 为质心 S 的牵连速度。

如果质心在构件内部不移动，例如当质量的并入和分离出去是对称地进行时，质心位置相对于构件不变，但质量 m 仍是变化的，这时式(7-34)就变为

$$E_e = \frac{1}{2}m v_S^2 \tag{7-35}$$

(2) 构件绕固定轴线转动的情况(见图 7-10)

$$E_e = \frac{1}{2}m v_{S'}^2 + \frac{1}{2}J_{S'}\omega^2$$

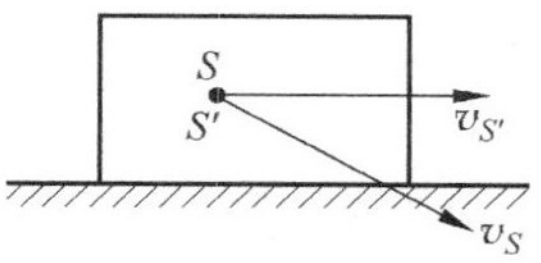

图 7-9

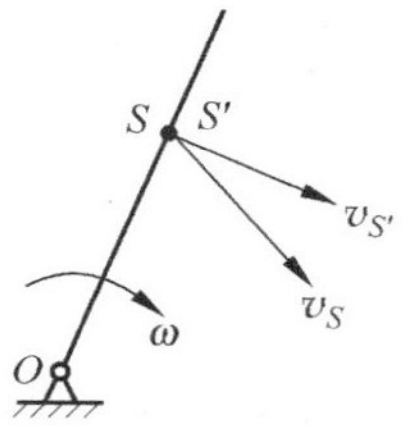

图 7-10

如果构件质量对称于质心改变，则质量中心在构件上的位置不变，但此时 m 和 $J_{S'}$ 均为变量，只是点 S 相对于刚体的运动为 0，故 v_S 等于其牵连速度 $v_{S'}$，式(7-33)变为

$$E_e = \frac{1}{2}m v_S^2 + \frac{1}{2}J_S\omega^2 \tag{7-36}$$

其中 m、J_S 为变量。

如果构件绕固定的质量中心旋转，而构件的质量对称地增加或减少，或者质量虽不变，但在构件内部质量重新对称地分布，从而使惯性半径发生变化，这时就有

$$E_e = \frac{1}{2} J_S \omega^2 \tag{7-37}$$

其中 J_S 为变量。

例 7-4　对图 7-7 所示的旋转吊杆，写出能量形式的动力学方程式。

解　由式(7-30)得

$$\mathrm{d}^* E_e = \mathrm{d}W_E + \mathrm{d}W_R$$

构件受到的外力为 M，它做的功为 $M\mathrm{d}\varphi$；约束反力(不计摩擦时)做的功为 0，附加力 R 等于哥氏惯性力，它的方向如图 7-7 所示，大小为 $2m_2u_0\omega$。把它假想作用于刚体吊杆上，它做的功为 $-2m_2u_0\omega r\mathrm{d}\varphi$，因此上式中右边部分为

$$\mathrm{d}W_E + \mathrm{d}W_R = M\mathrm{d}\varphi - 2m_2u_0\omega r\mathrm{d}\varphi$$

左边部分动能 E_e 按式(7-33)计算，即

$$E_e = \frac{1}{2}(m_1 + m_2)v_{S'}^2 + \frac{1}{2}J_{S'}\omega^2$$

式中

$$v_{S'} = \omega r_S$$

$$J_{S'} = J_{S1} + m_1(r_S - a)^2 + m_2(r - r_S)^2$$

代入后得

$$\begin{aligned} E_e &= \frac{1}{2}[J_{S1} + m_1(r_S - a)^2 + m_2(r - r_S)^2 + (m_1 + m_2)r_S^2]\omega^2 \\ &= \frac{1}{2}J_0\omega^2 \end{aligned}$$

$$\begin{aligned} J_0 &= J_{S1} + m_1(r_S - a)^2 + m_2(r - r_S)^2 + (m_1 + m_2)r_S^2 \\ &= J_{S1} + m_1a^2 + m_2r^2 \end{aligned}$$

$\mathrm{d}^* E_a$ 是把 J_0 看成不变的局部微分，于是有

$$\mathrm{d}^*\left(\frac{1}{2}J_0\omega^2\right) = M\mathrm{d}\varphi - 2m_2u_0\omega r\mathrm{d}\varphi$$

上式和例 7-3 的结果完全一样。在上式中只要以 $\mathrm{d}\varphi = \omega\mathrm{d}t$ 及 $\mathrm{d}^*\left(\frac{1}{2}J_0\omega^2\right) = J_0\omega\mathrm{d}\omega$ 代入，即可得

$$J_0\frac{\mathrm{d}\omega}{\mathrm{d}t} = M - 2m_2u_0\omega r$$

或

$$(J_{S1} + m_1a^2 + m_2r^2)\frac{\mathrm{d}\omega}{\mathrm{d}t} = M - 2m_2u_0\omega r$$

7.4　含变质量构件的单自由度系统的动力学分析

7.4.1　含变质量构件机械系统分析

随着科学技术的发展，现代机器中产生大量含变质量构件的机械系统。例如拴着绳子的飞行器，在上升时由于拉着绳索而增加质量；船在装载和卸载时质量变化，等等。在轻工机械或工程机械中也有不少含变质量构件的机械的例子。图 7-11(a)所示印刷机中使用的纸卷在印刷过程中，由于纸的减少而使卷筒连同其上的纸的质量和转动惯量发生

变化,成为一个作回转运动的变质量构件,为使纸带的进给量和拉紧力均匀以保证印刷质量,需要加适当的制动器(在图中用挂重制动器示意),在一些更精确的计算中,甚至要考虑纸卷偏心的影响。图 7-11(b)为浇铸罐示意图,在浇铸时,罐及其内部的液体金属的总质量及质心位置(相对于罐的位置)、转动惯量均在变化,为达到均匀浇铸,就要把浇铸罐及金属液看作是具有变质量的构件,研究其运动规律,调节挂钩的运动速度。在振动筛机构(见图 7-11(c))中,振动筛作往复运动,在运动过程中,筛子连同其上的物料(载荷)的总质量逐渐减小,而在装料时则重量增加,故在研究筛子运动时,可把筛子及其上的物料看成是一变质量移动构件。

还可以举出高炉料斗提升器的情况(见图 7-11(d))。当挂钩将料斗沿轨道升起时,在卸载曲线上料斗前后轮将沿不同的轨道运动,从而使料斗翻转倒料。料的质量将改变,料和料斗的质心相对料斗将移动。在研究料斗卸载过程的动力学时,可把料斗考虑为作平面一般运动的变质量构件。

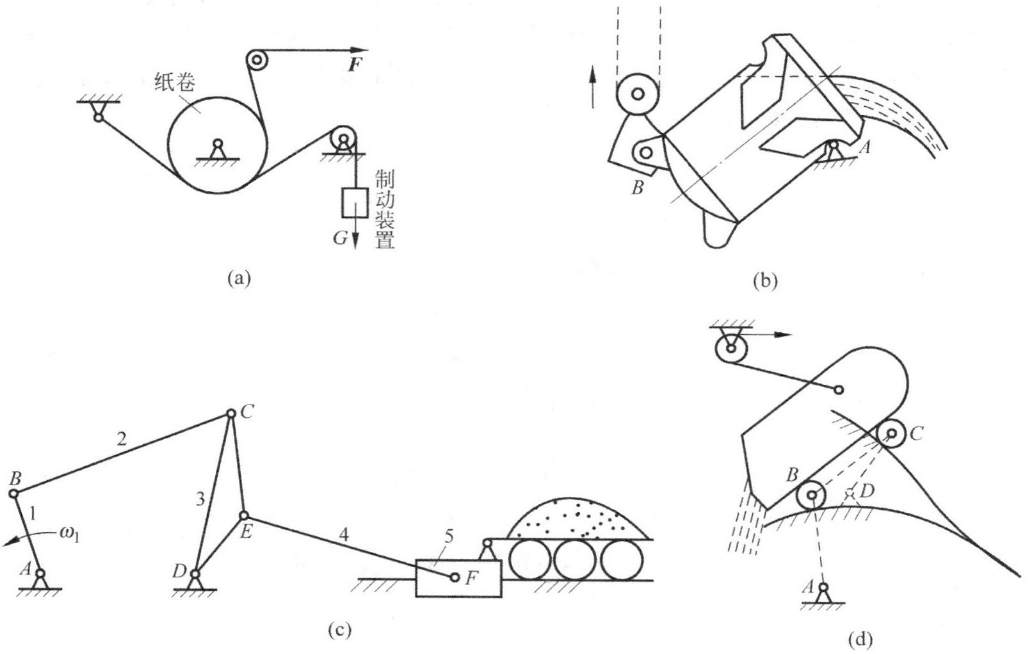

图 7-11　含变质量构件的机械系统

从上述例子中,可以看出很多机械存在着含变质量构件的机构。

7.4.2　等效力与等效转动惯量

前面讨论了变质量构件的动力学方程,当这些构件组成机构后,和由不变质量构件组成的单自由度机构一样,可对每一构件列出移动和绕质心转动的动力学方程式[即式(7-25)、(7-26)],把它们联立组成方程组,通过连接的运动副中作用力和反作用力大小相等、方向相反的关系,消去各约束反力,解出各构件的运动。但这样求解是很麻烦的,使用等效力(或等效力矩)、等效质量(或等效转动惯量)的概念来求解更为方便。

最常用和最简单的机构是单自由度机构，在这种机构中只有一个广义坐标。设机构由 p 个运动构件组成，约束为理想约束，则对每一构件可按式(7-24)写出能量形式的方程并将它们相加得到

$$\sum_{j=1}^{p} \mathrm{d}^{*} E_j = \sum_{j=1}^{p} \mathrm{d}W_{Ej} + \sum_{j=1}^{p} \mathrm{d}W_{Rj} \tag{7-38}$$

$$\mathrm{d}W_{Ej} = \left[\sum_{i=1}^{n} \boldsymbol{F}_{Ei} \cdot \boldsymbol{v}_i \mathrm{d}t \right]_j \tag{7-39}$$

$$\mathrm{d}W_{Rj} = \left[\sum_{i=1}^{n} \boldsymbol{R}_i \cdot \boldsymbol{v}_i \mathrm{d}t \right]_j \tag{7-40}$$

式中 j 表示第 j 个构件，n 为组成第 j 个构件的质点数目，i 表示第 j 构件中第 i 个质点，方括号外的下角标 j 为构件号，v_i 为第 i 个质点的速度。为计算书写方便，采用局部微分符号 d^{*}，表示在做这种局部微分时，暂时认为质量为常量。

应用等效力矩(或等效力)的概念，我们可以把所有外力用一等效力矩 M_e 来表示。等效力矩所做的功率和各外力在设想的刚体运动中所做的功率相等。若取绕定轴转动的构件为等效构件，其角位移 φ 作为广义坐标，则在单自由度机构中，j 构件的设想刚体上各点的位置 $\boldsymbol{r}_i$ 和速度 $\boldsymbol{v}_i$ 均为广义坐标 φ 的函数，即

$$\boldsymbol{r}_i = \boldsymbol{r}_i(\varphi) \tag{7-41}$$

$$\boldsymbol{v}_i = \frac{\mathrm{d}\boldsymbol{r}_i}{\mathrm{d}t} = \frac{\mathrm{d}\boldsymbol{r}_i}{\mathrm{d}\varphi}\frac{\mathrm{d}\varphi}{\mathrm{d}t} = \omega \frac{\mathrm{d}\boldsymbol{r}_i}{\mathrm{d}\varphi} \tag{7-42}$$

设 $M_{\mathrm{e}j}$ 为构件 j 上所有外力的等效力矩，则

$$\begin{aligned} M_{\mathrm{e}j}\omega &= \left[\sum_{i=1}^{n} \boldsymbol{F}_{Ei} \cdot \boldsymbol{v}_i \right]_j = \left[\sum_{i=1}^{n} \boldsymbol{F}_{Ei} \cdot \omega \frac{\mathrm{d}\boldsymbol{r}_i}{\mathrm{d}\varphi} \right]_j \\ &= \omega \left[\sum_{i=1}^{n} \boldsymbol{F}_{Ei} \cdot \frac{\mathrm{d}\boldsymbol{r}_i}{\mathrm{d}\varphi} \right]_j \end{aligned} \tag{7-43}$$

$$M_{\mathrm{e}j} = \left[\sum_{i=1}^{n} \boldsymbol{F}_{Ei} \cdot \frac{\mathrm{d}\boldsymbol{r}_i}{\mathrm{d}\varphi} \right]_j = \left[\sum_{i=1}^{n} \boldsymbol{F}_{Ei} \cdot \left(\frac{\boldsymbol{v}_i}{\omega} \right) \right]_j \tag{7-44}$$

而

$$\mathrm{d}W_{Ej} = \sum_{n}^{n} [\boldsymbol{F}_{Ei} \cdot \boldsymbol{v}_i \mathrm{d}t]_j = M_{\mathrm{e}j}\omega \mathrm{d}t = M_{\mathrm{e}j} \mathrm{d}\varphi \tag{7-45}$$

对整个机构有

$$\sum_{j=1}^{p} \mathrm{d}W_{Ej} = \sum_{j=1}^{p} M_{\mathrm{e}j} \mathrm{d}\varphi = M_\mathrm{e} \mathrm{d}\varphi$$

式中 $M_\mathrm{e} = \sum_{j=1}^{p} M_{\mathrm{e}j} = \sum_{j=1}^{p} \left[\sum_{i=1}^{n} \boldsymbol{F}_{Ei} \cdot \frac{\boldsymbol{v}_i}{\omega} \right]_j$，为作用在整个机构中的外力的等效力矩。

类似地可求得所有附加力 $\boldsymbol{R}_i$ 的等效力矩之和 $M_{\mathrm{e}R}$：

$$M_{\mathrm{e}R} = \sum_{j=1}^{p} M_{\mathrm{e}Rj}$$

式中

$$M_{\mathrm{e}Rj} = \left[\sum_{i=1}^{n} \boldsymbol{R}_i \cdot \frac{\boldsymbol{v}_i}{\omega} \right]_j \tag{7-46}$$

把它们代入式(7-38)的右边，得

$$d^*\left(\sum_{j=1}^{p}E_j\right) = (M_e + M_{eR})d\varphi \tag{7-47}$$

上式左边项中 $\sum_{j=1}^{p}E_j$ 是所有构件在相应的牵连运动中的动能之和。根据等效转动惯量的概念$\left(即等效转动惯量所具有的动能和 \sum_{j=1}^{p}E_j 相等\right)$，把整个机构的质量简化为等效转动惯量 J_e：

$$\frac{1}{2}J_e\omega^2 = \sum_{j=1}^{p}E_j = \sum_{j=1}^{p}\frac{1}{2}[m_j v_{S'j}^2 + J_{S'j}\omega_j^2]$$

故

$$J_e = \sum_{j=1}^{p}\left[m_j\left(\frac{v_{S'j}}{\omega}\right)^2 + J_{S'j}\left(\frac{\omega_j}{\omega}\right)^2\right] \tag{7-48}$$

代入式(7-47)得

$$\frac{d^*}{d\varphi}\left(\frac{1}{2}J_e\omega^2\right) = M_e + M_{eR}$$

或

$$J_e\omega\frac{d^*\omega}{d\varphi} + \frac{\omega^2}{2}\frac{d^*J_e}{d\varphi} = M_e + M_{eR} \tag{7-49}$$

因为 ω 和质量无关，所以有

$$\frac{d^*\omega}{d\varphi} = \frac{d\omega}{d\varphi}$$

$$J_e\omega\frac{d\omega}{d\varphi} + \frac{\omega^2}{2}\frac{d^*J_e}{d\varphi} = M_e + M_{eR}$$

或

$$J_e\frac{d\omega}{dt} + \frac{\omega^2}{2}\frac{d^*J_e}{d\varphi} = M_e + M_{eR} \tag{7-50}$$

式(7-50)为力矩形式的动力学方程式。要注意的是，J_e 不仅是 φ 的函数，也和质量变化规律有关。$\frac{d^*J_e}{d\varphi}$是暂时认为质量不变而对 φ 求导所得的局部导数。由式(7-48)得

$$\frac{d^*J_e}{d\varphi} = \sum_{j=1}^{p}\left[m_j\frac{d}{d\varphi}\left(\frac{v_{S'j}}{\omega}\right)^2 + J_{S'j}\frac{d}{d\varphi}\left(\frac{\omega_j}{\omega}\right)^2\right] \tag{7-51}$$

上式中的 m_j、$J_{S'j}$ 仍应视为变量。

在具有变质量构件的机械系统动力分析中，比较困难的是附加力的计算。不过，在绝大部分实际问题中，机构仅有一个构件是变质量构件，而且在具体问题中，往往附加力 $\boldsymbol{R}_i$ 的表达式比一般表达式要简单得多。例如当质点在构件中没有相对运动时则相对运动惯性力及哥氏惯性力为 0，只需要计算冲力。当没有质量附加进来或分离出去，而只有质点在构件内部移动时，这时构件质量虽然没有变化，但质量分布改变了，转动惯量和质心位置是变化的。在这种情况下，冲力为 0，只需计算相对运动惯性力和哥氏惯性力。

例 7-5 在往复式推料机(见图 7-12)运动时，滑块推动矿物。滑块的质量由于在运动过程中附加在它上面的矿物质量增加而增加。设在曲柄上有驱动力矩 M_1，在滑块上有阻力 F_3 作用，且认为 F_3 和 M_1 为常数，试写出机构的动力学方程式。

解

(1) 首先分析滑块 3 的质量变化规律

随着滑块位移的增加，推动的质量增多。增加的质量和位移成正比，于是有

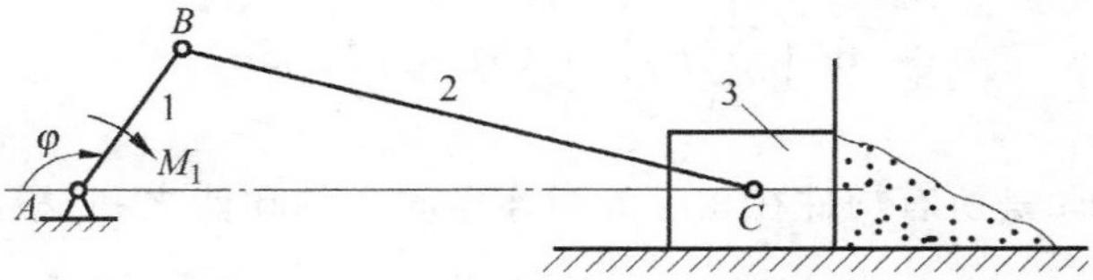

图　7-12

$$m_3 = m_{30} + \mu s_3$$

式中 m_{30}——滑块的不变质量；s_3——滑块3的位移(从左边极限位置算起)；μ——在滑块作单位位移时，被推动矿物的质量，设它为常数。

(2) 计算等效力矩

设以曲柄为等效构件，其角速度为 ω，滑块的速度为 v_3，则

$$M_{ed} = M_1,\quad M_{er} = -F_3\frac{v_3}{\omega},\quad M_e = M_1 - F_3\frac{v_3}{\omega}$$

M_{ed}及M_{er}分别表示驱动力和阻力的等效力矩。

现在求附加力的等效力矩。设矿物原来静止不动，即 $u=0$。附加质量和滑块一起运动，设它们和滑块无相对运动，即滑块可看作一变质量刚体。故有

$$\boldsymbol{R}_3 = \boldsymbol{F}_{T3} = \frac{\mathrm{d}m_3}{\mathrm{d}t}(\boldsymbol{u} - \boldsymbol{v}_3) = -\frac{\mathrm{d}m_3}{\mathrm{d}t}\boldsymbol{v}_3$$

$$M_{eR} = \boldsymbol{R}_3 \cdot \frac{\boldsymbol{v}_3}{\omega} = -\frac{\mathrm{d}m_3}{\mathrm{d}t}\frac{v_3^2}{\omega}$$

而
$$\frac{\mathrm{d}m_3}{\mathrm{d}t} = \frac{\mathrm{d}m_3}{\mathrm{d}s_3}\frac{\mathrm{d}s_3}{\mathrm{d}t} = \mu v_3$$

故
$$M_{eR} = -\frac{\mu v_3^3}{\omega}$$

(3) 计算等效转动惯量 J_e

$$J_e = J_1 + J_{S2}\left(\frac{\omega_2}{\omega}\right)^2 + m_2\left(\frac{v_{S2}}{\omega}\right)^2 + (m_{30} + \mu s_3)\left(\frac{v_3}{\omega}\right)^2$$

式中 J_1——曲柄对轴 A 的转动惯量；m_2——构件2的质量；J_{S2}——构件2对其质心 S_2 的转动惯量；v_{S2}——构件2质心 S_2 的速度；ω_2——构件2的角速度。

(4) 建立力矩形式的动力学方程式

$$J_e\frac{\mathrm{d}\omega}{\mathrm{d}t} + \frac{\mathrm{d}^* J_e}{\mathrm{d}\varphi}\frac{\omega^2}{2} = M_1 - F_3\frac{v_3}{\omega} - \mu\frac{v_3^3}{\omega}$$

其中
$$\frac{\mathrm{d}^* J_e}{\mathrm{d}\varphi} = J_{S2}\frac{\mathrm{d}}{\mathrm{d}\varphi}\left(\frac{\omega_2}{\omega}\right)^2 + m_2\frac{\mathrm{d}}{\mathrm{d}\varphi}\left(\frac{v_{S2}}{\omega}\right)^2 + (m_{30} + \mu s_3)\frac{\mathrm{d}}{\mathrm{d}\varphi}\left(\frac{v_3}{\omega}\right)^2$$

由于 J_e 及 $\frac{\mathrm{d}^* J_e}{\mathrm{d}\varphi}$ 均为 φ 的函数，而 $\frac{\mathrm{d}\omega}{\mathrm{d}t}$ 可写成 $\frac{\mathrm{d}\omega}{\mathrm{d}t} = \omega\frac{\mathrm{d}\omega}{\mathrm{d}\varphi}$，$M_e + M_{eR} = M_1 - F_3\frac{v_3}{\omega} - \mu\frac{v_3^3}{\omega}$ 为 φ 与 ω 的函数，写成 $M_e(\omega,\varphi)$，所以动力学方程式将具有如下形式：

$$\frac{\mathrm{d}\omega}{\mathrm{d}\varphi} = \frac{M_e(\omega,\varphi) - \frac{\mathrm{d}^* J_e}{\mathrm{d}\varphi}(\varphi)\frac{\omega_2}{2}}{J_e(\varphi)\omega} = f(\omega,\varphi)$$

这是一个一阶非线性微分方程，可以应用解非线性方程的数值解法(例如龙格-库塔方法)求解。

7.4.3　能量形式的动力学方程

设机构总动能为 E，它等于各构件动能之和，故有 $\sum_{j=1}^{p} E_j = E$，则式(7-47)可写为

$$d^* E = (M_e + M_{eR})d\varphi$$

或

$$d^*\left(\frac{1}{2}J_e\omega^2\right) = (M_e + M_{eR})d\varphi$$

在等效构件转过有限角度时，例如由 φ_1 转到 φ_2 角，对上式积分可得

$$\frac{1}{2}J_{e2}\omega_2^2 - \frac{1}{2}J_{e1}\omega_1^2 = \int_{\varphi_1}^{\varphi_2} M_e d\varphi + \int_{\varphi_1}^{\varphi_2} M_{eR} d\varphi \tag{7-52}$$

式中 J_{e1}、J_{e2}——等效构件位于 φ_1、φ_2 时的等效转动惯量；ω_1、ω_2——等效构件位于 φ_1、φ_2 时的角速度；$\int_{\varphi_1}^{\varphi_2} M_e d\varphi$、$\int_{\varphi_1}^{\varphi_2} M_{eR} d\varphi$——等效构件由 φ_1 转到 φ_2 时，分别为外力、附加力作用在设想刚体上时所做的功。

式(7-52)即为能量形式的机械动力学方程式，它特别适合机构中的等效外力矩随机构位置变化，附加力的等效力矩也随机构位置变化(而机构位置由广义坐标 φ 决定)的动力学研究。

例 7-6　图 7-13 为一缠绕带子的卷筒机构，设带为不可伸缩的，其密度为 ρ，心轴 1 的半径为 R_a，卷筒 2 的半径为 r_a，带子全部缠绕在卷筒上时半径为 r_0，带的宽度为 B，厚度为 δ，心轴和卷筒的转动惯量分别为 J_{10}、J_{20}，它们为常量。如果在心轴上加一常力矩 M_1，试列出心轴的动力学方程式。

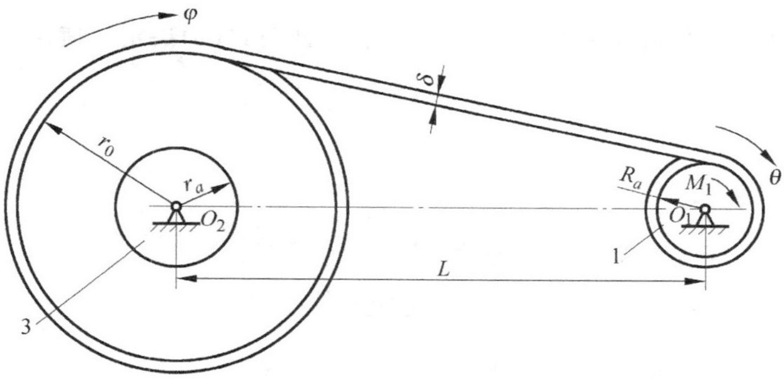

图　7-13

解　设心轴 1 的转角为 θ，卷筒 2 的转角为 φ。显然在转动过程中，心轴上将逐渐缠上带子，其外径逐渐增加，卷筒上缠的带子被拉出，外径逐渐减小。令在某一瞬间 t 时(轴 1、2 的转角分别为 θ、φ)，轮 1、2 的半径分别为 R 与 r，则有

$$\begin{cases} r = r_0 - \dfrac{\delta}{2\pi}\varphi \\ R = R_a + \dfrac{\delta}{2\pi}\theta \end{cases} \tag{a}$$

若忽略带子沿轮子径向的速度，可近似得到

$$r\dot{\varphi} \approx R\dot{\theta} \tag{b}$$

把式(a)代入式(b)并积分，可得 θ 与 φ 间的关系：

$$\left(r_0 - \frac{\delta}{2\pi}\varphi\right)\dot{\varphi} = \left(R_a + \frac{\delta}{2\pi}\theta\right)\dot{\theta}$$

积分得

$$\int_0^{\varphi}\left(r_0 - \frac{\delta}{2\pi}\varphi\right)\mathrm{d}\varphi = \int_0^{\theta}\left(R_a + \frac{\delta}{2\pi}\theta\right)\mathrm{d}\theta$$

令 $\dfrac{\delta}{2\pi}=c$，则有

$$r_0\varphi - c\,\frac{\varphi^2}{2} = R_a\theta + c\,\frac{\theta^2}{2}$$

或

$$\frac{c}{2}\varphi^2 - r_0\varphi + \left(R_a + \frac{c}{2}\theta\right)\theta = 0$$

解得

$$\varphi = \frac{r_0 \pm \sqrt{r_0^2 - 2c\theta\left(R_a + \dfrac{c}{2}\theta\right)}}{c}$$

式中应取“$-$”号。因为按题意，当 $\theta=0$ 时，$\varphi=0$。若取“$+$”号，则当 $\theta=0$ 时，$\varphi=\dfrac{2r_0}{c}$，与题意不符，故有

$$\varphi = \frac{r_0 - \sqrt{r_0^2 - 2c\theta\left(R_a + \dfrac{c}{2}\theta\right)}}{c}$$

其中 φ 为 θ 的函数。

若把 φ 代入式(a)，可知 r、R 亦为 θ 的函数，因此由式(b)决定的速比

$$\frac{\dot{\varphi}}{\dot{\theta}} = \frac{R}{r}$$

亦为 θ 的函数。

(1) 计算转动惯量

心轴及其上带子对转动中心的转动惯量 J_1 为

$$J_1 = J_{10} + \frac{2\pi\rho B(R^4 - R_a^4)}{4}$$

卷筒及其上带子对转动中心的转动惯量 J_2 为

$$J_2 = J_{20} + \frac{2\pi\rho B(r^4 - r_a^4)}{4}$$

以上两式中 J_{10}、J_{20} 分别为心轴和卷筒对它们转动中心的转动惯量，J_{10}、J_{20} 为常量。由以上两式可知 J_1、J_2 为变量，它们随 R、r，亦即随 θ 改变而改变。

中间带子的质量 m 为

$$m = \rho B\delta l$$

l 为带长，可由下式计算得出：

$$l = \sqrt{L^2 - (r-R)^2} = \sqrt{L^2 - \left[r_0 - R_a - \frac{\delta}{2\pi}(\varphi+\theta)\right]^2}$$

$$= \sqrt{[L^2 - (r_0 - R_a)^2] + 2(r_0 - R_a)c(\varphi + \theta) - c^2(\varphi + \theta)^2}$$

故有

$$m = \rho B\delta l = f(\theta)$$

即 m 为 θ 的函数。

当忽略带子沿径向的运动时，带子的速度 v 为

$$v \approx \dot{\theta}R$$

若把心轴作为等效构件，则等效转动惯量 J_e 为

$$J_e = J_1 + J_2\left(\frac{\dot{\varphi}}{\dot{\theta}}\right)^2 + m\left(\frac{v}{\dot{\theta}}\right)^2 = J_1 + J_2\left(\frac{R}{r}\right)^2 + mR^2 = f_1(\theta)$$

式中 $\frac{R}{r}$、m、J_1、J_2、R 均为 θ 的函数，故 J_e 为 θ 的函数。

(2) 等效力矩

作用在心轴 1 上的主动力矩 M_1 = 常量，又由于带子进入心轴或离开卷筒时的相对速度约为 0，因此冲力为 0；带子在卷筒和心轴上无相对运动，因此相对运动惯性力和哥氏惯性力为 0，即附加力为 0，于是有 $M_R = 0$，故 $M_e = M_1$ = 常数。

(3) 列出能量形式的动力学方程式

$$\frac{1}{2}J_{e2}\omega_2^2 - \frac{1}{2}J_{e1}\omega_1^2 = \int_{\theta_1}^{\theta_2} M_e \mathrm{d}\theta = M_1(\theta_2 - \theta_1)$$

(4) 根据初始条件求解方程式

设初始条件为 $\theta_1 = 0$ 时，$\omega_1 = 0$。在任何时刻 t 时，$\theta = \theta$，相应的角速度为 ω，则有

$$\omega^2 = \frac{2}{J_e}M_1\theta$$

或

$$\frac{\mathrm{d}\theta}{\mathrm{d}t} = \sqrt{\frac{2}{J_e}M_1\theta} = f_2(\theta)$$

这是有关 θ 的一阶非线性微分方程，也可由数值解法(例如四阶龙格-库塔公式)求出 θ 和 t 的关系。

第 8 章　机械系统动力学数值仿真算法基础

8.1　概　　述

机械系统动力学研究的问题之一是系统在实际工作状态下的受力变化、运动情况以及其他动态行为。在解决机械系统动力学问题时，可以直接制作样机进行动力学实验，并根据样机实验的结果进行改进设计、动力学分析及评价。但在机械系统较为复杂、结构尺寸很大或者在太空等特殊环境下，一般采用制作模型样机进行实验，称为实验模型。随着计算机技术的发展，产生了模拟仿真模型，就是对机械系统建立力学、数学模型，依靠计算机对于数学模型进行分析研究和计算，可以预测未来机械系统的真实运动状况和动力学特性，这就是以数字计算机为主要工具的数字仿真技术，也可称为动力学问题的计算机仿真，其中的模型可称为仿真模型。

数值仿真的关键问题是模型的准确性和计算方法的有效性。计算方法所依据的是数值计算原理，将描述机械系统动力学特征的微分方程进行离散化处理，然后运用计算机进行运动学和动力学的计算。其关键是寻找合适的、能够对数学模型进行离散化的数值计算方法，并且对机械系统求其数值解，通过数值解的结果来表达系统的动力学特性。

由于工程实际结构一般都比较复杂，几何建模工作量大，目前商业化动力学分析软件提供了方便友好的用户界面，用户可以在一个集成环境中进行建模、仿真和后处理等工作。这种类型的机械系统动态仿真技术称为机械工程中的虚拟样机技术，这是 20 世纪后期发展起来的一项计算机辅助工程技术。虚拟样机技术的核心是通过求解代数方程组，确定引起系统及其各构件运动所需的作用力及其反作用力等，利用计算机系统的辅助分析技术进行机械系统动态分析，以确定系统及其各构件在任意时刻的位置、速度和加速度。虚拟样机技术在概念设计阶段可以对整个系统进行完整的分析，可以观察并试验各组成部件的相互运动情况。由于使用系统仿真软件可在各种虚拟环境中模拟系统的运动，可以较方便地修改设计，仿真实验不同的设计方案，对整个系统不断改进，直至获得优化设计方案。近年来，计算机可视化技术及动画技术的发展为虚拟样机技术的应用提供了技术环境。该技术受到人们的普遍关注与重视，而且相继出现了各种分析软件，如 MATLAB、ADAMS、ANSYS、CATIA、UG、Pro/E、SolidWorks 等。

但虚拟样机技术的真正实现或者真正能解出令人信服的可靠结果，需要许多技术的综合，特别是多体系统动力学建模理论、求解动力学问题的快速数值算法等，而且商业软件中处理间隙接触等问题的功能有限，一般需要用户根据接口要求编制自己的子程序，如采用美国 MSC 公司的 ADAMS 解决机构动力学问题，要根据 ADAMS 的用户定制功能，将间隙运动副接触碰撞模型等做成动态链接库，供 ADAMS/Sover 调用。对于这方面的原创性工作，目前我国还有较大的差距。

简单的机械系统可以给出动力学微分方程的解析解，对于复杂的机械系统，往往很难用解析方法求解，只能借助微分方程的数值解。求解微分方程的数值方法有多种，不同的数值方法求解的速度和精度不同，因而在进行机械系统动力学数字仿真时，必须对各种算法加以选择，从而达到优化的仿真效果。

8.2 数值积分方法

给出函数 $y=f(x)$，要计算积分

$$F=\int_{x_A}^{x_B} f(x)\mathrm{d}x \tag{8-1}$$

这种积分就是求解曲线 $y=f(x)$、横轴 x 及直线 $x=x_A$，$x=x_B$ 所包围的面积（见图 8-1）。

如果积分 $\int_{x_A}^{x_B} f(x)\mathrm{d}x$ 无法用函数积分方法求出，尤其在 $y=f(x)$ 是用曲线图或表格数值形式给出时，则更无法用解析法求出这积分值。因此，在很多情况下，积分只能用近似的数值方法解决。

最常用的方法是把区间 AB 分成 n 个等分，每个等分长度为 h，则

$$h=\frac{x_B-x_A}{n} \tag{8-2}$$

然后用各种近似方法计算每一小块面积（如图 8-1 中的阴影线所示）。把各小块面积加起来就得到整个面积。

下面讨论小区间面积的近似计算方法（见图 8-2）。

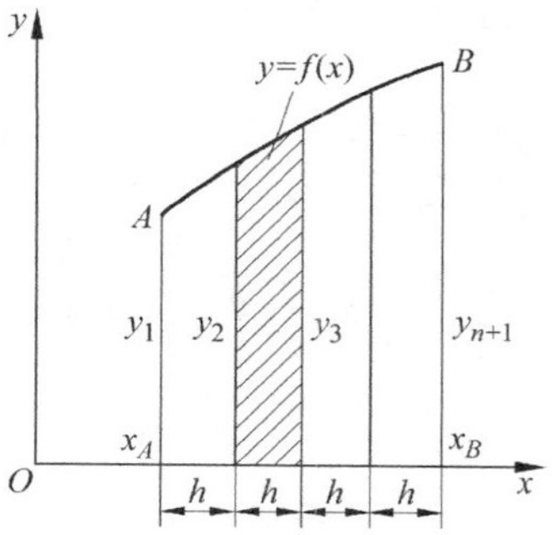

图 8-1

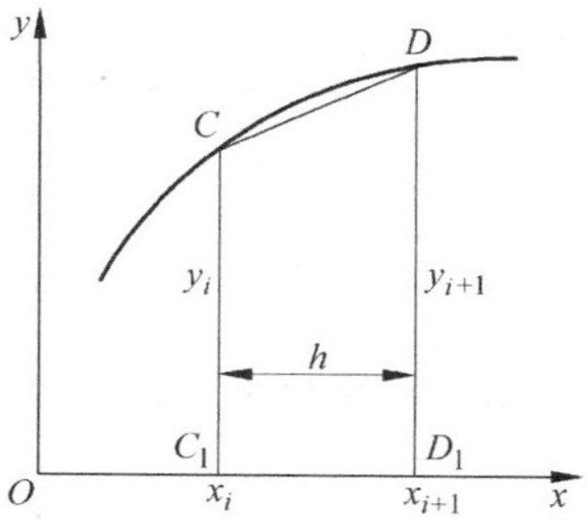

图 8-2

常用的方法有梯形方法和辛普生(Simpson)方法。

1. 梯形方法

这是最简单的方法。区间的曲线 CD 近似用直线 CD 来代替。当区间足够小（即 h 足够小）时，这样的近似是可以容许的。

这样，曲线 CD 下面的面积近似用梯形面积 C_1CDD_1 来替代。即

$$\int_{x_i}^{x_{i+1}} f(x)\mathrm{d}x \approx \triangle C_1CDD_1=\frac{1}{2}(y_{i+1}+y_i)h \tag{8-3}$$

图 8-1 所示曲线下的面积将等于

$$\int_{x_A}^{x_B} f(x)\mathrm{d}x = \left[\frac{1}{2}(y_1 + y_2) + \frac{1}{2}(y_2 + y_3) + \cdots + \frac{1}{2}(y_n + y_{n+1})\right]h$$

$$= \frac{x_B - x_A}{n}\left[\frac{1}{2}(y_1 + y_{n+1}) + y_2 + y_3 + \cdots + y_n\right] \tag{8-4}$$

例 8-1 计算

$$F = \int_1^{13} \frac{\mathrm{d}x}{x} \tag{8-5}$$

解 本例可以直接积分求得,以便于校核。如用积分,可求得精确解为

$$F = \int_1^{13} \frac{\mathrm{d}x}{x} = \ln x\Big|_1^{13} = \ln 13 = 2.5649494 \tag{8-6}$$

如用梯形公式,取 $n=3$,即 $x_1=1, x_2=5, x_3=9, x_4=13$,则有

$$h = \frac{13-1}{3} = 4$$

这时
$$F=4\left(\frac{1}{2}y_1+y_2+y_3+\frac{1}{2}y_i\right)$$

而
$$y_i=f(x_i)=\frac{1}{x_i} \quad i=1,2,3,4$$

即 $y_1=1, y_2=\frac{1}{5}, y_3=\frac{1}{9}, y_4=\frac{1}{13}$,故有

$$F = F_3 = 4\left(\frac{1}{2}\times 1 + \frac{1}{5} + \frac{1}{9} + \frac{1}{2}\times\frac{1}{13}\right) \approx 3.398$$

该值与精确值 2.5649494 相差甚远。

若取 $n=6, h=\frac{13-1}{6}=2$,即 $x_1=1, x_2=3, x_3=5, x_4=7, x_5=9, x_6=11, x_7=13$,而

$$F = F_6 = 2\left(\frac{1}{2}\times 1 + \frac{1}{3} + \frac{1}{5} + \frac{1}{7} + \frac{1}{9} + \frac{1}{11} + \frac{1}{2}\times\frac{1}{13}\right) = 2.8333444$$

若取 $n=12$,则

$$F = F_{12} = 1\left(\frac{1}{2}\times 1 + \frac{1}{2} + \frac{1}{3} + \frac{1}{4} + \cdots + \frac{1}{12} + \frac{1}{2}\times\frac{1}{13}\right) \approx 2.6416722$$

从本例看,步长 h 取得愈小,精确度愈高。

为了提高梯形公式的精度,可以用下述方法进行修正。

因为等分点的数目多一倍,误差可近似地看成差 4 倍。设

$$F_m = F + \Delta_m$$

式中 F 为准确值; F_m 为分成 m 等分时用梯形公式算得的近似积分值; Δ_m 为这时的误差。

同样令

$$F_{2m} = F + \Delta_{2m}$$

认为 $\Delta_m=4\Delta_{2m}$,则

$$F = F_m - 4\Delta_{2m} = F_{2m} - \Delta_{2m}$$

$$F_m - F_{2m} = 3\Delta_{2m}$$

$$\Delta_{2m} = \frac{1}{3}(F_m - F_{2m})$$

故
$$F = F_{2m} - \Delta_{2m} = F_{2m} - \frac{1}{3}(F_m - F_{2m}) \tag{8-7}$$

即用梯形公式计算一次 F_m，一次 F_{2m}，按式(8-7)计算，即能得到比较精确的数值。

例 8-2 用梯形公式修正误差方法计算例 8-1 的积分。

解 在例 8-1 中有 $F_6=2.8333444$，$F_{12}=2.6416722$，代入式(8-7)，得

$$F = F_{12} - \frac{1}{3}(F_6 - F_{12}) = 2.6416722 - \frac{1}{3}(2.8333444 - 2.6416722)$$

$$= 2.5777815$$

这个结果与准确值 2.5649494 就比较接近了。

2. 辛普生方法

为求式(8-1)的积分，把区间 AB 分成 $n=2m$ 个等分。每一等分则为 $h=\frac{x_B-x_A}{2m}$。取出其中相邻的两个窄条(见图 8-3)(取点 i、$i+1$、$i+2$)，为书写方便起见，令 $x_i=a$，$x_{i+2}=b$，则

$$x_{i+1} = \frac{a+b}{2}$$

而
$$b-a=2h$$

这两窄条的面积设为 F_i，则按辛普生公式有

$$F_i = \frac{h}{3}(y_i + 4y_{i+1} + y_{i+2}) \tag{8-8}$$

F_i 值和曲线 KN 下的面积相当接近。这是因为如果把曲线 KN 用三次抛物线近似，其积分所得结果与式(8-8)重合。

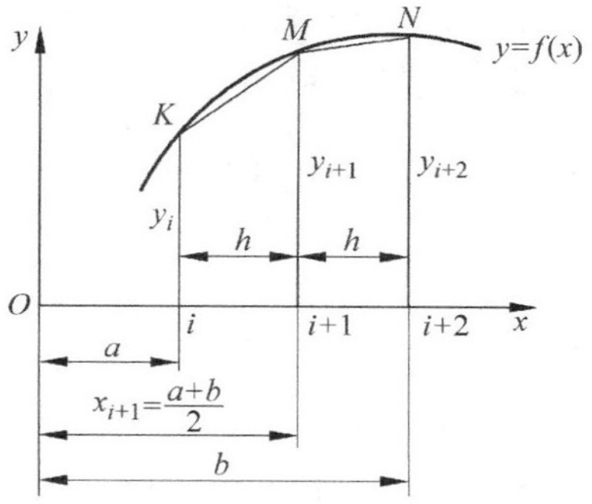

图 8-3

如设曲线 KN 的方程为

$$y = f(x) \approx \alpha + \beta x + \gamma x^2 + \delta x^3$$

$$F_i = \int_a^b f(x)\mathrm{d}x = \left[\alpha x + \frac{\beta}{2}x^2 + \frac{\gamma}{3}x^3 + \frac{\delta}{4}x^4\right]_a^b$$

$$= (b-a)\alpha + \frac{\beta}{2}(b^2-a^2) + \frac{\gamma}{3}(b^3-a^3) + \frac{\delta}{4}(b^4-a^4) \tag{8-9}$$

若按式(8-8)计算，因为

$$y_i = f(x_i) = f(a) = \alpha + \beta a + \gamma a^2 + \delta a^3$$

$$y_{i+1} = f\left(\frac{a+b}{2}\right) = \alpha + \beta\frac{a+b}{2} + \gamma\frac{a^2+2ab+b^2}{4} + \delta\frac{a^3+3a^2b+3ab^2+b^3}{8}$$

$$y_{i+2} = f(b) = \alpha + \beta b + \gamma b^2 + \delta b^3$$

代入式(8-8)，且考虑到 $b-a=2h$，得面积 F_i' 为

$$F_i' = \frac{b-a}{6}\Big\{(\alpha + \beta a + \gamma a^2 + \delta a^3) + \Big[4\alpha + 2(a+b)\beta + (a^2+2ab+b^2)\gamma$$

$$+\frac{1}{2}(a^3+3a^2b+3ab^2+b^3)\delta\Big]+(\alpha+\beta b+\gamma b^2+\delta b^3)\Big\}$$

$$=\frac{b-a}{6}\left\{6\alpha+3(a+b)\beta+2(a^2+ab+b^2)\gamma+\frac{3}{2}(a^3+a^2b+ab^2+b^3)\delta\right\}$$

$$=(b-a)\alpha+\frac{b^2-a^2}{2}\beta+\frac{b^3-a^3}{3}\gamma+\frac{b^4-a^4}{4}\delta$$

上式与式(8-9)相同。

这样按辛普生公式求出的面积，相当于把曲线用一个三次抛物线替代后计算的面积，这比梯形公式中以两条直线 KM,MN 来近似要精确得多。

若对整个区间 AB 计算，则有

$$F=\frac{x_B-x_A}{3n}(y_1+4y_2+2y_3+4y_4+\cdots+2y_{n-1}+4y_n+y_{n+1}) \tag{8-10}$$

或

$$F=\frac{x_B-x_A}{3n}[(y_1+y_{n+1})+4(y_2+y_4+\cdots+y_n)+2(y_3+\cdots+y_{n-1})] \tag{8-11}$$

即

$$F=\frac{h}{3}\left[(y_1+y_{n+1})+2\sum_{i=1}^{\frac{n}{2}-1}y_{2i+1}+4\sum_{i=1}^{\frac{n}{2}}y_{2i}\right] \tag{8-12}$$

例 8-3　用辛普生公式计算例 8-1 的积分。

解　设仍取 $h=1$，即 $n=2m=12$，这时 $x_1=1,x_2=2,\cdots,x_{12}=12,x_{13}=13$。根据已给函数 $y=f(x)=\frac{1}{x}$，有 $y_1=1,y_2=\frac{1}{2},y_3=\frac{1}{3},\cdots,y_{12}=\frac{1}{12},y_{13}=\frac{1}{13}$，把这些数据代入式(8-11)得

$$F=\frac{1}{3}\left[\left(1+\frac{1}{13}\right)+4\left(\frac{1}{2}+\frac{1}{4}+\frac{1}{6}+\frac{1}{8}+\frac{1}{10}+\frac{1}{12}\right)+2\left(\frac{1}{3}+\frac{1}{5}+\frac{1}{7}+\frac{1}{9}+\frac{1}{11}\right)\right]$$

$$=2.5777815$$

这个结果与精确解式(8-6)相比是比较接近的。与例 8-1、例 8-2 的结果相比，辛普生积分方法精度最好，修正梯形公式与之相仿，而梯形公式最差。

8.3　常微分方程的数值解法

设微分方程为

$$\dot{y}=\frac{\mathrm{d}y}{\mathrm{d}t}=\varphi(t,y) \tag{8-13}$$

给定初值条件：$t=t_0,y=y_0$。求在已给初值条件下式(8-13)的数值解。

1. 折线法——欧拉公式

所提问题的最简单近似解法为折线法。

设式(8-13)的解 $y=y(t)$ 为图 8-4 所示的某一曲线 A_0B。把横坐标 t 分成若干区间，每个区间的间隔为 $\Delta t=h$。当已知区间 i 的起始点 $t=t_i$ 时，$y=y_i$。欲近似地求区间末 $t=t_{i+1}=t_i+h$ 时的 y 值 y_{i+1}，如能求得，则由初值 t_0、y_0 可以求得 t_1、y_1，再以 t_1、y_1 作为初始值，求得 t_2、y_2；依次类推，可求得整个方程的解。下面来看如何由(t_i,y_i)求 y_{i+1}。

把 $y_{i+1}=y(t_{i+1})=y(t_i+h)$ 按泰勒级数展开，取前两项有

$$y_{i+1}=y_i+h\dot{y}_i \tag{8-14}$$

而 $\dot{y}_i=\varphi(t_i,y_i)$。$t_i$、$y_i$ 为已知，故可由式(8-13)计算 $\dot{y}_i$，代入式(8-14)即能求出 y_{i+1}。换言之，可用区间开始点求得该区间末点的 y 值。这样就能逐步由 t_0、y_0 求出 t 等于 t_0+h、t_0+2h、…、t_0+nh 时的 y 值，这就是 y 的离散形式的解。这种解法称为折线法，也称为欧拉方法。式(8-14)称为欧拉公式。如把式(8-14)用图表示（见图 8-4），则为一段直线，$\dot{y}_i$ 为 t_i 时 $y(t)$ 的切线斜率。这样由 A_0 画一段直线 A_0A_1，其斜率为 $\dot{y}_0$，交过点 t_1 的垂线得点 A_1，再由点 A_1 画直线，斜率为 $\dot{y}_1$，得点 A_2，……得出的解为 $A_0A_1A_2$……这就好像用折线来近似替代真正的解 A_0B，所以这种方法称为折线法。

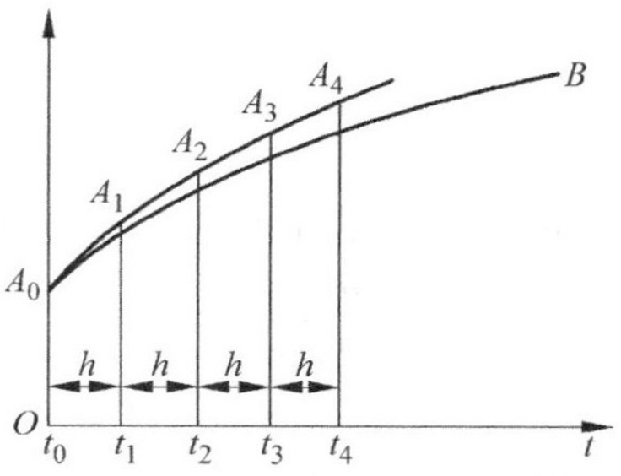

图 8-4

显然，这样得出的结果，累积误差较大，这在精度要求高时就不好用。

例 8-4 解 $\begin{cases}\dot{y}=y+t & 0\leqslant t\leqslant 0.5\\ y(0)=1\end{cases}$

解 若用折线法近似求解，取步长 $h=0.1$，则

$t=0$ $\quad y_0=y(0)=1$ $\quad \dot{y}_0=\dot{y}(0)=0+1=1$

$t=0.1$ $\quad y_1=1+0.1\times 1=1.1$ $\quad \dot{y}_1=1.1+0.1=1.2$

$t=0.2$ $\quad y_2=1.1+0.1\times 1.2=1.22$ $\quad \dot{y}_2=1.22+0.2=1.42$

$t=0.3$, $\quad y_3=1.22+0.1\times 1.42=1.362$ $\quad \dot{y}_3=1.362+0.3=1.662$

$t=0.4$, $\quad y_4=1.362+0.1\times 1.662=1.5282$ $\quad \dot{y}_4=1.5282+0.4=1.9282$

$t=0.5$, $\quad y_5=1.5282+0.1\times 1.9282=1.72102$

为了分析其误差，用解线性微分方程办法求出 $\dot{y}=y+t$ 的精确解为

$$y=2e^t-t-1$$

分别求出 $t=0,0.1,0.2,\cdots,0.5$ 时的值，并与上述结果列表比较如下：

t	0	0.1	0.2	0.3	0.4	0.5
精确值	1	1.110342	1.242806	1.399718	1.583650	1.797442
折线法	1	1.1	1.22	1.362	1.5282	1.72102
误差	0	0.010342	0.022806	0.037718	0.055450	0.076422

由该表可知误差愈来愈大。为提高计算精度，可用龙格-库塔方法。

2. 龙格-库塔方法

(1) 一阶一元微分方程的求解

$$\begin{cases}\dot{y}=\varphi(t,y)\\ y(t_0)=y_0\end{cases} \tag{8-15}$$

同折线法一样，在已知 t_i, y_i 后，要求 $t=t_{i+1}=t_i+\Delta t$ 时的 y_{i+1}。令 $h=\Delta t$，设解为

$$y = y(t)$$

则

$$y_{i+1} = y(t_{i+1}) = y(t_i + h)$$

把上式右边按泰勒级数展开，取前 $p+1$ 项，则精度将比只取前两项（即欧拉方法）要好，误差将在 h^{p+1} 数量级上。

$$y_{i+1} = y_i + h\dot{y}_i + \frac{h^2}{2!}\ddot{y}_i + \cdots + \frac{h^p}{p!}y_i^{(p)} \tag{8-16}$$

但式(8-16)中包含有 $\dot{y}$、$\ddot{y}$、…、$y^{(p)}$，要计算高阶导数是比较麻烦的，因而通常直接应用式(8-16)来计算 y_{i+1} 是不方便的。例如

$$\begin{cases} \dot{y} = \varphi(t,y) \\ \ddot{y} = \dfrac{\partial\varphi}{\partial t} + \dfrac{\partial\varphi}{\partial y}\dot{y} = \varphi_t + \varphi_y\varphi \\ \dddot{y} = \varphi_{tt} + 2\varphi\varphi_{ty} + \varphi^2\varphi_{yy} + (\varphi_t + \varphi\varphi_y)\varphi_y \\ \vdots \end{cases} \tag{8-17}$$

式中角标 t、y 分别表示 φ 对 t、y 的偏导数，则

$$\varphi_t = \frac{\partial\varphi}{\partial t},\quad \varphi_y = \frac{\partial\varphi}{\partial y},\quad \varphi_{ty} = \frac{\partial^2\varphi}{\partial t\partial y},\quad \varphi_{yy} = \frac{\partial^2\varphi}{\partial y^2},\cdots$$

更高阶的导数将更加复杂，给实用带来很大不便。龙格-库塔方法就是间接应用泰勒展开式，不用 y 的高阶导数在点 (t_i, y_i) 的值，而且函数 φ 在 v 个点上的值的线性组合来代替 y 的高阶导数计算。即令

$$\begin{cases} y_{i+1} = y_i + \displaystyle\sum_{j=1}^{v} b_j k_j \\ k_j = h\varphi\left(t_i + c_j h, y_i + \displaystyle\sum_{m=1}^{j-1} a_{jm} k_m\right) \end{cases} \tag{8-18}$$

其中 $c_1=0$；$j=1,2,\cdots,v_i$；b_j、c_j、a_{jm} 均为待定系数。

把各 k 值再按泰勒级数展开，使方程组(8-18)第一式的前若干项与式(8-16)相同来决定这些待定系数。例如 $k_1=h\varphi(t_i,y_i)=h\varphi_i$，$\varphi_i$ 表示函数 φ 在点 (t_i,y_i) 的值。

$$\begin{aligned} k_2 &= h\varphi(t_i + c_2 h, y_i + a_{21}k_1) \\ &= h\left[\varphi_i + \left(\frac{\partial\varphi}{\partial t}\right)_i c_2 h + \left(\frac{\partial\varphi}{\partial y}\right)_i a_{21}k_1 + \cdots\right] \\ &= h\varphi_i + h^2[c_2\varphi_{ti} + a_{21}\varphi_i\varphi_{yi}] + h^3[\cdots] + \cdots \end{aligned} \tag{8-19}$$

$$\begin{aligned} k_3 &= h\varphi(t_i + c_3 h, y_i + a_{31}k_1 + a_{32}k_2) \\ &= h[\varphi_i + \varphi_{ti}c_3 h + \varphi_{yi}(a_{31}k_1 + a_{32}k_2) + \cdots] \\ &= h\varphi_i + h^2[c_3\varphi_{ti} + a_{31}\varphi_i\varphi_{yi} + a_{32}\varphi_{yi}\varphi_i] + h^3[\cdots] + \cdots \end{aligned} \tag{8-20}$$

把它们代入方程组(8-18)的第一式，与式(8-16)相比较，求出各待定系数。例如取 $v=1$，则

$$y_{i+1} = y_i + b_1 k_1 = y_i + b_1 h\varphi_i \tag{8-21}$$

和式(8-16)前两项相比，可知

$$b_1 = 1, y_{i+1} = y_i + h\varphi_i \tag{8-22}$$

这就是欧拉公式。

若取 $v=2$，则式(8-18)为

$$\begin{cases} y_{i+1} = y_i + b_1 k_1 + b_2 k_2 \\ k_1 = h\varphi_i \\ k_2 = h\varphi_i + h^2(c_2\varphi_{ti} + a_{21}\varphi_i\varphi_{yi}) + \cdots \end{cases} \tag{8-23}$$

将各 k 值代入式(8-23)得

$$y_{i+1} = y_i + (b_1 + b_2)h\varphi_i + b_2 h^2(c_2\varphi_{ti} + a_{21}\varphi_i\varphi_{yi}) + \cdots \tag{8-24}$$

而式(8-16)前三项展开为

$$y_{i+1} = y_0 + h\varphi_i + \frac{h^2}{2}(\varphi_{ti} + \varphi_{yi}\varphi_i) + \cdots \tag{8-25}$$

将式(8-24)与式(8-25)相比较，可得

$$\begin{cases} b_1 + b_2 = 1 \\ b_2 c_2 = \dfrac{1}{2} \\ b_2 a_{21} = \dfrac{1}{2} \end{cases} \tag{8-26}$$

式(8-26)中有四个待定系数 b_1、b_2、c_2、a_{21}，而只有三个方程式，故可有很多解。为简便起见，通常取 $b_1=0$，则 $b_2=1$，$c_2=\dfrac{1}{2}$，$a_{21}=\dfrac{1}{2}$。代入式(8-18)得：

$$\begin{cases} y_{i+1} = y_i + k_2 \\ k_1 = h\varphi_i \\ k_2 = h\varphi\left(t_i + \dfrac{h}{2}, y_i + \dfrac{k_1}{2}\right) \end{cases}$$

上式可合并写成

$$y_{i+1} = y_i + h\varphi\left(t_i + \frac{h}{2}, y_i + \frac{h}{2}\varphi_i\right) \tag{8-27}$$

式(8-27)称为二阶龙格-库塔公式。有人也称这种方法为“半步法”。

若取 $v=3,4,\cdots$亦可类似地求得相应的系数。常用的为 $v=4$ 即四阶龙格-库塔公式。它有足够的精度，它的截断误差将在 h^5 数量级上，与函数按泰勒级数展开而取前五项的精度相当。

略去其推导，直接写出其结果如下：

$$\begin{cases} y_{i+1} = y_i + \dfrac{1}{6}[k_1 + 2k_2 + 2k_3 + k_4] \\ k_1 = h\varphi(t_i, y_i) \\ k_2 = h\varphi\left(t_i + \dfrac{1}{2}h, y_i + \dfrac{1}{2}k_1\right) \\ k_3 = h\varphi\left(t_i + \dfrac{1}{2}h, y_i + \dfrac{1}{2}k_2\right) \\ k_4 = h\varphi(t_i + h, y_i + k_3) \end{cases} \tag{8-28}$$

更高阶的龙格-库塔公式很麻烦，一般很少应用。

例 8-5 把例 8-4 的方程用四阶龙格-库塔公式进行数值法求解。

$$\begin{cases}\dot{y} = y + t = \varphi(t, y) & 0 \leqslant t \leqslant 0.5 \\ y(0) = 1\end{cases}$$

解 仍取步长 $h=0.1$,于是有

$$y(0) = 1, \quad \dot{y}(0) = y_0 + t_0 = 1$$

当 $t=0.1$ 时按式(8-28)求 y_1,即

$$k_1 = 0.1\varphi(0,1) = 0.1(0+1) = 0.100$$

$$k_2 = 0.1\varphi(0.05, 1+0.05) = 0.1(0.05+1.05) = 0.1100$$

$$k_3 = 0.1\varphi(0.05, 1+0.055) = 0.1(0.05+1.055) = 0.1105$$

$$k_4 = 0.1\varphi(0.1, 1+0.1105) = 0.1(0.1+1.1105) = 0.12105$$

故

$$y_1 = 1 + \frac{1}{6}(0.1 + 2\times 0.11 + 2\times 0.1105 + 0.12105) = 1.1104$$

同法求 $t=0.2, 0.3, 0.4, 0.5$ 时的 y 值,与准确值相比较,列表如下:

t	k_1	k_2	k_3	k_4	y	y(准确值)	误差
0.1	0.1000	0.1100	0.1105	0.1211	1.1104	1.110342	−0.000058
0.2	0.1210	0.1321	0.1326	0.1443	1.2429	1.242806	−0.000094
0.3	0.1443	0.1565	0.1571	0.1700	1.39982	1.399718	−0.000102
0.4	0.1770	0.1835	0.1842	0.1984	1.5838	1.583650	−0.000150
0.5	0.1948	0.2133	0.2140	0.2298	1.7976	1.797442	−0.000158

从表中可看出,用四阶龙格-库塔公式求出的近似解有足够的精度。

(2) 一阶多元微分方程组的求解

设一阶多元微分方程组为

$$\dot{y}_s = \varphi_s(t, y_1, y_2, \cdots, y_n) \quad s = 1, 2, \cdots, n \tag{8-29}$$

已知的初值条件为

$$t = t_0, \quad y_s = y_s(t_0) = y_{s0}$$

对于式(8-29)的一阶多元微分方程也可应用四阶龙格-库塔公式来求解。略去推导,列出公式:

$$y_s(t_{i+1}) = y_{s(i+1)} = y_{si} + \frac{1}{6}(k_{s1} + 2k_{s2} + 2k_{s3} + k_{s4}) \quad s = 1, 2, \cdots, n \tag{8-30}$$

其中

$$\begin{cases} k_{s1} = h\varphi_s(t_i, y_{1i}, y_{2i}, \cdots, y_{ni}) \\ k_{s2} = h\varphi_s\left(t_i + \frac{h}{2}, y_{1i} + \frac{k_{11}}{2}, y_{2i} + \frac{k_{21}}{2}, \cdots, y_{ni} + \frac{k_{n1}}{2}\right) \\ k_{s3} = h\varphi_s\left(t_i + \frac{h}{2}, y_{1i} + \frac{k_{12}}{2}, y_{2i} + \frac{k_{22}}{2}, \cdots, y_{ni} + \frac{k_{n2}}{2}\right) \\ k_{s4} = h\varphi_s(t_i + h, y_{1i} + k_{13}, y_{2i} + k_{23}, \cdots, y_{ni} + k_{n3}) \end{cases} \tag{8-31}$$

式(8-31)的步长 $h=\Delta t$。

(3) 二阶微分方程组的数值解

设方程组为

$$\ddot{y}_s = \varphi_s(t, y_1, y_2, \cdots, y_n, \dot{y}_1, \dot{y}_2, \cdots, \dot{y}_n) \quad s = 1,2,\cdots,n \tag{8-32}$$

初值条件为 $t=t_0$，这时有

$$y_s = y_{s0} \quad \dot{y}_s = \dot{y}_s(0) = \dot{y}_{s0} \tag{8-33}$$

一个二阶微分方程可化成两个一阶微分方程。令

$$\dot{y}_s = u_s$$

则

$$\ddot{y}_s = \dot{u}_s \tag{8-34}$$

把式(8-32)改写为

$$\begin{cases} \dot{u}_s = \varphi_s(t, y_1, y_2, \cdots, y_n, u_1, u_2, \cdots, u_n) \\ \dot{y}_s = u_s \quad s = 1,2,\cdots,n \end{cases} \tag{8-35}$$

这就成为 $2s$ 个一阶微分方程。可应用四阶龙格-库塔公式来求解这些方程，即

$$\begin{cases} u_{s(i+1)} = u_{si} + \dfrac{1}{6}(c_{s1} + 2c_{s2} + 2c_{s3} + c_{s4}) \\ y_{s(i+1)} = y_{si} + \dfrac{1}{6}(d_{s1} + 2d_{s2} + 2d_{s3} + d_{s4}) \end{cases} \tag{8-36}$$

其中

$$\begin{cases} d_{s1} = hu_{si} \\ d_{s2} = h\left(u_{si} + \dfrac{c_{s1}}{2}\right) \\ d_{s3} = h\left(u_{si} + \dfrac{c_{s2}}{2}\right) \\ d_{s4} = h(u_{si} + c_{s3}) \\ c_{s1} = h\varphi_s(t_i, y_{1i}, y_{2i}, \cdots, y_{ni}, u_{1i}, u_{2i}, \cdots, u_{ni}) \\ c_{s2} = h\varphi_s\left(t_i + \dfrac{h}{2}, y_{1i} + \dfrac{d_{11}}{2}, y_{2i} + \dfrac{d_{21}}{2}, \cdots, y_{ni} + \dfrac{d_{n1}}{2}, u_{1i} + \dfrac{c_{11}}{2}, u_{2i} + \dfrac{c_{21}}{2}, \cdots, u_{ni} + \dfrac{c_{n1}}{2}\right) \\ c_{s3} = h\varphi_s\left(t_i + \dfrac{h}{2}, y_{1i} + \dfrac{d_{12}}{2}, y_{2i} + \dfrac{d_{22}}{2}, \cdots, y_{ni} + \dfrac{d_{n2}}{2}, u_{1i} + \dfrac{c_{12}}{2}, u_{2i} + \dfrac{c_{22}}{2}, \cdots, u_{ni} + \dfrac{c_{n2}}{2}\right) \\ c_{s4} = h\varphi_s(t_i + h, y_{1i} + d_{13}, y_{2i} + d_{23}, \cdots, y_{ni} + d_{n3}, u_{1i} + c_{13}, u_{2i} + c_{23}, \cdots, u_{ni} + c_{n3}) \end{cases} \tag{8-37}$$

计算时，先计算 d_{s1}、c_{s1}，代入式(8-37)计算 d_{s2}、c_{s2}，再计算 d_{s3}、c_{s3}，然后求出 d_{s4}、c_{s4}。把这些系数代入式(8-36)，求得 $u_{s(i+1)}$ 及 $y_{s(i+1)}$。从已知的初值 $i=0$ 开始，逐步按步长 h 求出 u_{s1}、y_{s1}，u_{s2}、y_{s2}，$\cdots$。这些值相应于 $t=t_0+h$，$t=t_0+2h$，$\cdots$时的 $\dot{y}_s$ 和 y_s 值，这样就得到了方程组(8-32)的数值解。

8.4 齐次方程与非齐次方程的解

对于含弹性构件机械系统，如考虑轴扭转变形时传动系统动力学设计、周期运动构件的动力学设计、考虑运动副间隙的机械系统动力学分析等，就会涉及大量的具有周期性变系数的二阶线性微分方程的求解。

设方程为

$$\frac{\mathrm{d}^2 y}{\mathrm{d}x^2}+(a-2d\cos 2x)y=f(x) \tag{8-38}$$

$f(x)$是周期为 π 的函数，a、d 为常数。

1. 齐次方程的解

(1) 解的一般形式

齐次方程为

$$\frac{\mathrm{d}^2 y}{\mathrm{d}x^2}+(a-2d\cos 2x)y=0 \tag{8-39}$$

或

$$\frac{\mathrm{d}^2 y}{\mathrm{d}x^2}+py=0 \tag{8-40}$$

$$p=a-2d\cos 2x$$

设方程有一组线性无关的解 y_1，y_2，则因 p 是周期为 π 的 x 的函数，所以 $y_i^*=y_1(x+\pi)$，$y_2^*=y_2(x+\pi)$亦必为方程(8-40)的解。

y_1^* 和 y_2^* 亦可用 y_1，y_2 的线性组合来表示：

$$\begin{cases} y_1^*=\alpha_1 y_1+\alpha_2 y_2 \\ y_2^*=\beta_1 y_1+\beta_2 y_2 \end{cases} \tag{8-41}$$

式中 α_1、α_2、β_1、β_2 为常数。

也可选用另一组解 Y_1、Y_2 来代替 y_1、y_2，使它能写成更简单的形式

$$Y_j^*=Y_j(x+\pi)=\varphi_i Y_j(x)\quad j=1,2 \tag{8-42}$$

式中 φ_j 为常数。而 $Y_j=\nu_{j1}y_1+\nu_{j2}y_2$ 为 y_1、y_2 的线性组合。只要合理选择 φ_j、ν_{j1}、ν_{j2}，就可以做到这一点。这可由以下推导说明。

$$\begin{aligned} Y_j^* &= Y_j(x+\pi)=\nu_{j1}y_1(x+\pi)+\nu_{j2}y_2(x+\pi) \\ &= \nu_{j1}(\alpha_1 y_1+\alpha_2 y_2)+\nu_{j2}(\beta_1 y_1+\beta_2 y_2) \end{aligned}$$

式(8-42)的右边为　　$\varphi_j Y_j=\varphi_j(\nu_{j1}y_1+\nu_{j2}y_2)$

把以上两式代入式(8-42)并经整理后得

$$[(\alpha_1-\varphi_j)\nu_{j1}+\beta_1\nu_{j2}]y_1+[\alpha_2\nu_{j1}+(\beta_2-\varphi_j)\nu_{j2}]y_2=0$$

因为 y_1 和 y_2 线性无关，上式要成立必有

$$\begin{cases} (\alpha_1-\varphi_j)\nu_{j1}+\beta_1\nu_{j2}=0 \\ \alpha_2\nu_{j1}+(\beta_2-\varphi_j)\nu_{j2}=0 \end{cases} \tag{8-43}$$

因 ν_{j1}和 ν_{j2}不同时为 0，故

$$\begin{vmatrix} \alpha_1-\varphi_j & \beta_1 \\ \alpha_2 & \beta_2-\varphi_j \end{vmatrix}=0$$

或

$$\varphi_j^2-(\alpha_1+\beta_2)\varphi_j+(\alpha_1\beta_2-\beta_1\alpha_2)=0 \tag{8-44}$$

解出 φ_j 的两个值，代入式(8-43)可得相应的 ν_{j1}，ν_{j2}。在这一组数值下，可以满足式(8-42)。

现在来研究 Y_j。如果把 φ_j 用指数形式表示，即

$$\varphi_j = e^{\mu_j \pi} \tag{8-45}$$

以 $e^{-(x+\pi)\mu_j}$ 同时乘式(8-42)的左右两边得

$$e^{-(x+\pi)\mu_j} Y_j(x+\pi) = e^{-x\mu j} Y_j(x)$$

上式表明 $e^{-x\mu_j} Y_j(x)$ 是以 π 为周期的函数。令

$$\phi_j(x) = e^{-\mu_j x} Y_j(x)$$

或

$$Y_j(x) = e^{\mu_j x} \phi_j(x) \tag{8-46}$$

式中 $\phi_j(x)$ 是以 π 为周期的函数。所以式(8-40)所示的微分方程的解有式(8-46)的形式,它的一般解为

$$y = A e^{\mu_1 x} \phi_1(x) + B e^{\mu_2 x} \phi_2(x) \tag{8-47}$$

式中 A、B 为常数。

对于方程(8-39),由于 y 项前的系数 $p(x)$ 为偶函数,即 $p(-x)=p(x)$,所以若 $y_1 = e^{\mu x}\phi(x)$ 为式(8-39)的一个解,则 $y_2 = e^{-\mu x}\phi(-x)$ 为其另一个解。这是因为如 y_1 为其解,则有

$$\frac{d^2 y_1(x)}{dx^2} + p(x) y_1(x) = 0$$

令

$$v = -x$$

$$\frac{d^2 y_1(v)}{dv^2} + p(v) y_1(v) = 0$$

因为

$$\frac{d^2 y_1(v)}{dv^2} = \frac{d^2 y_1(v)}{dx^2}, \quad p(v) = p(x)$$

故有

$$\frac{d^2 y_1(-x)}{dx^2} + p(x) y_1(-x) = 0$$

即 $y_1(-x)$ 亦满足式(8-39)。所以当系数为偶函数时,具有下列形式的解:

$$y = A e^{\mu x} \phi(x) + B e^{-\mu x} \phi(-x) \tag{8-48}$$

以后我们将只讨论这种情况,并且只研究稳定情况。显然只有在 $\mu = i\beta$($i=\sqrt{-1}$,β 为某一实数)时,解才是稳定的。因为 $\phi(x)$ 为周期函数,它不可能随 x 的增长无限增加。A,B 为常数,故稳定性完全取决于 μ。如 μ 为复数形式($\mu = \alpha + i\beta$),不论 α 为正或负,式(8-48)中 $e^{\alpha x}$ 或 $e^{-\alpha x}$ 会随 x 的增加而无限增大(或减小),因而是不稳定解。以后我们将只限于稳定解的情况。

方程(8-39)的稳定解将为

$$y = A e^{i\beta x} \phi(x) + B e^{-i\beta x} \phi(-x) \tag{8-49}$$

或

$$y = A y_1 + B y_2$$

$$y_1 = e^{i\beta x} \phi(x)$$

$$y_2 = e^{-i\beta x} \phi(-x)$$

$\phi(x)$是周期为 π 的函数，它可以展成傅里叶级数。这时有

$$\begin{cases} y_1 = e^{\mu x}\sum\limits_{r=-\infty}^{\infty} C_{2r} e^{2rix} \\ y_2 = e^{-\mu x}\sum\limits_{r=-\infty}^{\infty} C_{2r} e^{-2rix} \end{cases} \tag{8-50}$$

$$y = Ae^{\mu x}\sum_{r=-\infty}^{\infty} C_{2r} e^{2rix} + Be^{-\mu x}\sum_{r=-\infty}^{\infty} C_{2r} e^{-2rix} \tag{8-51}$$

有稳定解时，则有

$$\mu = i\beta \tag{8-52}$$

(2) 系数 μ、C_{2r}间的关系

为求系数 μ、C_{2r}间的关系，可把式(8-50)中的 y_1 代入原方程(8-39)(对于 y_2 也可得同样的结果)。把 y_1 对 x 求导一次和二次，即

$$\frac{dy_1}{dx} = \mu e^{\mu x}\sum_{r=-\infty}^{\infty} C_{2r} e^{2rix} + e^{\mu x}\sum_{r=-\infty}^{\infty} C_{2r}(2ri) e^{2rix}$$

$$\begin{aligned} \frac{d^2 y_1}{dx^2} &= \mu^2 e^{\mu x}\sum_{r=-\infty}^{\infty} C_{2r} e^{2rix} + \mu e^{\mu x}\sum_{r=-\infty}^{\infty} 4riC_{2r} e^{2rix} + e^{\mu x}\sum_{r=-\infty}^{\infty} (2ri)^2 C_{2r} e^{2rix} \\ &= e^{\mu x}\sum_{r=-\infty}^{\infty} [\mu^2 + 4\mu r i + (2ri)^2] C_{2r} e^{2rix} \\ &= e^{\mu x}\sum_{r=-\infty}^{\infty} [(\mu + 2ri)^2 C_{2r} e^{2rix}] \end{aligned}$$

代入式(8-39)得

$$e^{\mu x}\left[\sum_{r=-\infty}^{\infty} (\mu + 2ri)^2 C_{2r} e^{2rix} + (a - 2d\cos 2x)\sum_{r=-\infty}^{\infty} C_{2r} e^{2rix}\right] = 0$$

因 $e^{\mu x} \neq 0$，且

$$\cos 2x = \frac{1}{2}(e^{2ix} + e^{-2ix})$$

故由上式得

$$\sum_{r=-\infty}^{\infty} C_{2r} e^{2rix}[a + (\mu + 2ri)^2 - d(e^{2ix} + e^{-2ix})] = 0$$

令上述级数中各 e^{2rix} 前的系数分别等于 0，得到一组代数方程：

$$C_{2r}[a + (\mu + 2ri)^2] - d[C_{2(r-1)} + C_{2(r+1)}] = 0 \tag{8-53}$$

因此式(8-53)给出了 μ 和 C_{r2}之间的关系。

不难证明，当 r 增加时，C_{2r}趋于 0。因为当把上式中 r 用$(r+1)$替换后，有

$$C_{2(r+1)}[a + (\mu + 2i + 2ri)^2] - d[C_{2r} + C_{2r+4}] = 0$$

将上式除以 C_{2r}，并令 $P_{2r} = -\frac{C_{2r+2}}{C_{2r}}$，$p_{2r+2} = \frac{C_{2r+4}}{C_{2r+2}}$，则有

$$[a + (\mu + 2i + 2ri)^2]p_{2r} - d(a + p_{2r}p_{2r+2}) = 0$$

或

$$p_{2r+2}+\frac{1}{p_{2r}}=\frac{a+(\mu+2\mathrm{i}+2r\mathrm{i})^2}{d}$$

当 $r\to\infty$ 时，上式右边部分趋于 ∞，所以只能是 $p_{2r+2}\to\infty$ 或 $p_{2r}\to 0$。因为我们只研究稳定区域，所以不可能有 $|p_{2r+2}|\to\infty$。当 $p_{2r}\to 0$，表示 $r\to\infty$，$\frac{C_{2r+2}}{C_{2r}}\to 0$，即后一项系数 C_{2r+2} 比前一项系数 C_{2r} 要小得多。故在 r 足够大时，因 p_{2r}、p_{2r+2} 均为小数，将有 $p_{2r}p_{2r+2}\ll 1$。忽略了 $p_{2r}p_{2r+2}$，且 $\mu=\mathrm{i}\beta$，则有

$$|p_{2r}|=\left|\frac{C_{2r+2}}{C_{2r}}\right|\approx\left|\frac{d}{a+(\mu+2\mathrm{i}+2r\mathrm{i})^2}\right|=\left|\frac{d}{a-(2r+2+\beta)^2}\right|$$

由此看出，当 d 和 a 均远远小于 1 时，随 r 的增加，C_{2r+2} 和 C_{2r} 的比值的绝对值将很快减小，故可限于计算式(8-50)所示级数的少数几项系数。

(3) β 或 μ 值的确定

式(8-53)为对系数 $C_{2r}(r=-\infty\sim+\infty)$ 的齐次线性方程。为使系数 C_{2r} 不同时为 0，则它们前面的系数组成的行列式应为 0。把式(8-53)各项除以 $a-4r^2$ 得

$$C_{2r}\left[\frac{a+(\mu+2r\mathrm{i})^2}{a-4r^2}\right]-\frac{d}{a-4r^2}\left[C_{2r-2}+C_{2r+2}\right]=0 \tag{8-54}$$

若 $C_{-2r},\cdots,C_{-2},C_0,C_2,\cdots,C_{2r}$ 不同时为 0，则系数行列式

$$\Delta(\mathrm{i}\mu)=\begin{vmatrix}\cdots&\cdots&\cdots&\cdots&\cdots&\cdots&\cdots&\cdots\\ \cdots&\frac{(\mathrm{i}\mu+4)^2-a}{4^2-a}&\frac{d}{4^2-a}&0&0&0&0&\cdots\\ \cdots&\frac{d}{2^2-a}&\frac{(\mathrm{i}\mu+2)^2-a}{2^2-a}&\frac{d}{2^2-a}&0&0&0&\cdots\\ \cdots&0&\frac{d}{(-a)}&\frac{(\mathrm{i}\mu)^2-a}{-a}&\frac{d}{(-a)}&0&0&\cdots\\ \cdots&0&0&\frac{d}{2^2-a}&\frac{(\mathrm{i}\mu-2)^2-a}{2^2-a}&\frac{d}{2^2-a}&0&\cdots\\ \cdots&0&0&0&\frac{d}{4^2-a}&\frac{(\mathrm{i}\mu-4)^2-a}{4^2-a}&\frac{d}{4^2-a}&\cdots\\ \cdots&\cdots&\cdots&\cdots&\cdots&\cdots&\cdots&\cdots\end{vmatrix}=0 \tag{8-55}$$

此无穷阶行列式称为希尔(Hill)行列式，它的值可以由下式得到：

$$\Delta(\mathrm{i}\mu)=\Delta(0)-\frac{\sin^2\left(\frac{1}{2}\pi\mathrm{i}\mu\right)}{\sin^2\left(\frac{1}{2}\pi\sqrt{a}\right)} \tag{8-56}$$

式(8-56)的证明如下：把式(8-55)中各对角线元素变为 1，即在第 r 行乘以 $\frac{(2r)^2-a}{(2r+\mathrm{i}\mu)^2-a}$，得到新的行列式 $\Delta_1(\mathrm{i}\mu)$：

$\Delta_1(\mathrm{i}\mu)=$

$$\begin{vmatrix} \cdots & \cdots & \cdots & \cdots & \cdots & \cdots & \cdots & \cdots \\ \cdots & 1 & \dfrac{d}{(4+\mathrm{i}\mu)^2-a} & 0 & 0 & 0 & 0 & \cdots \\ \cdots & \dfrac{d}{(2+\mathrm{i}\mu)^2-a} & 1 & \dfrac{d}{(2+\mathrm{i}\mu)^2-a} & 0 & 0 & 0 & \cdots \\ \cdots & 0 & \dfrac{d}{(\mathrm{i}\mu)^2-a} & 1 & \dfrac{d}{(\mathrm{i}\mu)^2-a} & 0 & 0 & \cdots \\ \cdots & 0 & 0 & \dfrac{d}{(2-\mathrm{i}\mu)^2-a} & 1 & \dfrac{d}{(2-\mathrm{i}\mu)^2-a} & 0 & \cdots \\ \cdots & 0 & 0 & 0 & \dfrac{d}{(4-\mathrm{i}\mu)^2-a} & 1 & \dfrac{d}{(4-\mathrm{i}\mu)^2-a} & \cdots \\ \cdots & \cdots & \cdots & \cdots & \cdots & \cdots & \cdots & \cdots \end{vmatrix} \tag{8-57}$$

$\Delta(\mathrm{i}\mu)$和$\Delta_1(\mathrm{i}\mu)$的关系显然为

$$\Delta(\mathrm{i}\mu)=\Delta_1(\mathrm{i}\mu)\prod_{r=-\infty}^{\infty}\left[\frac{(2r+\mathrm{i}\mu)^2-a}{(2r)^2-a}\right] \tag{8-58}$$

式(8-58)右边的连乘积可写成

$$\begin{aligned}\prod_{r=-\infty}^{\infty}\left[\frac{(2r+\mathrm{i}\mu)^2-a}{4r^2-a}\right]=&\prod_{r=1}^{\infty}\left\{\frac{[(2r+\mathrm{i}\mu)+\sqrt{a}][(2r+\mathrm{i}\mu)-\sqrt{a}]}{(2r+\sqrt{a})(2r-\sqrt{a})}\right.\\ &\left.\times\prod_{r=-1}^{\infty}\frac{[(\mathrm{i}\mu+2r)+\sqrt{a}][(\mathrm{i}\mu+2r)-\sqrt{a}]}{(2r+\sqrt{a})(2r-\sqrt{a})}\right\}\times\frac{(\mathrm{i}\mu)^2-a}{(-a)}\\ =&\frac{(\mathrm{i}\mu)^2-a}{(-a)}\prod_{r=1}^{\infty}\frac{[(2r+\mathrm{i}\mu)+\sqrt{a}][(2r+\mathrm{i}\mu)-\sqrt{a}][(\mathrm{i}\mu-2r)+\sqrt{a}][(\mathrm{i}\mu-2r)-\sqrt{a}]}{(2r+\sqrt{a})^2(2r-\sqrt{a})^2}\\ =&\frac{(\mathrm{i}\mu)^2-a}{(-a)}\prod_{r=1}^{\infty}\frac{\left[1-\dfrac{\mathrm{i}\mu+\sqrt{a}}{2r}\right]\left[1+\dfrac{\mathrm{i}\mu+\sqrt{a}}{2r}\right]\left[1-\dfrac{\mathrm{i}\mu-\sqrt{a}}{2r}\right]\left[1+\dfrac{\mathrm{i}\mu-\sqrt{a}}{2r}\right]}{\left(1-\dfrac{\sqrt{a}}{2r}\right)^2\left(1+\dfrac{\sqrt{a}}{2r}\right)^2}\end{aligned} \tag{8-59}$$

按函数的级数展开式有

$$\frac{\sin z}{z}=\prod_{r=1}^{\infty}\left[\left(1-\frac{z}{r\pi}\right)\mathrm{e}^{\frac{z}{r\pi}}\right]\left[\left(1+\frac{z}{r\pi}\right)\mathrm{e}^{-\frac{z}{r\pi}}\right] \tag{8-60}$$

若令 $z_1=(\mathrm{i}\mu+\sqrt{a})\dfrac{\pi}{2}$，$z_2=(\mathrm{i}\mu-\sqrt{a})\dfrac{\pi}{2}$，则式(8-59)可写为

$$\begin{aligned}&\prod_{r=-\infty}^{\infty}\left[\frac{(2r+\mathrm{i}\mu)^2-a}{4r^2-a}\right]\\ &=\frac{(\mathrm{i}\mu)^2-a}{(-a)}\prod_{r=1}^{\infty}\frac{\left(1-\dfrac{z_1}{r\pi}\right)\mathrm{e}^{\frac{z_1}{r\pi}}\left(1+\dfrac{z_1}{r\pi}\right)\mathrm{e}^{-\frac{z_1}{r\pi}}\left(1-\dfrac{z_2}{r\pi}\right)\mathrm{e}^{\frac{z_2}{r\pi}}\left(1+\dfrac{z_2}{r\pi}\right)\mathrm{e}^{-\frac{z_2}{r\pi}}}{\left(1-\dfrac{\sqrt{a}\,\frac{\pi}{2}}{r\pi}\right)^2[\mathrm{e}^{\frac{\sqrt{a}\frac{\pi}{2}}{r\pi}}]^2\left(1+\dfrac{\sqrt{a}\,\frac{\pi}{2}}{r\pi}\right)^2[\mathrm{e}^{-\frac{\sqrt{a}\frac{\pi}{2}}{r\pi}}]^2}\end{aligned}$$

$$
=\frac{(\mathrm{i}\mu)^2-a}{(-a)}\frac{\dfrac{\sin z_1}{z_1}\dfrac{\sin z_2}{z_2}}{\dfrac{\sin^2\left(\sqrt{a}\ \dfrac{\pi}{2}\right)}{\left(\sqrt{a}\ \dfrac{\pi}{2}\right)^2}}
$$

$$
=\frac{(\mathrm{i}\mu)^2-a}{(-a)}\frac{\sin\dfrac{\pi}{2}(\mathrm{i}\mu+\sqrt{a})\sin\dfrac{\pi}{2}(\mathrm{i}\mu-\sqrt{a})\left(\dfrac{\pi}{2}\right)^2 a}{\sin^2\left(\dfrac{\pi}{2}\sqrt{a}\right)\left[\dfrac{\pi}{2}(\mathrm{i}\mu+\sqrt{a})\right]\left[\dfrac{\pi}{2}(\mathrm{i}\mu-\sqrt{a})\right]}
$$

$$
=-\frac{\sin\dfrac{\pi}{2}(\mathrm{i}\mu+\sqrt{a})\sin\dfrac{\pi}{2}(\mathrm{i}\mu-\sqrt{a})}{\sin^2\left(\dfrac{\pi}{2}\sqrt{a}\right)}
$$

代入式(8-58)得

$$
\Delta(\mathrm{i}\mu)=-\Delta_1(\mathrm{i}\mu)\frac{\sin\dfrac{\pi}{2}(\mathrm{i}\mu+\sqrt{a})\sin\dfrac{\pi}{2}(\mathrm{i}\mu-\sqrt{a})}{\sin^2\left(\dfrac{\pi}{2}\sqrt{a}\right)} \tag{8-61}
$$

从式(8-57)可以看出 $\Delta_1(\mathrm{i}\mu)$有以下特点：

① $\Delta_1(\mathrm{i}\mu)$为偶函数。因为若以$-\mathrm{i}\mu$ 代 $\mathrm{i}\mu$,行列式值不变。

② $\Delta_1(\mathrm{i}\mu)$为周期函数,周期为 $\mu=2\mathrm{i}$。因为若以 $\mu+2\mathrm{i}$ 替代 μ,则$(2r+\mathrm{i}\mu)^2-a$ 变为$(2r-2+\mathrm{i}\mu)^2-a$,相当于把式(8-57)中各行相应地向上移动一行,对于无穷阶行列式来讲,其值不变。

③ 当 $\mu\to\pm\infty$时,$\Delta_1(\mathrm{i}\mu)=1$。因为当 $\mu\to\pm\infty$时,除对角线元素仍保持为 1 外,其他各元素均趋向于 0,故行列式值等于 1。

④ $\mu=\pm\mathrm{i}\sqrt{a}$为$\Delta_1(\mathrm{i}\mu)$的一阶极点。因为当 $\mu=\pm\mathrm{i}\sqrt{a}$时,行列式中有一行的分母将为 0。

我们可以找到另一个函数 $f_1(\mathrm{i}\mu)$也有一阶极点 $\mu=\pm\mathrm{i}\sqrt{a}$：

$$
f_1(\mathrm{i}\mu)=\cot\frac{1}{2}\pi(\mathrm{i}\mu+\sqrt{a})-\cot\frac{1}{2}\pi(\mathrm{i}\mu-\sqrt{a})
$$

通过两个具有相同的一阶极点的函数可以构造新函数 $D(\mathrm{i}\mu)$,在该处无极点。

$$
\begin{aligned}
D(\mathrm{i}\mu)&=\Delta_1(\mathrm{i}\mu)-Kf_1(\mathrm{i}\mu)\\
&=\Delta_1(\mathrm{i}\mu)-K\left[\cot\frac{1}{2}\pi(\mathrm{i}\mu+\sqrt{a})-\cot\frac{1}{2}\pi(\mathrm{i}\mu-\sqrt{a})\right]
\end{aligned} \tag{8-62}
$$

式中 K 为常数。显然,只要 $\Delta_1(\mathrm{i}\mu)$在 $\mu=\pm\mathrm{i}\sqrt{a}$点的留数和 K 乘 $f_1(\mathrm{i}\mu)$在该处的留数相等,则 $D(\mathrm{i}\mu)$在该点处的留数为 0,表明它在该点将无极点。

函数 $D(\mathrm{i}\mu)$有以下特点：

① 在点 $\mu=\pm\mathrm{i}\sqrt{a}$处无极点。

② $D(\mathrm{i}\mu)$为 μ 的偶函数。因为 $\Delta_1(\mathrm{i}\mu)$和 $f_1(\mathrm{i}\mu)$均为偶函数,如以$-\mu$ 代替 μ,则$D(\mathrm{i}\mu)$值不变。

③ $D(\mathrm{i}\mu)$的周期为 2i。因为如以 $\mu+2\mathrm{i}$ 替代 μ，函数值不变。如前边分析 $\Delta_1[\mathrm{i}(\mu+2\mathrm{i})]=\Delta_1(\mathrm{i}\mu)$，而

$$f_1[\mathrm{i}(\mu+2\mathrm{i})]=\cot\frac{1}{2}\pi[\mu\mathrm{i}-2+\sqrt{a}]-\cot\frac{1}{2}\pi[\mu\mathrm{i}-2-\sqrt{a}]$$

$$=\cot\frac{1}{2}\pi(\mu\mathrm{i}+\sqrt{a})-\cot\frac{1}{2}\pi(\mu\mathrm{i}-\sqrt{a})=f_1(\mathrm{i}\mu)$$

所以 $D(\mathrm{i}\mu)$的周期为 2i。

④ $D(\mathrm{i}\mu)$是有界的。因为当 $\mu\to\infty$时，$\Delta_1(\mathrm{i}\mu)=1$，而 $f_1(\mathrm{i}\mu)$也是有界的。

$$f_1(\mathrm{i}\mu)=\cot\frac{1}{2}\pi(\mu\mathrm{i}+\sqrt{a})-\cot\frac{1}{2}\pi(\mu\mathrm{i}-\sqrt{a})$$

$$=\frac{-2\sin\pi\sqrt{a}}{\cos\pi\sqrt{a}-\cos\pi\mathrm{i}\mu}$$

当 $\mu\to\infty$时，$\cos\pi\mathrm{i}\mu=\frac{1}{2}(\mathrm{e}^{\pi\mu}+\mathrm{e}^{-\pi\mu})$将趋向于$\infty$，所以 $f_1(\mathrm{i}\mu)\to 0$。

根据刘维尔定理(Liouville's Theorem)，设 $f(z)$为对任何 z 值的解析函数，且在任何 z 值时$|f(z)|<c$(c 为一常数)，即当 $z\to\infty$时$|f(z)|$为有界的，则 $f(z)$为一常量。现在 $D(\mathrm{i}\mu)$符合刘维尔定理的条件，所以可知 $D(\mathrm{i}\mu)=$常数，此常数可由 μ 等于某一任意数来决定。令 $\mu\to\infty$，则 $D(\mathrm{i}\mu)=1$，故知此常数为 1。因此有

$$1=\Delta_1(\mathrm{i}\mu)-K\left[\cot\frac{\pi}{2}(\mathrm{i}\mu+\sqrt{a})-\cot\frac{\pi}{2}(\mathrm{i}\mu-\sqrt{a})\right]$$

或

$$\Delta_1(\mathrm{i}\mu)=1+K\left[\cot\frac{\pi}{2}(\mathrm{i}\mu+\sqrt{a})-\cot\frac{\pi}{2}(\mathrm{i}\mu-\sqrt{a})\right]\tag{8-63}$$

令 $\mu=0$，可求出常数 K 来。

$$\Delta_1(0)=1+K\left[\cot\frac{\pi}{2}\sqrt{a}-\cot\frac{\pi}{2}(-\sqrt{a})\right]$$

故

$$K=\frac{1}{2}[\Delta_1(0)-1]\tan\frac{\pi}{2}\sqrt{a}\tag{8-64}$$

把式(8-63)及式(8-64)代入式(8-61)，且考虑到

$$\cot\frac{\pi}{2}(\mathrm{i}\mu+\sqrt{a})-\cot\frac{\pi}{2}(\mathrm{i}\mu-\sqrt{a})=\frac{\sin\frac{\pi}{2}[(\mathrm{i}\mu-\sqrt{a})-(\mathrm{i}\mu+\sqrt{a})]}{\sin\frac{\pi}{2}(\mathrm{i}\mu+\sqrt{a})\sin\frac{\pi}{2}(\mathrm{i}\mu-\sqrt{a})}$$

$$=\frac{-\sin\pi\sqrt{a}}{\sin\frac{\pi}{2}(\mathrm{i}\mu+\sqrt{a})\sin\frac{\pi}{2}(\mathrm{i}\mu-\sqrt{a})}$$

故得

$$\Delta(\mathrm{i}\mu)=-\frac{\sin\frac{\pi}{2}(\mathrm{i}\mu+\sqrt{a})\sin\frac{\pi}{2}(\mathrm{i}\mu-\sqrt{a})}{\sin^2\left(\frac{\pi}{2}\sqrt{a}\right)}\left\{1+\frac{1}{2}[\Delta_1(0)-1]\tan\frac{\pi}{2}\sqrt{a}\right.$$

$$\times\left[\frac{-\sin\pi\sqrt{a}}{\sin\frac{\pi}{2}(\mathrm{i}\mu+\sqrt{a})\sin\frac{\pi}{2}(\mathrm{i}\mu-\sqrt{a})}\right]\Bigg\}$$

$$=\frac{\sin\frac{\pi}{2}(\mathrm{i}\mu+\sqrt{a})\sin\frac{\pi}{2}(\mathrm{i}\mu-\sqrt{a})}{\sin^2\left(\frac{\pi}{2}\sqrt{a}\right)}+[\Delta_1(0)-1]$$

故

$$\Delta(\mathrm{i}\mu)=\Delta_1(0)=\frac{\sin^2\left(\frac{\pi}{2}\sqrt{a}\right)+\sin\frac{\pi}{2}(\mathrm{i}\mu+\sqrt{a})\sin\frac{\pi}{2}(\mathrm{i}\mu-\sqrt{a})}{\sin^2\frac{\pi}{2}\sqrt{a}}$$

整理后得

$$\Delta(\mathrm{i}\mu)=\Delta_1(0)-\frac{\sin^2\left(\frac{1}{2}\pi\mathrm{i}\mu\right)}{\sin^2\frac{\pi}{2}\sqrt{a}}$$

而

$$\mu=0,\quad \Delta(0)=\Delta_1(0)$$

故最后得式(8-56)为

$$\Delta(\mathrm{i}\mu)=\Delta(0)-\frac{\sin^2\left(\frac{1}{2}\pi\mathrm{i}\mu\right)}{\sin^2\frac{\pi}{2}\sqrt{a}}$$

根据式(8-55),$\Delta(\mathrm{i}\mu)=0$,由此求出它的根 μ。

$$\Delta(\mathrm{i}\mu)=0=\Delta(0)-\frac{\sin^2\left(\frac{1}{2}\pi\mathrm{i}\mu\right)}{\sin^2\frac{\pi}{2}\sqrt{a}}$$

故

$$\sin^2\left(\frac{1}{2}\pi\mathrm{i}\mu\right)=\Delta(0)\sin^2\left(\frac{1}{2}\pi\sqrt{a}\right)$$

或

$$\sin^2\left(\frac{1}{2}\pi\mathrm{i}\mu\right)=\Delta_1(0)\sin^2\left(\frac{1}{2}\pi\sqrt{a}\right)\tag{8-65}$$

其中

$$\Delta_1(0)=\begin{vmatrix}\cdots&\cdots&\cdots&\cdots&\cdots&\cdots&\cdots\\ \cdots&\frac{d}{4-a}&1&\frac{d}{4-a}&0&0&\cdots\\ \cdots&0&\frac{d}{(-a)}&1&\frac{d}{(-a)}&0&\cdots\\ \cdots&0&0&\frac{d}{4-a}&1&\frac{d}{4-a}&\cdots\\ \cdots&\cdots&\cdots&\cdots&\cdots&\cdots&\cdots\end{vmatrix}\tag{8-66}$$

当 $d\ll1$ 时,这个无穷阶的行列式值可限于计算有限项,如果只限于计算到 d^2 项,则有

$$\Delta_1(0) \approx 1 - \frac{\pi d^2 \cot\left(\frac{\pi}{2}\sqrt{a}\right)}{4\sqrt{a}(a-1)} \tag{8-67}$$

现考虑稳定解，这时有式(8-52)关系，即

$$\sin^2\left(\frac{1}{2}\pi\beta\right) = \Delta_1(0)\sin^2\left(\frac{1}{2}\pi\sqrt{a}\right) \tag{8-68}$$

或

$$(1-\cos\pi\beta) \approx 1 - \cos\pi\sqrt{a} - \frac{\pi d^2 \cot\left(\frac{\pi}{2}\sqrt{a}\right)}{4\sqrt{a}(a-1)} 2\sin^2\left(\frac{\pi}{2}\sqrt{a}\right)$$

$$\cos\pi\beta \approx \cos\pi\sqrt{a} + \frac{\pi d^2 \sin(\pi\sqrt{a})}{4\sqrt{a}(a-1)} \tag{8-69}$$

当 $a \ll 1$ 时，上式右边第二项 $\approx -\frac{\pi d^2(\pi\sqrt{a})}{4\sqrt{a}(1)} = -\frac{\pi^2}{4}d^2$，如果忽略 d^2，则可近似得

$$\beta \approx \sqrt{a} \tag{8-70}$$

(4) 系数 C_{2r} 的确定

求出 μ 或 β 后，可代入式(8-53)，求出各系数的比例关系，例如各系数均以 C_0 的比例关系表示。把它们代入式(8-50)及式(8-51)，得到式(8-39)的通解。系数 C_0 将归并到积分常数 A、B 中，由初始条件决定。

方程式(8-39)的通解最终将为

$$y = Ae^{i\beta x}\sum_{r=-\infty}^{\infty} C_{2r}e^{2rix} + Be^{-i\beta x}\sum_{r=-\infty}^{\infty} C_{2r}e^{-2rix} \tag{8-71}$$

其中 β 由式(8-68)和式(8-69)求得，C_{2r} 等系数由式(8-53)求得。

2. 非齐次方程的解

我们主要研究强迫振动，即研究非齐次方程(8-38)的特解。方程(8-38)的解为通解式(8-71)和特解 y^* 之和，即

$$y = Ay_1 + By_2 + y^* \tag{8-72}$$

根据线性微分方程，特解将为

$$y^* = y_2(x)\int \frac{y_1(x)f(x)}{\delta}dx - y_1(x)\int \frac{y_2(x)f(x)}{\delta}dx \tag{8-73}$$

式中 $y_1(x)$、$y_2(x)$ 为齐次方程的两个解：

$$\delta = y_1(x)y_2'(x) - y_1'(x)y_2(x) \tag{8-74}$$

容易看出 δ 将为常数，因为

$$\frac{d\delta}{dx} = y_1'y_2' + y_1y_2'' - y_2'y_1' - y_2y_1'' = y_1y_2'' - y_2y_1''$$

但 y_1，y_2 为齐次方程(8-40)的解，故

$$y_2'' = -py_2, \quad y_1'' = -py_1$$

代入 $\frac{d\delta}{dx}$ 中得

$$\frac{\mathrm{d}\delta}{\mathrm{d}x}=-py_1y_2+py_2y_1\equiv 0$$

故 δ 为常数。为决定它的大小，可令 x 为任一数值，代入式(8-74)求得 δ 值。例如可令 $x=0$，由式(8-50)得

$$y_1=\sum_{r=-\infty}^{\infty}C_{2r}\mathrm{e}^{(2r+\beta)\mathrm{i}x}$$

$$y_2=\sum_{r=-\infty}^{\infty}C_{2r}\mathrm{e}^{-(2r+\beta)\mathrm{i}x}$$

$$y_1'=\sum_{r=-\infty}^{\infty}(2r+\beta)\mathrm{i}C_{2r}\mathrm{e}^{(2r+\beta)\mathrm{i}x}$$

$$y_2'=\sum_{r=-\infty}^{\infty}-(2r+\beta)\mathrm{i}C_{2r}\mathrm{e}^{-(2r+\beta)\mathrm{i}x}$$

由式(8-74)得

$$\begin{aligned}\delta&=y_1(0)y_2'(0)-y_1'(0)y_2(0)\\&=-2\mathrm{i}\sum_{r=-\infty}^{\infty}C_{2r}-\sum_{r=-\infty}^{\infty}(2r+\beta)C_{2r}\end{aligned}\tag{8-75}$$

式(8-73)的推导可参阅一般的微分方程书籍或数学手册，这里不再讨论。为了说明它的正确，可把式(8-73)代入原方程式(8-38)，如满足，则证明它确实为式(8-38)的解。

$$\begin{aligned}\frac{\mathrm{d}y^*}{\mathrm{d}x}&=y_2'\int\frac{y_1f}{\delta}\mathrm{d}x+y_2\frac{y_1f}{\delta}-y_1'\int\frac{y_2f}{\delta}\mathrm{d}x-y_1\frac{y_2f}{\delta}\\&=y_2'\int\frac{y_1f}{\delta}\mathrm{d}x-y_1'\int\frac{y_2f}{\delta}\mathrm{d}x\end{aligned}$$

$$\frac{\mathrm{d}^2y^*}{\mathrm{d}x^2}=y_2^*\int\frac{y_1f}{\delta}\mathrm{d}x+y_2'\frac{y_1f}{\delta}-y_1''\int\frac{y_2f}{\delta}\mathrm{d}x-y_1'\frac{y_2f}{\delta}$$

如前所述 $y_2''=-py_2$，$y_1''=-py_1$，$y_2'y_1-y_2y_1'=\delta$，故

$$\frac{\mathrm{d}^2y^*}{\mathrm{d}x^2}=-p\left[y_2\int\frac{y_1f}{\delta}\mathrm{d}x-y_1\int\frac{y_2f}{\delta}\mathrm{d}x\right]+f$$

代入式(8-38)得

$$-p\left[y_2\int\frac{y_1f}{\delta}\mathrm{d}x-y_1\int\frac{y_2f}{\delta}\mathrm{d}x\right]+f+p\left[y_2\int\frac{y_1f}{\delta}\mathrm{d}x-y_1\int\frac{y_2f}{\delta}\mathrm{d}x\right]=f$$

上式满足式(8-38)，说明式(8-73)确实为式(8-38)之解。

现把式(8-50)的 y_1，y_2 代入式(8-73)，可得

$$\begin{aligned}y^*=&\frac{\mathrm{e}^{-\mathrm{i}\beta x}}{\delta}\sum_{r=-\infty}^{\infty}C_{2r}\mathrm{e}^{-2r\mathrm{i}x}\int^x\mathrm{e}^{\mathrm{i}\beta x}\sum_{r=-\infty}^{\infty}C_{2r}\mathrm{e}^{2r\mathrm{i}x}f(x)\mathrm{d}x\\&-\frac{\mathrm{e}^{\mathrm{i}\beta x}}{\delta}\sum_{r=-\infty}^{\infty}C_{2r}\mathrm{e}^{2r\mathrm{i}x}\int^x\mathrm{e}^{-\mathrm{i}\beta x}\sum_{r=-\infty}^{\infty}C_{2r}\mathrm{e}^{-2r\mathrm{i}x}f(x)\mathrm{d}x\end{aligned}$$

下面讨论一种常见的简单情况，设

$$f=Q_0+Q_1\cos 2x=Q_0+Q_1\left(\frac{\mathrm{e}^{2\mathrm{i}x}+\mathrm{e}^{-2\mathrm{i}x}}{2}\right)$$

若 $f(x)$ 为一般周期函数，则可以分解为傅里叶级数形式，逐项求解，方法是一样的。这时

式(8-38)可写为

$$\frac{\mathrm{d}^2 y}{\mathrm{d}x^2}+(a-2d\cos 2x)y=Q_0+Q_1\cos 2x \tag{8-76}$$

其特解 y^* 为

$$\begin{aligned}y^* =&\frac{Q_0}{\delta}\left[\sum_{r=-\infty}^{\infty}C_{2r}\mathrm{e}^{-2rix}\sum_{r=-\infty}^{\infty}\frac{C_{2r}}{2r\mathrm{i}+\beta\mathrm{i}}\mathrm{e}^{2rix}-\sum_{r=-\infty}^{\infty}C_{2r}\mathrm{e}^{2rix}\sum_{r=-\infty}^{\infty}\frac{C_{2r}}{-2r\mathrm{i}-\beta\mathrm{i}}\mathrm{e}^{-2rix}\right]\\&+\frac{Q_1}{2\delta}\left[\sum_{r=-\infty}^{\infty}C_{2r}\mathrm{e}^{-2rix}\left(\sum_{r=-\infty}^{\infty}\frac{C_{2r}}{2(r+1)\mathrm{i}+\beta\mathrm{i}}\mathrm{e}^{2(r+1)\mathrm{i}x}+\sum_{r=-\infty}^{\infty}\frac{C_{2r}}{2(r-1)\mathrm{i}+\beta\mathrm{i}}\mathrm{e}^{2(r-1)\mathrm{i}x}\right)\right.\\&\left.-\sum_{r=-\infty}^{\infty}C_{2r}\mathrm{e}^{2rix}\left(\sum_{r=-\infty}^{\infty}\frac{C_{2r}}{-2(r-1)\mathrm{i}-\beta\mathrm{i}}\mathrm{e}^{-2(r-1)\mathrm{i}x}+\sum_{r=-\infty}^{\infty}\frac{C_{2r}}{-2(r+1)\mathrm{i}-\beta\mathrm{i}}\mathrm{e}^{-2(r+1)\mathrm{i}x}\right)\right]\end{aligned}$$

把 e 的同幂项系数合并,经整理后得

$$y^*=\sum_{h=-\infty}^{\infty}\left[\frac{Q_0}{\delta}H_{2n}^{Q_0}+\frac{Q_1}{\delta}H_{2n}^{Q_1}\right]\mathrm{e}^{2nix} \tag{8-77}$$

其中

$$\begin{cases}H_{2n}^{Q_0}=\displaystyle\sum_{r=-\infty}^{\infty}C_{2r}\left[\frac{C_{2(r+n)}+C_{2(r-n)}}{2r\mathrm{i}+\beta\mathrm{i}}\right]\\ H_{2n}^{Q_1}=\displaystyle\frac{1}{2}\sum_{r=-\infty}^{\infty}C_{2r}\left[\frac{C_{2(r-1-n)}+C_{2(r-1+n)}}{2(r-1)\mathrm{i}+\beta\mathrm{i}}+\frac{C_{2(r+1+n)}+C_{2(r+1-n)}}{2(r+1)\mathrm{i}+\beta\mathrm{i}}\right]\end{cases} \tag{8-78}$$

当 $n=0$,即 y^* 为常数项时,有关系数为

$$\begin{cases}H_0^{Q_0}=\displaystyle\sum_{r=-\infty}^{\infty}\frac{2C_{2r}^2}{(2r+\beta)\mathrm{i}}\\ H_0^{Q_1}=\displaystyle\sum_{r=-\infty}^{\infty}C_{2r}\left[\frac{C_{2(r-1)}}{2(r-1)\mathrm{i}+\beta\mathrm{i}}+\frac{C_{2(r+1)}}{2(r+1)\mathrm{i}+\beta\mathrm{i}}\right]\end{cases} \tag{8-79}$$

式(8-76)的解应为

$$y=A\mathrm{e}^{\mathrm{i}\beta x}\sum_{r=-\infty}^{\infty}C_{2r}\mathrm{e}^{2rix}+B\mathrm{e}^{-\mathrm{i}\beta x}\sum_{r=-\infty}^{\infty}C_{2r}\mathrm{e}^{-2rix}+\sum_{n=-\infty}^{\infty}\left[\frac{Q_0}{\delta}H_{2n}^{Q_0}+\frac{Q_1}{\delta}H_{2n}^{Q_1}\right]\mathrm{e}^{2nix} \tag{8-80}$$

8.5 矩阵迭代法

分析机械系统振动问题,求解主振型、特征值、固有频率等,利用矩阵迭代法可充分运用 MATLAB 等进行计算机数值求解。

设方程为

$$\begin{cases}\boldsymbol{M}\boldsymbol{\phi}=\lambda\boldsymbol{K}\boldsymbol{\phi}\\ \boldsymbol{D}\boldsymbol{\phi}=\lambda\boldsymbol{\phi}\end{cases} \tag{8-81}$$

式中 $\boldsymbol{D}$ 为 $n\times n$ 方阵,$\boldsymbol{D}=\boldsymbol{K}^{-1}\boldsymbol{M}$;$\lambda=\frac{1}{\omega^2}$;$\boldsymbol{\phi}$ 为 n 元列向量。

现用矩阵迭代法来求一阶、二阶、…、n 阶的主振型 $\boldsymbol{\phi}_1$、$\boldsymbol{\phi}_2$、…、$\boldsymbol{\phi}_n$ 以及相应的特征值 λ_1、λ_2、…、λ_n,或固有角频率 ω_1、ω_2、…、ω_n。

矩阵迭代法是从假定的主振型出发,进行矩阵迭代运算,依次由最低阶主振型和固有频率开始,求得全部或一部分主振型和相应的固有频率的方法。

最初任意假设一阶主振型为

$$\boldsymbol{\phi}_1 = \boldsymbol{A}^{(1)} \tag{8-82}$$

为方便起见，其第 n 个元素 $A_n^{(1)}$ 取为 1。如果它刚好是一阶主振型，则应满足式(8-81)：

$$\boldsymbol{D}\boldsymbol{A}^{(1)} = \lambda_1 \boldsymbol{A}^{(1)} \tag{8-83}$$

令

$$\boldsymbol{B}^{(1)} = \boldsymbol{D}\boldsymbol{A}^{(1)}$$

则

$$\boldsymbol{B}^{-1} = \lambda_1 \boldsymbol{A}^{(1)} \tag{8-84}$$

表示 $\boldsymbol{B}^{(1)}$ 中各元素为 $\boldsymbol{A}^{(1)}$ 中各元素的 λ_1 倍。因为 $A_n^{(1)}=1$，故知 $B_n^{(1)}=\lambda_1$。或

$$\frac{1}{B_n^{(1)}}\boldsymbol{B}^{(1)} = \boldsymbol{A}^{(1)}$$

但显然所设的 $\boldsymbol{A}^{(1)}$ 不会刚好是第一阶主振型，所以需要进行迭代计算：

$$\begin{cases} \boldsymbol{B}^{(1)} = \boldsymbol{D}\boldsymbol{A}^{(1)} \\ \boldsymbol{A}^{(2)} = \dfrac{1}{B_n^{(1)}}\boldsymbol{B}^{(1)} \\ \boldsymbol{B}^{(2)} = \boldsymbol{D}\boldsymbol{A}^{(2)} \\ \boldsymbol{A}^{(3)} = \dfrac{1}{B_n^{(2)}}\boldsymbol{B}^{(2)} \\ \quad\vdots \\ \boldsymbol{B}^{(k)} = \boldsymbol{D}\boldsymbol{A}^{(k)} \\ \boldsymbol{A}^{(k+1)} = \dfrac{1}{B_n^{(k)}}\boldsymbol{B}^{(k)} \end{cases} \tag{8-85}$$

当 k 足够大时，$\boldsymbol{A}^{(k+1)} \approx \boldsymbol{A}^{k}$，可以认为 $\boldsymbol{A}^{k}$ 即为第一阶主振型，而 $B_n^{(k)} \approx \lambda_1 = \dfrac{1}{\omega_1^2}$。这可证明如下：

当 $\boldsymbol{A}^{(1)}$ 不是第一阶主振型时，可以把它写成 n 阶主振型的线性组合，即

$$\boldsymbol{A}^{(1)} = C_1\boldsymbol{\phi}_1 + C_2\boldsymbol{\phi}_2 + \cdots + C_n\boldsymbol{\phi}_n \tag{8-86}$$

其中 C_1、C_2、…、C_n 为常数。

把式(8-86)代入式(8-85)第一式：

$$\begin{aligned} \boldsymbol{B}^{(1)} = \boldsymbol{D}\boldsymbol{A}^{(1)} &= C_1\boldsymbol{D}\boldsymbol{\phi}_1 + C_2\boldsymbol{D}\boldsymbol{\phi}_2 + \cdots + C_n\boldsymbol{D}\boldsymbol{\phi}_n \\ &= C_1\lambda_1\boldsymbol{\phi}_1 + C_2\lambda_2\boldsymbol{\phi}_2 + \cdots + C_n\lambda_n\boldsymbol{\phi}_n \\ &= \frac{1}{\omega_1^2}\left(C_1\boldsymbol{\phi}_1 + C_2\frac{\omega_1^2}{\omega_2^2}\boldsymbol{\phi}_2 + \cdots + C_n\frac{\omega_1^2}{\omega_n^2}\boldsymbol{\phi}_n\right) \end{aligned}$$

因为 $\omega_1<\omega_2<\cdots<\omega_n$，故 $\boldsymbol{B}^{(1)}$ 中 $\boldsymbol{\phi}_1$ 的成分增加，相应地压低了其他成分。

由式(8-85)第二式得

$$\boldsymbol{A}^{(2)} = \frac{1}{B_n^{(1)}}\boldsymbol{B}^{(1)} = \frac{1}{B_n^{(1)}\omega_1^2}\left(C_1\boldsymbol{\phi}_1 + C_2\frac{\omega_1^2}{\omega_2^2}\boldsymbol{\phi}_2 + \cdots + C_n\frac{\omega_1^2}{\omega_n^2}\boldsymbol{\phi}_n\right)$$

由式(8-85)第三式得

$$\boldsymbol{B}^{(2)} = \boldsymbol{D}\boldsymbol{A}^{(2)} = \frac{1}{B_n^{(1)}\omega_1^4}\left(C_1\boldsymbol{\phi}_1 + C_2\frac{\omega_1^4}{\omega_2^4}\boldsymbol{\phi}_2 + \cdots + C_n\frac{\omega_1^4}{\omega_n^4}\boldsymbol{\phi}_n\right)$$

这表示在 $\boldsymbol{B}^{(2)}$ 中 $\boldsymbol{\phi}_1$ 的成分更多，也即 $\boldsymbol{B}^{(2)}$ 更接近于 $\boldsymbol{\phi}_1$。

依次类推得

$$\boldsymbol{A}^{(3)} = \frac{1}{B_n^{(1)}B_n^{(2)}\omega_1^4}\left(C_1\boldsymbol{\phi}_1 + C_2\frac{\omega_1^4}{\omega_2^4}\boldsymbol{\phi}_2 + \cdots + C_n\frac{\omega_1^4}{\omega_n^4}\boldsymbol{\phi}_n\right)$$

$$\vdots$$

$$\boldsymbol{A}^{(k)} = \frac{1}{B_n^{(1)}B_n^{(2)}\cdots B_n^{(k-1)}\omega_1^{2(k-1)}}\left[C_1\boldsymbol{\phi}_1 + C_2\left(\frac{\omega_1^2}{\omega_2^2}\right)^{(k-1)}\boldsymbol{\phi}_2 + \cdots + C_n\left(\frac{\omega_1^2}{\omega_n^2}\right)^{(k-1)}\boldsymbol{\phi}_n\right]$$

$$\boldsymbol{B}^{(k)} = \boldsymbol{D}\boldsymbol{A}^{(k)} = \frac{1}{B_n^{(1)}B_n^{(2)}\cdots B_n^{(k-1)}\omega_1^{2k}}\left[C_1\boldsymbol{\phi}_1 + C_2\left(\frac{\omega_1^2}{\omega_2^2}\right)^{k}\boldsymbol{\phi}_2 + \cdots + C_n\left(\frac{\omega_1^2}{\omega_n^2}\right)^{k}\boldsymbol{\phi}_n\right]$$

当 k 相当大时，$\left(\frac{\omega_1^2}{\omega_2^2}\right)^k$、…、$\left(\frac{\omega_1^2}{\omega_n^2}\right)^k$ 均远远小于 1，略去这些小量，可得

$$\boldsymbol{A}^{(k)} \approx \frac{1}{B_n^{(1)}B_n^{(2)}\cdots B_n^{(k-1)}\omega_1^{2(k-1)}}C_1\boldsymbol{\phi}_1$$

$$\boldsymbol{B}^{(k)} \approx \frac{1}{B_n^{(1)}B_n^{(2)}\cdots B_n^{(k-1)}\omega_1^{2k}}C_1\boldsymbol{\phi}_1$$

$$\frac{\boldsymbol{B}^{(k)}}{\boldsymbol{A}^{(k)}} \approx \frac{1}{\omega_1^2} = \lambda_1 \tag{8-87}$$

而 $\boldsymbol{A}^{(k)}$、$\boldsymbol{B}^{(k)}$ 与 $\boldsymbol{\phi}_1$ 接近于成正比，因此可以取 $\boldsymbol{A}^{(k)}$ 或 $\boldsymbol{B}^{(k)}$ 作为第一阶主振型。

由式(8-87)知

$$\boldsymbol{B}^{(k)} = \lambda_1\boldsymbol{A}^{(k)}$$

$\boldsymbol{B}^{(k)}$ 中各元素与 $\boldsymbol{A}^{(k)}$ 中各对应元素的比值均接近于 λ_1。因 $\boldsymbol{A}^k$ 中第 n 个元素 $A_n^{(k)}=1$，故

$$B_n^{(k)} = \lambda_1 = \frac{1}{\omega_1^2} \tag{8-88}$$

求出第一阶主振型后，可以进一步用矩阵迭代法来求第二阶主振型。令

$$M_1 = \boldsymbol{\phi}_1^{\mathrm{T}}\boldsymbol{M}\boldsymbol{\phi}_1 \tag{8-89}$$

$$\boldsymbol{D}^* = \boldsymbol{D} - \frac{1}{M_1\omega_1^2}\boldsymbol{\phi}_1\boldsymbol{\phi}_1^{\mathrm{T}}\boldsymbol{M} \tag{8-90}$$

把 $\boldsymbol{D}^*$ 代替式(8-85)中的 $\boldsymbol{D}$，进行迭代计算，最后可得

$$\begin{cases}\boldsymbol{A}^{(k)} \approx \boldsymbol{\phi}_2\\ B_n^{(k)} = \dfrac{1}{\omega_2^2}\end{cases} \tag{8-91}$$

这可证明如下：

设 $\boldsymbol{A}^{(1)}$ 为任选的向量，作为二阶主振型，它并不和 $\boldsymbol{\phi}_2$ 成正比，但可以写成 $\boldsymbol{\phi}_1$、…、$\boldsymbol{\phi}_n$ 的线性组合式(8-86)。把 $\boldsymbol{A}^{(1)}$ 前乘以 $\boldsymbol{\phi}_1^{\mathrm{T}}\boldsymbol{M}$，有

$$\boldsymbol{\phi}_1^{\mathrm{T}}\boldsymbol{M}\boldsymbol{A}^{(1)} = C_1\boldsymbol{\phi}_1^{\mathrm{T}}\boldsymbol{M}\boldsymbol{\phi}_1 + \cdots + C_n\boldsymbol{\phi}_1^{\mathrm{T}}\boldsymbol{M}\boldsymbol{\phi}_n$$

利用振型的正交原理，$\boldsymbol{\phi}_1^{\mathrm{T}}\boldsymbol{M}\boldsymbol{\phi}_2$，…，$\boldsymbol{\phi}_1^{\mathrm{T}}\boldsymbol{M}\boldsymbol{\phi}_n$ 均等于 0，而 $\boldsymbol{\phi}_1^{\mathrm{T}}\boldsymbol{M}\boldsymbol{\phi}_1=M_1$。所以有

$$\boldsymbol{\phi}_1^{\mathrm{T}}\boldsymbol{M}\boldsymbol{A}^{(1)} = C_1M_1$$

或

$$C_1 = \frac{\boldsymbol{\phi}_1^{\mathrm{T}}\boldsymbol{M}\boldsymbol{A}^{(1)}}{M_1} \tag{8-92}$$

设

$$\boldsymbol{B}_0^{(1)} = \boldsymbol{D}\boldsymbol{A}^{(1)} = C_1\lambda_1\boldsymbol{\phi}_1 + C_2\lambda_2\boldsymbol{\phi}_2 + \cdots + C_n\lambda_n\boldsymbol{\phi}_n$$

令

$$\boldsymbol{B}^{(1)} = \boldsymbol{B}_0^{(1)} - C_1\lambda_1\boldsymbol{\phi}_1$$

而

$$\boldsymbol{B}_0^{(1)} - C_1\lambda_1\boldsymbol{\phi}_1 = C_2\lambda_2\boldsymbol{\phi}_2 + \cdots + C_n\lambda_n\boldsymbol{\phi}_n$$

即在 $\boldsymbol{B}^{(1)}$ 中将不包含有第一阶主振型。如用它来进行迭代计算，则可得最低阶——二阶的主振型。

把式(8-92)的 C_1 代入上式得

$$\boldsymbol{B}^{(1)} = \boldsymbol{B}_0^{(1)} - \frac{\boldsymbol{\phi}_1^{\mathrm{T}}\boldsymbol{M}\boldsymbol{A}^{(1)}}{M_1\omega_1^2}\boldsymbol{\phi}_1 = \boldsymbol{D}\boldsymbol{A}^{(1)} - \frac{\boldsymbol{\phi}_1^{\mathrm{T}}\boldsymbol{M}\boldsymbol{A}^{(1)}\boldsymbol{\phi}_1}{M_1\omega_1^2}$$

因为 $\boldsymbol{\phi}_1^{\mathrm{T}}\boldsymbol{M}\boldsymbol{A}^{(1)}$ 为一数值，所以放在 $\boldsymbol{\phi}_1$ 前和放在 $\boldsymbol{\phi}_1$ 后都一样，故上式可写成

$$\begin{aligned}\boldsymbol{B}^{(1)} &= \boldsymbol{B}_0^{(1)} - C_1\lambda_1\boldsymbol{\phi}_1 = \boldsymbol{D}\boldsymbol{A}^{(1)} - \frac{\boldsymbol{\phi}_1\boldsymbol{\phi}_1^{\mathrm{T}}\boldsymbol{M}\boldsymbol{A}^{(1)}}{M_1\omega_1^2} \\ &= \left(\boldsymbol{D} - \frac{\boldsymbol{\phi}_1\boldsymbol{\phi}_1^{\mathrm{T}}\boldsymbol{M}}{M_1\omega_1^2}\right)\boldsymbol{A}^{(1)} = \boldsymbol{D}^*\boldsymbol{A}^{(1)}\end{aligned} \tag{8-93}$$

其中

$$\boldsymbol{D}^* = \boldsymbol{D} - \frac{1}{M_1\omega_1^2}\boldsymbol{\phi}_1\boldsymbol{\phi}_1^{\mathrm{T}}\boldsymbol{M}$$

应用式(8-93)进行矩阵迭代计算，则因它不包含第一阶主振型，从而可计算出第二阶(其中的最低阶)振型来。为了防止因计算数字精度不够，以致使残余的第一阶主振型成分又逐渐扩大，在迭代过程中始终以 $\boldsymbol{D}$ 来代替 $\boldsymbol{D}^*$，即依下列次序进行计算：

由任选的初始近似值 $\boldsymbol{A}^{(1)}$，求

$$\left\{\begin{aligned}\boldsymbol{B}^{(1)} &= \boldsymbol{D}^*\boldsymbol{A}^{(1)} \\ \boldsymbol{A}^{(2)} &= \frac{1}{B_n^{(1)}}\boldsymbol{B}^{(1)} \\ \boldsymbol{B}^{(2)} &= \boldsymbol{D}^*\boldsymbol{A}^{(2)} \\ &\vdots \\ \boldsymbol{A}^{(k)} &= \frac{1}{B_n^{(k-1)}}\boldsymbol{B}^{(k-1)} \\ \boldsymbol{B}^{(k)} &= \boldsymbol{D}^*\boldsymbol{A}^{(k)} \\ \boldsymbol{A}^{(k+1)} &= \frac{1}{B_n^{(k)}}\boldsymbol{B}^{(k)}\end{aligned}\right. \tag{8-94}$$

当 k 足够大时，$\boldsymbol{A}^{(k)} \approx \boldsymbol{A}^{(k+1)}$，与 $\boldsymbol{\phi}_2$ 成比例，而 $B_n^{(k)} = \dfrac{1}{\omega_2^2}$。

在迭代过程中始终使用 $\boldsymbol{D}^*$ 来代替 $\boldsymbol{D}$，可以有效地去掉一阶振型分量，这可以说明如下：

$$\boldsymbol{A}^{(2)} = \frac{1}{B_n^{(1)}}\boldsymbol{B}^{(1)} = \frac{1}{B_n^{(1)}}(C_2\lambda_2\boldsymbol{\phi}_2 + \cdots + C_n\lambda_n\boldsymbol{\phi}_n)$$

它应该不包含一阶振型成分。如果由于计算误差，使其中仍含有一阶振型成分，设

$$\boldsymbol{A}^{(2)}=\frac{1}{B_n^{(1)}}(C'_1\lambda_1\boldsymbol{\phi}_1+C_2\lambda_2\boldsymbol{\phi}_2+\cdots+C_n\lambda_n\boldsymbol{\phi}_n)$$

$$\begin{aligned}\boldsymbol{B}^{(2)}=\boldsymbol{D}^*\boldsymbol{A}^{(2)}&=\frac{1}{B_n^{(1)}}\left(\boldsymbol{D}-\frac{\boldsymbol{\phi}_1\boldsymbol{\phi}_1^{\mathrm{T}}\boldsymbol{M}}{M_1\omega_1^2}\right)(C'_1\lambda_1\boldsymbol{\phi}_1+C_2\lambda_2\boldsymbol{\phi}_2+\cdots+C_n\lambda_n\boldsymbol{\phi}_n)\\&=\frac{1}{B_n^{(1)}}(C_2\lambda_2^2\boldsymbol{\phi}_2+\cdots+C_n\lambda_n^2\boldsymbol{\phi}_n)+C'_1\lambda_1^2\boldsymbol{\phi}_1-\frac{C'_1\lambda_1\boldsymbol{\phi}_1\boldsymbol{\phi}_1^{\mathrm{T}}\boldsymbol{M}\boldsymbol{\phi}_1}{M_1\omega_1^2}\\&=\frac{1}{B_n^{(1)}}(C_2\lambda_2^2\boldsymbol{\phi}_2+\cdots+C_n\lambda_n^2\boldsymbol{\phi}_n)+C'_1\lambda_1^2\boldsymbol{\phi}_1-C'_1\lambda_1^2\frac{\boldsymbol{\phi}_1M_1}{M_1}\\&=\frac{1}{B_n^{(1)}}(C_2\lambda_2^2\boldsymbol{\phi}_2+\cdots+C_n\lambda_n^2\boldsymbol{\phi}_n)\end{aligned}$$

则可把残余的一阶振型分量进一步去掉，从而保证迭代结果得到二阶振型。

同理，在得到二阶主振型后，可进行三阶、…、n 阶主振型计算，只需要修改一下 $\boldsymbol{D}^*$。例如对于求第 i 阶振型，则令

$$\boldsymbol{D}^*=\boldsymbol{D}-\frac{1}{M_1\omega_1^2}\boldsymbol{\phi}_1\boldsymbol{\phi}_1^{\mathrm{T}}\boldsymbol{M}-\frac{1}{M_2\omega_2^2}\boldsymbol{\phi}_2\boldsymbol{\phi}_2^{\mathrm{T}}\boldsymbol{M}-\cdots-\frac{1}{M_{i-1}\omega_{i-1}^2}\boldsymbol{\phi}_{i-1}\boldsymbol{\phi}_{i-1}^{\mathrm{T}}\boldsymbol{M}\quad(8\text{-}95)$$

其中

$$M_j=\boldsymbol{\phi}_j^{\mathrm{T}}\boldsymbol{M}\boldsymbol{\phi}_j\quad j=1,2,\cdots,i-1$$

然后以 $\boldsymbol{D}^*$ 代替 $\boldsymbol{D}$ 进行矩阵迭代计算，即能得到 i 阶主振型及相应的固有角频率。

8.6 算法程序

用龙格-库塔法进行机械系统动力学数值仿真计算时，具有较好的精度，也很常用。本节介绍运用龙格-库塔法求解二阶微分方程时，采用 MATLAB 语言的程序实现过程。

例 8-6 如图 8-5 所示的三自由度弹簧质量系统，编写 MATLAB 程序进行振动响应的仿真计算。设各质量为 2 kg，$c=1.5$ N·s/m，$k=50$ N/m，$f_1=2.0\sin(3.754t)$，$f_2=-2.0\cos(2.2t)$，$f_3=1.0\sin(2.8t)$。

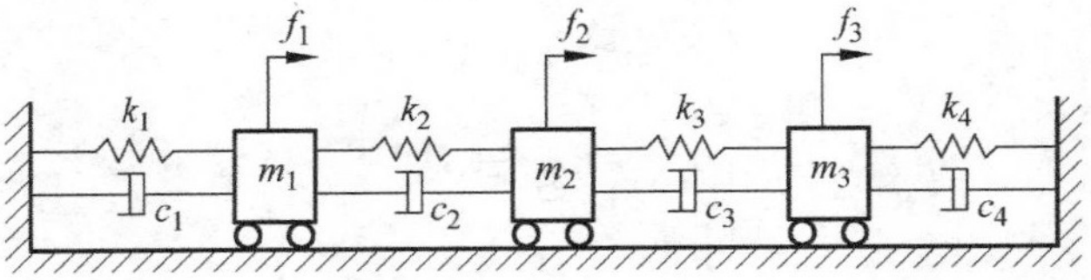

图 8-5

解 已知 $m_1=m_2=m_3=2$ kg，$c_1=c_2=c_3=c_4=1.5$ N·s/m，$k_1=k_2=k_3=k_4=50$ N/m，$f_1=2.0\sin(3.754t)$，$f_2=-2.0\cos(2.2t)$，$f_3=1.0\sin(2.8t)$。

首先建立运动微分方程 $\boldsymbol{M}\ddot{\boldsymbol{X}}+\boldsymbol{C}\dot{\boldsymbol{X}}+\boldsymbol{K}\boldsymbol{X}=\boldsymbol{F}$，其中

$$\boldsymbol{M}=2\begin{bmatrix}1&0&0\\0&1&0\\0&0&1\end{bmatrix},\quad\boldsymbol{C}=1.5\begin{bmatrix}2&-1&0\\-1&2&-1\\0&-1&2\end{bmatrix},\quad\boldsymbol{K}=50\begin{bmatrix}2&-1&0\\-1&2&-1\\0&-1&2\end{bmatrix}$$

$$\boldsymbol{F} = [2.0\sin(3.754t), -2.0\cos(2.2t), 1.0\sin(2.8t)]^{\mathrm{T}}$$

这里仅给出龙格-库塔法的简要的计算步骤。

对于 n 自由度振动系统，有

$$\boldsymbol{M}\ddot{\boldsymbol{X}} + \boldsymbol{C}\dot{\boldsymbol{X}} + \boldsymbol{K}\boldsymbol{X} = \boldsymbol{F} \tag{8-96}$$

采用龙格-库塔法，既可以求解线性问题，也可以求解非线性问题。

式(8-96)中的每个方程可以表达为

$$\begin{cases} \dfrac{\mathrm{d}^2 x_i}{\mathrm{d}t^2} = f\left(t, x_i, \dfrac{\mathrm{d}x_i}{\mathrm{d}t}\right) \\ x_i(0) = x_{i0}, \dot{x}_i(0) = \dot{x}_{i0} \\ \qquad i = 1, 2, \cdots, n \end{cases} \tag{8-97}$$

将式(8-97)转化为一阶方程组：

$$\begin{cases} \dfrac{\mathrm{d}z_i}{\mathrm{d}t} = f(t, x_i, z_i) \\ \dfrac{\mathrm{d}x_i}{\mathrm{d}t} = z_i \\ x_i(0) = x_{i0}, z_i(0) = \dot{x}_{i0} \\ \qquad i = 1, 2, \cdots, n \end{cases} \tag{8-98}$$

那么，式(8-96)即可转化为 $2\times n$ 维一阶方程组。这时，四阶龙格-库塔公式为

$$\begin{cases} i = 1, 2, \cdots, n \\ z_{i+1} = z_i + \dfrac{h}{6}(K_1 + 2K_2 + 2K_3 + K_4) \\ x_{i+1} = x_i + \dfrac{h}{6}(L_1 + 2L_2 + 2L_3 + L_4) \\ \qquad h \text{ 为步长} \\ K_1 = f(t_i, x_i, z_i), L_1 = z_i \\ K_2 = f\left(t_i + \dfrac{h}{2}, x_i + \dfrac{h}{2}L_1, z_i + \dfrac{h}{2}K_1\right), L_2 = z_i + \dfrac{h}{2}K_1 \\ K_3 = f\left(t_i + \dfrac{h}{2}, x_i + \dfrac{h}{2}L_i, z_i + \dfrac{h}{2}K_2\right), L_3 = z_i + \dfrac{h}{2}K_2 \\ K_4 = f(t_i + h, x_i + hL_3, z_i + hK_3), L_4 = z_i + hK_3 \end{cases} \tag{8-99}$$

式中 x_{i+1} 为位移；z_{i+1} 为速度。具体微分方程为

$$2\ddot{x}_1 + 3\dot{x}_1 - 1.5\dot{x}_2 + 100x_1 - 50x_2 = 2.0\sin(3.754t)$$

$$2\ddot{x}_2 - 1.5\dot{x}_1 + 3\dot{x}_2 - 1.5\dot{x}_3 - 50x_1 + 100x_2 - 50x_3 = -2.0\cos(2.2t)$$

$$2\ddot{x}_3 + 1.5\dot{x}_2 + 3\dot{x}_3 - 50x_2 + 100x_3 = 1.0\sin(2.8t)$$

初始位移为 $x_{10} = x_{20} = x_{30} = 1$，初始速度为 $\dot{x}_{10} = \dot{x}_{20} = \dot{x}_{30} = 1$。将运动微分方程化为一阶微分方程组：

$$2\dot{z}_1 = 2.0\sin(3.754t) - 3\dot{x}_1 + 1.5\dot{x}_2 - 100x_1 + 50x_2$$

$$\dot{x}_1 = z_1$$

$$2\dot{z}_2 = 1.5\dot{x}_1 - 3\dot{x}_2 + 1.5\dot{x}_3 + 50x_1 - 100x_2 + 50x_3 - 2.0\cos(2.2t)$$

$$\dot{x}_2 = z_2$$

$$2\dot{z}_3 = -1.5\dot{x}_2 - 3\dot{x}_3 + 50x_2 - 100x_3 + 1.0\sin(2.8t)$$

$$\dot{x}_3 = z_3$$

初始条件为 $x_{10}=x_{20}=x_{30}=1, z_{10}=z_{20}=z_{30}=1$。

程序为：

```
function vtb8(tf,deltah)
%用龙格-库塔法计算三自由度系统谐迫振动响应,tf 为仿真时间,deltah 为仿真时间步长,h,x 为位移,z 为速度,zd 为加速度
close all; clc
x0=[1; 1; 1];                          %初始位移
z0=[1; 1; 1];                          %初始速度
x=x0;
z=z0;
fid1=fopen('rk1','wt')                 % 打开(建立)rk1 数据文件
fid2=fopen('rk2','wt')                 % 打开(建立)rk2 数据文件
fid3=fopen('rk3','wt')                 % 打开(建立)rk3 数据文件
for t0=0; deltah; tf
    t=t0
    %K1 为 3×1 的列阵,L1 为 3×1 的列阵
    K1=[1/2*(2*sin(3.754*t)-3*z(1)+1.5*z(2)-100 * x(1)+50*x(2))
        1/2*(-2*cos(2.2*t)+1.5*z(1)-3*z(2) +1.5*z(3)+50*x(1)-100*x(2)+
        50*x(3))1/2*(1*sin(2.8*t)-1.5*z(2)-3*z(3)+50*x(2)-100*x(3))];
    L1= z;
    %K2 为 3×1 的列阵,L2 为 3×1 的列阵
    t=t0+deltah/2;
    x=x0+deltah/2*L1;
    z=z0+deltah/2*K1;
    K2=[1/2*(2*sin(3.754*t)-3*z(1)+1.5*z(2)-100*x(1)+50*x(2))
        1/2*(-2*cos(2.2*t)+1.5*z(1)-3*z(2)+1.5*z(3)+50*x(1)-100*x
        (2)+50*x(3))1/2*(1*sin(2.8*t)-1.5*z(2)-3*z(3)+50*x(2)-100*
        x(3))];
L2=z;
%K3 为 3×1 的列阵,L3 为 3×1 的列阵
x=x0+deltah/2*L2;
z=z0+deltah/2*K2;
K3=[1/2*(2*sin(3.754*t)-3*z(1)+1.5*z(2)-100*x(1) +50*x(2))
    1/2*(-2*cos(2.2*t)+1.5*z(1)-3*z(2)+1.5*z(3)+50*x(1)-100*x(2)+50*x(3))
    1/2*(1*sin(2.8*t)-1.5*z(2)-3*z(3)+50*x(2)-100*x(3))];
L3=z;
%K4 为 3×1 的列阵,L4 为 3×1 的列阵
t=t0+deltah;
x=x0+deltah*L3;
```

```
z=z0+deltah*K3;
K4=[1/2*(2*sin(3.754*t)-3*z(1)+1.5*z(2)-100*x(1) +50*x(2))
    1/2*(-2*cos(2.2*t)+1.5*z(1)-3*z(2) +1.5*z(3)+50*x(1)-100*x(2)+50*x(3))
    1/2*(1*sin(2.8*t)-1.5*z(2)-3*z(3)+50*x(2)-100*x(3))];
L4=z;
%计算 z,x
z=z0+(K1+2*K2+2*K3+K4)*deltah/6;        %计算速度
x=x0+(L1+2*L2+2*L3+L4)*deltah/6;        %计算位移
z0=z;
x0=x;
zd=K1;                                  %计算加速度
fprintf (fid1,'%10.8f',z);              %将某一步计算的结果 z 存储在 rk1 的数据文件中
fprintf(fid2,'%10.8f',x);               %将某一步计算的结果 x 存储在 rk2 的数据文件中
fprintf (fid3,'%10.8f',zd);             %将某一步计算的结果 zd 存储在 rk3 的数据文件中
end
```

第9章　机械系统动力学仿真软件与实例

9.1　ADAMS动力学建模与仿真

9.1.1　软件简介

ADAMS (Automatic Dynamic Analysis of Mechanical System)软件，是由原美国机械动力公司(Mechanical Dynamics Inc.)开发的机械系统动态仿真软件，是世界上使用范围较广的机械系统动力学分析软件，广泛应用于航空航天、汽车工程、铁路车辆及装备、工业机械、工程机械等领域。

ADAMS用户可以对虚拟样机进行静力学、运动学和动力学分析，其开放性的程序结构和多种接口，可以成为特殊行业用户进行特殊类型机械系统动态仿真分析的二次开发工具平台。ADAMS与CAD软件 (UG,PRO/E)以及CAE软件(ANSYS)可以通过计算机图形交换格式文件相互交换以保持数据的一致性，支持同大多数CAD、FEA和控制设计软件包之间的双向通信，具有供用户自定义力和运动发生器的函数库，具有开放式结构，允许用户集成自己的子程序。

ADAMS可利用交互式图形环境和零件库、约束库、力库建立机械系统三维参数化模型，分析类型包括运动学、静力学分析，以及线性和非线性动力学分析，包含刚体和柔性体分析，具有先进的数值分析技术和强有力的求解器，使求解快速、准确；具有组装、分析和动态显示不同模型或同一个模型在某一个过程中变化的能力，提供多种"虚拟样机"方案；可预测机械系统的性能、运动范围、碰撞、包装、峰值载荷以及计算有限元的输入载荷；可以自动输出位移、速度、加速度和反作用力曲线，仿真结果显示为动画和曲线图形；还可以进行设计研究、试验设计和优化分析。

9.1.2　动力学问题的求解方法与坐标系

ADAMS结合经典的动力学理论和现代计算机技术，处理多体系统计算动力学的基本任务：系统运动学与动力学方程的自动建立；运动学与动力学方程的自动求解，即实施有效的数值计算方法，以便通过仿真由计算机自动产生系统的动力学响应；仿真结果的合理解释，即将仿真结果以方便直观的形式通过计算机终端表达出来。

1. 多刚体系统动力学的求解

应用于多刚体系统动力学的方法主要有以下几种：牛顿-欧拉法(Newton-Euler)、拉格朗日方程法、图论(R-W)法、凯恩方法、变分方法、旋量方法等。在求解机械系统动力学控制方程时，常常采用三种功能强大的变阶和变步长积分求解程序，即BDF、Gstiff和Dstiff来求解稀疏耦合的非线性方程。

ADAMS用刚体 i 的质心笛卡儿坐标和反映刚体方位的欧拉角(或广义欧拉角)作为广义坐标,即 $q_i=[x,y,z,\psi,\theta,\varphi]_i^{\mathrm{T}}$, $q=[q_1^T,q_2^T,\cdots,q_n^T]^{\mathrm{T}}$。采用拉格朗日乘子法建立系统运动方程:

$$\frac{\mathrm{d}}{\mathrm{d}t}\left[\frac{\partial \boldsymbol{T}}{\partial \dot{\boldsymbol{q}}}\right]^{\mathrm{T}}-\left[\frac{\partial \boldsymbol{T}}{\partial \boldsymbol{q}}\right]^{\mathrm{T}}+\boldsymbol{f}_q^{\mathrm{T}}\boldsymbol{\rho}+\boldsymbol{g}_{\dot{q}}^{\mathrm{T}}\boldsymbol{\mu}=\boldsymbol{Q} \tag{9-1}$$

对于完整约束方程, $f(q,t)=0$;对于非完整约束方程, $g(q,\dot{q},t)=0$。

式(9-1)中 $\boldsymbol{T}$——系统动能;$\boldsymbol{q}$——系统广义坐标列阵;$\boldsymbol{Q}$——广义力列阵;$\boldsymbol{\rho}$——对应于完整约束的拉氏乘子列阵;$\boldsymbol{\mu}$——对应于非完整约束的拉氏乘子列阵;$\dot{\boldsymbol{q}}$——系统广义速度列阵。

定义1 系统动力学方程:对于有 N 个自由度的力学系统,确定 N 个广义速率以后,即可计算出系统内各质点及各刚体相应的偏速率及偏角速率,以及相应的 N 个广义主动力及广义惯性力。令每个广义速率所对应的广义主动力与广义惯性力之和为0,所得到的 N 个标量方程即称为系统的动力学方程,也称为凯恩方程,即

$$F^{(r)}+F^{*(r)}=0 \quad r=1,2,\cdots,N \tag{9-2}$$

写成矩阵形式为

$$\boldsymbol{F}+\boldsymbol{F}^{*}=\boldsymbol{0} \tag{9-3}$$

其中 $\boldsymbol{F}$、$\boldsymbol{F}^*$ 为 N 阶列阵,定义为 $\boldsymbol{F}=[F^{(1)}\cdots F^{(N)}]^{\mathrm{T}}$, $\boldsymbol{F}^*=[F^{*(1)}\cdots F^{*(N)}]^{\mathrm{T}}$。

在系统运动方程(9-1)中令 $\boldsymbol{u}=\dot{\boldsymbol{q}}$, $\dot{\boldsymbol{u}}=\ddot{q}$,则系统运动方程可化成动力学方程,即

$$\boldsymbol{F}(\boldsymbol{q},\boldsymbol{u},\dot{\boldsymbol{u}},\boldsymbol{\lambda},t)=\boldsymbol{0} \tag{9-4}$$

$$\boldsymbol{G}(\boldsymbol{u},\dot{\boldsymbol{q}})=\boldsymbol{u}-\dot{\boldsymbol{q}}=\boldsymbol{0} \tag{9-5}$$

$$\boldsymbol{\Phi}(\boldsymbol{q},t)=\boldsymbol{0} \tag{9-6}$$

式中 $\boldsymbol{u}$——广义速度列阵;$\boldsymbol{\lambda}$——约束反力及作用力列阵;$\boldsymbol{G}$——描述广义速度的代数方程列阵;$\boldsymbol{\Phi}$——描述约束的代数方程列阵。

定义2 Gear预估——校正多步算法继承ADAMS四阶预估——校正变阶算法,采用变步长法,其步骤如下:

(1) $f(x,t)$的Jacobi矩阵的计算;

(2) 校正的迭代运算,第二步运行时要适当给出迭代精度与单步积分精度;否则会出现迭代收敛所要求的步长小于单步积分精度要求的步长,造成计算步长反复放大缩小。

定义系统的状态矢量 $\boldsymbol{y}=[\boldsymbol{q}^{\mathrm{T}},\boldsymbol{u}^{\mathrm{T}},\boldsymbol{\lambda}^{\mathrm{T}}]^{\mathrm{T}}$,用Gear算法求解系统运动方程,首先,根据当前时刻的系统状态矢量值,用泰勒级数预估下一个时刻系统的状态矢量值:

$$y_{n+1}=y_n+\frac{\partial y_n}{\partial t}h+\frac{1}{2!}\frac{\partial^2 y_n}{\partial t^2}h^2+\cdots \tag{9-7}$$

其中时间步长 $h=t_{n+1}-t_n$,这种预估算法得到的新的时刻的系统状态矢量值通常不准确,可由Gear法采用 $K+1$ 阶积分进行校正:

$$y_{n+1}=-h\beta_0\,\dot{y}_{n+1}+\sum_{i=1}^{k}\alpha_i y_{n-i+1} \tag{9-8}$$

其中 y_{n+1}是 $y(t)$在 $t=t_{n+1}$时的近似值;β_0, α_i 为Gear积分系数值。上式也可写成:

$$\dot{y}_{n+1} = \frac{-1}{h\beta_0}\left[y_{n+1} - \sum_{i=1}^{k} \alpha_i y_{n-i+1} \right] \tag{9-9}$$

将系统动力学方程在 $t=t_{n+1}$ 时刻展开得

$$\boldsymbol{F}(\boldsymbol{q}_{n+1}, \boldsymbol{u}_{n+1}, \dot{\boldsymbol{u}}_{n+1}, \boldsymbol{\lambda}_{n+1}, t_{n+1}) = \boldsymbol{0} \tag{9-10}$$

$$\boldsymbol{G}(\boldsymbol{u}_{n+1}, \dot{\boldsymbol{q}}_{n+1}) = \boldsymbol{u}_{n+1} - \dot{\boldsymbol{q}}_{n+1} = \boldsymbol{u}_{n+1} - \left(\frac{-1}{h\beta_0}\right)\left(\boldsymbol{q}_{n+1} - \sum_{i=1}^{k} \alpha_i \boldsymbol{q}_{n-i+1}\right) = \boldsymbol{0} \tag{9-11}$$

$$\boldsymbol{\Phi}(\boldsymbol{q}_{n+1}, t_{n+1}) = \boldsymbol{0} \tag{9-12}$$

定义 3 Newton-Raphson(N-R)算法：求解非线性方程组 $\boldsymbol{\Phi}(\boldsymbol{x}) = 0$，其中共有 n 个方程，即 $\boldsymbol{\Phi} = (\Phi_1 \cdots \Phi_n)^{\mathrm{T}}$，变量 $\boldsymbol{x}$ 为 n 阶列阵。N-R 算法的关键是如何选取适当的初值，如果矩阵为非奇异，则解是唯一的。使用修正的 N-R 算法求解上述非线性方程，其迭代校正公式为

$$\boldsymbol{F}_j + \frac{\partial \boldsymbol{F}}{\partial \boldsymbol{q}}\Delta \boldsymbol{q}_j + \frac{\partial \boldsymbol{F}}{\partial \boldsymbol{u}}\Delta \boldsymbol{u}_j + \frac{\partial \boldsymbol{F}}{\partial \dot{\boldsymbol{u}}}\Delta \dot{\boldsymbol{u}}_j + \frac{\partial \boldsymbol{F}}{\partial \boldsymbol{\lambda}}\Delta \boldsymbol{\lambda}_j = \boldsymbol{0} \tag{9-13}$$

$$\boldsymbol{G}_j + \frac{\partial \boldsymbol{G}}{\partial \boldsymbol{q}}\Delta \boldsymbol{q}_j + \frac{\partial \boldsymbol{G}}{\partial \boldsymbol{u}}\Delta \boldsymbol{u}_j = 0 \tag{9-14}$$

$$\boldsymbol{\Phi}_j + \frac{\partial \boldsymbol{\Phi}}{\partial \boldsymbol{q}}\Delta \boldsymbol{q}_j = \boldsymbol{0} \tag{9-15}$$

式中 j 表示第 j 次迭代，$\Delta \boldsymbol{q}_j = \boldsymbol{q}_{j+1} - \boldsymbol{q}_j$，$\Delta \boldsymbol{u}_j = \boldsymbol{u}_{j+1} - \boldsymbol{u}_j$，$\Delta \boldsymbol{\lambda}_j = \boldsymbol{\lambda}_{j+1} - \boldsymbol{\lambda}_j$。以上方程写成矩阵形式为

$$\begin{bmatrix} \dfrac{\partial \boldsymbol{F}}{\partial \boldsymbol{q}} & \dfrac{\partial \boldsymbol{F}}{\partial \boldsymbol{u}} - \dfrac{1}{h\beta_0}\dfrac{\partial \boldsymbol{F}}{\partial \dot{\boldsymbol{u}}} & \left(\dfrac{\partial \boldsymbol{\Phi}}{\partial \boldsymbol{q}}\right)^{\mathrm{T}} \\ \left(\dfrac{1}{h\beta_0}\right)\boldsymbol{I} & \boldsymbol{I} & 0 \\ \dfrac{\partial \boldsymbol{\Phi}}{\partial \boldsymbol{q}} & 0 & 0 \end{bmatrix}_j \begin{bmatrix} \Delta \boldsymbol{q} \\ \Delta \boldsymbol{u} \\ \Delta \boldsymbol{\lambda} \end{bmatrix}_j = \begin{bmatrix} -\boldsymbol{F} \\ -\boldsymbol{G} \\ -\boldsymbol{\Phi} \end{bmatrix}_j \tag{9-16}$$

式中左边的系数矩阵称为系统的 Jacobi 矩阵；$\dfrac{\partial \boldsymbol{F}}{\partial \boldsymbol{q}}$ 是系统的刚度矩阵；$\dfrac{\partial \boldsymbol{F}}{\partial \boldsymbol{u}}$ 是系统阻尼矩阵；$\dfrac{\partial \boldsymbol{F}}{\partial \dot{\boldsymbol{u}}}$ 是系统质量矩阵。通过分解系统 Jacobi 矩阵求解 $\Delta \boldsymbol{q}_j, \Delta \boldsymbol{u}_j, \Delta \boldsymbol{\lambda}_j$，计算出 $\boldsymbol{q}_{j+1}, \boldsymbol{u}_{j+1}, \boldsymbol{\lambda}_{j+1}, \dot{\boldsymbol{q}}_{j+1}, \dot{\boldsymbol{u}}_{j+1}, \dot{\boldsymbol{\lambda}}_{j+1}$，重复上述步骤，直到满足收敛条件，判定积分误差限，确定是否接受该解。

2. 多柔体系统动力学的求解

应用于多柔体系统动力学的方法可以分为三类：第一类为牛顿-欧拉向量力学法，第二类为拉格朗日方程为代表的分析力学法，第三类为基于高斯原理等具有极小值性质的极值原理法。应用多体系统动力学理论解决实际问题时，一般有以下几个步骤：①实际系统的多体模型简化；②自动生成动力学方程；③准确地求解动力学方程。

3. ADAMS 中的坐标系

ADAMS 采用了两种直角坐标系：总体坐标系和局部坐标系，它们之间通过关联矩阵相互转换。总体坐标系是固定坐标系，它不随任何机构的运动而运动，是用来确定构件的位

移、速度、加速度等的参考系。局部坐标系固定在构件上，随构件一起运动。构件在空间内运动时，其运动的线物理量(如线位移、线速度、线加速度等)和角物理量(如角速度、角位移、角加速度)都可由局部坐标系相对于总体坐标系移动、转动时的相应物理量确定。而约束方程表达式均由相连接的两构件的局部坐标系的坐标描述。机构的自由度是机构所具有的可能的独立运动状态的数目。在ADAMS软件中，机构的自由度决定了该机构的分析类型：运动学分析或动力学分析。在运动学分析中，当某些构件的运动状态确定后，其余构件的位移、速度和加速度随时间而变化。当机构自由度>0时，对机构进行动力学分析，即分析其运动是由于保守力和非保守力的作用而引起的，并要求构件运动不仅满足约束要求，而且要满足给定的运动规律。当机构自由度<0时，属于超静定问题，ADAMS无法解决。

一个三维空间自由浮动的刚体有6个自由度，机械系统的自由度F由下式计算：

$$F = 6n - \sum_{i=1}^{m} p_i - \sum_{j=1}^{l} q_j - \sum R_k \tag{9-17}$$

式中 n——活动构件总数；p_i, m——第i个运动副的约束条件数、运动副总数；q_j, l——第j个运动机构的约束条件数、原动机总数；R_k——其他的约束条件数。

机械系统的自由度与原动机的数量和机械系统的运动特性有着密切的关系，只有当$F=1$且$\sum q_j > 0$时，机械系统具有确定的运动。

在计算机械系统自由度时应注意以下一些特殊问题：

(1) 复合铰链：两个以上的构件同在一处以转动副相连接，构成了所谓复合铰链。当有m个构件(包括固定构件)以复合铰链相连接时，其转动副的数目应为$m-1$个。

(2) 局部自由度：与机械系统中需要分析的构件运动无关的自由度称为局部自由度。在计算机械系统自由度时，局部自由度可以除去不计。

(3) 虚约束：起重复限制作用的约束称为虚约束，因此，虚约束又称为多余约束。虚约束常出现于下列情况中：

① 轨迹重合。如果机构上有两构件用转动副相连接，而两构件上连接点的轨迹相重合，则该连接将带入虚约束。在机构运动过程中，当不同构件上两点间的距离保持恒定时，用一个构件和两个转动副将此两点相连，也将带入虚约束。

② 转动副轴线重合。当两构件构成多个转动副且其轴线互相重合时，这时只有一个转动副起约束作用，其余转动副都是虚约束。

③ 移动副导路平行。两构件构成多个移动副且其导路互相平行，这时只有一个移动副起约束作用，其余转动副都是虚约束。

④ 机构存在对运动重复约束作用的对称部分。在机械系统中，某些不影响机构运动传递的重复部分所带入的约束也是虚约束。虚约束的存在虽然对机械系统的运动没有影响，但引入虚约束后不仅可以改善机构的受力情况，还可以增加系统的刚性，因此在机械系统的结构中得到较多使用。

但是，计算机在求解运动方程组时，不应有虚约束(即相关方程)的存在。因此，采用计算机进行机械系统运动分析时，程序将自动地查找虚约束，如果机械模型中有虚约束存在，计算机会随机地将多余的虚约束删除。这种处理方法使得计算结果同实际情况有所不同，而且可能出现多组解。

9.1.3　ADAMS 的建模与求解过程

ADAMS 的整个计算过程指从数据的输入到结果的输出，不包括前、后处理功能模块。

1. 模型的组成及定义

(1) 构件：它是机构内可以相互运动的刚体或刚体固定件。当定义构件时，需要给出构件局部坐标系的原点及方向，构件质心的位置，质量及参考坐标系的转动惯量、惯性积等。在机构中，还要定义一个固定件作为参考系。当定义机构其他要素(如约束点、力、标识点)时，必须给定该要素所对应的构件。

(2) 标识点：它是构件内具有方向的矢量点。用标识点可以表明两构件约束的连接点相对运动方向、作用力的作用及方向等。

(3) 约束：它是机构内两构件间的连接关系。

(4) 运动激励(或驱动)：它是机构内一个构件相对于另一构件按约束允许的运动方式，以给定的规律进行的运动。该运动不受机构运动的影响。

(5) 力：它包括机构内部产生的作用力和外界对机构所加的作用力。

(6) 属性文件：属性文件是指例如减振器的速度与力的关系、轮胎的属性或者是各种试验数据等的文件。

2. ADAMS 计算过程

ADAMS 的计算过程可以分成以下几个部分：

(1) 数据的输入；

(2) 数据的检查；

(3) 机构的装配及约束的消除；

(4) 运动方程的自动形成；

(5) 积分迭代运算；

(6) 运算过程中的错误检查和信息输出；

(7) 结果的输出。

在进行建模仿真时应该注意：

(1) 采取渐进的，从简单分析逐步发展到复杂的机械系统分析的策略。

① 在最初的仿真分析建模时，不必过分追求构件几何形体的细节部分同实际构件完全一致，因为这往往需要花费大量的几何建模时间，而此时的关键是能够顺利地进行仿真并获得初步结果。从程序的求解原理来看，只要仿真构件几何形体的质量、质心位置、惯性矩和惯性积同实际构件相同，仿真结果是等价的。在获得满意的仿真分析结果以后，再完善构件几何形体的细节部分和视觉效果。

② 如果样机模型中含有非线性的阻尼，可以先从分析线性阻尼开始，在线性阻尼分析顺利完成后，再对非线性阻尼进行分析。

(2) 在进行较复杂的机械系统仿真时，可以将整个系统分解为若干个子系统，先对这些子系统进行仿真分析和试验，逐个排除建模等仿真过程中隐含的问题，最后进行整个系统的仿真分析试验。

(3) 在设计虚拟样机时,应该尽量减小机械系统的规模,仅考虑影响样机性能的构件。

在完成样机建模和输出设置后(即在开始仿真之前),对样机进行最后的检验,排除建模过程中隐含的错误,如检查不恰当的连接和约束、没有约束的构件、无质量的构件、样机的自由度等;进行装配分析,检查所有的约束是否被破坏或者被错误定义;进行动力学分析前先进行静态分析,看虚拟样机是否处于静平衡状态等。

3. ADAMS的仿真及后处理

样机检验结束后,就可以对模型进行仿真研究,在后处理程序中通过对响应的快速傅里叶变换求得响应的频域特性。快速傅里叶变换是一种常用的信号处理数学运算规则,利用它可以处理样机中任何与时间有关的函数或测量,并可将其转换为频域函数,从中分离出正弦曲线,对获取样机的自然频率非常有用。

ADAMS/Solver默认的仿真输出包括两大类:一类是样机各种对象(例如,构件、力、约束等)基本信息的描述,如构件质心位置等;另一类输出是各种对象的有关分量信息,包括:

(1) 运动副、原动机、载荷和弹性连接等产生的力和力矩。

① FX,FY,FZ,FMAG分别表示X,Y,Z方向的分力和合力。

② TX,TY,TZ,TMAG分别表示X,Y,Z方向的分力矩和合力矩。

(2) 构件的各种运动状态。

① X,Y,Z,MAG分别表示X,Y,Z方向刚体的位移分量和总位移。

② PSI,THETA,PHI分别表示3个方向的刚体方向角。

③ VX,VY,VZ分别表示X,Y,Z方向的速度分量。

④ WX,WY,WZ分别表示X,Y,Z方向的角速度分量。

⑤ ACCX,ACCY,ACCZ分别表示X,Y,Z方向的加速度分量。

⑥ WDX,WDY,WDZ分别表示X,Y,Z方向的角加速度分量。

此外,还可以利用ADAMS / View提供的测量手段和指定输出方式自定义一些特殊的输出。

ADAMS/View还提供了参数化建模和分析功能,在建模和分析过程中可以使用参数表达式、参数化点坐标、运动参数化、使用设计变量四种参数化方法,通过参数化方法可以进行设计研究、试验设计、优化分析三种参数化分析过程。

(1) 设计研究。主要考虑在设计变量发生变化时样机的有关性能可能的变化范围、样机有关性能的变化对设计参数变化的敏感程度、在一定的分析范围内最佳的设计参数值。

(2) 试验设计。当对样机性能有影响的设计参数较多时,常常要借助试验设计,其步骤是:

① 确定试验的目的,如确定哪个设计参数对样机性能有最大的影响。

② 为待试验的样机选择一套参数(因素),并确定测量有关系统响应的方法。

③ 为每一个参数选择一套参数值(水平)。

④ 采用不同的参数值组合,设计一套试验过程或步骤。

通过试验设计可以获得如下的分析结果:

① 确定是哪一个设计变量,以及所有设计变量在怎样的组合情况下,对样机的性能有最大的影响。

② 控制由于制造和操作条件的变化带来的影响。

③ 产生一个多项式,近似地表示样机的性能,以便用该多项式来迅速地研究和优化样机的性能。

(3) 参数优化。在满足各种设计条件和在指定的变量变化范围内,通过自动选择设计变量,由分析程序求取目标函数的最大值和最小值。它与试验设计互为补充,对有多个影响因素的复杂分析情况,利用试验设计可以确定影响最大的若干设计参数,然后用这些设计参数进行优化分析,并自动生成优化样机模型,提高优化算法的可靠性和运算速度。

9.1.4　ADAMS 仿真分析模块

1. 用户界面模块

ADAMS/View 提供了一个直接面向用户的基本操作对话环境和虚拟样机分析的前处理功能,包括样机模型的建立和各种建模工具、样机模型数据的输入和编辑、与求解器和后处理等程序的自动连接、虚拟样机分析参数的设置、各种数据的输入和输出、同其他应用程序的接口、试验设计和最优化设计等。

2. 几何建模工具

几何建模工具有两种：在主工具箱上选择几何建模工具图标,或通过菜单栏选择几何建模工具命令。

(1) 利用几何建模工具图标建模

在主工具箱中,用鼠标右键选择几何建模工具按钮,弹出几何建模工具集；在几何建模工具集中用鼠标左键选择相应的图标,或按住右键不放,将鼠标移动到所要选择的建模图标上,然后释放右键,即可选中相应的建模工具。此时,主工具箱下部显示内容发生变化,显示与所选建模工具相对应的基本参数设置对话框。用户可以通过设置这些基本参数来控制创建的几何体。假如选中连杆建模工具,主工具箱的下部显示与创建连杆相关的参数设置项：连杆的长度、宽度和厚度。当用户设置这些参数之后,ADAMS/View 就会按照用户设定的尺寸来创建连杆,而忽略鼠标拖动的作用。如果希望显示更为详细的浮动建模工具和基本参数设置对话框,可以选择几何建模工具集中的图标。按照 ADAMS/View 主窗口中状态栏的提示,绘制几何图形。

启动 ADAMS/View 后,主工具箱中几何建模按钮图标的默认值为连杆工具图标。以后自动保持上一次所用的建模工具图标。对于主工具箱中的默认图标,可以直接在默认图标上击左键完成选取。

(2) 通过菜单建模

在主窗口菜单栏中选择 Build 菜单,并选择 Bodies/Geometry 项,显示浮动建模工具对话框,从中选择绘制几何形体工具,再选择输入建模参数并绘制模型。

3. 约束模型构件

ADAMS/View 中约束定义了构件(刚体、柔性体和点质量)间的连接方式和相对运动方式。ADAMS/View 为用户提供了一个非常丰富的约束库,主要包括四种类型的约束：

- 理想约束。包括转动副、移动副和圆柱副等。
- 虚约束。限制构件某个运动方向,例如约束一个构件始终平行于另一个构件运动。
- 运动产生器。驱动构件以某种方式运动。

• 接触限制。定义两构件在运动中发生接触时，是怎样相互约束的。

ADAMS/View 为用户提供了 12 个常用的理想约束工具，如表 9-1 所示。表中列出

表 9-1 常用的运动副工具

1. 旋转副	2. 移动副	3. 圆柱副
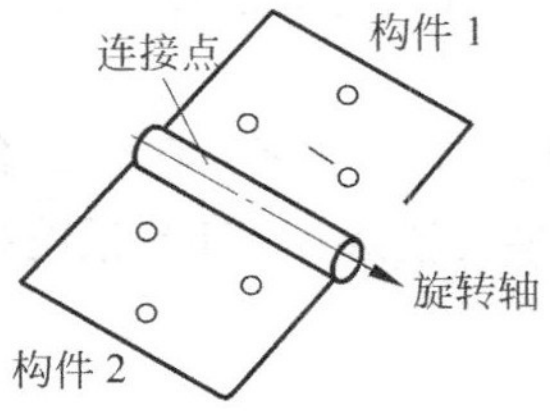	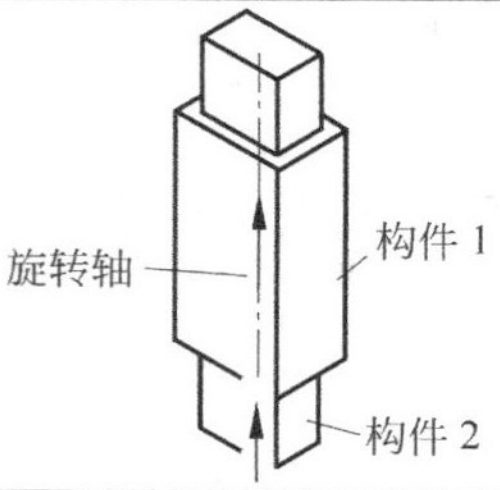	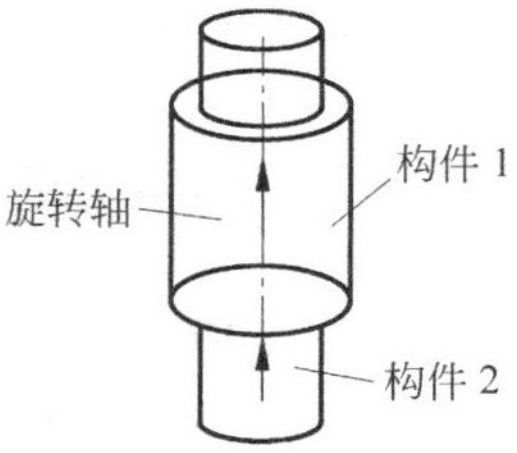
约束 2 个旋转和 3 个移动自由度	约束 3 个旋转和 2 个移动自由度	约束 2 个旋转和 2 个移动自由度
4. 球副	5. 平面副	6. 横速度副
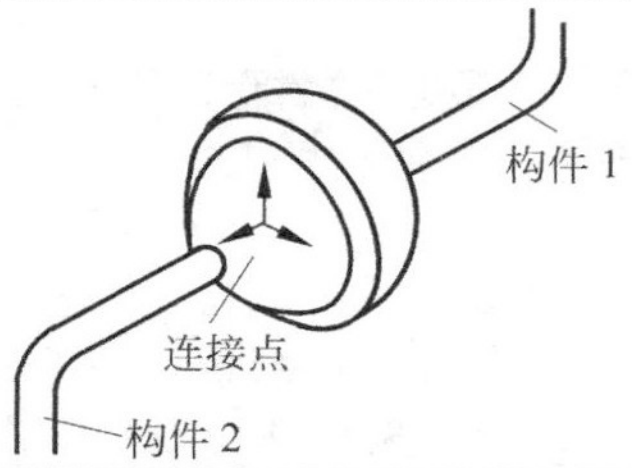	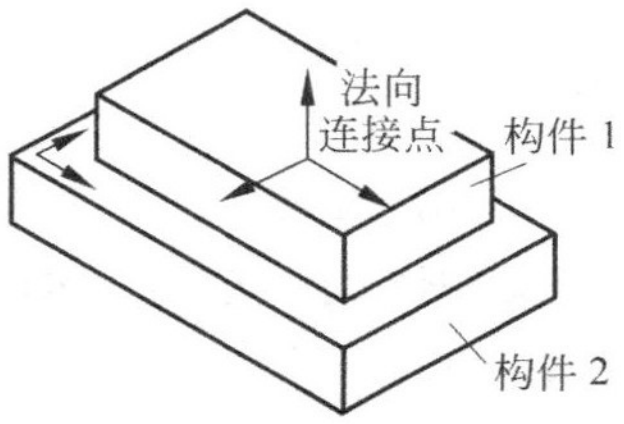	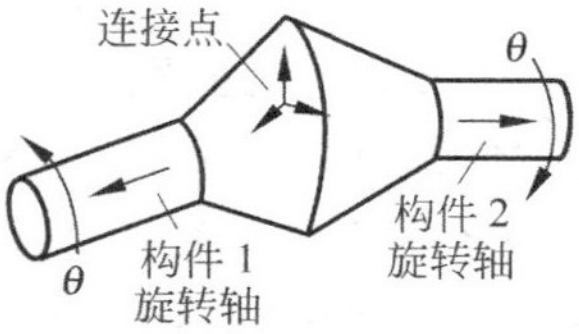
约束 3 个移动自由度	约束 2 个旋转和 1 个移动自由度	约束 1 个旋转和 3 个移动自由度
7. 虎克铰	8. 万向副	9. 螺旋副
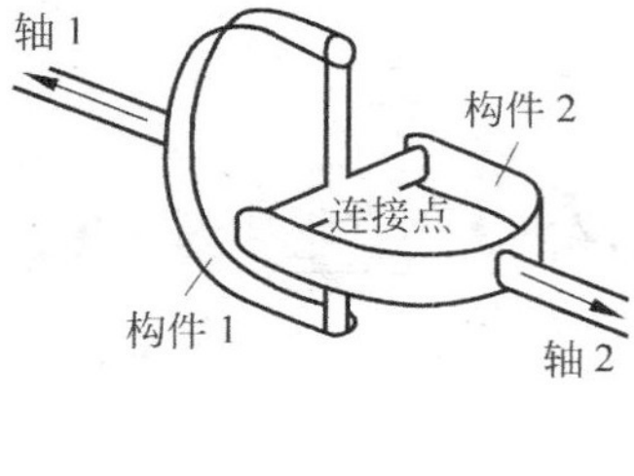	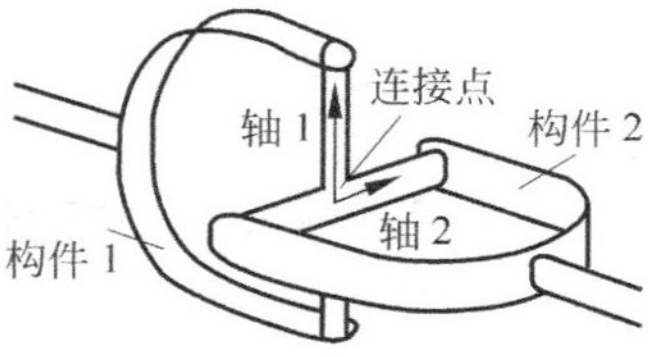	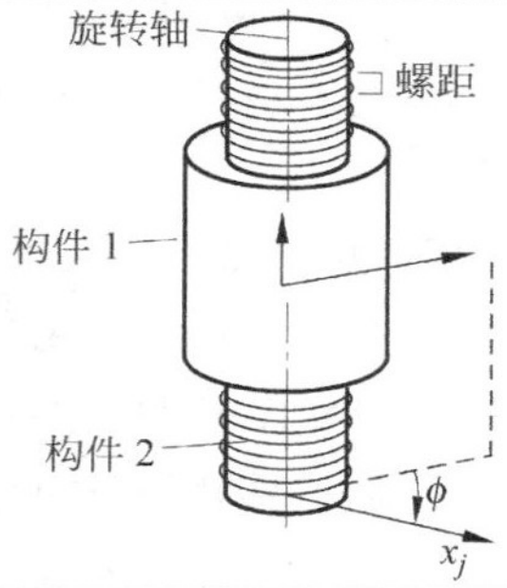
约束 1 个旋转和 3 个移动自由度	约束 1 个旋转和 3 个移动自由度	约束 2 个旋转和 2 个移动自由度
10. 齿轮副	11. 耦合副	12. 固定副
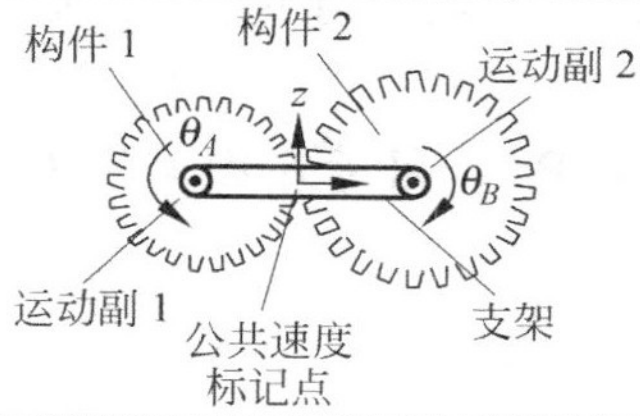	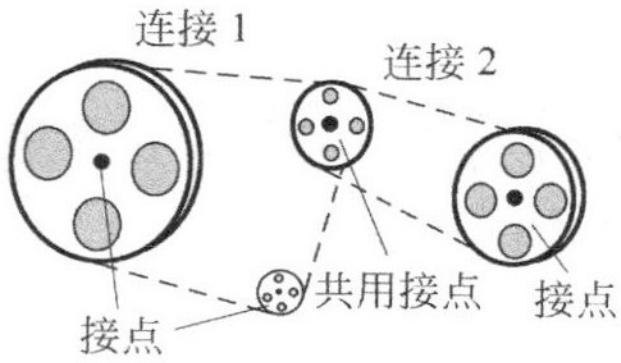	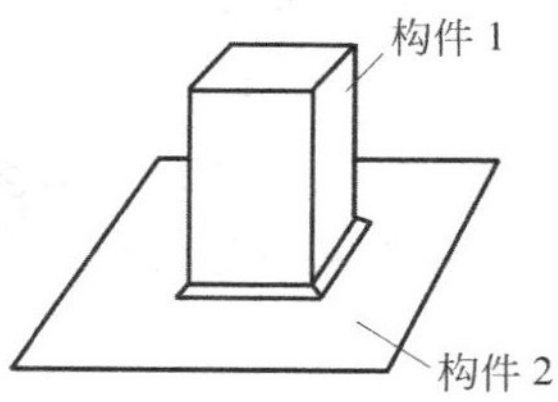

了约束的工具图标和约束的自由度数。通过这些运动副，用户可以将两个构件连接起来，约束它们的相对运动。被连接的构件可以是刚性构件、柔性构件或者是点质量。

例 9-1　建立一曲柄滑块机构的运动仿真。

(1) 启动 ADAMS/View

① 通过开始程序菜单运行 ADAMS 2005，或直接双击桌面图标，启动 ADAMS/View。

② 在欢迎对话框中，选择 Create a new model 选项；设置好工作路径；在模型名字栏输入 qubinghuakuai；重力设置选择 Earth Normal 选项；单位设置选择 MKS 系统（M，KG，N，SEC，DEG，H）。

③ 设置完毕单击 OK 按钮。

(2) 设置建模环境

① 通过开始程序菜单运行 ADAMS 2005，或直接双击桌面图标，启动 ADAMS/View。

② 在 Settings 菜单，选择 Working Grid 项，设置工作栅格，Size 在 x 和 y 向分别为 2.0 和 1.0，确认 Show Working Grid 是选中状态，如图 9-1 所示，设置完毕单击 OK 按钮。

③ 在主工具箱中选择缩放工具按钮，在窗口内上下拖动鼠标，使之能够显示整个工作栅格。

④ 在 Settings 菜单，选择 Gravity 项，设置重力加速度对话框，确认 Gravity 为选中状态，x＝0，y＝－9.80665，z＝0，如图 9-2 所示，设置完毕单击 OK 按钮。

⑤ 按 F4 键，打开坐标窗口，如图 9-3 所示。

⑥ 在 File 菜单，选择 Select Directory 项，指定保存文件的目录。

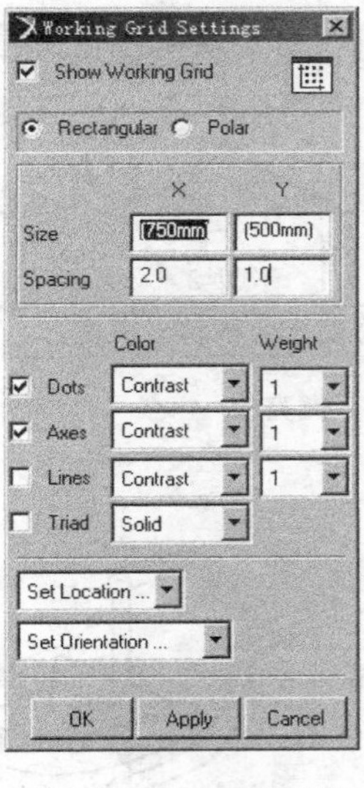

图 9-1　设置工作栅格

(3) 几何建模

① 在主工具箱中用鼠标右键单击几何模型工具按钮，在弹出的级联工具栏中选择定义点工具按钮，如图 9-4 所示。

② 在工具栏下方的参数设置中，选择默认设置：Add to Ground 和 Don't attach，如图 9-5 所示。

③ 在(0,0,0)位置处单击鼠标左键，窗口中显示一个标记点（见图 9-6），系统自动命名为Point_1。

④ 重复步骤①～③，在(0.5,0,0)和(1.5,0,0)位置处建立两个标记点，分别为Point_2和 Point_3。

⑤ 在主工具箱中选择几何建模工具，设置参数 New Part，鼠标左键分别单击 Point_1 和 Point_2，建立曲柄，如图 9-7 所示。

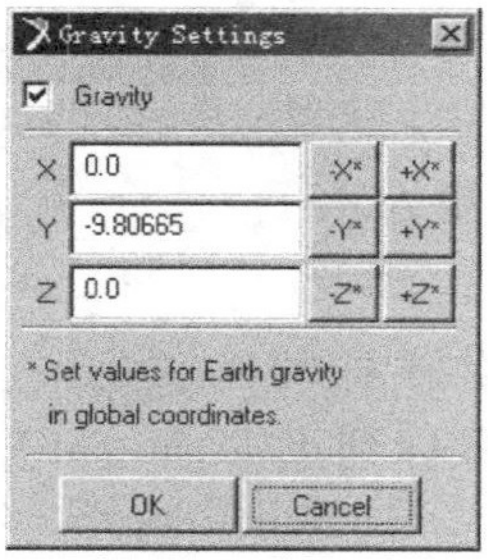

图 9-2 重设重力

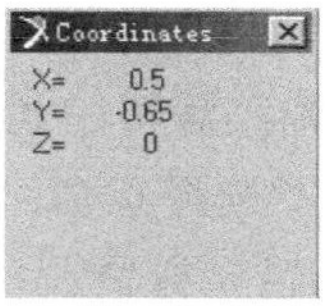

图 9-3 坐标窗口

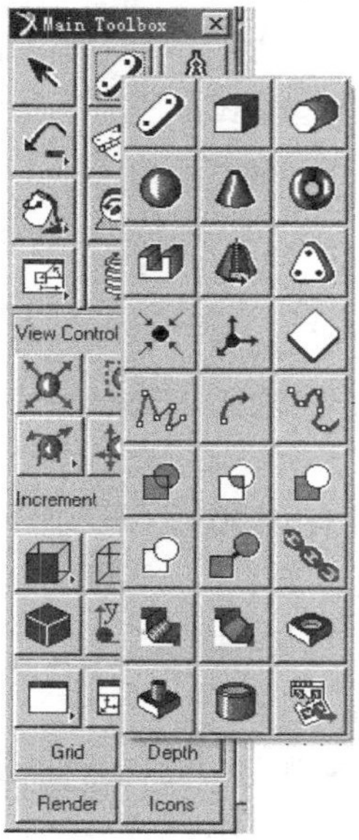

图 9-4 定义连接点

图 9-5 设置参数

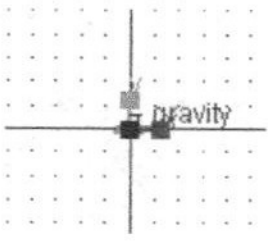

图 9-6 建立标记点

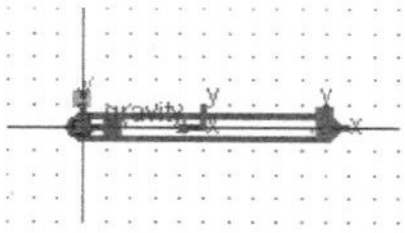

图 9-7 建立曲柄

⑥ 用鼠标右键单击曲柄，在弹出的菜单中选择 Part_2->Rename，重新命名为 wheel。

⑦ 用鼠标右键单击曲柄，在弹出的菜单中选择 wheel->Modify，设置曲柄的物理特性。

⑧ 在修改对话框中，可以接受默认设置：Define Mass by 项选择 Geometry and Material type，在 Material Type 项中选择 steel。

⑨ 绘制完毕，在主工具箱中选择选择工具按钮，在工具箱中出现视图按钮工具。

⑩ 在主工具箱中选择移动视图工具按钮，在窗口内向左拖动鼠标，为后面建立滑块留出位置。

⑪ 重复步骤⑤～⑦，在 Point_2 和 Point_3 之间建立连杆 handle。

⑫ 用鼠标右键单击连杆，在弹出的菜单中选择 handle->Modify，设置曲柄的物理特性。在修改对话框中，设置 Define Mass by 项选择 User Input，在 Mass 项中输入 42，Ixx=4.1，Iyy=4.0，Izz=4.3。

⑬ 在几何建模工具箱中选择 Box 工具，设置参数 New Part，在窗口中选择点(1.35，0.15，0)，拖动鼠标到点(1.65，−0.15，0)，建立滑块。

⑭ 改变滑块名字为 piston。

⑮ 用鼠标右键单击滑块，在弹出的菜单中选择 piston->Modify，设置曲柄的物理特性。在修改对话框中，设置 Define Mass by 项选择 Geometry and Material type，在 Material Type 项中按鼠标右键，选择 Material->Guesses，在材料菜单中选择 brass。

(4) 添加约束

① 为了更清楚地看见各种标记，在 Settings 菜单，选择 Icons，在 Size for all model icons 项中的 New size 栏输入 0.2，如图 9-8 所示，设置完毕单击 OK 按钮。

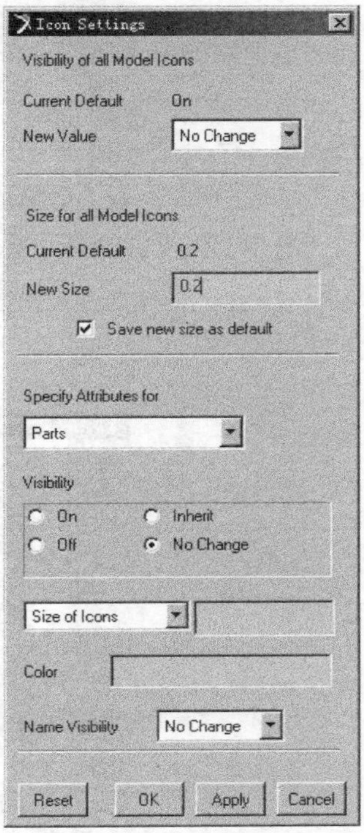

图 9-8 设置 Icon 大小

② 在 wheel 与大地间建立旋转铰接副。在主工具箱中的连接工具集中，选择旋转铰接副，并设置参数：1 Location，Normal to Ground，在窗口内选择 Point_1 点，建立旋转副，系统自动命名为 Joint_1，如图 9-9 所示。

③ 用鼠标右键单击 Joint_1，在弹出的菜单中选择 Joint_1->Modify，在修改对话框中确认连接的两个物体是 wheel 和 Ground，如图 9-10 所示。

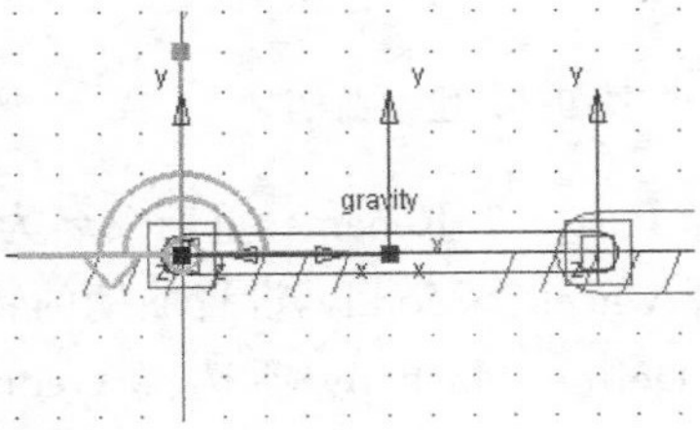

图 9-9 建立铰接副

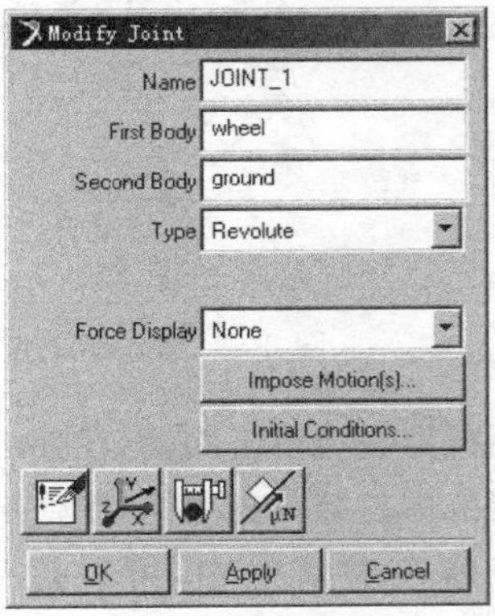

图 9-10 铰接副修改对话框

④ 接下来在 wheel 与 handle 间建立一铰接副。在主工具箱中的连接工具集中，选择旋转铰接副，并设置参数：2 Body-1 Loc，Normal to Ground。用鼠标首先选择 wheel，再选择 handle，然后选择 Point_2，建立旋转副，系统自动命名为 Joint_2。

⑤ 接下来在 handle 与 piston 间建立一铰接副。在主工具箱中的连接工具集中，选择旋转铰接副，并设置参数：2 Body-1 Loc，Normal to Ground。用鼠标首先选择 handle，再选择 piston，然后选择 Point_3，建立旋转副，系统自动命名为 Joint_3，如图 9-11 所示。

⑥ 下面设定滑块只能水平移动。在主工具箱中选择移动副工具按钮，设置参数：2 Body-1 Loc，Pick Feature，依次选择 piston 和大地(即窗口内空白位置处)，并沿水平方向定义运动箭头，建立移动副，如图 9-12 所示。

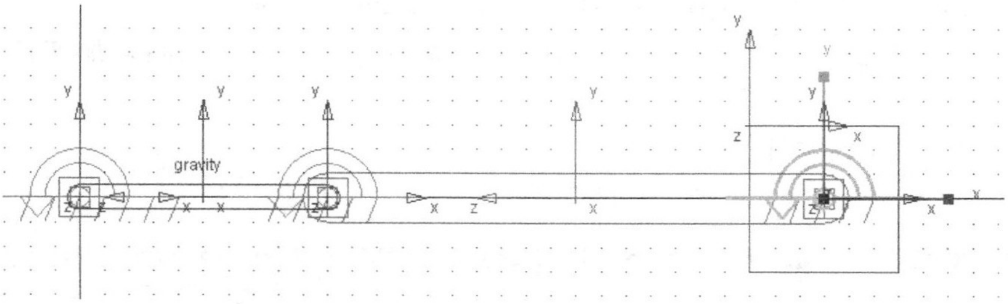

图 9-11 建立铰接副

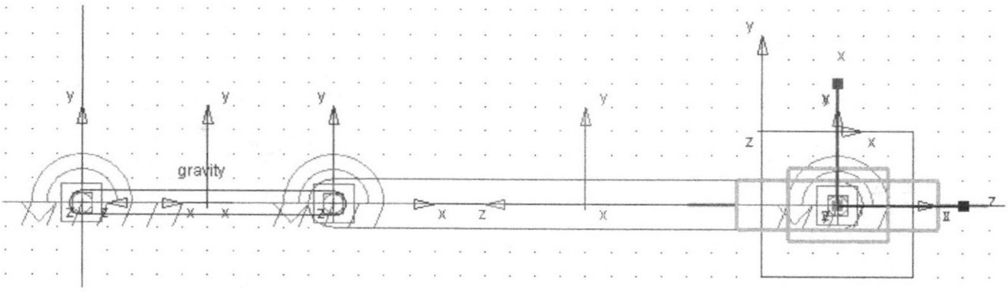

图 9-12 建立移动副

⑦ 给曲柄添加运动约束，使之逆向 360°旋转。在主工具箱中选择旋转运动工具按钮，设置参数：在 speed 栏输入 360.0，即每秒转动 360°，选择 Joint_1，建立旋转运动，窗口内出现标志转动的大箭头，如图 9-13 所示。

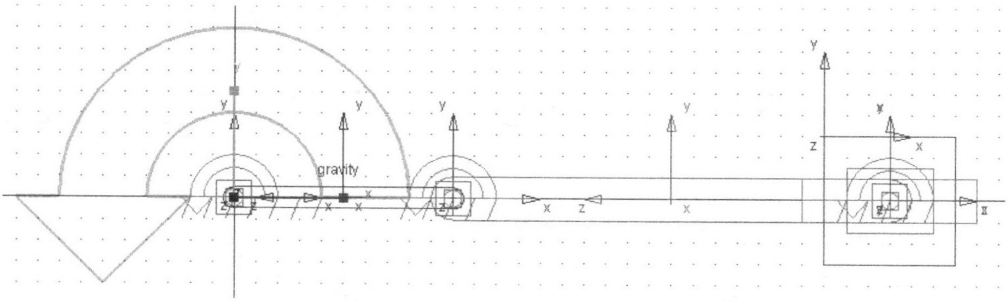

图 9-13 建立旋转运动

(5) 运动仿真

① 在主工具箱中选择仿真工具按钮，设置参数：End time＝3.0，Steps＝200，单击开始仿真按钮，模型开始运动。

② 在仿真过程中，可以按停止按钮结束仿真。

③ 仿真结束后，可以按返回按钮返回至开始状态。

④ 仿真结束后，可以按重放按钮回放仿真过程。

(6) 测量仿真结果

在 ADAMS 窗口上方的 Build 菜单中选择"meausre->point to point-> new"。在 Characteristic 栏选择 Translation Velocity 以测量其速度。还可以测量加速度、仿真曲线等。

通过该仿真曲线，可以得到：

- rdot＝3.575m/s (注意图中的单位是 mm/sec)，见图 9-14。

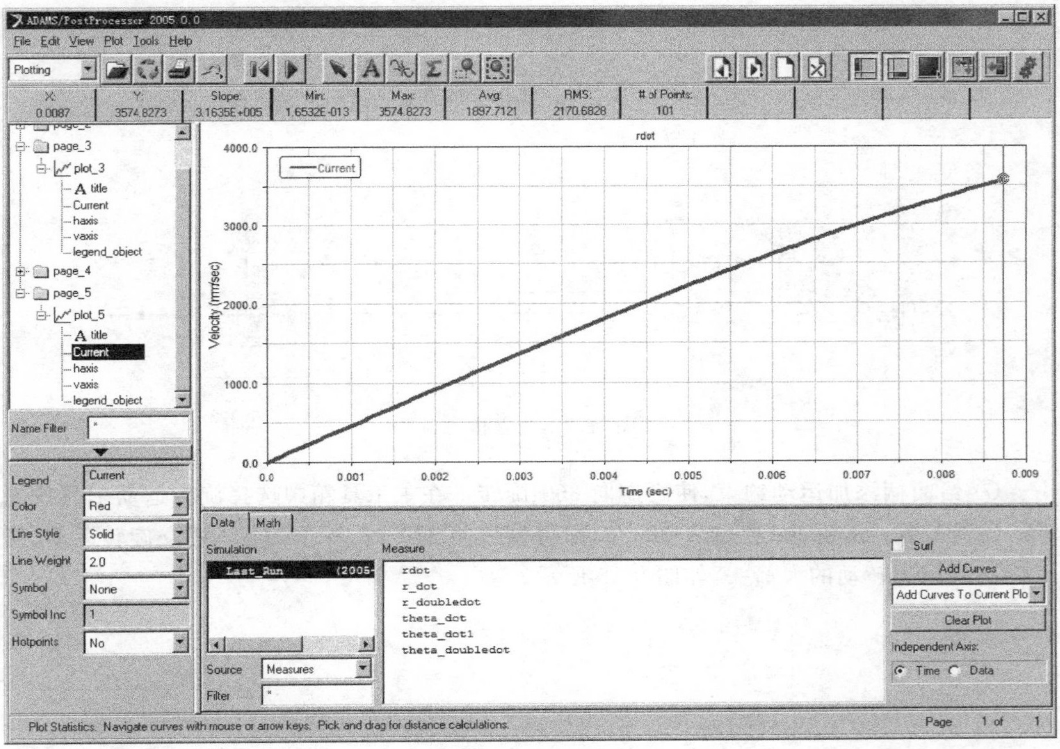

图 9-14　rdot 测量曲线

- r_double dot＝315.11m/s^2，见图 9-15。
- theta_dot＝1023.4 deg/second＝17.86 rad/s，见图 9-16。
- theta_double dot＝－86542.26 deg/s＝－1510.45 rad/s，见图 9-17。

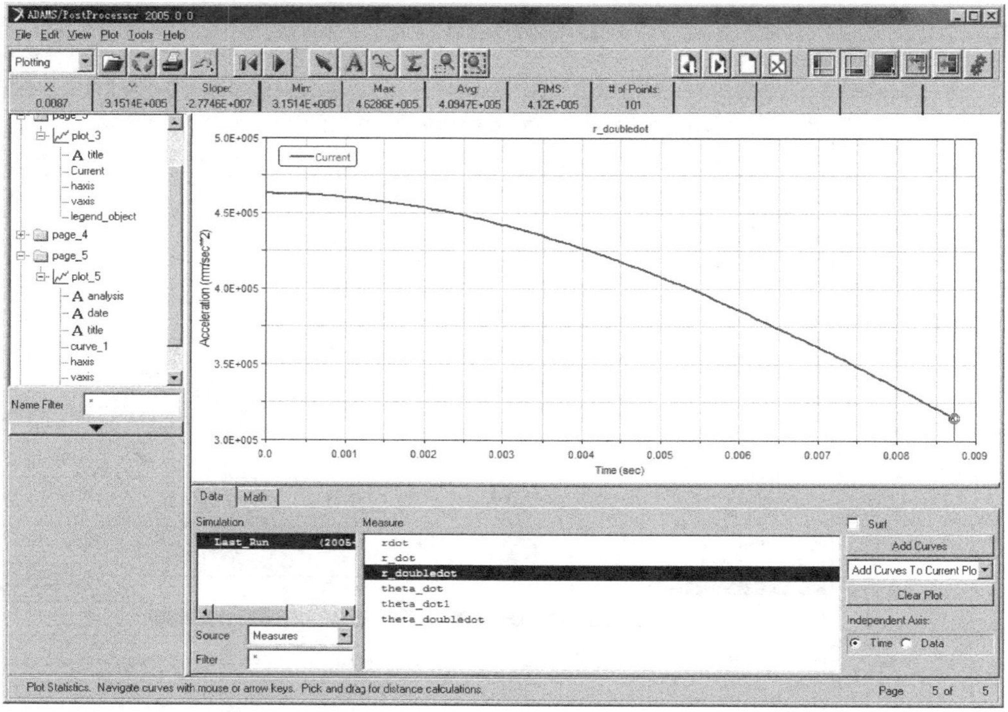

图 9-15 r_double dot 测量曲线

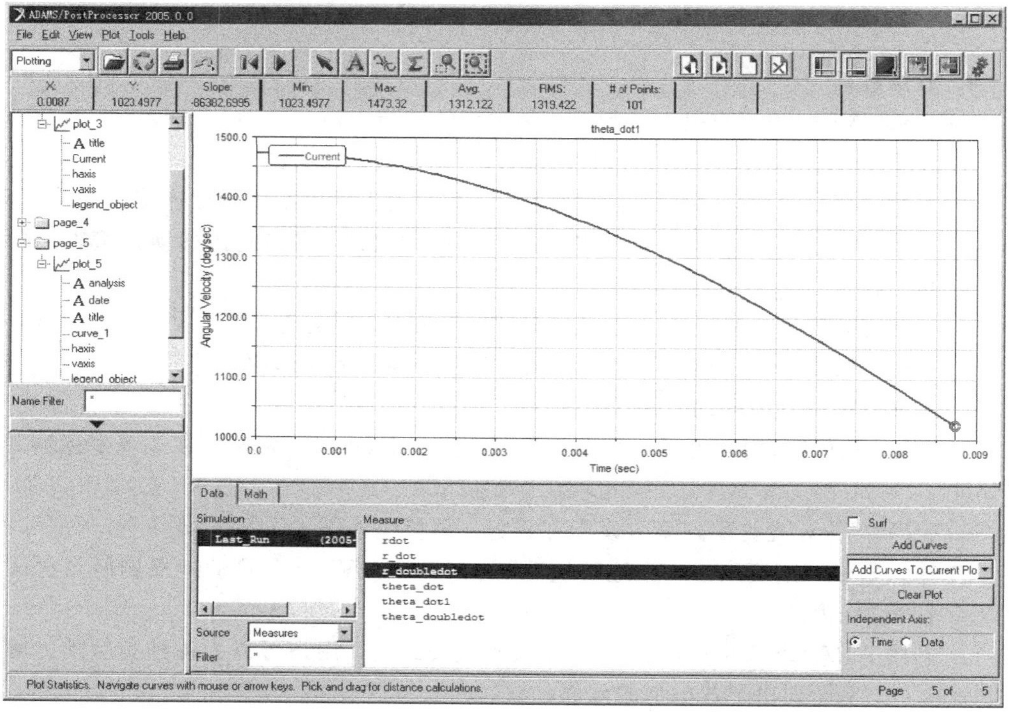

图 9-16 theta_dot 测量曲线

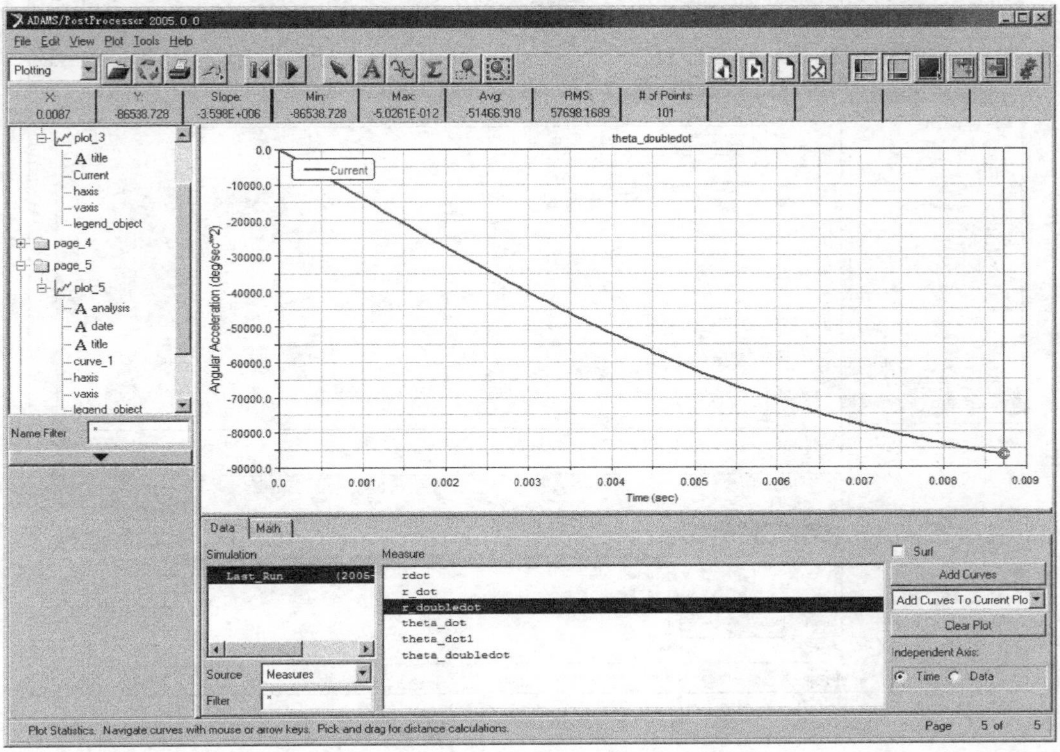

图 9-17　theta_double dot 测量曲线

4. 施加载荷

ADAMS/View 为用户提供了下面 4 种类型的载荷：

- 作用力。
- 柔性连接。柔性连接阻碍运动的进行。用户只需提供产生柔性连接力的常系数，因此柔性连接比作用力更简单易用。这种力包括：梁、轴衬、移动弹簧阻尼器和扭矩弹簧。
- 特殊力。特殊力是经常会遇到的，例如，轮胎力和重力等。
- 接触。接触定义了运动模型中相互接触构件间的相互作用关系。

1) 定义载荷值和方向的方法

定义力的数值时，用户可以定义沿某方向的矢量值，也可以定义力在 3 个坐标轴方向的分量。

ADAMS/View 允许用户采取以下方式定义载荷值：

① 输入阻尼和刚度系数。在这种情况下，ADAMS/View 会自动地根据两点之间的距离和速度确定力的值。

② 利用 ADAMS/View 的函数库，输入函数表达式。用户可以为各种类型的力输入函数表达式。下面列出了各类型的函数：

- 位移、速度和加速度函数，使力和点或构件的运动相关。

- 力函数。它取决于系统中其他的力,例如,库仑力,它的大小和两构件间的法向力成正比关系。
- 数学函数。包括正弦函数、余弦函数、级数、多项式和 step 函数。
- 样条函数。借助样条函数,可以由数据表插值的方法获得力的值。
- 冲击函数。使力的作用像只受压缩的弹簧一样作用,当构件相互接触时函数起作用,当构件分开时函数失效。
- 输入传递给用户自定义的子程序的参数。

有两种定义力方向的方法:沿坐标标记的坐标轴定义力的方向,或者是沿两点连线的方向定义力。

2) 施加载荷

在 ADAMS/View 中施加的作用力,可以是单方向的作用力,也可以是 3 个方向的分量,或者是 6 个方向的分量(3 个力的分量,3 个力矩的分量)。单方向的作用力可以用施加单作用力的工具来定义,而组合作用力工具可以同时定义多个方向的力和力矩分量。

在定义力时,需要指明是力还是力矩、力作用的构件和作用点、力的大小和方向。可以指定力作用在一对构件上,构成作用力和反作用力;也可以定义一个力作用在构件和地基之间,此时反作用力作用在地基上,对样机没有影响。

(1) 施加单方向作用力

在定义单方向作用力和力矩时,需要说明表示力的方式(参照的坐标系),力作用的构件和作用点、力的大小和方向。施加方法如下:

① 根据施加单方向力还是单方向力矩,在作用力工具集中选择单方向力工具图标 ,或单方向力矩工具图标 。

② 系统打开设置栏。

- 在 Run-Time Direction 设置栏,选择力的作用方式:

◇ Space Fixed(参照地面坐标)。此时,力的方向不随构件的运动而变化,力的反作用力作用在地面框架上,在分析时将不考虑和输出反作用力。

◇ Body Moving(参照构件参考坐标)。此时,力的方向随作用构件的运动而变化,但是,相对于指定的构件参考坐标始终没有变化。如果反作用力作用在地面框架上,分析时将不考虑。

◇ Two Bodies(参照两构件的运动)。此时,ADAMS/View 沿两个构件的力作用点,分别作用两个大小相同、方向相反的力。

如果以上选择了采用 Space Fixed 或 Body Moving 方式定义力的方式,需要在 Construction 栏,选择力方向的定义方法:Normal to Grid (定义力垂直于栅格平面,如果工作栅格没有打开,则垂直于屏幕)或 Pick Feature(利用方向矢量定义力的方向)。

- 在 Characteristic 栏,选择定义力值的方法:输入力值(Constant),输入力或力矩数值或自定义(Custom)。如果要采用自定义函数或自定义子程序定义力,选择 Custom 项。

③ 根据状态栏的提示,首先选择力或力矩作用的构件,然后选择力或力矩作用的作用点。注意,如果选择了“Two Bodies”的力作用方式,首先选择的构件是产生作用力的

构件，其次选择的构件是产生反作用力的构件。

④ 如果选择采用方向矢量定义力的方向，需定义方向矢量。环绕力作用点移动鼠标，此时可以看见一个方向矢量随鼠标的移动而改变方向，选择合适的方向，然后按鼠标左键，完成施加力。

⑤ 如果用户选择了使用自定义函数或自定义子程序定义力，此时将显示修改力对话框，可以利用修改力对话框，输入自定义函数或自定义子程序的传递参数。

(2) 施加分量作用力

任何力都可以用沿着 X、Y、Z 轴方向的 3 个力分量来表示，任何扭矩也都可以用绕 X、Y、Z 轴方向的 3 个扭矩分量来表示，ADAMS/View 就为用户提供了通过施加分力和分力矩的方法施加载荷的工具。ADAMS/View 允许用户施加分力的类型为：3 个力分量、3 个扭矩分量和 6 个分量的一般载荷(3 个力分量和 3 个扭矩分量)。

在施加作用力时，用户先选择的构件为力作用的构件，其次是反力作用的构件。ADAMS/View 在两个构件上分别建立一个标记点，力作用的构件上的标记点称为作用力标记点，记为 I 标记点，反力作用的构件上的标记点称为反作用力标记点，记为 J 标记点。J 标记点是浮动的，始终随 I 标记点一起运动。ADAMS/View 同时还创建第三个标记点称为参考标记点，它指定力的方向。在施加作用力时，用户可以指定参考标记点的方向。

施加分量作用力的方法如下：

① 在作用力工具集中选择分量作用力工具图标：施加 3 个分力工具图标，施加 3 个分力矩工具图标，同时施加 3 个分力和 3 个分力矩工具图标。

② 打开设置对话框，设置各项参数。

- 力的定义方式：

◇ 1Loc-Bodies Implied　此种方法用户只需选择一个力的作用点，ADAMS/View 自动选择距力作用点最近的两个构件为力作用的构件，如果在力作用点附近只有一个构件，这时力作用于该构件和大地之间。此种方法只适合相距很近的两构件，并且力作用的构件和反力作用的构件顺序不重要的情况。

◇ 2Bodies-1Location　此种方法用户需先后选择两个构件和力在两构件上的公共作用点。用户选择的第一个构件为力作用的构件，第二个为反力作用的构件。

◇ 2Bodies-2Locations　允许用户先后选择两个构件和不同的两个力作用点。如果两个力作用点的坐标标记不重合，在仿真开始时，可能会出现力不为 0 现象。

- 力方向的定义方法：

◇ Normal to Grid　力或力矩矢量的分量方向垂直于工作栅格或屏幕。

◇ Pick Geometry Feature　使力或力矩矢量的分量方向沿着某一方向，例如，沿着构件的一个边，或垂直于构件的一个面。

- 定义力值的方法：

◇ Constant　直接键入力值的大小。选中 Force Value，在后面的文本输入框中输入力值。

◇ Bushing-Like 键入刚度系数 K 和阻尼系数 C。

◇ Custom 自定义。ADAMS/View 不设置任何值，力创建以后，用户可以通过输入函数表达式或传递给用户自定义子程序的参数来修改力。

③ 根据状态栏的提示，选择作用力和反作用力作用的构件、力的作用点和力的方向，完成力的施加。

④ 如果希望用函数表达式或自定义子程序定义力，可以利用修改力对话框，输入函数表达式或自定义子程序的传递参数。

通过修改对话框，用户可以改变力作用的构件、参考标记点、力的各分量值和力的显示。

5. 接触

接触定义了在仿真过程中，自由运动物体间发生碰撞时，物体间的相互作用。接触分为两种类型：平面接触和三维接触。

ADAMS/View 允许下面的几何体间发生平面接触：

- 圆弧；
- 圆；
- 曲线；
- 作用点；
- 平面。

ADAMS/View 允许下面的几何体间发生三维接触：

- 球体；
- 圆柱体；
- 圆锥体；
- 矩形块；
- 一般三维实体，包括拉伸实体和旋转实体；
- 壳体(具有封闭体积)。

ADAMS/View 为用户提供了 10 种类型的接触情况，如表 9-2 所示。用户可以通过这些基本接触的不同组合，仿真复杂的接触情况。

表 9-2 不同的接触

序号	接触类型	第一个几何体	第二个几何体	应用实例
1	内球与球	椭圆体	椭圆体	具有偏心和摩擦的球铰
2	外球与球	椭圆体	椭圆体	三维点-点接触
3	球与平面	椭圆体	标记点(Z 轴)	壳体的凸点与平面接触
4	圆与平面	圆	标记点(Z 轴)	圆锥或圆柱与平面接触
5	内圆与圆	圆	圆	具有偏心和摩擦的转动副
6	外圆与圆	圆	圆	三维点与点接触
7	点与曲线	点	曲线	尖点从动机构
8	圆与曲线	圆	曲线	凸轮机构
9	平面与曲线	平面	曲线	凸轮机构
10	曲线与曲线	曲线	曲线	凸轮机构

ADAMS/Solver 采用两种方法计算接触力(法向力)：回归法和 IMPACT 函数法。回归法要定义两个参数,惩罚参数和回归系数。惩罚参数起加强接触中单边约束的作用,而回归系数则起到控制接触过程中能量消耗的作用。ADAMS/Solver 采用 IMPACT 函数法,接触力实际上相当于一个弹簧阻尼器产生的力。

接触施加的方法如下：

① 在作用力工具集中选择接触工具图标。

② 在 Contact Type 选择栏,选择接触的类型：Solid to Solid,Curve to Curve,Point to Curve,Point to Plane,Curve to Plane,Sphere to Plane。

③ 在 Contact Type 选择栏下方,根据对话框提示,分别输入第一个几何体和第二个几何体的名称。用户也可以通过初始菜单来选择相互接触的几何体,方法为：在文本输入框中单击右键,选择接触体命令下的 Pick 命令,然后用鼠标在屏幕上选择用户已经创建好的接触几何体。也可以用 Browse 命令,显示数据库浏览器,从中选择几何体。还可以用 Guesses 命令直接选择相互接触的几何体的名称。

④ 设置是否在仿真过程中显示接触力,选中 Force Display 则显示接触力；否则不显示。

⑤ 选择接触力(法向力)计算方法：Restitution 或 Impact。当选择 Restitution 时,用户要输入惩罚参数(Penalty)和回归系数(Restitution Coefficient)。当选择 Impact 时,用户要输入刚度系数(Stiffness)、力的非线性指数(Force Exponent)、最大粘滞阻尼系数(Damping)、最大阻尼时构件的变形深度(Penetration Depth)。

⑥ 设置摩擦力。

⑦ 选择 OK 按钮,完成接触的创建。

施加接触之后,用户可以利用弹出式对话框,显示接触修改对话框。修改对话框和施加接触对话框相似,各设置参数和施加时的参数相同。

6. ADAMS 几个主要的专业模块

(1) 振动模块

ADAMS/Vibration 振动分析模块通过利用激振器的虚拟测试,以代替物理模型进行振动分析。物理模型的振动测试通常是在设计产品的最后阶段进行,而通过 ADAMS/Vibration 振动分析模块可以在产品的设计初期就得以进行,大大降低了设计时间和成本。

利用 ADAMS/Vibration 振动分析模块,可以实现：

- 分析模型在不同作用点下的频域受迫响应。
- 增加了水力学、控制模块和用户自定义系统在频率分析中的影响。
- 从 ADAMS 线性模型到 ADAMS/Vibration 振动分析模块的完全快速的传递。
- 为振动分析建立输入/输出通道。
- 指定频域输入函数,如正弦扫描、功率谱(PSD)等。
- 建立用户自定义、基于频率的作用力。
- 求解特定频域的系统模态。
- 计算频率响应函数,求幅频特性。
- 动态显示受迫响应及单个模态响应。

- 列表显示系统各阶模态对受迫响应的影响。
- 列表显示系统各阶模态对动态、静态和发散能量的影响。

利用 ADAMS/Vibration 振动分析模块，可以把不同的子系统装配起来，进行线性振动分析，利用 ADAMS 后处理工具把结果以图表或动画的形式显示出来。

要进行振动分析，首先通过 ADAMS/Aircraft，ADAMS/Car，ADAMS/Engine，ADAMS/Rail，ADAMS/View 等模块对模型进行前处理。然后利用 ADAMS/Vibration 振动分析模块建立和进行振动分析。最后，通过 ADAMS/PostProcessor 对结果进行后处理，包括绘制和动画显示受迫振动和频率响应函数，生成模态坐标列表，显示其他的时间和频率数据。

(2) 控制模块

ADAMS/Controls 控制系统可以有两种使用方式：

- 交互式：在 ADAMS/Car，ADAMS/Chassis，ADAMS/Rail，ADAMS/View 等模块中添加 ADAMS/Controls，通过运动仿真查看控制系统和模型结构变化的效果。
- 批处理式：为了获得更快的仿真结果，直接利用 ADAMS/Solver 这个强有力的分析工具运行 ADAMS/Controls。

设计 ADAMS/Controls 控制系统主要分为四个步骤：

① 建模

机械系统模型既可以在 ADAMS/Controls 下直接建立，也可以从外部输入已经建好的模型。模型要完整包括所需的所有几何条件、约束、力以及测量等。

② 确定输入输出

确定 ADAMS 的输入输出变量，可以在 ADAMS 和控制软件之间形成闭环回路，如图 9-18 所示。

图 9-18 输入输出变量

③ 建立控制模型

通过一些控制软件如 Matlab、Easy5 或者 Matrix 等建立控制系统模型，并将其与 ADAMS 机械系统连接起来。

④ 仿真模型

使用交互式或批处理式进行仿真机械系统与控制系统连接在一起的模型。

通过 ADAMS/Controls 控制系统构建的计算机仿真系统模型如图 9-19 所示。

(3) 车辆与发动机模块

使用 ADAMS/Car，工程师可以建整车的虚拟样机，修改各种参数并快速观察车辆的运转状态，动态显示仿真数据结果。

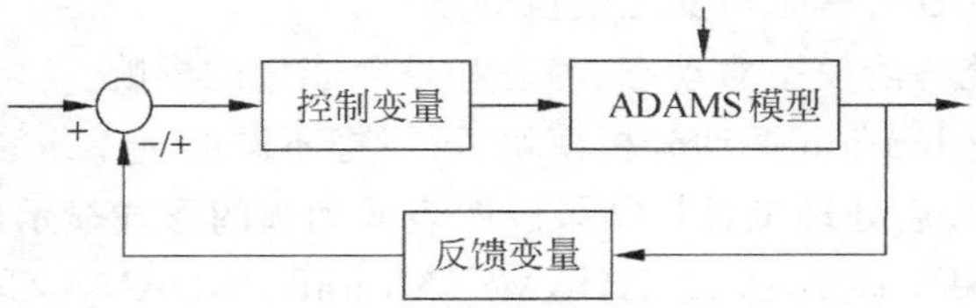

图 9-19 计算机仿真系统

在专家模式中使用 ADAMS/Car，工程师可以根据本公司的工程经验建立用户自定义模板，以帮助新来的工程师应用该模板进行各种工况标准的整车性能仿真试验。运用 ADAMS/Car 在制造实验物理样机之前对设计进行研究，以降低费用并缩短将产品推向市场的时间；使用模板，标准化车辆设计过程；按照特定的车辆设计过程，用户自定义模板，并与设计小组共享；简化模型并减少数据输入，加快设计进程。其应用范围涵盖：紧凑型或者全尺寸客车、豪华轿车、轻型客车或重型卡车、公共汽车、军用车辆等。

运用 ADAMS/Engine 可以在设计初期，修改设计的费用较低时，发现并解决发动机设计问题，可以大大节省开发费用；使用模板建模，可以分享集体的工程经验和专家意见；减少试验物理样机的数量，节省成本和时间；设计更可靠的发动机以降低风险开支。其可以应用到：汽车 OEM 厂商和提供商；压缩机或者小型发动机生产商；赛车车队；轮船或机车发动机生产商。

(4) 铁道机车模块

要建立一个铁道机车车辆的模型，只需按用户所熟悉的格式提供简单、必需的装配数据即可。用户可以使用标准建模模板很快建立前、后转向架(包括轮对、构架、一、二系悬挂、阻尼及蛇形减震器等)和车体，然后由 ADAMS/Rail 即可自动构造子系统模型和整车装配模型。ADAMS/Rail 中的轨道模型，是定义轨道的中心线，指定一些相关的参数，如曲率、超高角、轨距等。线路的测试数据由不平顺参数定义，包括线路平面图、水平位置和轨距变化等；钢轨的截面形状和坡度可按线路逐段进行定义，可以方便地对虚拟样机进行运动学、静力学和动力学仿真，以便进行机车车辆的稳定性、脱轨安全、间隙、预载荷和舒适性等研究。运用该模块的优点有：可以节省资金；相比物理样机的测试而言，分析过程更为快速，成本更为低廉；不同的部门之间共享模型，包括生产厂家和客运部门，使技术人员之间的交流和产品的开发更为有效；易于进行各种分析试验，无需修改实物试验仪器、试验设备和试验的过程；利用 MSC. Software 虚拟产品开发 VPD Campus Licensing 模式，使用该产品，可降低用户在仿真技术上的投资。该模块可以应用到脱轨和翻滚预测，磨耗预测，牵引/制动仿真和动车/传动系设计。

9.2 Pro/E 动态仿真与工程分析

Pro/Engineer(简称 Pro/E)是美国 PTC 公司研制的一套由设计到制造一体化的三维设计软件。利用该软件，可以建立零件模型、部件和整机的装配图，还可以对设计的产品在计算机上预先进行动态仿真、机构动力学分析。

9.2.1 集成运动模块

Pro/Mechanica Motion 模块为 Pro/Engineer 的集成运动模块，是设计机构运动强有力的工具。该模块可以让机构设计师设定装配件在特定环境中的机构动作并给予评估，能够判断出改变哪些参数能满足工程及性能上的要求，使产品设计达到最佳状态，Pro/Mechanica Motion 模块具有如下功能。

① 校验机构运动的正确性，对运动进行仿真，计算机构任意时刻的位置、速度以及加速度。

② 可以通过运动分析，得出装配的最佳配置。

③ 根据给出的力决定运动状态及反作用力。

④ 根据运动反求所需要的力。

⑤ 求出铰接点所受的力及轴承力。

⑥ 通过尺寸变量对机构进行优化设计。

⑦ 干涉检查。

实际上，这些功能并不是在每个机构设计过程中都需要用到，可以根据具体的问题有选择地进行。运用该模块的难点在于模型的建立，模型处理正确，其他问题也就迎刃而解了。

Pro/Mechanica Motion 模块是一个完整的三维实体静力学、运动学、动力学和逆动力学仿真与优化设计工具。Motion 运动模块可以快速创建机构模型并能方便地进行分析，从而改善机构设计。Pro/Engineer 的使用者不需要离开 Pro/Engineer 操作界面就可以使用更多的 Pro/Mechanica Motion 模块中的函数，也可以从 Pro/Engineer 中直接连接独立版本的 Motion 模块。另外，采用 Pro/Mechanica Motion——运动分析模块能够创建机构运动模型，并能进行机构优化设计，还可以分析机构的运动和力，比如检验机构的运动是否正确，仿真机构运动，检测机构中各个组元的位移、速度和加速度及检验机构运动过程中各个装配件是否正确。需要说明的是，只有装配模型才可以使用 Motion 模块。图 9-20 为采用 Pro/Mechanica Motion 模块进行运动分析的流程。

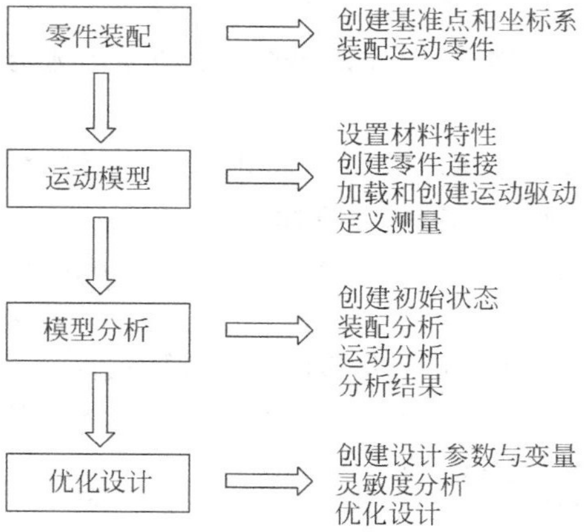

图 9-20 Pro/Mechanica Motion 模块运动分析流程

9.2.2 机构运动与有限元法分析

用户在 Pro/Engineer 环境下完成零件的几何建模后，无需退出设计环境就能进行有限元分析，由 Pro/Mechanica 还可以进行模型的灵敏度分析和优化设计。Pro/Mechanica 软件包括 3 个重要模块：

(1) 结构分析模块。可进行机械零件、汽车结构、桥梁、航空结构等结构优化设计，完成静力分析、模态分析、屈曲分析、疲劳分析、非线性大变形分析。

(2) 温度分析模块。可进行零件的稳态和瞬态温度场分析，分析数据可返回结构分析模块。

(3) 运动分析模块。可进行机构的运动学、动力学、三维静态分析和干涉检查。

1. Pro/Mechanica Structure 模块

Pro/Mechanica Structure 模块是进行结构分析的软件包，它帮助机械设计师在一个模拟真实环境的虚拟环境下对设计模型进行结构性能和动态性能的评估。在设计阶段就对设计模型进行优化，及时发现错误，提高产品设计质量，降低设计成本。

(1) Pro/Mechanica Structure 模块的主要功能

结构分析模块能够完成的主要功能有：

① 在几何模型上直接定义载荷、约束和材料特性，为设计模型建立一个真实工作环境，以评价设计的优劣；

② 控制 Pro/Mechanica 划分网格，确保获得有效的解决方案；

③ 可以选择一个或多个在某个特定范围内变化的设计参数，对它们进行灵敏度分析，以图形的方式显示研究目标随着设计参数的变化情况；

④ 优化设计；

⑤ 用 Pro/Mechanica 的自适应求解器求解 NASTRAN 或者 ANSYS 软件中的有限元模型；

⑥ 在模拟之前指定收敛方式，并且可以观察 Pro/Mechanica 自动检查错误、收敛方案求解过程和产生收敛信息的过程；

⑦ 可以用云图、等值线和查询显示等方式显示和存储选定几何模型元素的位移、应力和应变等计算结果；

⑧ 用向量显示位移结果、主应力结果和标准梁截面的计算结果，也可以动画显示位移的变化、模态振型以及几何形状的优化过程；

⑨ 用云图、等值线和查询显示等方式保存和反复显示位移、速度、加速度和应力的计算结果；

⑩ 用线性图表或对数图表显示测量值的每一步变化；

⑪ 获取所有单值(如最小值、最大值、最大绝对值、均方根值)评价方法的概要数值。

(2) Pro/Mechanica Structure 的分析类型

Pro/Mechanica Structure 模块能够进行如下分析：

① 线性静态分析；

② 模态分析；

③ 线性屈曲分析；

④ 非线性大变形分析。

采用 Pro/Mechanica Structure 模块进行分析的模型和单元类型有：

① 实体单元；

② 薄壳单元；

③ 梁单元；

④ 三角形单元或四边形单元；

⑤ 质量和弹簧单元；

⑥ 混合单元模型；

⑦ 砖形单元、楔形单元和四面体单元；

⑧ 圆周对称模型；

⑨ 不同的载荷类型：点的合力、轴承载荷和载荷函数；

⑩ 从温度分析或运动分析中输入载荷。

2. Pro/Mechanica Structure 的工作流程

Pro/Mechanica Structure 工作流程主要包括 4 个步骤，即创建模型、分析模型、定义设计参数与变量，优化模型，每一步又包含不同的内容。图 9-21 所示为 Pro/Mechanica Structure 的工作流程。

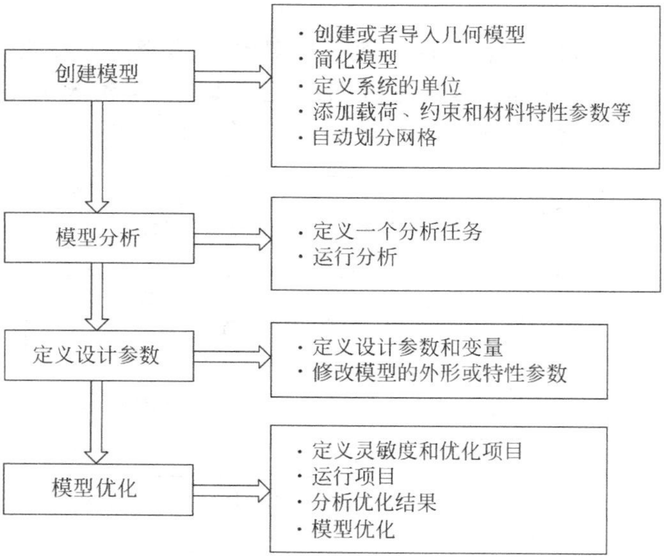

图 9-21 Pro/Mechanica Structure 工作流程

3. Pro/Mechanica 运动分析概述

Pro/Mechanica Motion 模块用于机械设计，可以进行机构的运动学和动力学分析。在运动学分析中，可以定义一个机构，使它运动起来并分析其运动规律，如建立零件之间的连接及装配自由度，对输入轴添加相应的马达来产生设计所要求的运动等。在运动分析过程中，可以检查部件之间是否产生干涉，测量速度、加速度、位置等，还可以建立零部件的运动行为的轨迹曲线和运动包络线。运动学分析的工作流程如图 9-22 所示。

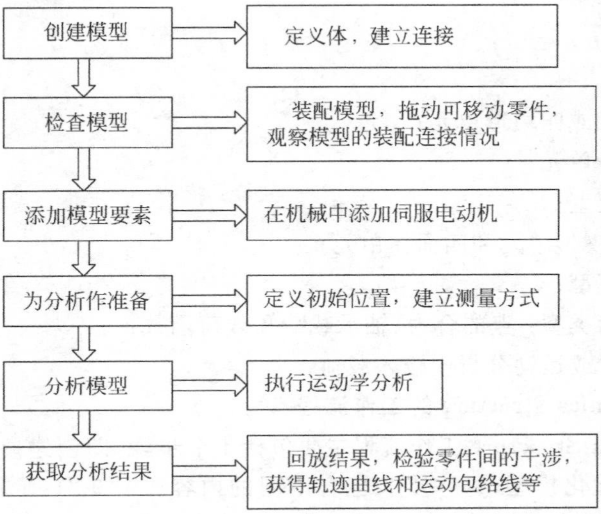

图 9-22　运动学分析的工作流程

在机构动力学中，可以根据机构中各要素需要的力、各要素的位置、速度及加速度定义马达，可执行机构的动力、静力及力平衡分析，也可以建立多种测量类型检测机构中各零件的受力、速度、加速度等情况。动力学分析的工作流程如图 9-23 所示。

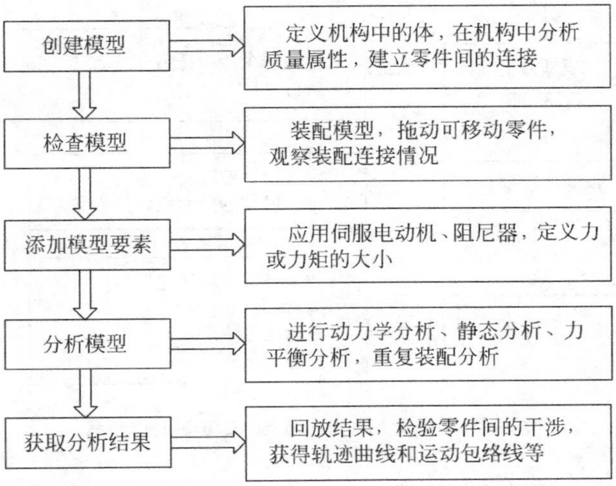

图 9-23　动力学分析的工作流程

9.3 机械系统仿真分析实例

9.3.1 具有冗余自由度机械臂的构型优化

图 9-24 为一 4 自由度的机械臂系统，由 3 个转动副和 1 个移动副组成。在进行实现工作端点 D 特定轨迹的运动规划时，由于系统存在冗余自由度，其解不是唯一的，即可以有不同的机构构型使 D 达到同一位置，例如图 9-25 中的实线和虚线分别表示的构型。因此可以以提高系统的刚度为目标，寻找最优的构型，以降低由于关节弹性产生的运动误差。在此可采用 ADAMS 和 MATLAB 软件来进行优化构型的仿真研究。

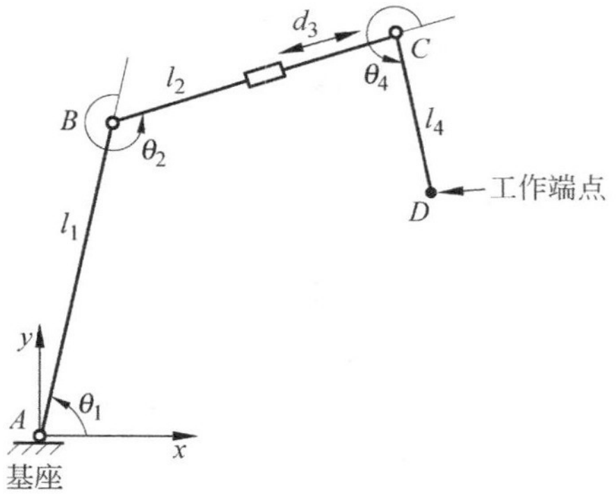

图 9-24 机械臂运动学简图

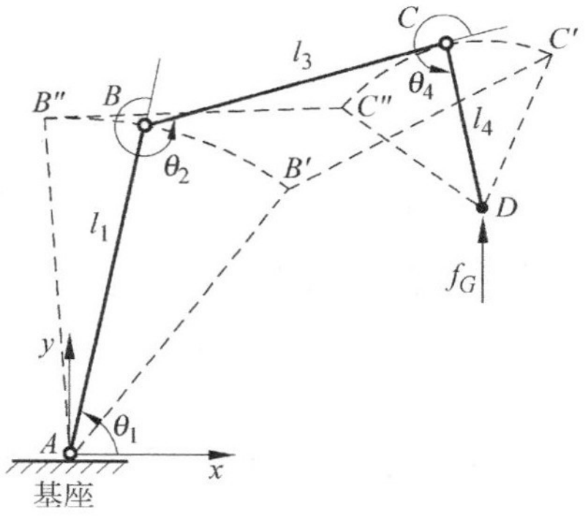

图 9-25 机械臂的不同构型

1. 运动学分析

选择 $\theta_1, \theta_2, \theta_4$ 和移动副位移 d_3 为广义坐标，工作端点 D 的位置坐标为

$$x = l_1 c_1 + (l_2 + d_3) c_{12} + l_4 c_{124} \tag{9-18}$$

$$y = l_1 s_1 + (l_2 + d_3) s_{12} + l_4 s_{124} \tag{9-19}$$

这里 $c_i = \cos\theta_i, s_i = \sin\theta_i, c_{ijk} = \cos(\theta_i + \theta_j + \theta_k), s_{ijk} = \sin(\theta_i + \theta_j + \theta_k)$。

D 点的速度为

$$\boldsymbol{v} = \begin{bmatrix} v_x \\ v_y \end{bmatrix} = \boldsymbol{J}(\theta_1, \theta_2, d_3, \theta_4) \begin{bmatrix} \dot{\theta}_1 \\ \dot{\theta}_2 \\ \dot{d}_3 \\ \dot{\theta}_4 \end{bmatrix} \tag{9-20}$$

此处 $\boldsymbol{J}$ 为系统的雅可比(Jacobian)矩阵，即

$$\boldsymbol{J}(\theta_1, \theta_2, d_3, \theta_4) = [a_{ij}], \quad i = 1,2; \quad j = 1,2,3,4 \tag{9-21}$$

$$a_{ij} = \frac{\partial f_i}{\partial \theta_j}, \quad f_1 = x, \quad f_2 = y$$

2. 关节弹性产生的机械臂端点 D 的位移

用 $\Delta \boldsymbol{p}$ 表示端点位移，即

$$\Delta \boldsymbol{p} = \boldsymbol{CF} \tag{9-22}$$

式中 $\boldsymbol{C}$——柔度矩阵；$\boldsymbol{F}$——作用于 D 点的力。柔度矩阵可以由刚度矩阵求逆得到，柔度矩阵为

$$\boldsymbol{C} = \boldsymbol{JK}^{-1}\boldsymbol{J}^{\mathrm{T}} \tag{9-23}$$

刚度矩阵 $\boldsymbol{K}$ 是 4×4 对角阵：

$$\boldsymbol{K} = \begin{bmatrix} k_1 & & 0 \\ & \ddots & \\ 0 & & k_4 \end{bmatrix} \tag{9-24}$$

其中 $k_i(i=1,2,3,4)$代表各个关节的刚度。

由式(9-23)和式(9-24)可以得到 2×2 的柔度矩阵 $\boldsymbol{C}$：

$$\boldsymbol{C} = \begin{bmatrix} \sum_{j=1}^{4} \dfrac{a_{1j}^2}{k_j} & \sum_{j=1}^{4} \dfrac{a_{1j}a_{2j}}{k_j} \\ \sum_{j=1}^{4} \dfrac{a_{1j}a_{2j}}{k_j} & \sum_{j=1}^{4} \dfrac{a_{2j}^2}{k_j} \end{bmatrix} \tag{9-25}$$

D 点所受的力为 $\boldsymbol{F}$：

$$\boldsymbol{F} = \begin{bmatrix} f_x \\ f_y \end{bmatrix} \tag{9-26}$$

由关节弹性产生的端点位移 $\Delta \boldsymbol{p}$ 为

$$\Delta \boldsymbol{p} = \begin{bmatrix} \Delta p_x \\ \Delta p_y \end{bmatrix}$$

由式(9-22)、(9-25)和式(9-26)可得端点位移的幅值的模为：

$$\| \Delta p \|_2 = \sqrt{(c_{11}+c_{21})^2 f_x^2 + (c_{12}+c_{22})^2 f_y^2} \tag{9-27}$$

3. 构型优化

构型优化的目的是使工作端点 D 的位移精度受关节弹性影响最小，所以目标函数为

$$\min \| \Delta p \|_2 = f(\theta_1, \theta_2, d_3, \theta_4) \tag{9-28}$$

约束条件为

$$\begin{cases} f_1(\theta_1, \theta_2, d_3, \theta_4) - x_0 = 0 \\ f_2(\theta_1, \theta_2, d_3, \theta_4) - y_0 = 0 \end{cases} \tag{9-29}$$

4. 仿真计算

对图 9-25 所示机械臂，由于移动副的刚度很大，在仿真过程中将其固定，故设 $l_2 + d_3 = l_3$，在给定参数下进行优化构型的仿真研究。所用参数为

$$l_1 = 10.2\ \text{cm}, l_3 = 8.9\ \text{cm},\quad l_4 = 5.0\ \text{cm},$$
$$k_1 = 3000.0\ \text{N}\cdot\text{cm}/(^\circ),\quad k_2 = 2550\ \text{N}\cdot\text{cm}/(^\circ),$$
$$k_4 = 1800.0\ \text{N}\cdot\text{cm}/(^\circ),$$
$$f_y = 10.0\ \text{N},\quad f_x = 0.00\ \text{N}$$

(1) 用 MATLAB 软件对机械臂初始位置进行优化

初始位置为 $x_0 = 13.0$ cm，$y_0 = 9.0$ cm，$\theta_1 = 78.69^\circ$，$\theta_2 = 307.87^\circ$，$\theta_4 = 274.40^\circ$，由

式(9-27)得

$$\| \Delta p \|_2 = f_y(c_{12} + c_{22})$$

优化问题为

$$\min \| \Delta p \|_2 = f(\theta_1, \theta_2, \theta_4)$$

约束条件为

$$f_1(\theta_1, \theta_2, \theta_4) - x_0 = 0$$

$$f_2(\theta_1, \theta_2, \theta_4) - y_0 = 0$$

构型优化过程列于表 9-3 中,优化结果为

$$\boldsymbol{\theta}_0 = [78.69°, 307.87°, 274.40]^{\mathrm{T}}$$

$$\boldsymbol{\theta}_{\mathrm{opt}} = [35.3987°, 397.5194°, 217.7691°]^{\mathrm{T}}$$

优化后端点位移为

$$\min \| \Delta p \|_2 = 0.5925$$

这比未优化值 1.00668 下降 41%。

表 9-3 初始位置构型优化过程

Iter	F-count	$f[\theta]$	max constraint	Step-size	Directional derivative
1	4	1.00668	0.00389	1	0.000415
2	9	1.0071	2.976e-007	1	−4.42e-005
3	14	1.00705	1.064e-008	1	−1.61
4	20	0.347044	2.88	0.5	0.16
5	25	0.650168	0.6551	1	0.172
6	30	0.833377	0.1306	1	−0.053
7	35	0.779587	0.03509	1	−0.281
8	41	0.636678	0.2329	0.5	0.0621
9	46	0.700605	0.02562	1	−0.0565
10	51	0.640581	0.08521	1	−0.108
11	57	0.576183	0.2409	0.5	0.0258
12	62	0.602683	0.01569	1	−0.11
13	70	0.586251	0.05284	0.125	0.0029
14	75	0.587125	0.04262	1	0.00352
15	80	0.589587	0.02233	1	0.00162
16	85	0.59029	0.0191	1	0.000793
17	90	0.590196	0.01851	1	0.00103
18	96	0.590482	0.014	0.5	0.00202
19	101	0.592485	0.0003763	1	2.17e-005
20	107	0.592464	0.0003576	0.5	5.28e-005
21	112	0.592515	2.333e-005	1	8.77e-007
22	118	0.592516	1.845e-005	0.5	2.72e-006
23	123	0.592518	1.75e-008	1	5.27e-010

注:Iter——迭代次数;F-count 函数计算次数;$f[\theta]$——目标函数值;max constraint——两个约束函数中的最大值;Step-size——各次迭代的变量增量;Directional derivative——搜索用函数偏差(Hessian matrix)。

(2) 构型函数优化

由于系统存在冗余自由度，利用 ADAMS 软件可以比较方便地进行逆运动学问题求解。仿真结果表明，对特定的端点轨迹存在一系列向量$\boldsymbol{\theta}$组成的构型函数，如图 9-26 所示。该图实现端点运动轨迹为一直线：

$$4.9 \leqslant x \leqslant 20.0, \quad y = 9.0$$

在轨迹上每一个点都对应着一组关节角度 $\theta_i(i=1,2,3)$。图中 x，y 代表端点轨迹，ANGLE-1，ANGLE-2，和 ANGLE-4 分别为关节角度 θ_1，θ_2 和 θ_4。为了绘图方便，图中 θ_2 和 θ_4 从它们的实际值中减去 180°。图 9-26 所示的构型函数是可以实现特定直线轨迹的解，但并非最优解。为了得到最小端点变形的最优解，以图中所得的解为初值，导入 MATLAB 软件进行优化。优化结果列在表 9-4 中。表中“Initial manipulator configuration (初始状态)”为由 ADAMS 得到的关节角度向量(见图 9-26)，以它们为初值优化后的结果列在“Optimal manipulator configuration(最优构型量)”列中，Minimum compliance 为端点最小弹性位移。

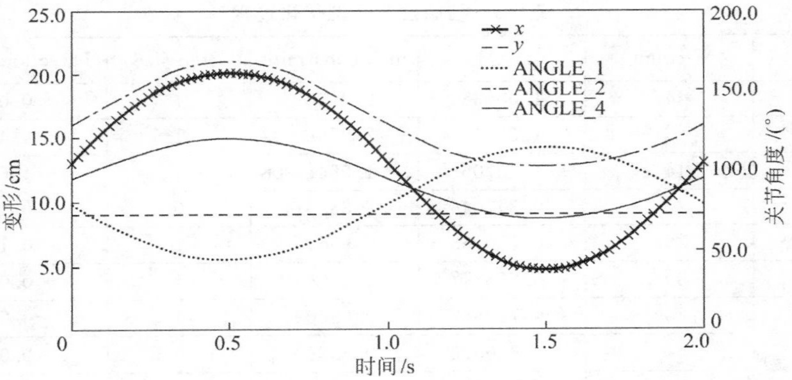

图 9-26　实现直线轨迹的构型函数

表 9-4　构型数值函数和端点位移

p	Tool-point position		Initial manipulator configuration			Optimal manipulator configuration			Minimum compliance
i	x(cm)	y(cm)	θ_1	θ_2	θ_4	θ_1	θ_2	θ_4	$\min\|\Delta p\|_2$
1	5	9	111.98	283.21	250.62	91.64	294.64	215.87	0.2225
2	6	9	108.24	285.01	253.29	85.63	300.54	215.12	0.2534
3	7	9	104.2	287.27	256.17	79.34	307.48	213.7	0.2877
4	8	9	99.26	290.46	259.7	72.49	316.54	211.3	0.3245
5	9	9	95.55	293.13	263.36	64.33	328.49	207	0.3615
6	10	9	91.57	296.24	265.2	36.17	403.89	192.13	0.2982
7	11	9	87.39	299.76	268.18	36.84	399.16	200.64	0.3798
8	12	9	83.08	303.66	271.27	36.62	397.28	209.34	0.4784
9	13	9	78.69	307.87	274.4	35.4	397.52	217.77	0.5925
10	14	9	74.3	312.32	277.53	33.38	398.94	226.03	0.7205
11	15	9	70	316.89	280.6	30.72	401.11	234.37	0.861
12	16	9	65.81	321.57	283.6	27.45	403.81	243.1	1.0131
13	17	9	59.94	328.26	287.79	23.46	407.12	252.64	1.1759

图 9-27 为根据表 9-4 绘出的实现预定直线轨迹时最优构型的关节角度值,它表示实现直线轨迹时,存在连续的系统的最优构型数值函数。图 9-28 为优化构型下的端点位移,它表明在端点远离坐标原点,即机械臂伸长后,由于弹性引起的端点位移显著增加。

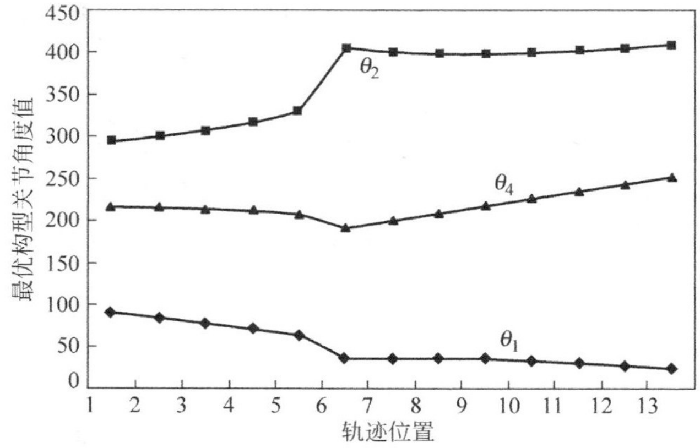

图 9-27 实现直线轨迹机构最优构型的关节角度值

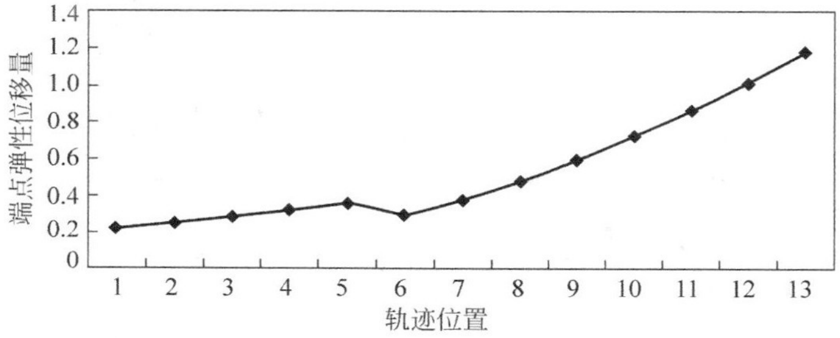

图 9-28 最优构型时端点弹性位移量

9.3.2 粗糙表面磨削机械臂的动力学仿真

粗糙表面一般是指补焊或未被加工的铸造表面,对其进行磨削加工时工作环境十分恶劣,采用机器人代替人工操作是改善劳动条件的重要技术措施。由于磨削表面很粗糙,磨削力不规则地变化,会激发振动并产生噪声。在机械臂的设计阶段对系统进行动力学仿真,是使设计结果满足工作要求的重要步骤。下面介绍用 ADAMS 和 MATLAB 软件对磨削机械臂动态性能仿真的方法与结果。

1. 机械臂的机械结构

为了实现对三维粗糙表面的磨削,安装在可移动的小车上的机械臂有 4 个自由度,见图 9-29,其中 θ_1,θ_2,θ_4 为转动副,d_3 为移动副。在此系统中存在一个冗余自由度,可用来调整系统的刚度,降低由于弹性引起的变形,减小振幅和用于避开障碍物。

机构的运动学设计参数为

$$l_1 = 0.35\ \text{m}, l_2 = 0.3\ \text{m}, l_3 = d_3 = 0.2 \sim 0.028\ \text{m}, l_4 = 0.3\ \text{m}$$

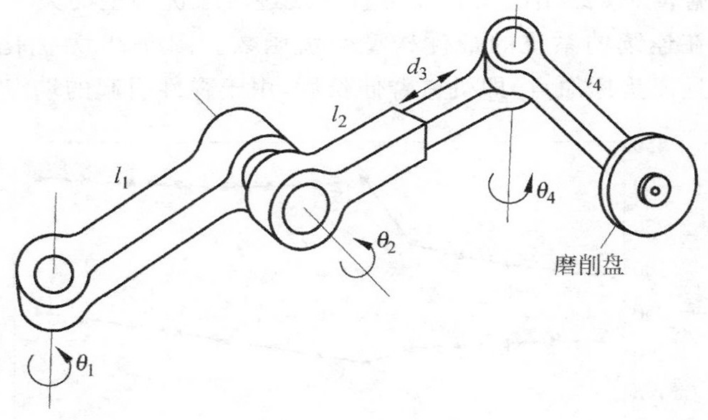

图 9-29　机械臂结构简图

2. 动力学模型

系统的力学模型如图 9-30 所示，图中 G_i 是第 i 个构件的质量中心，I_i 是构件绕质心的转动惯量，l_{ci} 是质心到相应的关节的距离，T_i 是施加在各关节上的驱动力矩，F_1 是移动副中的驱动力。关节刚度和阻尼分别用 k_i 和 C_i 表示。系统的广义坐标选定为

$$\theta_i = (\theta_1, \theta_2, d_3, \theta_4)$$

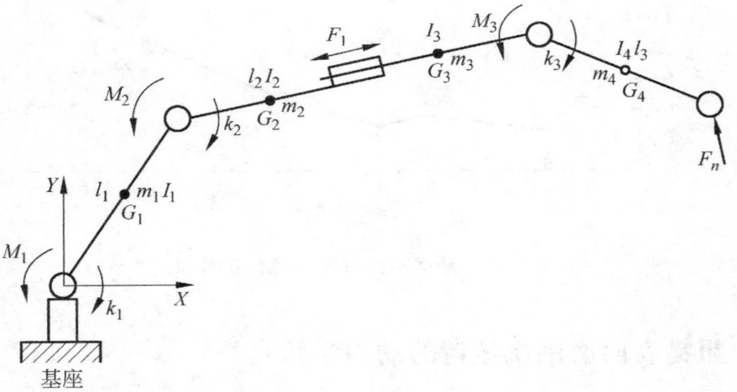

图 9-30　机械臂的动力学模型

表 9-5　机械臂的动力学参数

构　件　号	1	2	3	4
长度/cm	10.2	4.8	6.7	5.8
质量/10^{-2}kg	9.04	2.51	2.06	1.30
转动惯量/10^{-2}kgm^2	97.0	6.31	9.45	4.47
关节刚性/N·cm/(°)	3500	2550	150	1800
关节阻尼系数/N·cm·s/(°)	8×10^{-2}	1.7×10^{-4}	2.0	2.0

3. 端点工作载荷和关节驱动力矩

为了进行动力学仿真分析，一个重要的问题是分析粗糙表面磨削时工作载荷的变化

规律。从磨削实验中得到的磨削力变化规律如图 9-31 所示，可以看出磨削力是随机变化的，因此需要用随机信号来模拟磨削力的变化，同时磨削力的大小与磨削深度、砂轮宽度、材料性质、进给速度多种因素有关，需要模拟磨削力变化规律，将其施加在系统的端点。设磨削时的切向力为 F_t，法向力为 F_n，由金属切削原理可知：

$$F_t = \frac{60udwv}{\pi DN} \tag{9-30}$$

而 $F_n = 1.3F_t$，所以有

$$F_n = \frac{78udwv}{\pi DN} \tag{9-31}$$

式中 u——与被磨削材料有关的比能；d 和 w——磨削深度与宽度；v——进给速度；N——砂轮转速(r/min)；D——砂轮直径。为了研究变化的磨削力对机械臂端点轨迹的影响，在此给定被加工材料为不锈钢焊补后的表面，砂轮直径和转速均为确定值。此时磨削力可表示为

$$F_n = KAv \tag{9-32}$$

其中

$$A = dw$$

$$k = \frac{78u}{\pi DN}$$

式中 A——被磨削的截面积。由于磨削深度是随机变化的，所以它是随机变量。k 在设定的条件下为常数，所以磨削力可表示为

$$F = (\text{随机变量}) \times v \tag{9-33}$$

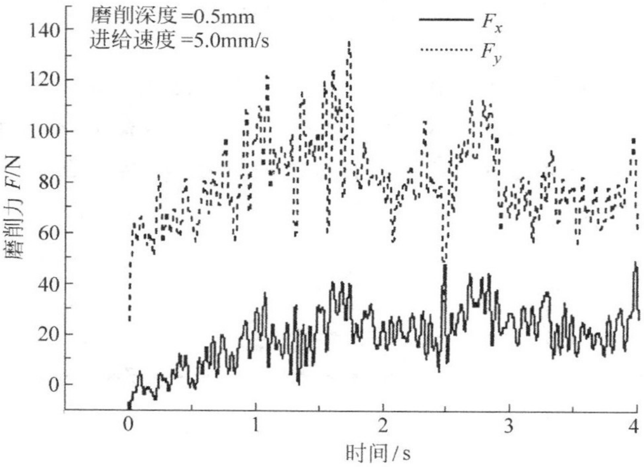

图 9-31 粗糙表面磨削力的实验结果

关节驱动器采用永磁直流电机，驱动力矩为

$$M(t) = i(t)K_\tau \tag{9-34}$$

式中 K_τ——力矩常数(N·m/A)；$i(t)$——电流(A)。

4. 动力学仿真

应用 ADAMS 软件可以进行运动学和动力学仿真。运动学仿真的目的是得到系统的位置、速度、加速度，以确定机构设计几何尺寸能否满足工作空间的要求，同时也为动力学分析提供惯性力等数据（这些内容在第 2 章已有详细叙述）。动力学仿真则可以了解系统的实际运动及振动等问题，还可以研究通过适当的控制方法提高系统运动的精度和稳定性等。在此主要研究机械臂端点的轨迹和运动速度，因为它们直接影响系统的工作性能。利用 ADAMS 软件建立的系统模型如图 9-32 所示。将表 9-5 中机械臂的动力学参数输入，便得到系统的动力学模型。

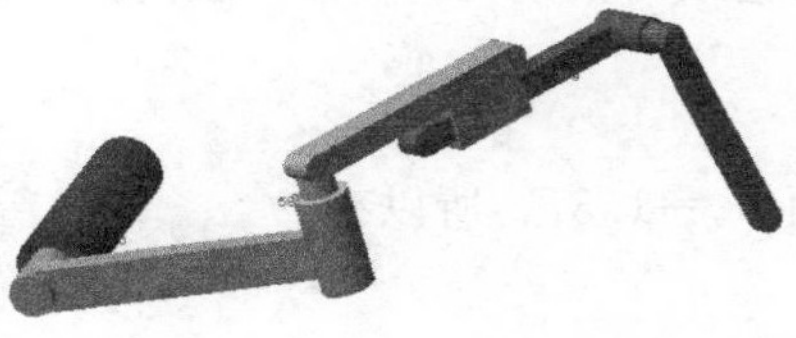

图 9-32　机械臂的 ADAMS 模型

根据式(9-33)，端点载荷为一随机变量，在动力学仿真中，采用 MATLAB simulink 工具，得到随机项，然后乘以进给速度，得到磨削力，再导入 ADAMS 软件。磨削力模拟过程如图 9-33 所示。由于进给速度与端点运动速度有关，所以需要随时将进给速度输入计算机。

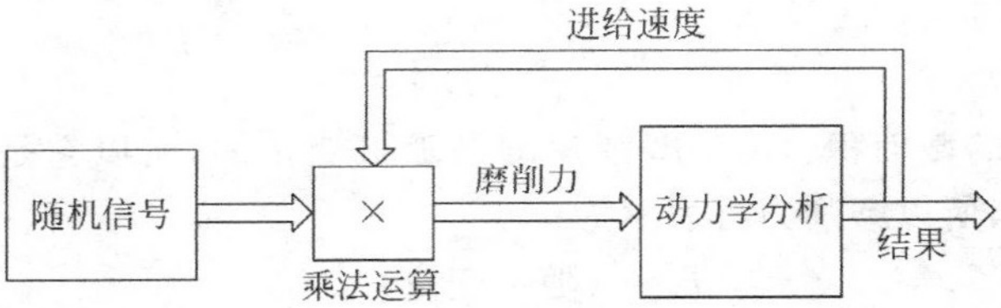

图 9-33　磨削力模拟过程

图 9-34 是端点运动轨迹仿真结果，图 9-35 是进给速度（端点速度）的变化曲线。这里预期运动轨迹为 $x=15\sim19$ cm，$y=10$ cm 的直线。可以看出，在变化的磨削力和关节弹性的影响下，实际运动轨迹与预期轨迹有很大差别，运动速度也有很大波动（在仿真计算中只考虑了法向力）。

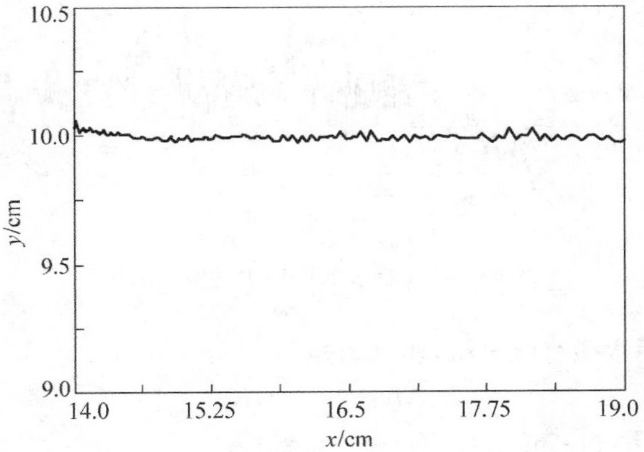

图 9-34　机械臂端点轨迹

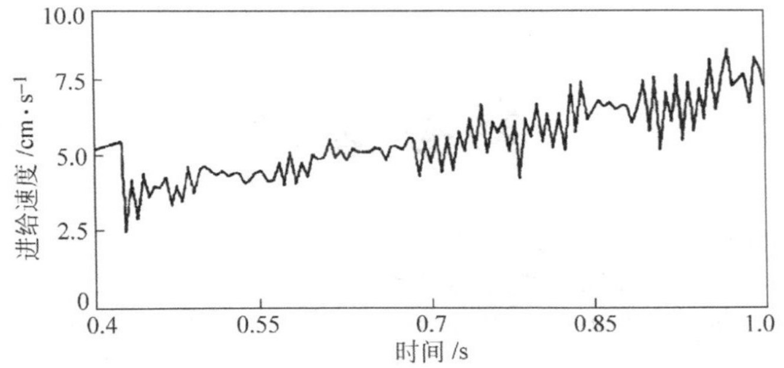

图 9-35 机械臂端点速度(进给速度)

利用 ADAMS 软件还可以进行改善运动轨迹和运动速度的仿真研究。如果在系统上施加速度反馈控制装置,就可以通过测量速度的变化,以速度平稳为目标控制输入直流电机的电力,从而改变电机驱动力矩,减小速度波动,同时也减小了运动轨迹误差。图 9-36 和图 9-37 为采用 PID 控制器得到的结果,可以看出,端点速度和运动轨迹均有很大改善。

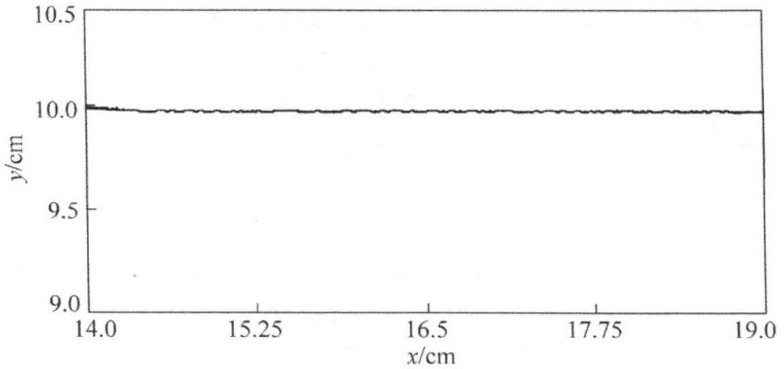

图 9-36 有速度控制时的进给速度

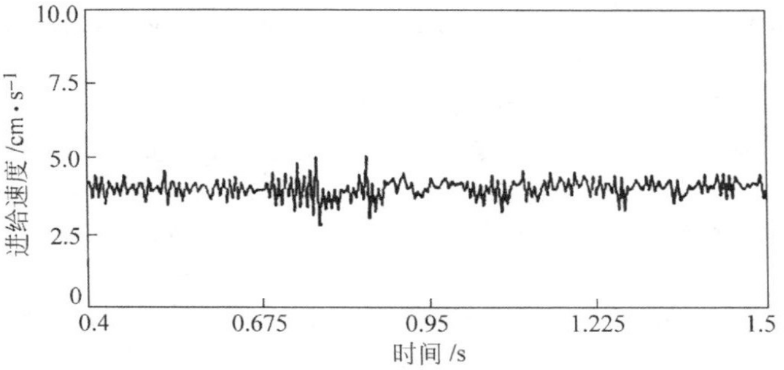

图 9-37 控制后的进给速度

由此可知,机械系统动力学分析方法是解决系统动力学问题的基础,将这些方法与控制方法和其他学科相结合,则能大大改善机械系统的状态,进而为自主设计高性能机械系统服务。

参 考 文 献

1. 唐锡宽,金德闻.机械动力学[M].北京：高等教育出版社,1983
2. 张济川,金德闻主编.机构学[M].台北：大扬出版社,1995
3. 金德闻,张济川.中国现代科学全书：工学分卷——机械设计(机构学部分)[M].北京：人民交通出版社,2003
4. Joseph Edward Shigley. Theory of Machines and Mechanisms[M]. McGraw-Hill Inc. ,1980
5. Norton. Design of Machinery[M]. McGraw-Hill Inc. ,1992
6. 休斯敦,刘又午.多体系统动力学[M].天津：天津大学出版社,1991
7. F. R. Tepper, G. G. Lowen. General theories concerning full forced balancing of planar linkages by internal mass redistribution[J]. Journal of Engineering for Industry, Transactions of the ASME. V94,789～796
8. 清华大学工程力学系固体力学教研组编.机械振动(上册)[M].北京：机械工业出版社,1980
9. 郑兆昌.机械振动(中册)[M].北京：机械工业出版社,1986
10. 张策 等.弹性连杆机构分析与设计[M].北京：机械工业出版社,1996
11. A. G. Erdman, G. N. Sandor, R. G. Orkberg. A general method foe kineto-elastodynemic analysis and synthesis of mechanisms[J]. Journal of Engineering for Industry, Transactions of the ASME,972,(11)：1193～1205
12. Imdad Imam, George N. Sandor. High speed mechanism design—a general analytical approach[J]. Journal of Engineering for Industry, Transactions of the ASME,1975,(5)：609～628
13. 赵韩,丁爵曾,吕哲勤.凸轮机构[M].北京：北京理工大学出版社,1993
14. 钟一谔,何衍宗,王正 等.转子动力学[M].北京：清华大学出版社,1987
15. S. Dubowsky, F. Frudenstain. Dynamic Analysis of Mechanical System with Clearance, Part I: Formation of Dynamic Model. Journal of Engineering for Industry, Transactions of the ASME, 1971,93(1)：305～316
16. Jungkeun Rhee, Adnan Akey. Dynamic response of a revolute joint with clearance[J]. Mechanism and Machine Theory,1995,31(1)：121～134
17. 石端伟.机械动力学[M].北京：中国电力出版社,2007
18. 金德闻,张济川,廖金声 等.四杆机构运动弹性动力学实验台[J].实验技术与管理,1991,8(5)：71～74
19. 方建军,刘仕良.机械动态仿真与工程分析——Pro/Engineer Wildfire 工程应用[M].北京：化学工业出版社,2004
20. 郑凯,胡仁喜,陈鹿民.ADAMS 2005 机械设计高级应用实例[M].北京：机械工业出版社,2006
21. 南京大学数学系计算数学专业编.常微分方程数值解法[M].北京：科学出版社,1979
22. 颜庆津.数字分析[M].北京：北京航空航天大学出版社,1999
23. 杨义勇,王人成,金德闻.含神经控制的下肢肌骨系统正向动力学分析[J].清华大学学报(自然科学版),2006,(46)11：1872～1875
24. Dewen Jin, Xikuan Tang. A method for calculating the optimum balance corrections of flexible rotors [C]. International Conference on Rotordynamics, JSME, IFToMM, Tokyo, Japan,1986.113～115
25. Xiaohong Jia, Denwen Jin, Jichuan Zhang. Investigation of the dynamic response of the tripod-ball

sliding joint with clearance in a crank-slider mechanism[J]. Journal of Sound and Vibration,2002,252(5):919～933

26. H. O. Dimo,Jin Dewen,Zhang Jichuan. Optimal configuration of redundant robotic arm: compliance approach[J]. Tsinghua Science and Technology,2002,7(3):281～285
27. H. O. Dimo,Jin Dewen,Zhang Jichuan et al. Vibration control of a redundant robotic arm for grinding[C]. IEEE SMC 2001 Conf. Proc. USA,2001. 389～394
28. 倪小波,金德闻,张济川. 粗糙表面机器人磨削实验分析[J]. 中国机械工程,2004,15(22),1986～1989
29. 郑凯,杨文勇,胡仁喜. Solid Edge应用教程. 北京:清华大学出版社,2008

练 习 题

第 1 章

1-1 从你接触的机械中举例说明机械系统中存在的动力学问题，并说明为什么属于动力学范畴？

1-2 机械系统的动力学模型一般由哪些部分构成？用哪些参数来表达？

1-3 建立机械系统的模型应考虑哪些因素？

1-4 建立机械系统动力学方程有哪些方法？

1-5 机械动力学的核心问题是什么？根据核心问题，需要解决的问题有哪几种类型？

1-6 解决机械动力学问题的过程中，一般有哪些步骤？

第 2 章

2-1 建立单自由度刚性系统的动力学模型时，忽略了哪些可能存在的因素？

2-2 如何建立单自由度刚性系统的等效力学模型？如何确定其中各部分的参数？

2-3 单自由度系统基本的动力学方程是什么？其中等效转动惯量（质量）、等效力矩（力）有什么物理意义？

2-4 作用于机械中的力有哪些？它们可能是哪些变量的函数？

2-5 在图示起重机构中，主动力矩 $M_d=2000-0.36\omega-0.0201\omega^2$（N·m），等效转动惯量 $J_e=0.1\ \mathrm{kg\cdot m^2}$，重物质量为 $M=1000$ kg，滚筒直径 $D=300$ mm，要求：

(1) 写出启动过程中的动力学方程；

(2) 设 $t=0.1$ s 时，$\omega=0$，用解析法求出 $t=0.1$、0.2 s 时的角速度；

(3) 用四阶龙格-库塔法计算 $t=0.1$、0.2 s 时的角速度，并与解析结果对比。

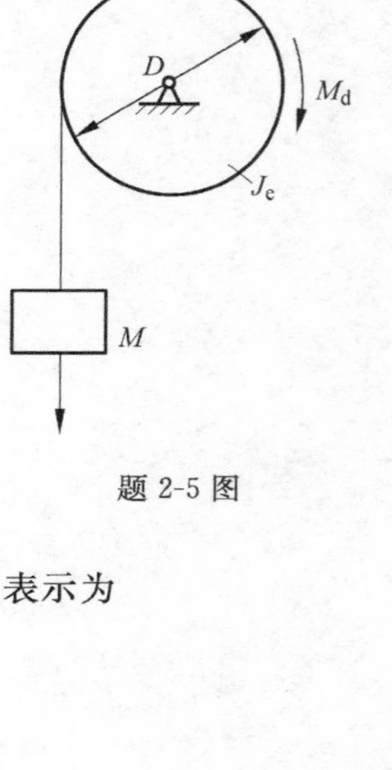

题 2-5 图

2-6 起重机专用三相异步电机的机械特性如图所示，可近似表示为

$$M_d=145-0.34\omega-0.0101\omega^2\ (\mathrm{N\cdot m})$$

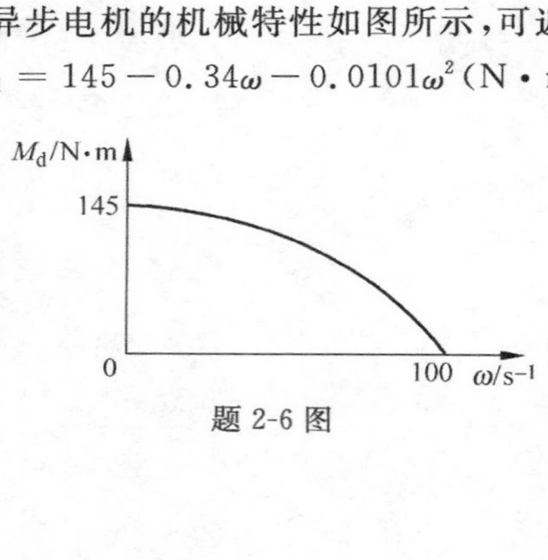

题 2-6 图

若起吊重物的等效力矩为 100 N·m,等效转动惯量为 0.1 kg·m^2,试求起吊过程中电机转子角速度变化规律和达到稳态时所需时间。

2-7 某一机械的等效主动力矩为 $M_d=5500-1000\omega$(N·m),等效阻力矩 M_r 和等效转动惯量 J 均为位置 φ 的函数,数值列于下表中,试列出系统动力学方程,并做如下计算:

(1) 设 $\varphi_0=0°$时,$\omega_0=5\ s^{-1}$,用二阶和四阶龙格-库塔法计算 $\varphi=15°$时角速度 ω 的值;

(2) 用计算程序计算启动过程(初始条件为 $\varphi_0=0°$,$\omega_0=0$)到稳态过程的运动规律。

φ	0°	15°	30°	45°	60°	75°	90°	105°	120°
J	34.0	33.9	33.6	33.1	32.4	31.8	31.2	31.1	31.6
M_r	789	812	825	797	727	85	105	137	181

φ	135°	150°	165°	180°	195°	210°	225°	240°	255°
J	33.0	35.0	37.2	38.2	37.2	35.0	33.0	31.6	31.1
M_r	185	179	150	141	150	157	152	132	132

φ	270°	285°	300°	315°	330°	345°	360°
J	31.2	31.8	32.4	33.1	33.6	33.9	34.0
M_r	139	145	756	803	818	802	789

单位:J(kg·m^2);M_r(N·m)

2-8 在图示凸轮机构中,凸轮轮廓为一直径为 40 mm 的偏心圆,偏心距为 10 mm,凸轮转速为 $n=400$ r/min,从动件质量为 1 kg。现欲使从动件靠其自重维持与凸轮接触,试分析在给定条件下是否能实现?如果不能,可采用哪些措施实现?

2-9 图示为曲柄压力机的系统简图,其中电动机带动齿轮减速器,通过离合器将运动和动力传给曲柄滑块机构。工作时,电机和传动部分先启动到稳定运转,然后合上离合器。M_d 为驱动力矩,P 为工作阻力。

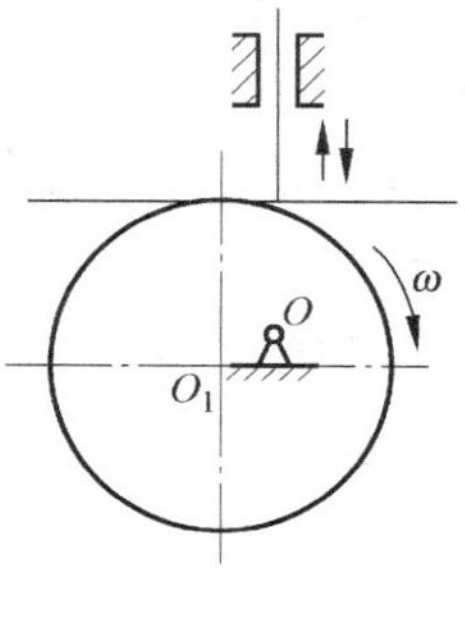

题 2-8 图

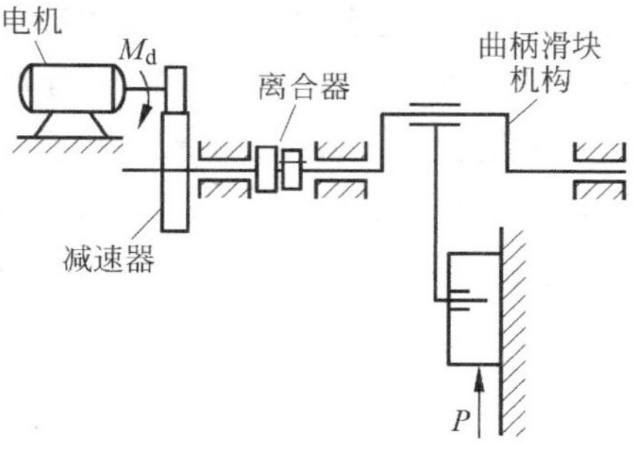

题 2-9 图

现在要分析离合器结合后曲柄滑块机构的起动过程,试用简图表示系统的动力学模型,标出系统参数和等效力矩,说明计算这些参数和力矩的原理与方法。

2-10 下图为一用锥形摩擦离合器连接的轴系,设 $M_{d1}=100-0.4\omega_1$(N·m),速比 $i_{12}=\dfrac{\omega_1}{\omega_2}=1.5$,$i_{23}=\dfrac{\omega_2}{\omega_3}=2$,各部分转动惯量为 $J_1=0.01$,$J_2=0.015$,$J_3=0.2$(kg·m^2),

离合器锥顶角为15°，摩擦系数 $f=0.15$，接触面平均半径为 200 mm，连接时轴向压力为 1000 N，Ⅰ轴速度为 $\omega_{10}=1000\ \text{s}^{-1}$，试求两部分达到同步转动时所需时间。

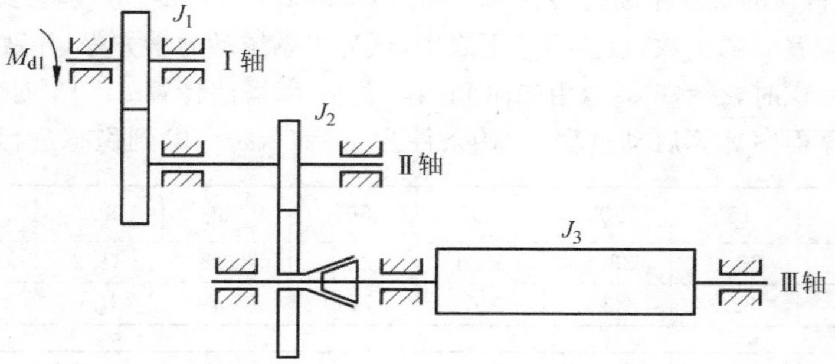

题 2-10 图

2-11　设图示机构中弹簧刚度系数为 k，曲柄长度为 r，摇杆长度为 l_3，固定件长度 $l_{OC}=d$，若 A、B 间弹簧原始长度为 l_0，且 $r\ll l_0$（机构工作时，弹簧变形在线性范围内），杆 1、3 上分别作用有 M_1、M_3，它们绕转轴 O、C 的转动惯量分别为 J_1、J_3，不计弹簧的质量和构件 1、3 的重力。机构原始位置 $\varphi_1=0°$，$\varphi_3=\varphi_{30}$，此时 AB 间距离为 l_0，试写出构件1、3 的动力学方程。

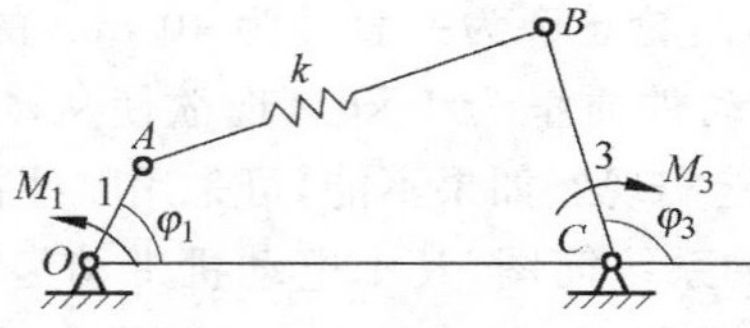

题 2-11 图

2-12　在图示差动轮系中 3 个齿轮的齿数为 $Z_1=20$，$Z_2=30$，$Z_3=80$，模数 $m=2$，设各轮绕其圆心的转动惯量（包括轴上零件）分别为 $J_1=0.01$，$J_2=0.06$，$J_3=0.03$，系杆绕其转动中心转动惯量 $J_H=0.04(\text{kg}\cdot\text{m}^2)$，行星轮质量为 0.2 kg，轮 1 上作用有力矩 $M_1=100$，轮 3 上受有力矩 $M_3=400-100\sin\varphi_3$，系杆受力矩 $M_H=500-50\sin\varphi_H$（单位均为 N · m）。若起始位置时 $\varphi_1=\varphi_3=\varphi_H=0°$，$\omega_1=100\ \text{s}^{-1}$，$\omega_3=0$，要求：

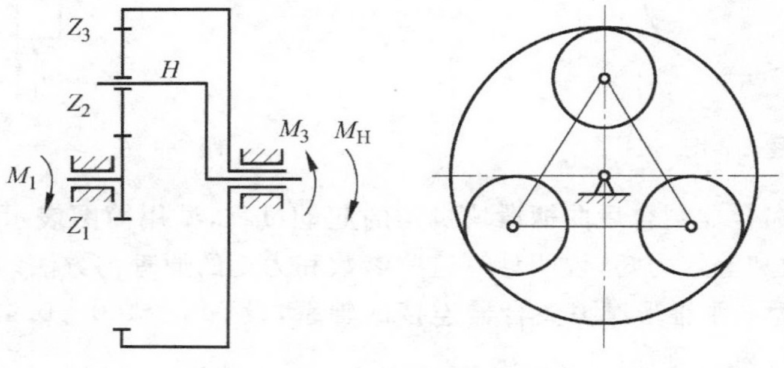

题 2-12 图

(1) 列出系统的动力学方程；

(2) 计算当时间 $t=0.1$ s 时的 $\varphi_1,\omega_1,\varphi_3,\omega_3$。

2-13 图示为一 3 自由度的机械臂，设 1、2 杆长度分别为 l_1、l_2，质心到铰销的距离为 a_{S1},a_{S2},a_{S3}；它们绕质心的转动惯量为 J_{S1},J_{S2},J_{S3}；每个关节上作用有电机驱动力矩，分别为 M_1,M_2、M_3。试用凯恩方法建立系统的动力学方程。

2-14 所给图为一步行机构，H 点处为髋关节，K 点处为膝关节，A 为踝关节（在此不考虑踝关节的运动），设 H 到 K 的距离为 l_t，AK 间距离为 l_s，大、小腿的质量分别为 m_t 和 m_s，绕质心的转动惯量为 J_t、J_s，质心离开 H 点和 K 点的距离为 a_t,a_s，为了实现步行要求的运动规律，需要在两个关节处施加电动机提供的主动力矩 M_h 和 M_k。若大、小腿的运动规律为 $\varphi_t(t)$ 和 $\varphi_s(t)$，试推导 M_h 和 M_k 的计算式（注：腿摆动时，可认为躯体静止不动）。

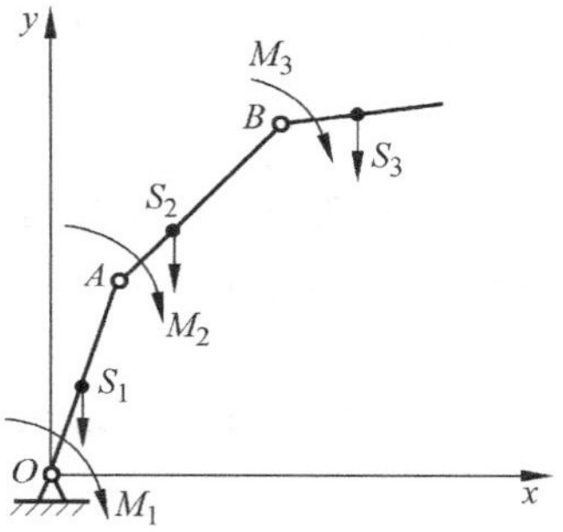

题 2-13 图

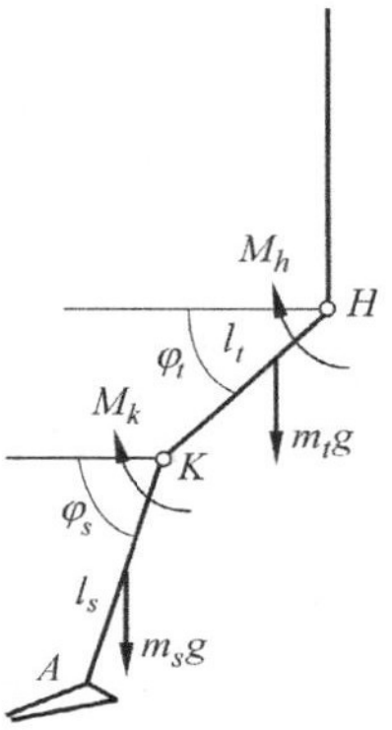

题 2-14 图

2-15 在用拉格朗日方程建立动力学方程时，如何将系统上作用外力转换成广义力？

2-16 凯恩方法中的偏速率是什么？它与偏类速度有何关系？有什么用处？

第 3 章

3-1 什么叫机构惯性力的完全平衡？试以图中所示的旋转机械中绕 x 轴转动的长转子为例，分析其惯性力完全平衡的条件。

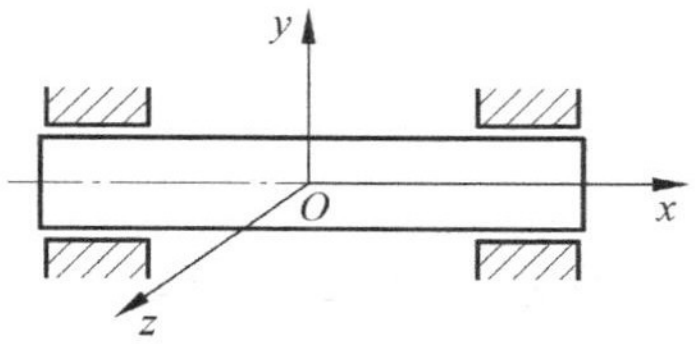

题 3-1 图

3-2 对构件进行质量替代的方法有哪几种？替代的依据是什么？

3-3 用线性独立向量法推导惯性力平衡条件的基本思路是什么？用此方法得到的平衡方程式有几个？它与加校正量的数目有何关系？

3-4　为什么有时需要用惯性力部分平衡法？如何选取最优平衡量？

3-5　满足惯性力平衡后，惯性力矩是否平衡？在机构设计中，可以用哪些措施来减少构件惯性力矩的影响？

3-6　图示为一四杆机构，各构件质量分别为 $m_1=2$，$m_2=10$，$m_3=5$(单位：kg)，机构尺寸如图所示。试用质量替代法求出平衡构件惯性力时在 1、3 构件上应加的平衡质量矩的大小和方位，并标示在图上。

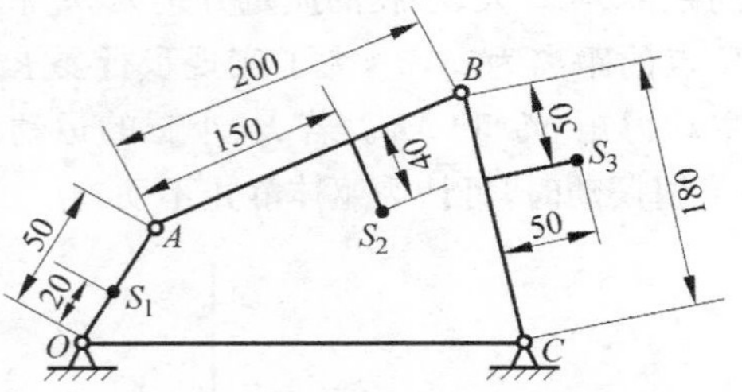

题 3-6 图

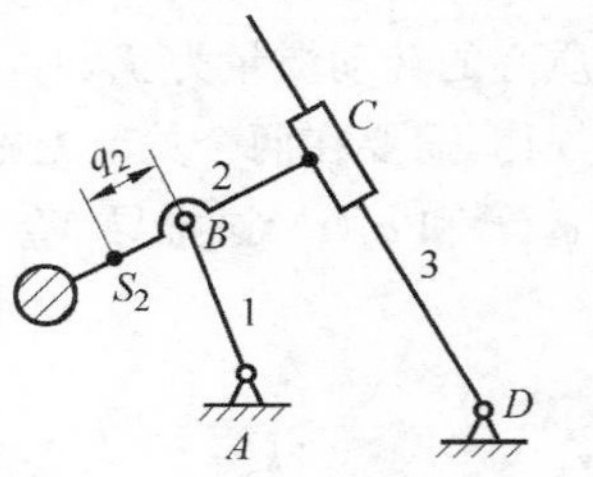

题 3-7 图

3-7　设已知图示导杆机构的所有尺寸，构件 2 的质心在 S_2 点，质量为 m_2，试分别用质量替代法和线性独立向量法求出平衡构件 2 的惯性力在构件 1、3 上应加的平衡质量矩的大小和相位，并标注在图上。

3-8　图示为缝纫机用四杆机构，已知机构尺寸为 $l_{AB}=12.7$，$l_{BC}=173.5$，$l_{CD}=16.8$(mm)，构件质量 $m_1=330.45$，$m_2=84.1$，$m_3=115.0$(g)，质心位置如图所示，$r_1=1.93$，$r_2=62.11$，$r_3=1.66$(mm)，$\theta_1=8.7°$，$\theta_3=15.4°$，试计算惯性力完全平衡时，应在构件 1、3 上加的平衡质量矩。

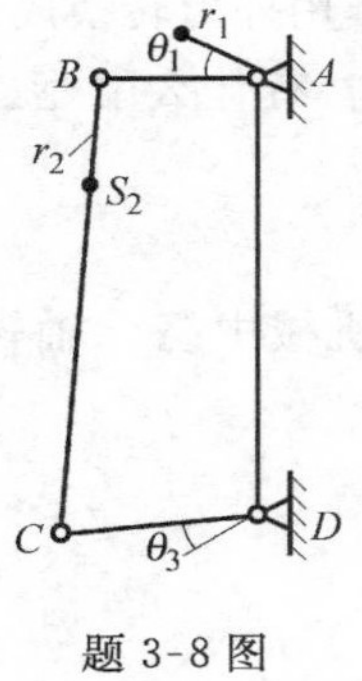

题 3-8 图

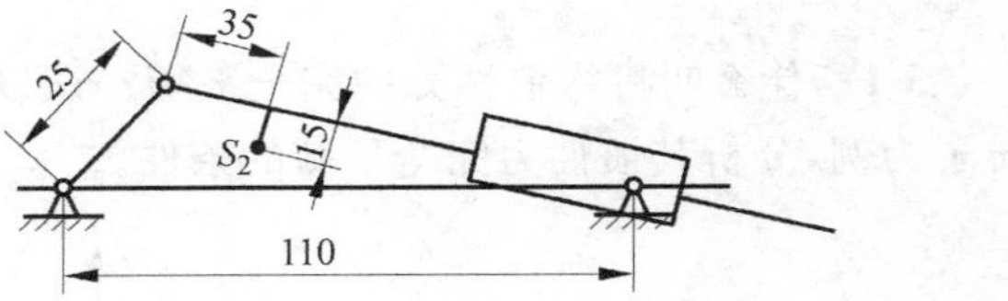

题 3-9 图

3-9　一摆缸机构的尺寸如图所示，构件 2 的质量 $M_2=2$ kg，质心位置如图所示，试计算在忽略其他构件质量时，使机构惯性力得到平衡需要在 1、3 构件上施加的平衡质量矩，并标示在图上。

3-10　在图示连杆机构中，构件 4 的质量为 $M_4=2$ kg，质心位于 S 点，机构所有尺寸均表示在图上。在不计其他构件质量的情况下，试问：

(1) 能否用在构件上加平衡质量矩的方法完全平衡构件 2 的惯性力？为什么？

(2) 如果能用上述方法达到惯性力完全平衡，试用质量替代法，计算应加的平衡质量矩的数目、大小及方位，并标示在图上。

(3) 分析所有的加平衡量的方案，并比较它们的优缺点。

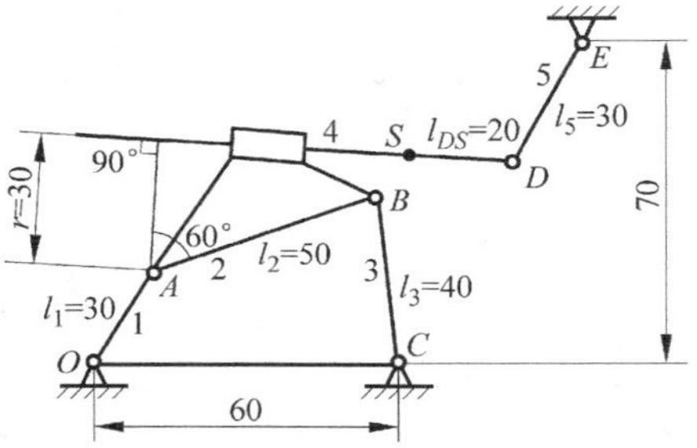

题 3-10 图

3-11 分析图(a)、(b)所示的两种机构是否可以用加平衡质量矩的方法，使机构惯性力得到完全平衡。如果可以，需要加多少个平衡质量？

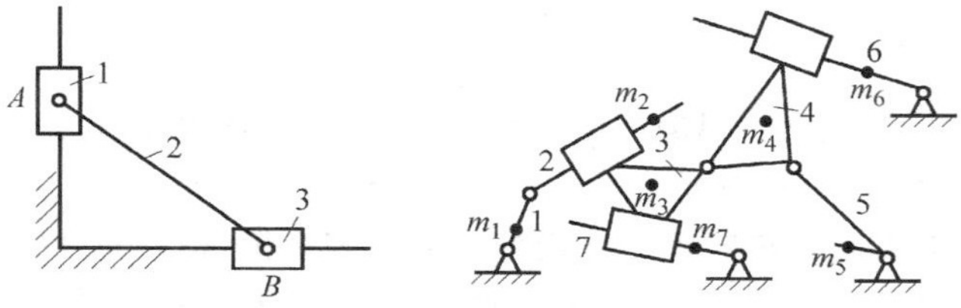

(a) (b)

题 3-11 图

3-12 图示(a)、(b)两种连杆机构，由各自的构件 1、2、3、4、5 组成。已知：

各构件的质量 $m_1=1.5$ kg，$m_2=2.0$ kg，$m_3=2.0$ kg，$m_4=1.0$ kg，$m_5=4.0$ kg；

质心位置：构件 1 在 A 点，构件 2 在 C 点，构件 3 在 D 点，构件 4 在 E 点，构件 5 在 F 点；

各构件长度：$l_{AB}=15$，$l_{BC}=25$，$l_{CD}=30$，$l_{AD}=30$，$l_{CE}=30$，单位 cm。要求：

(1) 判断这两种机构是否能用加平衡质量的方法，使运动平面内的惯性力得到完全平衡？(应阐明理由)

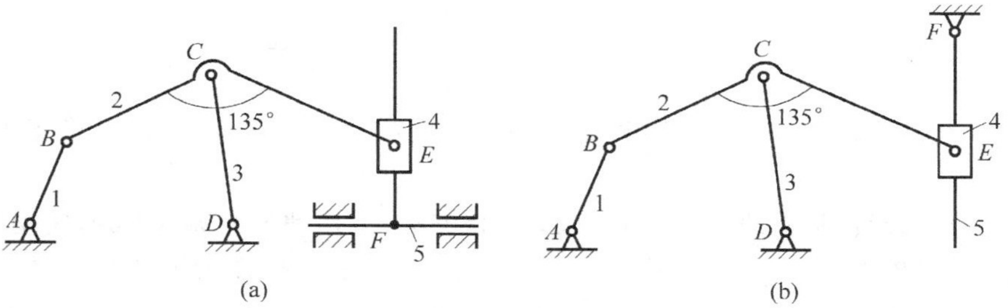

(a) (b)

题 3-12 图

(2) 如果能，试用质量替代法求出应加的平衡质量矩，包括选定加平衡质量矩的构件；计算平衡质量矩的大小和方向并将加重方位标示在图上。

3-13　分析图示机构能否用加平衡质量矩的方法，使机构惯性力得到完全平衡。如果可以，试求出应加的平衡质量矩的大小与方位。设机构尺寸、质心位置和质量 m_2、m_3、m_4、m_5 均为已知，构件 1 的质量忽略不计。

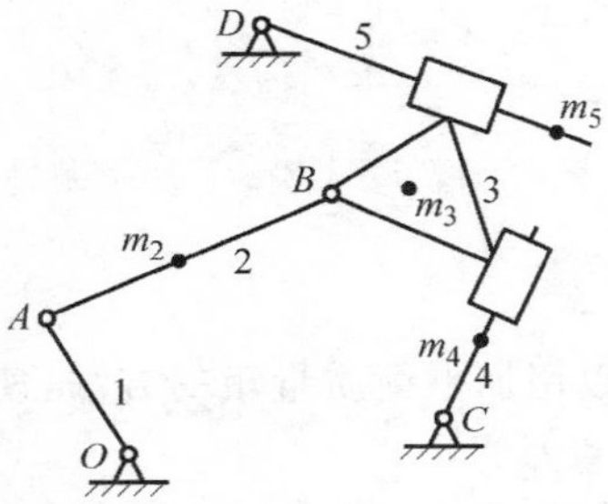

题 3-13 图

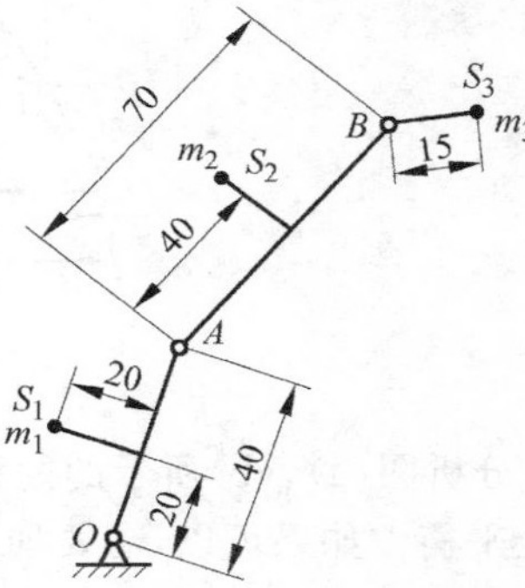

题 3-14 图

3-14　图示为三自由度机械臂，机构尺寸如图所示（单位：mm），构件质量为 $m_1=2$ kg，$m_2=1$ kg，$m_3=0.5$ kg，质心分别在 S_1，S_2，S_3 点。要求：

(1) 如需要用加平衡质量矩的方法使惯性力得到平衡，试计算所需的平衡质量矩；

(2) 是否可设计一个附加的平衡装置使机构得到平衡？如果可以，试画出装置的简图。

3-15　图示为曲柄滑块机构，若考虑只在曲柄上加平衡量，用以平衡滑块的惯性力，试计算需要在何方位，加多少质量矩能使最大残余惯性力最小，并给出其大小。机构参数为：$r=50$ mm，$l=200$ mm，$m=3$ kg，角速度 $\omega=6\ \mathrm{s}^{-1}$。滑块加速度可近似按以下公式计算：

$$a \approx -\omega^2 r(\cos\varphi - \lambda\cos 2\varphi),\quad \lambda = r/l$$

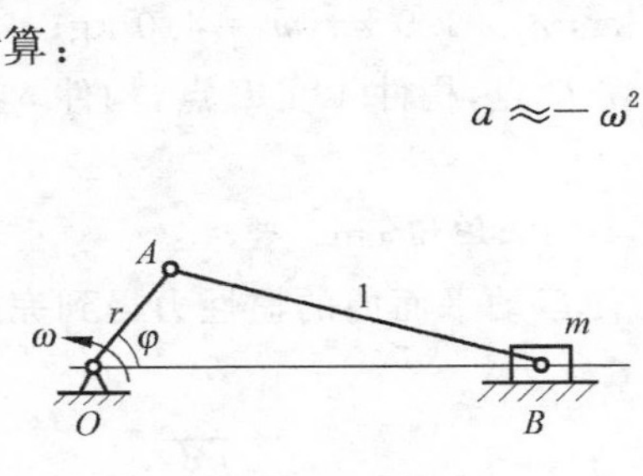

题 3-15 图

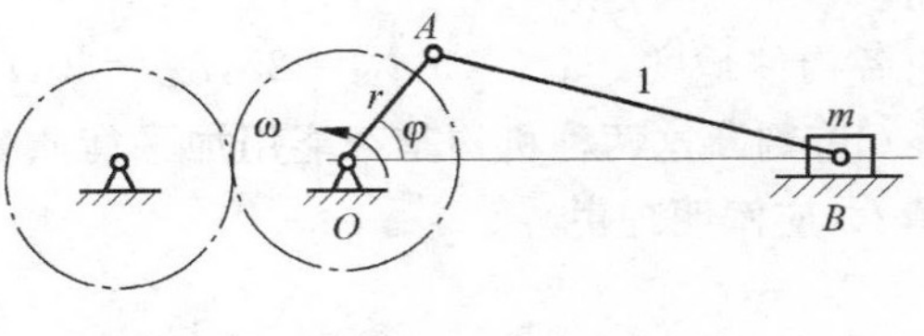

题 3-16 图

3-16　在 3-9 题中如果用一对齿轮机构来平衡滑块的一阶惯性力，试确定齿轮上应加的平衡量。

3-17　在图示曲柄滑块机构中 $r=50$，$l=150$(mm)，滑块质量 $m=3$ kg，曲柄转速 $n=1000$ r/min，现用齿轮机构平衡滑块的一阶惯性力，要求：(1)应加的质量矩的大小与方位；(2)若齿轮的模数 $m=2$，齿数 $Z=50$，求出惯性力矩的变化式；(3)比较平衡前后支座最大动反力。

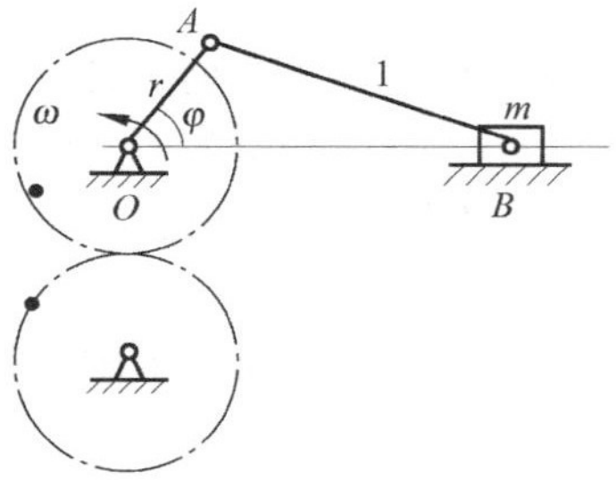

题 3-17 图

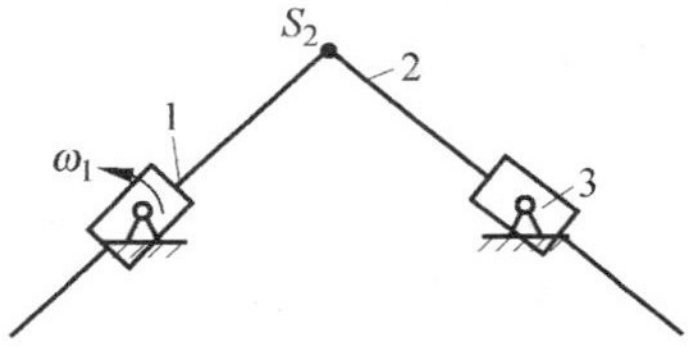

题 3-18 图

3-18 在图示机构中，设所有尺寸为已知，构件 1 以 ω_1 角速度转动，构件 2 质心在 S_2 点，质量为 m_2。试分析平衡构件 2 的惯性力和惯性力矩可能采取的方案，并画出简图。(提示：先进行机构运动学分析，找出惯性力变化规律，平衡方法包括用平衡机构完全平衡或部分平衡)

3-19 图示为一双缸 V 形发动机简图。两缸的连杆和活塞的结构相同，曲柄半径为 r，活塞质量为 $m=m_B$。试问能否用在曲柄上加平衡量的方法使活塞的一阶惯性力得到完全平衡？如果可以，试确定所加平衡量的大小与方位。

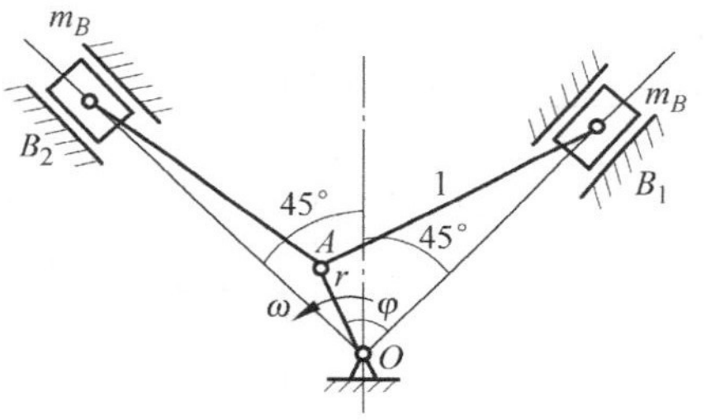

题 3-19 图

第 4 章

4-1 图示转轴的尺寸如下：$d_1=30$，$d_2=10$，$d_3=20$，$l_1=300$，$l_2=150$，$l_3=500$(单位：mm)，轴的材料扭转弹性模量 $G=8\times10^6\ \mathrm{N/cm^2}$，试求轴的等效刚度系数。

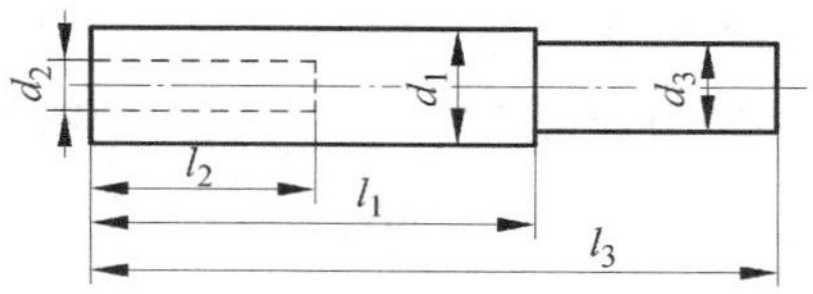

题 4-1 图

4-2 考虑传动轴扭转弹性的等效模型与原系统的坐标、动能、势能、刚度系数、转动惯量有何关系？

4-3 在考虑传动系统中轴的扭转弹性时，系统的自由度是如何确定的？选择广义坐标与系统自由度有何关系？

4-4　用传递矩阵法时，怎样选择状态向量中的元素？传递矩阵有何物理意义？点传递矩阵和场传递矩阵是如何确定的？

4-5　用有限元法研究有弹性构件的平面连杆机构，如何处理机构刚性运动与弹性运动的关系？

4-6　用有限元法建立力学模型时，如何划分单元、建立单元坐标和系统坐标？单位坐标与系统坐标之间如何转换？

4-7　为什么要建立单元位移形态函数？在建立动力学方程时，哪些地方用到形函数？

4-8　怎样由单元动力学方程得出系统力学方程？为什么不能直接求解单元动力学方程？

4-9　已知一传动轴系，轴Ⅰ为一阶梯轴，两轴间通过一对齿轮传动，齿轮齿数：$Z_1=100$，$Z_2=50$；轴的结构尺寸如图所示（单位：mm），材料扭转弹性模量 $G=8\times10^6\ \mathrm{N/cm^2}$；各轮转动惯量：$J_1=0.005$，$J_2=0.01$，$J'_2=0.002$，$J_3=0.003(\mathrm{kg\cdot m^2})$，$M_d=500$，$M_r=200(\mathrm{N\cdot m})$。试以轴Ⅰ为等效轴，计算等效转动惯量、等效刚度系数和等效力矩。

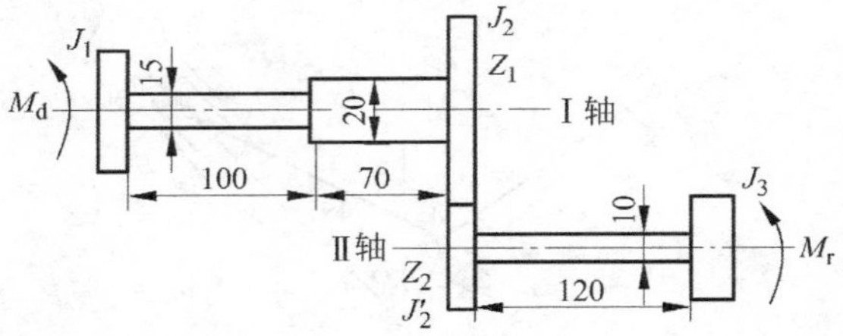

题 4-9 图

4-10　图中轴Ⅰ、轴Ⅱ之间通过一对齿轮传动，齿轮齿数分别为 $Z_1=20$，$Z_2=40$，轴上各轮的转动惯量为 $J_1=1$，$J_2=0.2$，$J_3=0.8$，$J_4=3$（单位 $\mathrm{kg\cdot m^2}$）；轴Ⅰ、轴Ⅱ的扭转刚度分别为 $K_1=3\times10^2$ 和 $K_2=5\times10^2\ \mathrm{N\cdot m/rad}$。若忽略轴的质量和齿数啮合面弹性，要求：

(1) 用等效模型写出机构动力学方程；

(2) 求出系统扭转振动的自然频率和主振型；

(3) 用简化模型计算第一阶自然频率并与(2)所得结果对比；

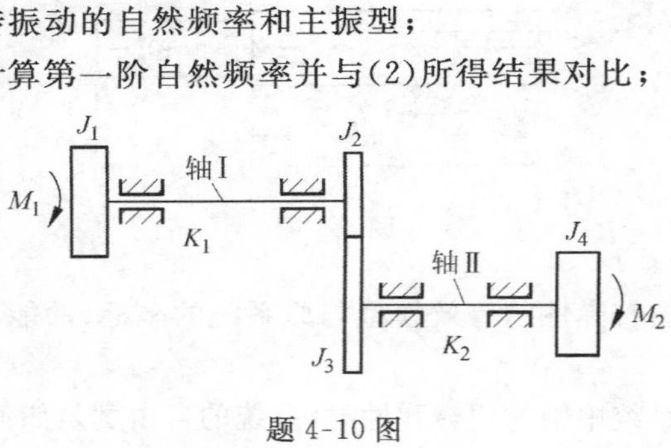

题 4-10 图

(4) 设力矩 $M_1=10\text{N}\cdot\text{m}$，$M_2=20+50\sin 10t$，列出系统动力学方程，并求出当轮 1 匀速转动时，轮 4 的运动规律。

4-11 图示为传动系统的等效模型，它具有 1 个刚性自由度和 4 个扭转弹性自由度。试分别计算将其简化为 3 自由度和 2 自由度模型时的系统第 1 阶、第 2 阶自然频率。

系统参数为：$J_1=0.02$，$J_2=0.08$，$J_3=0.006$，$J_4=0.03$，$J_5=0.05(\text{kg}\cdot\text{m}^2)$；$K_1=0.09\times10^6$，$K_2=0.007\times10^6$，$K_3=0.01\times10^6$，$K_4=0.03\times10^6(\text{N}\cdot\text{m/rad})$。

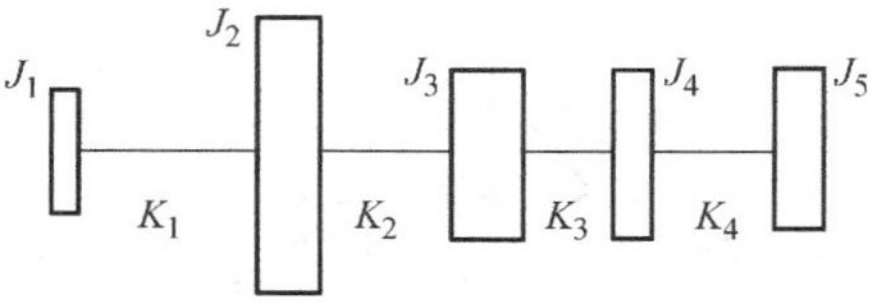

题 4-11 图

4-12 图示为考虑轴的扭转变形的传动系统等效模型，轴上有两个转动惯量分别为 J_1、J_2 的圆盘，3 个轴段的刚度系数为 k_1、k_2、k_3，系统两边的边界条件为固定端，即转角 $\theta=0°$，扭矩 $M\neq0$。要求：

(1) 用传递矩阵法推导系统的动力学方程，并求出系统自然频率和振型。

(2) 设 $J_1=J_2=1\ \text{kg}\cdot\text{m}^2$，$k_1=k_2=k_3=1\ \text{N}\cdot\text{m/rad}$，试用推导出的公式计算本系统的自然频率和振型。

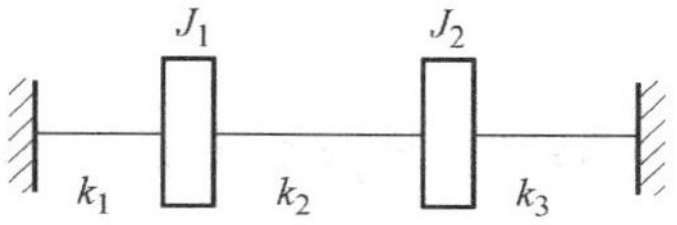

题 4-12 图

4-13 在图示的曲柄连杆机构中，设曲柄长度 $r=20$ mm，可认为是刚性构件，质心在转动中心 O 点；连杆为弹性均质构件，长度 $l=180$ mm，截面为长方形，高 $h=8.3$ mm，宽 $b=8$ mm，截面惯性矩 $I=\dfrac{bh^3}{12}=0.03812\ \text{cm}^4$，质量为 0.1 kg，对质心的转动惯量为 $2.7\ \text{kg}\cdot\text{cm}^2$，材料的弹性模量 $E=2.06\times10^7\ \text{N/cm}^2$；滑块的质量为 0.4 kg，作用的外力 $P=20$ N。若曲柄以角速度 $\omega=50\ \text{s}^{-1}$ 匀速转动，试用有限元法列出机构在图示位置的动力学方程。

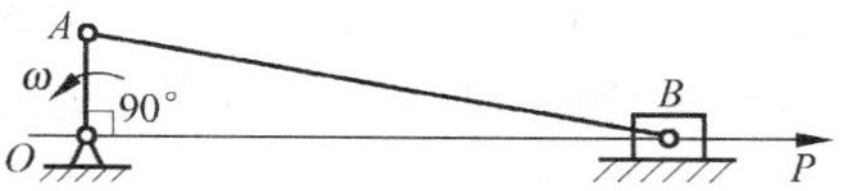

题 4-13 图

4-14 图示为导杆机构，设构件长度 $l_{O_1A}=l_1$，$l_{O_1O_2}=l_2$，在此位置时 $l_{O_2A}=l_3$；构件 1、3 为均质杆件，截面尺寸及材料弹性模量均为已知，滑块可视为刚性构件，质心在 A 点，不计其尺寸对运动的影响。要求：

(1) 选择用有限元法分析时的单元坐标和系统坐标，写出坐标转换矩阵；

(2) 假设仅考虑构件的纵向变形，单元位移函数为 3 次抛物线，试写出单元质量矩阵和刚度矩阵；

(3) 写出系统的动力学方程。

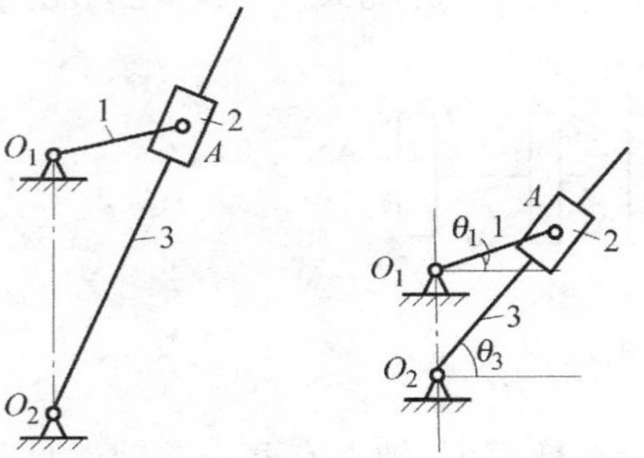

题 4-14 图

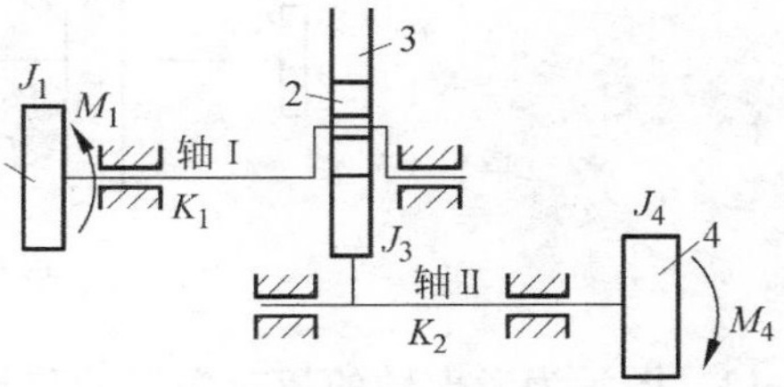

题 4-15 图

4-15　图示为回转导杆机构，由电动机 1 通过轴 Ⅰ 带动曲柄 2 通过导杆 3 及轴 Ⅱ 带动负载 4。设电动机转动惯量为 J_1，曲柄绕 Ⅰ 轴的转动惯量为 J_2，导杆对 Ⅱ 轴的转动惯量为 J_3，负载转动惯量为 J_4；轴 Ⅰ 、轴 Ⅱ 的扭转刚度系数为 K_1、K_2；主动力矩为 M_1，阻力矩为 M_4。若不计曲柄和导杆的弹性变形和轴的横向变形，忽略滑块质量和运动副中的摩擦，试列出系统的动力学方程。

4-16　在图示凸轮机构中，凸轮轮廓是按刚性从动件的加速度以正弦规律变化设计的，运动规律为：

升程：$0 \leqslant \varphi_2 \leqslant \pi$，　$S = h\left(\dfrac{\varphi_2}{\phi_0} - \dfrac{1}{2\pi}\sin\dfrac{2\pi}{\phi_0}\varphi_2\right)$

回程：$0 < \varphi_2 < \pi$，　$S = h\left(1 - \dfrac{\varphi_2}{\phi_0} + \dfrac{1}{2\pi}\sin\dfrac{2\pi}{\phi_0}\varphi_2\right)$

式中 $\phi_0 = \pi$，$h = 0.01\ \mathrm{m}$，φ_2 为凸轮转角。设轮 1 和凸轮的转动惯量分别为 $J_1 = 0.02$，$J_2 = 0.1(\mathrm{kg \cdot m^2})$，从动杆质量 $m = 2\ \mathrm{kg}$；轴的扭转刚度 $K_1 = 1500\ \mathrm{N \cdot m/rad}$，从动杆刚度系数 $K_2 = 8 \times 10^5\ \mathrm{N/m}$，封闭弹簧刚度系数 $K_3 = 5 \times 10^3\ \mathrm{N/m}$；驱动力矩 $M_1 = 1 - 0.01\omega_1(\mathrm{N \cdot m})$，推杆向上运动时，负载 $F_r = 140\ \mathrm{N}$，向下运动时，阻力负载 $F'_r = 20\ \mathrm{N}$；初始运动时，$t = 0$，$\varphi_1 = 0°$，$\omega_1 = \dot{\varphi}_1 = 50\ \mathrm{rad/s}$。试分析在考虑轴的扭转变形和从动杆纵向变形时，质量 m 的运动，并比较与不计构件弹性时，二者运动的差别。

4-17　图示为内燃机的凸轮机构，若凸轮轴为等加速运动的刚性构件，挺杆、摇臂和气门为弹性构件，构件的尺寸 l_1、l_2、l_3、l_4 为已知(在此不考虑由于 B、C 处接触点位置引起的 l_2、l_3 长度改变)，且均属等截面杆件，单位长度的质量为 m_1、m_2、m_3，气门 D 处有一集中质量 m_D，只计摇臂的弯曲变形，其抗弯刚度为 EI；只计挺杆和气门的纵向变形，它们的抗拉刚度为 EA_2 和 EA_3，试用有限元法建立系统的动力学方程。

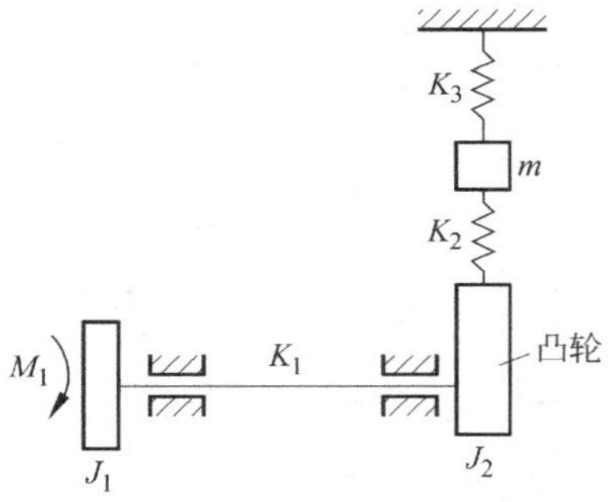

题 4-16 图

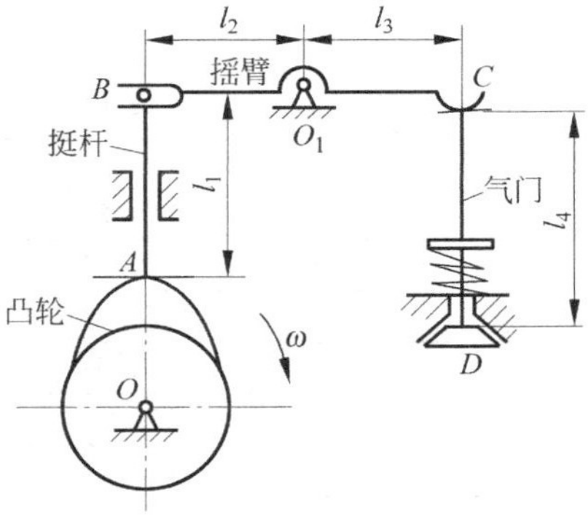

题 4-17 图

4-18 图中的曲柄摇杆机构，是第 4 章图 4-20 所示的实验台的机构简图。各构件长度分别为 $l_1=30, l_2=142, l_3=263.5, l_4=330$(mm)，构件 3 由厚度为 $h=0.8$ mm，宽度为 $b=8$ mm 的两条钢片组成，材料的弹性模量 $E=2,1\times10^{11}$ N/m^2，由于其刚度相对于其他构件小，视为弹性构件，其余构件均为刚性构件。摇杆 3 的转轴 D 上装有一个绕 D 轴的转动惯量 $J_D=0.002$ kg · m^2 的半圆盘，C、D 之间的钢片(即构件 3)的质量为 27 g，属均质杆。要求：

(1) 选择适当的坐标，用有限元法列出机构的动力学方程(可不计构件的纵向变形)，作用力只考虑半圆盘转动惯量 J_D 产生的惯性力。当所有构件均为刚性时，摇杆的角位移、速度、加速度与曲柄转角、角速度关系的分析结果列于题 4-18 附表中。

(2) 用振型分析法，求出机构的自然频率及振型。

(3) 考虑弹性运动较小，在初步估算时，可先忽略动力学方程中的弹性运动的加速度项。试计算当曲柄角速度为 $\omega_1=27$ s^{-1}时，输出角 φ_3。

(4) 设曲柄转速恒定为 $\omega_1=27$ s^{-1}，试分析在考虑动力学方程中的弹性运动的加速度项时，动力学方程的解与(3)所得结果会有何不同？

(5) 将计算结果与第 4 章图 4-20 的实验结果对照，试分析说明实验中的现象。

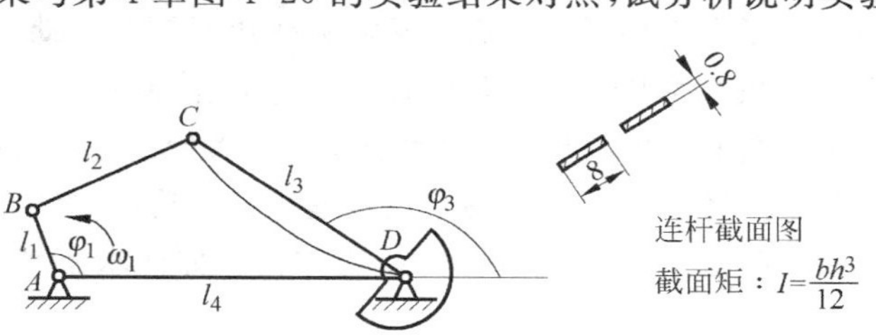

题 4-18 图

题 4-18 附表　刚性四杆机构运动分析计算结果

φ_1/(°)	φ_3/(°)	ω_3/ω_1	ε_3/ω_1^2
0	151.75	−0.1000	0.05987
15	150.39	−0.0802	0.09272
30	149.39	−0.0522	0.11965

续表

$\varphi_1/(°)$	$\varphi_3/(°)$	ω_3/ω_1	ε_3/ω_1^2
45	148.85	−0.0185	0.13600
60	148.84	0.0176	0.13826
75	149.38	0.0527	0.12771
90	150.40	0.0835	0.10572
105	151.84	0.1073	0.07482
120	153.57	0.1221	0.03783
135	155.45	0.1268	−0.00204
150	157.32	0.1212	−0.04080
165	159.03	0.1060	−0.07365
180	160.53	0.0833	−0.09703
195	161.44	0.0569	−0.10647
210	162.14	0.0284	−0.10728
225	162.36	0.0010	−0.10091
240	162.18	−0.0242	−0.09170
255	161.65	−0.0469	−0.08190
270	160.79	−0.0671	−0.07202
285	159.65	−0.0845	−0.06125
300	158.28	−0.0989	−0.04770
315	156.71	−0.1091	−0.02951
330	155.04	−0.1138	−0.00565
345	153.34	−0.1112	+0.02525

第5章

5-1　什么是转子的临界速度？有哪些系统参数影响转子临界速度？

5-2　判断转子属于挠性转子还是刚性转子的标准是什么？

5-3　单圆盘转子自由振动时，轴心轨迹有几种可能？影响轴心轨迹的因素有哪些？

5-4　比较单圆盘转子自由振动和仅有不平衡力作用时转子振动有何不同？

5-5　什么是影响系数？影响系数矩阵中各元素有何物理意义？

5-6　在转子有不平衡时，多圆盘转子的动挠度曲线为什么是空间曲线？

5-7　为什么求解复杂转子的动力学问题用传递矩阵法比较方便？

5-8　如何用传递矩阵法得出转子系统的特征方程？如何求解转子系统的临界速度和振型？

5-9　为什么在考虑圆盘转动惯量时转子的临界速度和自振频率不同？

5-10　具有连续质量的挠性转子的动力学方程与离散质量的转子有何不同？

5-11　什么是振型函数？

5-12　说明对分布不平衡量进行振型分解的过程和意义。

5-13　在分布不平衡力作用下转子的动挠度曲线有什么特性？

5-14　挠性转子完全平衡的条件是什么？

5-15 在理论上完全平衡挠性转子需要多少个校正平面(校正量)？在实际机械中，为什么可以选取有限个校正平面来平衡挠性转子？

5-16 在用影响系数平衡法时，影响系数的物理意义是什么？影响系数与哪些因素有关？

5-17 如何用实验法确定影响系数？

5-18 用影响系数法平衡挠性转子时，平衡方程为什么会出现矛盾方程？应如何求解？

5-19 影响系数法能否用于刚性转子的动平衡？

5-20 图示为一刚性转子，支承在油膜轴承上，轴承的刚度系数为 k_{yy}、k_{zz}、k_{zy}、k_{yz}；转子的质量为 M，质心在 S 处，绕质心的转动惯量为 J，试写出该转子无外力时的动力学方程。

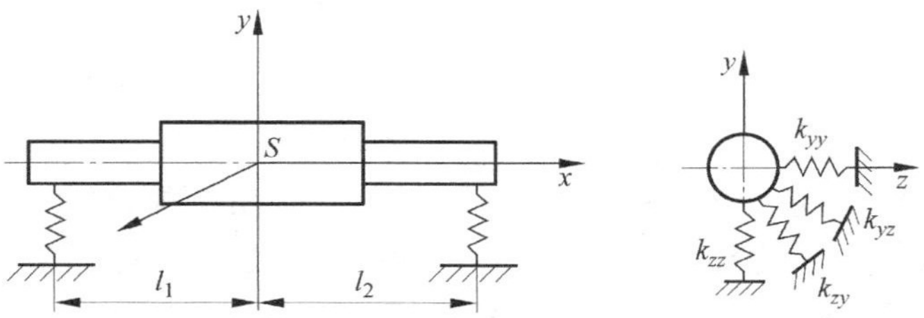

题 5-20 图

5-21 图示为仅有一个圆盘的转子，现在要分析圆盘在 y 方向的振动。试分析：

(1) 在分别采用(a)、(b)两种模型时，系统的自由度数以及各有几个临界速度；

(2) 采用哪个模型算出的第一阶临界速度高？

图(a)所示的模型为：考虑轴的弹性，不计轴的质量，圆盘简化成一集中质量，支承为刚性；

图(b)所示的模型为：考虑轴的弹性，轴的质量简化成 4 个集中质量(如图所示)，圆盘简化成一集中质量，支承为刚性；

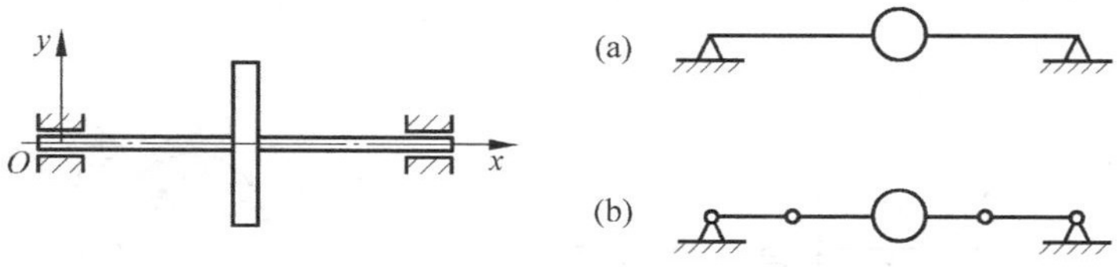

题 5-21 图

5-22 图示为一单圆盘转子，圆盘质量 $M=5$ kg，不考虑其转动惯量时，可认为是一集中质量。轴的直径 $d=10$ mm，圆盘到两支承间的距离分别是 $a=40$ mm，$b=60$ mm，材料的弹性模量 $E=2.1\times10^{11}$ N/m^2，支承可认为是刚性的。要求：

(1) 计算该转子的临界速度；

(2) 设转子按图示方向旋转，初始条件为 $t=0$，$y=0.2$ mm，$z=\dot{z}=0$，$\dot{y}=100$ mm/s，求圆盘涡动的轨迹；

(3) 若圆盘上有不平衡，使质量偏离圆心距离 $a=0.01$ mm，求转子转速分别为 $\Omega=6000$ 和 9500 r/min 时的不平衡响应。

轴的挠度计算公式：　$y_a=\dfrac{Pab}{6lEI}(l^2-a^2-b^2)$，$I=\dfrac{\pi d^4}{64}$

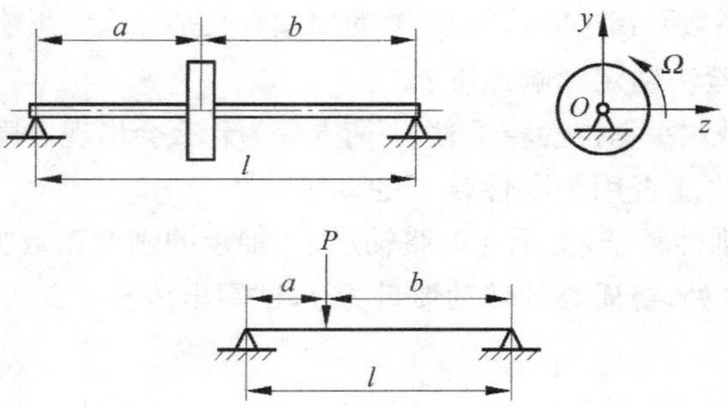

题 5-22 图

5-23　计算分析图示转子在转速 $n=1550$ 和 6500 r/min 时，属于刚性转子还是挠性转子？系统参数：圆盘质量 $M=3$ kg，$l=900$ mm，支承刚度系数 $K_{b1}=K_{b2}=2\times 10^6$ N/m，轴为均质，直径 $d=10$ mm，弹性模量 $E=2.1\times 10^{11}$ N/m^2。

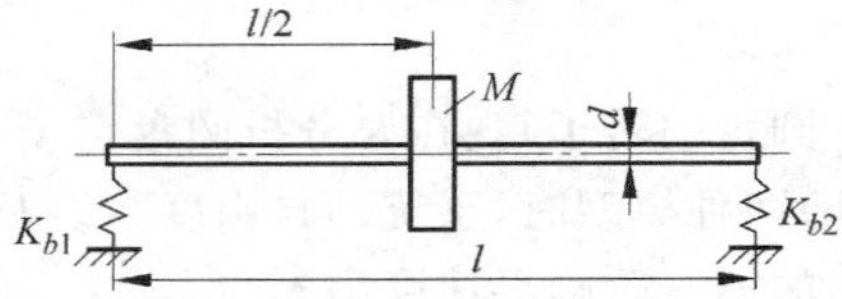

题 5-23 图

5-24　在图示转子系统中，圆盘的质量为 M，不计转动惯量，质心位于 S 点，与圆盘中心距离为 a；轴为圆截面，各向同性，刚度为 K_r，不计轴的质量；支承刚度在 y、z 方向分别为 K_y、K_z，试推导当转子转速为 y 向临界速度的 70%时，轴心轨迹的表达式。

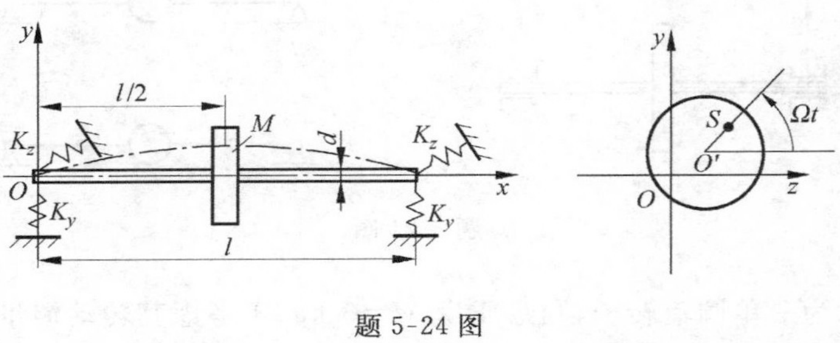

题 5-24 图

5-25　在 5-24 题中，若支承刚度各向同性，轴为非对称截面，如图所示，在转动坐标中，刚度分别为 K_{y1}、K_{z1}，其他参数不变，试推导系统的动力学方程。

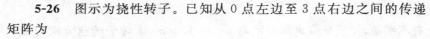

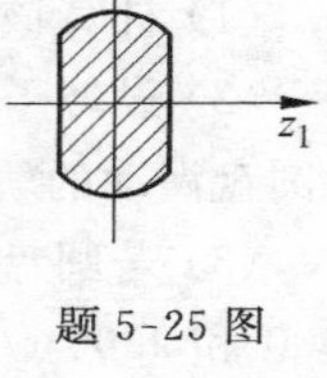

题 5-25 图

5-26　图示为挠性转子。已知从 0 点左边至 3 点右边之间的传递矩阵为

$$\begin{bmatrix} Q \\ M \\ \theta \\ y \end{bmatrix}_{0L} = \begin{bmatrix} U_{11} & U_{12} & U_{13} & U_{14} \\ U_{21} & U_{22} & U_{23} & U_{24} \\ U_{31} & U_{32} & U_{33} & U_{34} \\ U_{41} & U_{42} & U_{43} & U_{44} \end{bmatrix} \begin{bmatrix} Q \\ M \\ \theta \\ y \end{bmatrix}_{3R}$$

试根据边界条件写出求自然频率的特征方程。

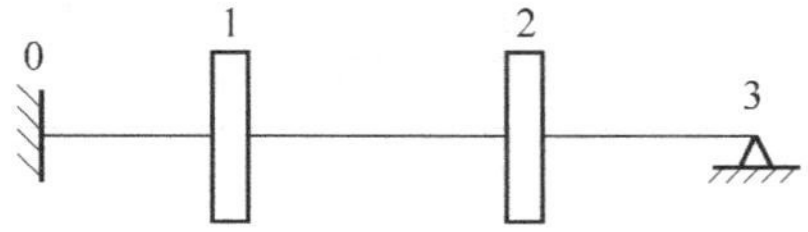

题 5-26 图

5-27 设一单圆盘转子，轴与支承均为各向同性，其自然频率为 ω，转子的角速度 $\Omega=3\omega$，圆盘上无不平衡量。转子在旋转过程中受到干扰，使圆心 O' 沿 z_1 方向移动 1 mm，然后无初速释放。求圆盘中心 O' 点在固定坐标和动坐标中的轨迹，并用图表示出来。

5-28 图示为三圆盘转子，在支承 1、2 处装有位移传感器，可测出两处轴颈的振动幅值，并且通过仪器，可测出它们相对于基准信号的相位。设 1 处原始振动振幅为 62 μm，相位角为 234°，2 处为 100 μm，20°。当在平面Ⅰ上加试重 178 g · cm，相位 240°后，1 处振动为 78 μm，150°，2 处振动为 80 μm，90°，试计算根据上述数据可得到的所有的影响系数，并说明其物理意义。如果在三个平面上都分别加试重，并测量出 1、2 处的振动，利用这些数据能计算出哪些影响系数？

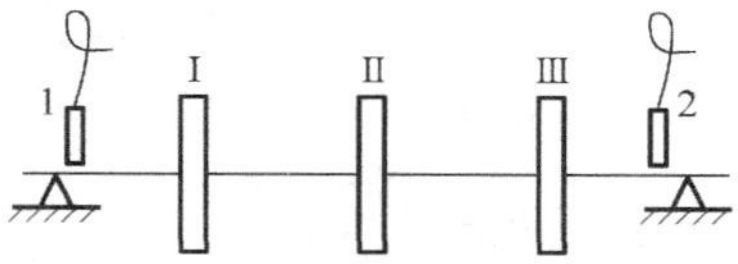

题 5-28 图

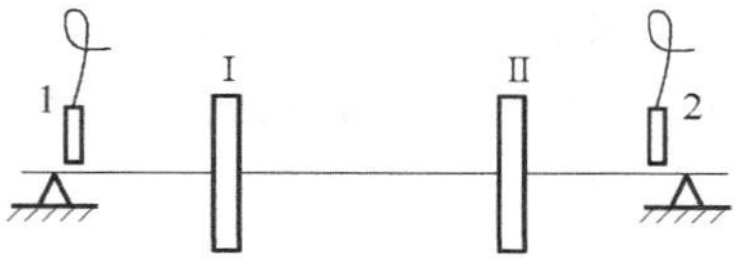

题 5-29 图

5-29 图示为一需要平衡的双圆盘转子，在其左右支承处装有位移传感器，振动测量方法如 5-28 题所述。测量结果列于下表中，试求出平衡该转子在Ⅰ、Ⅱ面上所需加的平衡量的大小与方位。

题 5-29 附表

测振点	振动量/μm		
	原始振动	Ⅰ面加试重：30 g · cm，180°	Ⅱ面加试重：30 g · cm，180°
1	30， 150°	50， 200°	40， 150°
2	90， 30°	45， 50°	55， 70°

5-30 如题 5-28 图所示的三圆盘挠性转子，需要在转速为 $n=3600$ 和 5500r/min 下平衡。其原始振动和用影响系数法加 3 次试重后测得的振动结果列于下表中，试计算在 3 个平面上应加的平衡量及平衡后的残余振动值。（本题需运用计算机程序计算）

题 5-30 附表

测振点		振动量/μm			
		原始振动	Ⅰ面加试重：1.5 g·cm，−7.5°	Ⅱ面加试重：1.5 g·cm，11.25°	Ⅲ面加试重：1.5 g·cm，−11.25°
n=3600	1	53，140°	51，123°	67，123°	59，123°
	2	37，140°	34，128°	53，126°	48，123°
n=5500	1	25，322°	28，322°	34，316°	28，306°
	2	50，328°	55，314°	62，318°	54，314°

5-31 图示为实验台用双圆盘转子，转子参数为：$l_1=70$，$l_2=95$，$l=260$，$d=10$，$D=75$，$B=20$ (mm)，圆盘质量 $m_1=m_2=0.77$ kg，材料的弹性模量 $E=2.1\times10^{11}\ \mathrm{N/m^2}$。要求：

(1) 将圆盘简化为集中质量，轴简化为无质量的弹性段，支承为刚性简支梁。试用影响系数法列出动力学方程，计算转子的临界速度及主振型。

(2) 若初始条件为 $t=0$，$y_1=0.1$ mm，$y_2=0$，$\dot{y}_1=0$，$\dot{y}_2=0$，试求出该初始条件下的解 y_1，y_2。

(3) 用传递矩阵法列出系统方程，将(1)所得临界速度值带入传递矩阵，验算它们是否为特征方程的根。

(4) 用传递矩阵法，计算考虑圆盘转动惯量时的系统的一阶自然频率。计算时，转子的转速可设定为等于(1)中计算出的临界速度以及为其±20%时的速度。分析圆盘转动惯量对临界速度的影响。

(5) 在有相应的实验台情况下，将实验测量的临界速度及在临界速度附近的轴的变形与计算结果对比，分析它们的一致性与差别及产生差别的原因。

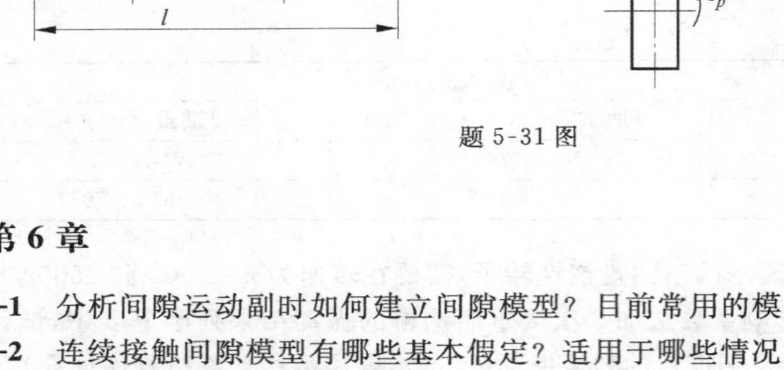

相关计算公式：

① 简支梁柔度计算式：

$$\alpha_{ab}=\frac{ab}{6EIl}(l^2-a^2-b^2)$$

$$I=\frac{\pi d^4}{64}$$

② 圆盘转动惯量：

$$I_p=\frac{1}{2}MR^2$$

$$I_T=\frac{1}{4}MR^2+\frac{1}{12}MB^2$$

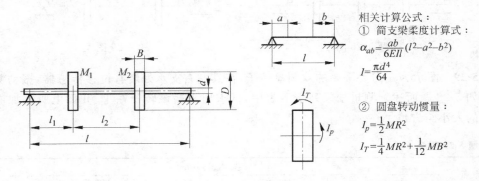

题 5-31 图

第 6 章

6-1 分析间隙运动副时如何建立间隙模型？目前常用的模型有哪些？

6-2 连续接触间隙模型有哪些基本假定？适用于哪些情况？

6-3 如何分析简化间隙副中的接触力？有哪些简化方法？

6-4 在图示四杆机构中 OA 为主动件，主动力矩和阻力矩方向如图所示。如果只在铰销 A 中有半间隙 0.15 mm，试用小位移法确定在图示位置 $\varphi_1=60°$时，输出角 φ_3 与理论值的最大偏差。

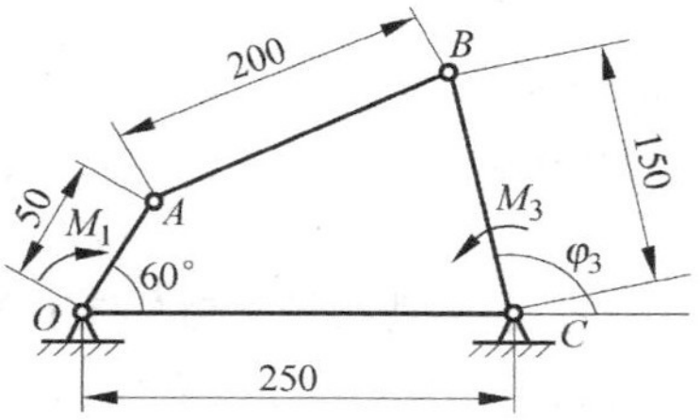

题 6-4 图

6-5 在图示六杆机构中 OA 为主动件，主动力矩 M_d 和工作阻力 Q 的方向如图所示，若在铰销 A、D 中有半间隙 0.15 mm，试用小位移法确定在图示位置 $\varphi_1=60°$时，滑块 E 的位置与理论值的最大偏差。

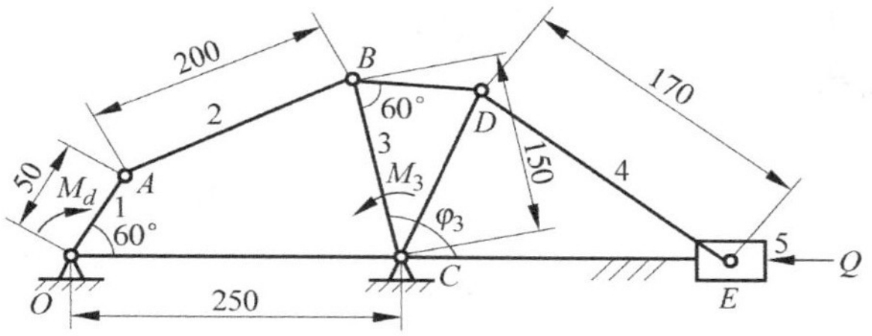

题 6-5 图

6-6 在图示的正切机构中，圆销 A 和滑槽间的半间隙为 r，其他运动副间隙不计，设滑块 2 的质量为 m_2，质心在 A 点，杆 1 的质量为 m_1，质心在 S_1，$OS_1=l$，绕质心的转动惯量为 J_{S1}。设阻力 F 和主动力矩 M 均为时间 t 的函数，$F=f_1(t)$，$M=f_2(t)$，要求：

(1) 写出接触和不接触状态的条件；

(2) 列出接触和不接触两种状态下的动力学方程。

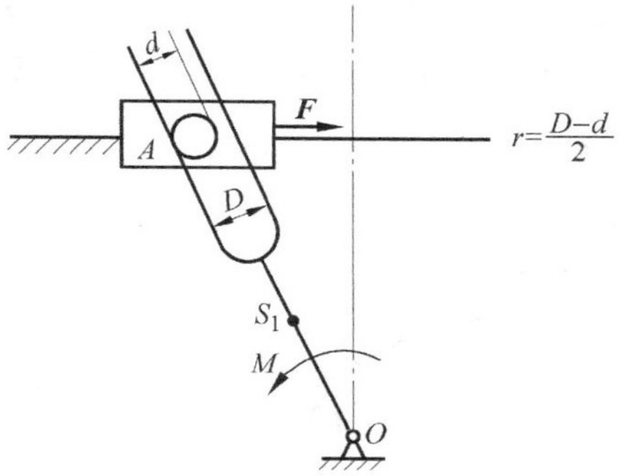

题 6-6 图

第7章

7-1 空气经过飞机喷气发动机的流量为 100 kg/s，其燃气排出的相对速度为 800 m/s。如飞机的速度为 280 m/s，求：

(1) 排出的燃气作用于飞机的反推力；

(2) 飞机飞行所得到的有用功率；

(3) 发动机发出的功率。

7-2 为了减小飞机着陆的距离，在发动机排气口外装有挡板，使排出气体转向，排出气体分为相等的两路，通过挡板后转为与铅垂方向成 15°角。已知气体的流量为 1000 kg/s，排出气体的相对速度为 700 m/s，求排出气体作用于飞机的阻力。

第9章

9-1 在图示曲柄-摆动气缸机构中，曲柄 AC 长 90 mm，OC 距离为 300 mm。计算 $\beta=30°$ 时 $\dot{r}$，$\ddot{r}$，$\dot{\theta}$，$\ddot{\theta}$。要求：

(1) 建立 ADAMS 模型，设置单位和重力；

(2) 建立零件和链接；

(3) 运行仿真；

(4) 绘制结果。

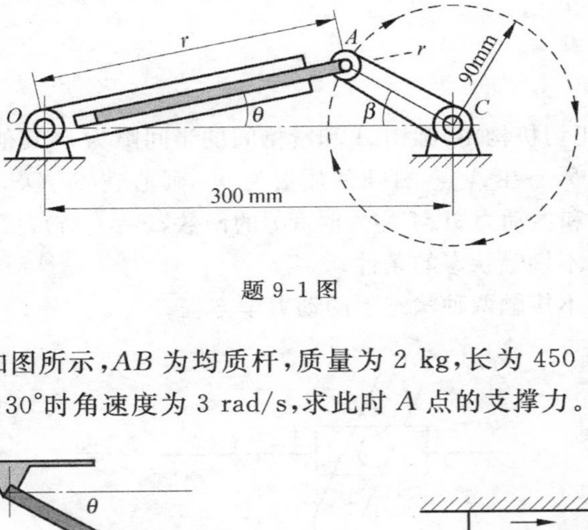

题 9-1 图

9-2 单摆结构如图所示，AB 为均质杆，质量为 2 kg，长为 450 mm，A 点固定，在垂直平面内摆动，当 $\theta=30°$ 时角速度为 3 rad/s，求此时 A 点的支撑力。要求：

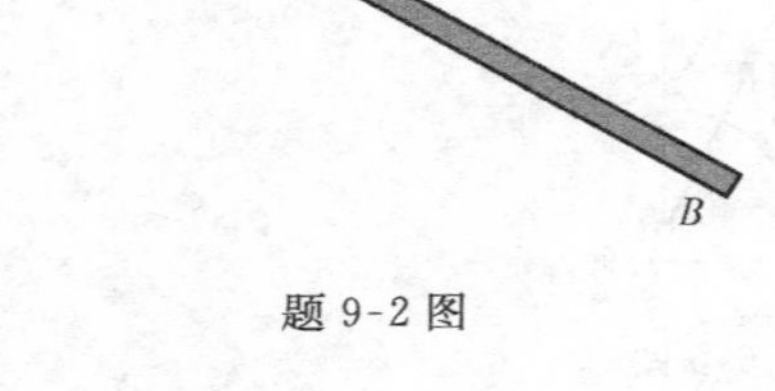

题 9-2 图

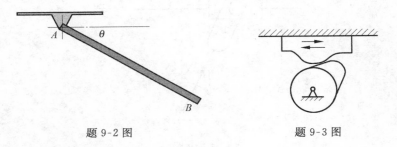

题 9-3 图

(1) 建立实体模型；

(2) 建立链接；

(3) 运行仿真并分析结果。

9-3 图示的凸轮机构，模型包括三个部件(包括大地)，一个转动副，一个平动副，一个运动和几个标记点。要求利用 ADAMS 软件：

(1) 建立实体模型；

(2) 建立链接和接触条件；

(3) 运行仿真并分析结果。

9-4 图示为导向钻进系统。通过建立导向钻进系统纵/横/扭耦合非线性振动动力学模型，研究钻杆在钻井过程中的运动规律、力学性能。在运动过程中，钻杆与套筒发生接触碰撞，要求：

(1) 给定边界条件、参数假设，建立仿真模型；

(2) 选择一种数值算法作为钻杆动力学方程的数值解法，编程计算；

(3) 分析仿真曲线与真实运动状态的差异。

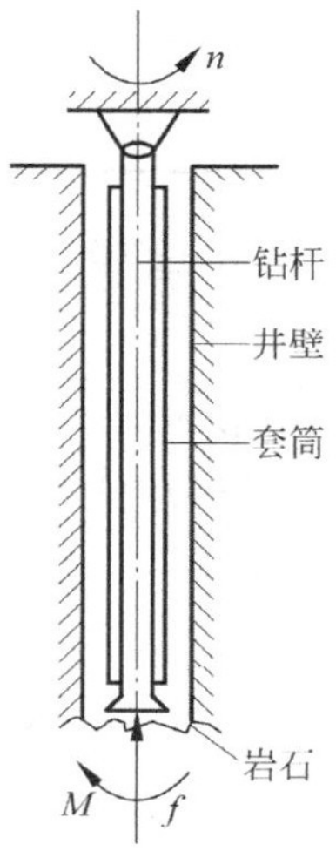

题 9-4 图

9-5 图示为铲斗起重机，尺寸如图所示。要求利用 ADAMS/View 软件完成以下任务：

(1) 建立模型；

(2) 建立链接和接触条件；

(3) 运行仿真并分析受力与变形的测量结果。

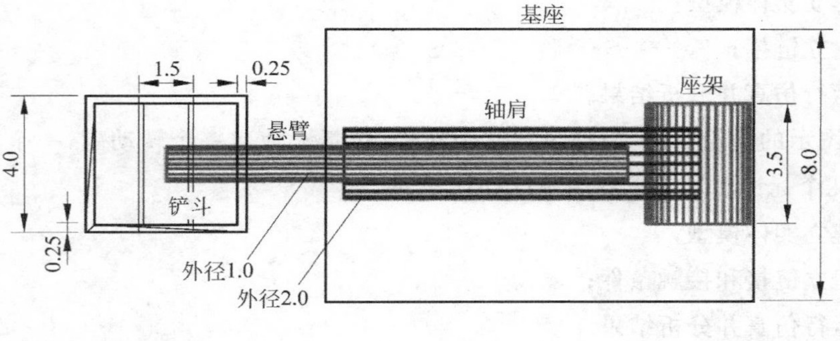

(a)

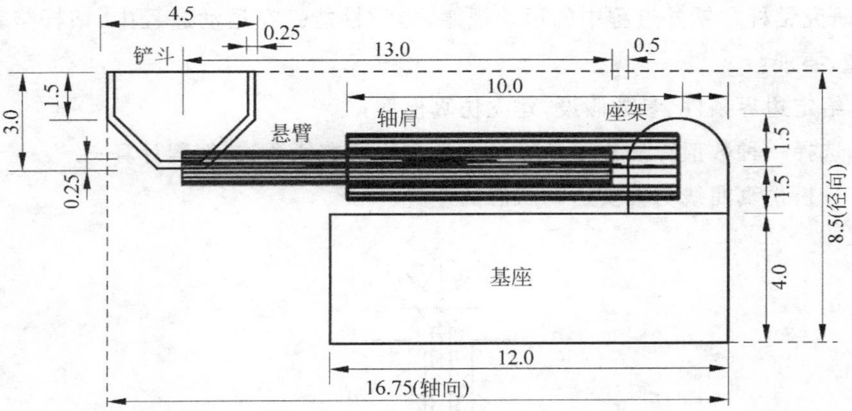

(b)

题 9-5 图

(a) 俯视图；(b) 主视图